W0259178

ALLE ZEIT WACH
1842

Günter Baumbach

Luftreinhaltung

Entstehung, Ausbreitung und Wirkung von Luftverunreinigungen – Meßtechnik, Emissionsminderung und Vorschriften

Dritte Auflage

Unter Mitarbeit von
K. Baumann, F. Dröscher,
H. Gross und B. Steisslinger

Mit 232 Abbildungen

Springer-Verlag Berlin Heidelberg GmbH

Dr.-Ing. habil. GÜNTER BAUMBACH
Dr.-Ing. KARSTEN BAUMANN
Abteilung Reinhaltung der Luft
Institut für Verfahrenstechnik und Dampfkesselwesen
der Universität Stuttgart
Pfaffenwaldring 23
70550 Stuttgart

Dr.-Ing. FRANK DRÖSCHER
Gechtstraße 41
72074 Tübingen

Dr.-Ing. HARALD GROSS
Hauäckerstraße 21
70771 Leinfelden-Echterdingen

Dr.-Ing. BERND STEISSLINGER
Lindenstraße 18
70734 Fellbach

ISBN 978-3-540-56823-0

CIP-Titelaufnahme der Deutschen Bibliothek.

Luftreinhaltung : Entstehung, Ausbreitung und Wirkung von Luftverunreinigungen ; Messtechnik, Emissionsminderung und Vorschriften / Günter Baumbach. Unter Mitarb. von K. Baumann ... - 3. Aufl.

ISBN 978-3-540-56823-0 ISBN 978-3-662-08426-7 (eBook)
DOI 10.1007/978-3-662-08426-7

NE: Baumbach, Günter

Satz: Mit einem System der Springer Produktions-Gesellschaft; Datenkonvertierung: Brühlsche Universitätsdruckerei, Gießen; Bindearbeiten: Lüderitz & Bauer, Berlin
60/3020 - 5 4 3 2 1 0 - Gedruckt auf säurefreiem Papier

Vorwort zur 3. Auflage

Die Notwendigkeit der Herausgabe einer dritten Auflage des Buches „Luftreinhaltung“ war der Anlaß für eine Aktualisierung und Ergänzung. So ist die Entwicklung der Emissionen luftverunreinigender Stoffe (Kapitel 2.2) und der Immissionskonzentrationen (Kapitel 3.3) fortgeschrieben worden. In Kapitel 7 wird auf die drastische Senkung des Schwefeldioxid- und Stickstoffoxidausstoßes der großen industriellen Feuerungsanlagen besonders eingegangen. Neue Abschnitte sind den polychlorierten Dibenzodioxinen und furanen, der Partikelentstehung und -emission bei Verbrennungsprozessen sowie den Kraftfahrzeugabgasen gewidmet. Zum besseren Verständnis der Ausbreitungs- und Umwandlungsvorgänge ist das Kapitel „Luftverunreinigungen in der Atmosphäre“ durch die Darstellung vertikaler Verteilungen von Ozon und Stickstoffoxiden während sommerlicher Schönwetterperioden ergänzt worden. Darüber hinaus wurden an verschiedenen Stellen kleinere Ergänzungen und Überarbeitungen vorgenommen, um die Aktualität des Buches zu wahren.

Stuttgart, im September 1993 — Günter Baumbach

Vorwort zur 2. Auflage

Ich freue mich, daß das Buch „Luftreinhaltung“ einen so großen Anklang fand, daß bereits nach einem Jahr eine Neuauflage erforderlich wurde. Bei der zweiten Auflage handelt es sich um einen Nachdruck der ersten, bei dem lediglich einige Fehler verbessert wurden.

Stuttgart, im Februar 1992 — Günter Baumbach

Vorwort

Die Reinhaltung der Luft ist wie die meisten Gebiete des Umweltschutzes fachübergreifend. Es sind Bereiche der Chemie, der Physik und Meteorologie, der Biologie und Medizin, sowie der Ingenieur-, Rechts- und Sozialwissenschaften betroffen. Die Beschäftigung mit der Luftreinhaltung erfordert daher neben grundlegenden naturwissenschaftlichen Kenntnissen die Bereitschaft zum Dialog und zur Zusammenarbeit mit Partnern der anderen Fachgebiete.

Luftverunreinigungen haben vielfach auf den Menschen, auf die Natur und auf Materialien keine direkt erkennbaren oder erst nach längerer Zeit hervortretende schädigende Wirkungen. In diesen Fällen erfordert der Einsatz für eine reine Luft Idealismus und ein ethisches Bewußtsein, das davon ausgeht, die Natur mit ihrer Schönheit sich und der Nachwelt zu erhalten. Hierbei sollte Umweltschutz nicht nur von anderen gefordert werden, sondern insbesondere auch durch vorbildhaftes persönliches Verhalten gekennzeichnet sein. Bei dem Einsatz für die Luftreinhaltung sollte man aber auch bereit sein, die gängigen Meinungen zu hinterfragen und sich tiefergehend mit den Vorgängen zu beschäftigen. Hierzu soll dieses Buch Hilfestellungen und Anregungen geben.

Der Begriff „Lebensqualität“ wird sich in seiner Bedeutung wandeln: Anstelle einer Verbesserung des Lebensstandards und der Ausrichtung auf materiell-technische Ziele werden andere Werte wie Gesundheit, Wohlbefinden und Erhaltung von Natur und Umwelt als wichtige Lebensgrundlagen in den Vordergrund treten. So wie man holprige Straßen erneuert oder baufällige Häuser saniert, ist es gerechtfertigt und notwendig, im Bereich der Atemluft Verbesserungen vorzunehmen, auch wenn sich die Schäden verunreinigter Luft nicht immer direkt für jedermann ersichtlich darstellen.

Die negativen Auswirkungen sind in einer Hinsicht vergleichbar: Holprige Straßen beeinträchtigen unser Wohlbefinden, wenn wir mit dem Auto oder Fahrrad darüber fahren, abbröckelnde Fassaden verfallender Bauwerke stören nicht nur unsere ästhetischen Empfindungen, sondern können für die Bewohner zu unzumutbaren Lebensumständen führen.

Schlechte Luft kann ähnlich gelagerte Belästigungen oder Beeinträchtigungen hervorrufen, z. B. durch unangenehmen Geruch oder durch sichtbare Rauchwolken. Am deutlichsten erkennbar werden die durch Luftschadstoffe hervorgerufenen Schäden, z. B. an historisch wertvollen Baudenkmälern. Wie wichtig eine reine Luft zum Leben ist, wird deutlich, wenn man sich vorstellt, daß der Mensch bis 40 Tage ohne Nahrung auskommen kann, ohne Luft jedoch nur wenige Minuten.

Das hier vorgelegte Buch stellt die Luftreinhaltung in umfassender Weise dar. Der Bogen wird gespannt von den Vorgängen der Entstehung von Luftschadstoffen, dargestellt am Beispiel von Verbrennungsabgasen, über die Ausbreitung und Umwandlung in der Atmosphäre und die Wirkung auf Menschen, Tiere, Pflanzen und Sachgüter bis hin zu Minderungstechniken. Der Meßtechnik wird besonderer Raum gewidmet, da sie eine Schlüsselrolle einnimmt, sei es beim Erkennen von Luftschadstoffen oder bei der Überprüfung und Überwachung von Maßnahmen zur Schadstoffminderung. Das Werk beginnt mit einem geschichtlichen Überblick und schließt mit den Vorschriften zur Luftreinhaltung in der Bundesrepublik Deutschland ab. Auf aktuelle Probleme wie SO_2-Ferntransporte, Verhalten von Ozon in der Umgebungsluft, die neuartigen Waldschäden und Minderungstechnologien wird auf Grund eigener Forschungserfahrungen eingegangen. In das Kapitel über die Meßtechnik sind zahlreiche Anregungen eingeflossen, die sich aus der Mitarbeit in Arbeitsgruppen der Kommission Reinhaltung der Luft des Vereins Deutscher Ingenieure ergaben. Nicht behandelt werden die Emissionen und das Verhalten radioaktiver Stoffe, da diese Bereiche ein Wissensgebiet für sich darstellen und den Rahmen dieses Werkes sprengen würden.

Bei der Breite des Faches Luftreinhaltung wird es nicht ausbleiben, daß sich einzelne Sachverhalte aus unterschiedlicher Erfahrung auch anders darstellen lassen. Für Anregungen, Kritik und Korrekturen bin ich daher dankbar.

Das Buch entstand aus Vorlesungen für Studenten der Fachrichtungen Energie- und Verfahrenstechnik an der Universität Stuttgart und Versorgungstechnik an der Fachhochschule für Technik in Esslingen. In erster Linie ist es zum Gebrauch neben diesen Vorlesungen bestimmt. Es wendet sich aber darüber hinaus an alle, die sich für Luftverunreinigungen und Luftreinhaltung interessieren. Der Emissionsminderer z. B. soll neben der Erweiterung seiner Fachkenntnisse das Verhalten der Immissionen und ihre Wirkungen kennenlernen, und dem von Immissionen Betroffenen soll ein Einblick in die Möglichkeiten und Probleme der Schadstoffminderung gegeben werden.

Es darf nicht erwartet werden, daß nach dem Lesen dieses Buches z. B. Anlagen zur Luftreinhaltung ausgelegt werden können. Für eine derartige Vertiefung einzelner Gebiete wird jeweils auf die weiterführende Literatur hingewiesen. Das Buch kann auch nicht die praktische Erfahrung in der Luftreinhaltung ersetzen, die sich erst im Umgang mit den Problemen selbst, beispielsweise bei der Messung von Schadstoffen oder bei der Konstruktion und dem Betrieb von Luftreinhalteanlagen einstellt.

Ich hoffe, daß es gelingt, einerseits den Blick für das Ganze und Umfassende des Gebietes zu öffnen und andererseits auf Probleme aufmerksam zu machen, die sich bei der praktischen Arbeit im Detail stellen.

An der Entstehung dieses Buches haben viele mitgewirkt. So gilt mein Dank den technischen und wissenschaftlichen Mitarbeitern des Institutes für Verfahrenstechnik und Dampfkesselwesen der Universität Stuttgart, insbesondere den derzeitigen und ehemaligen Kollegen der Abteilung Reinhaltung der Luft, die mich durch ihre Hilfe und Forschungstätigkeit unterstützt haben. Besonders erwähnt seien hier die Mitautoren Dr.-Ing. Frank Dröscher, Dr.-Ing. Harald Gross und Dipl.-Ing. Bernd Steisslinger. Mit der Aufbereitung von Forschungsergebnissen, die in das Werk einflossen, hat wesentlich Herr Dipl.-Ing. Karsten Baumann beigetragen. Mein Dank richtet sich an den derzeitigen Leiter des

Institutes, Herrn Prof. Dr. techn. Richard Doležal und an den ehemaligen Leiter, Herrn Prof. Dr.-Ing. Rudolf Quack, die mir die Arbeit auf dem Gebiet der Luftreinhaltung ermöglichten und mit Rat und Tat zur Seite standen. Ganz besonders danken möchte ich Frau Ursula Docter für das Schreiben der Texte und ihre Geduld für ständige Änderungen. Dank auch dem Springer-Verlag für das Aufgreifen der Idee und die Verwirklichung dieses Buches.

Stuttgart, im Februar 1990 Günter Baumbach

Inhalt

1 Allgemeiner Überblick

1.1 Reine Luft und Luftverunreinigungen

Als Luftverunreinigungen werden ganz allgemein alle Stoffe angesehen, die die natürliche Zusammensetzung der Luft verändern. Die Gasbestandteile natürlich reiner Luft sind in Tabelle 1.1 angegeben. Neben diesen Stoffen kann die Luft natürlicherweise noch weitere Komponenten wie Wasserdampf und Spuren anderer Gase enthalten, z.B. Methan CH_4, Ammoniak NH_3, Kohlenmonoxid CO und Distickstoffoxid N_2O aus Fäulnisprozessen sowie geringe Konzentration von Ozon, die aus stratosphärischen Einbrüchen herrühren können.

Bei der Herkunft der Luftverunreinigungen unterscheidet man zwischen natürlichen und vom Menschen verursachten (anthropogenen) Quellen. Natürliche Luftverunreinigungen treten z.B. bei Vulkanausbrüchen in sehr großen Mengen auf, bei Sandstürmen (in Mitteleuropa können manchmal Niederschläge von Saharasand beobachtet werden!), bei Waldbränden, bei luftchemischen Vorgängen in Gewittern oder auch durch Blütenpollen von Pflanzen. Duftstoffe von Blüten gehören zwar auch nicht zur natürlichen Zusammensetzung der Luft, sie werden aber kaum als Luftverunreinigungen angesehen.

Hier sollen in erster Linie die anthropogenen Luftverunreinigungen betrachtet werden. Bei diesen ist zu unterscheiden zwischen Stäuben und Aerosolen (in Luft verteilte Feinstäube und Feinsttröpfchen) einerseits und Gasen andererseits. Bei sichtbaren Luftverunreinigungen handelt es sich meistens um Stäube oder Tröpfchen, z.B. Rauch, Ruß, Ölnebel; bei den Gasen sind dagegen nur wenige sichtbar. Das bedeutendste an der Farbe erkennbare Schadgas ist das braune Stickstoffdioxid (NO_2). Eine andere besonders auffällige Art von Luftverunreinigungen sind Geruchsstoffe. Es handelt sich hierbei um Gase, die oft schon in niedrigsten Konzentrationen wahrnehmbar sind.

Tabelle 1. Die natürliche Zusammensetzung der Luft

		Volumenanteil in % bez. auf trockene Luft
Sauerstoff	(O_2)	20,93
Stickstoff	(N_2)	78,10
Argon	(Ar)	0,9325
Kohlendioxid	(CO_2)	0,03–0,04
Wasserstoff	(H_2)	0,01
Neon	(Ne)	0,0018
Helium	(He)	0,0005
Krypton	(Kr)	0,0001
Xenon	(Xe)	0,000009

1.2 Geschichtlicher Überblick (F. Dröscher)

Anthropogene Luftverunreinigungen existieren praktisch, seit der Mensch das Feuer gebraucht. Rauch, CO, CO_2 und organische Gase entstehen dabei als Luftverunreinigungen.

Waren in den nomadischen und bäuerlichen Kulturen die Belastungen der Raumluft in den Behausungen entscheidend, so verschlechterten sich in den dichtbewohnten Städten der Hochkulturen die Verhältnisse auch der Außenluft. Beispielsweise notierte der römische Philosoph Plinius der Ältere im Jahre 61 n.Chr.: „Sobald ich die schwere Luft von Rom verlassen hatte und den Gestank der qualmenden Kamine, die bei Betrieb alle möglichen Dämpfe und Ruß ausstießen, verspürte ich einen Wandel meines Befindens" [1].

Bild 1.1. Schema einer Flugstaubkammer aus dem Erzgebirge (1556) [2]. Abdruck mit freundlicher Genehmigung der VDI-Kommission Reinhaltung der Luft

In der vorindustriellen Zeit stellten das Hüttenwesen, die Töpfereien als Gewerbe mit hohem Energieverbrauch und das Räuchern von Fisch und Fleisch die bedeutendsten Quellen von Luftverunreinigungen dar [1]. Bei der Verhüttung von Erzen wurden neben den sauren Röstgasen außerdem schwermetallreiche Stäube freigesetzt. Schäden an Äckern, Wiesen und Früchten in der Umgebung der fast ausschließlich in Mittelgebirgslagen angesiedelten Hüttenbetriebe dieser Zeit führten, zumal in engen Tälern, zu Nachbarschaftskonflikten zwischen Hüttenleuten und Gutsbesitzern und Bauern [2].

Als Beginn der Umwelttechnik in Deutschland ist wohl die Entwicklung von wirksamen Rauchfängen anzusehen, in denen Grobstaub aussedimentierte und dem Prozeß wieder zugeführt werden konnte (Bild 1.1). In Böhmen und Sachsen waren solche Rauchfänge und Flugstaubkammern im Hüttenwesen schon sehr früh vorgeschrieben.

Mit der Erfindung der Dampfmaschinen durch James Watt 1769 begann auch bezüglich der Luftgüte eine neue Epoche. Binnen weniger Jahrzehnte vervielfachte sich der Energieverbrauch. Rauch und Asche wurden zum Hauptproblem beim Verbrennen von Kohle zur Feuerung der Kessel von stationären Dampfmaschinen und Lokomotiven, sowie in Hausfeuerungen. Gleichzeitig stiegen die Produktionsraten in fast allen Gewerbezweigen und damit die von ihnen ausgehenden Emissionen. Die Palette der Luftschadstoffe erweiterte sich schnell, insbesondere durch die sich entwickelnde chemische Industrie.

In England und Frankreich, den Vorreiterstaaten der Industrialisierung, mußten sich die Regierungen und Verwaltungen zuerst mit Klagen über verstärkte Umweltbelastungen auseinandersetzen. Dabei erwiesen sich die alten Gewerbeordnungen als unzulänglich. Immer neue Sonderverordnungen wurden erlassen und einzelnen Betrieben spezielle Auflagen erteilt, die zumeist auf gerichtliche Entscheidungen in Beschwerdeverfahren zurückgingen. Bereits 1810 aber wurde in Frankreich per Dekret ein nationales Immissionsschutzgesetz erlassen. Darin wurden insgesamt 66 gewerbliche Tätigkeiten der Genehmigungspflicht unterworfen und der formale Ablauf des Genehmigungsverfahrens einschließlich des Instanzenzuges für Widersprüche festgelegt. Drei Kategorien von Betrieben wurden unterschieden:

- Fabriken, die aufgrund ihrer (Feuer-)Gefährlichkeit, Auswirkungen auf Gesundheit oder Geruchsbelastung keinesfalls in Wohngebieten errichtet werden durften,
- solche, die in Wohngebieten geduldet waren, aber überwacht werden mußten,
- unbedenkliche Betriebe, die jedoch genehmigungsbedürftig waren.

Circa ein Drittel der Betriebe fielen in die erste Kategorie.

In der folgenden Zeit stürmischer Entwicklung der Technik – 1845 waren bereits 307 Gewerbezweige von dem Gesetz betroffen – wurde das Dekret durch Ausführungsbestimmungen und höchstrichterliche Entscheidungen erläutert und ergänzt [3].

Ebenfalls in Frankreich wurden 1823 erstmals Dampfmaschinen nicht nur amtlicher Genehmigung – wie seit 1831 auch in Preußen –, sondern regelmäßigen Kontrollen durch staatliche Prüfingenieure unterworfen. Diese Aufgabe

Bild 1.2. Freiherrlich von Rothschild'sche Hütten und Gruben Etablishements bei Mährisch Ostrau [2]. Abdruck mit freundlicher Genehmigung der VDI-Kommission Reinhaltung der Luft

haben in Deutschland seit 1866 die Dampfkesselbetreiber im freiwilligen Zusammenschluß zu den Technischen Überwachungsvereinen selbst übernommen.

Während für große Bevölkerungsteile im 19. Jhd. „rauchende Schornsteine" (Bild 1.2) den Inbegriff technischen Fortschritts und nicht zuletzt den Broterwerb darstellten, hatte die Land- und Forstwirtschaft mit den Auswirkungen der Luftverunreinigungen zu kämpfen. Mitte des letzten Jahrhunderts begann in der Umgebung der industriellen Zentren Mitteleuropas, im Erzgebirge, dem Thüringer- und Frankenwald, in Sachsen und dem Ruhrgebiet, ein weitverbreitetes Waldsterben, dem die empfindlichen Nadelhölzer, vor allem Tanne und Fichte, zum Opfer fielen. Chemiker und Forstwissenschaftler der Bergakademie Freiberg und an der Forstakademie Tharandt in Sachsen untersuchten die Schadensmechanismen am gründlichsten. Einer der Begründer dieser Rauchschadensforschung, Stöckhardt, gab bereits 1850/1871 zwei Wirkungspfade der heute sog. klassischen Rauchschäden an [5]:

- direkte, akute Vergiftung durch SO_2 über die assimilierenden Blattorgane,
- indirekte chronische Vergiftung des Bodens durch schwermetallhaltige Stäube.

In diesem Zusammenhang wurde eine Immissionsanalytik für SO_2 in Luft und für Sulfat in Niederschlagswasser entwickelt und kritische SO_2-Konzentrationsschwellen für Pflanzen (in Begasungsversuchen) und Menschen ermittelt [5].

Stark steigende SO_2-Emissionen gaben Anlaß für die 1872 in England publizierten Untersuchungen von Smith über „sauren Regen" [4].

Nachdem ein gewisses Verständnis über die Wirkmechanismen erlangt war, begann man Maßnahmen einzuleiten. Von forstlicher Seite wurden in den Industriezentren (z.B. im Ruhrgebiet) Fichtenwälder systematisch durch rauchhärtere Laubhölzer ersetzt. Wo nötig, wurden zumindest in unmittelbarer Nähe von Emittenten Laubbäume in Form von Immissionsschutzstreifen angepflanzt.

Emissionsminderungsmaßnahmen wurden vorrangig angestrebt. Eine Reihe von verfahrenstechnischen Neuerungen erlaubte den Einsatz emissionsärmerer Ausgangsstoffe, höhere Ausbeuten bzw. Wirkungsgrade (z.B. durch Schubrostfeuerungen) oder die Verwertung von Abfallprodukten (z.B. die HCl-Gewinnung durch Kondensation bei der Sodaherstellung). Aber meist waren nicht wirtschaftliche, sondern genehmigungsrechtliche Gründe für die Schadstoffreduzierung ausschlaggebend.

Mit Hilfe leistungsfähiger Gebläse konnten die mit sauren Gasen und Staub beladenen Abgasströme „Entsäuerungsanlagen" (Trockenadsorption an Kalk, Absorption in Rieseltürmen, Kondensatoren), Zyklonen oder Gewebefiltern zugeführt werden.

In den besonders gefährdeten Tallagen der Mittelgebirge setzten Hüttenwerke und Dampfmaschinenbetreiber allerdings auch Gebläse zur Verdünnung von Abgasen im Schornstein ein oder behalfen sich mit hohen Schornsteinen. Die Freiberger Hüttenwerke verfügten um die Jahrhundertwende über die damals höchste Esse der Welt mit 144 m Mündungshöhe.

Ein anderes Beispiel für die Verlagerung von Umweltbelastung stellte 1908 Wislicenus dar [5]:

> „Besonders erwähnenswert ist das Beispiel einer sächsischen Ultramarinfabrik (*Schindlers* Blaufarbwerke bei Bockau im Erzgebirge), die noch vor wenigen Jahren ihrer Waldumgebung ungemein gefährlich war, heute aber vollen Erfolg mit der *Kombination von Entsäuerung mit Luftverdünnung erzielt hat.*
>
> Die Abgase werden zunächst durch große, mit Kalkstein gefüllte Kammern mittels eines Ventilators hindurchgetrieben und so der ursprünglich sehr hohe Säuregehalt beträchtlich herabgesetzt, aber nicht ganz entfernt. Statt die Restgase durch den Schornstein in die Luft abzuführen, werden sie durch einen langen mit Birkenreisig gefüllten Holzkanal noch zu einer weiteren Waschvorrichtung, wo sie große, über Mühlräder stürzende Wassermassen passieren, geführt und schließlich durch die zahlreichen Ritzen einer aus losen Bretterbohlen gebildeten geräumigen Kammer an die Luft entlassen. Es entweicht nur ein feiner Nebel mit wenig Schwefelsäure bzw. SO_3, der an Schädlichkeit nicht mit den ursprünglichen Schwefelsäuregasen vergleichbar ist."

Als weitere Möglichkeit der Emissionsminderung wurde die solide Ausbildung des Bedienungspersonals erkannt. Das führte zur Einrichtung von Heizerschulen.

Durch das ganze 19. Jahrhundert hindurch war Luftverschmutzung allein ein Problem des Nachbarschaftsrechts. Die Gesundheit der Arbeiter spielte in dieser von Wirtschaftsliberalismus und Arbeitskräfteüberschuß geprägten Zeit eine untergeordnete Rolle. In dieser Hinsicht gab erst die Sozialgesetzgebung im Deutschen Reich neue Impulse, weil sie auch den Arbeitgeber finanziell am Gesundheitsrisiko seiner Arbeitnehmer beteiligte.

Bis zur Mitte des 20. Jahrhunderts war die Industrialisierung in Nordamerika und Europa konsolidiert. Eine Vielzahl von technischen Neuerungen und Entwicklungen beeinflußte die Emissionen. Elektrische Energie hat die mechanische Energie der Dampfmaschine als Energieträger verdrängt. In zentralen Kraftwerken mit thermischen Strömungsmaschinen wurden die Energieerzeugung und die entstehenden Emissionen konzentriert.

Mit der Weiterentwicklung der Entstaubungsverfahren des 19. Jahrhunderts und der Erfindung des Elektrofilters etablierte sich die Staubtechnik in den 20er Jahren. 1926 wurde ein VDI-Fachausschuß „Staubtechnik" gegründet.

Gleichzeitig ermöglichte die Entwicklung der theoretischen chemischen Verfahrenstechnik die Planung von Apparaten und Anlagen und speziell den Bau von wirkungsvollen Abgasreinigungsanlagen. Die beiden Weltkriege mit der Umstellung der Wirtschaft auf Kriegsproduktion wirkten nachteilig auf die Entwicklung der Luftreinhaltung. Emissionsminderungsmaßnahmen wurden zugunsten der Produktion sowohl während der Kriegsjahre als auch in der Nachkriegszeit zurückgestellt.

Eine Sonderrolle spielten in diesem Zusammenhang die Autarkiebestrebungen des Dritten Reiches, wo in besonderem Maße Mangelprodukte aus vorhandenen Grundstoffen substituiert wurden. Damals wurde z.B. die aufwendige Benzingewinnung aus Steinkohle entwickelt.

Die Kriegswirtschaft blockierte nicht nur zivile Vorhaben, sie band auch den größten Teil der vorhandenen Entwicklungskapazitäten. Zudem entstanden durch die Entwicklung von chemischen, biologischen und atomaren Waffen in dieser Zeit gewaltige neue Gefahrenpotentiale für Mensch und Umwelt. Diese Entwicklung hat sich durch die Nachkriegszeit hindurch bis heute unablässig fortgesetzt.

Allerdings wurden im Bemühen, sich gegen diese Waffen zu schützen, auch neue Wissenschaftszweige begründet: Die Meteorologie der Luftverunreinigungen und die Toxikologie, die beide unser heutiges Wissen über Ausbreitung und Wirkung von Luftschadstoffen entscheidend prägten.

In den USA, die von den Auswirkungen der beiden Weltkriege am wenigsten betroffen waren, setzten sich große technologische Veränderungen durch, die in Europa erst Jahrzehnte später wirksam wurden. Hervorzuheben ist vor allem das starke Ansteigen des Kraftfahrzeugverkehrs. Unverbrannte Kohlenwasserstoffe und Stickstoffoxide aus Autoabgasen führten bereits in den 40er Jahren im sonnigen Los Angeles zu berüchtigten Photosmog-Episoden. Ebenfalls seit den 20er Jahren breitete sich zunächst im Süden und Westen der USA das Erdgas-Pipeline-Netz aus. Nach und nach haben Gashausheizungen bis heute auch in den Kohlerevieren der amerikanischen Oststaaten die hergebrachten Kohle- und Ölfeuerungen verdrängt.

Unterdessen kam es vor allem in den europäischen Zentren des Kohleverbrauchs immer wieder zu Episoden des sog. London-Smogs, der auf die Anreicherung von Schwefeldioxid und Schwebstaub während austauscharmer Wetterlagen mit hoher Luftfeuchtigkeit zurückgeht. In Tabelle 1.2 sind die wichtigsten in der Literatur beschriebenen Episoden des London-Smogs mit den zu jener Zeit erhobenen epidemiologischen Daten zusammengestellt. In erster Konsequenz führte die Smogepisode des Jahres 1962 im Ruhrgebiet 1963 zur Einrichtung eines Smogwarndienstes.

Nach den Jahren des Wiederaufbaus in Europa und der Rezession in Amerika begann in den 50er Jahren ein weltweiter Industrialisierungsschub, der auch die

Tabelle 1.2. Chronologie der wichtigsten Episoden des London-Smogs [6–10]

Datum		Ort	Todesfälle	Krankheitsfälle	SO_2 max. 24h-Werte mg/m³
1873	9.12.–11.12.	London			
1880	26. 1.–29. 1.	London	1000		
1892	28.12.–30.12.	London			
1909		Glasgow	80–176		
1930	1.12.– 5.12.	Maas-Tal (Belgien)	63	6000	25
1948	26.10.–30.10.	Donora (USA)	20	6000	1,6
1948	26.11.– 1.12.	London	700–800		
1950	24.11.	Poza Rica (Mexiko)[a]	22	320	
1952	5.12.– 9.12.	London	4000		3,8
1953	15.11.–24.11.	New York	250		2,2
1956	3. 1.– 6. 1.	London	1000		1,5
1957	2.12.– 5.12.	London	700–800		1,6
1958		New York			
1959	26. 1.–31. 1.	London	200–250		0,8
1962	5.12.–10.12.	London	700		3,3
1962	3.12.– 7.12.	Ruhrgebiet			5,0
1963	7. 1.–22. 1.	London	700		
1963	9. 1.–12. 2.	New York	200–400		1,3
1966	23.11.–25.11.	New York	168		
1979	17. 1.	Ruhrgebiet	–		ca. 0,9
1982	22. 1.	Stuttgart	–		0,57
1985	16. 1.–20. 1.	Ruhrgebiet	–		0,85

[a] Schwefelwasserstoffausbruch in einer Erdgasverarbeitungsanlage bei einer Inversionswetterlage

bis dahin durch Agrarwirtschaft geprägten Länder Süd- und Osteuropas sowie Japan erfaßte.

Der weiterhin exponentiell anwachsende Primärenergieverbrauch (s. Bild 1.3c) bei nahezu unveränderter Technologie spitzte die Lage der Luftgüte in den Zenten der Schwerindustrie zu. Gesetzgeberische Maßnahmen wurden nötig. In Luftreinhaltegesetzen wurden zuerst in den USA (1955) und in England (Clean Air Act, 1956), später in allen Industrienationen die Brennstoffqualität festgelegt und Auswurfbeschränkungen auferlegt.

In der Bundesrepublik wurde 1959 die Gewerbeordnung in diesem Sinne verändert. Damit wurden Auflagen für genehmigungsbedürftige Neuanlagen sowie nachträgliche Änderungen der Betriebsgenehmigung bei Altanlagen möglich. Die erste Fassung der allgemeinen Verwaltungsvorschrift TA Luft trat 1964 in Kraft.

Richtlinien der 1957 gegründeten VDI-Kommision „Reinhaltung der Luft" ergänzen seither die Verordnungen und haben normativen Charakter.

Die allgemeine Einführung der Entstaubungstechnik – aber auch hoher Schornsteine – führte in Folge zu dem Erfolg, daß in den 70er Jahren „der Himmel über dem Ruhrgebiet wieder blau" wurde.

Im Jahr 1970, dem „Jahr des Naturschutzes", war die Zeit reif für eine Wende im Umweltbewußtsein in Deutschland. Die Bundesregierung erließ ein Sofortprogramm zum Umweltschutz [11, 12]. Als erstes wurde durch eine Grundgesetzän-

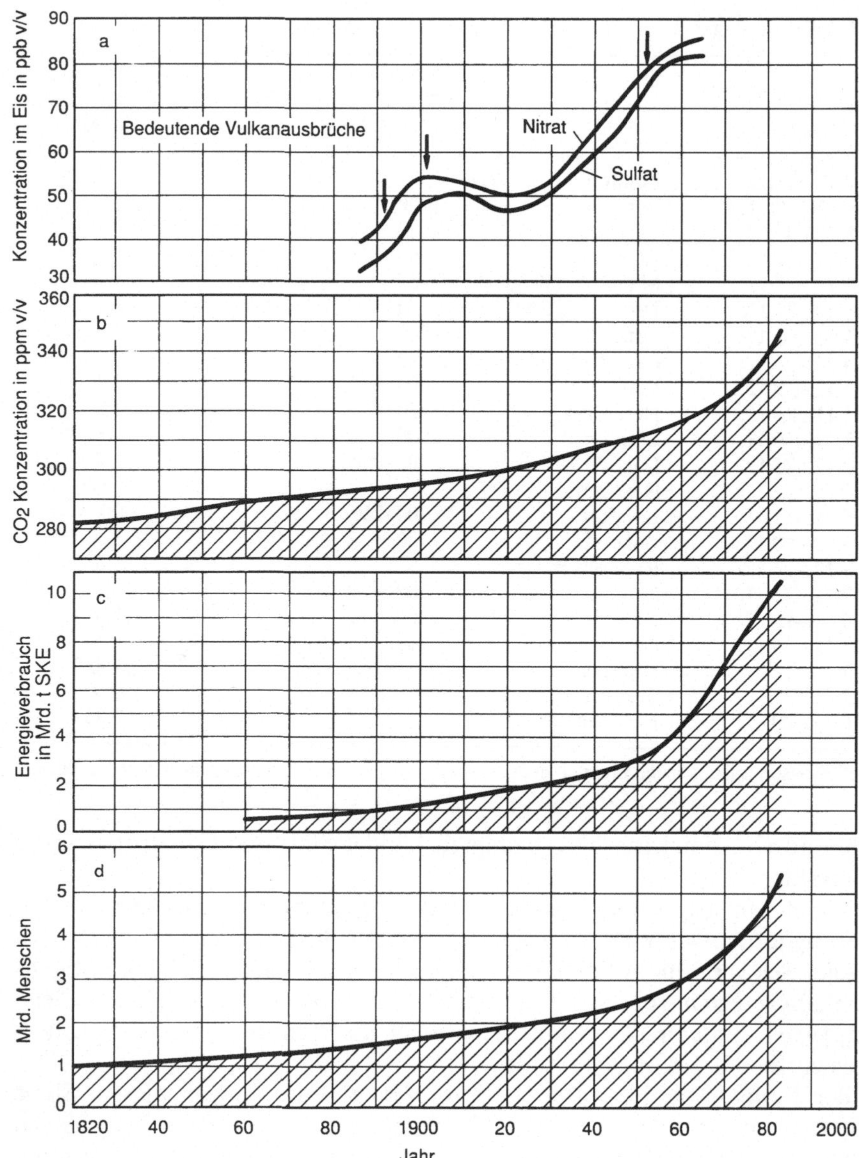

Bild 1.3. Langfristige Entwicklung umweltrelevanter Größen im globalen Maßstab. **a** Nitrat- und Sulfatgehalte in Gletschereis aus Südgrönland (repräsentativ für Nordhalbkugel), Ausgleichskurve 1885–1978 [13]; **b** Hintergrundkonzentration von CO_2: 1820–1960 aus der Analyse von Luftblasen in Arktiseis, ab 1960 direkte Messung auf dem Mauna-Loa, Hawaii [14]; **c** Weltverbrauch an Primärenergieträgern: [15, 16]; **d** Weltbevölkerung, seit 1960 UN-Schätzungen [17, 18]

derung in der Luftreinhaltung Gesetzgebungskompetenz von den einzelnen Ländern zum Bund verlagert. Hiermit war die Grundlage für das 1974 verabschiedete Bundesimmissionsschutz-Gesetz geschaffen. Aufgrund dieses Gesetzes wurden zahlreiche Verordnungen erlassen, z.B. zur Überwachung von Hausheizfeuerungsanlagen und zur Entschwefelung von leichtem Heizöl. Weitere Vorschriften, die auf dem Gesetz fußen, sind allgemeine Verwaltungsvorschriften wie z.B. eine neue Technische Anleitung zur Reinhaltung der Luft (TA Luft). Das Gesetz legt außerdem fest, daß in Belastungsgebieten Luftreinhaltepläne und Smogverordnungen erstellt werden müssen. Aufgrund dieser Smogverordnungen wurde in Berlin und im Ruhrgebiet mehrfach Smogalarm gegeben, 1982 auch in Stuttgart. Eine Verschärfung der Grenzwerte führte seit 1985 vermehrt zu Smogalarmen, z.B. im Ruhrgebiet, in Hessen, Berlin, Nordostbayern und im Großraum Nürnberg.

In den letzten Jahren konnte wegen der Umstellung auf schwefelarme Brennstoffe und der Wirkungsgraderhöhung der Heizanlagen insgesamt eine Abnahme der SO_2-Belastung in den Städten festgestellt werden, während vor allem die Stickstoffoxide durch den sich stark ausweitenden Autoverkehr zu einem Hauptschadstoff wurden.

Das großflächige Auftreten der neuartigen Waldschäden in ganz Mitteleuropa seit 1981/82 führte wiederum zu einer Welle von gesetzlichen Verschärfungen in der Luftreinhaltung: 1983 wurde die TA Luft teilweise novelliert und die Großfeuerungsanlagenverordnung erlassen, 1985 weitergehende Abgasnormen für Ottomotoren eingeführt und 1986 die TA Luft mit Anforderungen an zahlreichen Anlagen vervollständigt. Als Sekundärschadstoff kam das Ozon (O_3) ins Gespräch, das sich aus Stickstoffoxiden und Kohlenwasserstoffen unter UV-Lichteinwirkung bildet. Auf den grenzüberschreitenden Charakter von Luftschadstoffen hatten skandinavische Wissenschaftler bereits 1972 anläßlich einer UNO-Konferenz in Stockholm hingewiesen. Sie führten die Versauerung vieler tausend Seen in Nordeuropa weitgehend auf den Antransport säurebildender SO_2-Emissionen aus Großbritannien und Mitteleuropa zurück.

Der ständig steigende Einsatz fossiler Brennstoffe hat weltweit längst zu einem merklichen Anstieg der Kohlendioxidkonzentration in der Atmosphäre geführt, wie aus der Analyse von Luftbläschen in Gletschereis und in jüngerer Zeit aus direkten Messungen hervorgeht, s. Bild 1.3b.

Ähnlich wie Kohlendioxid verteilen sich auch andere Produkte fossiler Verbrennung großräumig in der Atmosphäre. Ihre Konzentrationen steigen fast proportional mit dem Weltenergieverbrauch (Bild 1.3c). Diese Entwicklung illustriert Bild 1.3a anhand von Gletscherwasseranalysen von Südgrönland. Die Konzentration von sekundär aus Schwefeldioxid (bzw. Stickstoffoxid) gebildetem Sulfat (Nitrat) schwankt bis ca. 1940 (1950) innerhalb einer gewissen Bandbreite und steigt seither stark an.

Wenig beachtet wurde bisher die Rolle der Vielzahl organischer Luftverunreinigungen, die seit mehreren Jahrzehnten in die Atmosphäre eingeführt werden, sei es schleichend, wie bei Pestiziden und Frigenen, sei es spektakulär, wie bei der Dioxin-Katastrophe in Seveso (1976) und der Methylisocyanat-Katastrophe in Bhopal (1984), oder sei es völlig unbemerkt. In den seltensten Fällen ist die Wirkung dieser organischen Verbindungen geklärt. So ist z.B. bis heute nicht klar, welche Rolle den organischen Verbindungen zum einen bei der steigenden Krebshäufigkeit in den Industrienationen und zum anderen bei der großräumigen Ozonentstehung beizumessen ist. Ähnliches gilt für die Langzeiteffekte radioaktiver Gase und Aerosole in der Umwelt. Auf die Gefahren eines ständig steigenden Einsatzes von Kernreaktoren warf der Reaktorunfall von Tschernobyl (1986) jedoch ein Schlaglicht.

Angesichts der vielen noch offenen Fragen bezüglich der Langzeitwirkung von Luftverunreinigungen auf das Gesamtökosystem gilt es, verantwortliche Kompromisse zwischen Wirtschaftlichkeit von Produktionsverfahren einerseits und einer möglichst weitgehenden Schonung der Umwelt andererseits zu finden.

Diese Herausforderung wird umso gewaltiger, je stärker die Weltbevölkerung zunimmt und damit zwangsläufig auch die Menge der Güter, die für ihre Versorgung nötig sind (Bild 1.3d).

1.3 Begriffserläuterungen

Luftverunreinigungen – Schadstoffe

Während alle Stoffe, die die natürliche Zusammensetzung der Luft verändern, als Luftverunreinigungen bezeichnet werden, spricht man von Schadstoffen nur dann, wenn schädliche Wirkungen der Luftverunreinigungen bekannt sind.

Emission

Als Emission werden die von Anlagen, von Fahrzeugen oder von Produkten an die Umwelt abgegebenen Luftverunreinigungen – Gase und Stäube – bezeichnet. Auch in anderen Bereichen spricht man von Emissionen: Geräusche, Strahlen, Wärme, Erschütterungen usw. können ebenfalls emittiert werden.

Immission

Als Immission wird der Übergang bzw. die Einwirkung von Luftverunreinigungen (bzw. der anderen Emissionen) auf Menschen, Tiere, Pflanzen und Sachgüter bezeichnet. Die auf die Objekte einwirkenden Konzentrationen der Luftverunreinigungen werden oft allgemein als Immissionskonzentrationen bezeichnet.

Transmission

In Anlehnung an die Begriffe Emission und Immission wird die *Ausbreitung der Luftverunreinigungen*, die zwischen der Emission und der Immission liegt, als Transmission bezeichnet. Bei der Ausbreitung können Luftschadstoffe neben der physikalischen Verdünnung auch chemische Umwandlungen erfahren. In Bild 1.4 sind diese Zusammenhänge schematisch dargestellt.
Bei hohen *Emissionsquellen* ist der Weg von der Emission bis zur Immission sehr groß; entsprechend verdünnt gelangen die Luftverunreinigungen in den Wirkungsbereich. Die große Quellhöhe ermöglicht aber auch weiträumige Verfrachtungen der Schadstoffe, man spricht dann von sog. *Ferntransporten.* Bei niedrigen Quellhöhen, z.B. bei Kraftfahrzeugemissionen, können die Luftverunreinigungen auf kürzestem Weg in den Atembereich der Menschen gelangen.

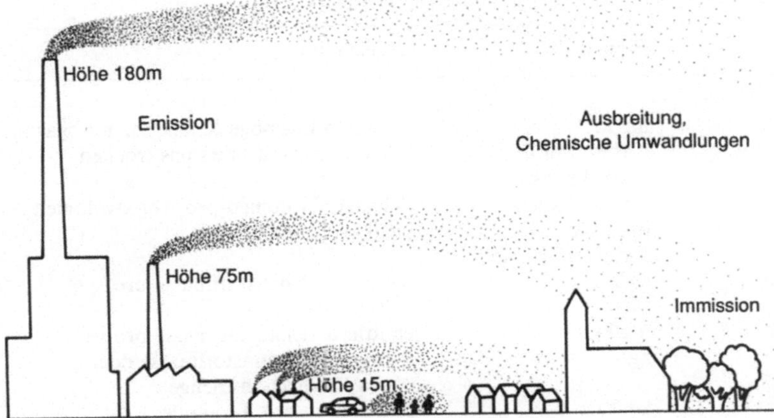

Bild 1.4. Wege der Luftverunreinigungen von der Emission bis zur Immission

Smog

Smoke (Rauch) + fog (Nebel) = Smog. Hohe Immissionskonzentrationen von Schadstoffen in Verbindung mit Nebel werden als Smog bezeichnet.

Abgas

Von Anlagen, Fahrzeugen usw. an die Umwelt abgegebenes, nicht mehr benötigtes Gas, das i.allg. den Träger für die emittierten Luftverunreinigungen darstellt.

Rauchgas

Abgas von Feuerungsanlagen, das durch feine Partikel (Rauch) sichtbar wird. Auch wenn das Abgas praktisch keine Partikel enthält, spricht man bei Feuerungsanlagen ganz allgemein meist von Rauchgas.

Abluft

Abgas, bei dem das Trägergas aus Luft besteht, z.B. Arbeitsplatzabsaugungen, bei denen schadstoffhaltige Luft über einen Kamin an die Umwelt abgegeben wird.

Emissionsquellen

Emissionsquellen sind die Anlagen, Fahrzeuge und dergl., in denen Luftverunreinigungen entstehen und dann an die Umwelt abgegeben werden. Von *Punktquellen* spricht man, wenn in intensivem Maße Luftverunreinigungen an einer Stelle freigesetzt werden, z.B. bei Industrieschornsteinen. Viele kleine Quellen bilden eine Flächenquelle, z.B. Leckagen an Rohrleitungen und Armaturen in großflächi-

Tabelle 1.3. Maßeinheiten in der Luftreinhaltung (s. auch [19])

Größe	Einheit	Bezeichnung
Emissionen		
Massenkonzentration c	mg/m³ (bez. auf 0 °C, 1013 mbar)	Schadstoffmasse je Kubikmeter Abgas im Normzustand, meistens trocken
Volumenkonzentration c_v	cm³/m³, auch ppm v/v 1 cm³/m³ = 1 ppm	Schadstoffvolumen pro Abgasvolumen parts per million
Emissionsmassenstrom	kg/h t/a	emittierte Schadstoffmasse pro Zeiteinheit
Emissionsfaktor	mg/kg kg/t	emittierte Schadstoffmasse pro verbrannter Brennstoffmasse oder pro Produktionsmenge
Emissionsfaktor	kg/TJ	Kilogramm pro Terajoule; emittierte Schadstoffmasse bez. auf Wärmeleistung (bei Feuerungsanlagen)
Emissionsfaktor	g/km	emittierte Schadstoffmasse pro gefahrenem Kilometer (bei Kraftfahrzeugen)
Immissionen		
Massenkonzentration	mg/m³ µg/m³ 1000 µg = 1 mg	Schadstoffmasse pro Kubikmeter Luft
Volumenkonzentration	cm³/m³, auch ppm v/v ppb (µl/m³)	Schadstoffvolumen pro Luftvolumen; parts per million; parts per billion
Schadstoffkonzentration in Niederschlagswasser	mg/l µg/l	Schadstoffmasse je Liter Niederschlagswasser
Schadstoffdeposition (z. B. Staubniederschlag, aber auch nasse Niederschläge und Gase)	mg/m²/Tag µg/m²/Tag	abgesetzte Schadstoffmasse pro Fläche und Zeit
Schadstoffdosis	mg/m³ · h	Konzentration mal Zeit ($c \cdot t$)
Wirkdosis	µg/kg	aufgenommene (wirksame) Schadstoffmasse pro Akzeptor- (Aufnehmer-) Masse

gen Industriebetrieben, z.B. Raffinerien. Auch die Hausschornsteine eines Wohngebietes können als Flächenquelle bezeichnet werden. Stark befahrene Straßen stellen z.B. *Linienquellen* dar.

Maßeinheiten

Tabelle 1.3 gibt einen Überblick über die in der Luftreinhaltung gebräuchlichen Maßeinheiten.

Umrechnung der Volumenkonzentration in Massenkonzentration

Schadgaskonzentrationen werden oft als Volumenkonzentrationen gemessen, gefragt sind aber meistens die Massenkonzentrationen. Die Umrechnung erfolgt folgendermaßen:

$$1\,\text{mg/m}^3 = 1\,\text{cm}^3/\text{m}^3 \cdot \varrho = 1\,\frac{\text{cm}^3\ \text{Schadgas} \cdot \text{mg Schadgas}}{\text{m}^3\ \text{Luft} \cdot \text{cm}^3\ \text{Schadgas}}$$

ϱ = Gasdichte

$$\varrho = \frac{\text{Molmasse}}{\text{Molvolumen}}\ \text{g/l bzw. mg/cm}^3$$

$$\varrho = \frac{\text{Molmasse}}{22{,}4}\ \text{mg/cm}^3\ \ (\text{bei } 0\,°\text{C},\ 1\,013\,\text{mbar})$$

$$\varrho = \frac{\text{Molmasse}}{24}\ \text{mg/cm}^3\ \ (\text{bei } 20\,°\text{C},\ 1\,013\,\text{mbar})$$

1.4 Literatur

1 Stern, A. et al.: Fundamentals of air pollution. 2nd Ed., Orlando: Academic Press 1984

2 Spiegelberg, F.: Reinhaltung der Luft im Wandel der Zeit. VDI-Komm. Reinhaltung der Luft, Düsseldorf: VDI 1984

3 Mieck, I.: Luftverunreinigungen und Immissionsschutz in Frankreich und Preußen zur Zeit der frühen Industrialisierung. Technikgeschichte 48 (1981) 239–251

4 Smith, R.A.: Air and rain. The beginnings of a chemical climatology. London: Longmans, Green & Co 1872

5 Wislicenus, H. (Hrsg.): Waldsterben im 19. Jahrhundert, Sammlung von Abhandlungen über Abgase und Rauchschäden. Reprintausgabe Parey, Berlin, 1908–1916/Einf. von d. VDI-Komm. Reinhaltung der Luft. Düsseldorf: VDI 1985

6 Leithe, W.: Die Analyse der Luft und ihre Verunreinigungen. Stuttgart: Wissenschaftliche Verlagsgesellschaft 1974

7 Dreyhaupt, F.J.: Smog-Alarm, Umwelt 8/86, 522–526

8 Giebel, J.; Bach, R.-W.: Ursachenanalyse der Immissionsbelastung während der Smogsituation am 17.1.1979. Schriftenreihe der Landesanstalt für Immissionsschutz des Landes Nordrhein-Westfalen, H. 17, 60–73. Essen: W. Giradet 1979

9 Baumüller, J.; Reuter, U.; Hoffmann, U.: Analyse der Smog-Situation in Stuttgart – Januar 1982. Landeshauptstadt Stuttgart, Chemisches Untersuchungsamt, Mitteilung Nr. 4/1982

10 Külske, S.; Pfeffer, H.-U.: Smoglage vom 16.–20. Januar 1985 an Rhein und Ruhr. Staub-Reinhaltung der Luft 45 (1985) Nr. 3, 136/141

11 Bundesministerium des Innern: Umweltprogramm der Bundesregierung, Referat für Öffentlichkeitsarbeit des Bundesinnenministeriums Bd. 9, Bonn 1971

12 Bundesministerium des Innern: Umweltplanung, Materialien zum Umweltprogramm der Bundesregierung 1971, zu Bundestags-Drucksache VI/2710, 6. Wahlperiode, Bonn, 1971

13 Neftel, A. et al.: Sulphate and nitrate concentrations in snow from South Greenland 1895–1978. Nature 314 (1985) 611

14 Graßl, H.: Klimaveränderung durch Spurenstoffe. Energiewirtschaftliche Tagesfragen 37 (1987) 127–133

15 Schilling, H.D.; Hildebrandt, R.: Die Entwicklung des Verbrauchs an Primärenergieträgern und an elektrischer Energie in der Welt, in den USA und in Deutschland, Bd. 6 Rohstoffwirtschaft International. Essen: Glückauf 1977

16 N.N.: Energy statistics yearbook. UN-Dept. of Int. Econ. and Soc. Aff., New York 1960–1985

17 N.N.: The prospects of world urbanization. UN-Publ. No. 87133, New York 1987

18 Meadows, D.: Die Grenzen des Wachstums. Stuttgart: Deutsche Verlagsanstalt 1972

19 Umweltbundesamt: Was Sie schon immer über Luftreinhaltung wissen wollten. Stuttgart: W. Kohlhammer 1986

2 Entstehung und Quellen von Luftverunreinigungen

Die wichtigsten anthropogenen Quellengruppen für Luftverunreinigungen sind industrielle Feuerungsanlagen und industrielle Prozesse, Verkehr, Kleingewerbe und häusliche Feuerungen sowie besondere Quellen wie Intensivtierhaltung, Spraydosen u.a..

Der allergrößte Teil der Schadstoffe entsteht in den verschiedenen Bereichen durch Verbrennungsprozesse, sei es in Industrie- und Hausheizfeuerungen oder beim Verkehr in Verbrennungsmotoren und Flugtriebwerken. Aus diesem Grund wird im folgenden auf die Schadstoffentstehung bei Verbrennungsprozessen näher eingegangen.

2.1 Entstehung von Schadstoff-Emissionen bei Verbrennungsprozessen

Bei der Verbrennung fossiler Brennstoffe zur Wärme- oder Kraftgewinnung können die verschiedenartigsten Schadstoffe entstehen. Art und Menge der emittierten Schadstoffe hängen dabei von der Art des Verbrennungsprozesses, vom eingesetzten Brennstoff und von der Verbrennungsführung ab. Für den Bereich der Feuerungsanlagen sind diese Einflußfaktoren und die möglichen Schadstoff-Emissionen in Bild 2.1 in ihren gegenseitigen Abhängigkeiten schematisch dargestellt. Für Verbrennungsmotoren gelten diese Aussagen sinngemäß auch, es werden allerdings andere Brennstoffe eingesetzt – Benzin und Diesel –, die weniger Verunreinigungen enthalten. Im folgenden Überblick werden die einzelnen Schadstoffgruppen mit ihren jeweiligen Entstehungsursachen beschrieben.

2.1.1 Produkte vollständiger und unvollständiger Verbrennung

Die fossilen Brennstoffe Gas, Benzin, Heizöle und Kohlen bestehen hauptsächlich aus Kohlenwasserstoff-Verbindungen mit mehr oder weniger großem C/H-Verhältnis.

Bei vollständiger Verbrennung reagiert der Kohlenstoffanteil des Brennstoffs mit Sauerstoff zu Kohlendioxid, der Wasserstoffanteil zu Wasser entsprechend folgender Bruttoreaktionsgleichung:

$$C_nH_m + \left(n + \frac{m}{4}\right)O_2 \rightarrow nCO_2 + \frac{m}{2}H_2O\,. \qquad (2.1)$$

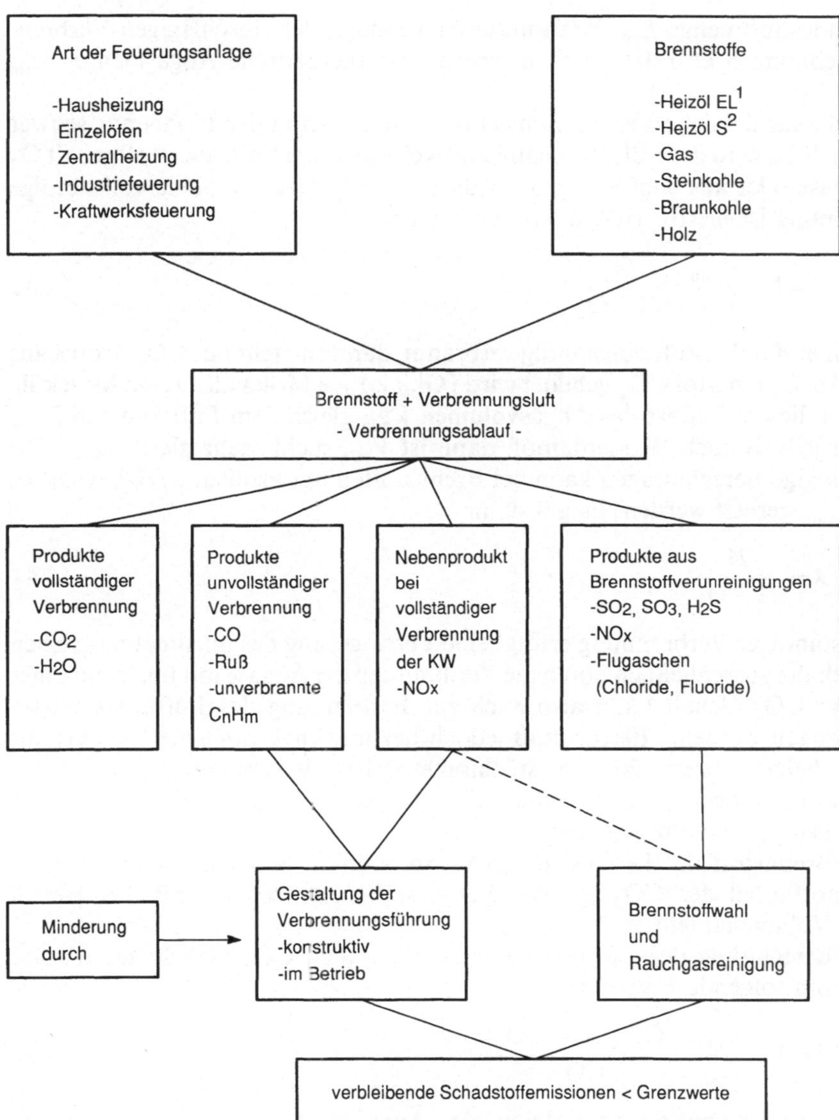

Bild 2.1. Einflußgrößen auf das Spektrum und die Höhe der Schadstoffemissionen am Beispiel von Feuerungsanlagen. [1]extraleicht, [2]schwer

Technische Prozesse benötigen für eine vollständige Verbrennung je nach Verbrennungsprozeß und eingesetztem Brennstoff einen gewissen Sauerstoff- bzw. Luftüberschuß. Bei Luftmangel kommt es zu unvollständiger Verbrennung mit erhöhten Schadstoff-Emissionen.

Der Luftüberschuß bei einem Verbrennungsprozeß ist folgendermaßen definiert:

$$\lambda = \frac{\text{tatsächliche Luftmenge } L}{\text{stöchiometrisch notwendige Luftmenge } L_{\min}} \,. \tag{2.2}$$

Die Mindestluftmenge L_{min} kann unter Anwendung der einschlägigen Verbrennungsrechnungen ermittelt werden, ebenso die theoretische Abgasmenge V_{min} [1].

Da die tatsächliche Verbrennungsluftmenge L sich in der Praxis nur schwer ermitteln läßt, wird der Luftüberschuß hilfsweise aus dem Restsauerstoffgehalt O_2 der Abgase oder aus dem Kohlendioxidgehalt CO_2 bestimmt; eine vollständige Verbrennung ist hierfür jedoch Voraussetzung:

$$\lambda = 1 + \frac{V_{min}}{L_{min}} \cdot \frac{O_2}{21 - O_2} . \qquad (2.3)$$

Wird reiner Kohlenstoff vollständig verbrannt, dann entsteht nur CO_2, wobei aus einem Mol O_2 ein Mol CO_2 gebildet wird [Gl. (2.1): n Moleküle $O_2 \rightarrow n$ Moleküle CO_2]. In diesem Fall ist das Abgasvolumen V_{min} gleich dem Luftvolumen L_{min}. Entsteht jedoch auch Wasserdampf, dann ist V_{min} nicht mehr gleich L_{min}. Für überschlägige Berechnungen kann bei Brennstoffen mit großem C/H-Verhältnis $V_{min} = L_{min}$ gesetzt werden. Es gilt dann:

$$\lambda = \frac{21}{21 - O_2} . \qquad (2.4)$$

Bei vollständiger Verbrennung erfolgt eine Verringerung des maximal möglichen CO_2-Gehalts ausschließlich durch die Verdünnung der Abgase mit überschüssiger Luft. Der CO_2-Gehalt kann also auch zur Bestimmung des Luftüberschusses herangezogen werden. Hierfür muß jedoch der maximal mögliche CO_2-Gehalt $CO_{2\,max}$ bekannt sein. Bei der stöchiometrischen Verbrennung von reinem Kohlenstoff werden aus n Molekülen O_2 n Moleküle CO_2, der $CO_{2\,max}$ Gehalt beträgt also 20,93 Volumenanteile in %.

Bei Brennstoffen, die aus Kohlenwasserstoffen bestehen, wird je nach Wasserstoffanteil der $CO_{2\,max}$ niedriger ausfallen, er beträgt z.B. für Heizöl EL 15,4 Volumenanteile in %.

Zur Berechnung des Luftüberschusses λ aus dem CO_2-Gehalt der Abgase gelten dann folgende Formeln:

$$\lambda = 1 + \frac{V_{min}}{L_{min}} \cdot \frac{CO_{2\,max} - CO_2}{CO_2} \qquad (2.5)$$

oder überschlägig mit der vereinfachenden Annahme $V_{min} = L_{min}$:

$$\lambda = \frac{CO_{2\,max}}{CO_2} . \qquad (2.6)$$

Der Luftüberschuß ist eine wichtige Größe für die schadstoffarme Fahrweise von Verbrennungsprozessen. Er geht im folgenden in viele Betrachtungen ein. Luftmangel führt zu unvollständiger Verbrennung. Daneben können folgende Ursachen die Vollständigkeit der Verbrennung beeinträchtigen:

- ungenügende Vermischung von Brennstoff und Verbrennungsluft (örtlicher Luftmangel),
- plötzliche Abkühlung der Flammengase durch Feuerraumwände,
- zu kurze Verweilzeit im hohen Temperaturbereich,

– Brennen von Flammen in abgehobenem Zustand, Austritt von Zwischenprodukten unter dem Flammenfuß.

Bei unvollständiger Verbrennung können folgende Schadstoffe entstehen und als Emissionen in die Umwelt gelangen: Kohlenmonoxid (CO), Kohlenwasserstoffe (C_nH_m), oxidierte Kohlenwasserstoffe, u.a. als Geruchsstoffe und Ruß.

2.1.1.1 Kohlenmonoxid

Die Verbrennung von Kohlenstoff zu CO_2 verläuft über das Zwischenprodukt CO. Die CO-Oxidation erfordert eine sog. Anspringtemperatur von mindestens 990 K und für einen vollständigen Abbrand eine gewisse Verweilzeit bei dieser Temperatur. Bei zu geringer Verbrennungstemperatur, zu geringer Verweilzeit in der Flamme oder bei Luftmangel kann ein Teil des CO ins Abgas gelangen.

Die *Abhängigkeit der CO-Emission vom Luft- bzw. Sauerstoffüberschuß* bei der Verbrennung ist beispielhaft für Ölfeuerungsabgase in Bild 2.2 gezeigt. Man erkennt bei Luftmangel das starke Ansteigen des CO-Gehalts in den Abgasen.

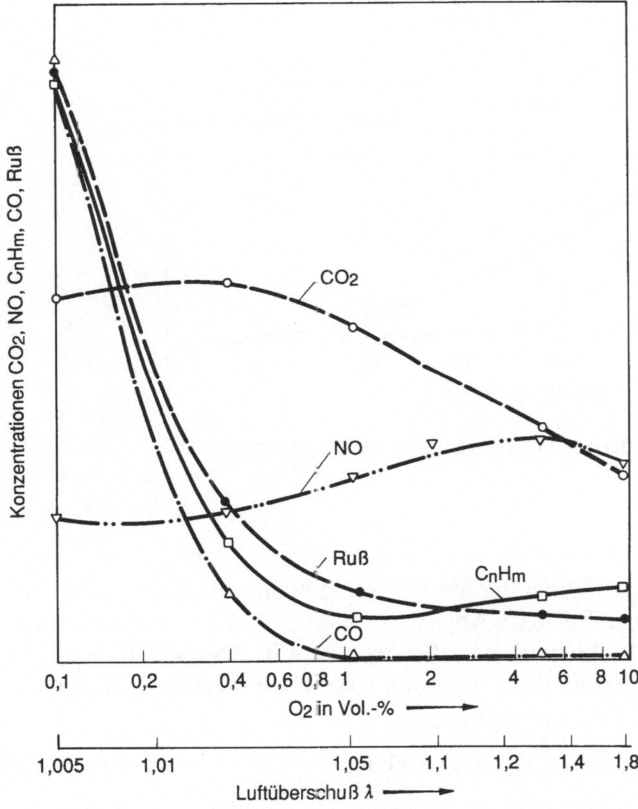

Bild 2.2. Typischer Verlauf der Schadstoffemissionen im Abgas von Ölfeuerungen in Abhängigkeit vom Luftüberschuß [2]

Wie hoch der Mindest-Luftüberschuß für eine möglichst vollständige Verbrennung sein muß, hängt von der Güte der Vermischung von Brennstoff und Luft, von der Verbrennungstemperatur und von der Verweilzeit ab.

Die *Abhängigkeit der CO-Emission von der Temperatur* ist beispielhaft für einen Zimmerofen mit Ölverdampfungsbrenner in Bild 2.3 dargestellt. Man erkennt bei abnehmender Temperatur einen deutlichen Anstieg der CO-Emission.

Bei handbeschickten Feuerungen, z.B. bei Holz-Zentralheizkesseln, wechseln die Verbrennungszustände ständig. Nach der Brennstoffaufgabe setzt eine intensive Verbrennung mit hoher Temperatur ein, aber meistens reicht hier die Verbrennungsluftmenge nicht aus, so daß CO- und Kohlenwasserstoff-Emissionen auftreten. Im weiteren Verlauf des Abbrandes nimmt die Brennstoffmenge ab, und der Luftüberschuß steigt. Dabei sinkt die Verbrennungstemperatur ständig ab, wodurch die CO-Emissionen wieder ansteigen. Ein derartiger Verbrennungsverlauf ist in Bild 2.4 gezeigt.

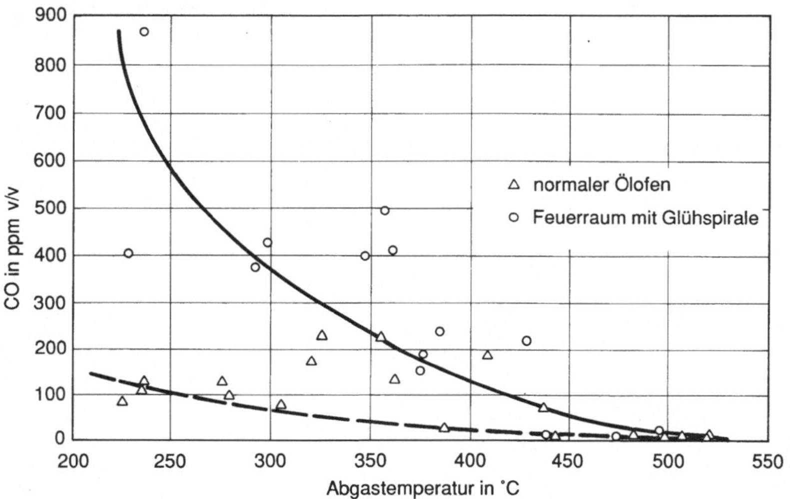

Bild 2.3. CO-Emission eines Ölofens in Abhängigkeit von der Abgastemperatur

2.1.1.2 Kohlenwasserstoffe

Werden die Kohlenwasserstoffe bei der Verbrennung nicht vollständig oxidiert, dann können sehr vielfältige Stoffe im Abgas auftreten, z.B. Alkohole, Aldehyde oder organische Säuren. Kohlenwasserstoffe können z.B. über die folgenden, mehr oder weniger stabilen und als Emissionen möglichen Oxidationsstufen zu Kohlendioxid und Wasser oxidiert werden:

CH_4 →	CH_3OH →	HCHO →	HCOOH →	CO →	CO_2, H_2O
Methan (Kohlenwasserstoff)	Methanol (Alkohol)	Formaldehyd	Ameisensäure	Kohlenmonoxid	Kohlendioxid; Wasser

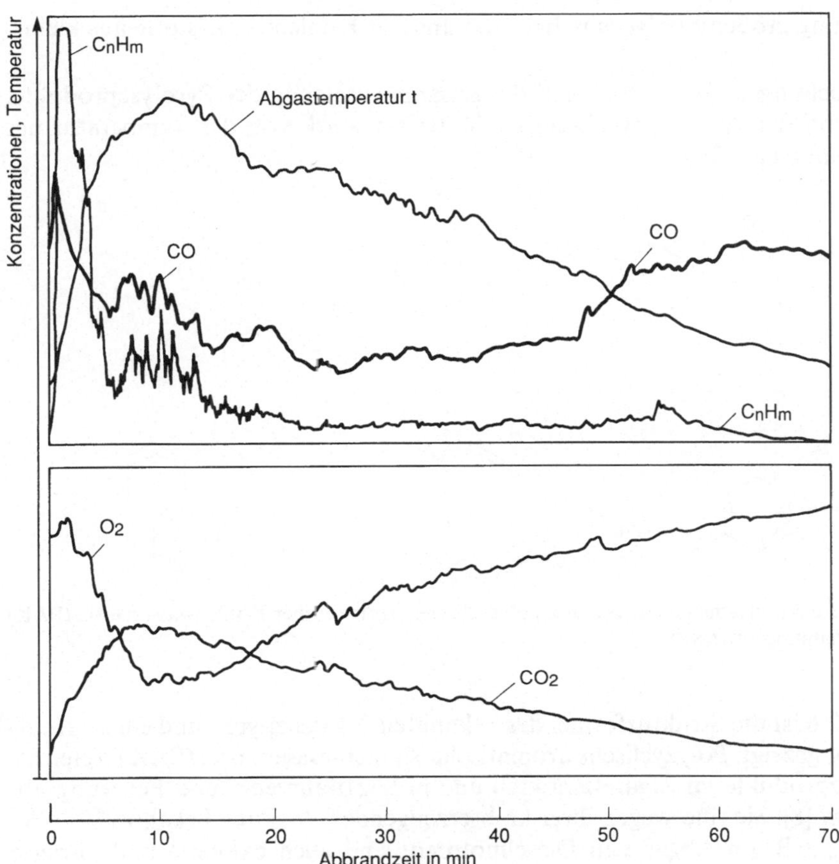

Bild 2.4. CO-Emission eines Holz-Zentralheizkessels während eines Verbrennungsverlaufs vom Auflegen des Brennstoffs bis zum Abbrand auf Grundglut [3]

Bei unvollständiger Verbrennung bzw. ungenügender Vermischung von Brennstoff und Luft in der Flamme kann ein Teil des Brennstoffs auch unverbrannt mit dem Abgas entweichen [4, 5]. Bei Luftmangel kann dagegen eine thermische Zersetzung (Pyrolyse) einsetzen, die entweder über den oben angeführten Weg einer Teiloxidation abläuft oder z. B. über Abspaltung von Wasserstoffatomen zur Bildung neuer, ursprünglich nicht im Brennstoff enthaltener Kohlenwasserstoffe führt. Auf diese Weise stellt man sich z. B. die Bildung polycyclischer aromatischer Kohlenwasserstoffe vor, von denen ein Teil als krebserregend bekannt ist. In Bild 2.5 ist ein Schema der Polycyclenbildung nach Badger [5, 6] dargestellt.

Die Reaktionsfolge läßt sich bei dieser Art der Polycyclenbildung wie folgt zusammenfassen:

1. Addition von kleineren aliphatischen Verbindungen und Zyklisierung zu hydroaromatischen Kohlenwasserstoffen mittlerer Molekülgröße,
2. Überführung der hydroaromatischen Kohlenwasserstoffe in vollaromatische,

3. Bildung größerer polycyclischer aromatischer Kohlenwasserstoffe aus kleineren.

Untersuchungen [7] ergaben, daß die Zusammensetzung der Pyrolyseprodukte, außer von der Art des pyrolysierten Materials, stark von der Temperatur der Verbrennung abhängt.

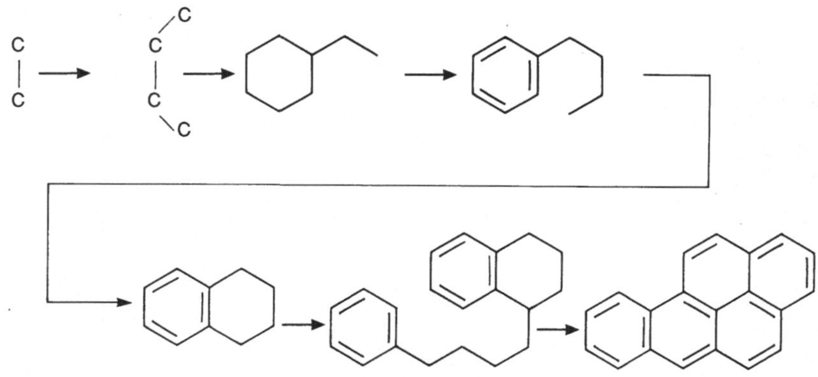

Bild 2.5. Reaktionsschema zur Bildung polycyclischer aromatischer Kohlenwasserstoffe (PAK) bei Verbrennungsprozessen

In Bild 2.6 ist die Strukturformel des bekannten 3,4 Benzpyren und eines nitrierten PAK gezeigt. Polyzyclische aromatische Kohlenwasserstoffe (PAK) treten als Pyrolyseprodukte im Zigarettenrauch und in Kraftfahrzeug- und Feuerungsabgasen auf [8]. Sie sind wegen ihrer krebserzeugenden Wirkung bekannt. Von Bedeutung, z. B. im Abgas von Dieselmotoren, sind auch oxidierte und nitrierte PAK [7].

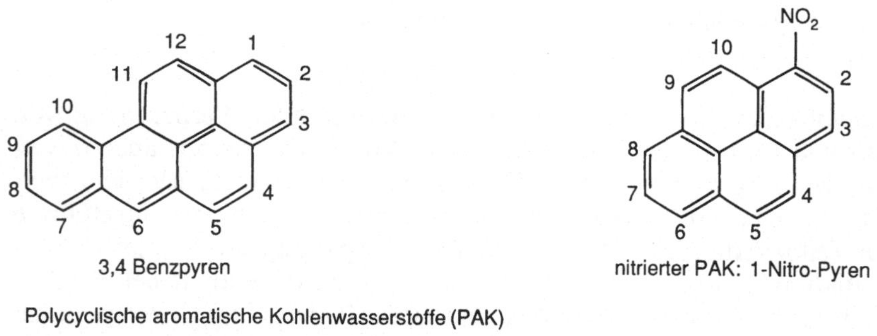

3,4 Benzpyren

nitrierter PAK: 1-Nitro-Pyren

Polycyclische aromatische Kohlenwasserstoffe (PAK)

Bild 2.6. Strukturformeln eines polyzyclischen aromatischen Kohlenwasserstoffs (3,4 Benzpyren) und eines nitrierten PAK (1-Nitro-Pyren) [7, 8]

In Bild 2.7 sind beispielhaft die Kohlenwasserstoff-Emissionen eines Zentralheizkessels mit Öl-Druckzerstäuber-Brenner anhand eines Gaschromatogramms des Abgases dargestellt. Zum Vergleich ist ein Gaschromatogramm des verfeuerten leichten Heizöls gezeigt (Bild 2.7a).

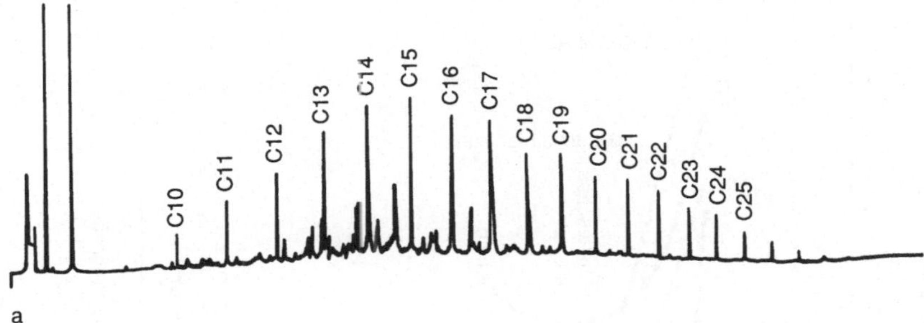

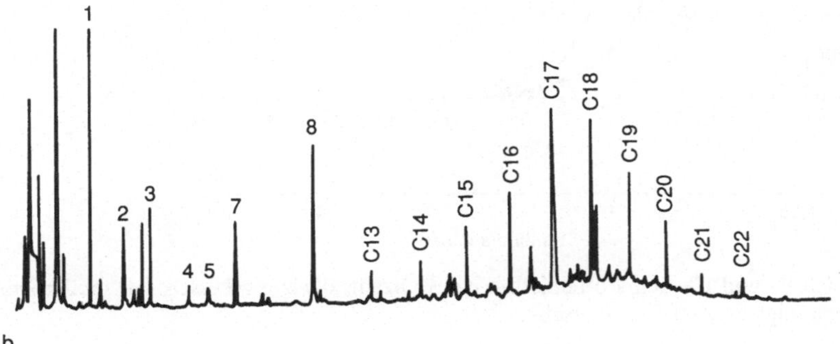

Bild 2.7. Kohlenwasserstoffemissionen eines Zentralheizkessels mit Öl-Druckzerstäuber-Brenner, die C_i stellen Alkane mit der entsprechenden Kohlenstoffzahl dar. **a** Gaschromatogramm des verfeuerten leichten Heizöls; **b** Gaschromatogramm der organischen Stoffe des Abgases. Feuerungseinstellung: leichter Luftmangel; die Nummern der Peaks bedeuten: *1* Toluol, *2* Ethylbenzol, *3* Xylol, *4* Propylbenzol, *5* Ethyl-Methylbenzol, *7* Trimethylbenzol, *8* Naphthalin

Im rechten Teil des Gaschromatogramms des Abgases erkennt man unverbrannte Bestandteile des Heizöls. Im linken Teil dagegen finden sich neue, durch Pyrolysevorgänge entstandene Stoffe.

In Ölfeuerungen kommt es außer bei schlechter Feuerungseinstellung vor allem bei An- und Abstellvorgängen des Brenners zu Emissionen organischer Stoffe [9, 10].

Die Kohlenwasserstoff-Emissionen von Feuerungsanlagen sind vor allem auch wegen ihrer Geruchsbelästigung von Bedeutung. Eine direkte Zuordnung der Geruchsstoff-Emissionen zu gaschromatographisch bestimmten Kohlenwasserstoff-Emissionen ist nicht leicht möglich, da es sich um komplizierte Stoffgemische handelt. Auch Stoffe in geringer, kaum erfaßbarer Konzentration können schon erheblich zur Geruchsemission beitragen.

Es läßt sich trotzdem ganz pauschal ein Zusammenhang zwischen den Emissionen unverbrannter Stoffe – CO, C_nH_m und Ruß – und der Geruchsintensität des Abgases herstellen, s. Bild 2.8: Wenn viele Produkte unvollständiger Verbrennung vorhanden sind, ist auch die Geruchsintensität des Abgases groß [11].

Als Beispiel für die Emission oxidierter Kohlenwasserstoffe bei Verbrennungsprozessen sei hier Formaldehyd angesprochen.

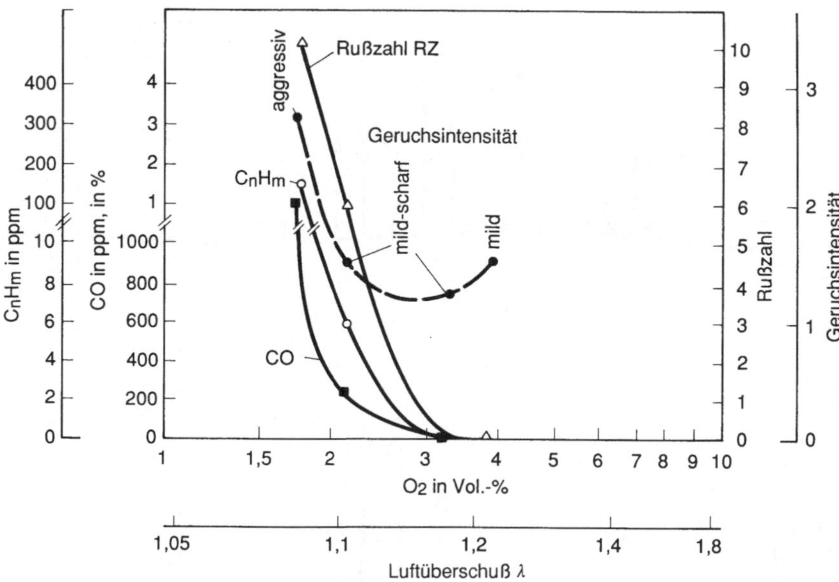

Bild 2.8. Schadstoff- und Geruchsstoffemission eines Ölzentralheizungskessels mit modernem Brenner in Abhängigkeit vom Luftüberschuß

Bild 2.9 zeigt beispielhaft die Formaldehyd-Emission eines Holzzentralheizkessels in Abhängigkeit vom CO-Gehalt des Abgases. Man erkennt den eindeutigen Zusammenhang. Tritt bei unvollständiger Verbrennung des Holzes Kohlenmonoxid in den Abgasen auf, dann ist auch mit Formaldehyd-Emissionen zu rechnen.

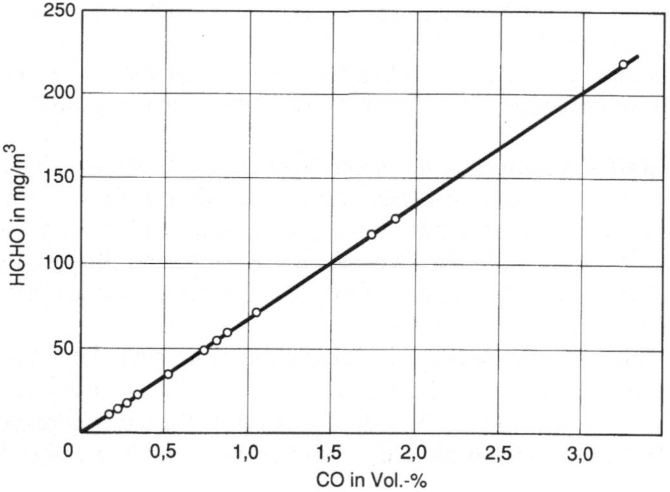

Bild 2.9. Zusammenhang zwischen Formaldehyd- und Kohlenmonoxid-Emissionen bei der Holzverbrennung in einem Zentralheizkessel

Tabelle 2.1. Emissionsraten verschiedener Aldehyde und Ketone beim US-Test 75 an drei verschiedenen Kraftfahrzeugen (nach [13])

Komponenten	Ohne Katalysator Fahrzeug Nr. 3		3-Wege-Katalysator Fahrzeug Nr. 6		Diesel Fahrzeug Nr. 16	
	mg/mi	%	mg/mi	%	mg/mi	%[a]
Formaldehyd	38	60,4	4	47,6	18	41
Acetaldehyd	10	15,9	2	23,8	11	25,1
Acrolein	2	3,2	1	12	3	6,8
Aceton	3	4,8	1	12	5	11,4
Propionaldehyd	< 0,5	< 0,8	<0,1	< 1,2	3	6,8
MEK + Isobutyraldehyd	3	4,8	<0,1	< 1,2	2	4,6
Crotonaldehyd	< 0,2	< 0,3	<0,1	< 1,2	1	2,3
Benzaldehyd	6	9,6	<0,1	< 1,2	0,8	1,8
Gesamte Aldehyde (DNPH)	63	100	8,4	100	44	100

[a] Anteil an den gesamten Aldehyden, ermittelt mit der DNPH-Methode.

Bei Verbrennungsprozessen, die besonders durch unvollständige Verbrennung gekennzeichnet sind, z.B. bei der Holzverbrennung in Hausheizungen oder bei der motorischen Verbrennung in Kraftfahrzeugen, treten oxidierte Kohlenwasserstoffe in erhöhtem Maße auf [12, 13], was sich z.B. durch besondere Geruchsemissionen äußert.

Tabelle 2.1 zeigt die Emissionsraten verschiedener Aldehyde in Milligramm/Mile an drei unterschiedlichen Kraftfahrzeugen. Die Werte wurden mit dem US-Test 75 aufgenommen.

2.1.1.3 Ruß

Werden kohlenwasserstoffhaltige Brennstoffe unter Sauerstoffabschluß erhitzt, dann kommt es zu thermischen Zersetzungen. Hierbei wird Wasserstoff abgespalten, und ein Endprodukt kann Ruß sein, der aus Agglomeraten von elementarem Kohlenstoff und teilweise aus Kohlenwasserstoffen besteht. Für kettenförmige Ausgangsstoffe stellt man sich den Weg der Rußbildung über Azetylene (Kohlenwasserstoffe mit Dreifachbindung) und Polyazetylene vor. Über Ringschlüsse, Aromaten und polycyclische aromatische Kohlenwasserstoffe können schließlich Rußteilchen entstehen [14, 15], s.a. Bild 2.6.

Die Rußbildung wird durch Sauerstoffmangel in der Flammenwurzel, z.B. durch ungenügende Vermischung von Brennstoff und Luft, und durch hohe Temperaturen in dieser Phase begünstigt. Sie hängt nicht nur von den Verbrennungsbedingungen, sondern auch vom Brennstoff ab. Brennstoffe mit hohem C/H-Verhältnis neigen bei Luftmangel eher zur Rußbildung als solche mit niedrigem C/H-Verhältnis. So wird bei der Verbrennung von Erdgas, das zum größten Teil aus Methan (CH_4) besteht, auch bei Luftmangel nur eine schwache Rußbildung eintreten, während bei einer Azetylenflamme (Ethin, C_2H_2) bei

Sauerstoffmangel sofort große Rußflocken freigesetzt werden (s. Autogen-Schweißbrenner).

Ob in einer Flamme Ruß entsteht, läßt sich an der Flammenfarbe erkennen. Die abbrennenden Rußpartikel haben ein Strahlungsverhalten, das dem eines schwarzen Körpers nahekommt. Je nach Temperatur hat die Flamme eine dunkelgelbe bis hellgelbe Farbe. Flammen ohne Rußentstehung und Rußabbrand geben dagegen nur reine Gasstrahlung ab, z.B. mit blau-transparenter Farbe.

Der entstehende Ruß brennt je nach den Bedingungen in der Flamme (Temperatur, Mischung und Luftüberschuß) mehr oder weniger vollständig ab. In Bild 2.2 sind beispielhaft für Ölflammen auch die Rußemissionen in Abhängigkeit vom Luftüberschuß dargestellt. Man sieht, daß bei Luftmangel die Rußemission stark zunimmt. Dieses Verhalten setzt eine Rußentstehung in der Flammenwurzel voraus. Es gibt Ölflammen, sog. Blauflammen, bei denen auch bei Luftmangel kein Ruß emittiert wird, sondern nur CO und Kohlenwasserstoffe [2].

2.1.1.4 Kohlenwasserstoff-Emissionen bei verschiedenen Verbrennungsprozessen

Es wurde versucht zu zeigen, daß bei Verbrennungsprozessen die Emissionen von Produkten unvollständiger Verbrennung – CO, Kohlenwasserstoffe und Ruß – von vielfältigen Faktoren abhängen. Ganz allgemein läßt sich sagen, daß diese Emissionen umso niedriger sind, je stabiler die Flammen brennen, je besser sie eingestellt und überwacht werden. Für verschiedene Verbrennungsprozesse läßt sich eine Zunahme der Produkte unvollständiger Verbrennung etwa nach folgender Reihenfolge angeben:

1. große Industriefeuerungen mit Regelungs- und Überwachungseinrichtungen,
2. kleine Industriefeuerungen mit Regelungs- und Überwachungseinrichtungen,
3. Hauszentralheizungen mit Öl- oder Gasgebläsebrennern,
4. Hausheizungen mit instationären Verbrennungsbedingungen; Einzelöfen für Öl, Kohle, Holz oder Feststoffzentralheizkessel,
5. Kraftfahrzeuge (ohne Katalysator).

Die technischen Entwicklungen bestehen darin, die einzelnen Verbrennungsvorgänge so zu verbessern und zu regeln, daß die Verbrennung möglichst vollständig abläuft und die CO-, C_nH_m- und Rußemissionen minimiert werden. Auf die Kraftfahrzeugabgase wird in einem späteren Abschnitt noch näher eingegangen.

Eine Quantifizierung der Produkte unvollständiger Verbrennung ist insbesondere bei Feuerungsanlagen kaum möglich, da die Emissionen von der momentanen Einstellung und Betriebsweise der verschiedenen Verbrennungsprozesse abhängen. Wenn in der Literatur trotzdem Zahlenangaben zu finden sind, dann stammen diese Werte von einzelnen Anlagen und sind nicht ohne weiteres auf alle anderen Anlagen übertragbar.

2.1.2 Schwefelverbindungen

Schwefeldioxid entsteht bei der Verbrennung fossiler Brennstoffe, die Schwefelverbindungen enthalten. Bei der Entstehung der fossilen Brennstoffe – Kohle,

Erdöl und Erdgas – gelangten über die Aminosäuren als Grundbausteine der Eiweißstoffe der Pflanzen neben Stickstoffverbindungen auch Schwefelverbindungen in diese Brennstoffe. Als zwei schwefelhaltige Aminosäuren seien hier Methionin und Cystein genannt:

```
        COOH                          COOH
         |                             |
H2N —— C —— H                 H2N —— C —— H
         |                             |
        CH2 —— CH2 —— SCH3            CH2SH

      Methionin                      Cystein
```

2.1.2.1 Schwefel in der Kohle

Je nach dem Umwandlungsstadium der Brennstoffe formten sich auch die organischen Schwefelbestandteile in unterschiedliche Verbindungen um. Je älter die Stoffe, umso mehr wurden die organischen Verbindungen mineralisiert. Bei den ältesten fossilen Stoffen, den Steinkohlen, liegen im Extremfall die Schwefelverbindungen vollkommen in anorganischer Form vor, z.B. als Pyritschwefel, als Sulfide oder Sulfate. Je höher der Anteil flüchtiger Verbindungen, d.h. Kohlenwasserstoffe, in den Kohlen ist, umso größer ist auch der Anteil organischer Schwefelverbindungen.

Tabelle 2.2. Mittlere Zusammensetzung von Steinkohlen und Braunkohlen (nach [16])

Brennstoff	Kohlenstoff C Gew.-%	Wasserstoff H_2 Gew.-%	Sauerstoff Stickstoff O_2+N_2 ($N_2=1\%$ angenom.) Gew.-%	Schwefel S Gew.-%	Wasser H_2O Gew.-%	Asche Gew.-%	Heizwert h_u kJ/kg
Westfälische Steinkohle	79	4,5	7	1	2,5	6	31400
Saar-Steinkohle	74	4,5	10	1	3,5	7	29300
Schlesische Steink.	71	4,5	12,5	0,5	5	6,5	27630
Sächsische Steink.	70	4	9,5	1	8	7,5	27215
Bayerische Steink.	53	4	12	5	9	17	21770
Koks	84	0,3	3,4	1	1,8	9	29310
Rohbraunkohle Niederrhein	23	1,9	12,1	1	59,3	2,7	8120
Oberpfalz	25,4	2	12	1	52,7	7	8540
Böhmen	52	4,2	13	1	24	6	20100
Sachsen	40	3	11	2	37	7	15070
Rheinische Braunkohle, Braunkohlenbriketts	54,5	4,2	20,4	0,4	15	5	20100
Mitteldeutsche Braunkohlenbriketts	52	4,3	16	2	17	9	20100

In Tabelle 2.2 ist die Zusammensetzung verschiedener Kohlen dargestellt. Die unterschiedlichen Schwefelgehalte sind erkennbar.

2.1.2.2 Schwefel im Heizöl

In den Erdölen, in denen der Kohlenstoff ausschließlich in Form von Kohlenwasserstoffen auftritt, kommen die Schwefelverbindungen dementsprechend in organisch gebundener Form vor, z.B. in Form von Mercaptanen. Je nach Herkunft weisen die Rohöle unterschiedliche Schwefelgehalte auf, s. Bild 2.10.

Die organischen Schwefelverbindungen weisen wesentlich höhere Siedepunkte auf als die entsprechenden reinen Kohlenwasserstoffe, z.B.:

C_2H_5-SH	C_2H_6
Ethylmercaptan	Ethan
Siedepunkt: 35 °C	Siedepunkt: −88,6 °C.

Beim Raffinerieprozeß reichern sich aus diesem Grund die Schwefelverbindungen in den schwereren Fraktionen an; die Schwefelgehalte nehmen in den Erdölprodukten dementsprechend nach folgender Reihenfolge zu:

Gas, Flüssiggas →	Rohbenzin →	Mitteldestillate, →	atmosphärischer
CH_4 bis C_4H_{10}		z. B. Kerosin,	Rückstand
		Heizöl EL, Diesel	schweres Heizöl
bis 0 °C	bis 200 °C	175 bis 350 °C	>350 °C
sehr wenig	bis 0,05%	0,2% bis 0,8%	1 bis >3%
Schwefel	Schwefel	Schwefel	Schwefel

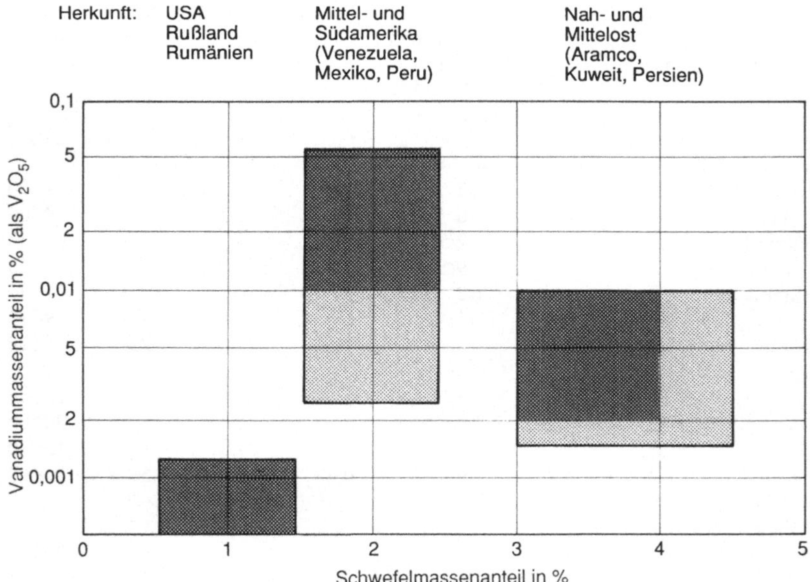

Bild 2.10. Schwefel- und Vanadiumgehalt von Rohölen verschiedener Herkunft [16]

Neben der Selektion beim Raffinerieprozeß ergibt sich der Schwefelgehalt der verschiedenen Fraktionen zunächst aus dem Schwefelgehalt des Rohöls, s. Tabelle 2.3. Die Schwefelgehalte des leichten Heizöls und des Dieselkraftstoffs dürfen in der Bundesrepublik Deutschland 0,2% Massenanteil nicht überschreiten [17]. Dieser Schwefelgehalt wird entweder durch die Rohölherkunft von vornherein eingehalten, durch Mischen verschiedener Öle unterschiedlicher Herkunft eingestellt oder im ungünstigsten Fall durch eine Teil-Entschwefelung des Heizöls erzielt [18].

Schwere Heizöle werden mit unterschiedlichen Schwefelgehalten geliefert; die Schwefelanteile reichen von 0,7 (als Besonderheit 0,3) und 1,0 bis > 2 %. Die Öle mit niedrigem Schwefelgehalt (0,7 und 1,0 %) sind teuer und weniger verfügbar als die mit höherem Schwefelgehalt. Sie werden dort eingesetzt, wo durch Immissionsschutzauflagen die Schwefeldioxid-Emissionen begrenzt sind.

2.1.2.3 Schwefel im Erdgas

In den natürlichen und synthetischen gasförmigen Brennstoffen (Erdgas und z.B. Kokereigas) kommt Schwefel in Form von Schwefelwasserstoff (H_2S) vor.

Wegen seiner gesundheitsschädlichen Wirkung und wegen der Korrosionsgefahr im Rohrleitungsnetz wird H_2S aus den Brenngasen bereits vor der Gasverteilung durch alkalische Gaswäschen oder mit wäßrigen Lösungen von Aminen weitgehend entfernt. Der gebundene Schwefelwasserstoff wird durch Erwärmen wieder ausgetrieben und im Claus-Prozess weiter verarbeitet. Dabei wird H_2S zuerst zu SO_2 oxidiert, welches anschließend als Oxidationsmittel für weiteren H_2S verwendet wird [16]:

$$2H_2S + 3O_2 \rightarrow 2H_2O + 2SO_2 \tag{2.7}$$

$$2H_2S + SO_2 \rightarrow 2H_2O + 3S\,. \tag{2.8}$$

Erdgas enthält dementsprechend ganz geringe Mengen an Schwefelverbindungen, es sei denn, es werden schwefelreiche Gase, z.B. direkt bei den Verteilungsstellen, für Verbrennungszwecke eingesetzt.

2.1.2.4 Gegenüberstellung der Schwefelgehalte verschiedener Brennstoffe

Zusammenfassend sind in Tabelle 2.3 die Schwefelgehalte verschiedener Brennstoffe nach deren technischer Reinigung gegenübergestellt.

2.1.2.5 Produkte bei der Verbrennung schwefelhaltiger Brennstoffe

Schwefeldioxid SO_2

Bei vollständiger Verbrennung des im Brennstoff enthaltenen Schwefels entsteht Schwefeldioxid z.B. nach folgender Reaktion:

$$CH_3 - SH + 3O_2 \rightarrow SO_2 + CO_2 + 2H_2O \tag{2.9}$$

Tabelle 2.3. Übersicht über die Schwefelgehalte verschiedener Brennstoffe nach technischer Reinigung (nach [16–20] und Angaben von Gaslieferanten)

Brennstoff	Schwefelgehalt, Massenanteil in %
Erdgas	0,0005–0,02
Flüssiggas, $C_3H_8 + C_4H_{10}$	nicht nachweisbar
Benzin	0,001–0,06
Heizöl EL, Diesel	ab 1.5.1975: 0,55 ab 1.5.1976: 0,50 ab 1.1.1979: 0,30 ab 1.3.1988: 0,20
Heizöl S	0,7 bis >2
Holz, rein	nicht nachweisbar
Holzrinde	<0,15
Steinkohle, je nach Herkunft	0,5–2 im Mittel 0,8–1
Koks	0,6–1
Rheinische Braunkohle	1
Sächsische Braunkohle	2

SO_2 ist ein farbloses, stechend riechendes Gas; es kann in Luft ab ca. 0,6 – 1 mg/m³ an seinem Geruch wahrgenommen werden.

Schwefelwasserstoff H_2S

Bei unvollständiger Verbrennung, z.B. unter Luftmangel, kann unter reduzierenden Bedingungen aus den Schwefelverbindungen des Brennstoffs je nach der Höhe der Temperatur elementarer Schwefel (S) oder Schwefelwasserstoff (H_2S) entstehen:

$$CH_3 - SH + 0{,}5O_2 \rightarrow H_2S + HCHO \tag{2.10}$$

$$2H_2S + O_2 \rightarrow 2H_2O + 2S\,. \tag{2.11}$$

Bei den meisten Verbrennungsprozessen spielen die reduzierten Schwefelverbindungen im Abgas keine Rolle. Lediglich bei Schwelbränden, z.B. wenn Braunkohlenbriketts in Zimmeröfen mit geschlossener Luftklappe auf „Sparflamme" verheizt werden, kann die H_2S-Entstehung durchaus eine Bedeutung haben. Zu erkennen sind die H_2S-Emissionen an dem typischen Geruch nach faulen Eiern. Die Geruchsschwelle liegt sehr niedrig bei ca. 0,002 mg/m³ [21].

Auch wenn die H_2S-Emissionen in der Schwefelbilanz bei der Verbrennung nicht ins Gewicht fallen mögen, können sie bereits in geringen Mengen zu Geruchsbelästigungen führen. H_2S-Gerüche sind in Städten mit verbreiteten Braunkohlenfeuerungen keine Seltenheit.

In letzter Zeit werden H_2S-Emissionen bei Kraftfahrzeugen mit Katalysator beobachtet: Bei Betriebszuständen mit überfettetem Gemisch, z.B. bei Vollast, können Schwefelverbindungen am Katalysator zu H_2S reduziert werden und zu unangenehmen Geruchsemissionen führen. Beeinflußt wird die H_2S-Emission durch den, wenn auch niedrigen Schwefelgehalt des Benzins.

Schwefeltrioxid SO_3

Bei der Verbrennung oder in den Abgaswegen von Feuerungen kann ein Teil des SO_2 zu SO_3 oxidiert werden. In Verbindung mit Wasserdampf entsteht aus SO_3 Schwefelsäure (H_2SO_4), die als Aerosol vorliegt. SO_3 ist aufgrund dieses Chemismus ein noch stärkerer Reizstoff als SO_2. Der Geruchsschwellenwert liegt bei ca. 0,6 mg/m³ [22].

Nach dem Massenwirkungsgesetz ergeben sich theoretisch bei der Abkühlung der Rauchgase im Temperaturbereich von 800–400 °C bei ausreichendem Sauerstoffüberschuß recht hohe SO_2–SO_3-Umwandlungsraten [23]. Die Geschwindigkeitskonstanten der möglichen Reaktionen sind jedoch nicht so groß, daß sich bei der raschen Abkühlung der Rauchgase auf dem Weg durch die Abgaskanäle die theoretischen SO_3-Gehalte einstellen können. Die Gleichgewichte werden meistens bei sehr niedrigen SO_3-Gehalten eingefroren. Wenn überhaupt meßbare SO_3-Konzentrationen in Abgasen auftreten, dann liegt das am Vorhandensein von Katalysatoren in den Abgaswegen, die die $SO_2 - SO_3$-Umwandlung beschleunigen. Bekannt ist hier die Wirkung von Vanadiumpentoxid, z.B. bei Schwerölfeuerungen.

Die SO_3-Gehalte, z.B. im Abgas von Schwerölflammen können sich je nach Entstehungsbedingungen (Vorhandensein von Katalysatoren und Luftüberschuß bei Verbrennung) in der Größenordnung von ca. 5 – 60 mg/m³ bewegen [24]. Das entspricht SO_3-Anteilen von weniger als 1% bis ca. 4% an der gesamten SO_x-Emission.

Die SO_3-Entstehung fand bisher hauptsächlich deshalb Beachtung, weil die mit Wasserdampf sich bildende Schwefelsäure zu Korrosionen in den Abgaskanälen von Feuerungsanlagen führen kann. Aus Gründen der Luftreinhaltung wurde die SO_3-Emission selten beachtet. Nur bei einzelnen problematischen Feuerungsanlagen kann unter bestimmten Bedingungen in der Umgebung der Kamine „Schwefelsäureregen" auftreten.

Schwefelemissionsgrad

Bei der Bestimmung der SO_2-Emissionen von Verbrennungsprozessen stellt sich die Frage, inwieweit der Schwefel, welcher der Verbrennung mit dem Brennstoff zugeführt wird, in den Abgasen als SO_2 wiederzufinden ist. Der nicht als SO_2 emittierte Schwefel kann entweder in die Asche eingebunden (bei Kohlefeuerungen) oder als SO_3 oder H_2S (vernachlässigbar) emittiert werden. Die Einbindung in die Asche ist abhängig von der Verbrennungstemperatur und den Eigenschaften der Asche (z.B. vom Alkali- bzw. Erdalkaligehalt). Eine vermehrte SO_3-Bildung würde bei der Kohleverbrennung die Schwefeleinbindung in die Asche begünstigen.

Verschiedene Untersuchungen ergaben die in Tabelle 2.4 zusammengestellten Schwefeldioxid-Emissionsgrade als Maß für den Anteil des Brennstoffschwefels in den gasförmigen Verbrennungsprodukten (als SO_2). Der SO_2-Emissionsgrad wurde dabei entweder aus Vergleichen zwischen SO_2-Emissionsmessungen und Berechnungen der SO_2-Emissionen aus dem Brennstoffschwefel oder aus Schwefelgehaltsbestimmungen der Aschen ermittelt.

Tabelle 2.4. Schwefeldioxid-Emissionsgrade η SO_2 für den Anteil des Brennstoffschwefels in den gasförmigen Verbrennungsprodukten, als SO_2

Feuerung	η SO_2 (Mittelwerte)	Literatur
Braunkohle	0,8–0,9	[22]
Rost- und Staubfeuerung	ca. 0,5	[25]
	0,6–0,8	[26]
Steinkohle	0,95	[22]
Staubfeuerung	1,0	[26]
Rostfeuerung	0,8	[26, 27]
Braunkohlenbriketts	0,9–0,95	[28]
Heizöl	1,0	[22, 29]

Aus den Ausführungen ergibt sich, daß bei Ölfeuerungen mit einer Schwefelemission von 100 % ausgegangen werden kann. Bei Kohlefeuerungen kann sich dagegen, je nach Feuerungsart die Schwefelemission durch die Einbindung in die Asche bis auf 90 – 60 % reduzieren.

2.1.3 Stickstoffoxide

2.1.3.1 Stickstoffoxid-Entstehung

Stickstoffoxide, abgekürzt auch Stickoxide NO_x genannt, entstehen bei Verbrennungsprozessen bei hohen Temperaturen durch Oxidation des Stickstoffs der Verbrennungsluft und durch Oxidation des im Brennstoff gebundenen Stickstoffs. Gebildet wird in erster Linie Stickstoffmonoxid NO, während sich das giftigere Stickstoffdioxid erst im Anschluß an die Verbrennung bei ausreichend vorhandenem Sauerstoff in den Abgasen und in der Atmosphäre bildet. Bei Verbrennungsprozessen, die mit hohem Luftüberschuß ablaufen, z.B. bei Gasturbinen, muß mit der Emission von NO_2 in nennenswertem Maße gerechnet werden. Da sich letztlich alles NO in NO_2 umwandelt, werden NO_x-Emissionen ($NO+NO_2$) in Massenkonzentrationen an NO_2 angegeben, die Grenzwerte sind ebenfalls als NO_2 angegeben.

Man unterscheidet drei Mechanismen der NO-Entstehung, die von den jeweiligen Temperatur- und Konzentrationsverhältnissen, der Verweilzeit und der Brennstoffart abhängen: Das thermische NO, das prompte NO und das Brennstoff-NO.

Thermisches NO

Der Mechanismus der sogenannten thermischen NO-Bildung wurde von Zeldovic entdeckt. Für diese Art der NO-Bildung ist die Konzentration an Sauerstoffatomen, die während oder nach der Verbrennung verfügbar ist, verantwortlich. Die O-Konzentration wächst infolge der Dissoziation von O_2 oberhalb von 1 300 °C mit steigender Temperatur stark an. Infolgedessen steigt auch die NO-Bildungsge-

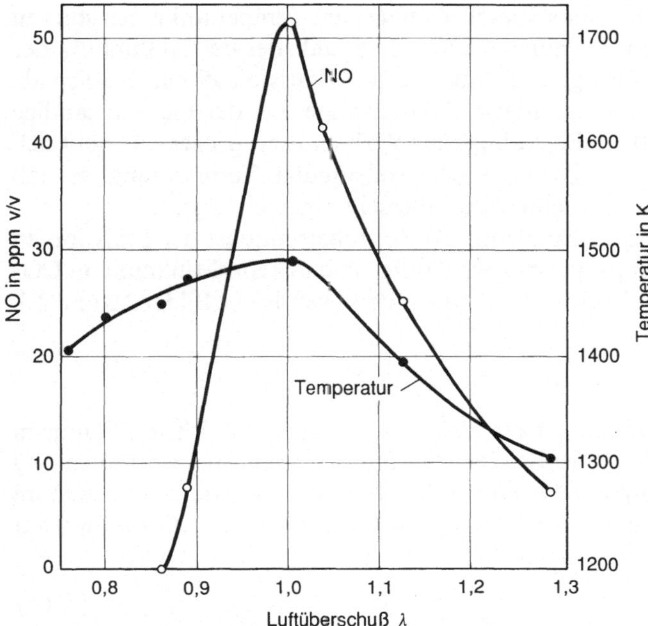

Bild 2.11. Einfluß des Luftüberschusses (Luftzahl) auf die NO-Bildung in einer geschlossenen Erdgas-Vormischflamme (nach [30])

schwindigkeit. Die folgenden zwei Reaktionen laufen in sauerstoffreichen Gebieten (O_2-Überschuß!) der Flamme bzw. in der Nachreaktionszone ab:

$$O + N_2 \rightleftarrows NO + N \tag{2.12}$$

$$N + O_2 \rightleftarrows NO + O\,. \tag{2.13}$$

In brennstoffreichen Zonen der Flamme läuft dagegen bei Temperaturen über 1 300 °C bevorzugt folgende Reaktion ab:

$$N + OH \rightleftarrows NO + H\,. \tag{2.14}$$

Die gebildete NO-Menge wird durch folgende Faktoren beeinflußt:

- Luft/Brennstoff-Verhältnis in der Reaktionszone, wodurch die Konzentration des atomaren Sauerstoffs beeinflußt wird. Mit abnehmendem Luftüberschuß nimmt i.allg. auch die NO-Emission ab;
- Temperatur in der Reaktionszone: Neben der Temperaturabhängigkeit der O_2-Dissoziation ist die Reaktion (2.12) selbst streng temperaturabhängig, so daß beide Einflüsse zu einer deutlichen Zunahme der NO-Bildung mit steigender Temperatur führen [30];
- Verweilzeit der Gase in der Reaktionszone bei maximaler Temperatur bzw. Mischungsgeschwindigkeit nach der Reaktion mit kühleren Reaktionsprodukten: Je kürzer die Verweilzeit, umso niedriger ist die NO-Bildung.

Der Einfluß von Luftüberschuß und dadurch bedingter Verbrennungstemperatur ist in Bild 2.11 anhand von Meßergebnissen an einer Erdgas-Vormischflamme dargestellt. Man erkennt bei nur schwach ansteigender Temperatur einen starken Anstieg der NO-Emission mit zunehmender Luftzahl. Bei der Abkühlung der Flamme durch die überschüssige Luft sinkt die NO-Emission wieder deutlich ab.

Es handelt sich hier um eine ideale Laborflamme, bei der die vollständige Verbrennung bei $\lambda = 1$ auftritt. Bei technischen Verbrennungsprozessen ergibt sich erst bei einem gewissen Luftüberschuß eine vollständige Verbrennung, so daß auch das NO_x-Maximum im leichten Luftüberschußbereich liegt.

Die Abhängigkeit der NO-Emission vom Luftüberschuß ist der Emission an unverbrannten Produkten praktisch gegenläufig, so daß beim Minimum an CO- und C_nH_m-Emissionen ein Maximum an NO auftritt, vergleiche Bilder 2.2 und 2.3.

Promptes NO

Bei sauerstoffarmer Verbrennung bzw. im sauerstoffarmen Bereich von Flammen kann über Brennstoffradikale (z.B.: CH) mit molekularem Stickstoff auch NO entstehen, das sog. prompte NO. Dieser Mechanismus wurde von Fenimore entdeckt. Man stellt sich den Ablauf folgender Reaktionen zur NO-Bildung auf diesem Weg vor:

$$CH + N_2 \rightleftarrows HCN + N \tag{2.15}$$

$$C + N_2 \rightleftarrows CN + N \tag{2.16}$$

$$CN + H_2 \rightleftarrows HCN + H \tag{2.17}$$

$$CN + H_2O \rightleftarrows HCN + OH \tag{2.18}$$

$$HCN, CN + O \rightarrow NO + R\,. \tag{2.19}$$

R = organischer Rest

Das CN-Radikal, das aus Brennstoff-Stickstoffverbindungen stammt, wird weiter zu HCN umgewandelt. Ferner wird atomarer Stickstoff freigesetzt. Die Cyanverbindungen und die Stickstoffatome können dann zu NO oxidiert werden. In Bild 2.13 ist der Temperaturbereich eingezeichnet, bei dem die Prompt-NO-Bildung einsetzt.

Man nimmt allgemein an, daß die Prompt-NO-Bildung in technischen Flammen von untergeordneter Bedeutung ist [32]. Im fetten Bereich von Flammen kann aber diese Art der NO-Bildung u.a. über CN- und N-Bildung durch heterogene Reaktionen mit Rußpartikeln, Gl. (2.16), eine gewisse Bedeutung erlangen, z.B. bei Druckzerstäuberbrennern in Hausheizungen. Durch Vermeidung der Rußbildung, z.B. durch sog. blaue Flammen läßt sich hier die NO-Bildung absenken [2].

Brennstoff-NO

Sowohl Heizöle als auch Kohle enthalten organische Stickstoffverbindungen wie Amine, $R-NH_2$ und Amide, $R-CO-NH_2$, Nitroverbindungen wie Nitrobenzol, $C_6H_5NO_2$, heterozyklische Verbindungen wie Pyridin, C_5H_5N, usw.. Heizöl enthält 0,1 – 0,6 % Stickstoff, Kohle 0,8 – 1,5 %. Die Oxidation dieser Stickstoff-

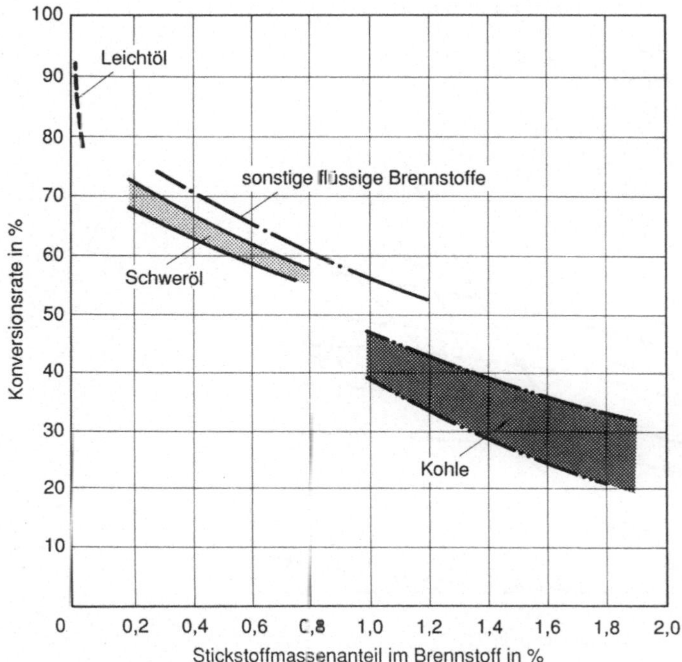

Bild 2.12. Umwandlung von Brennstoffstickstoff zu NO bei verschiedenen Brennstoffen [31]

verbindungen läuft wenig temperaturabhängig bereits bei niedrigen Temperaturen ab (Bild 2.13) und nimmt mit steigendem Luftüberschuß zu:

$$\text{z.B. } NH_2 + 1/2O_2 \rightarrow NO + H_2 \,. \tag{2.19}$$

Allerdings wird bei der Verbrennung nur ein Teil des Brennstoffstickstoffs in NO umgewandelt. In brennstoffreichen Gebieten der Flamme kann nicht nur der Brennstoffstickstoff, sondern bereits auf thermischem Wege gebildetes NO (z. B. an Kokspartikeln) zu molekularem Stickstoff reduziert werden [33]:

$$NH_3 \xrightarrow{C} 0{,}5N_2 + 1{,}5H_2 \tag{2.20}$$

$$NO + CO \xrightarrow{C} 0{,}5N_2 + CO_2 \tag{2.21}$$

$$HCN + 2NO \rightarrow 1{,}5N_2 + CO_2 + 0{,}5H_2 \,. \tag{2.22}$$

Die Umwandlungsrate zu NO liegt umso höher, je niedriger der Gehalt des Brennstoffs an gebundenem Stickstoff ist, s. Bild 2.12. Trotzdem ergeben Brennstoffe mit hohen N-Gehalten höhere NO_x-Emissionen als solche mit niedrigen Gehalten.

Aus den verschiedenen Brennstoffstickstoffgehalten erklärt sich, daß Kohlefeuerungen prinzipiell mehr NO emittieren als Ölfeuerungen und diese wiederum mehr als Gasfeuerungen. Der NO-Bildung aus Brennstoffstickstoff ist jedoch in starkem Maße die thermische NO-Bildung überlagert, so daß auch bei niedrigen

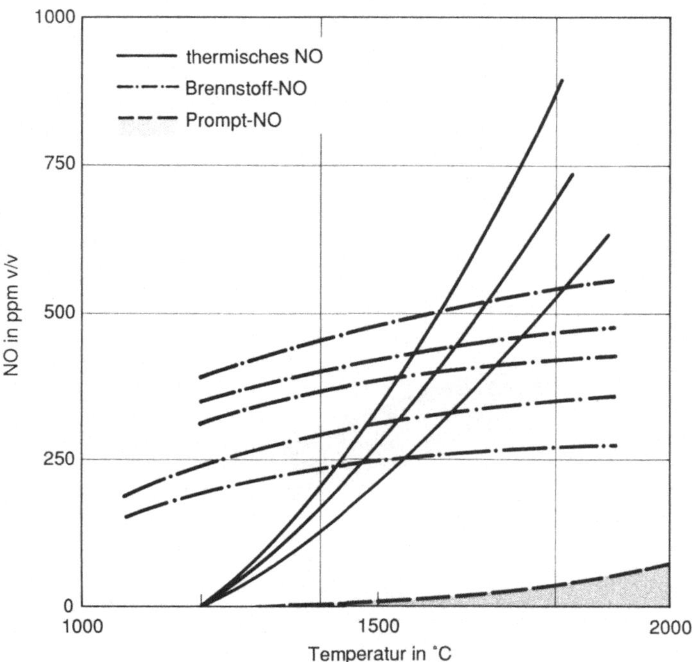

Bild 2.13. Schematische Darstellung der NO-Entstehung in Abhängigkeit von der Verbrennungstemperatur (nach [31]); Parameter bei thermischem NO: O_2-Überschuß

Stickstoffgehalten des Brennstoffs hohe NO-Emissionen auftreten können, z.B. bei Kraftfahrzeugen.

In Bild 2.13 ist der Einfluß der Verbrennungstemperatur auf die NO-Entstehung nach den verschiedenen Bildungsmechanismen schematisch dargestellt. Man erkennt, daß die Brennstoff- und Prompt-NO-Bildung wesentlich weniger temperaturabhängig ist als die thermische NO-Bildung.

2.1.3.2 Stickstoffoxid-Emissionen bei verschiedenen Verbrennungsprozessen

Von großen industriellen Feuerungen, z.B. Kraftwerksfeuerungen, werden in besonderem Maße Stickstoffoxide emittiert. Die NO_x-Emissionen hängen dabei einerseits von der Art der Feuerung ab, insbesondere davon, wie hoch feuerungsbedingt die Verbrennungstemperaturen und die Verweilzeiten bei diesen Temperaturen sind. Andererseits wird die NO_x-Emission von der Feuerungsleistung, die Rückwirkungen auf die Feuerraumbelastung und damit auf die Verbrennungstemperatur hat, bestimmt. In Bild 2.14 sind die Bereiche der NO_x-Emissionen von großen Kohlefeuerungen dargestellt. Man sieht, daß bei Feuerungen mit hohen Temperaturen, bei Schmelz- (flüssiger Ascheabzug) und Zyklonfeuerungen, die höchsten NO_x-Emissionen auftreten. Bei Trockenfeuerungen (trockener Ascheabzug) verschiedener Bauarten sind die NO_x-Emissionen deutlich niedriger.

Eine Gegenüberstellung der Stickstoffoxid-Emissionen verschiedener Verbrennungsprozesse zeigt Tabelle 2.5. Die Emissionen sind als Konzentrationswer-

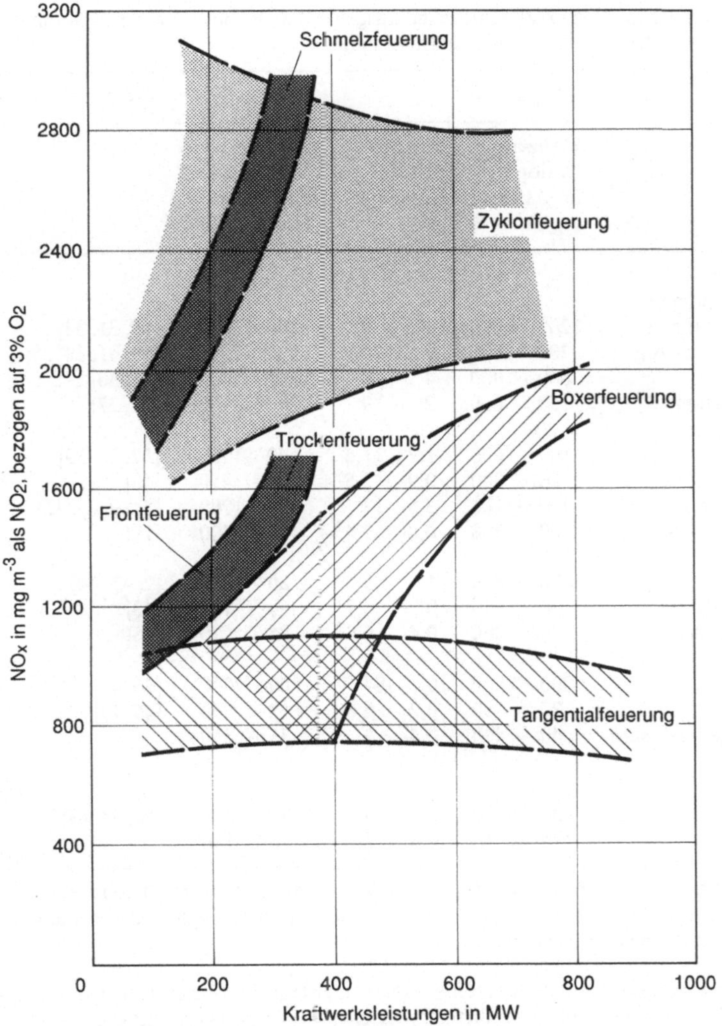

Bild 2.14. NO_x-Emissionen verschiedener industrieller Feuerungsarten (Kohle) in den USA ohne Anwendung von NO-Minderungsmaßnahmen (nach [34])

te im Abgas, als Emission pro verbrannter Brennstoffmenge und als Emission pro Wärmeeinheit des Brennstoffs angegeben. Ein Vergleich der Emissionen der verschiedenen Quellengruppen ist mit diesen Angaben noch nicht möglich. Dazu sind die Emissionen in Masse pro Zeiteinheit bzw. bei Kraftfahrzeugen auch die Emissionen in Masse pro gefahrener Strecke und die Größe und Anzahl der Anlagen bzw. Fahrzeuge sowie die Brennstoffverbräuche zu beachten (s. auch Kap. 6).

Tabelle 2.5. Stickstoffoxid-Emissionen verschiedener ausgewählter technischer Verbrennungsprozesse ohne Anwendung besonderer Minderungsmaßnahmen

Verbrennungsprozeß	NO_X als NO_2			Literatur
	Konzentration[a] im Abgas mg/m³	Emission pro Brennstoff g/kg	Emission pro Wärmeeinheit des Brennstoffs mg/kWh	
Kraftwerksfeuerungen				
Steinkohle Staubfeuerungen				
mit flüssigem Ascheabzug	1200···3000	13 ···30	1400···3600	[19, 31, 34]
mit trockenem Ascheabzug	700···1800	8 ···20	900···2300	[19, 31, 34, 35]
Braunkohle	600···1000	4 ··· 8	850···1400	[31, 36]
Industrielle Rostfeuerungen	150··· 650	2 ··· 9	200··· 950	[19, 27]
Wirbelschichtfeuerungen				
stationär	100···1000	1,2···11,6	140···1400	[37, 38, 39]
zirkulierend	80··· 300	0,9··· 3,5	100··· 410	[40]
Industrielle Ölfeuerungen	300···1100	3,5···13	300···1200	[2, 19, 41, 42]
Industrielle Gasfeuerungen	100··· 800	0,4··· 3,4[b]	85··· 700	[19]
Hausheizungen				
Öl-Gebläse-Brenner	80··· 250	1 ··· 3	80··· 260	[2, 43, 44]
Gas-Gebläse-Brenner	60··· 170	0,2··· 0,7[b]	50··· 150	[43]
Gas, atmosph. Brenner	100··· 200	0,4··· 0,9[b]	85··· 170	[45]
Kraftfahrzeuge[c]				
PKW mit Ottomotor	1000···8000	10 ···84	900···7000	[46, 47]
Leerlauf	20··· 50	0,2··· 0,6	18··· 50	[46, 47]
mit Dreiwegekatalysator-λ-Regelung	40··· 400	0,4··· 4	35··· 350	
PKW und LKW				
mit Dieselmotor	400···3000	12 ···40	1000···3500	[46, 48, 49]
Leerlauf	20··· 50	0,8··· 2	70··· 180	

[a] Die angegebenen Abgaskonzentrationen beziehen sich teilweise auf unterschiedliche Luftüberschußzahlen (= unterschiedliche Abgasverdünnung); die dadurch bedingten Abweichungen liegen im Bereich der angegebenen Bandbreiten.
[b] g/m³ Gas.
[c] Bei Kraftfahrzeugen werden die Schadstoffemissionen meistens in Masse pro gefahrener Strecke angegeben. Für den hier durchgeführten Vergleich der Abgaskonzentrationen verschiedener Verbrennungsprozesse konnten nur Arbeiten verwendet werden, die Angaben über Schadstoffkonzentrationen enthielten, z. B. ermittelt aus Motorenprüfstands-Untersuchungen. Die üblicherweise in ppm angegebenen NO_x-Emissionen wurden mit der Dichte von NO_2 (NO_2 = 2,05 mg/cm³) in mg/m³ umgerechnet.

2.1.4 Partikel

2.1.4.1 Problem, Abhängigkeiten und Bestandteile

Wenn Schornsteine von Feuerungen oder Kraftfahrzeug-Auspuffrohre rauchen, dann rührt diese Sichtbarkeit von in den Abgasen suspendierten Partikeln oder Tröpfchen her. Die feinen Partikel, zusammen mit dem Trägergas – Abgas oder Luft – auch Aerosol genannt, sind von besonderer Bedeutung, da sie

- eine geringe Masse, aber große Oberfläche aufweisen; Abgase sind deshalb schon bei geringen Partikel-Massenkonzentrationen deutlich sichtbar; auch die „Dunstglocken“ über Großstädten rühren von nicht sedimentierenden feinen Partikeln oder Tröpfchen her,
- lungengängig sind und in den Atemwegen selbst toxisch wirken oder aufgrund der adsorptiven Eigenschaften toxische Stoffe in die Lunge transportieren,
- viele Staubabscheider für feine Partikel geringe Abscheidgrade aufweisen, d. h. der Reststaub nach der Staubabscheidung hauptsächlich aus feinen Partikeln besteht.

Ein großer Teil der partikelförmigen Luftverunreinigungen stammt aus Verbrennungsprozessen. Die Partikelentstehung hängt hierbei von verschiedenen Faktoren ab:
- von der Art des Brennstoffes: Brenngase, Benzine, Heizöle, Holz, Kohlen, Abfälle,
- von der Brennstoffaufbereitung, z. B. Zerstäubung oder Verdampfung von flüssigen Brennstoffen, stückige oder staubförmige Festbrennstoffe,
- von den Verbrennungsbedingungen wie Flammentemperaturen, Vermischung von Brennstoff und Luft und Sauerstoffangebot.

Die Partikel können aus den folgenden Bestandteilen bestehen:
- Ruß
- hochmolekulare, kondensierte Kohlenwasserstoffe, z. B. Teer; diese Stoffe können auch an Rußpartikeln angelagert sein,
- Aschepartikel, z. B. Oxide von Metallen
- bei festen Brennstoffen auch unverbrannte Kohlenstoffpartikel.

2.1.4.2 Ruß- und Partikelemissionen bei der Verfeuerung flüssiger Brennstoffe

Auf die Rußentstehung wurde schon in Kap. 2.1.1 eingegangen. Da Ruß aus der Gasphase entsteht, kann auch bei der Verbrennung von Gasen prinzipiell Ruß entstehen. Die Rußemissionen bei der Verbrennung flüssiger oder auch fester Brennstoffe sind aber bedeutender. Es wurde schon erwähnt, daß nicht jeder Brennstoff in gleichem Maße zur Rußbildung neigt. Ruß besteht aus sehr feinen Partikeln, die nach der Flamme teilweise zu größeren agglomerieren. Je vollständiger die Verbrennung, umso geringer ist grundsätzlich die Rußemission, umso feiner werden aber auch die Partikel. Bei der Verbrennung von schwerem Heizöl kann z. B. durch sog. Heizöladditive die Staubemission verringert werden, was auf eine geringere Rußentstehung in der Flamme und auf einen verbesserten Abbrand zurückzuführen ist. Gleichzeitig verschiebt sich durch den Additivzusatz das Korngrößenspektrum hin zu feineren Partikeln im Abgas [50], s. Bild 2.15. In diesem Bild ist die Korngrößenverteilung der emittierten Flugstäube bei der Heizöl S-Verbrennung ohne und mit Additiv wiedergegeben. Etwa 25% der bei dieser Heizöl S-Feuerung emittierten Staubpartikel ohne Additiveinsatz stellen mineralische Aschebestandteile, der Rest ist Ruß bzw. Flugkoks, s. Bild 2.16. Durch die Additivzugabe verbessert sich der Ausbrand so stark, daß fast keine unverbrannten Bestandteile mehr im Abgas anzutreffen sind [50]. Die haupt-

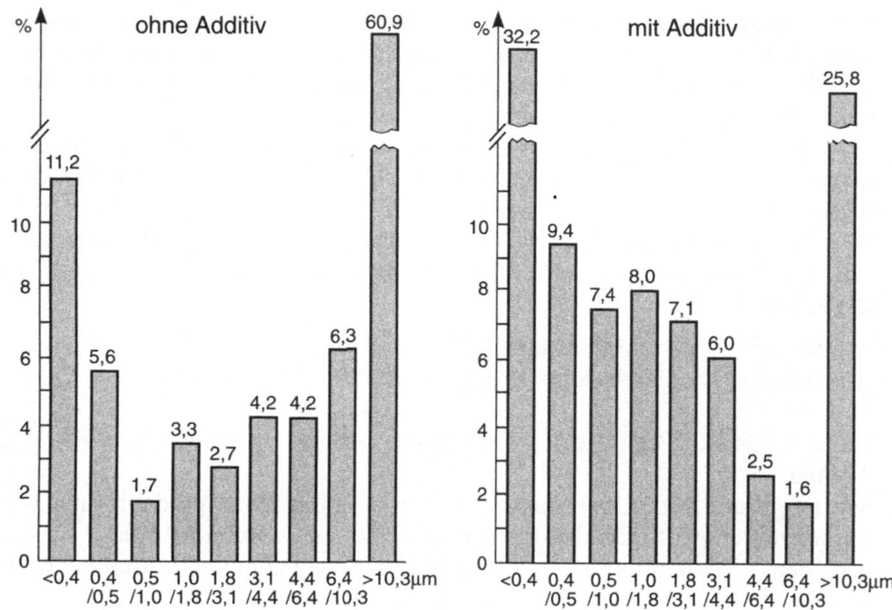

Bild 2.15. Korngrößenspektrum der emittierten Flugstäube bei der Heizöl S-Verbrennung in einer Kraftwerksfeuerung ohne und mit Additiv (aus Kaskaden-Impaktor-Messungen) [50, 51]

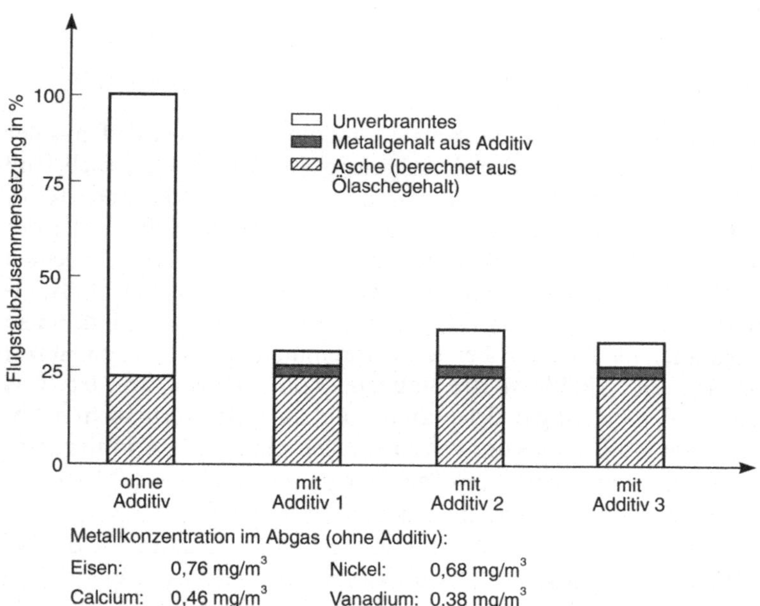

Bild 2.16. Beispiel der Flugstaubzusammensetzung bei der Heizöl S-Verbrennung in einer Kraftwerksfeuerung ohne und mit Additiv [50, 51]

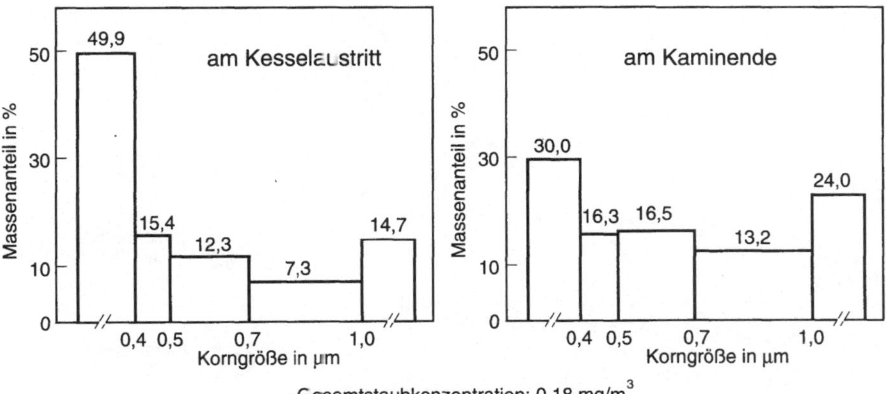

Bild 2.17. Korngrößenspektrum der emittierten Flugstäube bei der Heizöl EL-Verbrennung in einem modernen Hausheizkessel (aus Kaskaden-Impaktor-Messungen)

sächlichen Metallkomponenten in den Partikeln von Schwerölfeuerungen sind, wie ebenfalls aus Bild 2.16 hervorgeht, Eisen, Nickel, Calcium und Vanadium.

Bild 2.17 zeigt die Partikel-Korngrößenverteilungen bei einer modernen Heizöl EL-Feuerung. Hierbei werden bei i. allg. äußerst niedrigem Konzentrationsniveau (z. B. 0,18 mg/m^3) sehr feine Partikel emittiert. Der Anteil unter 0,4 µm aerodynamischem Durchmesser beträgt am Austritt der Feuerungen etwa 50%. Aber bereits im Kamin findet eine Verschiebung hin zu größeren Partikeln statt, was auf die Agglomeration der Rußpartikel in den Abgaswegen hinweist.

2.1.4.3 Partikelemissionen bei industriellen Kohlefeuerungen (nach [52])

In Deutschland kommt in den fossil befeuerten Kraftwerken in erster Linie Kohle als Brennstoff zum Einsatz, der zunächst gemahlen werden muß und dann als Staub der Feuerung zugeführt wird.

Neben den Hauptbestandteilen Kohlenstoff, Wassserstoff, Sauerstoff, Stickstoff und Schwefel besteht Kohle zu 5 bis 40% aus mineralischen Bestandteilen, die nicht verbrannt werden und als Partikel am Ende der Feuerung abgeschieden werden müssen. Diese anorganischen Beimengungen sind entweder als mineralische Einschlüsse vorhanden, die in der Größe zwischen dem Bruchteil eines Mikrometers und einigen Mikrometern variieren, oder sie treten in der Form von Atomen auf, die an organische Reste gebunden sind. Den nach der Ausmahlung vorhandenen Kohlenstaub mit Korngrößen zwischen etwa 10 bis 70 µm kann man in vier Kategorien unterteilen: Kohlepartikel, die kaum Mineralien enthalten, Kohlepartikel mit Mineraleinschlüssen, Mineralpartikel, die aus verschiedenen Mineralien bestehen und kaum Kohle enthalten, und monomineralische Partikel wie z. B. Pyrit oder Quarz.

Bei der Kohlenstaubverbrennung werden zuerst die flüchtigen Bestandteile freigesetzt, wobei die mineralischen Bestandteile zunächst vollständig im Kohlenstoffgerüst verbleiben, s. Bild 2.18. Asche kann hieraus auf unterschiedlichen

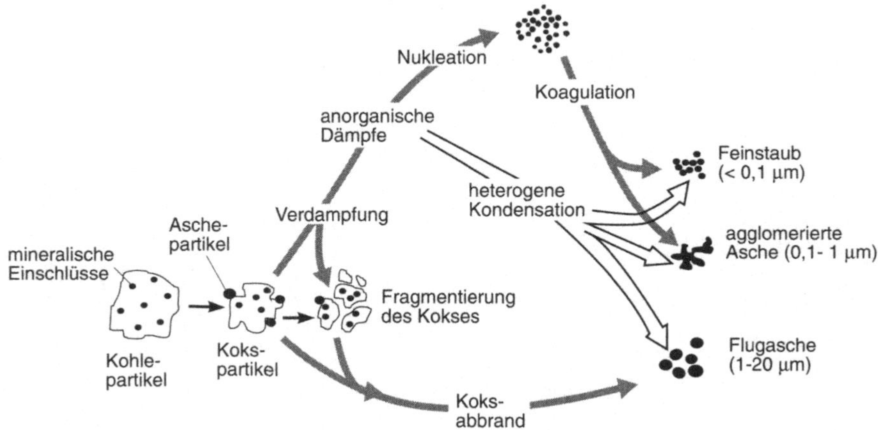

Bild 2.18. Mögliche Ascheumformungsprozesse bei der Kohlenstaubverbrennung [52]

Wegen entstehen. Größere Aschepartikel im Bereich zwischen 1 und 20 µm entstehen durch die Agglomeration mineralischer Einschlüsse auf der Oberfläche abbrennender Kokspartikel. Während der Verbrennung bei typischen Bedingungen in Kohlenstaubfeuerungen zieht sich der überwiegende Teil der mineralischen Bestandteile zusammen und bildet dabei sphärische Aschetröpfchen auf der Koksoberfläche. Wenn das Kokspartikel während des Abbrandes unzerstört bliebe, würde genau *ein* Aschepartikel pro abbrennendem Kokspartikel erhalten werden. Wegen der Fragmentierung des Kokses generiert jedes Kohlepartikel typischerweise 3–5 größere Aschepartikel mit 10–20 µm Durchmesser, und eine größere Zahl von 1–3 µm großen Aschepartikeln (unterer Zweig in Bild 2.18).

Kleinere Partikel im Bereich unter 0,1 µm entstehen durch die Verdampfung und anschließende Rekondensation eines kleinen Anteils der mineralischen Bestandteile in der Grenzschicht um das brennende Kohlekorn (mittlerer Zweig in Bild 2.18). Unter den Bedingungen von Kohlenstaubfeuerungen bei Flammentemperaturen von 1400–1600 °C verdampft typischerweise etwa 1% der mineralischen Bestandteile, was zu flüchtigen anorganischen Dämpfen wie Na, As, Sb, Fe, Mg und dem Suboxid SiO führt. Aufgrund der reduzierenden Atmosphäre in der Grenzschicht um das abbrennende Partikel entstehen keine Metalloxide, sondern Suboxide oder Metalle. Nach Diffusion aus der Korngrenzschicht in die sauerstoffreichere Umgebung können sie aufoxidiert werden und anschließend, je nach Sättigungsdampfdruck, eine homogene Nukleation erfahren, wodurch eine große Zahl extrem feiner Aschepartikel entsteht (oberer Zweig in Bild 2.18). An diesen können wiederum Alkaliendämpfe kondensieren, und durch Koagulationsprozesse können einzelne dieser Feinstaubpartikel auch zu größeren Aggregaten im Durchmesserbereich von 0,1–1 µm zusammenwachsen. Die resultierende Form der Aerosolpartikel-Größenverteilung hängt also von dem komplexen Zusammenspiel der konkurrierenden Prozesse homogene Nukleation, heterogene Kondensation und Wachstum durch Koagulation ab.

Die Größenverteilung der individuellen mineralischen Einschlüsse im Kohlekorn repräsentiert die obere (feine) Grenze der Flugaschepartikel-Größenverteilung, wenn angenommen wird, daß keine Koaleszenz der mineralischen Einschlüsse während der Verbrennung stattfindet. Das untere (grobe) Limit wird durch die Annahme rerpäsentiert, daß genau ein Aschepartikel aus jedem Kohlepartikel entstammt, d.h. daß eine vollständige Koaleszenz aller mineralischen Einschlüsse in jedem Kohlepartikel auftritt. Demnach führt eine Tendenz des Kohlepartikels, während der Verbrennung zu fragmentieren, zu einer Größenverteilung der Flugaschepartikel, die näher an der Größenverteilung der mineralischen Einschlüsse in der Kohle liegt. Demgegenüber wachsen Aschepartikel bei Kohlen, die keiner Fragmentierung unterliegen, durch Koaleszenz während des Abbrandes zusammen.

Bei der Kohlenstaubverbrennung weist der Feinstaubanteil an der gesamten Flugasche vor Filterung (Rohgas) einen Anteil von ca. 1–2% auf, nach Filterung dominiert der Anteil des feinen Staubes im Reingas. Das Kornspektrum der Flugasche von Kohlenstaubfeuerungen (Reingas) liegt zwischen 0,01 und 100 µm, wobei die meisten Partikel kleiner als 20 µm sind. Verschiedene Autoren stellten eine bimodale Verteilung des Reingasstaubes fest mit Maxima zwischen 0,1 und 0,5 µm und zwischen 1 und 5 µm. Die Stäube weisen zu über 90% eine kugelige Struktur auf [53]. Die entstehende Korngrößenverteilung der Flugasche wird beeinflußt von der Ausmahlung des Kohlenstaubes, den Temperaturen und Verweilzeiten in der Feuerung.

Reingas- und Rohgasstäube setzen sich zu ca. 85–90% aus SiO_2 (Quarz), Al_2O_3 (Tonerde), Fe_2O_3 (Hämatit) und K_2O zusammen. Die Zusammensetzung des Filterstaubes und des Reingasstaubes zeigt für die genannten Hauptbestandteile kaum Unterschiede. Neben den Hauptbestandteilen weisen die Reingasstäube eine Vielzahl von Spurenelementen auf, wobei Schwermetalle eine wichtige Rolle spielen [54].

Da es bisher noch keine Theorie gibt, mit der man den Verflüchtigungsgrad von Spurenelementen beschreiben kann, muß das Anreicherungsverhalten in der Flugasche durch Messungen ermittelt werden. Betrachtet man die Dampfdruckkurven der Elemente As, Cd, Cr, Ni, Sb, Co, Hg und Zn im Temperaturbereich von Staubfeuerungen, so stellt man fest daß abgesehen von Co, Ni und Cr alle Elemente und ihre Chloride Siedepunkte haben, die unterhalb von 1600 °C liegen. Demnach müßten sie alle bei der Verbrennung verdampfen und sich teilweise im Flugstaub anreichern. Dieses Phänomen konnte allerdings durch praktische Untersuchungen nur teilweise bestätigt werden. Auch auf unterschiedliche Siedepunkte der Metalloxide läßt sich die unterschiedliche Anreicherungsneigung nicht zurückführen [55].

Während ein Teil der Spurenelemente, die den Feuerraum in der Form überwiegend gasförmiger Oxide verlassen haben, bereits auf den Wänden und Einbauten der Rauchgaskanäle kondensieren, kondensieren die meisten Spurenelemente bei der Abkühlung der Rauchgase auf Temperaturen zwischen 130 und 140 °C. Die Analysen von Flugstaub hinter Elektrofiltern zeigen eine deutliche Abnahme der Spurenelementkonzentration des Elektrofilterstaubes mit steigender Temperatur. Eine Ausnahme bildet das Element Hg, das aufgrund seiner üblicherweise niedrigen Konzentration in Kohlen keine Anreicherung durch Kondensation im Flugstaub erfährt, sondern allenfalls in geringen Mengen durch Adsorptions- und Sublimationsvorgänge in die Flugasche gelangt.

Die mit abnehmendem Feinstaubdurchmesser zunehmende Konzentration von Spurenelementen in der Flugasche kann dadurch erklärt werden, daß die Anlagerung an der Oberfläche stattfindet und sich das Verhältnis von Oberfläche zu Volumen umgekehrt zum Durchmesser verhält, so daß die Spurenelementkonzentration immer mehr ansteigt, je kleiner das Teilchen wird.

Aufgrund ihres Anreicherungsverhaltens werden die Spurenelemente in drei Klassen eingeteilt, wobei Gruppe I die schwerflüchtigen Elemente mit hohen Siedepunkten und geringen Dampfdrücken wie u. a. Al, Cs, Fe enthält, Gruppe II die mittelflüchtigen Elemente wie z. B. As, Co, Cr, Pb und Zn und Gruppe III leichtflüchtige Elemente wie Br, Cl, F, Hg und Se, die nach der Verbrennung vollständig in der Gasphase vorliegen und wegen ihrer niedrigen Taupunkte nicht innerhalb der Anlage kondensieren. Letztere werden entweder in der Rauchgasentschwefelungsanlage ausgewaschen oder gasförmig emittiert.

2.1.4.4 Partikelemissionen bei der Stückholzverbrennung in häuslichen Feuerstätten

Ein Holzfeuer in einem offenen Kamin, einem Kamin- oder Kachelofen stellt nach wie vor den Inbegriff für behagliche Raumwärme dar. In waldreichen Gegenden wird Holz zu einem gewissen Teil auch grundsätzlich noch zur Raumwärmeerzeugung eingesetzt. Darüberhinaus wird in der holzverarbeitenden Industrie Abfallholz i. allg. verbrannt, meistens unter Nutzung der freiwerdenden Energie. Bei der Stückholzverbrennung werden jedoch in besonderem Maße Partikel, bestehend aus Ruß, Teer, Asche oder unverbranntem Kohlenstoff freigesetzt. Holzfeuerungen weisen deshalb oftmals sehr hohe Staubemissionen auf, die bis zu 10000 mg/m^3 betragen können [56]. Die Bedeutung der Partikelemissionen aus Holzfeuerungen, insbesondere von sehr kleinen Partikeln, wird bisher weitgehend unterschätzt. In einer Untersuchung wurde beispielsweise für das Gebiet von Vancouver und Portland nachgewiesen, daß ca. 52% der im Januar 1978 emittierten einatembaren Partikel aus holzbefeuerten Kleinanlagen stammten [57]. Aber auch in waldreichen Gebieten Deutschlands kann, besonders in Tallagen die Holzverbrennung zu erheblichen Belästigungen und hohen Aerosolkonzentrationen in der Atemluft führen. Bild 2.19 zeigt während einer winterlichen Bodeninversion den starken Dunst über einer Ortschaft, der von einigen Holzfeuerungen stammt.

Durch ungleichmäßige, instationäre Verbrennungsbedingungen mit schlechter Vermischung von Brennstoff und Luft, durch örtlichen oder allgemeinen Luftmangel und durch zeitweise zu niedrige Verbrennungstemperaturen tritt bei Stückholz-Feuerungen oftmals eine unvollständige Verbrennung auf. Dabei kommt es zur Rußbildung und -emission. Vielfach brennen die flüchtigen Bestandteile des Holzes nicht richtig ab, sondern verdampfen nur oder pyrolisieren teilweise und kondensieren in den Abgasen. Das Kondensat besteht aus hochmolekularen Kohlenwasserstoffen, u.a. einer großen Anzahl und hohen Konzentrationen an Polyzyklischen Aromatischen Kohlenwasserstoffen (PAK) [56], die sich an Wärmetauscherflächen, aber auch an emittierte Partikel, insbesondere an Ruß, anlagern. Auf diese Weise enthalten die emittierten Partikel nicht nur elementaren Kohlenstoff (Ruß), sondern auch einen großen Anteil an organisch ge-

Bild 2.19. Holzfeuerungsabgase nebeln bei einer winterlichen Bodeninversion eine ganze Ortschaft ein

bundenem Kohlenstoff. Tabelle 2.6 zeigt beispielhaft und ganz pauschal Kohlenstoffemissionen bei der Holzverbrennung im Vergleich mit anderen Emissionsquellen.

In den emittierten Partikeln sind nicht nur Kohlenstoff und Kohlenwasserstoffe enthalten, sondern, je nach verbrannter Holzart, verschiedene Spurenelemente, Tabelle 2.7 gibt hierüber einen Überblick. Hierbei handelt es sich allerdings nur um Anhaltswerte, da die Konzentration von Spurenstoffen im Holz u.a. stark vom Standort, der Wachstumsbedingungen und dem Alter der Bäume abhängen.

Die Größenverteilung der aus Holzfeuerungen emittierten Partikel ist, abgesehen von Aschebestandteilen, weitgehend unabhängig von der Anlagenart und deren Betriebsbedingungen sowie der verfeuerten Holzart. Nach den bisherigen Untersuchungen liegen die Durchmesser der emittierten Partikel, wenn sie aus ei-

Tabelle 2.6. Typische, auf die verbrannte Brennstoffmenge bezogene Kohlenstoffemissionen von verschiedenen Emissionsquellen (nach [58])

Brennstoff/Prozeß	Organischer Kohlenstoff im mg/kg	Elementarer Kohlenstoff in mg/kg
Erdgasheizung	0,4	0,2
Kfz mit Ottomotor		
ohne Katalysator	40	14
mit Katalysator	14	11
Dieselmotor	710	2100
Holzverbrennung	4000	1900

Tabelle 2.7. Mittlere Konzentrationen von Spurenelementen in Holzfeuerungsabgasen bei nordamerikanischen Hölzern in %, bezogen auf Gesamtpartikelmasse [59]

Element	Kiefer	Eiche
Al	0,45	0,27
Cl	2,87	1,04
Fe	0,03	0,01
K	11,61	5,84
P	0,19	0,12
Pb	0,14	0,05
Rb	0,02	0,01
Si	0,55	0,28
S	2,22	1,90
Zn	0,15	0,05

ner unvollständigen Verbrennung stammen, unter 10 µm, die überwiegende Anzahl und damit auch die Masse (schätzungsweise bis 40%) sogar deutlich unter 1 µm. Die Mehrzahl der vorliegenden Ergebnisse weist darauf hin, daß sich das Größenspektrum von <0,1 bis etwa 0,2–0,3 µm bewegt [56]. In Bild 2.20 ist beispielhaft eine Größenverteilung von Abgaspartikeln einer Holzfeuerung dargestellt. In dieser Verteilung wurden lediglich Partikel ≦1 µm berücksichtigt, größere wurden zuvor in einem Kaskaden-Impaktor abgeschieden (ca. 10–17% der gesamten Partikelmasse). Man sieht, daß der Rauch aus der Holzverbrennung besonders feine Partikel enthält und deshalb wegen seiner Lungengängigkeit und seinem Gehalt an Polyzyklischen Aromatischen Kohlenwasserstoffen gesundheitlich besonders bedenklich ist.

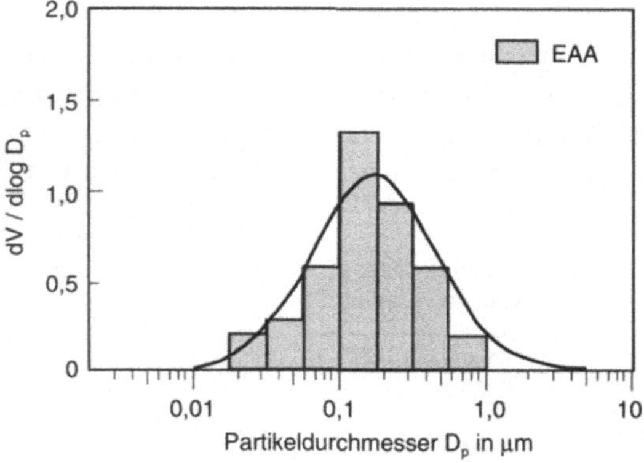

Bild 2.20. Beispiel der Größenverteilung von Abgaspartikeln einer Holzfeuerung (nach [58])

2.1.5 Polychlorierte Dibenzodioxine und Dibenzofurane

2.1.5.1 Eigenschaften, Entstehung und Herkunft

Polychlorierte Dioxine sind seit der Seveso-Katastrophe im Jahre 1976 in Norditalien stark ins Bewußtsein der Öffentlichkeit gerückt. Im Gefolge dieses Unfalls wurden die Analysenmethoden ständig verbessert, um auch geringste Konzentrationen nachweisen zu können. Durch die verfeinerte Meßtechnik wurde festgestellt, daß Dioxine und Furane nicht nur an den vermuteten Entstehungsorten, sondern praktisch überall vorkommen.

Die Polychlorierten Dibenzodioxine (PCDD) und Polychlorierten Dibenzofurane (PCDF) sind Verbindungsklassen aromatischer Äther, d. h. Phenylringe, die mit zwei bzw. einem Sauerstoffatom verbunden und mit verschieden vielen Chloratomen substituiert sind. Bild 2.21 zeigt die Strukturformeln der Polychlorierten Dibenzodioxine, Dibenzofurane und zum Vergleich die der Biphenyle. Bei den Dioxinen gibt es 75, bei den Furanen 135 Kongenere (Verbindungen einer Stoffklasse), die in jeweils 8 Homologengruppen (Verbindungen mit der selben Anzahl von Chloratomen) auftreten können. An den Stellen 1,2,3,4 und 6,7,8,9 (s. Bild 2.21) sind Chlorsubstitutionen möglich. Die Nomenklatur ist in Tabelle 2.8 dargestellt. Beim Seveso-Dioxin sind die Chloratome an den Stellen 2, 3, 7 und 8 angeordnet: 2,3,7,8-Tetrachlordibenzodioxin (TCDD). Die Anzahl und die Stellung der Chloratome beeinflussen die chemischen Eigenschaften und damit die Toxizität (Giftigkeit) der Substanzen:

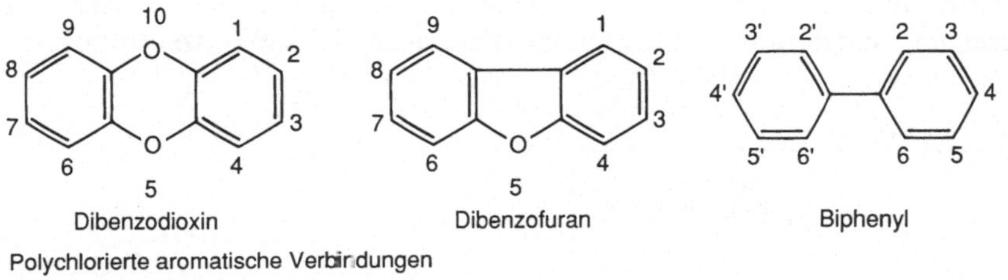

Dibenzodioxin   Dibenzofuran   Biphenyl

Polychlorierte aromatische Verbindungen

Bild 2.21. Chemische Struktur und Bezifferung der Polychlorierten Dibenzodioxine, -furane und Biphenyle [60]

Tabelle 2.8. Nomenklatur der Polychlorierten Dibenzodioxine und -furane

Anzahl Chloratome	Dibenzodioxin	Anzahl Isomere	Dibenzofuran	Anzahl Isomere
1	Monochlor-(MCDD)	2	Monochlor-(MCDF)	4
2	Dichlor-(DCDD)	10	Dichlor-(DCDF)	16
3	Trichlor-(TrCDD)	14	Trichlor-(TrCDF)	28
4	Tetrachlor-(TeCDD)	22	Tetrachlor-(TeCDF)	38
5	Pentachlor-(PeCDD)	14	Pentachlor-(PeCDF)	28
6	Hexachlor-(HxCDD)	10	Hexachlor-(HxCDF)	16
7	Heptachlor-(HpCDD)	2	Heptachlor-(HpCDF)	4
8	Octachlor-(OCDD)	1	Octachlor-(OCDF)	1

- Die Wasserlöslichkeit nimmt mit steigendem Chlorierungsgrad stark ab und kann generell als gering eingestuft werden.
- Die Fettlöslichkeit nimmt mit steigendem Chlorierungsgrad zu und liegt um etwa 4 Zehnerpotenzen höher als die von Wasser.
- Der Siedepunkt liegt zwischen 300 °C und 400 °C; er steigt mit zunehmendem Chlorierungsgrad; der Dampfdruck und damit die Flüchtigkeit nehmen also ab.

Polychlorierte Dibenzodioxine und -furane werden bei thermischen Prozessen, z. B. in den Abgasen von Müllverbrennungsanlagen, insbesondere durch folgende Mechanismen gebildet:
- Bildung aus Vorläuferverbindungen (Prädioxine), z. B. aus chlorierten Benzolen, Phenolen, Biphenylen oder chloriertem Biphenylether.
- Bildung aus nicht chlorierten organischen Substanzen und Chlor (de-novo-Synthese).
- Unvollständige Verbrennung von Stoffen, die bereits Dioxine enthalten.

Aus Messungen an Müllverbrennungsanlagen ist bekannt, daß am Ende der Feuerung fast keine PCDD und PCDF in den Abgasen auftreten. Sie werden erst im weiteren Verlauf der Abgaswege im Temperaturbereich zwischen 250 und 350 °C gebildet [61]. Bei höheren Temperaturen erfolgt eine Dechlorierung, d. h. der Anteil der niederchlorierten PCDD- und PCDF-Homologe nimmt zu. Die PCDD und PCDF sind thermisch relativ stabil, mit steigender Temperatur nimmt die Zersetzung über die Spaltung der aromatischen Etherbindung zu. In Gegenwart von Sauerstoff können die Moleküle bei hohen Temperaturen auch oxidativ zerstört werden. Bild 2.22 zeigt qualitativ die Gegenläufigkeit von Dioxinentstehung und -zersetzung und daraus resultierend die entstandene Dioxinkonzentration.

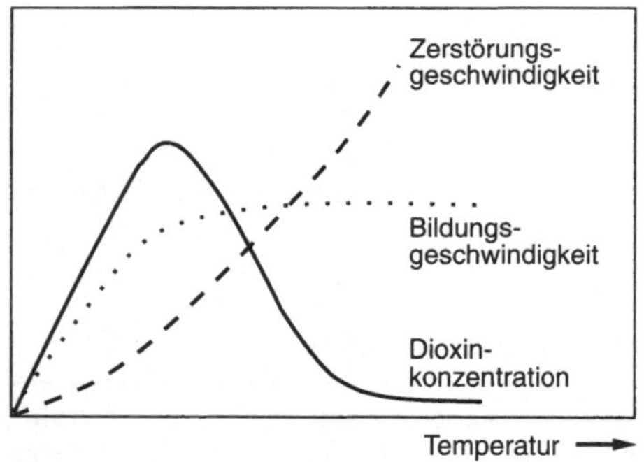

Bild 2.22. Bildung und Zerfall von chlorierten Dioxinen in Filterstäuben in Gegenwart von Sauerstoff (nach [61])

Es konnte nachgewiesen werden, daß für die Dioxinbildung in Verbrennungsabgasen die Bildung von Chlor aus Kupfer- oder anderen Metallchloriden oder aus mit HCl reduzierten Metalloxiden die Startreaktion darstellt (sog. Deacon-Prozeß) [62]:

$$
\begin{array}{lcl}
CuCl_2 + {}^1/_2 O_2 & \xrightarrow{300\,^{\circ}C} & CuO + Cl_2 \\
CuO + 2HCl & \longrightarrow & CuCl_2 + H_2O \\
\hline
2\,HCl + {}^1/_2\,O_2 & \longrightarrow & H_2O + Cl_2
\end{array}
$$

Kupfer nimmt demnach z. B. an den Reaktionen teil, wird am Schluß aber wieder frei; es kann deshalb als Katalysator für die Dioxinbildung angesehen werden.

2.1.5.2 Toxizität, Toxizitätsequivalente und Grenzwerte

Eine akute Wirkung des 2,3,7,8-TCDD zeigt sich in Chlorakne, wobei nicht alle Menschen in gleichem Maße von dieser Hautkrankheit betroffen sind [63]. Die andere akute Toxizität zeigt sich bei der Aufnahme durch die Nahrung. Dabei kommt es im Tierversuch bei einem langsamen und unspezifischen Verlauf der Vergiftung in etwa zwei bis drei Wochen zum Tod der Tiere. In dieser Zeit verlieren die Tiere bis zu 50% des Körpergewichts („wasting syndrom"). Es kann dabei keine spezifische Todesursache festgestellt werden [62]. Tabelle 2.9 zeigt die relative Toxizität des 2,3,7,8-TCDD im Vergleich mit anderen Toxinen. Dabei ist bemerkenswert, daß das 2,3,7,8-TCDD, was die akute Toxizität betrifft, die giftigste Substanz ist, die bisher im Zusammenhang mit chemischen Produktionsprozessen aufgetreten ist. Nur Bakterientoxine weisen noch wesentlich niedrigere LD_{50}-Werte auf.

Beim Seveso-Unfall galten schwangere Frauen als besondere Risikogruppe. Es konnten aber trotz intensivster Untersuchungen keine Anhaltspunkte für eine erhöhte Abort- oder Totgeburtrate oder ein vermehrtes Auftreten grobstuktureller Abnormalitäten bei Neugeborenen gefunden werden [63]. Auch eine mutagene Wirkung konnte bei 2,3,7,8-TCDD-Dosen, die für eine menschliche Langzeitexposition einigermaßen relevant sind, bisher nicht beobachtet werden. Außerdem konnte keine signifikante Bindung von TCDD an DNA in vivo (Ratten-Leber) nachgewiesen werden [64]. Bei Ratten konnte dagegen ein Krebsbildungspotential nachgewiesen werden. Hierbei wirkten die Dioxine als Promotor, die ab

Tabelle 2.9. Relative Toxizität ($<D_{50}$-Dosis) ausgewählter toxischer Substanzen (2,3,7,8-TCDD = 1) [62]

Substanz	Relative Toxizität
Botulinus-Toxin A	0,00003
Tetanus-Toxin	0,0001
Diphterin-Toxin	0,3
2,3,7,8-TCDD	1
Saxitoxin	9
Tetrodoxin	8–20
Curare	500
Strychnin	500
Muscarin	1100
Natriumcyanid	10000

einem bestimmten Schwellenwert täglicher Dosis in der Leber der Tiere die Bildung von Monooxygenasen hervorriefen, die nun ihrerseits als Tumor-Initiator wirkten. Ein eigenes Initiator-Potential gilt als unwahrscheinlich [64] oder wird sogar ausgeschlossen [65]. Bedeutsam ist damit vor allem, daß ein Schwellenwert angegebenen werden kann, für den keine Auswirkungen zu befürchten sind. Da dieser Schwellenwert um zwei bis drei Zehnerpotenzen höher liegt als die täglich aufgenommene Menge des durchschnittlich belasteten Menschen [66] und die Ratte zehnmal mehr PCDD und PCDF in der Leber akkumuliert als der Mensch, kann eine Gefährdung des Menschen über diesen Wirkungszweig ausgeschlossen werden, solange er nicht weit erhöhten Konzentrationen ausgesetzt ist.

Um die Toxizität (Giftigkeit) von Dioxin- und Furanemissionen, die verschiedene Isomere enthalten, beurteilen zu können, wurden sogenannte Toxizitätsäquivalente (TE) eingeführt. Die TE-Konzentrationen werden dadurch errechnet, daß jedem Dioxin und Furan, das für die Gesamttoxizität wichtig ist, gemäß seiner relativen Toxizität in Bezug auf das 2,3,7,8-TCDD (Seveso-Dioxin) ein Faktor zugeordnet wird. Das 2,3,7,8-TCDD, als giftigster Vertreter dieser Stoffklasse, erhält den Faktor 1, die anderen Isomere entsprechend Faktoren $\leqq 1$. Werden die Einzelkonzentrationen mit ihren Faktoren bewertet und aufsummiert, dann erhält man eine Konzentrationsangabe, als würde nur 2,3,7,8-TCDD vorliegen. Dies erleichtert die Beurteilung der Emissionen und der Belastungen, da auch bei unterschiedlicher Kongenerenverteilug die Toxizität mit einem Wert angegeben werden kann. Leider werden von verschiedenen Stellen unterschiedliche TE-Faktoren verwendet, Tabelle 2.10 gibt hierüber einen Überblick. Man er-

Tabelle 2.10. Toxizitätsäquivalente (TE-Faktoren) unterschiedlicher internationaler Stellen

Kongener	NATO CCMS 1988 [67]	Schweiz 1988 [68]	Skandinavien 1988 [69]	BGA 1985 [70]	EPA 1985 [71]	Eadon 1982 [71]
2,3,7,8-TCDD	1	1	1	1	1	1
1,2,3,7,8-PCDD	0,5	0,4	0,5	0,1	0,2	1
1,2,3,4,7,8-HCDD	0,1	0,1	0,1	0,1	0,04	0,03
1,2,3,6,7,8-HCDD	0,1	0,1	0,1	0,1	0,04	0,03
1,2,3,7,8,9-HCDD	0,1	0,1	0,1	0,1	0,04	0,03
1,2,3,4,6,7,8-HCDD	0,01	0,01	0,01	0,01	0	0
OCDD	0,001	0,001	0,001	0,001	0	0
2,3,7,8-TCDF	0,1	0,1	0,1	0,1	0,1	0,33
1,2,3,7,8-PCDF	0,05	0,01	0,01	0,1	0,1	0,33
2,3,4,7,8-PCDF	0,5	0,4	0,5	0,1	0,1	0,33
1,2,3,4,7,8-HCDF	0,1	0,1	0,1	0,1	0,01	0,01
1,2,3,6,7,8-HCDF	0,1	0,1	0,1	0,1	0,01	0,01
1,2,3,7,8,9-HCDF	0,1	0,1	0,1	0,1	0,01	0,01
2,3,4,6,7,8-HCDF	0,1	0,1	0,1	0,1	0,01	0,01
1,2,3,4,6,7,8-HCDF	0,01	0,01	0,01	0,01	0,001	0
1,2,3,4,7,8,9-HCDF	0,01	0,01	0,01	0,01	0,001	0
OCDF	0,001	0,001	0,001	0,001	0	0
nicht 2,3,7,8-substituierte	0	0	0	0,001–0,01	0–0,01	0

kennt, daß die Giftigkeit der einzelnen Isomere von den verschiedenen Stellen teilweise sehr unterschiedlich beurteilt wird und diese Beurteilungen sich auch im Laufe der Jahre geändert haben. Toxizitätsäquivalente müssen auf Grund dieser unterschiedlichen Beurteilungen immer mit dem Quellennachweis versehen sein, sonst sind sie nicht vergleichbar. In neueren Veröffentlichungen und bei der Festlegung von Grenzwerten, z. B. in der Abfallverbrennungsanlagen-Verordnung [72] wird der internationale Berechnungsmodus nach NATO/CCMS angewendet.

Es gibt z. B. zur Beurteilung der Belastung von Böden gutachterliche Empfehlungen des Bundesgesundheitsamtes (BGA), die Aussagen über die Sanierungsbedürftigkeit des jeweiligen Bodens ermöglichen [73, 74]. Diese Werte wurden von der Bund-Länder-Arbeitsgruppe „Dioxin" als Richtwerte für die Einbindung in das Gesetzes- und Verordnungswerk empfohlen und im Januar 1992 von Baden-Württemberg als erstem Bundesland eingeführt [75]:

$\leqq$ 5 ng TE/kg	uneingeschränkt landwirtschaftlich nutzbar
5 – 40 ng TE/kg	Nutzung über Anbauempfehlungen eingeschränkt
$\geqq$ 40 ng TE/kg	keine landwirtschaftliche Nutzung
$\geqq$ 100 ng TE/kg	Bodenaustausch auf Spielplätzen
$\geqq$ 1000 ng TE/kg	Bodenaustausch im Wohnbereich
$\geqq$ 10 000 ng TE/kg	Sanierungsbedarf außerhalb von Wohnbereichen

In Nordrhein-Westfalen werden als Richtwert für die Außenluft (Immissionsrichtwert) 3 pg/m^3 für 2, 3, 7, 8-TCDD angegeben.

In der Abfallverbrennungsanlagen-Verordnung [72] wurde 1990 für die Abgase von Müllverbrennungsanlagen ein PCDD-/PCDF-Emissionsgrenzwert von 0,1 ng TE/m^3 festgelegt, der bei Neuanlagen sofort und bei Altanlagen bis zum 1.12.1993 eingehalten werden muß.

2.1.5.3 Dioxin-Quellen

Tabelle 2.11 zeigt die geschätzten Beiträge einzelner PCDD/PCDF-Quellen zur jährlichen Belastung in den alten Bundesländern und eine Hochrechnung für die

Tabelle 2.11. Quantitative Abschätzung verschiedener PCDD/PCDF-Emittenten in TE (BGA) für die alten Bundesländer (1989) (nach [61])

Quellen	Berechnungsgrundlage	TE/Jahr	TE/20 Jahre
MVA	10 ng TE/m^3 Abgas	0,4 kg	8 kg
	13 ng TE/g Flugstaub	3,1 kg	62 kg
Klinik-MVA	15 ng TE/m^3 Abgas	0,0015 kg	0,03 kg
Sonder-MVA	0,5 ng TE/m^3	0,001 kg	0,02 kg
Kfz-Abgas	0,002 ng TE/g Benzin	0,05 kg	1 kg
Recycling	geschätzt	0,4 kg	0,4 kg
PCP	300 bzw. 2400 ng TE/g	1,3 kg	26 kg
PCB	offene Anwendung		90 kg
	1500 ng TE/g		
	geschlossene Anw.		90 kg

MVA ... Müllverbrennungsanlagen

Gesamtemission durch die jeweilige Quelle während der letzten 20 Jahre [61]. Hierbei sind natürlich nur die bisher bekannten Quellen aufgeführt. Die in der Umwelt festgestellten Mengen sind aber weit größer als der Beitrag der bisher bekannten Quellen. So ist z. B. nach einer schwedischen Hochrechnung [76] die Dioxindeposition 25–30mal höher als die Emissionen der bekannten Quellen. Deshalb wird weiterhin nach quantitativ relevanten Emittenten gesucht.

Als weitere Dioxin- und Furanquellen kommen auf Grund einzelner Meßergebnisse z. B. Holzfeuerungen bei Hausheizungen oder Gewerbebetrieben, Metallschmelzanlagen, Kabelverschwelanlagen und ähnliche Prozesse in Betracht [77].

Bei der Müllverbrennung tritt der größere Teil der PCDD und PCDF im Filterstaub auf, der Rest hauptsächlich im Reingas; die Schlacke enthält fast keine PCDD und PCDF. Werden die Abgase katalytisch [78] oder über Aktivkohle gereinigt [79], welche zur PCDD- und PCDF-Zerstörung wieder dem Verbrennungsprozeß zugeführt wird, und werden die Filterstäube unter Luftabschluß anschließend thermisch behandelt [80], dann entweichen aus einer solch modernen Müllverbrennungsanlage weniger PCDD und PCDF als mit dem Müll in die Anlage vorher zugeführt werden. Solche modernen Müllverbrennungsanlagen können demnach als Dioxinsenken, nicht als Dioxinquellen angesehen werden [78, 81].

2.1.6 Kraftfahrzeugabgase

2.1.6.1 Einflüsse auf die Entstehung

Der größte Teil der Straßenverkehrs-Kraftfahrzeuge wird mit Verbrennungsmotoren – Otto- und Dieselmotoren – angetrieben. Bei diesen Motoren findet in den Brennräumen eine intermittierende, instationäre Verbrennung statt; bei jedem zweiten Kolbenhub zündet das angesaugte Kraftstoff-/Luftgemisch, dehnt sich durch die frei werdende Oxidationswärme aus und treibt den Kolben nach unten. Der wieder nach oben steigende Kolben drückt anschließend das Abgas aus dem Zylinder. Wie vollständig die Verbrennung abläuft und wie hoch die Abgasemissionen bei möglichst großer Kraftstoffausnutzung sind, hängt von zahlreichen Einflußfaktoren ab, die in Bild 2.23 beispielhaft dargestellt sind.

Ein Hauptproblem wird dadurch verursacht, daß die Motoren in den Fahrzeugen nicht bei konstanter Last und Drehzahl betrieben werden. Es ist kaum möglich, bei jedem Arbeitspunkt des Motors minimale Abgasemissionen bei optimaler Kraftstoffausnutzung zu erreichen. Die Abhängigkeiten des Luftüberschusses λ (auch Luftzahl genannt) und der Abgasemissionen von der Motordrehzahl und dem Drehmoment werden in sog. Motorkennfeldern dargestellt. Bild 2.24 zeigt beispielhaft für einen Viertakt-Kraftfahrzeug-Ottomotor die Abhängigkeit des Luftüberschusses von Drehzahl und Mitteldruck. Letzterer ist ein Maß für die Motorlast. Bild 2.25 gibt die entsprechenden Abhängigkeiten für die Komponente Kohlenmonoxid (CO) und Bild 2.26 für Stickstoffoxid (NO) wieder. Analog dem Emissionsverhalten von Ölfeuerungen (s. Bild 2.2) steigen im Luftmangelbereich (fetter Bereich $\lambda < 1$) die Emissionen von CO und Kohlenwas-

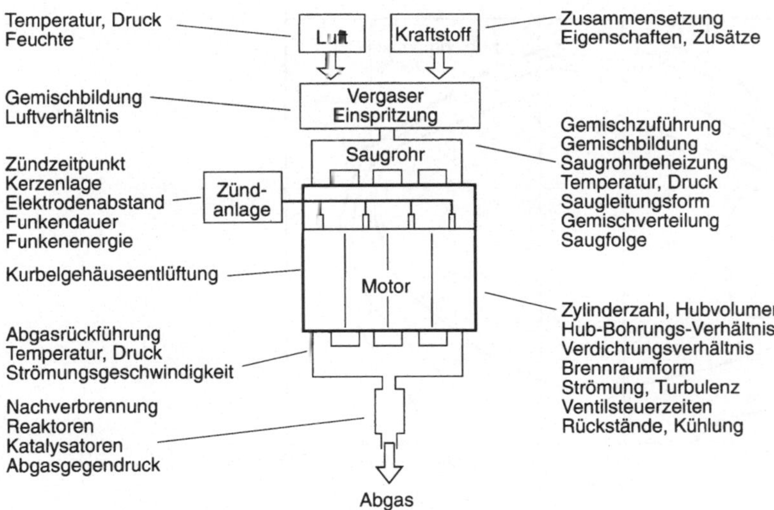

Bild 2.23. Einflußfaktoren auf die Abgaszusammensetzung bei Verbrennungsmotoren mit Fremdzündung [82]

serstoffen an, siehe Bild 2.27, während die Stickstoffoxide dort relativ niedrig sind. Letztere haben, da es sich im wesentlichen um thermisches NO handelt (s. Bild 2.11), ihr Maximum im Bereich der intensivsten Verbrennung, also bei λ knapp über 1.

Man erkennt aus den Motorkennfeldern, daß der Motor im Leerlauf (niedrigste Drehzahl, niedrigste Last) fett läuft ($\lambda < 1$). Entsprechend sind dort die CO-

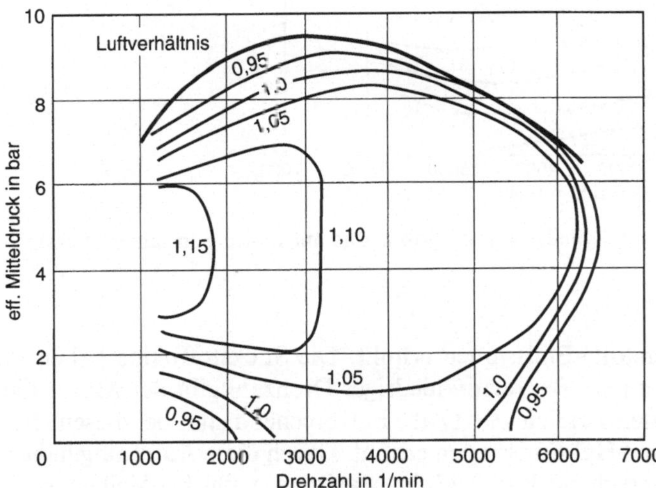

Bild 2.24. Motorkennfeld eines 4-Zylinder-4-Takt PKW-Ottomotors bei stationären Betriebsbedingungen: Effektiver Mitteldruck (als Maß für die Last) in Abhängigkeit von der Drehzahl bei verschiedenen Luftverhältnissen λ [46]

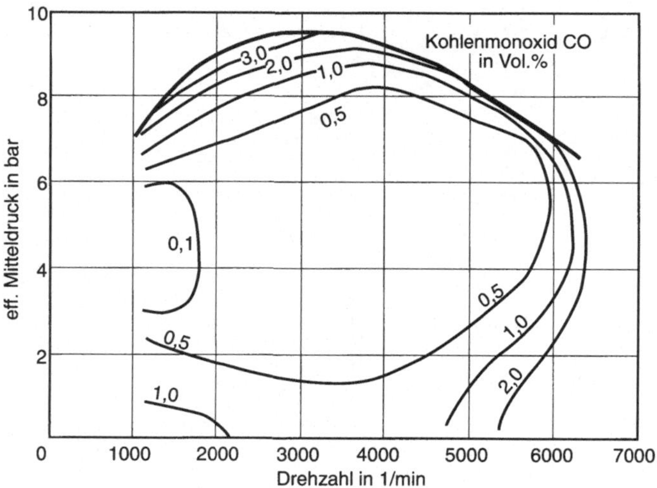

Bild 2.25. Motorkennfeld des 4-Zylinder-4-Takt Ottomotors mit Linien konstanter Kohlenmonoxid-Konzentrationen [46]

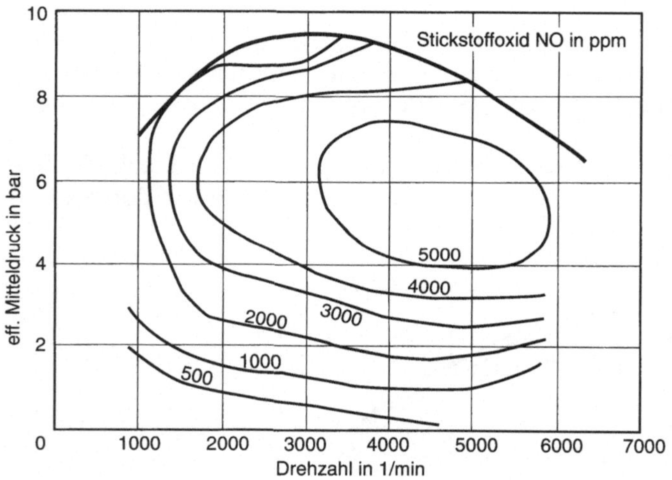

Bild 2.26. Motorkennfeld des 4-Zylinder-4-Takt Ottomotors mit Linien konstanter Stickstoffoxid-Konzentration [46]

und HC (Kohlenwasserstoff)-Emissionen erhöht. Die Stickstoffoxide haben in diesem Bereich ihr Minimum. Bei relativ niedriger Drehzahl gibt der Motor die höchste Leistung im fetten Bereich ($\lambda < 1$) ab. Entsprechend sind bei diesem Betriebszustand die CO- und HC-Emissionen erhöht. Durch diese Anfettung haben die Stickstoffoxide entsprechend Bild 2.27 ihr Maximum nicht bei Vollast, sondern bei etwa 2/3-Last und bei 3/4 der Drehzahl.

Folgende weitere Ursachen können bei Ottomotoren erhöhte Abgasemissionen bewirken [46, 48, 84]:

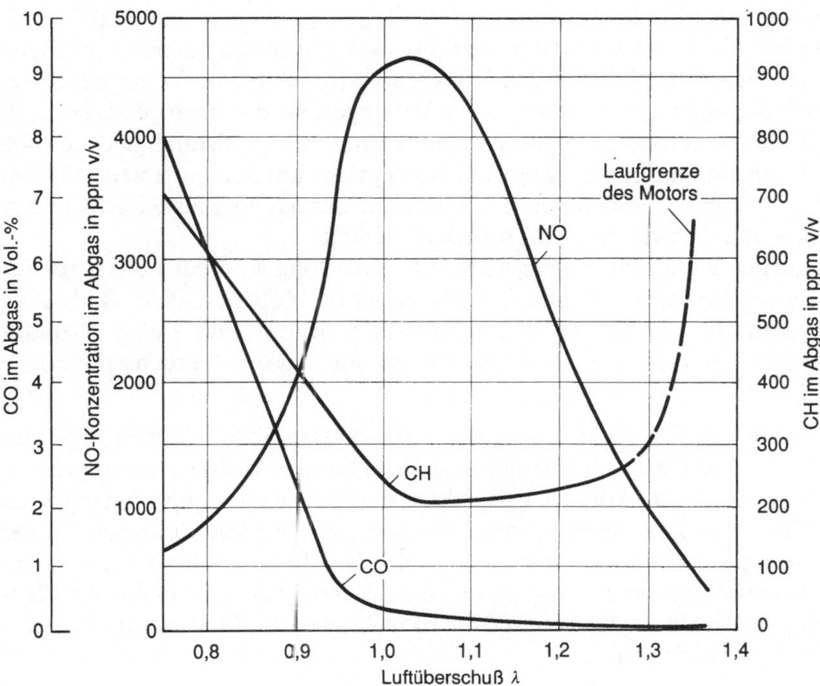

Bild 2.27. Abgasemissionen eines Kraftfahrzeug-Ottomotors in Abhängigkeit vom Luftüberschuß λ [83]

- Beim Kaltstart wird dem Motor ein überfettetes Gemisch angeboten (bei Vergasermotoren: Choke !), was unweigerlich zu Emissionen unverbrannter Stoffe führt. Einspritzmotoren mit λ-Regelung erhalten beim Kaltstart i. allg. zwar kein überfettetes Gemisch, aber auch bei $\lambda = 1$ treten CO und Kohlenwasserstoffe in den Abgasen auf, die eigentlich am Katalysator nachoxidiert werden sollen. Ist letzterer aber noch zu kalt, dann entweichen die Stoffe mit den Abgasen. Die Entwicklungen gehen deshalb derzeit besonders dahin, die Kaltstart-Emissionen der Motoren zu minimieren.
- Verlöschen der Flamme in konstruktiv bedingten Spalträumen des Motors erhöhen die CO- und HC-Emissionen [84, 85].
- Ein schlechter Wartungszustand und Verschleiß nach langer Laufleistung der Motoren erhöhen i. all. die CO- und Kohlenwasserstoff-Emissionen. So vergrößert z. B. eine falsch eingestellte Zündung die Abgasemissionen [84]. Verschlissene Kolbenringe und Ventilführungen führen zu verstärkter, oft unvollständiger Verbrennung von Motorenöl. Bei alten Motoren kann dadurch vor allem im Schiebebetrieb der deutlich sichtbare *Blaurauch* mit starken Geruchsemissionen auftreten [86].
- Bei Katalysatorfahrzeugen mit λ-Regelung[1] können zum Beispiel bei defekter λ-Sonde bei magerer Grundeinstellung die Stickstoffoxidemissionen stark erhöht sein, bei fetter Einstellung dagegen die CO- und HC-Emissionen [87].

1 Die Katalysatortechnik wird in Kap. 7.3.3 beschrieben.

Bei Katalysatorfahrzeugen ohne λ-Regelung (sog. „ungeregelte Katalysatoren") sind die Betriebszustände mal fett und mal mager, dementsprechend tritt in manchen Bereichen durch den Katalysator keine Minderung des Stickstoffoxidausstoßes, in anderen keine Verringerung der Kohlenwasserstoff- und der Kohlenmonoxidemissionen ein. Durch nicht vollständige Oxidation oder durch Reduktionsvorgänge am Katalysator können auch neue Verbindungen entstehen, die sich z. B. durch starken Geruch oder als Reizstoffe auszeichnen, z. B. Schwefelwasserstoff oder Aldehyde.

- Bei manchen Katalysatorfahrzeugen mit λ-Regelung wird bei Vollast zur Erhöhung der Leistung das Gemisch angefettet (s. Motorkennfeld, Bild 2.24). Dazu wird die λ-Regelung abgeschaltet. In diesem Fall treten ebenfalls Teiloxidations- oder Reduktionsvorgänge mit starken Geruchsemissionen auf.

Die von den Kraftfahrzeugen emittierten Abgasbestandteile bestehen nicht nur aus Kohlenmonoxid, Stickstoffoxiden und Kohlenwasserstoffen ganz allgemein. Die Kohlenwasserstoffe können beispielsweise sehr vielfältig zusammengesetzt sein, darüber hinaus kommen in den Abgasen noch weitere Spurenstoffe wie Cyanide, Ammoniak, Partikel usw. vor. Bild 2.28 gibt beispielhaft einen Überblick über die wichtigsten luftverunreinigenden Komponenten und ihre Größenordnungen, wie sie im Abgas von Personenkraftwagen mit Ottomotor ohne Katalysator auftreten können.

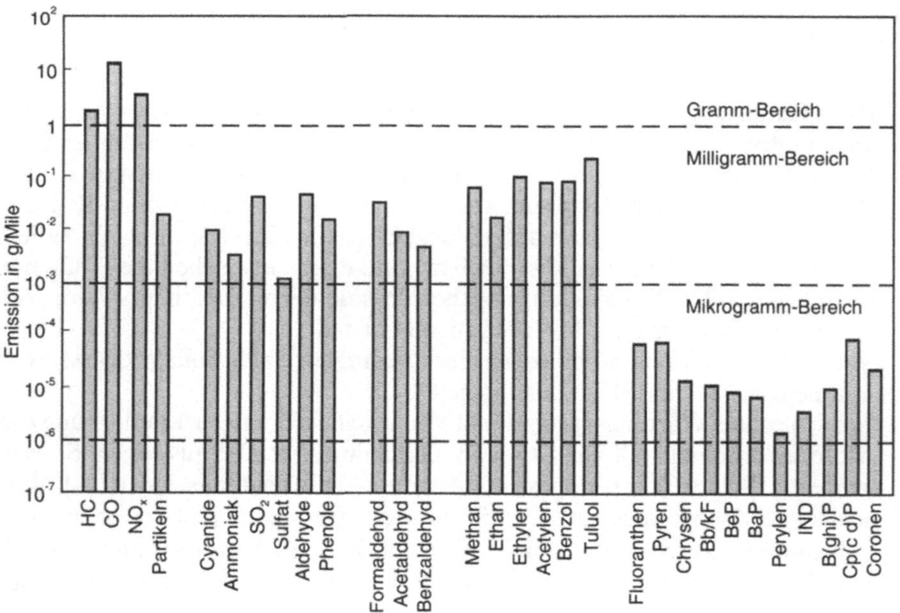

Bild 2.28. Übersicht über die Emissionswerte (log. Maßstab) von 4 Ottomotorfahrzeugen ohne Katalysator, ermittelt mit 3 verschiedenen US-Tests [87].
Bb/kF = Summe aus Benzo(b)- und Benzo(k)fluoranthen; BeP = Benzo(e)pyren; BaP = Benzo(a)pyren; IND = Indeno(1,2,3-cd)pyren; B(ghi)P = Benzo(ghi)perylen; Cp(cd)P = Cyclopenta-(cd)pyren.

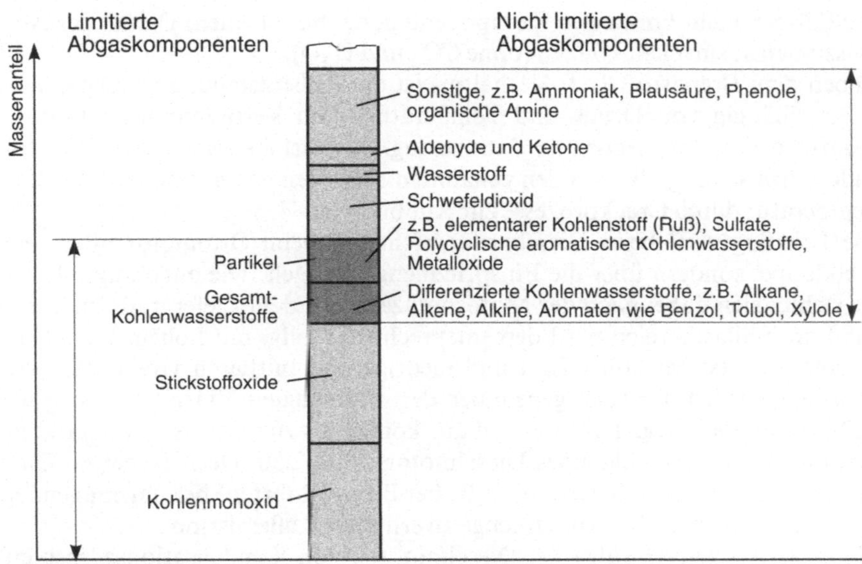

Bild 2.29. Anteil der limitierten und der nicht limitierten Komponenten im Abgas eines Dieselmotors [87]

Dieselmotoren neigen bei Luftmangel in erster Linie zur Ruß- und Geruchsstoffemission, weniger zu CO- und Kohlenwasserstoffemissionen. In Bild 2.29 ist dargestellt, mit welchen Komponenten im Abgas eines Dieselmotors zu rechnen ist. Man unterscheidet zwischen den limitierten (CO, NO_x, HC und Partikel) und

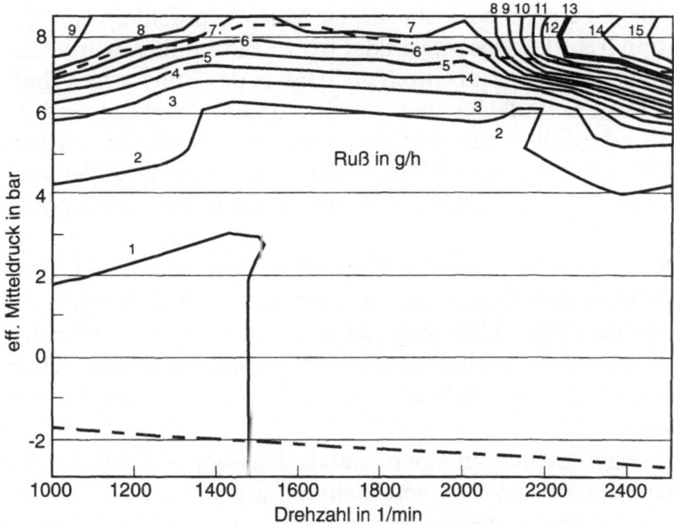

Bild 2.30. Motorkennfeld eines Dieselmotors bei stationären Betriebsbedingungen mit Linien konstanter Rußemission [88]

den vielfältigen nicht limitierten Komponenten, die bis zu einem Drittel der Abgasemissionen ausmachen können (ohne CO_2 und H_2O).

Neben dem Brennstoff/Luft-Verhältnis ist die Rußentstehung im Dieselmotor z. B. abhängig von Druck und Temperatur, vom Verbrennungsverfahren, vom Spritzbeginn, Spritzende und Zündverzug. So führt insbesondere eine ungenügende Vermischung, die von den genannten Faktoren beeinflußt wird, bei hoher Temperatur durch Crackprozesse zur Rußbildung [84, 86].

Die Leistung wird beim Dieselmotor nicht wie beim Ottomotor über eine Drosselklappe, sondern über die Einspritzmenge geregelt. Die angesaugte Luftmenge richtet sich dabei nach der Motordrehzahl und dem Liefergrad. Im Leerlauf und im Teillastbereich wird dementsprechend i. allg. mit hohem Luftüberschuß gefahren. Ist bei hoher Last und niedrigen bis mittleren Drehzahlen die eingespritzte Kraftstoffmenge gegenüber der angesaugten Luftmenge zu groß ($\lambda < 1{,}2$–$1{,}4$, je nach o. g. Faktoren), dann kommt es zur drastisch verstärkten Rußbildung, siehe Kennfeld eines Dieselmotors, Bild 2.30. Deshalb neigen Dieselmotoren unter starker Belastung, z. B. bei Bergauffahrten, bei ungenügender Vermischung und großer Einspritzmenge zu erhöhter Rußemission.

Blau- und Weißrauch rührt bei Dieselmotoren von Kondensationsaerosolen unverbrannter Kohlenwasserstoffe her. Dies kann beim Kaltstart und in der Warmlaufphase eintreten [86]. Bekannt ist beim Kaltstart auch der Rußausstoß.

2.1.6.2 Abgasemissionen im Fahrbetrieb

Die rechnerisch aus stationären Motorkennfeldern ermittelten Abgasemissionen können nur dann ein Maß für die Luftverunreinigungen sein, wenn das Fahrverhalten und die Fahrstrecke genau ermittelt wurden, d. h. Drehzahlen und Lastzustände einschließlich Übertragungsverlusten bekannt sind. Zudem darf der Anteil der instationären Arbeitspunkte des Motors (z. B.: Schaltvorgänge und zügige Beschleunigungen) nicht zu groß sein, da in den Motorkennfeldern nur die Abgasemission des stationären Betriebs abgebildet ist. In Einzelfällen wurde mit den Motorkennfeldern der Fahrzeuge an einzelnen Straßen das Emissionsverhalten berechnet [89]. Die Motorkennfelder und die Übertragungsverluste sind jedoch oft nicht bekannt und müßten aufwendig experimentell bestimmt werden. Bei älteren Motoren ändern sich zudem die Kennfelder. Aus diesen Gründen und weil das Verfahren recht aufwendig ist, wird es bisher zur Emissionsbestimmung kaum angewendet.

Zur Bestimmung der Abgasemissionen an Kraftfahrzeugen, z. B. zur Einteilung in bestimmte Schadstoffemissionsklassen, werden mit den Fahrzeugen auf Rollenprüfständen definierte Fahrzyklen gefahren und dabei die Abgasemissionen gemessen. Während das Meßverfahren einheitlich ist, unterscheiden sich je nach Land die Fahrzyklen teilweise erheblich. Auf diese Testmethoden wird in Kap. 5.4.2 näher eingegangen.

Während diese Tests dazu dienen, in einem standardisierten Fahrzyklus die Abgasemissionen der einzelnen Fahrzeuge vergleichbar zu ermitteln und festzustellen, ob von dem Fahrzeug die vorgeschriebenen Grenzwerte eingehalten werden (s. auch Kap. 8.3), sind zur Ermittlung der Emissionen an einzelnen Straßenzügen, z. B. in Emissionskatastern oder zur Beurteilung der Luftbelastung neben verkehrsreichen Straßen, Emissionsfaktoren notwendig, die für gewisse Fahrverhalten und bestimmte Fahrzeugkollektive gelten. In Deutschland hat z. B. der TÜV Rheinland im Auftrag des Umweltbundesamtes das Fahrverhalten in verschiedenen sog. Fahrmodi festgelegt und mit diesen in regelmäßigen Abständen die Abgasemissionen einer repräsentativen Fahrzeugflotte auf Rollenprüfständen untersucht und publiziert [49, 88, 90, 91].

Anhand dieser Fahrmodi wurde z. B. die Geschwindigkeitsabhängigkeit der Abgasemissionen ermittelt die in Bild 2.30 beispielhaft für die Stickstoffoxide gezeigt ist. Man sieht, daß die NO_X-Emissionen mit zunehmender Geschwindigkeit ansteigen, was auf die größer werdende thermische Belastung der Motoren bei höherer Geschwindigkeit zurückzuführen ist, durch welche die thermische NO-Bildung stark zunimmt. Die in Bild 2.31 dargestellte Geschwindigkeitsabhängigkeit der NO_X-Emissionen reicht nicht bis Vollast. Dort würden, wie vorher ausgeführt, durch die Gemisch-Anfettung die NO_X-Emissionen wieder abnehmen.

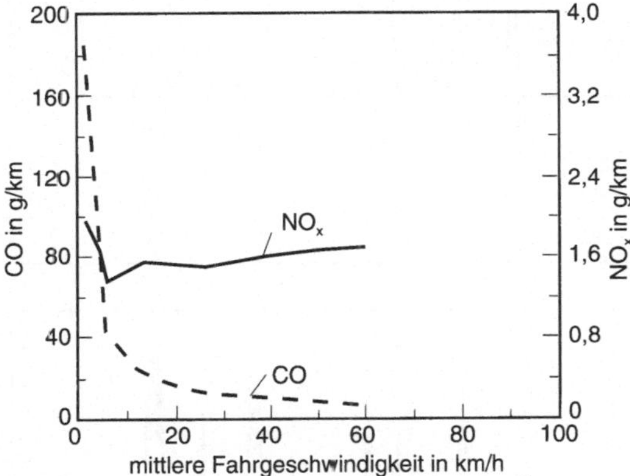

Bild 2.31. Abhängigkeit der Stickstoffoxid-Emissionen von der Fahrgeschwindigkeit auf ebener Strecke – Emissionen eines Fahrzeugkollektivs des Bezugsjahres 1985 (nach [90])

Die Fahrmodi auf den Rollenprüfständen geben das Fahrverhalten und damit die Abgasemissionen idealisiert und vereinfacht wieder, allerdings bezogen auf ein bestimmtes Fahrzeugkollektiv. Will man die Emissionen an einem bestimmten Straßenabschnitt näher wissen, um z. B. die Auswirkungen von verkehrslenkenden Maßnahmen zu ermitteln, dann gibt es prinzipiell zwei Möglichkeiten, dies genauer zu untersuchen:

1. Durch Geschwindigkeitsmessungen im laufenden Verkehr (Mitfahrten) wird das Fahrverhalten auf dem zu untersuchenden Streckenabschnitt ermittelt. Dieses Fahrverhalten wird dann mit einzelnen Fahrzeugen oder einem Fahrzeugkollektiv auf dem Rollenprüfstand nachgefahren und dabei die Emissionen gemessen. Dieses Verfahren wurde z.B. bei dem Tempo 100-Großversuch im Jahre 1985 angewendet [92].
2. Es können auch Abgasmessungen direkt an Kraftfahrzeugen vorgenommen werden, die im Verkehr auf den zu untersuchenden Strecken mitfahren. Dies

erfordert eine besonders konzipierte Meßtechnik. Derartige Meßkonzepte wurden von der Firma VW [93] und von der Arbeitsgruppe Luftreinhaltung der Universität Stuttgart [94] entwickelt. Diese sog. On-Board-Messungen

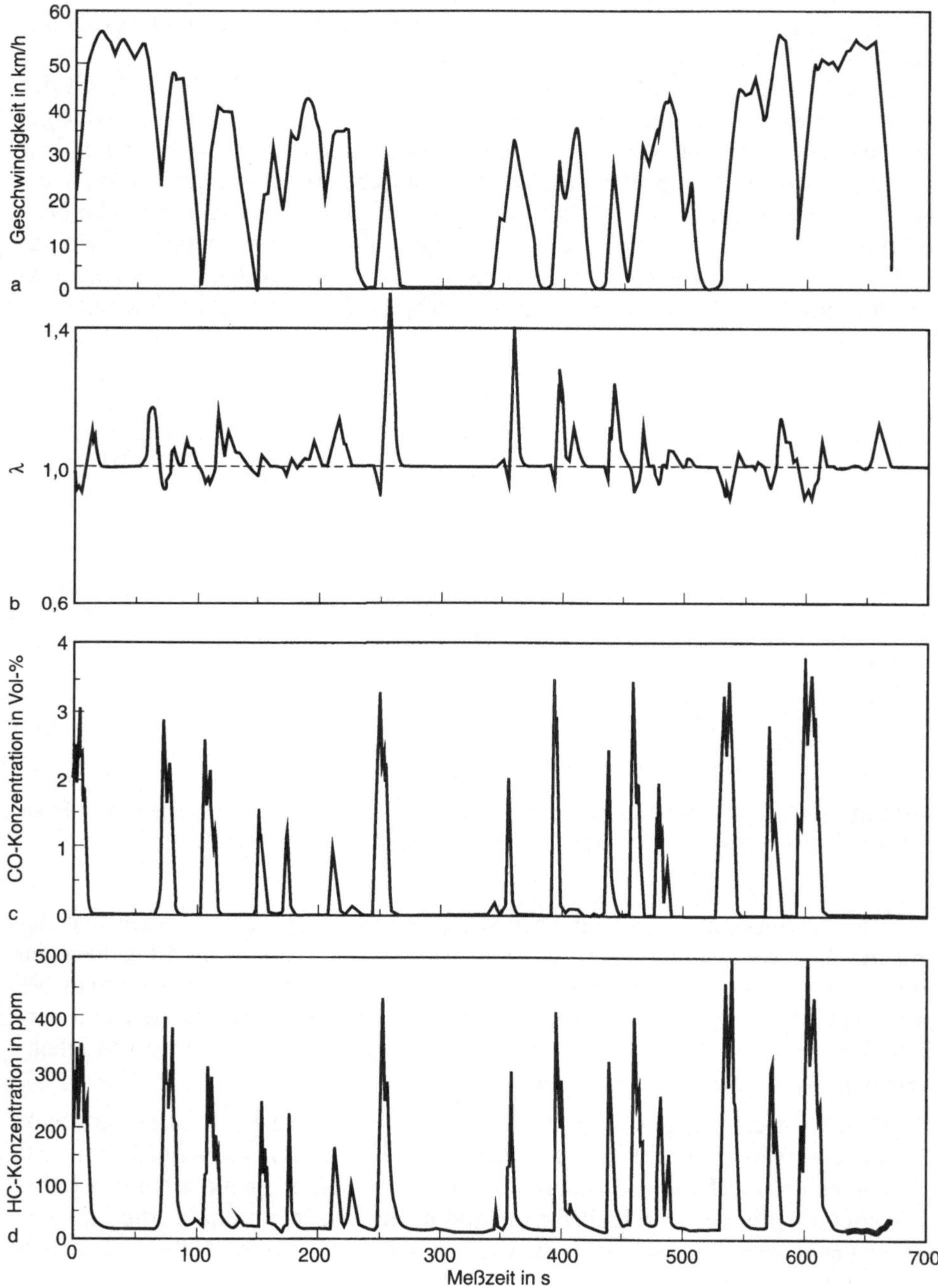

Bild 2.32. Beispiel einer Stadtfahrt: **a** Fahrgeschwindigkeitsverlauf; **b** Luftverhältnis; **c** CO- und **d** HC-Konzentrationen. Fahrzeug mit Dreiwegekatalysator und λ-Regelung.

haben den Vorteil, daß die Abgasemissionen beim realen, dynamischen Verhalten des Kraftfahrzeuges direkt ermittelt werden können, z. B. bei Beschleunigungs- und Abbremsvorgängen, bei Bergauf- und Bergabfahrten usw.

Bild 2.32 zeigt beispielhaft, wie bei einer Stadtfahrt (bei 700 Sekunden Dauer) die Fahrgeschwindigkeit, das Luftverhältnis λ und die CO- und HC-Emissionen selbst bei Fahrzeugen mit Dreiwegekatalysator und λ-Regelung schwanken können.

2.1.6.3 Entwicklung der Abgasemissionen der Kraftfahrzeuge

Die Motoren der Kraftfahrzeuge wurden in den letzten Jahren ständig weiterentwickelt, um die spezifische Leistung zu erhöhen und den Kraftstoffverbrauch und die Abgasemissionen zu senken. Die Entwicklung wird aus Bild 2.33 deutlich, in dem beispielhaft die im Europatest ermittelten CO-, HC- und NO_x-Emissionen verschiedener gängiger deutscher Personenkraftwagen für die Baujahre 1978/79, 1982/83 und 1991 (ohne und mit Katalysator) vergleichend dargestellt sind. Ende der siebziger Jahre stand die Minimierung des Kraftstoffverbrauchs und damit die Verringerung der CO- und Kohlenwasserstoff-Emissionen im Vordergrund, so daß die Fahrzeuge der Modelljahre 1982/83 deutlich geringere Werte dieser Abgaskomponenten aufwiesen als die Fahrzeuge der Jahre 1978/79. Durch die bessere Verbrennung und die niedrigeren CO- und HC-Emissionen stiegen bei allen dargestellten Fahrzeugtypen, außer bei Opel, die NO_x-Emissionen zunächst an. Bei den neueren Modellen (1991) konnten die CO-Werte noch weiter abgesenkt werden bei gleichzeitiger Verringerung der NO_x-

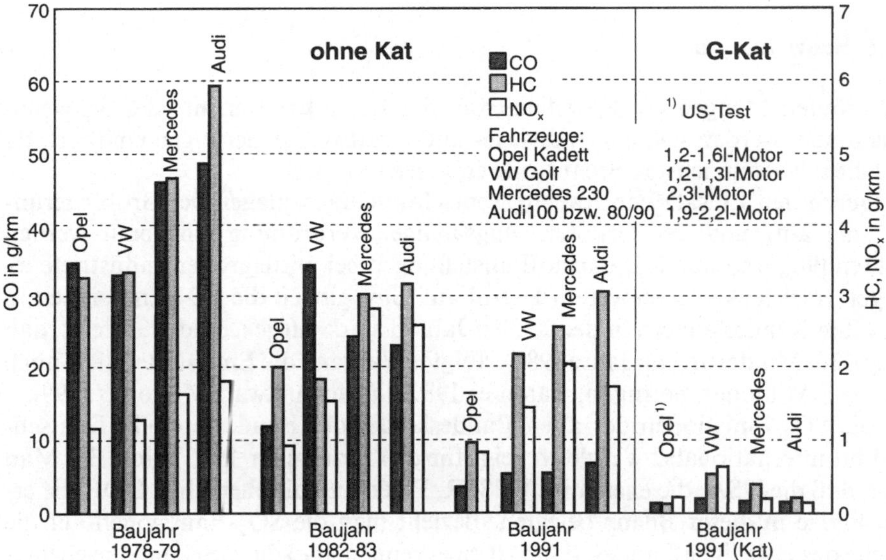

Bild 2.33. Verringerung der Abgasemissionen im ECE-Kalttest durch Motorenentwicklung und Katalysatortechnologie bei verschiedenen PKW (nach Daten aus [95] und [96])

Emissionen. Diese motorseitigen Maßnahmen reichten aber noch nicht aus, um die neuen EG- und US-Grenzwerte (s. Kap. 8.3) einzuhalten. Aus diesem Grund wurde in den achtziger Jahren die Katalysatortechnik eingeführt, mit der die Abgasemissionen noch einmal drastisch erniedrigt werden konnten (s. Bild 2.33, rechter Teil).

Um in Zukunft die Emissionen des Treibhausgases CO_2 zu verringern, muß neben einer Umstellung der Verkehrsmittel und anderer Maßnahmen, der Kraftstoffverbrauch der Fahrzeuge weiter abgesenkt werden. Grundsätzlich bietet hierfür der Dieselmotor die besseren Voraussetzungen als der Ottomotor; die Minimierung der Geräusch-, der Partikel (Ruß)- und der Geruchsstoffemissionen stellt bei diesen Motoren die Hauptaufgabe dar. Aber auch bei den Ottomotoren ist das Kraftstoffsparpotential noch längst nicht ausgeschöpft. Von direkteinspritzenden Benzinmotoren verspricht man sich z. B. eine Kraftstoffverbrauchsabsenkung bis fast auf das Niveau vergleichbarer Dieselmotoren [97].

2.2 Quellen von Luftverunreinigungen

Wie schon erwähnt, stellen Verbrennungsvorgänge die Hauptquellen für anthropogene Luftverunreinigungen dar. Daneben werden Luftschadstoffe bei industriellen und gewerblichen Prozessen freigesetzt. Die wichtigsten Verbrennungsprozesse stellen Industrie- und Kraftwerksfeuerungen, motorische Verbrennungen für Kraftfahrzeugantriebe und die Hausheizungen dar.

Wie sich in der Bundesrepublik Deutschland die Emissionen der einzelnen Schadstoffe auf die verschiedenen Quellen 1982 aufteilten, zeigt Bild 2.34.

2.2.1 Schwefeloxide

Die größten Mengen an Schwefeldioxid, der Hauptkomponente der Schwefelemissionen, werden von den Industrie- und Kraftwerksfeuerungen emittiert, da dort die schwefelreichsten Brennstoffe eingesetzt werden.

Durch den Einsatz von Rauchgasentschwefelungsanlagen bei Großfeuerungen, die aufgrund der Großfeuerungsanlagen-Verordnung eingebaut werden mußten [98], und durch Brennstoffumstellungen bei mittelgroßen Industriefeuerungen (meistens von schwerem Heizöl auf Gas) gingen die SO_2-Emissionen in den alten Bundesländern in den letzten Jahren stark zurück. Bild 2.35 zeigt, daß die größte Minderung im Jahre 1988 erfolgte. Während die Emissionen 1982 noch um die 3 Millionen betrugen, waren es 1989 nur noch etwa 1 Million t/a [99].

Die SO_2-Emissionen der alten Bundesländer der Bundesrepublik Deutschland im internationalen Vergleich zeigt für das Bezugsjahr 1985 Bild 2.36. Man sieht, daß die USA, die ehemalige UdSSR, Polen und die ehemalige DDR die ersten Plätze in dieser Bilanz belegten. Bezieht man die SO_2-Emissionen auf die Fläche des jeweiligen Landes, dann ist zu erkennen, daß die USA und die ehemalige UdSSR hier nicht mehr ins Gewicht fielen, dagegen die ehemalige DDR und ehemalige CSSR ganz vorn lagen. Die hohen SO_2-Emissionen dieser Länder

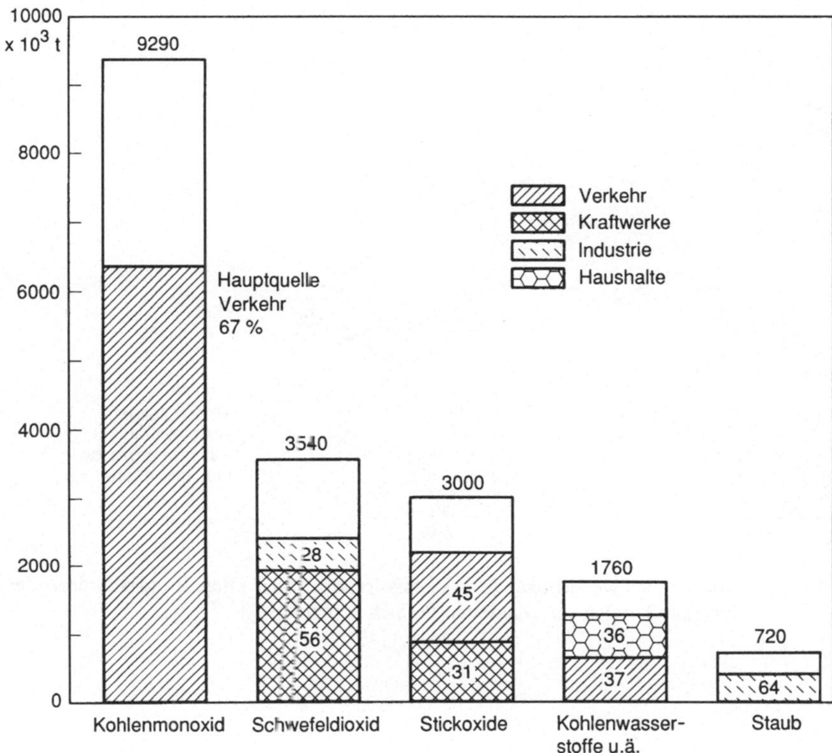

Bild 2.34. Jährliche Emissionen von Luftverunreinigungen der verschiedenen Quellen in der Bundesrepublik Deutschland – Bezugsjahr 1982 (nach [83] – leere Felder: restliche Quellen)

führten dazu, daß im Winter bei Winden aus östlichen Richtungen durch Ferntransporte auch in Westdeutschland hohe SO_2-Belastungen auftreten konnten. Inzwischen hat auch in den neuen Bundesländern durch Stillegung oder Leistungsdrosselung von Kraftwerken und durch Brennstoffumstellungen bei den Industrie- und Hausheizfeuerungen eine deutliche SO_2-Minderung eingesetzt. Die Abnahme der SO_2-Emissionen wird dort noch weiter fortschreiten, da die strengen Anforderungen zur Luftreinhaltung auch in Ostdeutschland verwirklicht werden müssen.

Die SO_2-Emissionen treten jahreszeitlich unterschiedlich stark auf. Im Winter, bei tiefen Temperaturen fällt die Quellgruppe Hausheizungen stärker ins Gewicht, insbesondere in den Ländern, in denen noch schwefelreiche Brennstoffe für Heizzwecke eingesetzt werden, z.B. noch ein großer Anteil Braunkohlenbriketts in den neuen Bundesländern. Allerdings wurde hier auf die stark schwefelhaltigen Sorten inzwischen verzichtet. Aber auch die Kraftwerke haben im Winter einen höheren Energieumsatz. Bei unseren unmittelbaren Nachbarländern sind hier besonders die Anlagen in Böhmen/Tschechei von Bedeutung.

Da im Winter auch die austauscharmen Wetterbedingungen verstärkt auftreten, kann die SO_2-Belastung vor allem in den Wintermonaten ein Problem dar-

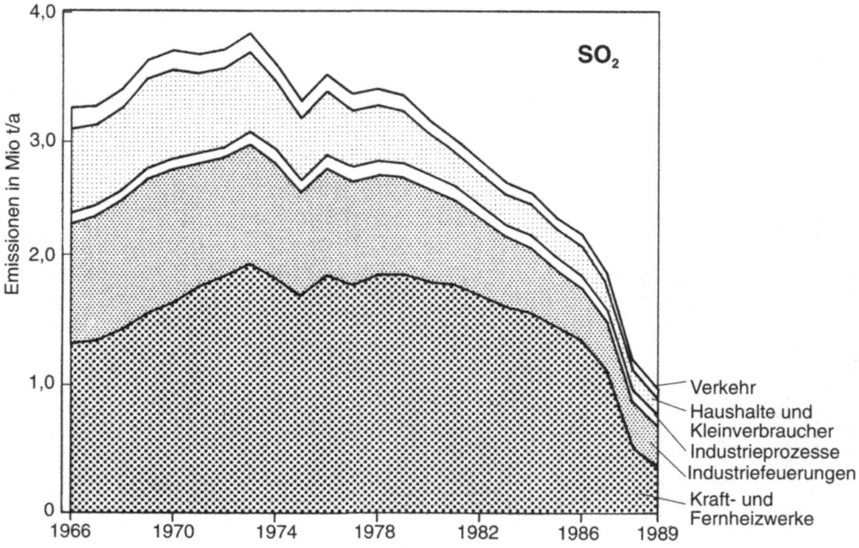

Bild 2.35. Entwicklung der Schwefeldioxid (SO_2)-Emissionen in den alten Bundesländern der Bundesrepublik Deutschland in den verschiedenen Bereichen (nach [99])

stellen. In der Tschechei trat unter solchen Bedingungen Anfang Februar 1993 eine bedenkliche Smogsituation auf.

2.2.2 Stickstoffoxide

Die Entwicklung der Stickstoffoxid-Emissionen in den alten Bundesländern der Bundesrepublik Deutschland ist für die Jahre 1966 bis 1989 in Bild 2.37 dargestellt. Die Kraftfahrzeuge stellen hier nach wie vor die Hauptquelle dar. Die Minderung durch den Einsatz von Personenkraftwagen mit Dreiwegekatalysator und Lambda-Regelung wurde bisher durch die Zunahme des Kraftfahrzeugverkehrs kompensiert. Allerdings wird in Zukunft bei den PKW mit einer deutlichen Abnahme der NO_x-Emissionen zu rechnen sein, da der Anteil der emissionsgeminderten Fahrzeuge stark ansteigt: Während 1988 der Anteil an Fahrzeugen, welche die strenge US-Norm erfüllten, knapp 6% betrug, waren es 1990 in Baden-Württemberg 20%. Der Anteil an sog. „schadstoffarmen PKW", z.B. einschließlich Euro-Norm, betrug 1990 in Baden-Württemberg insgesamt 50%.

Bei den Nutzfahrzeugen, die auch eine bedeutende Quelle für die NO_x-Emissionen des Kraftfahrzeugverkehrs darstellen, wurden bisher noch keine drastischen Minderungsmaßnahmen vorgesehen; die NO_x-Emissionen dieser Quellgruppe stiegen, insbesondere aufgrund der Zunahme des LKW-Verkehrs, bis 1989 ständig an.

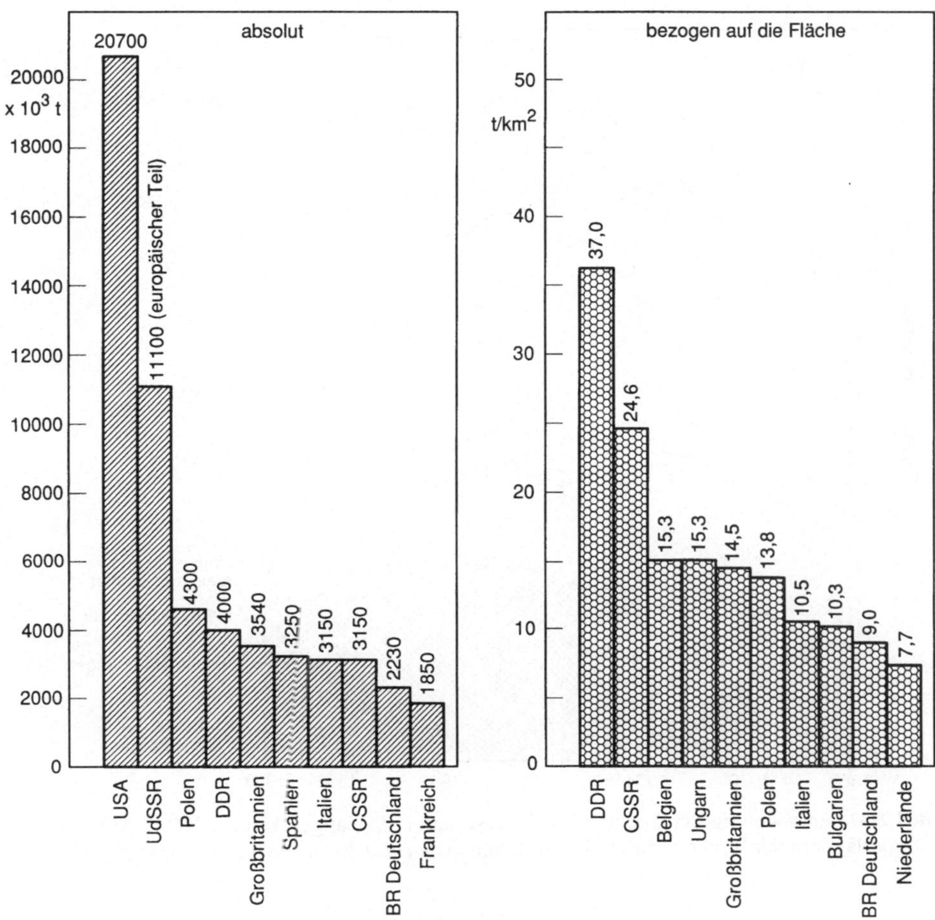

Bild 2.36. Schwefeldioxidemissionen verschiedener Länder – absolut und bezogen auf die Fläche des jeweiligen Landes, Bezugsjahr 1985 (nach [100])

Die NO_x-Emissionen der Kraft- und Fernheizwerke gingen dagegen seit 1983, besonders nach 1986 deutlich zurück, da hier die durch die Großfeuerungsanlagen-Verordnung vorgeschriebenen Minderungsmaßnahmen gegriffen haben [98]. Die Nachrüstungen der bestehenden Anlagen müssen 1993 abgeschlossen sein. Bis zu diesem Jahr nehmen deshalb die NO_x-Emissionen dieser Quellgruppe noch weiter ab (s. a. Kap. 7.6).

Die Stickstoffoxide werden nicht in zeitlich konstantem Maße emittiert. Da ein großer Teil auf die Kraftfahrzeuge zurückzuführen ist, folgen die Emissionen z. B. im wesentlichen dem tageszeitlichen Verlauf des Verkehrs. In Bild 2.38 sind beispielhaft die für eine vierzehntägige Periode ermittelten Stickstoffoxid-Emissionen aller Quellen des ganzen Landes Baden-Württemberg graphisch dargestellt. Der tageszeitliche Verlauf ist unverkennbar. Die zwei niedrigeren Peaks in der Mitte geben die Emissionen eines Wochenendes wieder, an dem deutlich weniger Verkehr herrschte.

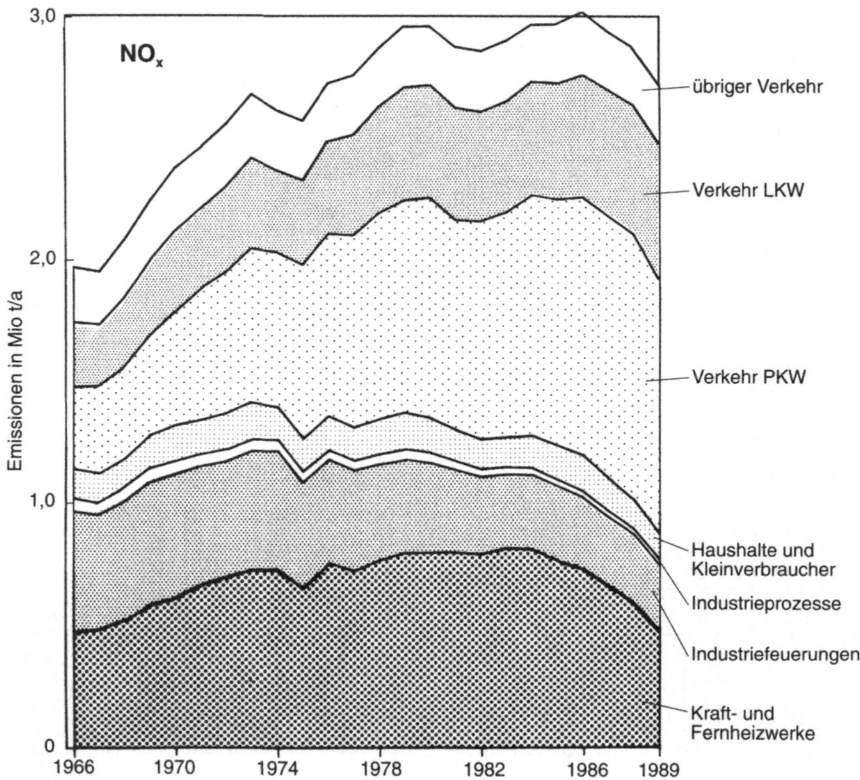

Bild 2.37. Entwicklung der Stickstoffoxidemissionen (NO_x, angegeben als NO_2) in den Alten Bundesländern der Bundesrepublik Deutschland in den verschiedenen Bereichen (nach [99])

Wie anhand der Entstehungsmechanismen gezeigt wurde, hängen die Stickstoffoxid-Emissionen u.a. stark vom jeweiligen Betriebszustand des Verbrennungsprozesses ab. Die hier dargestellten Statistiken der NO_x-Emissionen sind aus diesem Grund mit Unsicherheiten behaftet. Dies trifft insbesondere für die Emissionen der motorischen Verbrennungsprozesse zu, da hier mit vielen Annahmen bezüglich Betriebs- und Wartungszustand der Fahrzeuge gerechnet werden muß.

2.2.3 Kohlenmonoxid und organische Stoffe

Auf die Entstehung von Kohlenmonoxid (CO) und von unverbrannten Kohlenwasserstoffen (C_nH_m) bei Verbrennungsprozessen durch unvollständige Verbrennung wurde im Abschn. 2.1 eingegangen. Bei den Verbrennungsvorgängen sind die Hauptquellen Kraftfahrzeuge, kleine Hausheizfeuerungen und spezielle industrielle Feuerungen mit unterstöchiometrischer Fahrweise, z.B. Kokereien und Gießereien. Der Trend der CO-Emissionen in der Bundesrepublik Deutschland (behaftet mit all den geschilderten Unsicherheiten) ist in Bild 2.39 darge-

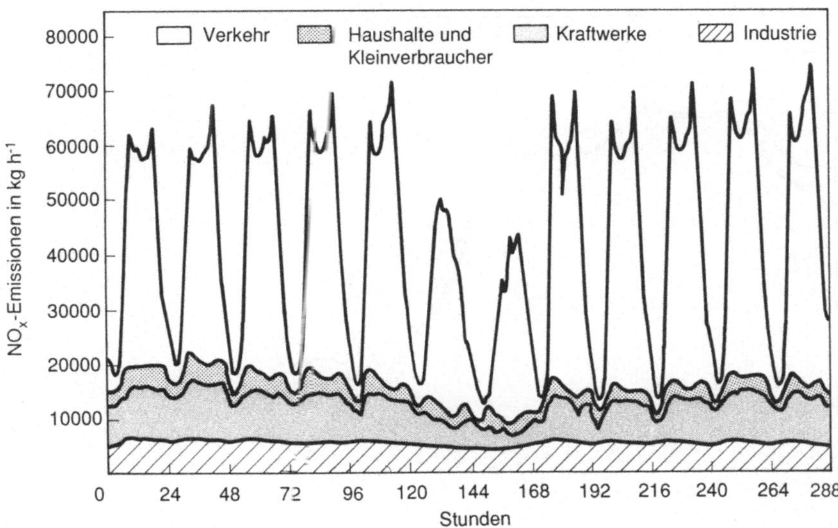

Bild 2.38. Verlauf der gesamten NO_x-Emissionen in Baden-Württemberg in der Zeit vom 18.–29. 3. 1988 [101]

stellt. Die CO-Emissionen der Hausheizungen gingen von 1966 bis zur Mitte der siebziger Jahre deutlich zurück, was auf die damals verordnete Überwachung der Kleinfeuerungsanlagen zurückzuführen ist.

Die CO-Emissionen der Quellgruppe Verkehr nahmen durch Bemühungen zur Verbesserung der Verbrennung und zur Verminderung des Kraftstoffverbrauchs zwar auch ab, gleichzeitig nahm aber der Verkehr ständig zu, was zu einer teilweisen Kompensation der Emissionsminderung führte. Der große CO-Minderungsschub bei der Quellgruppe Verkehr steht z.Zt. noch aus und wird mit der weiteren Verbreitung des Dreiwegekatalysators in Kraftfahrzeugen erwartet.

Organische Stoffe (Kohlenwasserstoffe) zeigen ähnliche Trends wie das CO [99]. Diese Stoffe werden außer bei Verbrennungsprozessen auch in vielen anderen Bereichen freigesetzt. Hergestellt werden organische Stoffe bzw. Verbindungen überwiegend in wenigen großen Anlagen, wobei dort das Abgasproblem in der Regel beherrschbar ist. Ihre Anwendung hingegen erfolgt in einer Vielzahl von Betrieben und Verarbeitungsstellen. Hier zeigen sich besondere Schwierigkeiten bei der Emissionsminderung von organischen Verbindungen bei niedrigen Konzentrationen in großen Abgasmengen.

Bei den organischen Stoffen muß unterschieden werden zwischen flüchtigen organischen Verbindungen und nichtflüchtigen Verbindungen. Auf letztere wurde z. B. in den Abschnitten 2.1.1.2 und 2.1.5 eingegangen. Die flüchtigen Verbindungen liegen in der Umgebungsluft gasförmig vor, während die nicht flüchtigen z. B. an Stäube angelagert sind. Eine Klassifizierung der wichtigsten flüchtigen Verbindungen, die emittiert werden, kann beispielsweise nach folgenden Substanzgruppen vorgenommen werden [102]:

– Methan,
– gesättigte Kohlenwasserstoffe,

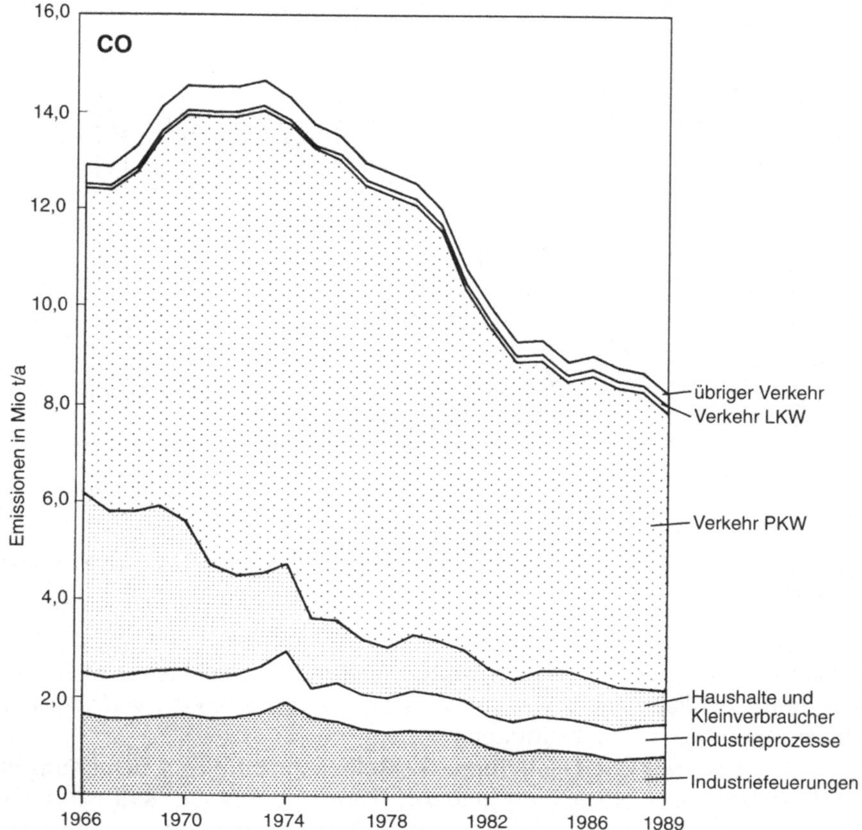

Bild 2.39. Entwicklung der Kohlenmonoxid (CO)-Emissionen in den Alten Bundesländern der Bundesrepublik Deutschland in den verschiedenen Bereichen (nach [99])

- Aromaten,
- Alkohole,
- Aldehyde,
- Ketone,
- Ester,
- Halogenkohlenwasserstoffe,
- sonstige, z.B. geruchsintensive Stoffe, die verschiedene Elemente, wie z.B. Schwefel oder Stickstoff, enthalten können.

Die aus zahlreichen Quellen in unterschiedlicher Zusammensetzung freigesetzten Verbindungen und die daraus entstehenden Folgeprodukte wirken in sehr vielfältiger Weise auf den Menschen und die Umwelt; so sind z.B. einige organische Verbindungen wie Benzol und PAK (polycyclische aromatische Kohlenwasserstoffe) krebserregend. Verschiedene Halogenkohlenwasserstoffe, die sich in der Troposphäre weitgehend inert verhalten, katalysieren den Abbau von Ozon in der Stratosphäre. Reaktive organische Stoffe gelten als Vorläufersubstanzen für Ozon und andere Photooxidantien in der Troposphäre. Eine große Bedeutung für die Luftreinhaltung haben geruchsintensive organische Stoffe wie z.B. Merkaptane und Aldehyde. Auf die Wirkungen der verschiedenen Stoffe und Stoffgruppen wird in den Kap. 3 und 4 näher eingegangen. Dort wird auch auf die weiterführende Literatur hingewiesen.

Geruchs-Emissionen treten z.B. bei der Herstellung von Nahrungs- und Genußmitteln auf. Durch Eiweißabbau entstehen bei der Bereitung von Fleischaromastoffen in Speisewürzefabriken geruchsintensive Stoffe. Fett- und wasserdampfhaltige Emissionen entwickeln sich in Fleischkonservenfabriken, z.B. beim Eintauchen des Fleisches in Fritüren. In Stärkefabriken entstehen stark riechende Brüden und in Kaffee- und Kakaoröstereien die bekannten Duftstoffe, bestehend aus Aldehyden, organischen Säuren und anderen Kohlenwasserstoffen. Weiter sind zu nennen Malzfabriken, Bierbrauereien und Räuchereien. Zu den Geruchsemittenten, die eiweißreiche Stoffe tierischer Herkunft verarbeiten, gehören Fischmehlfabriken, Knochenverarbeitungsbetriebe und Talgschmelzen. Als Geruchsstoffe kommen in Betracht: Ammoniak und Amine als basische stickstoffhaltige Stoffe, Schwefelwasserstoff und Merkaptane als schwefelhaltige Verbindungen, Carbonylverbindungen, Fett- und Aminosäuren. Geruchs-Emissionen gehen auch aus von Intensivtierhaltung, von verschiedenen Entsorgungsanlagen zur Schlammkonditionierung und Kompostierung. In Tierkörperverwertungsanstalten, in denen die Kadaver von erkrankten, notgeschlachteten und verunglückten Tieren sowie Schlachtabfälle verarbeitet werden, entstehen aus den Eiweißkörpern durch Fäulnis- und Zersetzungsprozesse kleinere Bruchstücke mit intensivem, ekelerregendem Geruch.

In der Industrie ist für das Ver- und Bearbeiten einer Vielzahl von Stoffen das Beimischen von organischen Lösungsmitteln Voraussetzung, z.B. bei der Oberflächenbehandlung in Lackierereien, in der Druckindustrie, der chemischen und pharmazeutischen Industrie. Chemische Reinigungen und Metallentfettungsanlagen arbeiten beispielsweise mit halogenierten Kohlenwasserstoffen. Die flüchtigen organischen Stoffe verdunsten teilweise während des Prozesses und werden an die Umgebungsluft abgegeben. Bei metallverarbeitenden Betrieben werden oftmals auch organische Stoffe freigesetzt, z.B. von verdampfendem Öl in Härte- und Vergüteanlagen, bei Metallschmelzen, in Gießereien bei der Herstellung der Gußkerne usw..

Im Bereich der Kunststoff- und Textilverarbeitung werden je nach Aufgabenstellung Monomere (Formaldehyd, Styrol), Lösungsmittel, Zersetzungsprodukte der thermischen Formgebung und Treibgase bei Schaumprozessen freigesetzt. Beim Spinnprozeß der Cellulose-(Viskose-) Faserherstellung verdampft beispielsweise das Lösungsmittel Schwefelkohlenstoff (CS_2) aus dem sich bildenden Faden. Die dabei benötigte Luft verläßt den Spinnschacht mit Schwefelkohlenstoff beladen [103].

Alle Abschätzungen über die Emissionen organischer Stoffe sind sehr unsicher, da die Freisetzungen dieser Stoffe sowohl bei den Verbrennungsprozessen als auch bei den anderen Quellen von sehr vielen Faktoren abhängen und Meßergebnisse von Emissionen deshalb nicht ohne weiteres von einem Fall auf den anderen übertragen werden können. Die Abschätzungen, die angestellt werden, geben trotzdem einen ersten Überblick und können aufzeigen, wo

Maßnahmen zur Luftreinhaltung vorrangig anzusetzen sind. Aus einer Zusammentragung vieler Daten haben z. B. Obermeier et al. [102] die wesentlichen Emissionen flüchtiger organischer Verbindungen für das Land Baden-Württemberg abgeschätzt, s. Tabelle 2.12. Die Stoffgruppen in den einzelnen Quellbereichen sind noch näher aufgeschlüsselt [102].

Tabelle 2.12. Abgeschätzte, wichtigste Emissionen flüchtiger organischer Verbindungen (VOC-volatile organic compounds) in Baden-Württemberg im Jahre 1985 (nach [102])

Quelle	VOC-Emissionen	
	kt/a	%
Feuerungen	15	3
Straßenverkehr		
Abgase	153	32
Benzinverdampfung	38	8
Raffinerien	5	1
Benzinlagerung und -umschlag	13	3
Lösemittelanwendung	114	24
Gasverteilungsnetz	26	5
Mülldeponien	10	2
Viehzucht	70	15
Wälder	48	10
Summe	474	100

2.2.4 Emissionen industrieller und gewerblicher Prozesse

Die vielfältigen industriellen und gewerblichen Prozesse weisen ein breites Spektrum an verschiedenartigen Schadstoff-Emissionen auf. Jede Branche hat dabei ihre eigenen Probleme der Luftreinhaltung. Viele der emittierenden Anlagen sind inzwischen genehmigungsbedürftig, sie sind in der Verordnung über genehmigungsbedürftige Anlagen genannt [104] und unterliegen speziellen Anforderungen der Technischen Anleitung zur Reinhaltung der Luft [105] (s. auch Kap. 8). Eine Beschreibung zahlreicher Prozesse mit ihren spezifischen Emissionen und den möglichen Minderungsmaßnahmen hat Baum [106] in ausführlicher Weise vorgenommen. Bei speziellen Problemen muß die einschlägige Literatur studiert werden, wobei sehr viele umweltrelevante Anlagen in VDI-Richtlinien behandelt werden [107]. Einige bedeutende industrielle Prozesse sind mit ihren Emissionen in Tabelle 2.13 aufgeführt.

Tabelle 2.13. Mögliche Schadstoffemissionen bei einigen bedeutenden industriellen Prozessen

Industrieller Prozeß	Emissionsquellen	gas- oder staubförmige Emissionen, mehr oder weniger, je nach Prozeßoptimierung und Abgasreinigung
Kokerei	Kammerofen	Stäube, CO, NH_3, H_2S, C_nH_m
Zementherstellung	Steinbrüche Mahlanlagen Verladeeinrichtungen	Stäube unterschiedlicher Zusammensetzung
	Drehrohrofen	Stäube, NO_x, i. a. wenig SO_2, CO, H_2S
Glasherstellung	Glasschmelzöfen bzw. -wannen	Stäube (u. a. salzhaltig), NO_x, SO_2 (Ölfeuerung)
Roheisengewinnung	Röst- und Sinteranlagen	Stäube, schwermetallhaltig, SO_2, NO_x, CO, HCl, HF
	Hochofen	Stäube (Pb, Zn, Cd, As) H_2S, HCN, CO
Stahlerzeugung	Sauerstoffblaskonverter	Feinstaub (brauner Rauch) aus Eisenoxiden, CO
Gußherstellung	Kupolofen Kernmacherei	Stäube, CO organische Stoffe, Gerüche
Mineralölherstellung (Raffinerien)	Feuerungsanlagen Trenn- und Umwandlungsanlagen, Lagerung, Förderung, Verladen	SO_2, NO_x, Stäube versch. C_nH_m, ggf. H_2S
Zellstoffherstellung	Feuerungsanlagen für Verbrennung der Sulfit-Aufschlußlösungen	SO_2, Staub
	Kocherei, Stoffwäsche	SO_2, Gerüche
Schwefelsäureherstellung	Restgase aus SO_2-Katalyse	SO_2, SO_3
Salpetersäureherstellung	Adsorptionsanlagen	NO, NO_2
Düngemittelherstellung	Mischtopf	Rohmaterialstaub, Fluor- u. Chlorverbindungen, NH_3, Ammoniumsalze
Zuckerindustrie	Feuerungsanlagen (z. T. Schweröl)	SO_2, NO_x, Stäube

2.3 Literatur

1 Günther, R.: Verbrennung und Feuerungen. Berlin: Springer 1984
2 Baumbach, G.: Emissionen organischer Schadstoffe von Ölfeuerungen. Dissertation, Universität Stuttgart 1977
3 Bauer, A.; Baumbach, G.: Beeinflussung der Schadstoff-Emissionen bei der Holzverbrennung in Zentralheizkesseln. Fortschr. Ber. VDI Z. Reihe 15 Nr. 31, 1984
4 Baumbach, G.; Street, D.; Zayouna, A.: Gas-Chromatographische Bestimmung organischer Spurenstoffe in Ölfeuerungsabgasen mit einer Dünnfilm-Kapillare. Staub-Reinhalt. der Luft 39 (1979) Nr. 5, S. 87/91
5 Weller, L.; Straub, D.; Baumbach, G.: Gaschromatographische Bestimmung der Kohlenwasserstoffverbindungen in Feuerungsabgasen. Fortschr. Ber. VDI Z Reihe 15, Nr. 44, 1986
6 Badger, G.M. et al.: Nature 187 (1960) 663 f
7 Wenz, H.W.: Untersuchungen zur Bildung von höhermolekularen Kohlenwasserstoffen in brennerstabilisierten Flammen unterschiedlicher Brennstoffe und Gemischzusammensetzungen. Dissertation, TU Darmstadt 1983
8 Grimmer, D. et al.: Luftqualitätskriterien für ausgewählte polyzyklische aromatische Kohlenwasserstoffe; Umweltbundesamt Berichte 1/79. Berlin: Erich Schmidt 1979
9 Baumbach, G.: An- und Abfahremissionen bei Ölbrennern kleiner Leistung. Oel + Gasfeuerung 10 (1979) 598/600; Schornsteinfeger 12 (1979), Der Rauchfangkehrer 12 (1979)
10 Kremer, H.: Schadstoffemission von Ölbrennern niedriger Leistung mit Druckzerstäubung; VDI Ber. 246 (1975)
11 Baumbach, G.: Bestimmung der Geruchsemissionen von Ölfeuerungen. VDI Ber. 561 (1986) 199/226
12 Schriever, E.; Marutzky, R.; Merkel, P.: Emissionen bei der Verbrennung von Holz in Kleinfeuerungsanlagen, Staub-Reinhalt. Luft 43 (1983) Nr. 2, S. 62/65
13 Lies, K.-H.; Postulka, A.; Gring, H.; Hartung, A.: Aldehyde emissions from passenger cars. Staub-Reinhalt. Luft 46 (1986) Nr. 3, S. 136–139
14 Wagner, H.G.: Homogene Verbrennungsreaktionen, VDI Ber. 146 (1970) 5–9
15 Haynes, B.S.; Wagner, H.G.: Soot formation. Progr. Energy Combust. Sci., Vol. 7 (1981) 229–273
16 Netz, H.: Betriebstaschenbuch Wärme. Gräfelfing: Technischer Verlag Resch 1974
17 3. Verordnung zur Durchführung des Bundes-Immissionsschutzgesetzes (VO über Schwefelgehalt von leichtem Heizöl und Dieselkraftstoff – 3. BImSchV) vom 15.1.1975, BGBl. I, S. 264 ff. geändert durch Gesetz vom 18.2.1986, BGBl. I, S. 265 ff. und durch VO vom 14.12.1987, BGBl. I, S. 2671 ff
18 Deutsche BP AG: Mineraloel-Story, Druckschrift, Hamburg 1981
19 TÜV Rheinland; Umweltbundesamt: Emissionsfaktoren für Luftverunreinigungen. Materialien 2/80, Berlin: Erich Schmidt 1980
20 Stiftung Warentest: Umweltprobleme trotz guter Qualität (Benzintest), test 4/87, S. 334–339
21 Dollnick, H.W.O.; Thiele, V.; Drawert, F.: Olfaktometrie von Schwefelwasserstoff, n-Butanol, Isoamylalkohol, Propionsäure und Dibutylamin. Staub-Reinhalt. Luft 48 (1988) H. 9, S. 325–331
22 Mohry, H.; Riedel, H.G.: Reinhaltung der Luft. Leipzig: VEB Deutscher Verlag für Grundstoffindustrie 1981
23 Zentgraf, K.M.: Beitrag zur SO_2-Messung in Rauchgasen und zur Rauchgasentschwefelung mit Verbindungen der Erdalkalimetalle. Fortschr. Ber. VDI Z, Reihe 3, Nr. 22, 1967
24 Struschka, M.; Baumbach, G.: Meßtechnik für die Säuretaupunktmessung in Feuerungsabgasen, Fortschr. Ber. VDI Z Reihe 19, Nr. 2, 1986
25 Speich, R.: Schwefelbilanzuntersuchungen an Braunkohlenkesselanlagen. Braunkohle (1965) H. 9, S. 364/371
26 Stratmann, H.: Schwefelbilanz-Untersuchungen bei Steinkohlen- und Braunkohlenfeuerungen. Mitteilungen der VGB, H. 52 (1958) 23/29

27 Vollner, P.: Untersuchungen der SO_2-Emissions-Verringerung an Rostfeuerungen durch trockene Kalkzugabe. Studienarbeit am Institut für Verfahrenstechnik und Dampfkesselwesen der Universität Stuttgart, 1983
28 Verfuß, F.; Marutzki, D.: Laboruntersuchungen zur Entschwefelungswirkung von Brikettzusätzen, Schlußbericht. Bergbauforschung GmbH, Essen 1985
29 Kuttler, W.: Schwefeldioxid-Emissionen und -Immissionen beim Heizkraftwerk der Universität Stuttgart. Studienarbeit am Institut für Verfahrenstechnik und Dampfkesselwesen der Universität Stuttgart, 1981
30 Kremer, H.; Schulz, W.; Zellkowski, J.: NO_x-Entstehung in Feuerungen, NO_x-Minderung bei Feuerungen. VGB-Schrift TB 310, Technische Vereinigung der Großkraftwerksbetreiber e.V., Essen 1984
31 Technische Vereinigung der Großkraftwerksbetreiber e.V.: NO_x-Bildung und NO_x-Minderung bei Dampferzeugern für fossile Brennstoffe. VGB-Handbuch B 301, Essen 1986
32 Leukel, W.: Schadstoffbildung bei industriellen Verbrennungsanlagen und primäre Minderungsmaßnahmen. Bericht des 1. TECFLAM-Seminars „Schadstoffe bei Verbrennungsvorgängen", TECFLAM, DFVLR-Stuttgart 1985
33 De Soete, G.G.: Heterogene Stickstoffreduzierung an festen Partikeln. VDI Ber. Nr. 498 (1983) S. 171–176
34 Technische Vereinigung der Großkraftwerksbetreiber e.V.: Minderungstechnologie für NO_x-Emissionen steinkohlengefeuerter Großkraftwerke. VGB-Techn.-wiss. Berichte „Wärmekraftwerke", H. 8, TW 301, Essen 1980, Kap. 2 NO_x-Emissionen, S. 83 ff
35 Schuster, H.: Primäre NO_x-Minderungsmaßnahmen. in: Heft NO_x-Minderung bei Feuerungen, VGB-TB 310, S. 43/63, VGB Technische Vereinigung der Großkraftwerksbetreiber, Essen 1985
36 Rennert, K.D.: Möglichkeiten der Stickstoffoxidreduzierung in Feuerräumen; Fachreport Rauchgasreinigung. Düsseldorf: VDI 2/86
37 Gauld, D.W.; Pragnell, R.J.: Combustion Parameters Affecting NO_x Emissions in Atmospheric Fluidized Bed Combustion. Proc. 4th Intern. Fluidized Combustion Conference. London: The Institute of Energy 1988
38 Braun, A.; Renz, U.; Drischel, J.; Köser, H.J.K.: N_2O- und NO_x-Emissionen einer Wirbelschichtfeuerung. VGB-Konferenz „Wirbelschichtsysteme 1990", Essen, 1990
39 Braun, A.; Renz, U.: Vergleichende Untersuchungen der Emissionen von Stickoxiden aus stationären Wirbelschichtfeuerungen. VDI Berichte Nr. 922, S. 597/608, Düsseldorf: VDI Verlag 1991
40 Mjörnell, M.; Hallström, C.; Karlsson, M.; Leckner, B.: Emissions from a Circulating Fluidized Bed Boiler II. Chalmers University of Technology, Report A 89–180, Göteborg, 1989
41 Babcok, ASR-Brenner, Versuchs- und Betriebsergebnisse, Firmendruckschrift, Deutsche Babcock Werke AG, Oberhausen 1985
42 Diehl, P.: Möglichkeiten zur Verminderung der NO_x-Emissionen bei schweröl- und erdgasbefeuerten industriellen Großfeuerungsanlagen. Diplomarbeit, Institut für Verfahrenstechnik und Dampfkesselwesen der Universität Stuttgart 1983
43 Kremer, H.; Otto, D.: NO_x-Emission von Heizungsanlagen mit Öl- und Gasbrennern. gaswärme-international 30 (1981) H. 1, S. 41/47
44 Weishaupt: Saubere Umwelt durch Öl und Gas, Druckschrift Nr. 888, Max Weishaupt GmbH, 7959 Schwendi, 1985
45 Pfeiffer, R.: Ruhrgas Essen: Minderung von Stickstoffoxid-Emissionen bei gasgefeuerten Anlagen. Vortrag am Institut für Kernenergetik der Universität Stuttgart, 29.11.1985
46 Beier, R. u. a.: Verdrängungsmaschinen, Teil II Hubkolbenmotoren. Handbuchreihe Energie. Gräfelfing: Technischer Verlag Resch, Köln: TÜV Rheinland 1983
47 Greiner, R.: Ein Beitrag zur Gemischbildung bei Ottomotoren unter Berücksichtigung von Abgasfragen. Dissertation, Universität Stuttgart 1976
48 Robert Bosch GmbH: Kraftfahrtechnisches Taschenbuch, 20. Aufl. Düsseldorf: VDI 1987
49 May, H.; Plassmann, E.: Abgasemissionen von Kraftfahrzeugen in Groß-Städten und industriellen Ballungsgebieten. Köln: TÜV Rheinland 1973
50 Hoenig, V.: „Untersuchung der Wirkungsmechanismen von Additiven für schweres Heizöl". Fortschr.-Ber. VDI Reihe 15 Nr. 84. Düsseldorf: VDI-Verlag 1991

51 Hoenig, V. und Baumbach, G.: Schadstoffminderung bei Schwerölfeuerungen durch Additive: Ruß, SO_3, NO_x. VGB-Band „Kraftwerk und Umwelt", Essen 1989
52 Baumbach, G.; Schnell, U.; Spliethoff, H.; Struschka, M.: Partikelemissionen bei verschiedenen Feuerungsanlagen für Holz, Kohle und Öl. Arbeitsgruppe Luftreinhaltung der Universität Stuttgart, Jahresbericht 1992
53 Kauppinen, E.I.; Pakkanen, T.A.: Coal Combustion Aerosols: A Field Study. Environ. Sci. Technol., 1990
54 Natusch, D.: „Size Distribution and Concentrations of Trace Elements in Particulate Emissions from Industrial Sources". VDI-Bericht Nr. 429, Düsseldorf: VDI-Verlag 1982
55 Fahlke, J.: Untersuchungen zum Verhalten von Spurenelementen an kohlebefeuerten Dampferzeugern unter Berücksichtigung der Rauchgasreinigungsanlagen. VGB Kraftwerkstechnik 73 (1973), Heft 3, S. 254/256
56 Struschka, M.: Holzverbrennung in Feuerungsanlagen: Grundlagen – Emissionen – Entwicklung schadstoffarmer Kachelöfen. Dissertation, Universität Stuttgart, 1993
57 Cooper, J. A.: „Environmental Impact of Residential Wood Combustion and Emissions and its Implications". Journal of the Air Pollution Control Association, 30 (1980) 8, pp. 855–861
58 Muhlbaier-Dasch, J.: „Particulate and Gaseous Emissions from Wood-Burning Fireplaces". Environ. Sci. Technol. 16 (1982) 10, pp. 639–645
59 Rau, J. A.; Huntzicker, J. J.: „Composition and Size Distribution of Residential Wood Smoke Aerosols". In: Proceedings 78th Annual Meeting, APCA, Paper N° 85–43,3, Detroit, June 1985
60 Bienek, D.: „Dioxin – Was ist das? Woher kommt es?" gsf mensch + umwelt, Magazin der Gesellschaft für Strahlen- und Umweltforschung München, 1985
61 Hagenmaier, H.: „PCDD und PCDF – Bestandsaufnahme und Handlungsbedarf." VDI-Bericht Nr. 745, Düsseldorf: VDI-Verlag 1989
62 Brunner, H.: Untersuchungen zu Herkunft und Vorkommen polychlorierter Dibenzodioxine und Dibenzofurane in der Umwelt. Dissertation, Universität Tübingen 1990
63 Abel, J.: „2,3,7,8-Intoxikation beim Menschen." VDI-Bericht Nr.634, Düsseldorf: VDI-Verlag 1987
64 Neubert, D.: „Mutagenic and Carcinogenic Potential and Potency of PCDD's and PCDF's." VDI-Bericht Nr.634, Düsseldorf: VDI-Verlag 1987
65 Schlatterrer, B.: „Beurteilung der Dioxinbelastung von Mensch und Umwelt." Vortrag bei der Informationstagung „Dioxin – Bewertung, Meßtechnik, Ausblick" des TÜV-Südwest, Stuttgart 27.11.1991
66 Beck, H.: „Isomerspezifische Bestimmung von PCDD, PCDFa in Human- und Lebensmittelproben." VDI-Bericht Nr. 634, Düsseldorf: VDI-Verlag 1987
67 NATO; CCMS: „Pilot Study on International Information Exchange on Dioxin and Related Compounds." Report 176, Aug. 1988: International Toxicity Equivalency Factors (I/TEF) Method of Risk Assessment for Complex Mixtures of Dioxins and Related Compounds. Report 178, Dez. 1988: Scientific Basis for the Development of the International Equivalency Factors (I/TEF) Method of Risk Assessment for Complex Mixtures of Dioxins and Related Compounds.
68 Poiger, H.; Pluess, N.; Schlatter, C.: „Subchronic Toxicity of some Polychlorinated Dibenzofurans." Dioxin '88 Umeå (veröffentlicht in Chemosphere)
69 Ahlborg, U.G.: „Nordic Risk Assessment of PCDDs and PCDFs." Dioxin '88 Umeå, (veröffentlicht in Chemosphere)
70 Umweltbundesamt: Sachstand „Dioxine". 262, Berlin 1984
71 Barnes, D.G.; Bellin, J.; Cleverly, D.: „Interim Procedure of Estimating Risk Associated with Exposures to Mixtures of Chlorinated Dibenzodioxins and Dibenzofurans (CDDs and CDFs)". Chemosphere 15, 1895 (1986)
72 17. Verordnung zur Durchführung des Bundes-Immissionsschutzgesetzes. Verordnung über Verbrennungsanlagen für Abfälle und ähnliche brennbare Stoffe – 17. BImSchV vom 23.11.1990, BGBl. I, S. 2545, 2832
73 Rotard, W.: „PCDD/PCDF in Wasser, Sediment und Boden." VDI-Bericht Nr.634, Düsseldorf: VDI-Verlag 1987

74 Gutachten des Bundesgesundheitsamtes zur Bodenbelastung mit PCDD/PCDF in Crailsheim-Maulach vom 12.05.1989
75 Stuttgarter Zeitung: „Äcker sind kaum mit Dioxin belastet." Ausgabe vom 23.01.1992
76 Rappe, C.: „Levels, Profiles and Patterns." 11th International Symposium on Chlorinated Dioxins and Related Compounds, Sept. 23rd–27th, 1991; Research Triangle Park, North Carolina USA; Introduction p. 17
77 Valet, P.-M.: „Ergebnisse des Dioxinminimierungsprogramms in Baden-Württemberg." ECOPLAN/TÜV Südwest – Symposium „Dioxine – Belastung – Quellen – Verbleib", 6./7. 10. 1992, Tagungsbericht Stuttgart 1992
78 Hagenmaier, H.; Tichaczek K.-H.; Brunner H.; Mittenbach G.: „Application of $DeNO_x$-Catalysts for the Reduction of PCDD/PCDF and other PICs from Waste-Incineration Facilities by Catalytic Oxidation." Second annual international speciality conference „The Municipal Waste Combustion", April 15th–19th, 1991, Tampa, Florida
79 Richter, E.: „Die Abscheidung von polychlorierten Dioxinen und Furanen aus Abgasen mit Aktivkoksverfahren." Chem.-Ing.-Tech. 64 (1992) Nr.2, S.125–136
80 Stützle, R.; Hagenmaier H.; Hasenkopf O.; Schetter G.: „Erste Erfahrungen mit der Demonstrationsanlage in der MVA Stuttgart-Münster zum Abbau von PCDD und PCDF in Flugaschen", VGB Kraftwerkstechnik 71 (1991), Heft 11, S.1038–1042
81 Vehlow, J.; Vogg, H.: „Thermische Zerstörung organischer Schadstoffe". Müllverbrennung und Umwelt (1991), S. 447–467
82 Seifert, U.: „Aufgaben der Automobilforschung". ATZ (1983), 653
83 Umweltbundesamt: „Luftreinhaltung '81 – Entwicklung – Stand – Tendenzen". Materialien zum 2. Immissionsschutzbericht der Bundesregierung an den Deutschen Bundestag. Berlin: Erich Schmidt Verlag 1981
84 Bussien, R. (Begr.); Goldbeck, G. (Hrsg.): Automobiltechnisches Handbuch, Ergänzungsband zur 18. Auflage. Berlin: de Gruyter Verlag 1978
85 Eberius, H.: „Untersuchungen zur Restkohlenwasserstoff-Emission von Flammen in zylindrischen abgeschlossenen Feuerräumen". Bericht des 1. TECFLAM-Seminars „Schadstoffe bei Verbrennungsvorgängen", TECFLAM, DLR-Stuttgart, 1985
86 Berg, W.: „Verfahren zur Feldüberwachung in den USA und Kalifornien". VDI-Bericht 639, S.87–125, Düsseldorf: VDI-Verlag 1987
87 Nicht limitierte Automobil-Abgaskomponenten. Druckschrift, Volkswagen AG, Forschung und Entwicklung, Wolfsburg 1988
88 Hassel, D.; Brosthaus, J.; Dursbeck, F.; Jost, P.; Sonnborn, K.-S.: „Das Abgas-Emissionsverhalten von Nutzfahrzeugen in der Bundesrepublik Deutschland im Bezugsjahr 1980". Umweltbundesamt-Forschungsbericht 104 05 740/02, UBA-FB 83–030. Berlin: Erich Schmidt Verlag 1983
89 Hertkorn, W.: „Veränderungen des Kraftstoffverbrauchs und der Abgasbelastungen durch Geschwindigkeitsreduktion in untergeordneten städtischen Straßennetzen". Schlußbericht zum FE 77040, Institut für Straßen- und Verkehrswesen der Universität Stuttgart, 1989
90 Hassel, D.; Dursbeck, F.; Brosthaus, J.; Jost, P.; Hofmann, K.: „Das Abgas-Emissionsverhalten von Personenkraftwagen in der Bundesrepublik Deutschland im Bezugsjahr 1985". Forschungsbericht 104 05 143, UBA-FB 87-036. Umweltbundesamt, Berichte 7/87. Berlin: Erich Schmidt Verlag 1987
91 Hassel, D.; Weber, F.-J.: Ermittlung des Abgas-Emissionsverhaltens von PKW in der Bundesrepublik Deutschland im Bezugsjahr 1988. Zwischenbericht, UFOPLAN-Nr. 104 05 152, UBA-FB 91–042. Umweltbundesamt Texte 21/91, Berlin 1991
92 Meier, E.; Plaßmann, E.; Wolff, C.: Abgas-Großversuch – Untersuchung der Auswirkungen einer Geschwindigkeitsbegrenzung auf das Abgas-Emissionsverhalten von Personenkraftwagen auf Autobahnen. Abschlußbericht. Köln: Verlag TÜV Rheinland 1986
93 Staab, J.; Klingenberg, H.; Schürmann, D.: Strategy for the Development of a New Multicomponent Exhaust Emission Measurement Technique. SAE Technical Paper Series N° 830 437, Detroit, MI, March 1983
94 Grauer, A.; Baumbach, G.: Messung der Abgasemissionen am fahrenden Fahrzeug mit einem mobilen Meßsystem. VDI-Bericht Nr. 1059, S. 467/480, Düsseldorf: VDI-Verlag 1993

95 Dr.-Ing.h.c. F. Porsche AG; Institut für Chemische Technologie und Brennstofftechnik der TU Clausthal; TÜV Rheinland: Aromaten im Abgas von Ottomotoren – Materialienband. Abschlußbericht der drei Forschungsstellen im Auftrag der Deutschen Wissenschaftl. Gesellschaft für Erdöl, Erdgas und Kohle e.V., Hamburg, der Forschungsvereinigung Verbrennungskraftmaschinen e.V., Frankfurt, und des Umweltbundesamtes, Berlin 1988
96 Kraftfahrt-Bundesamt (Hrsg.): Schadstoff-Typprüfwerte von Personenkraftwagen, Kombinationskraftwagen und Kleinbussen mit Allgemeiner Betriebserlaubnis. 1. Ausgabe, Flensburg 1991
97 Pester, W.: Direkteinspritzung führt zu erheblich sparsameren Ottomotoren. VDI Nachrichten Nr. 15, 16.4.1993
98 13. Verordnung zur Durchführung des Bundes-Immissionsschutzgesetzes (Verordnung über Großfeuerungsanlagen — 13. BImSchV) vom 22. 6. 1983, BGBl. I, S. 718 f
99 Umweltbundesamt: Daten zur Umwelt (1990/91). Berlin: Erich Schmidt Verlag 1992
100 Umweltbundesamt: Luftreinhaltung '88 – Tendenzen – Probleme – Lösungen. Materialien zum Vierten Immissionsschutzbericht der Bundesregierung an den Deutschen Bundestag. Berlin: Erich Schmidt Verlag 1989
101 Boysen, B.; Friedrich, R.; Müller, T.; Scheirle, N.; Voß, A.: Feinmaschiges Kataster der SO_2- und NO_x-Emissionen in Baden-Württemberg und im Oberrheintal – Emissionsuntersuchungen im Rahmen des TULLA-Projektes. Bericht über das 2. Status-Kolloquium des PEF, Band 2, S. 481/492, Kernforschungszentrum Karlsruhe 1986
102 Obermeier, A.; Friedrich, R.; Jolen, C.; Voß, A.: Zeitlicher Verlauf und räumliche Verteilung der Emissionen von flüchtigen organischen Verbindungen und Kohlenmonoxid in Baden-Württemberg. Forschungsbericht KfK-PEF 78, Kernforschungszentrum Karlsruhe 1991
103 Eigenberger, G.: Abluftreinigung – Schadgase und Gerüche. ALS Arbeitsgruppe Luftreinhaltung der Universität Stuttgart, Jahresbericht 1988
104 Vierte Verordnung zur Durchführung des Bundes-Immissionsschutzgesetzes (Verordnung über genehmigungsbedürftige Anlagen — 4. BImSchV) vom 15.7.1988, BGBl. I, S. 1059 f
105 Erste Allgemeine Verwaltungsvorschrift zum Bundes-Immissionsschutzgesetz (Technische Anleitung zur Reinhaltung der Luft — TA Luft) vom 27.2.1986, GMBl. S. 95–202
106 Baum, F.: Luftreinhaltung in der Praxis. München: R. Oldenbourg 1988
107 VDI-Handbuch Reinhaltung der Luft. Berlin Köln: Beuth, wird fortlaufend mit neuen Richtlinien ergänzt

3 Luftverunreinigungen in der Atmosphäre

Die in die Atmosphäre emittierten Luftverunreinigungen können, bevor sie als Immissionen wirksam werden, vielerlei Einflüssen unterliegen. Dies sind z.B. physikalische Verdünnung, chemische Umwandlungen, Anreicherungen bzw. Abtransportvorgänge beispielsweise durch Auswaschung. Verbleib, Lebensdauer und Wirksamwerden der Luftverunreinigungen werden hierdurch wesentlich bestimmt. Diese Einflüsse sind wiederum abhängig von den atmosphärischen Vorgängen, die je nach Wetterlage unterschiedlich sind.

3.1 Meteorologische Einflüsse auf die Ausbreitung der Luftverunreinigungen

Die Ausbreitung von Luftverunreinigungen hängt von Windrichtung, Windgeschwindigkeit und vertikaler Turbulenz ab. Wind und Turbulenz sind Teile eines das gesamte Wettergeschehen beherrschenden Massenaustausches, der den Ausgleich der zeitlich und örtlich unterschiedlichen Strahlungswirkung durch turbulente Luftströmungen in der ganzen Atmosphäre (Troposphäre, s. Abschn. 3.2), insbesondere auch in der Boden/Luft-Grenzschicht, darstellt.

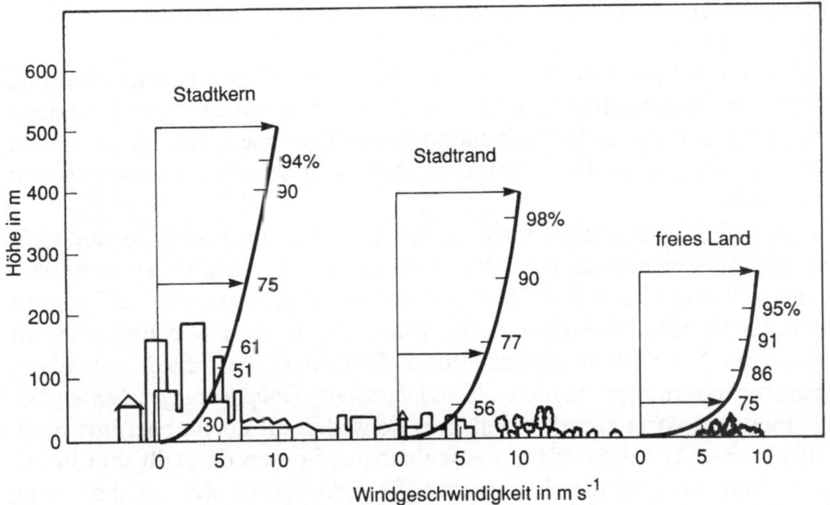

Bild 3.1. Zunahme der Windgeschwindigkeit mit der Höhe bei verschiedenen Bodenrauhigkeiten [2, 3]

3.1.1 Wind

Die Ausbreitung der Emissionen erfolgt in Richtung des Windes. Der Wind hat eine verdünnende Wirkung auf die Rauchgaskonzentrationen hinter einem Schornstein, die etwa seiner horizontalen Geschwindigkeit proportional ist. Die exponentielle Zunahme der Windgeschwindigkeit mit der Höhe begünstigt die Verteilung der Rauchgase aus hohen Kaminen, s. Bild 3.1. Bezogen auf gleiche Höhe ist die Windgeschwindigkeit über ebenem Gelände wegen der geringeren Bodenrauhigkeit höher als über stark gegliedertem Gelände mit großer Bodenrauhigkeit, z.B. über Städten. Unter dem Einfluß der Reibung kann der Wind mit der Höhe auch eine Drehung erfahren [1]. Die Windgeschwindigkeit hat einen mittleren Tagesgang mit einem Maximum am Tag und einem Minimum in der Nacht.

3.1.2 Turbulenz

Der gleichmäßigen Luftströmung in der Atmosphäre sind ungeordnete Zustandsbewegungen überlagert, die als Tubulenz bezeichnet werden. Die Turbulenz hat zwei Komponenten, die trotz verschiedener meteorologischer Ursachen kaum voneinander zu trennen sind, sich aber vielfach ablösen. Die in Bodennähe vorherrschende Reibungsturbulenz nimmt mit der Windgeschwindigkeit und der Bodenrauhigkeit, z.B. über Städten und Industrieanlagen, aber auch an orographischen Hindernissen zu und hat, wie der Wind, ein Tagesmaximum. Diese Reibungsturbulenz äußert sich in raschen Schwankungen der Windrichtung und -geschwindigkeit; man spricht von böigem Wind.

Eine wesentliche Bedeutung für den vertikalen Austausch hat die zweite Komponente, die bis in große Höhen vorstoßende thermische Turbulenz, auch als „Konvektion“ bekannt. Sie entsteht nur bei labiler Temperaturschichtung.

Die durch die Temperaturschichtung in der Atmosphäre bedingte Stabilität bzw. Labilität entsteht folgendermaßen:

Die Lufthülle der Erde wird nicht unmittelbar durch die Sonneneinstrahlung, sondern durch die Wärmestrahlung bzw. die Berührungswärme vom Erdboden aufgeheizt, nachdem dieser sich durch energiereiche Sonneneinstrahlung erwärmt hat. Dadurch entsteht eine Temperaturabnahme von den bodennahen zu den höheren Schichten.

Neben dem Temperaturgradienten existiert in der Troposphäre auch ein Druckgradient. Aufsteigende Luft gelangt dadurch in Bereiche geringeren Außendrucks, kann sich ausdehnen und kühlt sich somit ab. Absinkende Luft kommt dagegen in Bereiche höheren Außendrucks, wird dabei komprimiert und erwärmt sich. Diese bei den Vertikalbewegungen durch die Druckunterschiede entstehenden Temperaturänderungen werden als *adiabatische Temperaturgradienten* bezeichnet. Dabei wird vorausgesetzt, daß Energie weder zu- noch abgeführt wird, was eine idealisierte Annahme für ein geschlossenes System darstellt und in der Natur meist nicht so uneingeschränkt zutrifft. Die Größe des adiabatischen Temperaturgradienten ist zeitlich und räumlich, je nach Druck- und Feuchtigkeitsverhältnissen, unterschiedlich; die häufigsten Werte liegen zwischen 0,5 und

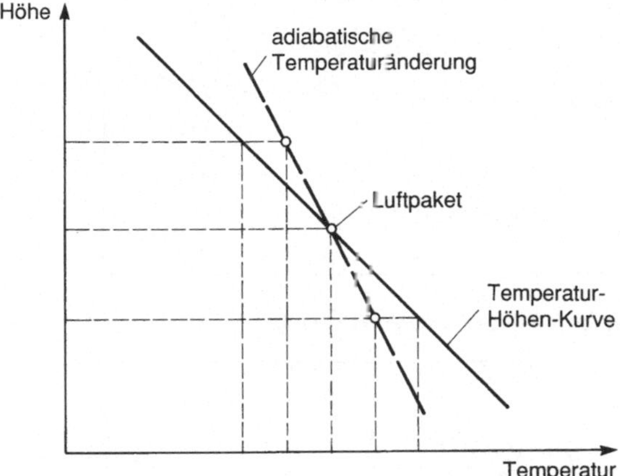

Bild 3.2. Überadiabatische (labile) Schichtung [7]

0,8 °C Temperaturabnahme pro 100 m [4–6]. Überdiabatische Gradienten, d.h. größere Temperaturabnahmen mit der Höhe, führen zu labilen, unteradiabatischen Gradienten zu stabilen Schichtungen. Die überadiabatische Schichtung sei mit Bild 3.2 erläutert: Man denke sich ein Luftpaket in einer Höhe h mit der Temperatur ϑ. Hebt man dieses Luftpaket an, kühlt es sich adiabatisch ab (im Idealfall). Nach der Temperatur-Höhen-Kurve, die den an einem bestimmten Ort zu einem bestimmten Zeitpunkt vorherrschenden Temperaturgradienten der umgebenden Luft darstellt, kann man erkennen, daß das Luftpaket jetzt wärmer ist als seine Umgebung. Folglich erfährt es aufgrund seiner geringeren Dichte einen Auftrieb. Analog dazu führt eine Absenkung des Luftpaketes zu einer angenähert adiabatischen Erwärmung. Da seine Temperatur jetzt niedriger ist als die der Umgebung, wird es bis zur Erdoberfläche absinken. Geringste Anstöße können also Umwälzungen in der Atmosphäre auslösen, die nicht mehr in den Ausgangszustand zurückführen. Man nennt diese überadiabatischen Schichtungen deshalb labil. Da die Umwälzungen keine gleichmäßigen Strömungen darstellen (an einer Stelle Aufwärts-, an anderer Stelle Abwärtsbewegungen), spricht man von thermischer Turbulenz. Beispiele für große Labilität ergeben sich durch drastische Temperaturabnahmen mit der Höhe aufgrund von raschem Vordringen von Warmluft gegen kalte Luftmassen oder umgekehrt. Solche Situationen äußern sich heftig in Gewittern, Regen-, Schnee- und Hagelschauern [7].

Große Turbulenzen bewirken i.allg. eine gute Verteilung von luftverunreinigenden Schadstoffen in der Atmosphäre, wodurch örtliche, lang anhaltende Spitzenkonzentrationen nicht entstehen können. Die Einflüsse des Windes und der Turbulenz auf die Ausbreitung von Rauchfahnen sind in Bild 3.3 schematisch dargestellt.

Die Bildung labiler Temperaturschichten in den unteren Luftschichten (durch Konvektion) geht überwiegend von der Erwärmung des Bodens durch Sonneneinstrahlung aus. Das Maximum der thermisch bedingten Turbulenz tritt demnach mittags bzw. in den frühen Nachmittagsstunden auf, während nachts

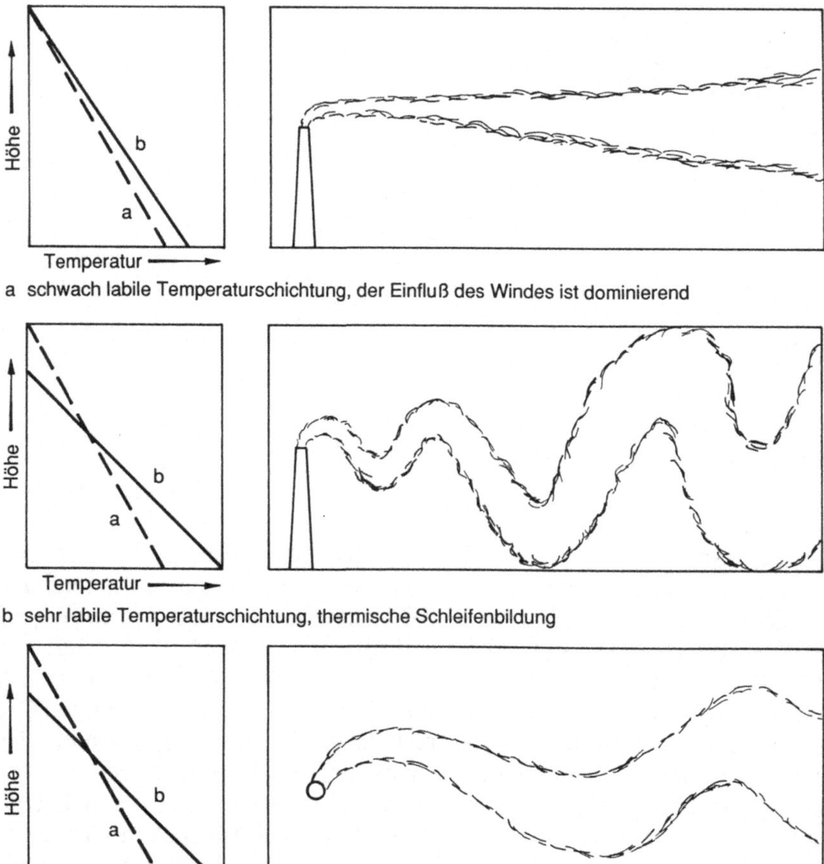

Bild 3.3. Einflüsse des Windes und der Turbulenz auf die Ausbreitung von Rauchfahnen. links: Temperaturschichtung (*a* Adiabatische Temperatur-Höhenkurve; *b* tatsächlich herrschende Temperatur-Höhenkurve; rechts: Verhalten der Rauchfahne)

das Minimum herrscht. Ebenso wie ein Tagesrhythmus, besteht auch ein Jahresrhythmus mit einem Maximum im Sommer. Diese Rhythmen beherrschen im Mittel die turbulente Struktur der Atmosphäre und ihre durchmischende Eigenschaft. Aber auch die künstliche Aufheizung der untersten Luftschichten über großen Stadt- und Industriegebieten, die oft die winterliche Einstrahlung von 160 J/(cm^2 und Tag) übersteigt, kann die Ursache zusätzlicher Turbulenz in einer labilen Unterschicht sein, man spricht hier von der städtischen Wärmeinsel [1, 8, 9].

Topographische Gegebenheiten wie Berge und Täler sowie die Bebauung und der Bewuchs haben oft einen wesentlichen Einfluß auf die Luftströmung und damit auf die Verteilung der Luftverunreinigungen [10]. So können sich z.B.

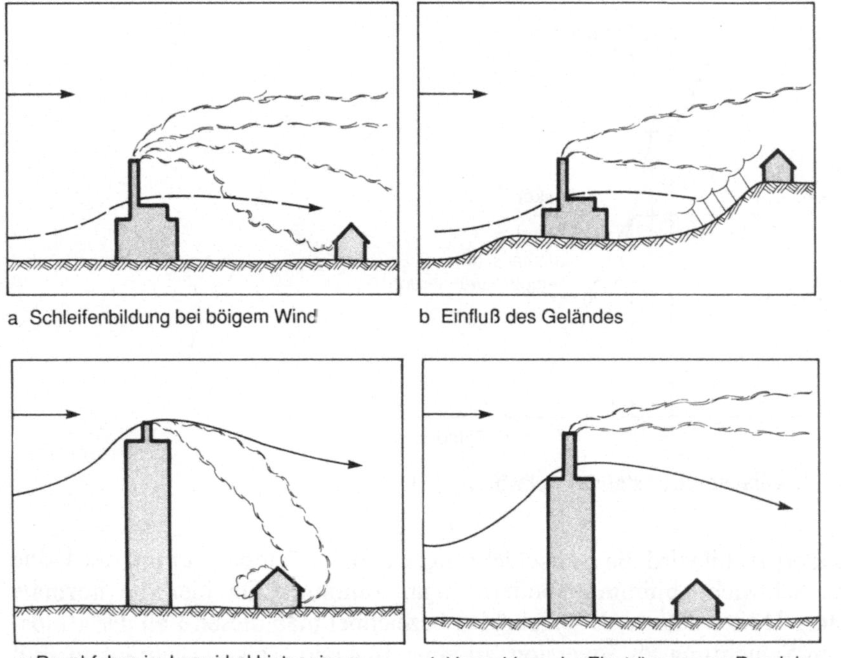

Bild 3.4a – d. Besondere meteorologische und topographische Einflüsse auf die Ausbreitung von Rauchfahnen [2] → Windrichtung a, b, c, d

hinter Hindernissen sog. Leewirbel bilden, die möglicherweise zu kurzzeitigen Spitzenkonzentrationen von Schadstoffen führen [2]. Bild 3.4 zeigt einige besondere meteorologische und topographische Einflüsse auf die Ausbreitung von Rauchfahnen.

3.1.3 Inversion

Nimmt die Temperatur mit der Höhe weniger ab als es der adiabatischen Temperaturänderung entspricht, dann spricht man von einer unteradiabatischen oder stabilen Schichtung. In Bild 3.5 wird dieser Fall veranschaulicht.

Wird das Luftpaket in der Höhe h und mit der Temperatur ϑ angehoben, dann kühlt es sich im Idealfall adiabatisch ab. Da die Umgebungstemperatur jetzt größer ist als die des Luftpakets, sinkt es aufgrund seiner höheren Dichte wieder zurück zur ursprünglichen Höhe h. Bei Absenkung erwärmt es sich angenähert adiabatisch, ist wärmer als seine Umgebung und steigt daher bis zur ursprünglichen Höhe h zurück. Jede Vertikalbewegung wird also wieder vollständig rückgängig gemacht, die Atmosphäre hat eine stabile Schichtung. Von einer neutralen oder indifferenten Schichtung spricht man, wenn die Temperaturabnahme mit der Höhe gleich dem adiabatischen Gradienten ist.

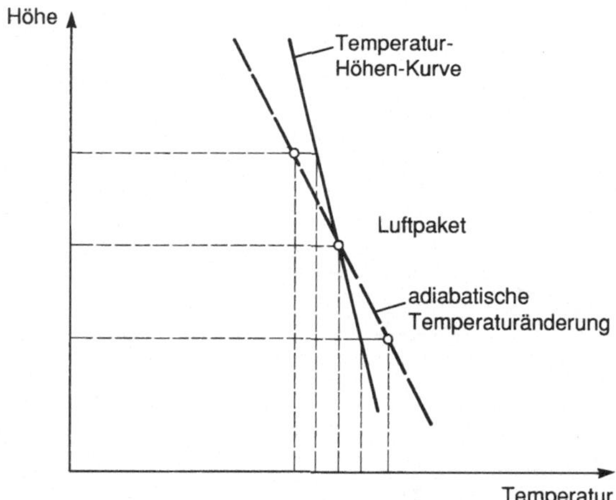

Bild 3.5. Unteradiabatische (stabile) Schichtung [7]

Besonders stabil wird die Luftschichtung, wenn die Temperatur mit der Höhe nicht nur schwach abnimmt, sondern sogar zunimmt. Da hier die normale Temperatur-Höhen-Kurve umgekehrt ist, bezeichnet man diesen Fall der atmosphärischen Schichtung als Inversion. In einer Inversion, als ausgeprägtem Fall einer unteradiabatischen Schichtung, sind keine Auf- und Abwärtsbewegungen möglich. Die Inversion wirkt als Sperre für konvektive Prozesse und begrenzt damit auch die Ausbreitung von Luftverunreinigungen.

3.1.3.1 Arten von Inversionen

Es werden zwei Arten von Inversionen unterschieden, die Boden- und die Höheninversion. In Bild 3.6 sind die Temperaturverläufe bei diesen beiden Inversionsarten schematisch dargestellt.

Bei der *Bodeninversion* lagert über der Erdoberfläche eine Schicht kalter Luft; die Temperatur nimmt vom Boden aus bis zur Obergrenze der Inversion zu. Über dieser Obergrenze nimmt sie wieder gesetzmäßig ab.

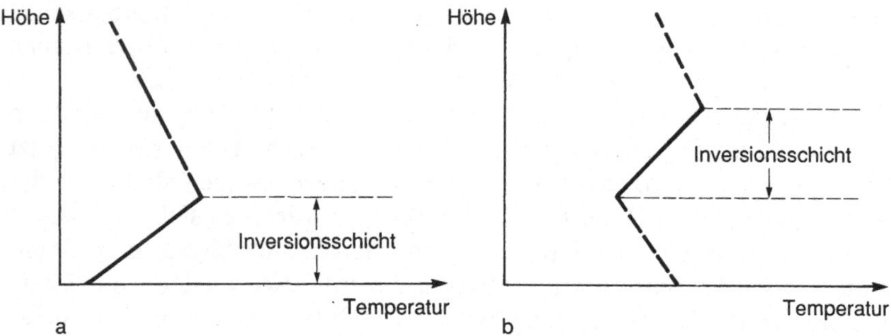

Bild 3.6. Temperaturverläufe bei Boden- und Höheninversionen. **a** Bodeninversion; **b** Höheninversion

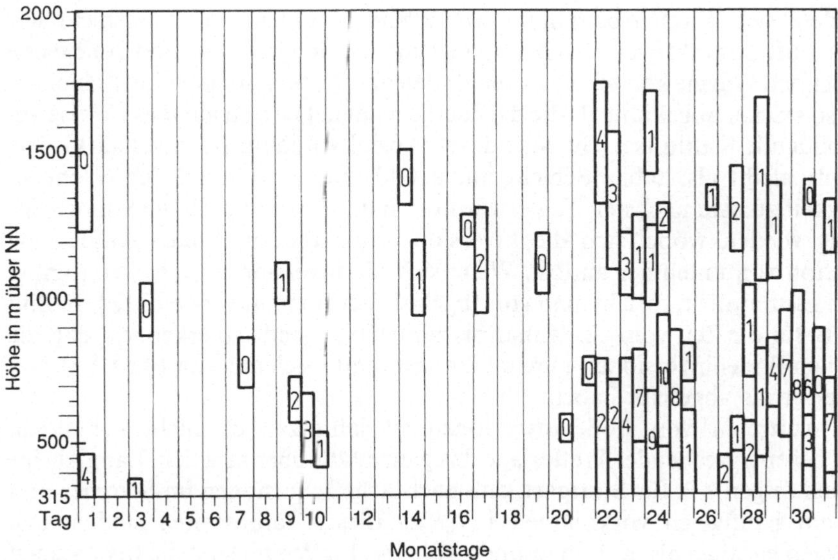

Bild 3.7. Darstellung der bodennahen Inversionsschichten, beispielhaft für einen Januar-Monat [11]

Bei der *Höheninversion* nimmt die Temperatur vom Boden beginnend nach oben hin zunächst ab, und von einer bestimmten Höhe an (Untergrenze der Inversion) beginnt sie zuzunehmen, um schließlich an der Obergrenze der Inversion wieder gesetzmäßig abzunehmen.

Regelmäßige Untersuchungen der vertikalen Temperaturschichtungen werden vom Deutschen Wetterdienst mittels Ballonaufstiegen mit Radiosonden an 6 Stationen in der Bundesrepublik durchgeführt. Die Ballonaufstiege erfolgen jeden Tag jeweils um 0 Uhr und um 12 Uhr. In Bild 3.7 sind die Inversionshöhen eines Monats über der Station Stuttgart graphisch dargestellt. Die Untergrenze der Balken markiert die Höhe, in der die Inversion beginnt. Der Balken hört in der Höhe auf, ab der wieder eine gesetzmäßige Temperaturabnahme erfolgt. Die Zahlen in den Balken geben den jeweiligen Temperaturanstieg in K von der Unter- bis zur Obergrenze der Inversion an.

3.1.3.2 Entstehung von Inversionen

Strahlungsinversion

Die Bodeninversionen entstehen durch Strahlungsabkühlung des Bodens. Bei geringer Bewölkung und schwachem Wind – charakteristisch für Hochdruckwetterlagen – gibt der Boden nach Sonnenuntergang seine Wärme durch Strahlung ab; d.h. die Bilanz aus eingestrahlter und abgegebener Strahlung wird negativ (negative Strahlungsbilanz). Bei bedecktem Himmel tritt dagegen die Strahlungsabkühlung nicht oder nur wesentlich schwächer auf, da die Wolken die Strahlung reflektieren und absorbieren.

An dem sich durch Abstrahlung abkühlenden Boden kann sich nicht wie tagsüber Luft konvektiv erwärmen; im Gegenteil: Die über dem Boden liegende Luft gibt noch Wärme konvektiv an den Boden ab. Die bodennahen Luftschichten werden so stärker abgekühlt als die darüberliegenden. Die sich auf diese Weise am Boden bildende Kaltluftschicht wird durch Absinkvorgänge noch verstärkt. Die kalte Luft bleibt als stabile Schicht unten und nimmt während der Nacht an Mächtigkeit zu. Am nächsten Tag erwärmt sich der Boden durch die Sonneneinstrahlung wieder, wobei sich die Inversion durch die am Boden einsetzende Konvektion von unten her auflöst. Wenn sich die Inversion tagsüber von unten her nicht ganz auflöst, spricht man von abgehobener Bodeninversion [12]. In Bild 3.7 ist z.B. für die Zeit vom 22. Januar bis zum Monatsende zu erkennen, daß die nächtlichen Bodeninversionen (um 0 Uhr bestimmt) sich am Tag (12 Uhr) von unten her etwas abgebaut haben.

Das Auftreten von Bodeninversionen ist jahreszeitlich nicht gebunden, sondern bei entsprechender Wetterlage das ganze Jahr über möglich. Langjährige Statistiken zeigen z.B. für Stuttgart, daß nächtliche Inversionen im Sommer und Herbst am häufigsten vorkommen [11]; zu diesen Jahreszeiten sind stabile Wetterlagen häufiger als im Winter und Frühjahr. Im Winter sind die Inversionen aber mächtiger als im Sommer, da die Strahlungsabkühlung in den langen Nächten länger andauert. Inversionen, die auch tagsüber anhalten, treten daher bevorzugt in den Wintermonaten auf. Die in Bild 3.7 dargestellten mächtigen Inversionsschichten (z.B. vom 22.–25. Januar) konnten tagsüber nicht aufgelöst, sondern nur angehoben werden.

Im Sommer erfolgt aufgrund der stärkeren Erwärmung des Bodens die Auflösung der Inversionen wesentlich schneller als im Winter.

Die Bildung von Bodeninversionen ist auch stark von der Form des Geländes abhängig. Kalte Luftmassen fließen bevorzugt in Täler ab, so daß dort die Bodeninversionen häufiger und mächtiger sind als auf Bergen oder im oberen Teil von Berghängen. Die Abkühlung der bodennahen Luft kann so weit gehen, daß der Taupunkt unterschritten wird. Auf diese Weise bildet sich Bodennebel, sogenannter Strahlungsnebel.

Absinkinversion

Ein Kennzeichen von Hochdruckwetterlagen ist ein großräumiges Absinken der Luft [6]. Die absinkende kalte Luft erwärmt sich dabei adiabatisch. Mit einem Teil dieser Wärme werden Wolkentröpfchen verdampft, was zu einer Wolken- und Dunstauflösung führt. Eine klare Luft mit guter Fernsicht in der Höhe ist die Folge. Das Absinken erfolgt nur bis zu einem bestimmten Abstand vom Erdboden. Die untersten Luftschichten erwärmen sich tagsüber durch Konvektion am Boden und steigen als sogenannte Thermik auf. Beim Aufsteigen kühlen sie sich ab. Für die absinkende Luft bildet sich also in einer gewissen Höhe ein dynamisches Widerlager. Sowohl die absinkende, sich erwärmende als auch die aufsteigende, sich abkühlende Luft kann nur nach der Seite ausweichen. Es entsteht eine Trennschicht mit horizontaler Bewegungsrichtung in der Mitte; sie ist oben warm und unten kalt, also eine Inversion. Derartige Höheninversionen werden als dynamische oder Absinkinversionen bezeichnet. In Bild 3.8 ist die Entstehung einer Absinkinversion schematisch dargestellt.

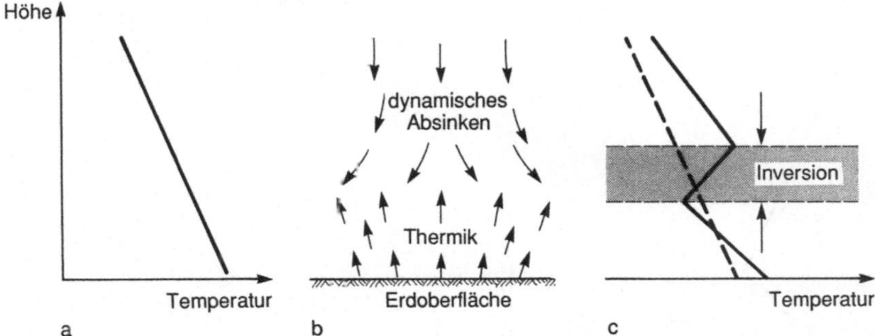

Bild 3.8. Schema der Strömungs- und Temperaturverhältnisse bei der Bildung einer Absinkinversion [6]. **a** Anfangsstadium, Temperaturabnahme mit der Höhe; **b** Strömungsverhältnisse; **c** Erwärmung der absinkenden Luft, Abkühlung der am Boden stark erwärmten Luft, Inversion in der Mitte

Im Herbst und Winter können die Absink-Höheninversionen aufgrund der geringeren Thermik tiefer absinken als im Sommer; sie können sich sogar mit der Bodeninversion überlagern und mächtige und sehr stabile Schichten bilden [13].

Inversionen durch aufgleitende Warmluft

Lagern sich großräumig verschiedene Luftmassen übereinander, dann können sich Höheninversionen bilden. Ist im Winter oder Herbst z.B. über längere Zeit kontinentale, kalte Festlandsluft aus Osten eingeflossen, dann können bei Wetteränderungen aus Südwesten oder Westen einfließende Warmluftmassen diese Kaltluft oftmals nicht gleich verdrängen. Die warme Luft gleitet auf die kalte, eine Inversion hat sich gebildet. Wenn die Kaltluft bis zum Boden reicht, haben wir es mit einer mächtigen Bodeninversion zu tun; wenn sich die Bodeninversion tagsüber von unten her auflöst, besteht eine Höheninversion. Bei schwachen Luftdruckgegensätzen können derartige Situationen – unten Kaltluft, oben Warmluft – manchmal längere Zeit anhalten, z.B. im Januar 1982 über Stuttgart [14].

Wenn die Warmluft in der Höhe sehr feucht ist, kommt es an der Grenze zur Kaltluft zu Kondensationen. Die dadurch entstehende Höhenbewölkung kann zu verminderter Sonneneinstrahlung führen, so daß sich die Kaltluft in Bodennähe nicht erwärmen kann: Die Inversion bleibt in diesem Fall auch tagsüber bis zum Boden erhalten.

3.1.4 Mischungsschicht und Sperrschichten

Der unterste Teil der Troposphäre, in dem sich die emittierten Luftverunreinigungen mit der umgebenden Luft vermischen, wird allgemein als *Mischungsschicht* bezeichnet. Eine gute Vermischung ergibt sich wie dargestellt durch den Wind und die Turbulenz. Der vertikale Austausch wird durch sogenannte *Sperrschichten* in der Atmosphäre herabgesetzt, wenn nicht gar ganz unterbunden. Als Sperrschich-

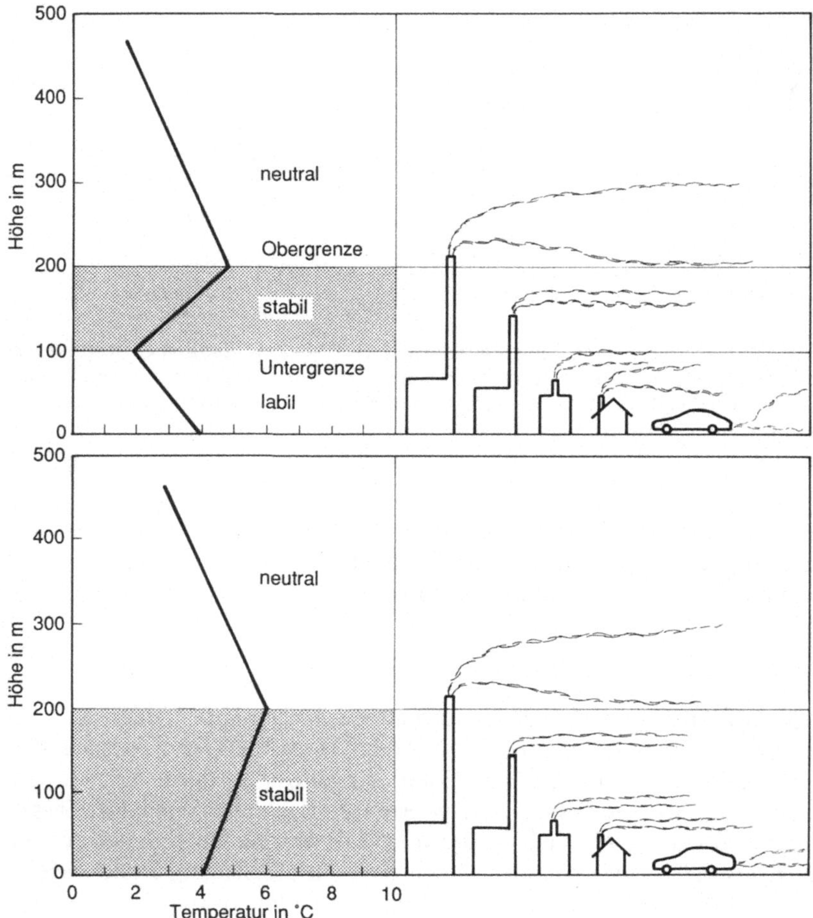

Bild 3.9. Verhalten von Schadstoffemissionen, die unter, in oder über Inversionsschichten freigesetzt werden

ten wirken stabile Luftschichtungen mit nur geringer Temperaturabnahme mit der Höhe oder Inversionen. Inversionen verhindern eine vertikale Ausbreitung der innerhalb dieser Schichten freigesetzten Luftveruneinigungen, sofern letztere nicht durch Auftriebskräfte der Abgasfahnen die Schicht durchstoßen können, s. Bild 3.9. Bei Bodeninversionen ist die für die Verteilung der Luftverunreinigungen zur Verfügung stehende Mischungsschicht extrem flach. Bei der Erwärmung des Bodens durch einsetzende Sonnenstrahlung am Morgen erwärmt sich die über dem Boden liegende Luft, die Bodeninversion löst sich von unten her auf, und damit steigt die Mischungsschichthöhe an. Die Mischungsschicht wird, von dem Einfluß der Bodeninversion einmal abgesehen, nach oben hin meistens durch eine Höheninversion oder eine stabile Luftschicht begrenzt. Giebel [15] fand durch Messungen heraus, daß die Begrenzung der Mischungsschicht nach oben meistens durch eine *Hauptsperrschicht* erfolgt. Als Hauptsperrschicht defi-

Bild 3.10. Deutlich sichtbare Wirkung der Hauptsperrschicht während einer herbstlichen Hochdruckwetterlage: Unterhalb der Sperrschicht liegt Dunst mit erhöhter Aerosolkonzentration und Luftfeuchte, oberhalb herrscht sehr gute Fernsicht; Roßberg, Schwäbische Alb, 27.10.1985

nierte er dabei, verglichen mit mehreren schwachen Sperrschichten, die meistens vorhanden sind, die Luftschicht mit der stärksten sprunghaften Abnahme der Aerosolkonzentration. Auch eine sprunghafte Abnahme der relativen Luftfeuchte ist hierbei oft zu beobachten. Die Aerosolkonzentration, verbunden mit der hohen Luftfeuchte, kann innerhalb der Mischungsschicht bis in die Sperrschicht hinein zu einer deutlichen Sichtweitenverringerung durch Dunst führen, während oberhalb der Hauptsperrschicht ganz klare Luft mit guter Fernsicht herrscht. Solche Situationen kommen besonders im Herbst bei stabilen Hochdruckwetterlagen vor, s. Bild 3.10. Die Sperrwirkung tritt sowohl nach oben als auch nach unten auf: Luftmassen und Abgasfahnen, die sich oberhalb der Inversion ausbreiten, werden vom Boden abgesperrt, und Luftverunreinigungen, die unterhalb freigesetzt werden, bleiben auf die bodennahe Luftschicht beschränkt, s. Bild 3.9.

So wie sich bei einsetzender Sonnenstrahlung die Bodeninversion auflöst, steigt durch die Zunahme warmer Luftmassen in Bodennähe auch die Obergrenze der Mischungsschicht im Tagesverlauf bis zum Nachmittag an. Die Bodeninversionen können besonders im Winter das Ansteigen der Hauptsperrschicht stark beeinträchtigen, indem sie die Ausbildung warmer Luft in den untersten Schichten behindern. Die Anstiegsgeschwindigkeit und die absolute Höhe der Obergrenze der Mischungsschicht hängen insbesondere von der Jahreszeit, der Intensität der Sonnenstrahlung, von der Lufttemperatur und von der Windgeschwindigkeit ab. In Bild 3.11 ist der mittlere Tagesgang der Mischungsschichthöhe schematisch dargestellt.

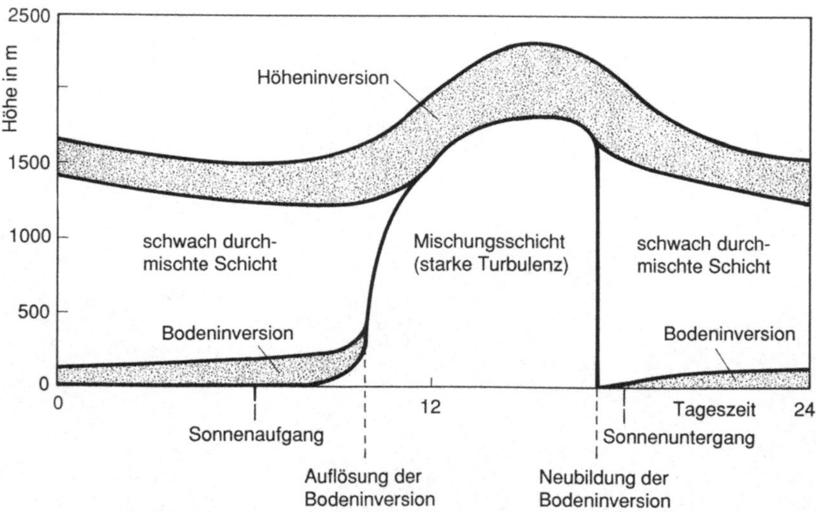

Bild 3.11. Tageszeitlicher Verlauf der Sperr- und Mischungsschichthöhen bei sommerlichen Hochdruckwetterlagen über freiem Gelände

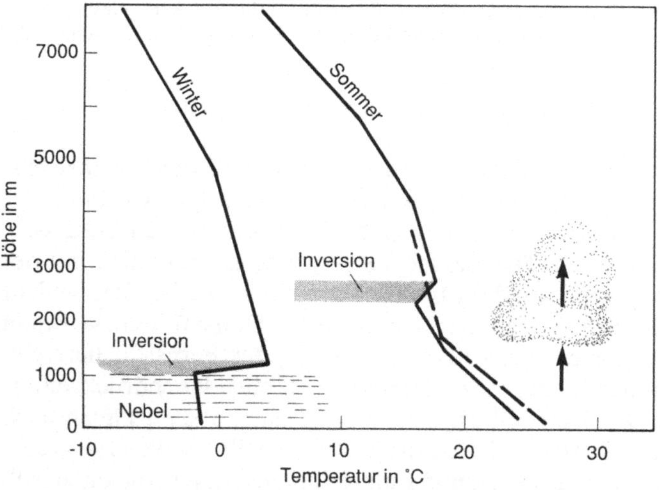

Bild 3.12. Inversionshöhen und vertikale Temperaturverläufe während winterlicher und sommerlicher Hochdruckwetterlagen [13]. – – – vertikaler Temperaturverlauf der Luftschichtung, --- vertikaler Temperaturverlauf der aufsteigenden Luft

Giebel hat das Verhalten atmosphärischer Sperrschichten im Ruhrgebiet eingehend untersucht und beschrieben [15, 16]. Die Mischungsschichthöhe nimmt nach seinen Erkenntnissen und nach Inversionsstatistiken des Deutschen Wetterdienstes Werte zwischen 0 m (nachts und zur kalten Jahreszeit) und mehr als 3 000 m (bei Hochdruckwetterlagen im Sommer) an. Im Sommer herrscht tagsüber wegen der großen Strahlungserwärmung des Bodens in der Mischungsschicht zudem ein wesentlich stärkerer Temperaturgradient mit der Folge intensiverer Turbulenz als im Winter. In Bild 3.12 sind die unterschiedlichen vertikalen Temperaturverläufe und Sperrschichthöhen für Winter und Sommer schematisch gegenübergestellt.

3.1.5 Sperrschichten und Luftverunreinigungen – Beispiele für die Schadstoffausbreitung

Das Verhalten von Abgasfahnen unter, in und über Sperrschichten wurde anhand von Bild 3.9 erläutert. Für das Auftreten hoher Schadstoffkonzentrationen haben die Sperrschichten neben den Emissionen die entscheidende Bedeutung. Die bekannten Smogkatastrophen mit zahlreichen Todesfällen ereigneten sich durchweg bei austauscharmen Wetterlagen mit ausgeprägten und lang anhaltenden Inversionen [17, 18]. Auch die neueren Smogalarm-Situationen in Deutschland entstanden bei Wetterlagen mit besonderen Sperrschichten [14, 19, 20].

Wie stark bei Inversionen die Luftverunreinigungen gegenüber Tagen mit gutem Luftaustausch ansteigen können, ist beispielhaft in Bild 6.9 für die Umgebung einer verkehrsreichen Ausfallstraße gezeigt.

Im folgenden wird je ein Beispiel für die weiträumige Ausbreitung von Luftverunreinigungen (bei Höheninversionen) und für die kleinräumige Verteilung in einem Mittelgebirgstal gegeben.

3.1.5.1 Großräumige Verteilung von Luftverunreinigungen: SO_2-Ferntransporte

Hohe SO_2-Konzentrationen können in ganzen Teilen der Bundesrepublik Deutschland durch überörtliche Ferntransporte aus östlichen Richtungen auftreten. Durch Flugzeugmessungen, die mehrfach bei östlichen Winden entlang der DDR- und CSSR-Grenze durchgeführt wurden, konnte festgestellt werden, daß das SO_2 auf breiter Front in hohen Konzentrationen die Grenze überschreitet [21, 22]. Bei Südostwinden wird Norddeutschland stark belastet [23], bei direkten Ostwinden Hessen und sogar Nordrhein-Westfalen, z.B. bei der Smogepisode im Januar 1985 [24], und bei Nordostwinden Süddeutschland. Im Februar 1986 führten in Süddeutschland z.B. mehrmals Ferntransport-Situationen bei Nordostwinden dazu, daß die „Reinluft"-Meßstationen des Umweltbundesamtes im Bayerischen Wald (Brotjacklriegel) und im Schwarzwald (Schauinsland) die höchsten SO_2-Tages- und Monatsmittelwerte seit Beginn der Meßreihen (in den sechziger Jahren) registrierten [25].

Anhand der Situation vom Februar 1986, bei der im Stuttgarter Raum und im Nordschwarzwald ebenfalls sehr hohe SO_2-Konzentrationen gemessen wurden, soll hier das Ferntransportverhalten näher erläutert werden (ausführliche Untersuchung s. [26]): Fast im ganzen Februar 1986 herrschten in Baden-Württemberg wie auch in Bayern Winde aus nordöstlichen Richtungen vor, wie aus den Windvektor-Darstellungen in Bild 3.13a hervorgeht. Ebenfalls über fast den ganzen Monat traten ausgeprägte Höheninversionen mit Untergrenzen in 800 – 1 200 m Höhe (über NN) auf. Das Verhalten der Sperrschichten ist in Bild 3.13b dargestellt.

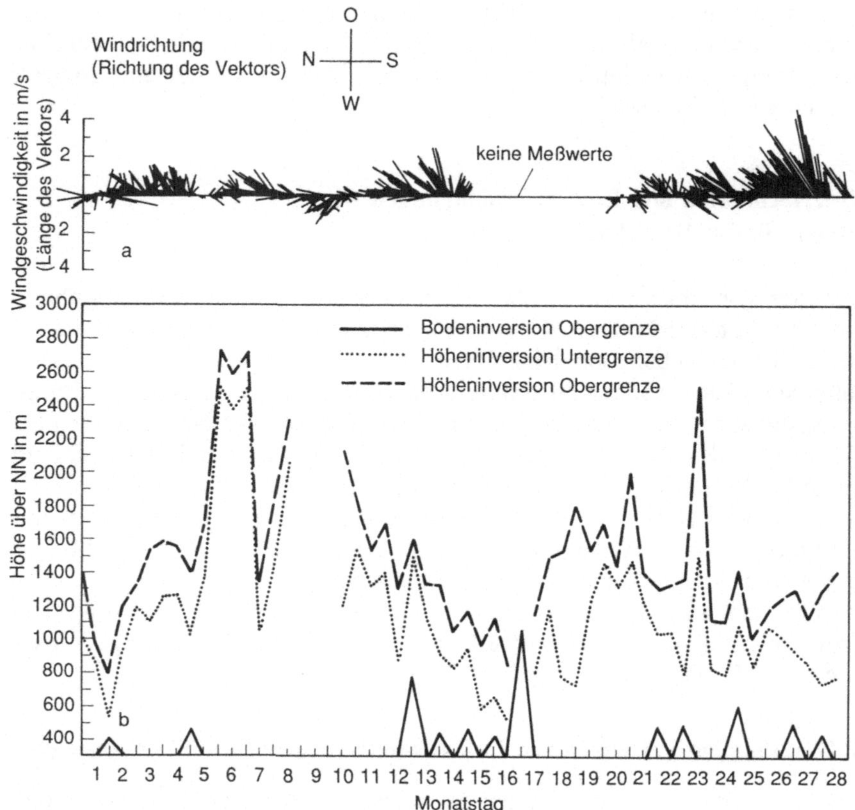

Bild 3.13. Februar 1986 — Windverhältnisse und Verhalten der atmosphärischen Sperrschichten im Raum Stuttgart. **a** Windrichtungen und -geschwindigkeiten an der Luftverunreinigungs-Meßstation des Instituts für Verfahrenstechnik und Dampfkesselwesen (IVD) im Naturpark Schönbuch (zwischen Stuttgart und Tübingen) [27]; **b** Höhe der Inversionsschichten über Stuttgart (nach Radiosondenaufstiegen des Deutschen Wetterdienstes, Aerologische Station Stuttgart, 315 m üNN [28])

Die Höheninversionen verhinderten eine Ausbreitung der Schadstoffe nach oben. Andererseits traten wenig niedrige und wenig Bodeninversionen auf, so daß die „Schadstoffwolken" nicht auf die tiefen Luftschichten begrenzt und somit nicht an den Mittelgebirgen hängenblieben. Zudem bestand bei durchweg tiefen Temperaturen im ganzen Land eine trockene Schneedecke, die eine verminderte Deposition von SO_2 bewirkte. Es waren im Februar 1986 also alle Voraussetzungen für weiträumige Transporte von Luftverunreinigungen, insbesondere SO_2, gegeben. Wann und wo auf diese Weise hohe Konzentrationen auftraten, hing im wesentlichen von der jeweiligen Windrichtung und -geschwindigkeit in den verschiedenen Höhenbereichen ab.

Einen Überblick über die im Februar 1986 an verschiedenen Meßstationen in Süddeutschland gemessenen SO_2-Halbstundenwerte gibt Bild 3.14. Jeder Halbstunden-Mittelwert ist in dieser Darstellung als senkrechter Strich eingezeichnet.

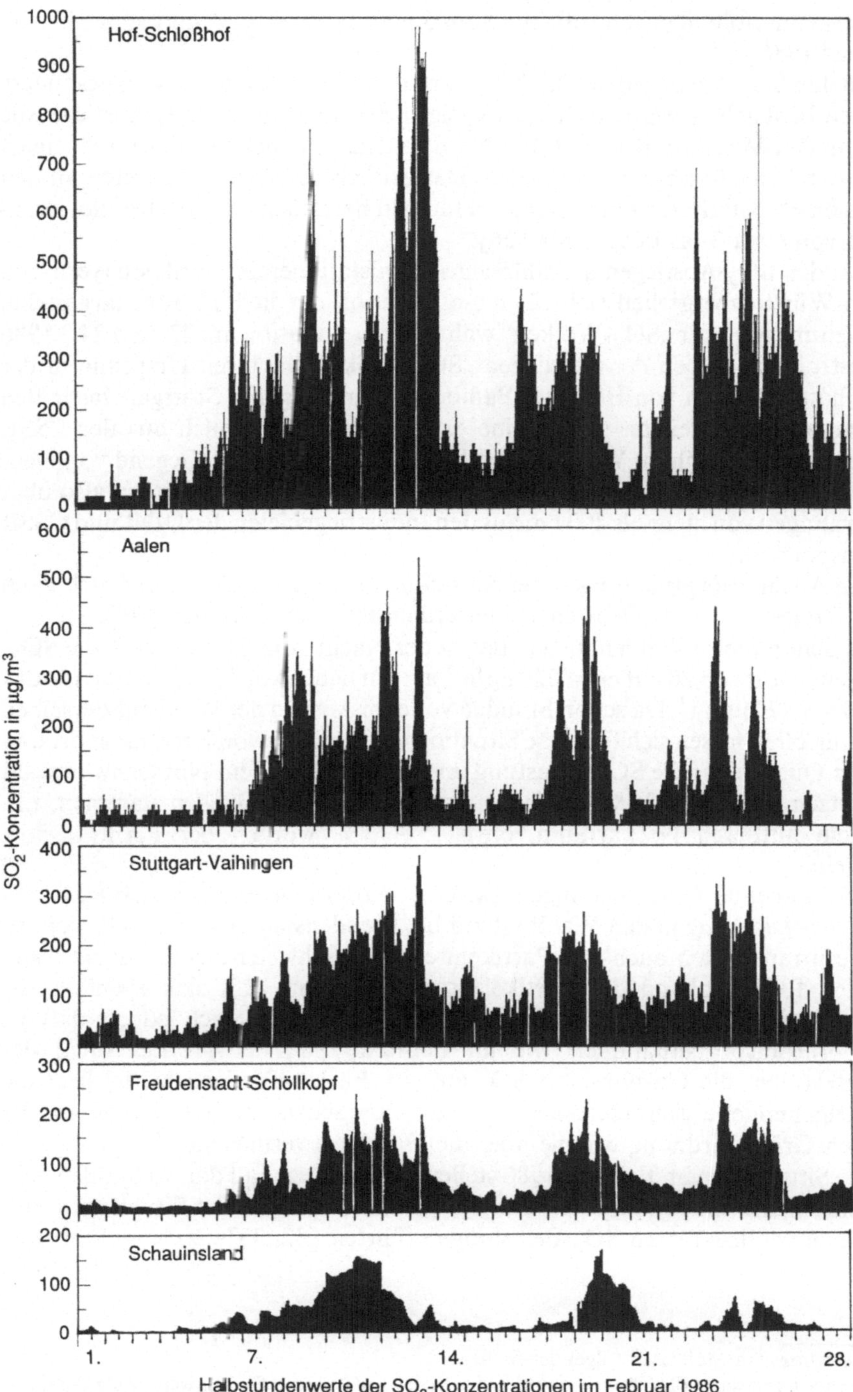

Bild 3.14. SO_2-Verläufe im Februar 1986 an verschiedenen Meßstationen in Süddeutschland [25, 27, 29–31]

Man erkennt hohe Konzentrationen vom 6.–13., vom 6.–20. und vom 23.–26. Februar 1986.

An den SO_2-Anstiegen am 23./24.2. konnte die SO_2-Fortpflanzung besonders deutlich beobachtet werden. Bild 3.15 zeigt beispielhaft diese SO_2-Anstiege, die sich von den Meßstationen in Hof in Nordfranken über den Großraum Stuttgart bis in den Schwarzwald fortpflanzten. Das zeitlich verzögerte Auftreten an den einzelnen Meßstationen korrespondiert mit den herrschenden Windgeschwindigkeiten von etwa 3 bis über 5 m/s [26].

Aus den SO_2-Anstiegen an zahlreichen Meßstationen in Nordostbayern und Baden-Württemberg[1] ließ sich für diese Situation der in Bild 3.16 dargestellte Ausbreitungsweg der „SO_2-Wolken" während der Situation am 23. und 24.2.1986 rekonstruieren. Neben der westlichen „SO_2-Wolke", die ihren Ursprung in der DDR hatte und sich von Hof über Bamberg, Würzburg und Stuttgart bis in den Schwarzwald ausbreitete, gab es eine östliche Fahne, die auch aus der CSSR gespeist wurde und ihren Weg über Arzberg, Weiden bis in die Gegend von Neu-Ulm nahm. Die in Süddeutschland beobachteten SO_2-Wolken wurden also über Entfernungen von mehr als 400 km aus den Industriegebieten der DDR und CSSR antransportiert.

Die Ausbreitungsrichtungen der Situation am 23./24.2.1986 lassen sich auch durch Trajektorien des Deutschen Wetterdienstes nachvollziehen [26].

Im Schönbuch (Waldenbuch) stieg in der Nacht vom 23. zum 24.2. die SO_2-Konzentration von 80 auf etwa 320 $\mu g/m^3$ an, am Schöllkopf (bei Freudenstadt) von 50 auf 220 $\mu g/m^3$. Da schon Stunden vor dem Anstieg der Wind aus derselben Richtung blies, lassen sich für diese Situation die Einflüsse von Ferntransport und eigenen Quellen auf die SO_2-Belastung im Schönbuch und im Nordschwarzwald abschätzen: Etwa 22–25 % des SO_2 müssen aus eigenen Quellen stammen, z.B. aus dem mittleren Neckarraum, etwa 75–78 % wurden per Ferntransport angeweht.

Vergleichende Untersuchungen zwischen *gasförmigem und partikelgebundenem Schwefeleintrag* in den Waldbestand bei Freudenstadt ergaben, daß sich bei den Ferntransporten auch mit Partikeln erhöhte Schwefelfrachten übers Land verteilen [34]. Anhand der Partikelzusammensetzung läßt sich ebenfalls die Herkunft dieser Luftverunreinigungen nachweisen. Es zeigt sich jedoch, daß bei den Ferntransportsituationen wie im Februar 1986 der größte Anteil des Schwefels über die Gasphase als SO_2 auftritt. Im langfristigen Mittel liegt die partikelgebundene Schwefelbelastung (z.B. im Schwarzwald) jedoch in der gleichen Größenordnung wie die über die Gasphase verursachte [34].

Die Situationen im Februar 1986 stellen keinen Einzelfall dar. In Süddeutschland traten z.B. im Januar 1985 und im Januar 1987 ähnliche Situationen auf, welche zu vergleichbaren SO_2-Belastungen führten [32, 33].

---

1 Auswertung von Meßdaten folgender Stellen:
Bayerisches Landesamt für Umweltschutz, München; Landesanstalt für Umweltschutz, Karlsruhe; Amt für Umweltschutz der Stadt Stuttgart, Klimatologische Abteilung; Energie-Versorgung Schwaben AG, Stuttgart; Badenwerk AG, Karlsruhe; Institut für Verfahrenstechnik und Dampfkesselwesen (IVD) der Universität Stuttgart

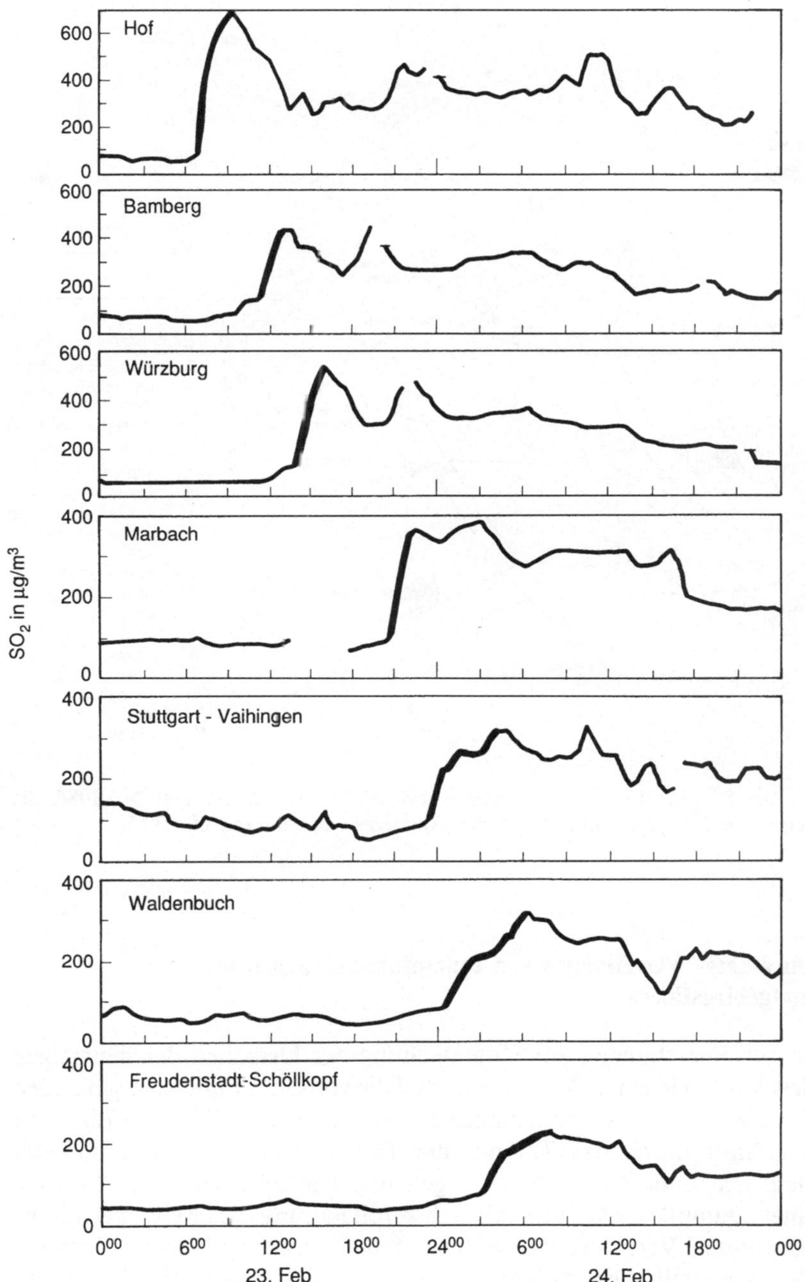

Bild 3.15. SO_2-Verläufe am 23. und 24.2.1986 an verschiedenen Meßstationen in Süddeutschland; die Anstiege pflanzen sich von Nordosten nach Südwesten fort

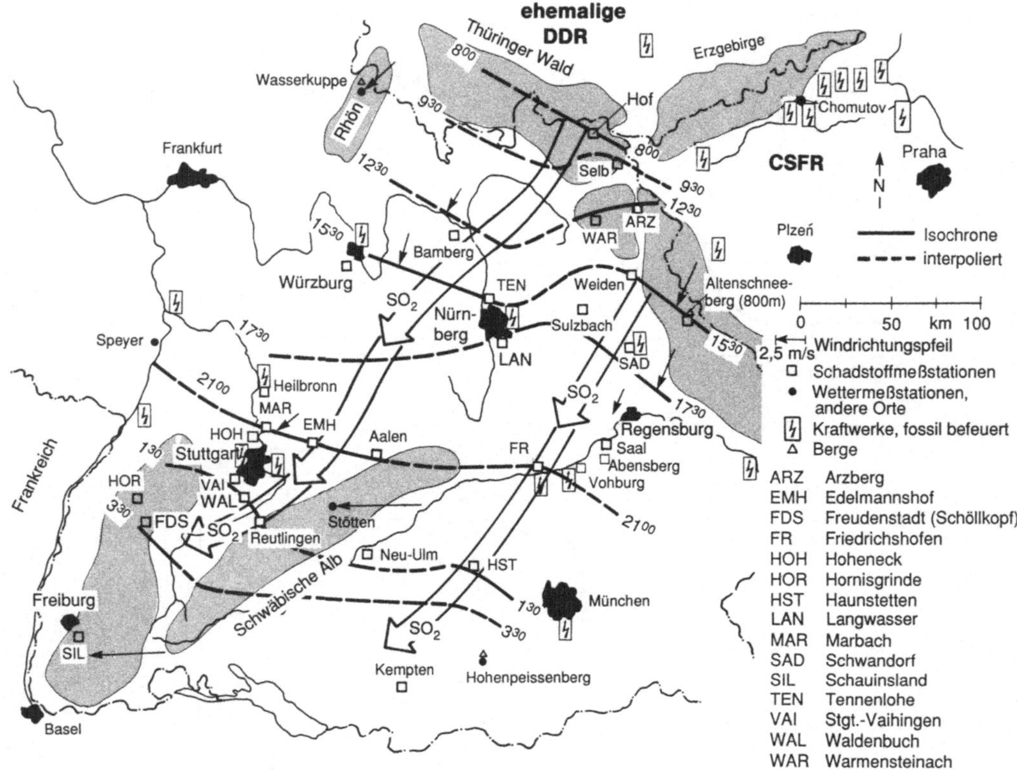

Bild 3.16. Zug der SO_2-Wolken von Nordosten nach Südwesten am 23. und 24.2.1986; die Isochronen zeigen die Fortpflanzung des starken Anstieges entsprechend Bild 3.15

3.1.5.2 Kleinräumige Verteilungen von Luftverunreinigungen in Mittelgebirgstälern

Im Rahmen der Forschungen zur Untersuchung der Ursachen der neuartigen Waldschäden wurden in einem Schwarzwaldtal die von einer Fabrik ausgehenden Schadstoffimmissionen durch Messungen näher untersucht [27, 34]. Bild 3.17 zeigt einen Schnitt durch das Tal mit der Fabrik und der Anordnung der Meßstationen. Die Fabrik stellt Kartonagen her. Die benötigte Prozeßwärme wird aus einer Dampfkesselanlage mit Schwerölfeuerung (28 MW thermische Leistung) gewonnen. Verfeuert wurde Heizöl S mit Schwefelgehalten zwischen 1 und 2 % Massenanteil. Die Anlage wurde Tag und Nacht annähernd mit konstanter Last betrieben, so daß nahezu konstante SO_2-Emissionen auftraten, und zwar ca. 50 kg SO_2/h. Die auftretenden SO_2-Immissionen wurden in diesem Fall also kaum durch unterschiedliche Emissionen beeinflußt, sondern sie waren in erster Linie von den Ausbreitungsbedingungen der Abgase abhängig.

An den in Bild 3.17 dargestellten Meßstellen 1 – 4 wurden etwa über ein halbes Jahr die SO_2-Immissionen sowie, als Größen zur Bestimmung von auftretenden

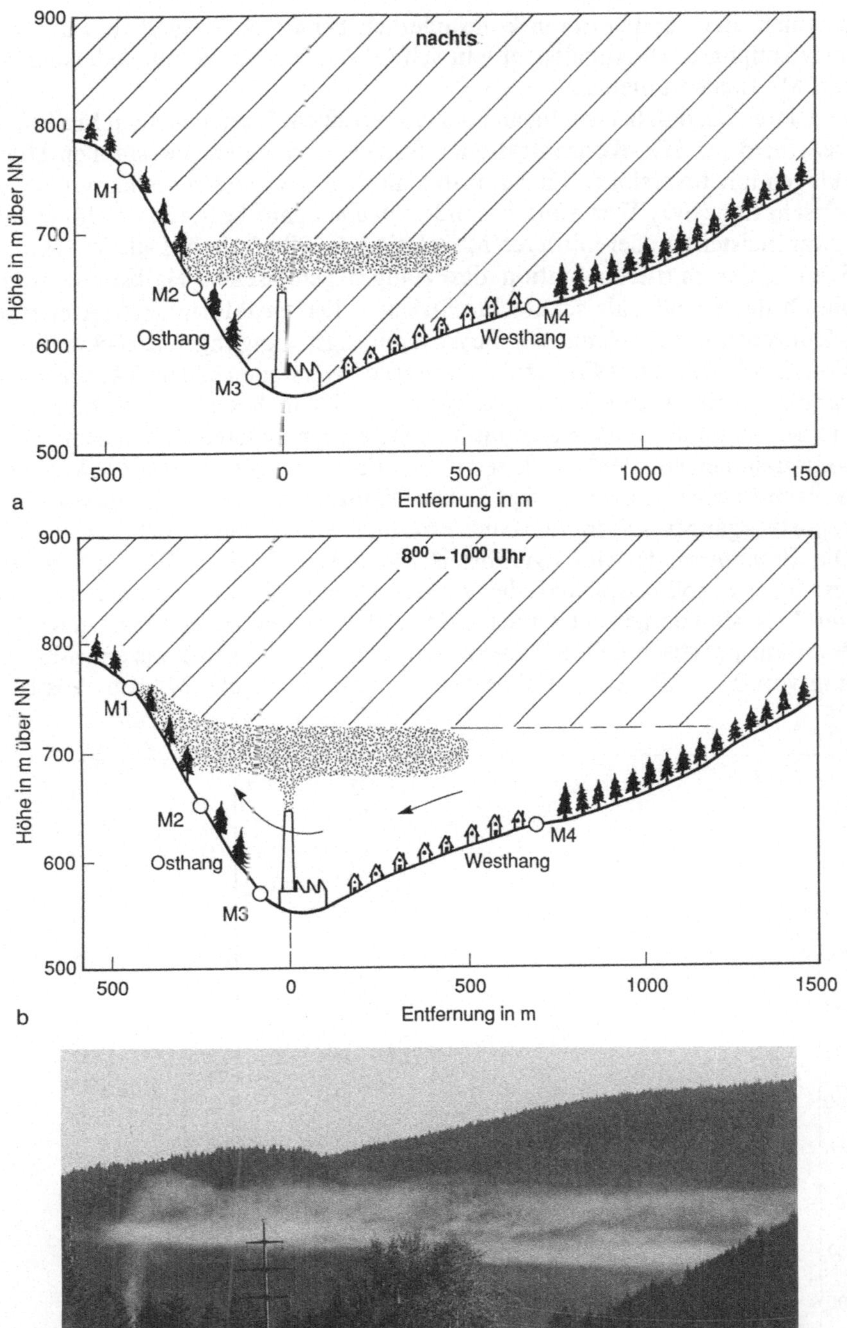

Bild 3.17. Ausbreitung der Rauchfahne in einem Schwarzwaldtal bei Inversionen, schematisch; M1–M4: kontinuierlich arbeitende SO_2- und Temperaturmeßstationen; Höhenangaben in m üNN. **a** Nachts bis 8 Uhr morgens; **b** 8–10 Uhr; **c** Fotografische Wiedergabe der deutlich sichtbaren Ausbreitung einer Rauchfahne in einem (anderen) Schwarzwaldtal bei Inversion

Inversionen, die Temperaturen kontinuierlich gemessen. Zusätzlich wurden in Intensivmeßphasen die Inhaltsstoffe in Schwebstäuben und Staubniederschlägen an den Meßstellen untersucht.

Es zeigte sich, daß bei windigem oder regnerischem Wetter an allen Meßstellen nur sehr niedrige SO_2-Konzentrationen festzustellen waren. Bei stabilen Hochdrucklagen mit Inversionen im Tal traten an dem bewaldeten Osthang teilweise jedoch sehr hohe SO_2-Werte auf, besonders in einer ganz bestimmten Höhenlage, und zwar meistens an der mittleren Meßstation. In Bild 3.18 sind alle im Oktober 1985 an dieser mittleren Station des Hanges gemessenen Halbstundenwerte graphisch dargestellt (als senkrechte Striche). Das peakförmige Auftreten der SO_2-Konzentrationen, ist nur auf die Ausbreitungsbedingungen zurückzuführen.

Vom 2. – 7. Oktober 1985 herrschten starke Inversionen in dem Tal. Gleichzeitig war die Fabrik für eine Revision abgeschaltet. Da in dieser Zeit überhaupt kein SO_2 in der Waldluft meßbar war, mußten die zu den anderen Zeiten gemessenen SO_2-Immissionen von der Fabrik herrühren. Ein weiteres Indiz war das kurzzeitige, spitzenförmige Auftreten der hohen Konzentrationen. Bei überörtlichen Transportvorgängen wären die Konzentrationsverläufe ausgeglichener.

Die Ergebnisse der durchgeführten Messungen sind in [35] ausführlich dargestellt. Hier soll beispielhaft der Verlauf der SO_2-Konzentrationen an einem Tag mit Inversion dargestellt werden (Bild 3.19). An der unteren Station wird im Tagesverlauf praktisch kein SO_2 gemessen, von der geringen Konzentrationserhöhung von 0 – 1 Uhr einmal abgesehen. An der Meßstelle M4 am Westhang

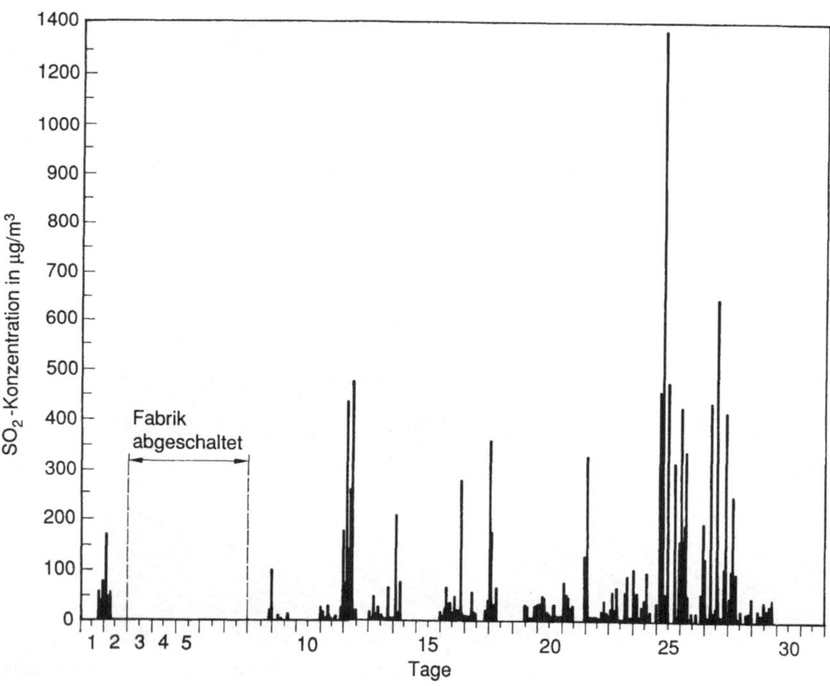

Bild 3.18. Halbstundenwerte der SO_2-Konzentrationen im Oktober 1985, Mittelstation M2, 655 m üNN

traten ebenfalls sehr selten erhöhte SO_2-Konzentrationen auf. Die höchsten Konzentrationen herrschten bis 8 Uhr an der mittleren Station M2. Diese Station befand sich gerade in der Höhe der Inversions-Sperrschicht, in der sich die Rauchfahne nach ihrer Abkühlung fast nur horizontal ausbreitete. Die Ausbreitung der Rauchfahne zu dieser Situation zeigt Bild 3.17a. Wenn die Sperrschicht anstieg – in Bild 3.19a am Temperaturverlauf ab 8 Uhr zu erkennen –, kam von 8–10 Uhr die obere Meßstation M1 in den Bereich hoher SO_2-Konzentrationen. Dieser Fall ist schematisch in Bild 3.17b wiedergegeben. Da es sich um einen Osthang handelte, wurde er vormittags von der Sonne aufgewärmt. Dies bewirkte neben der Auflösung der Inversion von unten her eine Aufwärtsströmung am Hang [36], durch welche die Verlagerung der Rauchfahne von der Mittelstation zur oberen Station noch unterstützt wurde. Über die Mittags- bis zu den Abendstunden hatte sich die Inversion am Hang so aufgelöst, daß nur noch wenig SO_2 zu messen war. In den Abendstunden, wenn sich das Tal wieder mit Kaltluft aufgefüllt hatte, stieg ab etwa 18.30 Uhr die SO_2-Konzentration an der mittleren Station wieder stark an, und der beschriebene Verlauf begann von neuem.

Mit unterschiedlicher Ausprägung der Inversion stellten sich auch unterschiedliche Verläufe der SO_2-Konzentrationen an dem Hang ein [34].

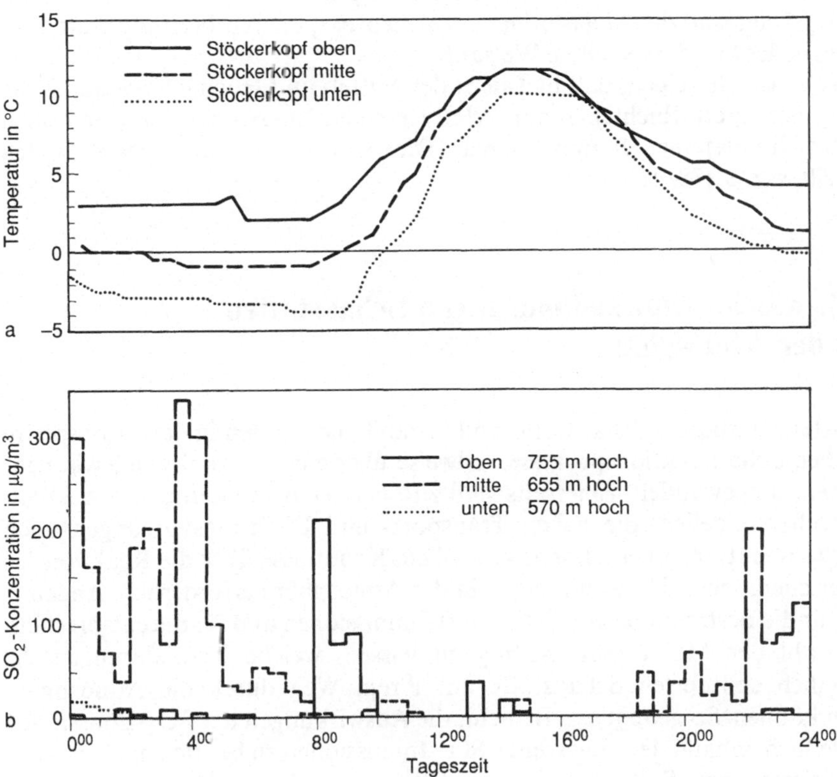

Bild 3.19. Tagesgänge der Temperaturen (**a**) und der SO_2-Konzentrationen (**b**) am 26.10.1985 in dem Schwarzwaldtal

Um noch weiter abzusichern, daß die in dem Tal und an dem Hang auftretenden SO_2-Immissionen auf die Abgase der Fabrik zurückzuführen waren, wurden an mehreren Punkten Schwebstaub- und Staubniederschlagsmessungen durchgeführt und die für Schwerölfeuerungsabgase spezifischen Staubinhaltsstoffe Nickel, Vanadium und Schwefel bestimmt [37]: Die höchsten Nickelgehalte im *Staubniederschlag* wurden an der Talmeßstelle M3 in der Nähe der Fabrik gemessen. Mit zunehmendem Abstand zur Fabrik nahm die Deposition von Nickel ab. Dieser Sachverhalt ist eindeutig: Der größte Anteil der sedimentierenden Partikel der Abgase fiel in der direkten Umgebung der Fabrik zu Boden.

Die höchsten Vanadium-, Nickel- und Schwefelkonzentrationen im *Schwebstaub* treten an der Stelle des Hanges auf, an der auch die höchsten SO_2-Konzentrationen gemessen wurden (bei M2).

Bild 3.17c zeigt anhand der fotografischen Wiedergabe einer partikelhaltigen und daher gut sichtbaren Rauchfahne sehr deutlich, daß die Ausbreitung in Tälern bei Inversionen tatsächlich in der Form abläuft, wie in Bild 3.17a und b dargestellt. Bei einer schwachen Strömung von links nach rechts (im Bild gesehen) verbleiben die Abgase ohne vertikale Aufweitung genau in der vertikalen Schicht, in die sie auf Grund ihres Auftriebes gelangt sind. Nach rechts hin ist in dieser Höhenschicht das ganze Tal mit Rauch eingedeckt. Dort, wo die Fahne an die Hänge stößt, sind die hohen Luftverunreinigungskonzentrationen anzutreffen. In vielen Fällen sind die Abgasfahnen nicht sichtbar, die Ausbreitung läuft aber trotzdem in der hier dargestellten Weise ab.

Diese Beispiele zeigen, daß in Tälern der Mittel- und Hochgebirge durch die Wirkung der Sperrschichten schon relativ geringe Emissionen zu sehr hohen Schadstoff-Immissionen führen können. Dies wurde auch an anderen Stellen festgestellt, s. z. B. [38–41].

3.2 Chemische Umwandlungen von Schadstoffen in der Atmosphäre

Die meisten emittierten Schadstoffe sind instabil und werden in der Atmosphäre durch chemische Reaktionsprozesse, teilweise über eine Vielzahl von Zwischenprodukten, umgewandelt. Einerseits sind z.B. bei der Anwendung von Ausbreitungs-Rechenmodellen, die neben Transport- und Diffusionsvorgängen auch chemische Reaktionen berücksichtigen sollen, Kenntnisse über die Reaktionskinetik der chemischen Umwandlungen in der Atmosphäre erforderlich. Andererseits ist für die Bestimmung von Schadstoff-Immissionen und für die entsprechende Auswahl der Meßtechnik wichtig zu wissen, welche Veränderungen die ursprünglich emittierten Schadstoffe auf ihrem Weg durch die Atmosphäre erfahren können. So genügt es z.B. nicht, die Auswirkungen der SO_2-Emissionen ausschließlich anhand der gemessenen SO_2-Immissionen zu beurteilen, da SO_2 zu Schwefelsäure bzw. Sulfaten umgewandelt werden kann. Diese können als Aerosole, an Stäube adsorbiert, im Niederschlag oder in Nebel auftreten und wirksam werden.

In der Atmosphäre spielen sich zahlreiche und komplizierte Reaktionen ab. In der Literatur liegen als Ergebnisse intensiver Laboruntersuchungen vielfältige Kenntnisse über Einzelreaktionen und Umwandlungsgeschwindigkeiten luftverunreinigender Stoffe vor. In der Atmosphäre selbst können jedoch Atom- und Radikalkonzentrationen entweder gar nicht oder noch nicht routinemäßig gemessen werden. Deshalb lassen sich ihre Konzentrationen oft nur mit Hilfe von Modellrechnungen ermitteln. Vorausgesetzt, die Modellrechnungen würden richtige Ergebnisse liefern, könnten hiermit wegen der Schwankungen der Strahlungsverhältnisse und der Spurengaszusammensetzung Atom- und Radikalkonzentrationen nur für „mittlere" Verhältnisse angegeben werden. Im konkreten Einzelfall, z.B. in der Abluftfahne eines Ballungsgebietes oder in einer Abgasfahne eines Schornsteins, können erhebliche Abweichungen von diesen „mittleren" Konzentrationen auftreten, s. Schurath in [42].

Hier sollen, beschränkt auf die Endprodukte, die für Immissionsmessungen von besonderer Bedeutung sind, mit einigen ausgewählten Reaktionsgleichungen mögliche Umsetzungen der emittierten Schadstoffe aufgezeigt werden. Auf Zwischenprodukte und deren Reaktionen untereinander wird dabei nicht eingegangen. Für weitergehende Informationen sei hier auf die einschlägige Fachliteratur verwiesen, z.B. [42–47].

3.2.1 Allgemeine Betrachtungen

3.2.1.1 Atmosphäre und Luftverunreinigungen

Die meisten in der Atmosphäre ablaufenden chemischen Reaktionen werden durch die Sonnenstrahlung in Gang gesetzt oder beschleunigt, wobei für die einzelnen Reaktionen unterschiedliche Wellenlängenbereiche wirksam sind. Die spektrale Verteilung der Sonnenstrahlung ist in Bild 3.20 dargestellt. In diesem Bild sind ebenfalls die Schichtung und der Temperaturverlauf in der Atmosphäre gezeigt (aus [43]).

Die Temperaturmaxima gehen dabei auf Lichtabsorptionen zurück. Die Troposphäre wird von der Erdoberfläche erwärmt. Die stratosphärische Ozonschicht verursacht durch die Absorption von UV-Licht eine starke Temperaturerhöhung im Bereich der Stratopause, während in der Thermosphäre Temperaturen von bis zu 700 °C durch die Lichtabsorption von ionisierten Atomen hervorgerufen werden.

Das Wettergeschehen spielt sich im untersten Teil der Atmosphäre, der Troposphäre, ab. Die Verteilung und die chemischen Umwandlungen bzw. Abbaureaktionen eines großen Teils der Luftverunreinigungen erfolgen in diesem Bereich. Der Wasserkreislauf aus Verdunstung, Wolkenbildung und Niederschlag ist hier der wichtigste „Reinigungsmechanismus". Partikel und wasserlösliche Gase unterstützen die Wolkenbildung und werden mit dem Niederschlag ausgewaschen. Sie verbleiben daher nur kurz in der Atmosphäre, im Mittel einige Tage bis Wochen.

Allgemein bestimmt sich die mittlere Lebensdauer eines atmosphärischen Spurenstoffs aus der Geschwindigkeit der Abbaumechanismen (Abbaurate). Die

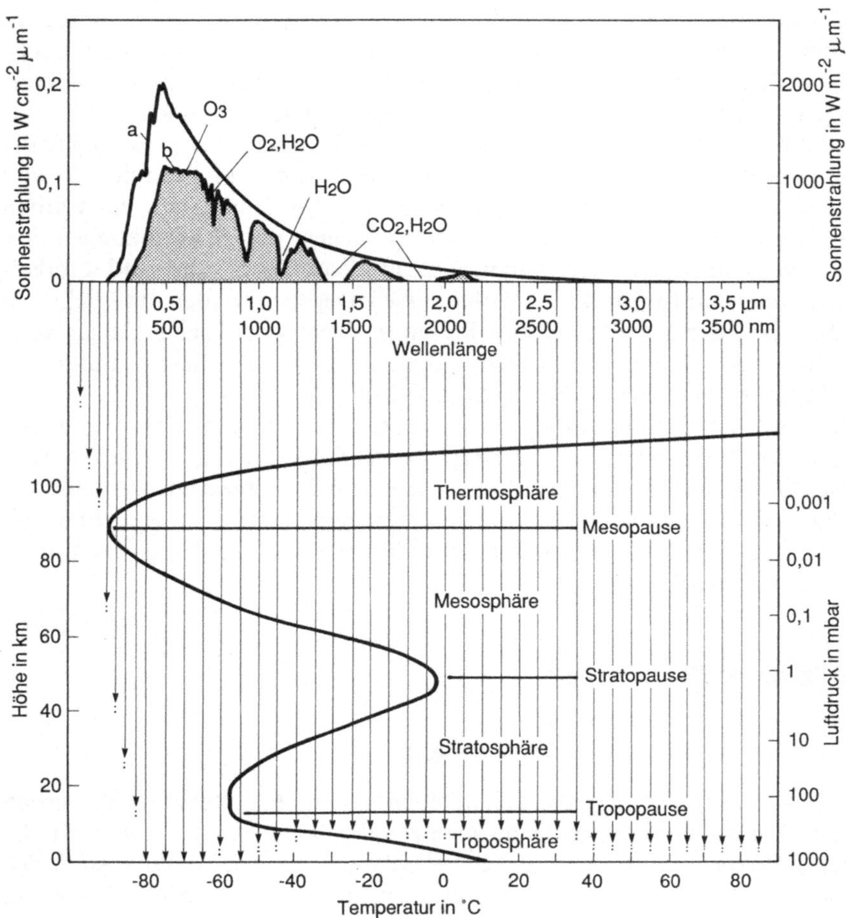

Bild 3.20. Spektrale Verteilung der Sonnenstrahlung (oberes Teilbild): *a* außerhalb der Erdatmosphäre, *b* am Erdboden. Temperaturverteilung und Stockwerkeinteilung der Atmosphäre (unteres Teilbild). Die warme Schicht mit einem Temperaturmaximum im Stratopausenniveau ist eine Folge der Strahlungsabsorption durch Ozon. Die senkrechten Pfeile deuten schematisch an, wie tief Sonnenstrahlung der betreffenden Wellenlänge in die Atmosphäre eindringt [43]

räumliche Verteilung ist an die Lebensdauer geknüpft. Stoffe mit sehr geringen Abbauraten, deren Lebensdauern viele Jahre betragen, können von den Winden gleichmäßig um den ganzen Erdball verteilt werden und auch über die Troposphäre hinausgelangen. Stoffe, deren Lebensdauern einige Monate betragen, können innerhalb einer Hemisphäre (nördliche oder südliche Erdhalbkugel) gut durchmischt sein, aber Konzentrationsunterschiede zwischen den Hemisphären aufweisen. Das Auftreten kurzlebiger Komponenten wie OH- und HO_2-Radikale, deren Lebensdauer weniger als ein Stunde beträgt, wird hauptsächlich durch lokale Aufbau- und Abbaumechanismen bestimmt. Das Schadgas SO_2 z.B. weist im Normalfall Aufenthaltszeiten in der Atmosphäre von wenigen Tagen auf. Seine

Verteilung bleibt daher hauptsächlich auf die Industrienationen beschränkt und ist in den quellfernen Gebieten über den Ozeanen und in Entwicklungsländern nur in äußerst niedrigen Konzentrationen anzutreffen. Einen Anhaltspunkt über die Lebensdauern von Spurengasen gibt Bild 3.21.

Viele Spurengase, die an die Atmosphäre abgegeben werden, befinden sich in niedrigen Oxidationsstufen (z.B. CH_4, NO, CO). Im Gegensatz dazu sind die Substanzen, die aus der Atmosphäre durch Ausregnen zur Erdoberfläche zurückkehren, vollständig oxidiert (z.B. HNO_3, CO_2, H_2SO_4).

Eine Übersicht über das luftchemische Verhalten der vom Menschen verursachten (anthropogenen) Schadgase SO_2, NO_x und Kohlenwasserstoffe gibt Tabelle 3.1. Man erkennt, daß Stickstoffoxide wesentlich aktiver an luftchemischen Reaktionen beteiligt sind als z.B. SO_2. Bei den Kohlenwasserstoffen gibt es sowohl aktive als auch inaktive Komponenten.

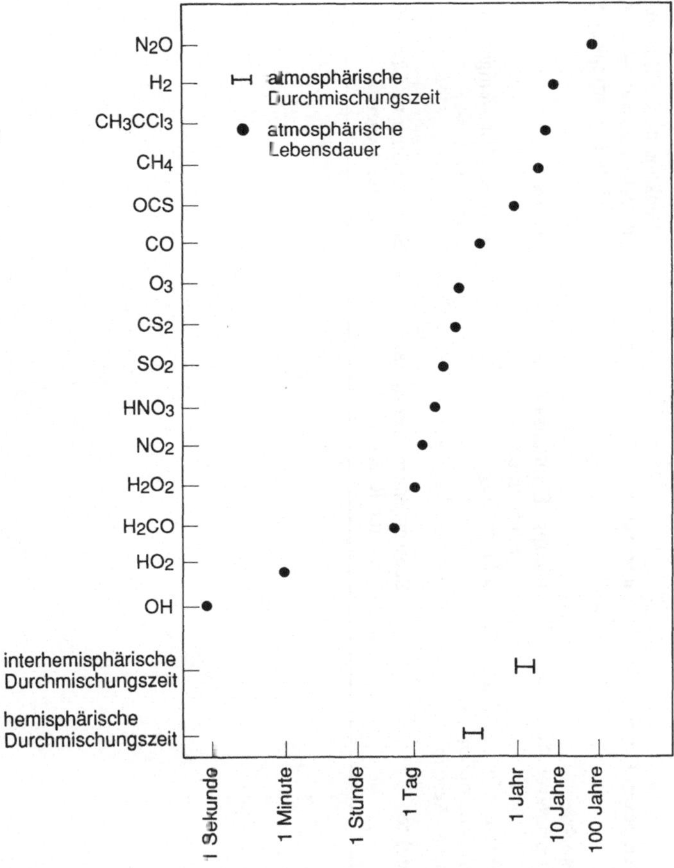

Bild 3.21. Atmosphärische Lebensdauern von Spurengasen – von einer Sekunde bis zu einem Jahrhundert [43]

Tabelle 3.1. Luftchemisches Verhalten von SO_2, NO_x und Kohlenwasserstoffen (nach Schurath in [42])

	SO_2	NO, NO_2	Kohlenwasserstoffe (KW) u. a.
Gasphase			
photochemisches Verhalten	inaktiv (Lichtabsorption ohne chemische Folgen)	NO_2 sehr aktiv (anthropogene Ozonbildung)	KW inaktiv; Aldehyde u. a. aktiv (photochem. HO_2-Quelle)
radikalchemisches Verhalten	passiv (schwacher OH-Radikalfänger)	sehr aktiv (z. B. Umwandlung $HO_2 \rightarrow OH$ durch NO; Radikalpuffer, Radikalquelle, Radikalsenke je nach Situation)	sehr aktiv (Peroxiradikal-Quelle; bewirken Kettenverzweigungen durch Reaktion mit OH, weniger mit O-Atomen)
Verhalten gegen Ozon	unreaktiv	NO sehr reaktiv; NO_2 mäßig reaktiv (Nachtreaktion)	nur ungesättigte Kohlenwasserstoffe mäßig reaktiv
Phasenwechsel			
Bildung primärer Aerosole	wichtig, Kondensationskeimbildung	inaktiv	unbedeutend
Aufnahme u. Umwandlung in Wolkentropfen, in feuchtem Aerosol	sehr wichtig	wichtig, aber weniger gut erforscht	unbedeutend (KW kaum löslich, Oxidationsprodukte besser löslich)
Endprodukte	Schwefelsäure und Sulfate, saurer Regen	Salpetersäure und Nitrate, saurer Regen	CO_2, CO, organ. Oxiverbindungen im Regen, im Aerosol

3.2.1.2 Berechnung von Reaktionsraten

Um den Abbau von Luftverunreinigungen in der Atmosphäre zu untersuchen, werden Reaktionsraten bestimmt. Allgemein ist die Reaktionsgeschwindigkeit als zeitliche Änderung der Konzentration des jeweiligen Reaktionsteilnehmers definiert; durch den entsprechenden stöchiometrischen Faktor wird jeweils dividiert [44]:

$$aA + bB \rightarrow cC + dD \tag{3.1}$$

$$v = -\frac{1}{a}\frac{dc(A)}{dt} = -\frac{1}{b}\frac{dc(B)}{dt} = \frac{1}{c}\frac{dc(C)}{dt} = \frac{1}{d}\frac{dc(D)}{dt}\,. \tag{3.2}$$

Eine negative Reaktionsgeschwindigkeit bedeutet abnehmende Konzentration, eine positive zunehmende.

Die allgemeine Formulierung des Zeitgesetzes für eine Reaktion zwischen zwei Substanzen lautet:

$$v = kc(A)^{m} c(B)^{n}, \tag{3.3}$$

wobei v Reaktionsgeschwindigkeit; A – D Reaktionsteilnehmer; $c(A) - c(D)$ Konzentrationen der Reaktionsteilnehmer; $a - d$ stöchiometrische Faktoren der Reaktionsteilnehmer; k Geschwindigkeitskonstante (temperaturabhängig) m und n Exponenten: meist ganze Zahlen, manchmal auch gebrochene; Übereinstimmungen der Exponenten mit den stöchiometrischen Faktoren sind rein zufällig; $m+n$ gibt die Reaktionsordnung an.

Will man bei einer Reaktion die Konzentration nach einer Zeit t wissen, muß die Reaktionsgeschwindigkeit integriert werden. Sucht man z.B. bei einer Reaktion erster Ordnung ($m=1, c(B)=\text{const}$) die Konzentration des Reaktionspartners A mit der Anfangskonzentration $c(A)_0$ (zur Zeit $t=0$) nach der Zeit t, dann gilt – s. z.B. auch [44] – :

$$\ln\frac{c(A)}{c(A)_0} = -kac(B)t \tag{3.4}$$

oder anders geschrieben:

$$c(A) = c(A_0)e^{-kac(B)t}. \tag{3.5}$$

$$c(B) = \text{const.}$$

Die Konzentration nimmt also exponentiell mit der Zeit ab.

3.2.2 Oxidation von SO_2

SO_2 wird, bevor es von der Vegetation oder vom Boden aufgenommen wird, teilweise zu Schwefelsäure bzw. zu Sulfat oxidiert. Hierfür kommen in der Atmosphäre sowohl Gasphasenreaktionen (homogene) als auch Flüssigphasenreaktionen oder solche an festen Partikeln (heterogene Reaktionen) in Frage [42, 45, 46]. Entstandenes partikelförmiges Sulfat besitzt nach den bisherigen

Erfahrungen eine längere Verweilzeit in der Atmosphäre als SO_2. Für SO_2 wird eine mittlere Verweilzeit von einem Tag angegeben, für Sulfat 3–5 Tage [46].

3.2.2.1 SO_2-Oxidation in der Gasphase

Die homogene Gasphasenoxidation des SO_2 kann, vereinfachend dargestellt, nach folgenden zwei Mechanismen ablaufen [46]:
- direkte Photooxidation,
- Oxidation durch photochemisch gebildete Komponenten (z.B. Radikale).

Die direkte Photooxidation ist allerdings für die Konversion von SO_2 in der Atmosphäre unbedeutend [42, 46].

Unter den Reaktionen mit photochemisch gebildeten Radikalen nehmen die folgenden drei Reaktionen mit OH- bzw. RO_2-Radikalen die Hauptrollen bei der Gasphasenreaktion des SO_2 ein [42]:

$$SO_2 + OH + M \rightarrow HOSO_2 + M \tag{3.6}$$

$$SO_2 + HO_2 \rightarrow OH + SO_3 \tag{3.7}$$

$$SO_2 + RO_2 \rightarrow RO + SO_3 , \tag{3.8}$$

R organischer Rest, z.B. Alkylgruppen, M freier, nicht reaktiver Dreierstoßpartner, z.B. N_2. Der Stoßpartner übernimmt einen Teil der bei der Reaktion freiwerdenden Energie, die sonst zum Zerfall des Produktes führen würde.

Die wichtigste Reaktion hierbei und damit die wichtigste Gasphasenreaktion des SO_2 überhaupt ist diejenige mit OH-Radikalen, Reaktion (3.6). Die Umsatzgeschwindigkeit des SO_2 nach dieser Reaktion wird in der Literatur mit im Mittel 0,4 bis maximal 4,0 %/h angegeben [42]. Danach ergibt sich für europäische Breiten im Sommer eine Lebensdauer des SO_2 von 3–5 Tagen. Im Winter geht die photochemische Aktivität stark zurück, womit in dieser Zeit auch der Beitrag der homogenen Gasphasenoxidation zur Umwandlung des SO_2 geringer wird [46]. Das aus der Reaktion (3.6) hervorgehende $HOSO_2$-Radikal führt offensichtlich rasch zu einem Aerosol, das vorwiegend aus Schwefelsäure besteht, s. Beilke in [46]. Diese Schwefelsäure wird entweder an Partikel angelagert oder in Wassertröpfchen gelöst und schließlich mit dem Regen ausgewaschen.

3.2.2.2 SO_2-Umwandlung in flüssiger Phase und an festen Teilchen

Besondere Bedeutung für die Oxidation des SO_2 haben Umsetzungen in Flüssigkeitströpfchen wie Wolken-, Regen-, Nebeltröpfchen, Schnee und Tau sowie Umwandlungen an festen Teilchen. Da hier mehrere Phasen beteiligt sind (wenigstens zwei), spricht man von heterogenen Reaktionen.

Für die Umwandlung in Flüssigkeitströpfchen sind zwei Vorgänge von Bedeutung:
1. die physikalische Lösung des SO_2 in Wassertröpfchen,
2. die chemische Umwandlung in den Wassertröpfchen.

SO_2-Lösung in Wassertröpfchen

SO_2 löst sich in Wassertröpfchen als Hydrat und liegt im Gleichgewicht zwischen Gas- und Flüssigphase vor:

$$(SO_2)_{gas} + (H_2O)_{flüssig} \rightleftarrows (SO_2 \cdot H_2O). \tag{3.9}$$

Der gelöste SO_2-Anteil im Wasser ist einerseits vom Partialdruck bzw. der Konzentration des SO_2 in der Luft und andererseits von der Löslichkeit des SO_2 in Wasser abhängig (Henry-Koeffizienten, s. [48] und [49, S. 662]). Die Löslichkeit ist temperaturabhängig.

Je nach pH-Wert des Wassers dissoziiert das SO_2-Hydrat im Sauren zu Hydrogensulfit (HSO_3^-) bzw. im Alkalischen (bei hohen pH-Werten) zu Sulfit (SO_3^{2-}), wobei Protonen (H^+) frei werden, die im Wasser als Hydroniumionen (H_3O^+) vorliegen:

$$SO_2 \cdot H_2O + H_2O \rightleftarrows H_3O^+ + HSO_3^- \quad \text{im leicht sauren Bereich} \tag{3.10}$$

$$SO_2 \cdot H_2O + 2H_2O \rightleftarrows 2H_3O^+ + SO_3^{2-} \quad \text{im alkalischen Bereich.} \tag{3.11}$$

Die Abhängigkeit der Dissoziation und damit der Löslichkeit vom pH-Wert ist in Bild 3.22 dargestellt.

Für kleine Tropfen und pH-Werte unter 6 ist das Gleichgewicht zwischen SO_2 in der Gasphase und Hydrogensulfit bzw. Hydrat in der Flüssigphase sehr schnell erreicht. Es verschiebt sich mit abnehmenden pH-Werten hin zur Gasphase. Der geschwindigkeitsbestimmende Faktor bei der SO_2-Oxidation in Wolken-, Nebel- und Tauwasser sind die Oxidationsschritte und nicht die SO_2-Aufnahme in den Tropfen oder die Transportvorgänge im Tropfen [50]. Der Weg der SO_2-Aufnahme bis zur Oxidation und Neutralisation zu Sulfat-Partikeln ist in Bild 3.23 schematisch dargestellt.

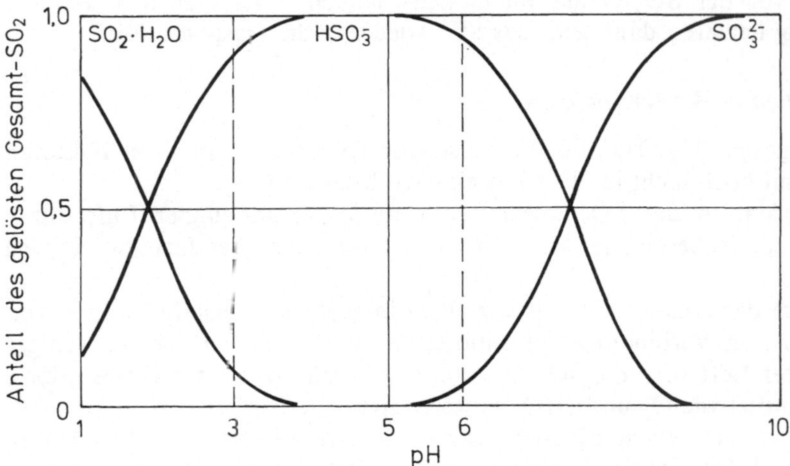

Bild 3.22. Menge der gelösten SO_2-Spezies in Abhängigkeit vom pH-Wert bei 25 °C (nach Barrie in [46])

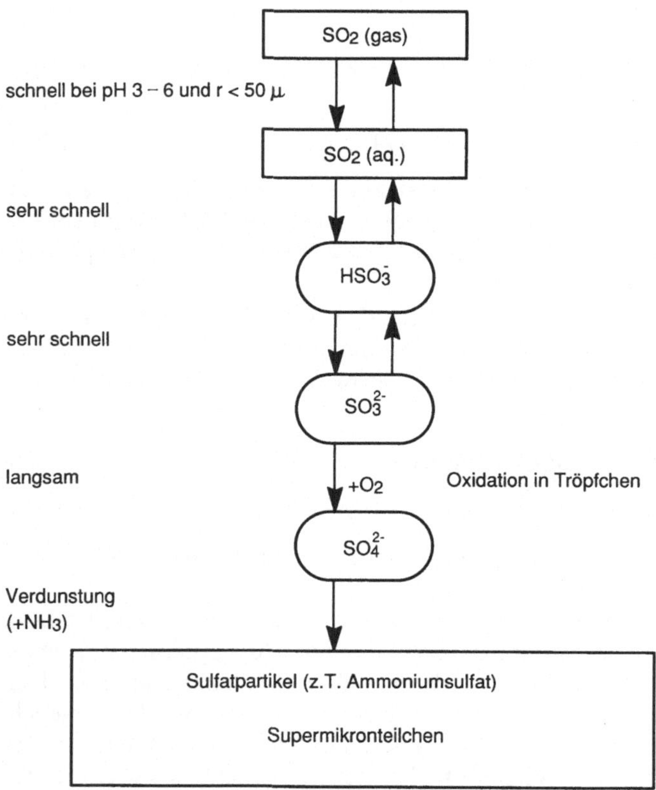

Bild 3.23. Schematische Darstellung der SO_2-Aufnahme und Sulfatbildung in Wassertropfen (nach Beilke in [46])

Erfolgt vor der SO_2-Oxidation in den Wolken- oder Nebeltropfen eine Verdunstung letzterer, dann geht das SO_2 wieder in die Gasphase über.

SO_2-*Oxidation in Wassertröpfchen*

Die Vorgänge der SO_2-Oxidation in Wassertropfen sind von sehr vielen Faktoren abhängig und noch nicht in allen Einzelheiten bekannt [46].

Eine Oxidation des SO_2 durch O_2 kann in verunreinigter Luft durch Katalysatoren, insbesondere Mangan- und Eisenionen, beschleunigt werden [50].

Diese Art der Oxidation spielt vor allem in großen Abgasfahnen (z.B. von Kraftwerken) in Verbindung mit emittierten Stäuben eine Rolle. In weniger verunreinigter Luft wird die SO_2-Oxidation durch in Wassertröpfchen gelöste Oxidationsmittel wie O_3 und H_2O_2 beschleunigt.

In Wolken mit einem Flüssigwassergehalt von 0,1 g/m^3 und pH-Werten zwischen 4 und 5 sowie Ozonkonzentrationen zwischen 20 und 100 µg/m^3 erfolgt beispielsweise die SO_2-Oxidation zwischen 0,02 und 2,8 %/h; mit dem gut wasserlöslichen H_2O_2 wurden im Labor sogar SO_2-Oxidationsraten zwischen 2,3 und 9,9 %/min festgestellt. Die Oxidation mit O_2 erfolgt demgegenüber wesentlich langsamer [46].

Die bisherigen Erkenntnisse ergaben, daß im Sommer bei höheren Temperaturen und stärkerer Sonnenstrahlung bessere Oxidationsbedingungen gegeben sind als im Winter. Aufgrund der geringeren Umwandlungsraten bei tiefen Temperaturen sind im Winter in Verbindung mit besonderen meteorologischen Gegebenheiten deshalb eher SO_2-Transporte über größere Entfernungen möglich.

SO_2 *und saurer Regen*

Ist entsprechend den oben dargestellten Ausführungen in Regentropfen Schwefelsäure entstanden und sind nur wenig Neutralisationsmittel wie z.B. NH_3 oder Kalkpartikel vorhanden, dann säuert sich aufgrund der starken Dissoziation der Schwefelsäure das Regenwasser an:

$$H_2SO_4 + 2H_2O \rightarrow 2H_3O^+ + SO_4^{2-} . \tag{3.12}$$

Die Schwefelsäure liegt im Regenwasser in stark verdünnter Form vor und ist deshalb praktisch zu 100 % dissoziiert, d.h. die Dissoziationskonstante $K_{H_2SO_4}$ nimmt sehr hohe Werte an:

$$K_{H_2SO_4} = \frac{c(H_3O^+)^2 \cdot c(SO_4^{2-})}{c(H_2SO_4)} , \tag{3.13}$$

$c(H_2SO_4)$ geht gegen 0,

$c(H_3O^+)$, $c(SO_4^{2-})$, $c(H_2SO_4)$ Konzentrationen im Wasser.

Man nimmt heute an, daß etwa 2/3 des sauren Regens durch die Ansäuerung mit Schwefelsäure, die aus SO_2 entstanden ist, verursacht werden und 1/3 durch Salpetersäure, die aus Stickstoffoxiden stammt.

SO_2-*Oxidation an festen Teilchen*

Die Reaktion des SO_2 mit O_2 an Aerosolpartikeln hängt von folgenden Faktoren ab:

- SO_2-Konzentration in der Gasphase,
- katalytische Eigenschaften der Partikel,
- spezifische Oberfläche,
- Acidität,
- relative Feuchte.

Bedeutung kommt der SO_2-*Oxidation* an festen Teilchen *in Rauchfahnen* zu. In Smogkammern (im Labor) und in Abgasfahnen von Kraftwerken wurden die SO_2-Umsetzungen studiert [45, 46]. Hierbei fand man, daß die Umwandlungsgeschwindigkeit proportional zur SO_2-Konzentration ist, d.h. in der Anfangsphase treten hohe Umsatzraten auf, die dann schnell abklingen. Die Kapazität des Aerosols zur heterogenen SO_2-Umwandlung ist offensichtlich begrenzt, wahrscheinlich durch die Belegung der Aerosoloberfläche. Ganz allgemein kann festgestellt werden, daß die mittlere Geschwindigkeit der SO_2-Umwandlung in

Rauchfahnen relativ niedrig ist, wobei homogene Gasphasen-Reaktionen gegenüber den heterogenen Reaktionen an Partikeln sogar noch überwiegen dürften [46]. Die Oxidation an festen Teilchen in Schwerölfeuerungsabgasen wurde bisher offensichtlich nicht untersucht. Es ist möglich, daß hier höhere Umsatzraten auftreten, da katalytisch besonders wirksame Teilchen wie Vanadiumpentoxid (V_2O_5) und Rußpartikel emittiert werden. Untersuchungen von Novakov [46] zeigten nämlich, daß in stark belasteten Gebieten mit hohem Rußanteil im Umgebungsaerosol große Mengen SO_2 zu Sulfat konvertiert werden können.

3.2.3 Reaktionen von Stickstoffoxiden in der Atmosphäre

Die Oxide des Stickstoffs (NO, NO_2, NO_3) können luftchemisch sehr vielfältig wirksam werden, z.B. reaktionsbeschleunigend oder reaktionshemmend, da sie ein ungepaartes Elektron besitzen, das ihnen Radikalcharakter verleiht. Die größte Bedeutung besitzen NO, das bei Verbrennungsprozessen vorwiegend freigesetzt wird, und NO_2, das in der Luft aus NO entsteht. Die Reaktionen der Stickstoffoxide in der Atmosphäre zeigt vereinfacht Bild 3.24. Im folgenden werden aus der Vielzahl der möglichen Reaktionen die wichtigsten dargestellt.

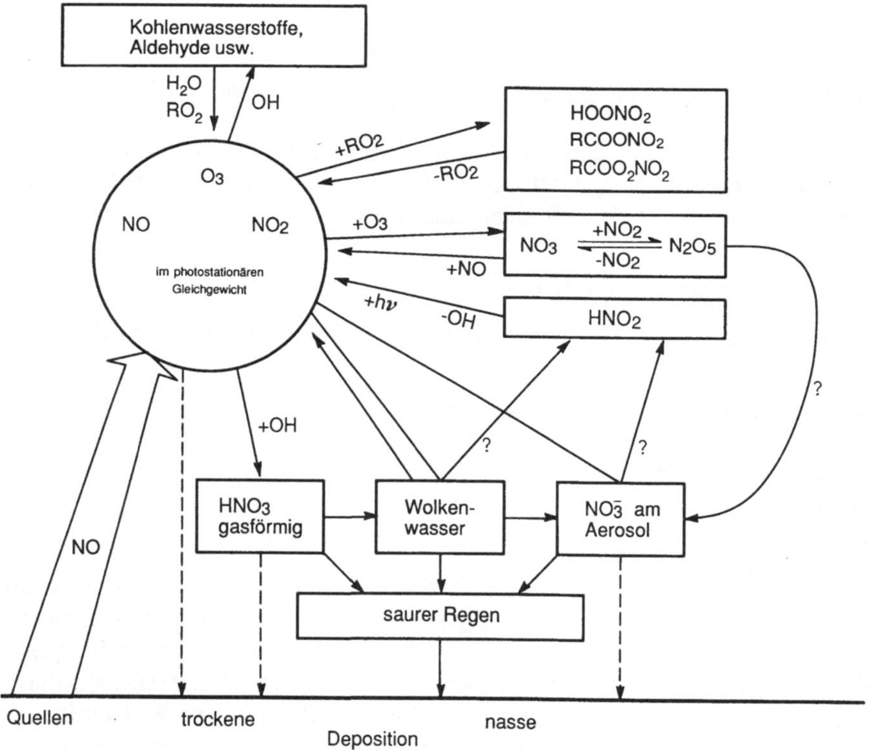

Bild 3.24. Reaktionen der Stickstoffoxide in der Atmosphäre, schematisch (nach Schurath in [42])

3.2.3.1 NO-Oxidation und Ozonentstehung

Das emittierte NO wird in der Atmosphäre u.a. nach den folgenden zwei Reaktionen zu NO_2 oxidiert, s. Schurath in [42] und [51]:

$$2NO + O_2 \xrightarrow{k_1} 2NO_2 \tag{3.14}$$

$$NO + O_3 \xrightarrow{k_2} NO_2 + O_2\,, \tag{3.15}$$

k Geschwindigkeitskonstanten.

Bei der NO-Oxidation mit Luftsauerstoff (3.14) handelt es sich um eine trimolekulare Reaktion (dritter Ordnung), d.h. die NO-Konzentration geht quadratisch in die Reaktionsgeschwindigkeit ein. Die Reaktion verläuft daher bei niedrigen NO-Konzentrationen in der Atmosphäre sehr langsam.

Der wichtigste Umwandlungsprozeß für NO in der Atmosphäre ist die Oxidation durch Ozon (3.15). Die Reaktion läuft relativ schnell ab. Ohne Lichteinwirkung, z.B. nachts, wird durch diese Reaktion der im Unterschuß vorhandene Reaktionspartner in kurzer Zeit vollständig verbraucht, s. Schurath in [42]. So findet man in quellfernen Gebieten, z.B. in Waldgebieten des Schwarzwaldes, fast kein NO, dafür aber viel Ozon. In Quellnähe, z.B. am Rand von Autobahnen, wird bei ständiger NO-Nachlieferung (aus den Autoabgasen) dagegen fast alles Ozon verbraucht. Die Gegenüberstellung der gemessenen Tagesgänge der Komponenten NO, NO_2 und O_3 an einer Wald- und an einer Autobahnmeßstation veranschaulicht dies, s. Bild 3.25.

Es treten noch zahlreiche andere Reaktionen mit dem NO auf, auf die hier aber der Anschaulichkeit halber nicht eingegangen werden soll, s. z.B. [3, 42, 43, 49].

Bei Sonnenlicht wird NO_2 durch Photolyse zerlegt, wobei wieder NO, O und schließlich O_3 entstehen [42, 51]:

$$NO_2 + h\nu\ (290-430\,\text{nm}) \xrightarrow{k_3} NO + O\,, \tag{3.16}$$

k_3 ist abhängig von der Strahlungsintensität $h \cdot \nu$, z.B. $k_3 = 0{,}5\,\text{min}^{-1}$ (Sommer, Mittagssonne),

$$O + O_2 + M \rightarrow O_3 + M^1 \quad \text{(schnelle Folgereaktion, nicht geschwindigkeitsbestimmend)} \tag{3.17}$$

Da die Sauerstoffkonzentration $c(O_2)$ praktisch konstant ist und die schnelle Folgereaktion (3.17) nicht geschwindigkeitsbestimmend ist, bleibt $c(O_2)$ in k_3 unberücksichtigt.

Abbau und Erzeugung von O_3 und NO konkurrieren mit den Geschwindigkeitskonstanten k_2 und k_3 miteinander, wobei k_3 von der Lichtintensität abhängt. Zwischen O_3, NO_2 und NO entsteht das sog. *photostationäre Gleichgewicht*, das durch die folgenden Gleichungen beschrieben wird:

1 M = freier, nicht reaktiver Dreierstoßpartner, z. B. N_2, der einen Teil der bei der Reaktion freiwerdenden Energie übernimmt

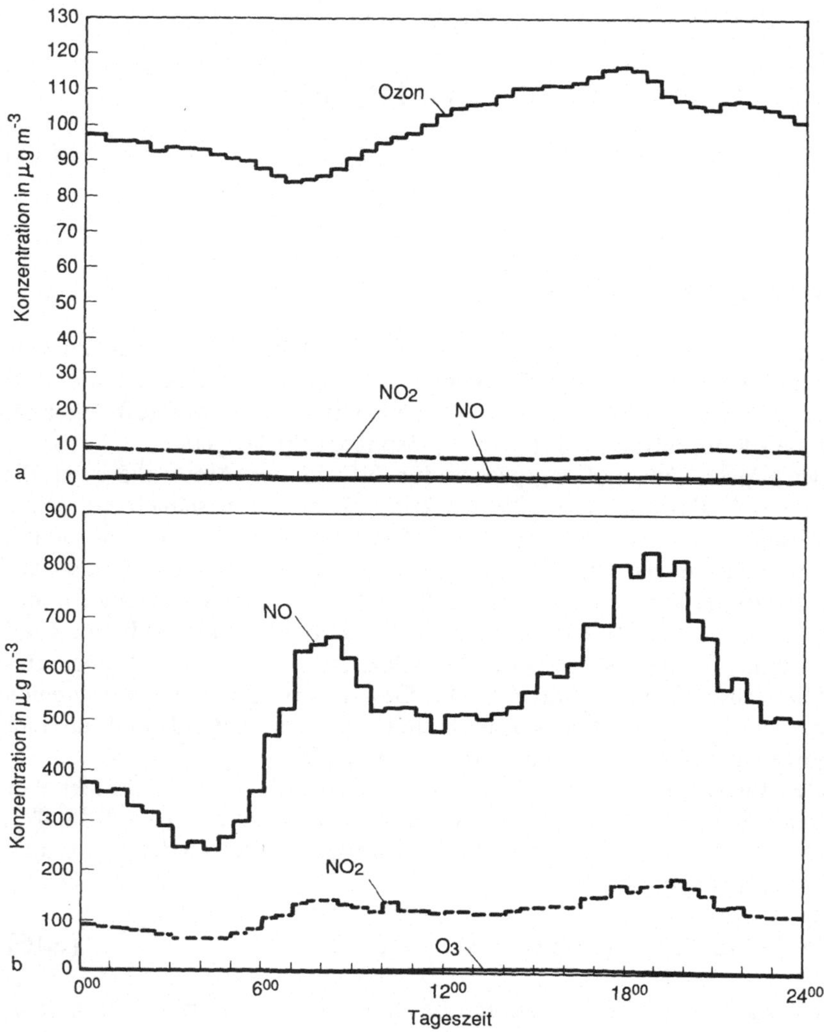

Bild 3.25. Gegenüberstellung der gemessenen mittleren Tagesgänge von NO, NO_2 und O_3. **a** In einem Waldgebiet bei Freudenstadt an sonnigen Sommertagen 1987; **b** am Fahrbahnrand der Autobahn A8 bei Wendlingen im Oktober 1985 (aus [52])

$$NO_2 + O_2 \underset{k_2}{\overset{k_3(h\nu)}{\rightleftarrows}} NO + O_3 \tag{3.18}$$

$$c(O_3) = \frac{c(NO_2)}{c(NO)} \cdot \frac{k_3(h\nu)}{k_2} . \tag{3.19}$$

Die Ozonkonzentration hängt also vom NO_2/NO-Konzentrationsverhältnis und von der wirksamen Lichtintensität (über k_3) ab. Wenn ständig NO nachgeliefert wird, z.B. an verkehrsreichen Straßen oder in Städten allgemein, dann bleibt das

NO_2/NO-Konzentrationsverhältnis klein, d.h. es entsteht auch bei starker Sonnenstrahlung wenig Ozon, sofern nicht andere Spurengase eine Oxidation des NO bewirken und auf diese Weise das NO_2/NO-Verhältnis größer wird. Hierauf wird im nächsten Abschnitt eingegangen.

Mit den in Abschn. 3.2.1.2 dargestellten Berechnungsgrundlagen sollen hier beispielhaft für (3.14) – (3.18) Reaktionsraten berechnet werden.

Beispiel 1: NO-*Oxidation mit Luftsauerstoff, Reaktion* (3.14)

$$v = -\frac{1}{2}\frac{dc(NO)}{dt} = -\frac{dc(O_2)}{dt} = \frac{1}{2}\frac{dc(NO_2)}{dt}, \tag{3.20}$$

(Reaktion dritter Ordnung; bezüglich NO zweiter Ordnung: $m=2$, $n=1$),

$$\frac{dc(NO)}{dt} = 2k_1 c(NO)^2 \cdot c(O_2), \tag{3.21}$$

Annahme:

- NO-Konzentration: $c(NO) = 100\,\text{ppb} = 0{,}1\,\text{ppm}$,
- O_2-Konzentration der Luft: $c(O_2) = 0{,}21 \cdot 10^6\,\text{ppm}$,
- Geschwindigkeitskonstante: $k_1 = 7{,}5 \cdot 10^{-10}\,\text{ppm}^{-2}\,\text{min}^{-1}$ [51],

$$\frac{dc(NO)}{dt} = -2 \cdot 7{,}5 \cdot 10^{-10}\,\text{ppm}^{-2} \cdot 0{,}1^2\,\text{ppm}^2 \cdot 0{,}21 \cdot 10^6\,\text{ppm}$$

$$\frac{dc(NO)}{dt} = -3{,}15 \cdot 10^{-6}\,\text{ppm}\,\text{min}^{-1}.$$

Bei einer NO-Konzentration in der Luft von 100 ppb werden mit dem Luftsauerstoff $3{,}15 \cdot 10^{-6}$ ppm pro Minute oxidiert zu NO_2, das sind 0,00315 % pro Minute bzw. 0,2 % pro Stunde (Reaktionsgeschwindigkeit dividiert durch die Konzentration). Die Reaktion verläuft also äußerst langsam. Mit abnehmender Konzentration nimmt die Reaktionsgeschwindigkeit exponentiell noch weiter ab.

Beispiel 2: NO-*Oxidation mit Ozon, Reaktion* (3.15)

$$\frac{dc(NO)}{dt} = -k_2 \cdot c(NO) \cdot c(O_3), \tag{3.22}$$

(bimolekulare Reaktion zweiter Ordnung),

Annahmen:

- NO-Konzentration: $c(NO) = 100\,\text{ppb} = 0{,}1\,\text{ppm}$,
- O_3-Konzentration: $c(O_3) = 30\,\text{ppb} = 0{,}03\,\text{ppm}$,
- Geschwindigkeitskonstante: $k_2 = 25\,\text{ppm}^{-1}\,\text{min}^{-1}$ nach Schurath in [42, 51], aber etwas unterschiedliche Werte in der Literatur),

$$\frac{dc(NO)}{dt} = -25\,\text{ppm}^{-1}\,\text{min}^{-1} \cdot 0{,}1\,\text{ppm} \cdot 0{,}03\,\text{ppm},$$

$$\frac{dc(NO)}{dt} = -0{,}075\,\text{ppm}\,\text{min}^{-1} = -75\,\text{ppb}\,\text{min}^{-1}.$$

Gesetzt den Fall, es würde immer NO nachgeliefert (z.B. an einer verkehrsreichen Straße), die NO-Konzentration bliebe dabei konstant (z.B. bei 100 ppb) und die O_3-Konzentration bliebe ebenfalls konstant (z.B. durch ständige turbulente Einmischung von weiterem Ozon aus der umgebenden Luft), dann werden 75 ppb NO pro Minute mit Ozon zu NO_2 oxidiert. Das entspricht einer Oxidationsrate von 75 % pro Minute.

Die NO-Oxidation mit Ozon ist in dem Konzentrationsbereich um 100 ppb NO und bei 30 ppb O_3 demnach etwa $2{,}4 \cdot 10^4$ mal schneller als die Oxidation mit Luftsauerstoff. Letztere Reaktion ist also für die NO-Oxidation in der Umgebungsluft unbedeutend, da natürlicherweise immer etwas Ozon vorhanden ist. Die NO-Oxidation mit Luftsauerstoff hat nur bei hohen NO-Konzentrationen, z.B. in Abgasfahnen [50], eine Bedeutung.

In diesem Beispiel, bei dem eine konstante O_3-Konzentration von 30 ppb angenommen ist, berechnet sich, wenn kein NO nachgeliefert wird, die Halbwertszeit des NO (also die Abnahme auf 50 ppb) nach Gl. (3.4) und Gl. (3.15) zu:

$$\ln c(\mathrm{A}) - \ln c(\mathrm{A}_0) = -k \cdot c(\mathrm{B}) \cdot t$$

$$t = 55\,\mathrm{s}\,,$$

wobei $c(\mathrm{A})$ die NO-Endkonzentration = 50 ppb, $c(\mathrm{A}_0)$ die NO-Anfangskonzentration = 100 ppb, $c(\mathrm{B})$ die O_3-Konzentration = 30 ppb und $k = k_2 = 25\,\mathrm{ppm}^{-1}\,\mathrm{min}^{-1}$ ist.

Beispiel 3: Photolytische NO_2*-Zerlegung und* O_3*-Entstehung, Reaktion* (3.16)

$$-\frac{\mathrm{d}c(\mathrm{NO_2})}{\mathrm{d}t} = \frac{\mathrm{d}c(\mathrm{NO})}{\mathrm{d}t} = \frac{\mathrm{d}c(\mathrm{O})}{\mathrm{d}t}\,. \tag{3.23}$$

Da die Folgereaktion (3.17) so schnell abläuft, daß sie nicht geschwindigkeitsbestimmend ist, kann

$$\frac{\mathrm{d}c(\mathrm{O})}{\mathrm{d}t} = \frac{\mathrm{d}c(\mathrm{O_3})}{\mathrm{d}t}$$

gesetzt werden:

$$-\frac{\mathrm{d}c(\mathrm{NO_2})}{\mathrm{d}t} = \frac{\mathrm{d}c(\mathrm{O_3})}{\mathrm{d}t} = k_3 \cdot c(\mathrm{NO_2})\,,$$

Annahmen:

- NO_2-Konzentration: $c(\mathrm{NO_2}) = 20\,\mathrm{ppb} = 0{,}02\,\mathrm{ppm}$,
- Geschwindigkeitskonstante: $k_3 = 0{,}5\,\mathrm{min}^{-1}$ für Sommer und Mittagssonne,

$$\frac{\mathrm{d}c(\mathrm{NO_2})}{\mathrm{d}t} = -0{,}5\,\mathrm{min}^{-1} \cdot 20\,\mathrm{ppb}\,,$$

$$\frac{\mathrm{d}c(\mathrm{NO_2})}{\mathrm{d}t} = -10\,\mathrm{ppb\,min}^{-1}\,.$$

Es werden also 10 ppb min^{-1} NO_2 photolytisch abgebaut, wobei 10 ppb min^{-1} O_3 entstehen. Dem wirkt allerdings Reaktion (3.15) entgegen, s. photostationäres Gleichgewicht, Reaktion (3.18). Dies wird im Beispiel 4 gezeigt:

Beispiel 4: Ozon im photostationären Gleichgewicht, Reaktion (3.18)

$$\frac{dc(O_3)}{dt} = k_3 \cdot c(NO_2) - k_2 \cdot c(NO) \cdot c(O_3), \tag{3.24}$$

Annahmen:
$c(NO_2)$ und k_3 wie in Beispiel 3,
$c(NO) = 5\,\text{ppb} = 0{,}005\,\text{ppm}$,
$c(O_3)$ und k_2 wie in Beispiel 2,

$$\frac{dc(O_3)}{dt} = 0{,}5\,\text{min}^{-1} \cdot 0{,}02\,\text{ppm} - 25\,\text{ppm}^{-1}\,\text{min}^{-1} \cdot 0{,}005\,\text{ppm} \cdot 0{,}03\,\text{ppm}$$

$$\frac{dc(O_3)}{dt} = 0{,}00625\,\text{ppm min}^{-1} = 6\,\text{ppb min}^{-1}.$$

Bezogen auf die Ausgangs-O_3-Konzentration entstehen 20 % min^{-1} Ozon.

Bei gegebenen Verhältnissen (NO_2/NO-Verhältnis = 4) würde bei sommerlicher Mittagssonne die Ozonbildung gegenüber dem Ozonabbau überwiegen. Bei konstanten Bedingungen (was kurzzeitig der Fall sein kann), würde sich mit den o.a. Werten (NO_2/NO-Verhältnis = 4) im photostationären Gleichgewicht folgende O_3-Konzentration einstellen, (3.19):

$$c(O_3) = \frac{0{,}02\,\text{ppm}}{0{,}005\,\text{ppm}}\;\frac{0{,}5\,\text{min}^{-1}}{25\,\text{ppm}^{-1}\,\text{min}^{-1}},$$

$$c(O_3) = 0{,}08\,\text{ppm} = 80\,\text{ppb}.$$

3.2.3.2 Mitwirkung von Kohlenwasserstoffen bei der NO-Oxidation

Durch Reaktionen von Kohlenwasserstoffen anthropogenen oder natürlichen Ursprungs mit Hydroxyl (OH)-Radikalen können Peroxiradikale gebildet werden, die unter Rückbildung von OH-Radikalen bevorzugt eine Oxidation des NO zu NO_2 bewirken.

In der reinen Troposphäre reagieren OH-Radikale hauptsächlich mit CO und mit CH_4 [42], in der verschmutzten auch mit anderen Kohlenwasserstoffen:

$$OH + CO \rightarrow CO_2 + H \tag{3.25}$$

$$OH + CH_4 \rightarrow H_2O + CH_3. \tag{3.26}$$

Die H-Atome und die Kohlenwasserstoffradikale (CH_3 oder allgemein RCH_3) lagern sich an Sauerstoffmoleküle an und bilden Peroxiradikale HO_2 bzw. RO_2 (R = Alkylgruppen), z.B.:

$$H + O_2 \rightarrow HO_2 \tag{3.27}$$

$$CH_3 + O_2 \rightarrow CH_3O_2. \tag{3.28}$$

Die Peroxiradikale reagieren mit NO, wobei NO_2 gebildet und OH-Radikale zurückgebildet werden:

$$NO + HO_2 \rightarrow NO_2 + OH \quad (3.29)$$

$$NO + CH_3O_2 \rightarrow NO_2 + CH_3O \quad (3.30)$$

oder allgemein

$$NO + RO_2 \rightarrow NO_2 + RO. \quad (3.31)$$

Die OH-Radikale sind sehr reaktiv und gehen in der Atmosphäre vielfältige Reaktionen ein [42]. Besonders unter der Einwirkung von Sonnenstrahlung sind signifikante Konzentrationen von OH-Radikalen vorhanden.

Mit den OH-Radikalen werden also aus den Kohlenwasserstoffen Oxidantien (Peroxiradikale) gebildet, ohne daß sich dabei die OH-Radikale verbrauchen. Verschiedene Kohlenwasserstoffe neigen unterschiedlich stark zur Bildung von Oxidantien bzw. zur Rückbildung von OH-Radikalen und damit zur Ozonbildung.

Schurath hat das „Ozonbildungs-Potential" verschiedener Kohlenwasserstoffe untersucht, [53]. Von den Alkenen (Olefinen) ist schon lange bekannt, daß sie bei der Ozonbildung besonders wirksam sind, Aromaten können aber auch ein hohes Ozonbildungs-Potential haben [53].

Aufgrund der Mitwirkung dieser Oxidantien wird also das NO_2/NO-Verhältnis vergrößert, was bei starker Sonnenstrahlung zu einer Erhöhung der

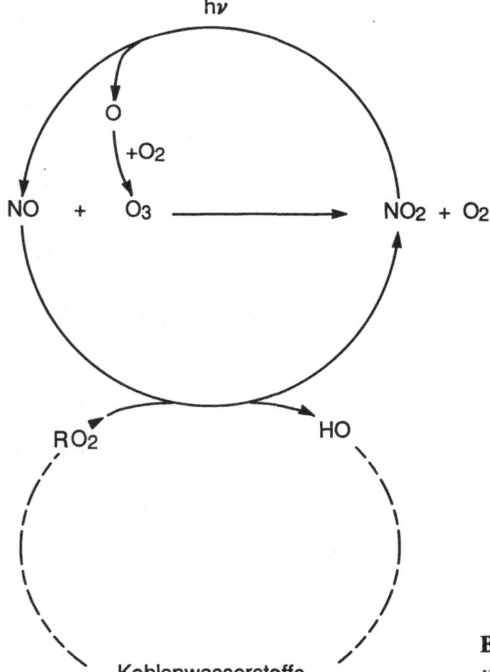

Bild 3.26. Schema der Ozonbildung aus NO_2 unter Mitwirkung von Kohlenwasserstoffen

Ozonkonzentration führt. Dieser Vorgang ist in Bild 3.26 veranschaulicht. Er ist die Ursache der „anthropogenen Ozonbildung", wie sie besonders vom *photochemischen Smog* aus Los Angeles bekannt ist [54]. Stickstoffoxide allein bewirken also noch keine sehr hohen Ozonkonzentrationen, es ist die Mitwirkung von Kohlenwasserstoffen erforderlich.

Bei genügend großem NO_2/NO-Verhältnis wächst die Wahrscheinlichkeit einer Addition von RO_2-Radikalen an NO_2, was zur Bildung von Peroxidverbindungen führt (oben rechts in Bild 3.24), von denen der Reizstoff Peroxiacetylnitrat (PAN, $CH_3CO_3NO_2$) am beständigsten ist und vom Los Angeles-Smog bekannt wurde.

In Bild 3.27 ist ein typischer Tagesgang der Konzentrationen von Kohlenwasserstoffen (C_nH_m), Stickstoffoxiden (NO, NO_2) und Ozon (O_3) in Los Angeles dargestellt. Mit dem Berufsverkehr von 6–8 Uhr steigen die Kfz-bedingten Schadstoffe C_nH_m und NO stark an. Die aufkommende Sonnenstrahlung bewirkt das Entstehen der Folgeprodukte NO_2 und O_3. Das Ansteigen von NO_2 und O_3 ist charakteristisch für den photochemischen Smog. An warmen Sommertagen konnte auch in deutschen Großstädten schon derartiger Photosmog mit hohen O_3- und NO_2-Konzentrationen festgestellt werden. Über das Auftreten von Photooxidantien, die Bedeutung des Ozons und weitere Grundlagen der photochemischen Reaktionen s. Becker et al. in [47].

Vielfach wurde versucht, die Bildung von photochemischem Smog in Reaktionskammern unter simulierter Sonnenstrahlung nachzuvollziehen. Bild 3.28 zeigt die Ergebnisse eines solchen Experiments. Als Ausgangsstoffe wurden NO und als Vertreter von Kohlenwasserstoffen C_3H_6 (Propen) eingegeben. Es konnte deutlich die Entstehung von starken Reizgasen, wie sie für photochemischen Smog typisch sind, nachgewiesen werden: NO_2 (Stickstoffdioxid), O_3

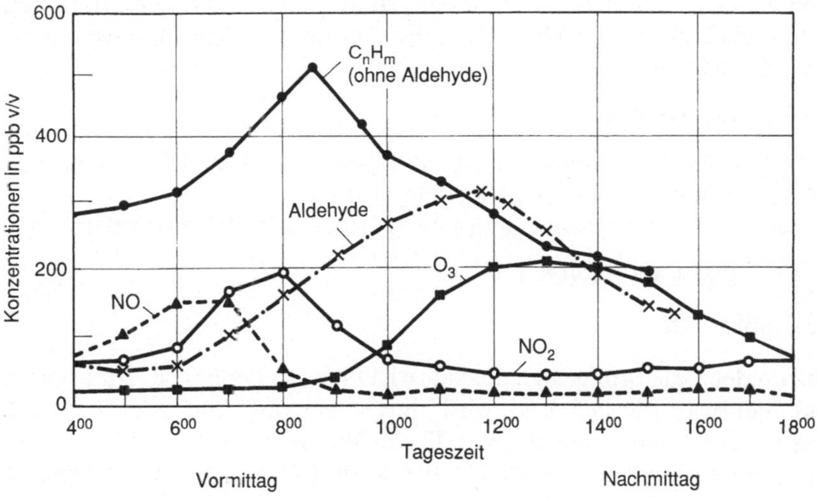

Bild 3.27. Charakteristischer Tagesgänge der Konzentrationen von C_nH_m, NO, NO_2 und O_3 in Los Angeles (nach [54])

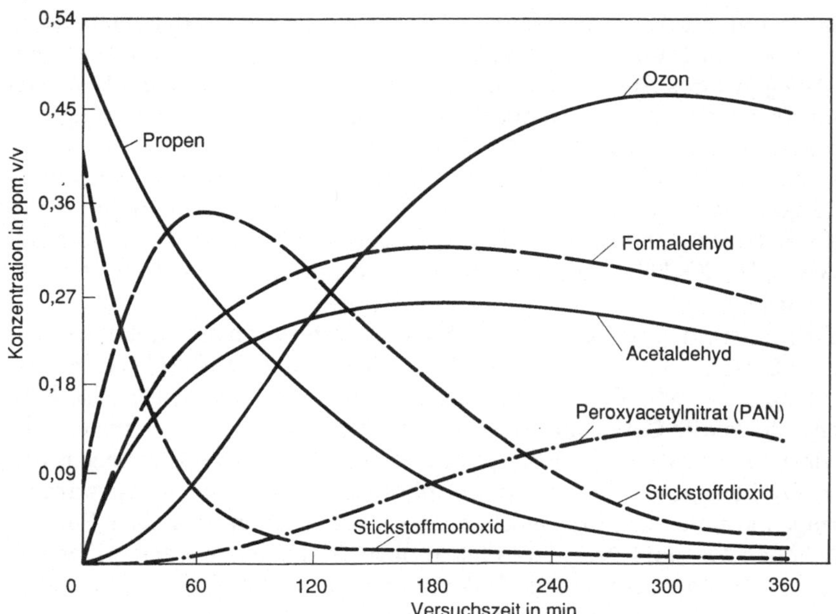

Bild 3.28. Ergebnisse eines typischen Experiments in einer Smogkammer; Ausgangskonzentrationen der Reaktionspartner: 0,45 ppm NO, 0,05 ppm NO_2, 0,5 ppm C_3H_6, (nach [49])

(Ozon), HCHO (Formaldeyd), CH_3CHO (Acetaldehyd) und PAN (Peroxyacetylnitrat).

3.2.3.3 NO_2-Oxidation

Nachts können durch die Reaktion von NO_2 mit O_3 meßbare Konzentrationen von NO_3 und auch N_2O_5 entstehen [55], die aber um Größenordnungen unter denen von NO, NO_2 und O_3 liegen:

$$NO_2 + O_3 \rightarrow NO_3 + O_2 . \qquad (3.32)$$

Am Tage wird die NO_3-Bildung durch die Photolyse des NO_3 und durch eine sehr schnelle Reaktion mit NO wieder rückgängig gemacht.

Die bedeutendste Weiterreaktion des NO_2 erfolgt mit OH-Radikalen:

$$NO_2 + OH + M \rightarrow HNO_3 + M^1 , \qquad (3.33)$$

M = Dreierstoßpartner.

Die entstandene gasförmige Salpetersäure ist in der bodennahen Atmosphäre sehr stabil, gut wasserlöslich und wird durch Auswaschung oder trockene Deposition aus der Atmosphäre entfernt. Die Reaktion des NO_2 (3.33) ist etwa 11mal schneller als die entsprechende SO_2-Reaktion (3.6). Dementsprechend ist

1 M = freier, nicht reaktiver Dreierstoßpartner, z.B. N_2, der einen Teil der bei der Reaktion freiwerdenden Energie übernimmt

die Umsatzgeschwindigkeit des NO_2 ebenfalls etwa 11mal höher als die des SO_2 und die Lebensdauer entsprechend geringer, im Mittel ein Tag, manchmal nur wenige Stunden, s. Schurath in [42]. NO_2 kann aus diesem Grund nicht über so große Entfernungen transportiert werden wie SO_2. Wegen der hohen Umsätze durch Reaktion (3.33) sind andere Abreaktionen der Stickstoffoxide relativ unbedeutend.

3.2.3.4 NO_x und saurer Regen

Eine direkte Absorption und Konversion von NO zu NO_2 in wässrigen Tröpfchen kommt wegen der schlechten Löslichkeit des NO kaum in Frage. Selbst NO_2 löst sich in Wasser nicht so gut, daß eine Absorption und Konversion dieses Gases in wäßriger Phase bedeutende Beiträge zum Abbau der Stickstoffoxide liefern würde [46]. Entscheidend ist die Oxidation des NO_2 in der Gasphase zu HNO_3 (3.33). Sofern die Salpetersäure an Oberflächen nicht direkt absorbiert wird oder mit Ammoniak (NH_3) partikelförmiges Ammoniumnitrat (NH_4NO_3) bildet, wird die Salpetersäure in Tropfen aufgenommen und trägt aufgrund ihrer starken Dissoziation zur Ansäuerung des Regenwassers bei:

$$HNO_3 + H_2O \rightarrow H_3O^+ + NO_3^- . \qquad (3.34)$$

Messungen des Sulfat(SO_4^{2-})- zu Nitrat(NO_3^-)-Verhältnisses in Regenwasser weisen aus, daß die Stickstoffoxide mit etwa 30 % zur Azidität (Ansäuerung) des Regenwassers beitragen. Dies entspricht einem Molverhältnis von SO_4^{2-}:NO_3^- von 1,1:1 (1 Mol H_2SO_4 liefert 2 Protonen, 1 Mol HNO_3 dagegen nur 1 Proton). Da das molare Emissionsverhältnis von SO_2:NO_x in der Bundesrepublik mindestens bei 2:1 liegt, muß ein größerer Teil des SO_2 anders als durch Ausregnen aus der Atmosphäre entfernt werden, Schurath in [42], möglicherweise durch direkte Aufnahme von der Vegetation.

3.2.4 Die Rolle des Ozons in der Atmosphäre

3.2.4.1 Ozon in der Stratosphäre

Ozon entsteht durch Bestrahlung von O_2-Molekülen mit kurzwelligem UV-Licht:

$$O_2 + h\nu(<242\,\mathrm{nm}) \rightarrow O + O \qquad (3.35)$$

$$O + O_2 + M \rightarrow O_3 + M , \qquad (3.36)$$

M = Dreierstoßpartner.

Diese Reaktionen laufen in großen Höhen ab und führen zu der sog. Ozonschicht in der oberen Stratosphäre (s. auch Bild 3.20). Einen Überblick über die Ausdehnung der Ozonschicht in der Stratosphäre zu verschiedenen Jahreszeiten gibt Bild 3.29.

Die Vorgänge der Ozonbildung und des Ozonabbaus in den höheren atmosphärischen Schichten sind sehr vielfältig. Sie sind von Fabian in [43] verständlich beschrieben. Durch die Ozonschicht wird die kurzwellige UV-Strahlung von der Erde abgehalten.

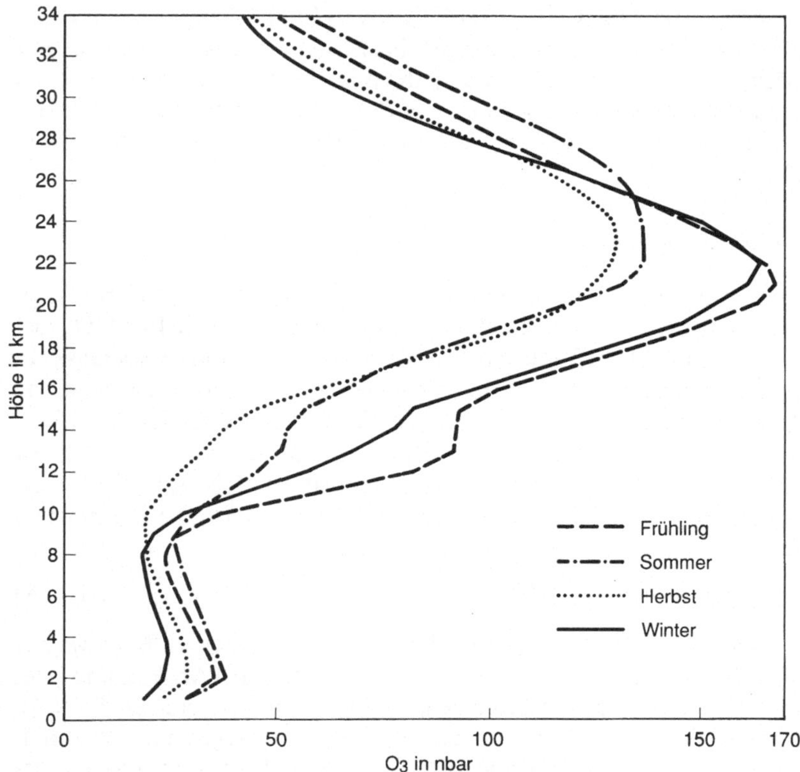

Bild 3.29. Vertikalprofile der Jahreszeitenmittel (1967–1982) des Ozons über der Wetterstation Hohenpeißenberg/Bayern [56]. Die Volumenkonzentration des Ozons ergibt sich aus dem O_3-Partialdruck (in nbar) bezogen auf den in der jeweiligen Höhe herrschenden Luftdruck (in mbar); z.B. im Ozonmaximum in 20 km Höhe beträgt der Luftdruck ca. 50 mbar, die Ozonkonzentration im Winter und Frühling dort also ca. 3,4 ppm

Man befürchtet heute, daß durch die vom Menschen freigesetzten Luftverunreinigungen die schützende Ozonschicht in der Stratosphäre abgebaut wird. Auf diese Problematik wird in Kap. 4 „Wirkungen von Luftverunreinigungen" eingegangen.

3.2.4.2 Ozon in der Troposphäre

Ozon wird in der Stratosphäre produziert, von der es durch Vermischungsvorgänge in die Troposphäre gelangt. Die Vertikalprofilmessungen des Meteorologischen Observatoriums Hohenpeißenberg ergaben, daß die Ozonkonzentration von der Stratosphäre bis zur Tropopause stark abfällt und unterhalb der Tropopause in der freien Troposphäre, z.B. über Mitteleuropa in 12 km Höhe, nahezu konstante Konzentrationen von 50–70 ppb (100–140 µg/m^3) aufweist.

Da durch atmosphärische Sperrschichten (s. Abschn. 3.1) die emittierten kurzlebigen luftverunreinigenden Substanzen auf wenige km über Grund beschränkt bleiben, können die 50–70 ppb als natürliches Niveau in 12 km Höhe angesehen werden, das durch Mischvorgänge mit stratosphärischem Ozon entsteht. Ab und zu konnten an Berg-Meßstationen, z.B. an der Zugspitze, durch Vergleich mit radioaktiven Tracern erhöhte O_3-Konzentrationen durch Absinkprozesse aus größeren Höhen festgestellt werden. Solche Ereignisse konnten bisher nur an solchen hoch gelegenen Stationen beobachtet werden [47, 57].

In nicht verunreinigten bodennahen Luftschichten, der unteren Troposphäre, bewegen sich die mittleren O_3-Konzentrationen zwischen 20 und 40 ppb, mit Maxima von 40–60 ppb im Sommer s. Becker et al. in [47]. Treten in der bodennahen Luft höhere O_3-Konzentrationen auf, dann muß man unterscheiden zwischen einerseits dem „überregionalen Typ", der sich bei bestimmten Wetterlagen mit intensiver Sonnenstrahlung und relativ hohen Temperaturen ergibt [57, 58], wobei photochemische Prozesse mit Luftschadstoffen mit im Spiel sein können. Andererseits tritt regional in der bodennahen Luftschicht Ozon mit einem typischen Tagesgang auf. Dabei wurde beobachtet, daß hier wesentlich häufiger hohe Ozonkonzentrationen (größer als 70 ppb) auftreten als in höheren Schichten, gemessen an Bergstationen in 1 800 m und 3 000 m Höhe über NN [57], wenn auch im Mittel die O_3-Konzentrationen in der Höhe größer sind, s. Bild 3.30.

Der in Bild 3.30 dargestellte Tagesgang wird an der Talstation Garmisch eindeutig durch photochemische Reaktionen mit Luftverunreinigungen (Stickstoffoxiden und Kohlenwasserstoffen, s. Abschn. 3.2.3) beeinflußt. In den Nachtstunden wird im Tal das überregional vorhandene Ozon durch Reaktion mit Stickstoffoxiden verbraucht; tags bildet sich durch die Sonnenstrahlung aus den Schadstoffen dagegen so viel Ozon, daß die Konzentrationen sogar im Mittel deutlich über denen an den Bergstationen (Zugspitze und Wank) liegen. An einzelnen Tagen sind die Konzentrationsverläufe noch viel ausgeprägter, wobei im Tal am Nachmittag Konzentrationen von über 100 ppb vorkommen, während

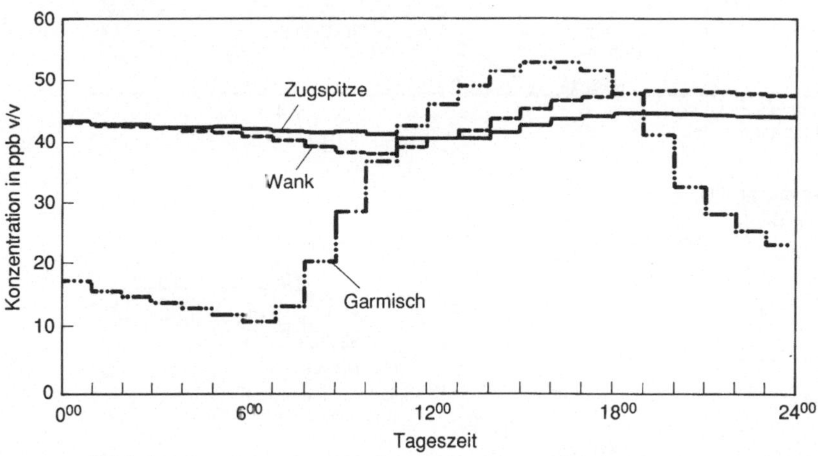

Bild 3.30. Mittlerer Tagesgänge der O_3-Konzentrationen in Sommermonaten (1.6.–30.9.) an sonnenscheinreichen Tagen ohne Niederschlag in den Jahren von 1977–1980 an einer Talstation in Garmisch (740 müNN), der Bergstation Wank (1 600 müNN) und der Bergstation Zugspitze (2964 müNN) (aus [57])

an der Zugspitze ein nahezu gleichmäßiger Pegel von etwa 50 ppb herrscht [57]. Während die O_3-Konzentrationen an der Zugspitze fast unbeeinflußt sind von direkten Reaktionen mit anthropogenen, regional auftretenden Schadstoffen, ist an der Station Wank in 1 600 m Höhe noch ein geringer Einfluß zu beobachten: In den Vormittagsstunden, wenn durch ein Ansteigen der Mischungsschicht wahrscheinlich Stickstoffoxide in geringen Konzentrationen zu dieser Station gelangen (ca. 8 – 12 Uhr), sinkt die O_3-Konzentration etwas ab. Ab 12 Uhr erhöht sie sich wieder und steigt über die Werte der Zugspitze-Station, was auf photochemische Vorgänge hindeutet. In Großstädten wurden an warmen Sommertagen in den

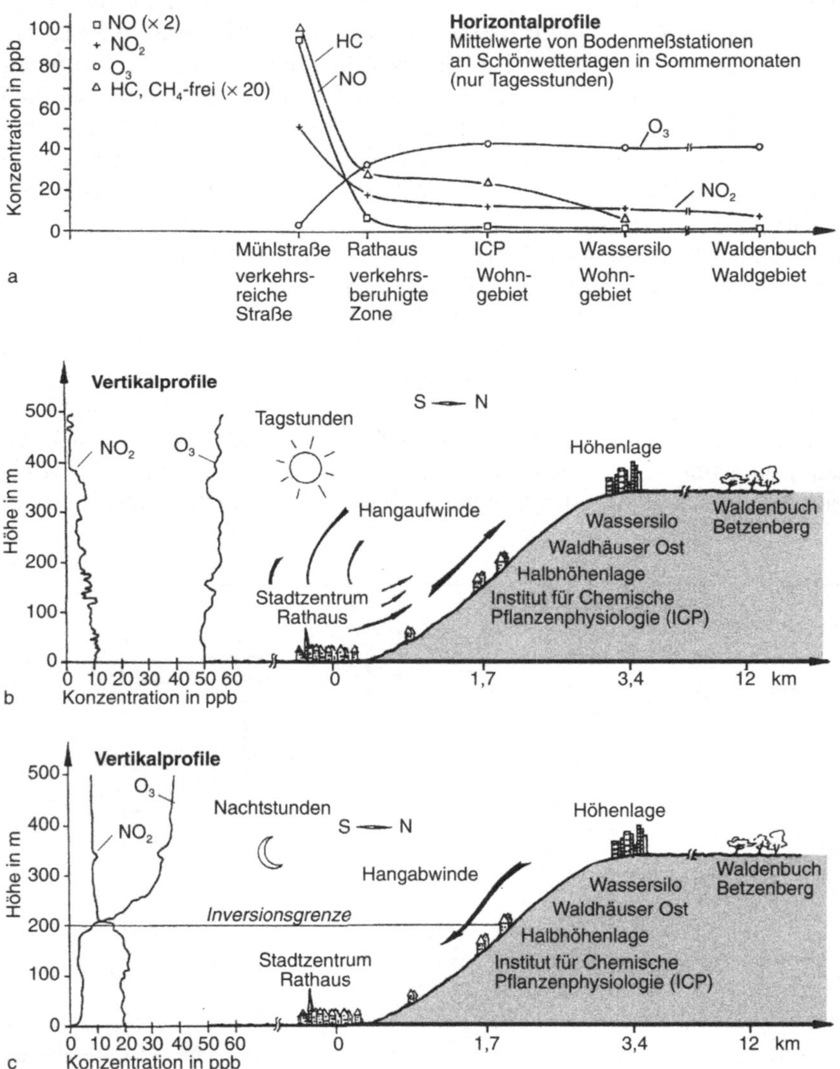

Bild 3.31. NO_2- und O_3-Vertikalprofile bei Tag (**b**) und bei Nacht (**c**) über der Stadt Tübingen (bei Schönwetter) sowie Darstellung der horizontalen Verteilung (**a**)

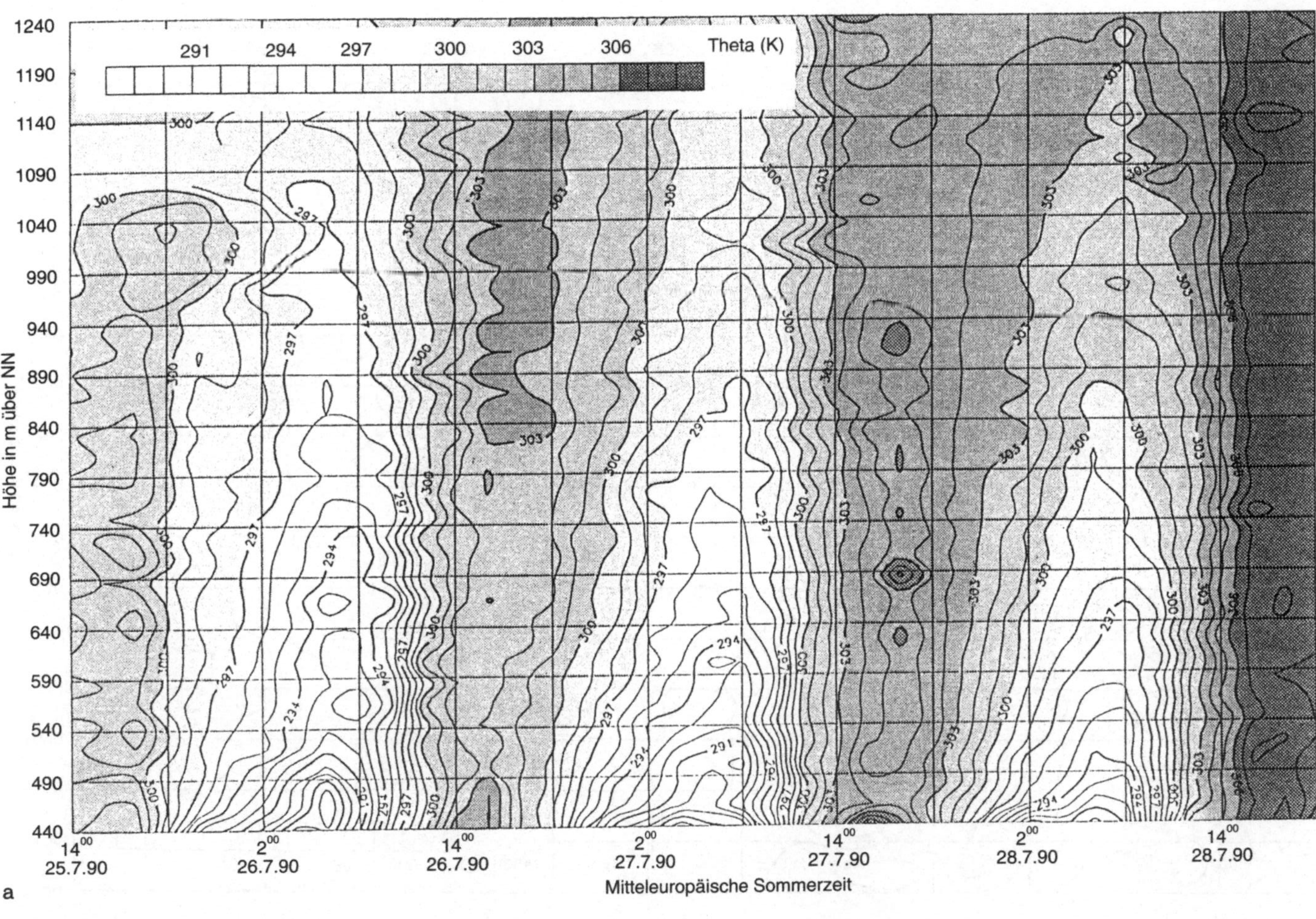

Bild 3.32a. Aus Vertikalprofilen von Fesselballonmessungen errechnete Isoplethen der potentiellen Temperatur. Meßort Siselen im Schweizer Mittelland [61]

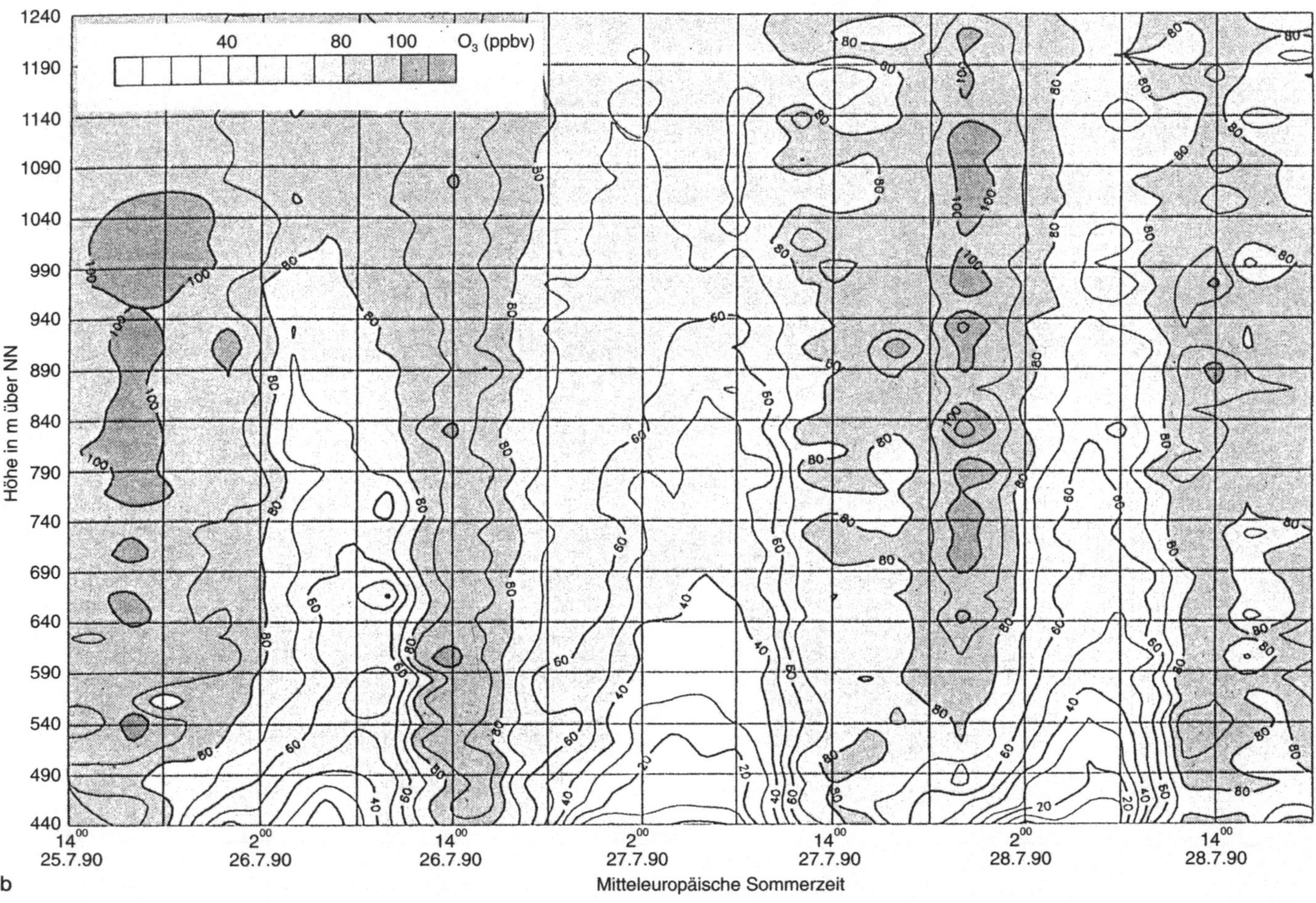

Bild 3.32b. Aus Vertikalprofilen von Fesselballonmessungen errechnete Isoplethen der Ozonverteilung. Meßort Siselen im Schweizer Mittelland [61]

Nachmittagsstunden bedingt durch photochemische Vorgänge schon O_3-Konzentrationen von 250 – 300 ppb gemessen [47]. Nachts gehen die Konzentrationen in der Regel auf sehr niedrige Werte zurück. Bei Niederschlägen und an windreichen Tagen sind die O_3-Konzentrationen im Tal (Garmisch) und an der mittelhohen Bergstation Wank allgemein niedriger, und die Tagesgänge sind nicht so ausgeprägt (weniger O_3-Produktion).

Ähnliche Ozon-Verhältnisse wie in den Hochgebirgstälern und an den umgebenden Bergen treten auch in und über Städten auf, die in stark oder schwach eingeschnittenen Tälern liegen. Dies geht z. B. sehr anschaulich aus den in Bild 3.31 dargestellten O_3- und NO_2-Vertikalprofilen hervor, die an klaren Tagen durch Fesselballonmessungen über der Stadt Tübingen gewonnen wurden [59]. Unter der nächtlichen Bodeninversion (Bild 3.31 c) wird das Ozon durch Oxidation von primären Abgaskomponenten und durch Deposition bis in die Höhe von 200 m über Grund fast vollständig abgebaut. Dafür tritt NO_2 bis in diese Höhe in erhöhter Konzentration auf. Über der Inversion sind die Luftmassen weitgehend von denen darunter abgekoppelt. Die Ozonkonzentrationen bleiben hier auch nachts auf relativ hohem Niveau, während NO_2 nur noch sehr niedrige Werte aufweist. Entsprechend sind die an das Tal angrenzenden Höhenlagen nachts höheren Ozonwerten ausgesetzt als das Tal.

Tagsüber tritt, induziert durch die Erwärmung des Bodens von der Sonne, eine gute vertikale Vermischung und photochemische Aktivität auf, die für relativ gleichmäßige NO_2-Profile (auf niedrigem Niveau) und O_3-Profile (auf hohem Niveau) sorgt, s. Bild 3.31 b.

An den verkehrsreichen Straßen in der Stadt überwiegt aber auch tagsüber das Aufkommen der Primärkomponenten NO und HC als auch das Aufkommen von NO_2, während Ozon hier auf sehr niedrige Werte absinkt, siehe die Straßenschlucht „Mühlstraße“ in Bild 3.31 a. In verkehrsberuhigten Zonen wie am „Rathaus“ sinken die mittleren Konzentrationen der Primärstoffe deutlich ab und Ozon steigt an. In den benachbarten Höhenlagen nehmen dann Ozon ein relativ hohes und die anderen Stoffe ein verhältnismäßig niedriges Umgebungslevel ein.

Verhältnisse, wie sie im Sommer in der Stadt Tübingen gemessen wurden, treten in gleichem Maße über anderen, auch in flacheren Tälern gelegenen Städten auf, z. B. in Heilbronn, wo Vorversuche für einen speziellen Modellversuch zur Ozonminderung durchgführt wurden [60]. Selbst über relativ flachem Gelände, z. B. dem Schweizer Mittelland, das allerdings weiträumig zwischen Jura und Alpen eingebettet ist, sind in Bodennähe die nächtlichen Ozonabbau- und die nachmittäglichen guten Vermischungen mit gleichmäßigen Ozonverteilungen auf hohem Niveau zu beobachten. Diese Dynamik wird deutlich in den Isoplethen-Diagrammen von Bild 3.32: Aus Vertikalprofilen, die mit Fesselballonaufstiegen alle zwei Stunden vom Boden bis in über 800 m Höhe aufgenommen worden waren, wurden durch Interpolation z. B. Linien gleicher potentieller Temperatur und gleicher Ozonkonzentration über Zeit und Höhe ermittelt [61]. Bei der potentiellen Temperatur bedeutet eine Zunahme mit der Höhe, je nach Gradient, eine neutrale bis stabile Schichtung. Man erkennt in Bild 3.32 a, daß in den Nachmittagsstunden der einzelnen Tage relativ gleichmäßige Temperaturverteilungen mit der Höhe herrschen. Vom Abend über die Nacht bis in die Morgenstunden sind sehr stark Temperaturgradienten festzustellen, mit regelrechten „Nestern“

in der zweiten Nachthälfte. Diese „Nester" entstehen durch die nächtlichen Bodeninversionen, die ihre maximale Ausdehnung in den frühen Morgenstunden einnehmen.

Den Temperaturschichtungen entsprechend verhalten sich die in Bild 3.32b aus den Ballonaufstiegen ermittelten Ozonisoplethen: Jeweils ab Mittag sind die Ozonkonzentrationen relativ gleichmäßig über die ganze Höhe verteilt. In den nächtlichen „Bodeninversions-Nestern" befinden sich die Ozonsenken (bei gleichzeitig erhöhten NO_2-Konzentrationen, s. [61]).

Daß die Beeinflussung der O_3-Bildung und des O_3-Verbrauchs durch luftchemische Prozesse weniger von der geographischen Höhe als vielmehr von der Entfernung zu Schadstoffquellen abhängt, ging aus dem Vergleich des Ozonverhaltens im Schwarzwald und an der Autobahn hervor, s. Bild 3.25. Das O_3 wird durch die Oxidation von Stickstoffoxiden der Kraftfahrzeuge verbraucht. An die Waldmeßstation gelangen die verkehrsbedingten Stickstoffoxide nur in sehr abgeschwächtem Maße und ohne ausgeprägten Tagesgang. Dementsprechend tritt nur eine geringfügige Absenkung der O_3-Konzentration in den Morgenstunden auf. In den Nachmittagsstunden ist ein Anstieg der O_3-Konzentration festzustellen, der auf photochemische Prozesse zurückzuführen ist, er ist aber nicht so ausgeprägt wie in der Nähe anthropogener Quellen, z.B. in dem Talort Garmisch-Partenkirchen (Bild 3.30). Bei noch weiterer Entfernung von bewohnten Gebieten vergleichmäßigt sich der O_3-Tagesgang ähnlich wie auf der Zugspitze (s. z. B. [33, 62]). An diesen „Reinluftstationen" läßt sich allerdings nicht mehr feststellen, ob das Ozon rein natürlichen Ursprungs ist oder ob sich in Quellnähe photochemisch gebildetes Ozon auf dem Transport in die sog. Reinluftgebiete so gut mit der Umgebungsluft vermischt hat, daß der ausgeprägte Tagesgang vergleichmäßigt ist. Das Ozon kann unter bestimmten meteorologischen Gegebenheiten zu diesen quellfernen Stationen verfrachtet werden. Die Verfrachtungen unterliegen aber keinem täglichen Rhythmus.

Zusammenfassend kann gesagt werden, daß das Ozonaufkommen in der unteren Troposphäre über der atmosphärischen Hauptsperrschicht durch großräumige Konzentrationsverteilungen geprägt ist. In den bodennahen Luftschichten unter den Sperrschichten wird das Ozonverhalten sehr stark durch luftchemische Reaktionen mit anthropogenen Luftverunreinigungen beeinflußt. Ob für das Ozonaufkommen in der höheren Troposphäre der Ozontransport aus der Stratosphäre oder die Ozonproduktion durch photochemische Prozesse überwiegt, konnte bisher durch Messungen noch nicht endgültig geklärt werden [63, 64].

3.2.5 Kohlenstoffverbindungen

3.2.5.1 Organische Kohlenstoffverbindungen

Organische Spurengase lassen sich einteilen in reine Kohlenwasserstoffe – Alkane, Alkene, Alkine und Aromaten –, die z.B. bei der Herstellung, Verteilung und unvollständigen Verbrennung fossiler Brennstoffe freigesetzt werden, Aldehyde und Ketone, die durch nur teilweise Oxidation bei Verbrennungsprozessen entstehen, sowie andere flüchtige Verbindungen (z.B. Alkohole, halogenierte Kohlenwasserstoffe, Lösungsmittel usw.). Die Mehrzahl der organischen Gase ist kaum wasserlöslich und wird daher hauptsächlich durch homogene Gasreaktionen abgebaut, wobei die Reaktion mit OH-Radikalen eine Hauptrolle spielt; einige reagieren auch mit Ozon [42].

Von Schurath in [42] wurden ausgehend von bekannten Reaktionsgeschwindigkeiten die Lebensdauern einiger organischer Gase berechnet, s. Tabelle 3.2. Die Reaktionswege sind kompliziert und nur teilweise nachgewiesen.

Tabelle 3.2: Berechnete mittlere Lebensdauern einiger organischer Spurengase (Schurath in [42] und [43]); Annahmen: OH-Konzentration $10^6 cm^{-3}$, O_3-Konzentration 60 ppb

Spurenstoff	mittlere Lebensdauer	
Methan	8 Jahre	
n-Butan	4,5 Tage	
Ethen	1,13 Tage	
Propen	6,4 Stunden	
Ethin	45,4 Tage	
Benzol	9,7 Tage	
Toluol	1,8 Tage	
Acetaldehyd	17,4 Stunden	
Äthanol	3,9 Tage	wasserlöslich, daher auch nasse Deposition
Ameisensäure	33 Tage	wasserlöslich, daher auch nasse Deposition
Kohlenmonoxid	2 Monate	

3.2.5.2 Anorganische Kohlenstoffverbindungen

Der Abbau von Methan in der Troposphäre und Stratosphäre führt zur Bildung von Kohlenmonoxid. Es entsteht ferner durch verschiedene weitere Prozesse, z.B. bei der Oxidation von Kohlenwasserstoffen wie Terpenen aus Nadelwäldern oder durch Freisetzungen vom Boden in warmen Gebieten [65]. Vom Menschen werden große CO-Mengen durch unvollständige Verbrennung in Feuerungsanlagen und insbesondere bei Kraftfahrzeugen freigesetzt. Vertikalprofil-Messungen von CO an verschiedenen Stellen der Erde ergaben, daß die CO-Konzentrationen mit der Höhe abnehmen. Dies deutet darauf hin, daß das meiste CO unterhalb der Sperrschichten in den bodennahen Luftschichten freigesetzt bzw. gebildet wird und daß die höhere Troposphäre eher eine Senke für CO darstellt [63].

Die Hauptsenke für CO in der Atmosphäre ist wie bei den Kohlenwasserstoffen die Reaktion mit OH-Radikalen zu CO_2 und H-Radikalen, die ihrerseits weiterreagieren. Eine weitere wichtige Senke für CO stellt der Boden dar, von dem CO aufgenommen und bei Temperaturen zwischen 15 und 35 °C von Mikroorganismen zu CO_2 umgewandelt wird [66].

3.2.6 Partikel in der Atmosphäre

Staubpartikel in der Atmosphäre unterscheiden sich nicht nur hinsichtlich ihrer Größe, sondern auch hinsichtlich ihrer chemischen Zusammensetzung. Grund dafür sind verschiedene Entstehungsmechanismen. Eine Zusammenfassung der Aerosolprozesse in der Atmosphäre gibt Bild 3.33 wieder [67]. Es zeigt ebenfalls das Korngrößenspektrum, in das die einzelnen Inhaltsstoffe aufgrund ihrer typischen Größe eingeordnet sind [68].

Typische Bestandteile des Grobstaubs, der vor allem durch Winderosion von Mineralien in die Atmosphäre gelangt, sind Calcium, Titan und Eisen. Pflanzenmaterial, wie zum Beispiel Pollen, gehören ebenso in diese Größenklasse wie Seesalzpartikel, die mit maritimen Luftmassen bis in den süddeutschen Raum gelangen.

Industrielle Grobstaubemissionen, z.B. aus der Zementindustrie oder aus Kraftwerken, sind dank der Fortschritte in der Entstaubungstechnik stark reduziert. Weitgehend ungehindert werden Feinstäube bei Industrieprozessen freigesetzt, insbesondere bei Prozessen ohne oder mit wenig wirksamen Staubabscheidern. Leitsubstanzen für die Staubemissionen von Ölfeuerungen, insbesondere Schwerölfeuerungen, sind die Elemente Nickel und Vanadium. Bleihaltige Stäube entstehen bislang noch vorwiegend beim Kraftfahrzeugverkehr.

In der Atmosphäre kann Feinstaerosol auch bei Reaktionen von Gasen untereinander entstehen. Bekannt ist die „Gas-to-particle-Konversion" von SO_2 zu Sulfatpartikeln, die oft durch Ammoniak neutralisiert sind. Beeinflußt wird die chemische Zusammensetzung von Aerosolen in der Atmosphäre durch Oberflächenreaktionen und Hydrathüllen bei höheren Luftfeuchtigkeiten.

3.2.7 Niederschlagsinhaltsstoffe

Die chemische Zusammensetzung von Regen oder Schnee ist durch die Absorption von Gasen und durch die Inkorporation von Staubpartikeln in die Tröpfchen geprägt. Wegen der langen Verweilzeit in der Atmosphäre können sich in den Wolkentröpfchen Gleichgewichte mit der Umgebungsluft in der Wolke einstellen. Der Grad der Einlagerung von Partikeln ist dabei bestimmt durch die atmosphärische Turbulenz, kaum aber durch die atmosphärische Verweilzeit der Niederschlagselemente. So weisen Niederschläge aus Schichtbewölkung i.allg. geringe Inhaltsstoffkonzentrationen auf. Die Stoffgehalte geben dabei den Transportweg der Luftmasse wieder. Nach der Passage von Industriezentren sind die Konzentrationswerte erhöht.

Gewitterschauer, bei denen Wolkentröpfchen oft mehrere Kilometer heftig durch die vertikale Luftsäule geschleudert werden, spiegeln die Verhältnisse der Atmosphäre lokal wider. Es werden starke räumliche und zeitliche Variationen beobachtet. Die Inhaltsstoffkonzentrationen können stark erhöht sein [69].

Zu Beginn eines Niederschlagsereignisses prägen vor allem Wash-out-Prozesse die Niederschlagszusammensetzung, das sind Absorption und Inkorporation von Gasen bzw. Partikeln in der bodennahen Luftschicht. Dabei werden stark erhöhte Niederschlagskonzentrationen beobachtet.

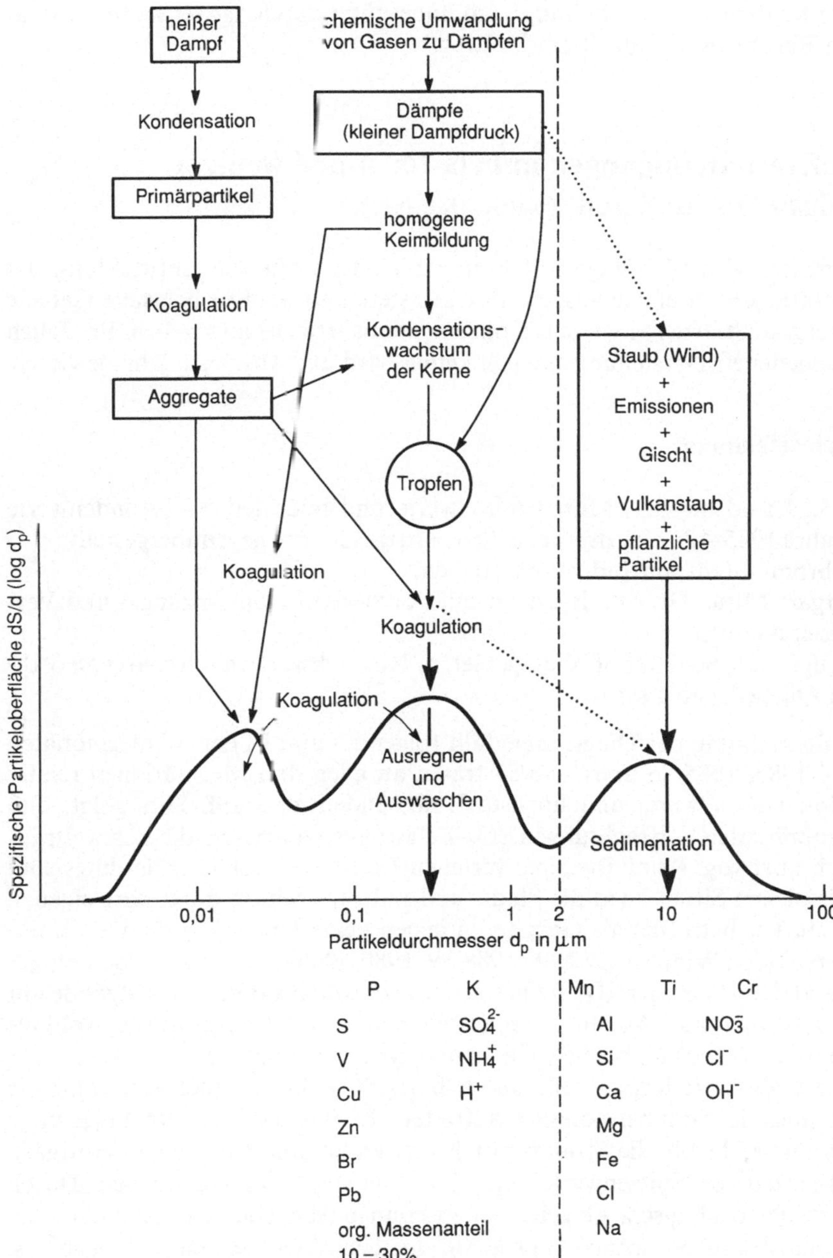

Bild 3.33. Zusammenstellung der atmosphärischen Aerosolprozesse und typische Aerosolgrößenverteilung (spezifische Oberflächenverteilung) nach Whitby [67], ergänzt durch mittlere Aerosolgrößen für einzelne Inhaltsstoffe nach Klockow [68]

Diese Konzentrationserhöhung wird unterstützt durch das teilweise Verdunsten von Regentropfen auf ihrem Fallweg.

3.3 Luftverunreinigungen in belasteten und weniger belasteten Gebieten (mit K. Baumann)

Im folgenden wird für einige luftverunreinigende Stoffe die Entwicklung der Konzentrationen für einige ausgewählte belastete und weniger belastete Gebiete gegenübergestellt, bzw. es werden Konzentrationsbereiche angegeben. Bezüglich der verschiedenen Darstellungsmöglichkeiten wird auf Abschn. 6.2 hingewiesen.

3.3.1 Schwefeldioxid

In Bild 3.34 sind die SO_2-Monatsmittelwerte und höchsten Halbstundenwerte für die Jahre 1985–1991 für drei verschiedenartige Gebiete gegenübergestellt:
a) Heilbronn: Stadt mit Industriebetrieben,
b) Stuttgart-Mitte: Großstadt-Gebiet mit vorwiegend Hausheizungs- und Verkehrsemissionen,
c) Freudenstadt-Schöllkopf: Waldgebiet im Nordschwarzwald fernab von örtlichen Quellen (ab 1985).

Bei der Betrachtung der Diagramme fällt folgendes auf: In den Wintermonaten von 1984/1985, 1985/86 und 1986/87 traten an allen drei Meßstationen relativ hohe Monatsmittelwerte und höchste Halbstundenwerte auf. Dies zeigt, daß durch großräumige Verfrachtungen SO_2-Belastungen auftreten, die sich weiträumig, auch über sog. Reinluftgebiete verteilen (s. Abschn. 3.1.5). Allerdings sind auch bei solchen Situationen die Stadt- und Industriegebiete durch ihre eigenen Quellen stärker betroffen als Gebiete, in denen keine Quellen vorhanden sind.

In den milden Wintern 1987/88, 1988/89, 1989/90 und 1990/91 wurde weniger geheizt und damit weniger SO_2 freigesetzt, und es traten kaum Nordostwinde mit hoher SO_2-Fracht auf: An allen drei Standorten wurde weniger SO_2 sowohl als Monatsmittel als auch als höchste Halbstundenwerte beobachtet.

Der Standort Heilbronn fällt durch hohe SO_2-Halbstundenwerte auf, die teilweise auch in Sommermonaten auftreten. Es handelt sich um kurzzeitige Vorkommnisse, da z.B. die Monatsmittelwerte kaum höher sind als in Stuttgart. Solche kurzzeitigen Spitzenwerte sind charakteristisch für Nahquellen. Durch besondere meteorologische Gegebenheiten können Abgasfahnen von nicht allzu hohen Industrieschornsteinen kurzzeitig in den Atembereich gelangen (s. Abschn. 3.1.5).

3.3.2 Stickstoffoxide

Aus Bild 3.25 ging hervor, daß in Quellnähe (z.B. an Autobahnen) sehr hohe NO- und NO_2-Konzentrationen auftreten, in quellfernen Waldgebieten dagegen NO

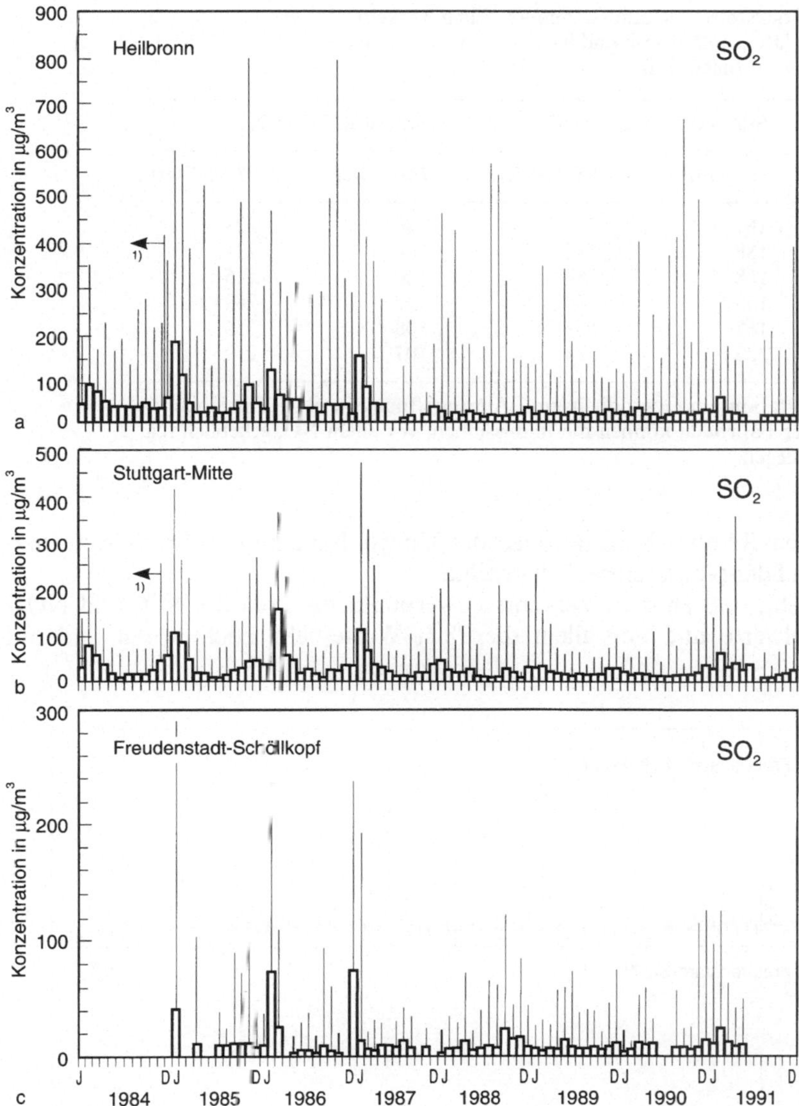

Bild 3.34 a–c. SO_2-Monatsmittelwerte und höchste Halbstundenwerte an Meßstationen in Heilbronn, Stuttgart-Mitte (nach [70]) und Freudenstadt-Schöllkopf (Waldgebiet im Nordschwarzwald) [33].

1) Bis einschl. Nov. 84 sind keine höchsten 1/2-Stunden-Werte, sondern 3-Stunden-Werte angegeben

äußerst niedrige und NO_2 auch keine hohen Konzentrationen aufweist. Ergänzend dazu ist in Tabelle 3.3 die Entwicklung der NO- und NO_2-Jahreswerte an einem Verkehrsschwerpunkt und in Bild 3.35 die NO- und NO_2-Entwicklung an der Waldmeßstation im Nordschwarzwald bei Freudenstadt dargestellt. Zum Vergleich sind in Bild 3.36 die Häufigkeitsverteilungen der NO_2-Monatsmittel-

Tabelle 3.3. Stickstoffoxid-Immissionen an einem Verkehrsschwerpunkt (Kölner Neumarkt[a]). Jahresmittelwerte und 98-Perzentile für die Jahre 1980 bis 1985; alle Angaben in μg/m³ (nach [71])

Jahr	Stickstoffmonoxid NO		Stickstoffdioxid NO_2	
	Mittelwert	98 %-Wert	Mittelwert	98 %-Wert
1980	165	595	80	223
1981	188	614	84	234
1982	168	560	100	215
1983	155	634	92	249
1984	168	565	108	356
1985	182	533	107	279

[a] Feste Meßstation am Gesundheitsamt, Ansaugöffnung in etwa 3 m Höhe. In Atemhöhe der Fahrbahn können die Immissionen, vor allem NO, erheblich (ca. 30%) höher liegen.

werte an den Reinluft-Meßstationen des Umweltbundesamtes im Südschwarzwald und auf der Nordseeinsel Sylt gezeigt.

Man sieht, daß an dem Verkehrsschwerpunkt bis 1985 die NO- und NO_2-Jahresmittelwerte und vor allem die 98 %-Werte sehr hoch waren und mit

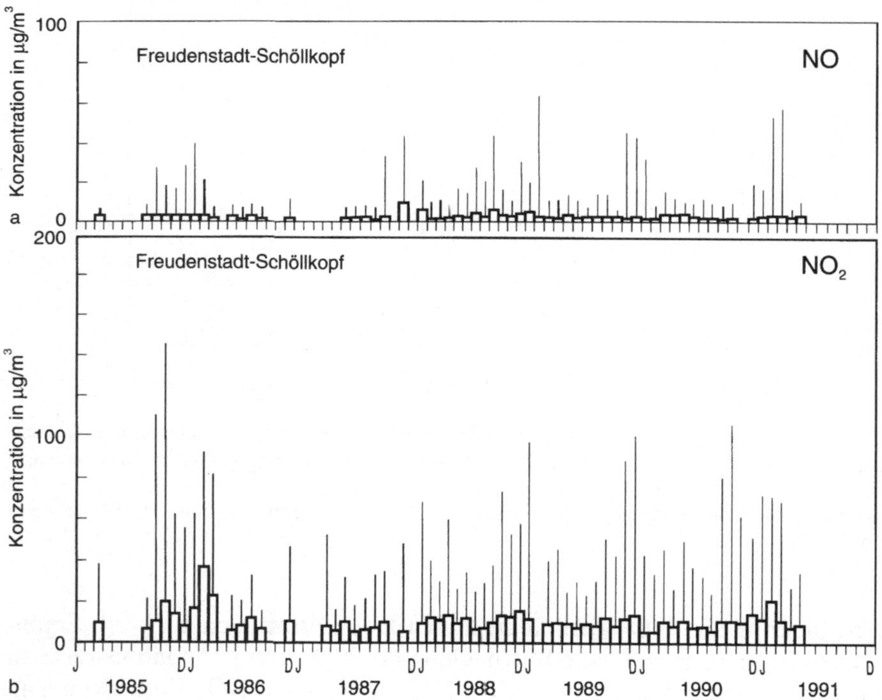

Bild 3.35 a und **b**. Stickstoffoxid-(NO, NO_2)-Immissionen – Monatsmittelwerte und höchste Halbstundenwerte im Waldgebiet Freudenstadt-Schöllkopf (Nordschwarzwald) [33]

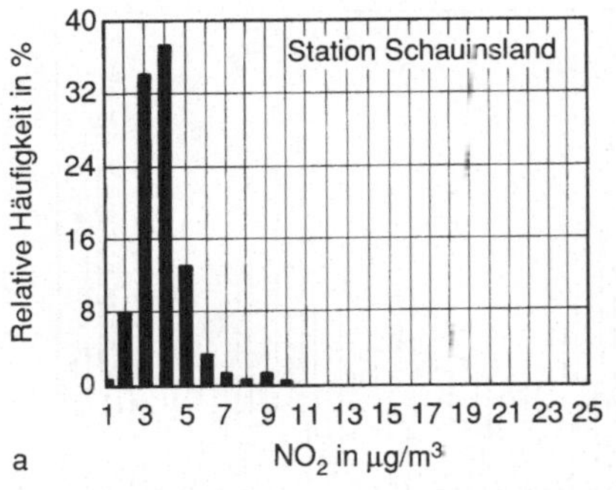

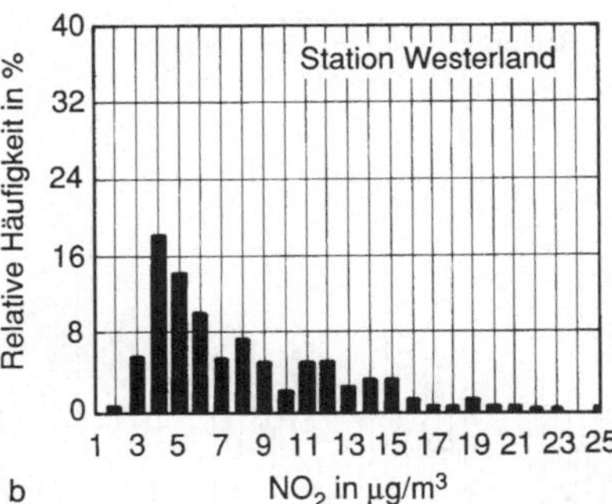

Bild 3.36. Häufigkeitsverteilungen der NO_2-Monatsmittelwerte an den Umweltbundesamt-Meßstationen Schauinsland (**a**) (Südschwarzwald, 1 240 m üNN) und Westerland (**b**) auf der Nordseeinsel Sylt [76] Angabe: Klassenmitten in µg/m^3

Schwankungen eine ansteigende Tendenz hatten. Die NO_2-98 %-Werte überschreiten durchweg die EG- und die TA Luft-Grenzwerte für NO_2 (200 µg/m^3 – s. Abschn. 4.6). So hohe Konzentrationen treten jedoch nur direkt am Rand stark befahrener Straßen auf. Im Mittel bewegen sich die NO_2-Konzentrationen in Städten zwischen 40 und 60 µg/m^3, wobei die 98-Perzentile selten 200 µg/m^3 überschreiten [70, 75].

In den „Reinluftgebieten" sind die NO- und NO_2-Konzentrationen vergleichsweise niedrig. Im Waldgebiet bei Freudenstadt bewegen sich die NO_2-Monatsmittelwerte zwischen 5 und 18 µg/m^3 mit zwei höheren Werten (bis 36 µg/m^3). Das entspricht etwa der Belastung in Westerland auf Sylt. Die Schauinsland-Station (1 240 m üNN) weist von allen Umweltbundesamt-Stationen mit häufigsten Monatsmittelwerten zwischen 3 und 5 µg/m^3 die geringste Belastung auf [76].

Die Monatsmittelwerte und sogar die meisten der höchsten Halbstundenmittelwerte der Wald- und „Reinluft"-Meßstationen liegen niedriger als die Jahresmittelwerte an dem Verkehrsschwerpunkt.

Es wird jedoch davon ausgegangen, daß die an den Reinluftstationen auftretenden relativ hohen Ozonkonzentrationen auf die hohen und weit verbreiteten Stickstoffoxid-Emissionen zurückgehen.

3.3.3 Ozon

Auf das typische Verhalten der Ozonkonzentrationen in verschiedenen Gebieten wurde mit den Bildern 3.25, 3.27 und 3.30 hingewiesen. In Bild 3.37 ist anhand von Monatsmittel- und höchsten Halbstundenwerten die Ozonentwicklung an der Stadtmeßstation Heilbronn und der Waldmeßstation Freudenstadt-Schöllkopf für die Jahre 1984 bis 1991 dargestellt. An diesen Zeitreihen ist kein einheitlicher Trend der Entwicklung erkennbar. In warmen Sommern traten hohe Konzentrationen auf, in verregneten niedrige.

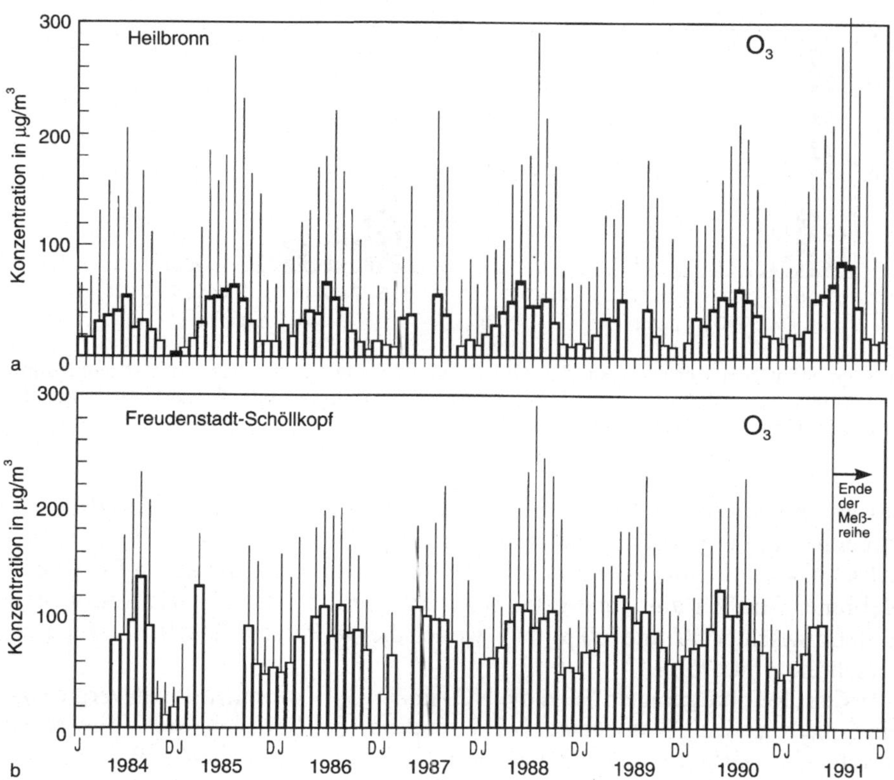

Bild 3.37 a und b. O_3-Monatsmittelwerte und höchste Halbstundenwerte an einer Stadtmeßstation (Heilbronn) (nach [70]) und einer Waldmeßstation (Freudenstadt-Schöllkopf) im Nordschwarzwald [33]

In Tabelle 3.4 sind für einige Städte und einige stadtferne Standorte in der Bundesrepublik Deutschland die Ozonkonzentrationen der Jahre 1975–1984 als Jahresmittel- und Jahreshöchstwerte (1/2-, 1- oder 3-Stunden-Werte) gegenübergestellt. In den Städten wird nachts, besonders bei klarem Himmel mit auftretenden Bodeninversionen, das Ozon durch die Oxidation von Primärschadstoffen weitgehend verbraucht. Die Ozon-Mittelwerte sind daher in Städten nicht hoch, z. B. verglichen mit den Monatsmittelwerten von Freudenstadt-Schöllkopf oder den Jahresmittelwerten auf dem Hohenpeißenberg und auf der Zugspitze. Die Luftbelastung durch Ozon ist vor allem in den Städten, und dort besonders in den Randgebieten, ein *Problem der Spitzenwerte*. An sonnigen Sommertagen wurden Ozonkonzentrationen von über 300 µg/m³ gemessen, (Bild 3.37 und Tabelle 3.4).

In quellfernen Gebieten sind die Konzentrationsverläufe gleichmäßiger: Weniger Nachtabsenkung, s. oben erwähnte Bilder, und nicht so hohe Spitzenwerte, selten über 200µg/m³ (s. z. B. Hohenpeißenberg und Zugspitze in Tabelle 3.4 und [33, 76, 77].

Tabelle 3.4. Ozonkonzentrationen in der Bundesrepublik Deutschland 1975–1984 [71]; *h* Jahreshöchstwerte, *m* Mittelwerte im Zeitraum April bis September [53]; alle Angaben in μg/m³

Station	1975		1976		1977		1978		1979		1980		1981		1982		1983	
	h	*m*	*h*	*m*	*h*	*m*	*h*	*m*	*h*	*m*	*h*	*m*	*h*	*m*	*h*	*m*	*h*	*m*
Köln [a]	280	36	390	38	300	28	250	66	190	32	240	36	546	50	326	52	304	50
Bonn [a]	320	46	370	42	396	30	348	28	221	–	274	–	–	–	–	–	–	–
Ölberg [a] (460 m)	260	62	340	78	260	56	340	68	350	66	250	60	318	64	–	–	–	–
Mannheim [b]	298	57	543	53	255	43	237	34	244	46	193	38	257	44	408	57	187	53
Karlsruhe [b]	–	–	358	46	409	–	299	44	200	39	287	33	245	35	260	59	222	39
Frankfurt [a]	–	–	409	68	211	32	231	34	278	35	315	48	347	43	366	54	270	40
Hohenpeißenberg [c] (~1000 m)	202	83	184	86	170	74	198	80	188	74	166	73	168	78	240	86	182	82
Zugspitze [c] (2964 m)	–	–	–	–	113	60	87	54	106	60	110	61	121	65	137	77	181	106

[a] Halbstunden-Mittelwert.
[b] Dreistunden-Mittelwert.
[c] Stunden-Mittelwert.

3.3.4 Kohlenwasserstoffe und andere Spurengase

Graedel beschreibt über 500 Verbindungen, vor allem organische Substanzen, die in der Umgebungsluft vorkommen können [78]. Um schrittweise eine Vorstellung über die Luftbelastung mit organischen Stoffen zu gewinnen, werden vor allem in Sondermeßprogrammen ausgewählte Stoffe erfaßt. Eine Reihe von Komponenten wird allerdings schon ziemlich regelmäßig neben den „klassischen"

Tabelle 3.5. Typische Konzentrationsbereiche von nicht routinemäßig erfaßten flüchtigen organischen und anorganischen Luftverunreinigungen in ländlichen und städtischen Gebieten [79]

	Komponente	Konzentrationsbereiche in µg/m³	
		ländliche	städtische Gebiete
Schwefelwasserstoff	H_2S	0,05 ···1	0,1 ···5
Dimethylsulfid	$(CH_3)_2S$	0,005···0,1	0,02···0,2
Schwefelkohlenstoff	CS_2	0,1 ···1	0,1 ···1
Kohlenstoffoxisulfid	COS	0,5 ···3	0,5 ···3
Methan	CH_4	1200	1200···3000
Ethan	C_2H_6	1 ···5	3···15
n-Pentan	n-C_5H_{12}	1 ···3	5···50
n-Octan	n-C_8H_{18}	0,2···1	2···10
Cyclo-Hexan	cyclo-C_6H_{12}	0,1···1	1···10
Ethen	C_2H_4	0,5···5	5···30
Buten	C_4H_6	1 ···2	1···10
Ethin	C_2H_2	0,2···3	5···30
Isopren		1 ···10	
Benzol	C_6H_6	1 ···5	5···30
Toluol	$C_6H_5CH_3$	0,5···2	5···50
Xylole	$C_6H_4(CH_3)_2$	0,1···1	5···50
Methanol	CH_3OH		10 ···20
Ethanol	C_2H_5OH		10 ···50
Formaldehyd	HCHO	0,5···2	10 ···20
Acetaldehyd	CH_3CHO	1 ···2	0,5···15
Aceton	$CH_3CO\ CH_3$	0,1···1	10 ···50
Methylchlorid	CH_3Cl	1 ···2	1 ···2
Dichlormethan	CH_2Cl_2	0,2···0,5	1 ···5
Chloroform	$CHCl_3$	0,2···0,5	0,5···3
Tetrachlorkohlenstoff	CCl_4	0,5···1	1 ···3
1,1,1 Trichlorethan	CH_3CCl_3	1 ···3	5 ···10
Vinylchlorid	CH_2CHCl	0,1	0,1··· 1
Trichlorethan	C_2HCl_3	0,2···1	2 ···15
Perchlorethen	C_2Cl_4	0,5···2	2 ···15
Dichlorbenzol	$C_3H_4Cl_2$		1 ···10
Difluordichlormethan (F 12)	CF_2Cl_2	1···2	1···5
Trichlorfluormethan (F 11)	$CF\ Cl_3$	1···2	1···4
Ammoniak	NH_3	2 ···20	
Salpetersäure	HNO_3	0,05··· 1	0,1···20
Wasserstoffperoxid	H_2O_2 (Gas)	0,1 ··· 3	0,1··· 0,5

Komponenten in einigen Immissionsmeßprogrammen gemessen. In Tabelle 3.5 soll ein Einblick in die Größenordnungen der Konzentrationen von organischen Stoffen und anderen Spurengasen gegeben werden, die üblicherweise in städtischen und ländlichen Gebieten auftreten. Es sind dabei für einige wichtige Substanzklassen typische Vertreter ausgewählt [79]. Es können aufgrund der meistens nicht regelmäßig durchgeführten Messungen keine statistischen Verteilungen angegeben werden, sondern nur Konzentrationsbereiche. Die Zahl der zugrundeliegenden Meßwerte ist für die verschiedenen Stoffe sehr unterschiedlich, z. T. sind nur einige wenige Einzelresultate die Datenbasis.

Kohlenwasserstoffe wie Alkane, Alkene, Alkine und Aromaten stammen hauptsächlich vom Kfz-Verkehr, andere organische und anorganische Verbindungen aus industriellen Prozessen (Chemie, Metallentfettung usw.). Die Fluorchlorkohlenwasserstoffe rühren von Spraydosengasen, von Kältemitteln und der Kunststoffverschäumung her.

3.3.5 Staubinhaltsstoffe

Auch Staubinhaltsstoffe werden nicht routinemäßig erfaßt. Tabelle 3.6 gibt einen Überblick über die Größenordnungen einiger anthropogen verursachter Schwermetalle und organischer Verbindungen in Schwebstäuben, wie sie in ländlichen und städtischen Gebieten auftreten. Quellen für die Schwermetalle sind die

Tabelle 3.6. Typische Konzentrationsbereiche von nicht routinemmäßig erfaßten Schwebstaub-Inhaltsstoffen – Schwermetalle und polycyclische aromatische Kohlenwasserstoffe [79]

	Stoff	Staubinhaltsstoffe/ng/m³/Konz.-Bereich	
		ländliches	städtisches Gebiet
Arsen	As	1 ··· 5	3 ··· 30
Beryllium	Be		0,01 ··· 2
Blei	Pb	20 ··· 60	200 ··· 1000
Cadmium	Cd	0,2 ··· 2	2 ··· 20
Chrom	Cr	1 ··· 5	5 ··· 30
Kobalt	Co	0,1 ··· 1	0,5 ··· 5
Kupfer	Cu	1 ··· 10	20 ··· 150
Mangan	Mn	10 ··· 50	20 ··· 100
Nickel	Ni	1 ··· 10	5 ··· 20
Quecksilber	Hg (part.)	0,05 ··· 3	0,2 ··· 2
Antimon	Sb	0,5 ··· 2	2 ··· 30
Selen	Se	0,5 ··· 3	1 ··· 10
Vanadium	V	1 ··· 10	10 ··· 50
Zink	Zn	50 ··· 100	100 ··· 1000
Benzo(a)pyren	BaP	0,5 ··· 3	2 ··· 20
Dibenzo(ah)anthracen	Db (ah) A		1 ··· 15
Benzopaphtothiophen	BNT	0,5 ··· 3	1 ··· 15
Benzo(a)anthraden	BaA	0,5 ··· 3	2 ··· 40
Chrysen	CHR	1 ··· 10	5 ··· 50
Indenopyren	IND	1 ··· 5	2 ··· 30

Metallurgie und Verbrennungsprozesse. Blei wird z.B. durch den Kfz-Verkehr verursacht, Nickel und Vanadium sind typisch für die Verbrennung von Heizölen. Polycyclische aromatische Kohlenwasserstoffe stammen aus den Hausfeuerungen, aus Dieselabgas und aus Kokereien.

3.4 Modellierung der Schadstoffausbreitung (B. Steisslinger)

Die Immissionssituation in den bodennahen Luftschichten wird einerseits von den emittierten Schadstoffmengen und andererseits von den jeweiligen Ausbreitungsbedingungen im betrachteten Gebiet bestimmt. Neben den topographischen Gegebenheiten kommt besonders meteorologischen Einflüssen, vor allem der Atmosphärenschichtung und den Windverhältnissen Bedeutung zu.

Der Zusammenhang zwischen Emissionen, atmosphärischer Ausbreitung und Schadstoffimmissionen wird vielfach mit mathematisch-meteorologischen Modellen simuliert.

3.4.1 Zielsetzung und Einsatzbereich von mathematisch-meteorologischen Simulationsmodellen

Kernpunkt der Ausbreitungsrechnung ist es, den in Bild 1.4 schematisch dargestellten Bezug zwischen Schadstoffausstoß, Transmission und Immissionskonzentrationen einer oder mehrerer Luftverunreinigungen als Funktion von Ort und Zeit mathematisch exakt zu beschreiben. Dies erfolgt in Abhängigkeit vom Emissionsaufkommen, den jeweils vorliegenden meteorologischen Gegebenheiten und, falls erforderlich, einer Vielzahl von Parametern zur Berücksichtigung von Umwandlungs- und Depositionsvorgängen in der Atmosphäre.

Simulationsrechnungen können zur Ermittlung von Beurteilungsgrundlagen im Rahmen der Standortplanung von genehmigungsbedürftigen Anlagen und Industriekomplexen, zur Bestimmung von Schornsteinmindesthöhen, zur Entwicklung und Bewertung von Strategien zur Immissionsminderung (Untersuchung der Auswirkung von Emissionsbeschränkungen auf die Immissionssituation) und somit zur Sicherstellung oder Wiederherstellung der Luftqualität (Kurzfrist- und Langzeitprognosen) eingesetzt werden. Einen Überblick über Aufgaben und Möglichkeiten, Eingangsgrößen und Ergebnisdaten von mathematisch-meteorologischen Modellierungen vermittelt Bild 3.38:

Die räumlichen Größenordnungen von Simulationsrechnungen erstrecken sich von der Betrachtung einzelner Emittenten über stadtklimatologische Fragen (Ermittlung der lufthygienischen Auswirkung von Gebäuden, Straßenzügen oder Industrieansiedlungen) bis hin zur Untersuchung von ganzen Ballungsräumen und überregionalen Gebieten. Aufgrund dieser bereits vom Größenmaßstab sehr unterschiedlichen Anforderungen ist es verständlich, daß ein einzelnes Rechenmodell niemals sämtlichen Fragestellungen, vom kleinräumigen Transport bis hin zu grenzübergreifenden Schadstoffverfrachtungen, gerecht werden kann. Aus diesem

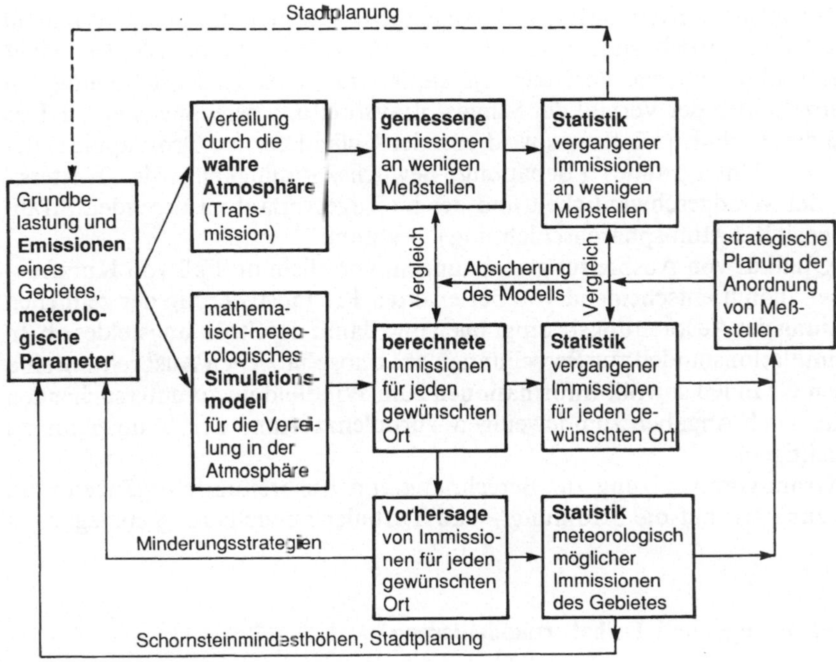

Bild 3.38. Hauptaufgaben und Möglichkeiten von mathematisch-meteorologischen Simulationsmodellen (nach [80]).

Tabelle 3.7. Einteilung der Anwendungsbereiche für Ausbreitungsmodelle in Abhängigkeit von Raum- und Zeitmaßstab [81]

Anwendungsbereich	Raum-Maßstab	Zeit-Maßstab
regional bis überregional	50 km bis 2000 km	1/2 Tag bis 1 Woche
städtisch bis regional	1 km bis 100 km	1 Std. bis 1 Tag
Punktquelle (Kraftwerk)	500 m bis einige km	1/2 Stunden bis einige Stunden
Linienquellen (Kfz-Verkehr-anbaufreie Schnellstraße)	100 m bis einige km	1/2 Stunde bis einige Stunden
Straßenschlucht (Kfz-Verkehr -innerstädtisch)	einige Meter (1 m bis 100 m)	einige Min. bis 1 Std.

Grund wurden von verschiedenen Stellen vom Ansatz unterschiedliche Modellkonzeptionen entwickelt und auf die jeweils interessierenden Raum- und Zeitmaßstäbe zugeschnitten, s. Tabelle 3.7.

3.4.2 Modellkonzeptionen

Die Ausbreitung luftgetragener Substanzen in der Atmosphäre beruht auf zwei unterschiedlichen Transportmechanismen:

Luftverunreinigungen werden zum einen mit Strömungen in Richtung des Windes verfrachtet (Advektion) und zum anderen aufgrund der atmosphärischen Turbulenz durch Diffusionsbewegungen, die dem mittleren Windfeld überlagert sind, verteilt. Basierend auf der Kenntnis des Strömungsfeldes, seiner zeitlichen und räumlichen Veränderung, kann dann unter Berücksichtigung von Turbulenzeffekten der Verlauf der Schadstoffausbreitung berechnet werden. Das Ausmaß des Turbulenzeinflusses wird von der Geländeform (Orographie), der Struktur des Untergrundes (Bebauung, Bewuchs, Rauhigkeit), der Wettersituation, der Windgeschwindigkeit und der im Tagesverlauf variierenden Strahlungsintensität (Atmosphärenschichtung) bestimmt.

Die Qualität von Ausbreitungsrechnungen, vor allem im Fall von Kurzfristprognosen, hängt entscheidend von der exakten Prognostizierung der zeitlichen Entwicklung der Ausbreitungsbedingungen und damit des Strömungsfeldes ab. In einem Simulationsmodell zur Berechnung der atmosphärischen Ausbreitung sind aus diesen Gründen sowohl Informationen zum Windfeld im zu untersuchenden Gebiet als auch Angaben zum jeweiligen Turbulenzzustand der Atmosphäre zu berücksichtigen.

Als Grundvoraussetzung zur Berechnung von Ausbreitungsvorgängen muß deshalb zunächst auf die Strömungs- und Turbulenzmodellierung eingegangen werden.

3.4.2.1 Strömungs- und Turbulenzmodellierung

Strömungsmodellierungen können mit zwei grundsätzlich verschiedenen Modellansätzen durchgeführt werden. Abhängig von der jeweiligen Aufgabenstellung und Zielsetzung kommen einerseits diagnostische und andererseits prognostische Simulationsmodelle zum Einsatz.

Diagnostische Modelle

Zum Haupteinsatzbereich von diagnostischen Simulationsmodellen zählt die Nachbildung des Ist-Zustands eines Strömungsfeldes auf der Basis von statistisch abgesicherten Meßreihen und bekannten, experimentell ermittelten Randbedingungen. Anwendung findet dieser Modelltyp vor allem für Langzeituntersuchungen und Fallstudien, bei denen eine Vielzahl von verschiedenen Ausbreitungssituationen durchgespielt wird.

Ein weiteres wichtiges Einsatzgebiet von diagnostischen Modellen ist die Berechnung divergenzfreier, massenkonsistenter Strömungsfelder durch Inter- und Extrapolation von Winddaten, die innerhalb eines bestimmten Gebietes registriert wurden. Vor Beginn von Ausbreitungsrechnungen muß generell sichergestellt werden, daß in den einzelnen Volumenelementen des Untersuchungsgebietes weder ein Massenzuwachs noch ein Massenverlust auftritt, wenn nur Strömungsvorgänge betrachtet, Emissions-, Umwandlungs- und Depositionsprozesse aber ausgeschlossen werden.

Prognostische Modelle

Anders als mit diagnostischen Modellansätzen kann mit prognostischen Simulationsmodellen die Entwicklung eines Strömungsfeldes im räumlichen Maßstab von 2,5 bis zu 2 500 Kilometern und im zeitlichen Umfang von wenigen Stunden bis zu einigen Tagen vorhergesagt werden.

Strömungen, die durch ein Modell dieses Typs beschrieben werden, sind einerseits in ein größerskaliges, treibendes Strömungsfeld (geostrophischer Wind) eingebettet, müssen aber andererseits auch kleinräumigen Phänomenen (topographisch oder thermisch induzierten Turbulenzen) Rechnung tragen können [82].

Die mathematische Behandlung von Strömungsvorgängen mit prognostischen Modellen basiert auf einem Satz partieller nichtlinearer Differentialgleichungen. Das Modellgebiet, in dem ein Strömungsfeld bestimmt werden soll, wird mit einem dreidimensionalen Gitternetz überspannt, für das dieses Gleichungssystem mit numerischen Methoden gelöst werden muß [82]. Durch geeignete Festlegung des Koordinatensystems und gezielte Wahl von Gitterpunkten kann das Auflösungsvermögen des Modells an die von der Orographie des Untersuchungsgebietes vorgegebenen Anforderungen angepaßt werden. Die wichtigsten in der Bundesrepublik Deutschland entwickelten prognostischen Modellkonzeptionen sind in [83] genannt.

Ein zu beachtendes Charakteristikum beim Einsatz von Modellen dieses Typs ist der im Vergleich zu diagnostischen Strömungsmodellen deutlich größere Modellierungsaufwand und der dadurch zumeist sehr hohe Rechenzeitbedarf.

Eine Möglichkeit zur Verkürzung der Rechenzeiten ist die Beschränkung der Modellierung auf einige wenige vertikale Schichten. Das von Heimann konzipierte Dreischichtenmodell „REWIMET“ [84] stellt einen Kompromiß zwischen Rechenzeitaufwand und Detaillierungsgrad des Strömungsfeldes dar. Gemäß

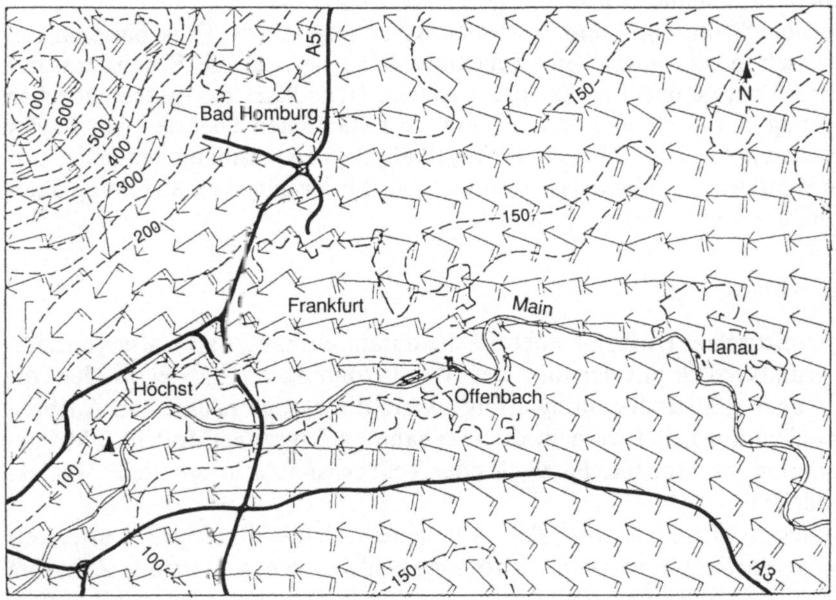

Bild 3.39. Beispiel für Simulationsrechnungen mit Strömungsmodellen: Mit REWIMET berechnetes Windfeld in der Main-Taunus-Region [86]

VDI-Richtlinie 3783, Blatt 6 [85] soll dieses Modell zur Berechnung des Windfeldes im Rahmen von Untersuchungen zur regionalen Ausbreitung von Luftverunreinigungen über komplexem Gelände zum Einsatz kommen. Bild 3.39 zeigt als Beispiel für Strömungsmodellierungen ein mit REWIMET ermitteltes Windfeld in der Main-Taunus-Region (Erstreckungsbereich 60 km × 40 km).

3.4.2.2 Modellierung der Schadstoffausbreitung

Zur Herstellung einer kalkulierbaren Beziehung zwischen Emission und Immission kann grundsätzlich nach unterschiedlichen Verfahren vorgegangen werden [87, 88]:

Für langfristige Planungsentscheidungen werden Konzentrationsberechnungen in der Regel mit Hilfe von Modellen mit physikalischem Hintergrund (deterministische Modelle) durchgeführt. Sie gehen von einem Emissionskataster in Abhängigkeit von meteorologischen Variablen aus. Für kurzfristige Konzentrationsvorhersagen mit möglichst geringem Aufwand kommen statistische und empirische Modelle zum Einsatz. Auf der Basis von statistisch abgesicherten Beziehungen, die aus einer Vielzahl von Meßdaten empirisch aufgestellt wurden, können Immissionskonzentrationen abhängig von meteorologischen Faktoren und anderen Parametern ermittelt werden. Zur Untersuchung von topographischen Einflüssen und Gebäudeeffekten in unmittelbarer Umgebung von Emissionsquellen werden oftmals physische Modelle eingesetzt, die auf einer Abbildung der Natur im Labormaßstab beruhen (Windkanalexperimente).

Im folgenden wird der auf physikalischen Grundlagen aufbauende, deterministische Modellansatz, der von den Einsatzmöglichkeiten her am vielseitigsten verwendbar ist, anhand einiger Beispiele näher vorgestellt:

Sämtliche Strömungs- und Ausbreitungsmodelle dieses Typs basieren auf mathematisch-meteorologischen Rechenmethoden, die auf die Erhaltungssätze von Masse, Energie und Impuls zurückgreifen. Grundlage zur mathematischen Beschreibung von Turbulenzeffekten sind die statistischen Theorien von Taylor [89]. Mit diesen Ansätzen können die physikalischen Gesetzmäßigkeiten der turbulenten Windgeschwindigkeitsschwankungen, die der mittleren Strömung überlagert sind, bestimmt werden.

Lagrange-Modelle

Aus der statistischen Diffusionstheorie, die darauf aufbaut, daß Luftverunreinigungen grundsätzlich mit der mittleren Windströmung verfrachtet werden, die Diffusion aber statistisch zufällig erfolgt, kann direkt eine Klasse von Ausbreitungsmodellen abgeleitet werden, die sogenannten Lagrange-Modelle (Monte-Carlo-Simulations-Modelle, Partikel- oder Teilchensimulationsmodelle, Trajektorienmodelle).

Mit diesen Modellen wird der Weg eines schadstoffhaltigen Luftpakets (Teilchens, Partikels) in einem Strömungsfeld für einen längeren Zeitraum berechnet, das Luftelement somit in seiner zeitlichen Fortbewegung und Veränderung verfolgt. Im Verlauf dieser Bewegung werden von einem Luftelement über Quellen Schadstoffe aufgenommen und über Senken wieder abgegeben. Wird dieser Vorgang für Teilchen simuliert, die aus bestimmten Emissionsquellen freigesetzt werden, kann aus der räumlichen Verteilung dieser Partikel nach einer beliebig vorgegebenen Ausbreitungszeit ortsabhängig die Immissionskonzentration ermittelt werden.

Bild 3.40a zeigt beispielhaft Bahnen von Luftpaketen (Trajektorien), die mit dem von Gross entwickelten Simulationsmodell „FITNAH" berechnet wurden. In Bild 3.40b ist ein mit diesem Modell ermitteltes Bodenkonzentrationsfeld dargestellt.

Zur Sichtbarmachung der Strömungsänderung an einem Hügel beim Übergang von der Nacht zum Tag wurden zwischen 5 und 9 Uhr in 10 m über Grund Luftballen „gestartet" und deren Trajektorien berechnet. Deutlich ist der Einfluß

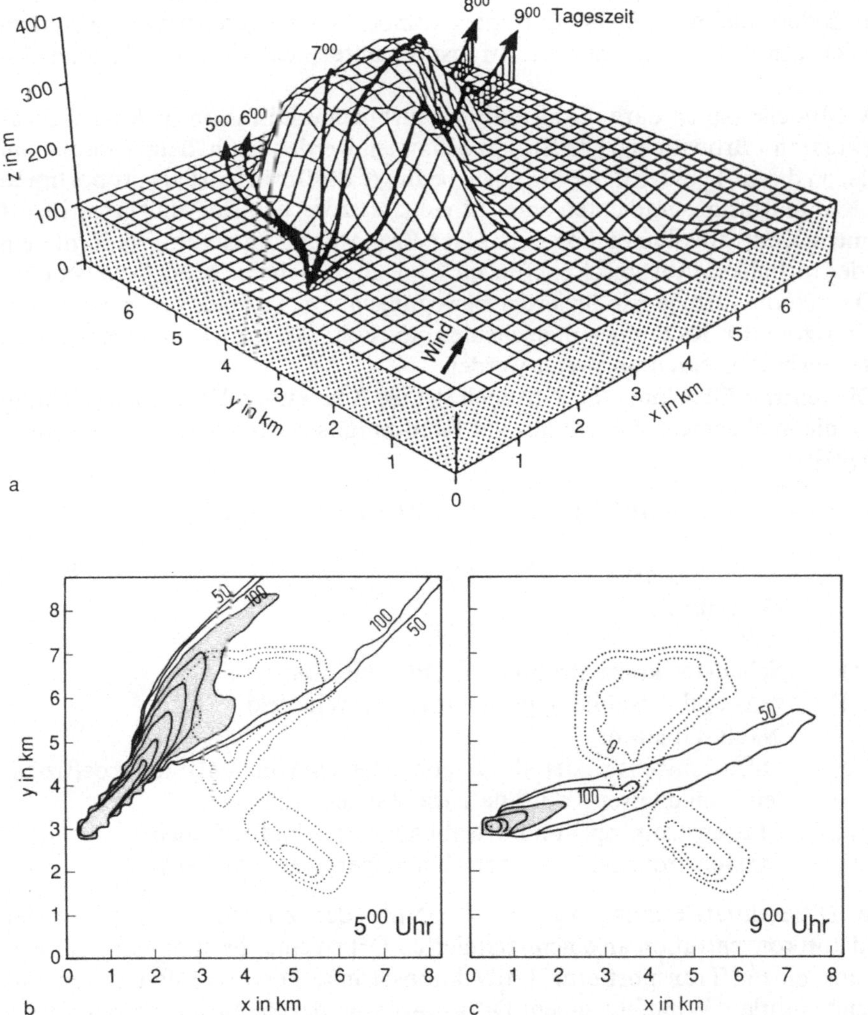

Bild 3.40. Mit FITNAH berechnete Trajektorien (**a**) und Konzentrationsfelder um 5 Uhr (**b**) und 9 Uhr (**c**) [90]

der thermischen Schichtung auf den Bahnverlauf zu erkennen. Während die Luftpakete bis 6 Uhr aufgrund der im bodennahen Bereich stabilen Schichtung um den Hügel herumströmen und dort für relativ hohe Immissionskonzentrationen sorgen, ist nach Sonnenaufgang eine immer deutlichere Anbindung der Trajektorien an die Richtung des großräumigen Windes festzustellen. Ab 9 Uhr ist die Auswirkung der Topographie auf den Bahnverlauf kaum mehr zu sehen. Mit merklich besserem Luftaustausch geht dann die Schadstoffbelastung in den bodennächsten Atmosphärenschichten stark zurück.

K-Modelle

Während sich beim Einsatz von Lagrange-Modellen das Volumen des interessierenden Luftpakets auf seiner Flugbahn entsprechend dem jeweiligen Umgebungsdruck ändert, bleibt bei K- oder Gradientenmodellen der geometrische Raum, in dem der atmosphärische Schadstofftransport untersucht werden soll, unverändert.

K-Modelle bauen darauf auf, daß die turbulente Diffusion in Analogie zur molekularen (Brownschen) Diffusion behandelt werden kann. Beim Einsatz von Modellen dieses Typs wird der turbulenzbedingte Stofftransport als proportional zum Konzentrationsgradienten eines Schadgases zwischen Ein- und Austrittsort an einem Kontrollvolumen angesetzt. Der Proportionalitätsfaktor ist in diesem Fall der turbulente Austauschkoeffizient K, nach dem dieser Modelltyp benannt ist. Da sich die turbulenzinduzierten Bewegungen von Luftpaketen in vertikaler und horizontaler Richtung unterscheiden, müssen dafür auch unterschiedliche Diffusionskoeffizienten angesetzt werden.

Die zentrale Gleichung für K-Modelle ist die Advektions-Diffusionsgleichung (3.27), die in allgemeiner Form aus der Kontinuitätsgleichung abgeleitet werden kann [91]:

$$\frac{\partial c(\vec{x},t)}{\partial t} = -\bar{\vec{u}}(\vec{x},t)\cdot\nabla c(\vec{x},t) + \nabla\left(K(\vec{x},t)\cdot\nabla c(\vec{x},t)\right) + Q(\vec{x},t) + S(\vec{x},t), \tag{3.37}$$

$\vec{x}$ Ortsvektor,
t Zeit,
$c(\vec{x},t)$ Schadstoffkonzentration am Ort x zur Zeit t,
$\bar{\vec{u}}(\vec{x},t)$ zeit- und ortsabhängiges (mittleres) Windfeld,
∇ Nabla-Operator,
$K(\vec{x},t)$ Diffusionstensor, der als Diagonalelemente die Diffusionskoeffizienten in allen drei Koordinatenrichtungen enthält,
$Q(\vec{x},t)$ Massenstrom zeit- und ortsabhängiger Schadstoffquellen,
$S(\vec{x},t)$ Massenstrom zeit- und ortsabhängiger Schadstoffsenken.

Diese Differentialgleichung zur Beschreibung der zeitlichen Änderung der Schadstoffkonzentration an einem definierten Ort zu einer bestimmten Zeit setzt sich aus einem Transportterm (Advektionsterm), hervorgerufen durch das treibende mittlere Windfeld, einem Diffusionsterm, der die turbulenzinduzierten Bewegungen berücksichtigt, und aus räumlich und zeitlich variierenden Quell- und Senkentermen zusammen.

In allgemeiner Form ist die Advektions-Diffusionsgleichung nicht geschlossen (mathematisch eindeutig) lösbar. Aus diesem Grund müssen numerische Verfahren zur Auflösung dieses Gleichungssystems herangezogen werden. Die Differentialquotienten der Advektions-Diffusionsgleichung werden dann durch Differenzenquotienten zwischen charakteristischen Raum- und Zeitpunkten ersetzt, wodurch ein umfangreiches System von Gleichungen zur Berechnung der Konzentrationen an räumlich und zeitlich benachbarten Stellen entsteht, das unter Beachtung von speziellen Randbedingungen schrittweise gelöst werden kann [92].

Abhängig vom Ansatz zur Lösung der Advektions-Diffusionsgleichung wird zwischen verschiedenen Typen von K-Modellen unterschieden:

Im Fall von Eulerschen Gittermodellen oder Grid-Modellen wird ein geeignetes, festes Raumgitternetz über das Ausbreitungsgebiet gelegt und der Untersuchungsraum in eine Vielzahl von einzelnen Volumenelementen unterteilt. An den einzelnen Gitterpunkten wird dann die Advektions-Diffusionsgleichung für diskrete Zeitschritte mit Hilfe von Finite-Differenzenverfahren gelöst. Da diese Rechenoperationen sehr zeitintensiv sind und große Speicherkapazitäten benötigen, ist der Einsatz von Euler-Modellen hauptsächlich auf wissenschaftliche Fragestellungen begrenzt [93].

Bei Particle-in-cell-Modellen wird die Diffusionsgeschwindigkeit über den Konzentrationsgradienten bestimmt und der durch das Windfeld vorgegebenen Advektionsbewegung überlagert. Mit dieser so konstruierten Pseudotransportgeschwindigkeit ergibt sich durch eine formale Vereinfachung aus der Advektions-Diffusionsgleichung die Kontinuitätsgleichung, die dann mittels numerischer Verfahren in einem festen Raumgitter gelöst werden kann [82].

Box-Modelle

Den einfachsten Ansatz zur Berechnung der Zusammensetzung eines Luftvolumens stellt ein Box-Modell dar. Als Begrenzung des betrachteten Untersuchungsgebiets dient unten der Erdboden und am oberen Rand in aller Regel eine Inversionsschicht. Seitlich wird die Box durch die horizontale Ausdehnung des Testgebiets begrenzt, s. Bild 3.41.

In der Regel wird vorausgesetzt, daß die Luft innerhalb des untersuchten Volumens ideal durchmischt ist. Luftbewegungen aufgrund von turbulenter Diffusion und Windströmungen innerhalb der Box werden vernachlässigt. Konzentrationsänderungen resultieren nur aus Depositions- und Umwandlungsvorgängen.

Box-Modelle berücksichtigen den horizontalen Antransport (Advektion) und Abtransport von Luftverunreinigungen in Form eines konstanten Flusses durch die seitlichen Begrenzungen des betrachteten Volumenelements. Sie eignen sich ausgesprochen gut zur Simulation von luftchemischen Umwandlungsreaktionen, weil vom Ansatz her lediglich die Schadstoffkonzentrationen an einem einzigen Punkt berechnet werden müssen. Ein solches Modell kann allerdings nicht zu Untersuchungen in Regionen mit inhomogenen verteilten Quell- und Senkengebieten verwendet werden [93].

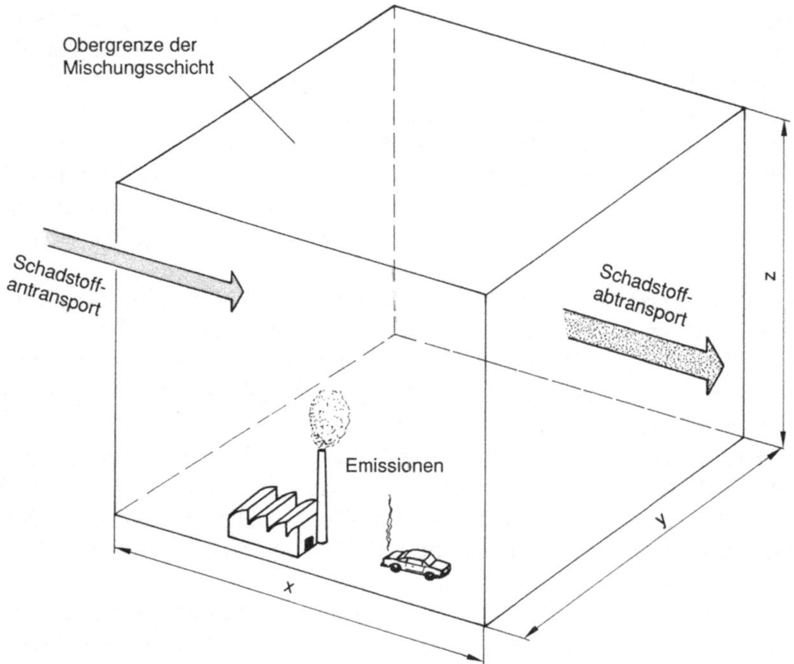

Bild 3.41. Schematische Darstellung des Untersuchungsgebiets eines Box-Modells

Gauß-Modelle

Zur Berechnung der Ausbreitung von nicht sedimentierenden Schadstoffen aus Punktquellen, die während des Transportvorgangs keinen physikalischen und chemischen Umwandlungen unterliegen, wird im Rahmen von Genehmigungsverfahren (Schornsteinhöhenberechnung, Immissionsprognosen) ein Rechenmodell verwendet, das auf einer Gaußschen Diffusion beruht.

Dieses Ausbreitungsmodell geht von der analytischen Lösung einer stark vereinfachten Form der Advektions-Diffusionsgleichung aus. Voraussetzung dafür sind eine gleichbleibende Emission, ein räumlich und zeitlich konstantes Windfeld mit starrer Windrichtung, räumlich und zeitlich unveränderliche Diffusionsparameter, ein ebenes, unbebautes Ausbreitungsgebiet und eine vollständige Reflexion von am Erdboden auftreffenden Schadstoffen [94].

Das Koordinatensystem wird so in den Raum gelegt, daß sich der Ursprung im Fußpunkt der betrachteten Emissionsquelle befindet und die x-Achse in Richtung des mittleren Windes zeigt, s. Bild 3.42.

Zusätzlich zu den oben aufgelisteten Bedingungen muß in x-Richtung die Advektion gegenüber den turbulenzbedingten Vorgängen überwiegen, so daß Diffusionseffekte in dieser Richtung vernachlässigt werden können. Des weiteren wird vereinfachend angenommen, daß die in y- und z-Richtung verlaufenden Diffusionsbewegungen in Form einer Gauß-Verteilung erfolgen [93].

Für Emissionen aus Punktquellen kann dann die Immissionskonzentration

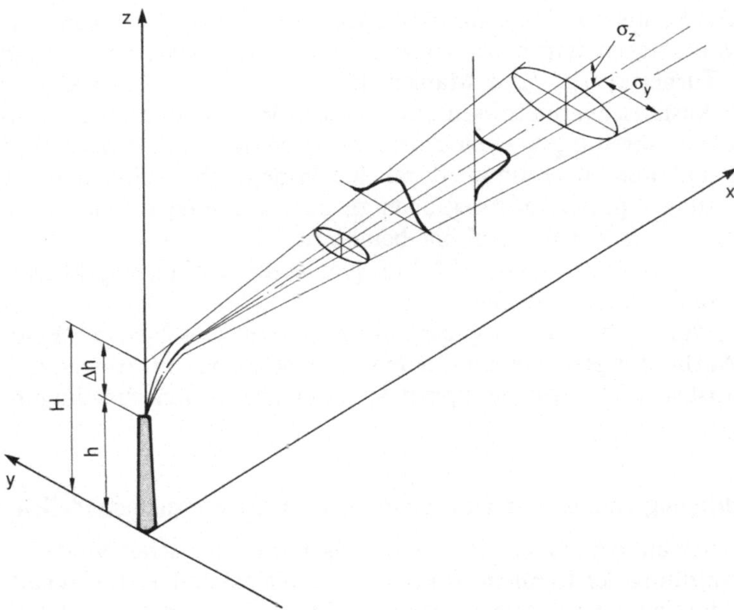

Bild 3.42. Ausbreitung von Rauchfahnen nach einem Gauß-Ansatz [94]

an einem bestimmten Ort im Lee der Quelle durch eine zweidimensionale Gauß-Verteilung (3.28) beschrieben werden [94, 95]:

$$c(x, y, z) = \frac{Q}{2\pi\sigma_y\sigma_z u_h} \exp\left[-\frac{y^2}{2\sigma_z^2}\right] \cdot \left(\exp\left[-\frac{(z-H)^2}{2\sigma_z^2}\right] + \exp\left[-\frac{(z+H)^2}{2\sigma_z^2}\right]\right) \quad (3.38)$$

x, y, z	kartesische Koordinaten der Aufpunkte in der Ausbreitungsrichtung (x), senkrecht zur Ausbreitungsrichtung horizontal (y) und vertikal (z),
$c(x, y, z)$	Massenkonzentration der Luftverunreinigung (Immissionsbeitrag) am Aufpunkt mit den Koordinaten (x, y, z) für jede einzelne Ausbreitungssituation,
z	Höhe des Aufpunkts über Flur,
Q	Emissionsmassenstrom des emittierten luftverunreinigenden Stoffes aus der Emissionsquelle. Bei Stickstoffmonoxid ist ein Umwandlungsgrad von 60 % des Stickstoffmonoxids zu Stickstoffdioxid zugrunde zu legen,
H	effektive Quellhöhe,
σ_y, σ_z	horizontale und vertikale Ausbreitungsparameter,
u_h	Windgeschwindigkeit in Abhängigkeit von der Höhe.

Die genannten Annahmen, die den Anwendungsbereich von Gauß-Modellen zunächst deutlich einschränken, werden zum Teil durch die Verwendung spezieller

Eingangsparameter kompensiert, die aus Ausbreitungsversuchen gewonnen wurden. Aufgrund von solchen Experimenten wurden von verschiedenen Autoren (Pasquill [96], Turner [97], Klug/Manier [98, 99]) Ausbreitungsklassen definiert, die den Austauschverhältnissen bei typischen Wettersituationen Rechnung tragen. Diese Ausbreitungsklassen charakterisieren den Turbulenzzustand der Atmosphäre und werden bestimmt durch die Windgeschwindigkeit sowie durch den Schichtungstyp, der Informationen zu den Strahlungsverhältnissen, zum Bedeckungsgrad und zur Wolkenhöhe beinhaltet.

In der derzeit gültigen Fassung der TA Luft [95] ist die Ausbreitungsklassierung nach Klug/Manier vorgeschrieben.

Zur Erstellung von Immissionsprognosen werden die für verschiedene Windrichtungen und Ausbreitungsklassen ermittelten Schadstoffkonzentrationen entsprechend der statistischen Auftrittshäufigkeit der jeweiligen Austauschbedingungen berücksichtigt.

3.4.3 Berücksichtigung chemischer Umwandlungen in Ausbreitungsmodellen

Ein wichtiger Bereich auf dem Gebiet mathematisch-meteorologischer Modellierungen ist die Ermittlung der Immissionsbelastung durch sekundäre Luftschadstoffe: Photooxidantien (Los Angeles-Smog), saure Luftverunreinigungen (London-Smog). Die Zuverlässigkeit derartiger Simulationsrechnungen hängt davon ab, ob die in der Atmosphäre ablaufenden physikalischen und chemischen Umsetzungen ausreichend genau nachgebildet werden können.

Durch Einbeziehung von Umwandlungsreaktionen wird ein Ausbreitungsmodell stark vergrößert und der Rechenzeitbedarf entsprechend verlängert. Außer unter Verwendung einfacher Box-Modelle erfordern die mathematischen Konzeptionen zur Berechnung des Transports reaktiver Luftverunreinigungen einschließlich der trockenen und nassen Deposition die Lösung der allgemeinen Advektions-Diffusionsgleichung, in der die chemischen Umsetzungen durch einen zusätzlichen Reaktionsterm berücksichtigt werden. Dieser Ausdruck bewirkt über ein System gekoppelter Differentialgleichungen, daß die Konzentrationen einzelner Schadstoffe nicht unabhängig voneinander, sondern unter gegenseitiger Beeinflussung bestimmt werden.

Aufgrund der großen Vielfalt an möglichen Reaktionsabläufen in der Atmosphäre sind Vereinfachungen notwendig, vor allem aber muß die Anzahl an zu untersuchenden Verbindungen begrenzt werden. Der Einfluß von organischen Verbindungen wird entweder durch Zusammenfassung von mehreren Kohlenwasserstoffen zu bestimmten Gruppen, innerhalb derer die Abbaumechanismen gleichartig verlaufen, oder durch Verfolgung solcher Komponenten berücksichtigt, die als repräsentative Vertreter (Leitsubstanzen) ganzer Reaktionsklassen angesehen werden können [89, 93]. Im Fall anorganischer Schadstoffe werden zumeist nur die wichtigsten Hauptreaktionen modellmäßig erfaßt.

3.4.4 Zusammenfassender Überblick über Modellkonzeptionen

In Bild 3.43 ist der Zusammenhang zwischen Ausbreitungstheorien und Modellkonzeptionen nochmals zusammenfassend dargestellt.

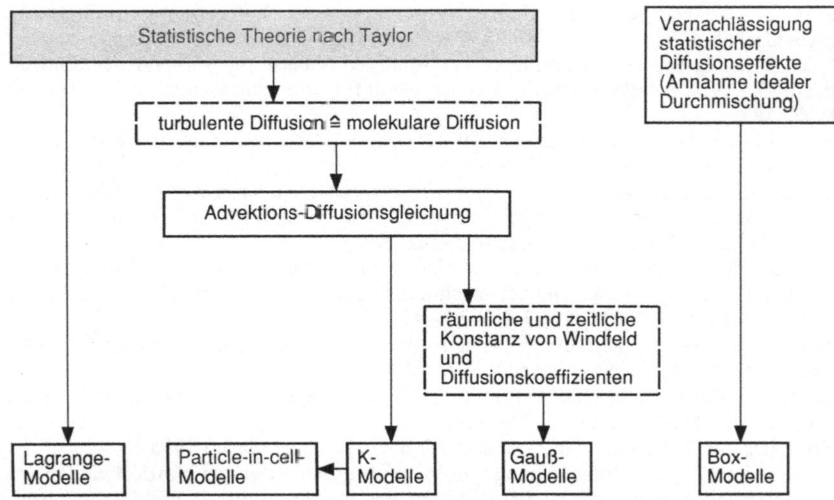

Bild 3.43. Übersicht über den Zusammenhang zwischen Ausbreitungstheorien und Modellkonzeptionen [82]

3.5 Literatur

1 Schirmer, H.: Stadtklima und Luftreinhaltung. VDI-Berichte Nr. 477, Düsseldorf 1983, S. 101–109
2 Schalz, J.: Das Stadtklima, Ein Faktor der Bauwerks- und Städteplanung. Karlsruhe: C. F. Müller 1974
3 VDI-Kommision Reinhaltung der Luft (Hrsg.): Stadtklima und Luftreinhaltung. Berlin: Springer 1988
4 Reuter, H.: Die Wissenschaft vom Wetter. Berlin: Springer 1978
5 Weischet, W.: Einführung in die allgemeine Klimatologie. Stuttgart: Teubner 1983
6 Meyers kleines Lexikon: Meteorologie. Mannheim: Meyers Lexikonverlag 1987
7 Häckel, H.: Meteorologie. Uni-Taschenbücher 1338, Stuttgart: Eugen Ulmer 1985
8 Robel, F.; Hoffmann, U.; Riekert, A.: Daten und Aussagen zum Stadtklima von Stuttgart auf der Grundlage der Infrarot-Thermographie. Beiträge zur Stadtentwicklung, Chemisches Untersuchungsamt der Landeshauptstadt Stuttgart 1978
9 Baltrusch, M.; Schütz, G.: Wärmeinsel. Beitrag in [3]
10 Beckröge, W.: Veränderungen des Klimas im Stadtbereich. Beitrag in [3]
11 Deutscher Wetterdienst, Wetteramt Stuttgart: Monatliche Darstellung der bodennahen Inversionsschichten. Nicht veröffentlichte Auswertungen, Stuttgart 1982
12 Malberg, H.: Meteorologie und Klimatologie, Berlin: Springer 1985
13 Deutscher Alpenverein: Alpin-Lehrplan 9, Wetter Lawinen. München: BLV Verlagsgesellschaft 1983
14 Baumüller, J.; Reuter, U.; Hoffmann, U.: Analyse der Smog-Situation in Stuttgart – Januar 1982. Chemisches Untersuchungsamt der Stadt Stuttgart, Klimatologische Abteilung, Mitteilung Nr. 4, 1982
15 Giebel, J.: Verhalten atmosphärischer Sperrschichten. LIS-Bericht Nr. 12, Landesanstalt für Immissionsschutz, Essen 1981
16 Giebel, J.: Untersuchungen über Zusammenhänge zwischen Sperrschichthöhen und Immissionsbelastung. LIS-Bericht Nr. 29, Landesanstalt für Immissionsschutz, Essen 1983
17 Stern, A.C.; Boubel, R.W.; Turner, D.B.; Fox, D.L.: Fundamentals of air pollution. 2nd ed. Orlando, Florida: Academic Press 1984

18 Leithe, W.: Die Analyse der Luft und ihrer Verunreinigungen. Stuttgart: Wissenschaftliche Verlagsgesellschaft 1974
19 Giebel, J.; Bach, R.-W.: Ursachenanalyse der Immissionsbelastung während der Smogsituation am 17.1.1979. Schriftenreihe der Landesanstalt für Immissionsschutz, Essen, Heft 47 (1979) 60–73
20 Külske, S.; Pfeffer, H.K.: Smoglage vom 16.–20. Januar 1985 an Rhein und Ruhr. Staub Reinhalt. Luft 45 (1985) Nr. 3, S. 136–141
21 Fa. Geosens, Rotterdam: Messungen des grenzüberschreitenden Transports von SO_2, NO_x und Ozon zwischen der Bundesrepublik Deutschland und der DDR/CSSR. Monatsberichte aus dem Meßnetz 6/85, Umweltbundesamt Berlin 1985
22 Paffrath, D.; Peters, W.; Rösler, F.; Baumbach, G.: Fallstudie über den Beitrag des Ferntransports von SO_2 zur lokalen Luftverschmutzung in der Bundesrepublik Deutschland. Staub Reinhalt. Luft 47 (1987) Nr. 7/8, S. 35–41
23 Bruckmann, P.; Reich, T.; Schrader, W.: Die Hamburger Smogepisode im Dezember 1983. Staub Reinhalt. Luft 45 (1985), Nr. 6, S. 307–312
24 Bruckmann, P.; Borchert, H.; Külske, S. et al.: Die Smog-Periode im Januar 1985. Staub Reinhalt. Luft 46 (1986) Nr. 7/8, S. 334–342
25 Umweltbundesamt: Monatsberichte aus dem Meßnetz Nr. 2/86, Berlin 1986
26 Heinze, J.; Baumbach, G.: Untersuchung von SO_2-Ferntransporten bei Nordostwinden am Beispiel von Situationen im Februar 1986. Institut für Verfahrenstechnik und Dampfkesselwesen der Universität Stuttgart, Abt. Reinhaltung der Luft, Bericht Nr. 15 – 1989
27 Baumbach, G.; Baumann, K.; Dröscher, F.: Luftverunreinigungen in Wäldern – Ergebnisse von Schadstoffmessungen im Schönbuch und Nordschwarzwald. Institut für Verfahrenstechnik und Dampfkesselwesen der Universität Stuttgart, Abt. Reinhaltung der Luft, Bericht Nr. 5 – 1987
28 Deutscher Wetterdienst, Aerologische Station Stuttgart: Ergebnisse der täglichen Radiosondenaufstiege. Persönliche Mitteilung, Stuttgart 1986
29 Bayerisches Landesamt für Umweltschutz, München, persönliche Mitteilung 1986
30 Landesanstalt für Umweltschutz, Karlsruhe, persönliche Mitteilung 1986
31 Amt für Umweltschutz der Stadt Stuttgart, Abt. Klimatologie, persönliche Mitteilung 1986
32 Schweizer, G.: Die Smog-Lage im Januar 1985 – Auswirkugen in Mittelbaden. Staub Reinhalt. Luft 45 (1985) Nr. 12, S. 587–590
33 Baumbach, G.; Baumann, K.; Dröscher, F.: Untersuchung der Verteilung von Luftverunreinigungen und ihres Eintrages in Waldbestände im Schwarzwald und Schönbuch. BMFT-Projekt Nr. 0339 112, Abschlußbericht, Universität Stuttgart 1990
34 Dröscher, F.: Vorkommen und Eintrag von atmosphärischen Partikeln in Waldbestände. Dissertation, Universität Stuttgart 1990
35 Baumbach, G.; Minner, G.; Konrad, G.: Luftverunreinigungen in einem Schwarzwaldtal bei Inversionswetterlagen, Teil 1. Institut für Verfahrenstechnik und Dampfkesselwesen der Universität Stuttgart, Abt. Reinhaltung der Luft, Bericht Nr. 3 – 1986
36 Petkovsek, Z.: Meteorologische Probleme der Luftverunreinigungen in Talbecken, Z. Meteor. 32 (1982) 1, S. 42–50
37 Dröscher, F.; Rauskolb, J.: Luftverunreinigungen in einem Schwarzwaldtal bei Inversionswetterlagen, Teil 2: Untersuchung der Staub-Immissionen. Institut für Verfahrenstechnik und Dampfkesselwesen der Universität Stuttgart, Abt. Reihaltung der Luft, Bericht Nr. 3 – 1986
38 Baumbach, G.; Göttlicher, R.; Winkelbauer, W.: Einfluß von Inversionen auf die Schadgasverteilung über einer Kleinstadt im Naturpark Schönbuch. Staub Reinhalt. Luft 45 (1985), Nr. 7/8, S. 365–368
39 Baumbach, G.; Baumann, K.; Dröscher, K.: Behaviour of air pollutants under inversion weather conditions. In: K. Grefen and J. Löbel (eds.): Environmental meteorology. Dordrecht: Kluwer Academic Publishers 1988
40 Paffrath, D.; Paffrath, M.; Peters, W.; Rösler, F.: Ergebnisse der Flugzeug-Messungen von Luftverunreinigungen über österreichischen Gebirgstälern vom 22.11.82–10.2.83. Interner Abschlußbericht SKAT Nr. IB-553-21-83, DFVLR, Institut für Physik der Atmosphäre, Oberpfaffenhofen 1983
41 Vonier, B.; Steisslinger, B.; Baumbach, G.: Luftbelastung in Tübingen. Institut für Verfahrenstechnik und Dampfkesselwesen der Universität Stuttgart, Abt. Reinhaltung der Luft, Bericht Nr. 12 – 1988

42 Becker, K.H.; Löbel, J. Hrsg.: Atmosphärische Spurenstoffe und ihr physikalisch-chemisches Verhalten. Berlin: Springer 1985
43 Fabian, P.: Atmosphäre und Umwelt. 3. Aufl. Berlin: Springer 1989
44 Christen, H.-R.: Grundlagen der allgemeinen und anorganischen Chemie. Frankfurt: Salle; Aarau: Sauerländer 1985
45 Umweltbundesamt: Luftreinhaltung '81 – Entwicklung – Stand – Tendenzen, Materialien zum 2. Immissionsschutzbericht der Bundesregierung an den Deutschen Bundestag. Berlin: Erich Schmidt 1981; Abschn. 1.2.2 Reaktionen von Luftverunreinigungen, S. 51 ff
46 Verein Deutscher Ingenieure, Kommission Reinhaltung der Luft: Säurehaltige Niederschläge – Entstehung und Wirkungen auf terrestrische Ökosysteme, Düsseldorf: VDI 1983
47 Guderian, R. (ed.): Air pollution by photochemical oxidants. Ecological Studies 52, Berlin: Springer 1985
48 Löslichkeiten von Gasen in Wasser. In: Hütte, Taschenbuch der Werkstoffkunde (Stoffhütte), Berlin: Wilhelm Ernst & Sohn 1967, S. 124
49 Finlayson-Pitts, B.J.; Pitts, J.N. jr.: Atmospheric chemistry, fundamentals and experimental techniques. New York: John Wiley & Sons 1986
50 Beilke, S.; Gravenhorst, G.: Heterogeneous SO_2-oxidation in the droplet phase. Atmos. Environ. 12 (1978) 231–239
51 Schurath, U.; Ruffing, K.: Die Oxidation von NO durch Sauerstoff und Ozon in Abgasfahnen, Staub Reinhalt. Luft 41 (1981) Nr. 8, S. 277–281
52 Baumann, K.: Aufbau und Erprobung einer Meßstation zur Erfassung der Schadstoffausbreitung an einer Autobahn. Studienarbeit Nr. 2193 am Institut für Verfahrenstechnik und Dampfkesselwesen der Universität Stuttgart, Abt. Reinhaltung der Luft, 1985
53 Schurath, K.: Bildung von Photooxidantien durch homogene Transformation von Schadstoffen. Symposium Verteilung und Wirkung von Photooxidantien im Alpenraum, Gesellschaft für Strahlen- und Umweltforschung, München, GSF-Bericht 17/88, S. 136–151
54 Leighton, P.A.: The photochemistry of air pollution, New York: Academic Press 1961
55 Platt, U.: Oxidierte Stickstoffverbindungen in der Atmosphäre, IMA-Querschnittsseminar „Atmosphärische Prozesse" 22.–24.1.86, Texte 13/86, Umweltbundesamt, Berlin 1986
56 Attmannspacher, W.; Hartmannsgruber, R.; Lang, P.: Verbesserung der Grundkenntnisse über die Klimatologie der vertikalen Ozonschicht durch verstärkte Ballonsondierung. Abschlußbericht BMFT-Vorhaben FKW 11, GSF München 1984
57 Kanter, H.J.; Reiter, R.; Munzert, K.-H.: Untersuchungen zur Frage der photochemischen Produktion von Ozon in Reinluftgebieten und ihrer vertikalen Verteilung, Forschungsbericht 104 02 800, Umweltbundesamt, Berlin 1982
58 Fricke, W.: Die Bildung und Verteilung von antropogenem Ozon in der unteren Troposphäre. Berichte des Instituts für Meteorologie und Geophysik der Universität Frankfurt, Nr. 44, Dezember 1980
59 Steisslinger, B.: Einfluß von Temperaturinversionen auf Konzentration und Verteilung von Luftverunreinigungen, Dissertation, Universität Stuttgart, 1993
60 Baumbach, G.: Fesselballonmessungen in Heilbronn – Vertikale Schadstoffverteilung und Austauschverhältnisse in den bodennahen Luftschichten. Abt. Reinhaltung der Luft im Institut für Verfahrenstechnik und Dampfkesselwesen der Universität Stuttgart, Bericht Nr. 28 – 1992
61 Wanner, H.; Künzle, T.; Neu, K.; Jhly, B.; Baumbach, G.; Steisslinger, B.: On the Dynamics of Photochemical Smog over the Swiss Middleland – Results of the First POLLUMET Field Experiment. Meteorol. Atmos. Phys. 51, 117–138 (1993)
62 Prinz, B.; Krause, G.H.M.; Stratmann, H.: Waldschäden in der Bundesrepublik Deutschland. LIS-Berichte Nr. 28, Landesanstalt für Immissionsschutz, Essen 1982
63 Seiler, W.; Fishman, J.: The distribution of carbon monoxide and ozone in the free troposphere. J. Geophys. Res., Vol 86 (1981) No. C8, p. 7255–7265
64 Fishman, J.; Seiler, W.: Correlative nature of ozone and carbon monoxide in the troposphere: implications for the tropospheric ozone budget. J. Geophys. Res. Vol 88 (1983) No. C6, p. 3662–3670
65 Conrad, F.; Seiler, W.: Influence of temperature, moisture and organic carbon on the flux of H_2 and CO between soil and atmosphere: field studies in subtropical regions. Geophys., Vol. 90 (1985) No. D3, p. 5699–5709

66 Inman, R.E. et al.: A natural sink for carbon monoxide. Science 172 (1971) 1229 f
67 Whitby, K.T.: The physical characteristic of sulphur aerosols. Atmos Environ. 12 (1987) 135–159
68 Klockow, D.: Analytical chemistry of the atmospheric aerosol. In: Georgii, H.W.; Jaeschke, W. (eds): Chemistry of the unpolluted and polluted troposphere. Dordrecht: Reidel 1982
69 Grosch, S.; Schmitt, G.: Experimental investigation of the deposition of atmospheric pollutants in forests. In: Grefen, K.; Löbel, J. (eds.): Environmental meteorology. Dordrecht: Kluwer Academic Publishers 1988
70 Statistische Berichte: Umwelt, Immissions-Konzentrationsmessungen. Hrsg. vom Statistischen Landesamt Baden-Württemberg, Stuttgart
71 Der Rat von Sachverständigen für Umweltfragen: Umweltgutachten 1987. Stuttgart: W. Kohlhammer 1987
72 Bayerisches Landesamt für Umweltschutz, München: Lufthygienische Monatsberichte
73 Landesanstalt für Immissionsschutz des Landes Nordrhein-Westfalen, Essen: Berichte über die Luftqualität in Nordrhein-Westfalen
74 Landesamt für Umweltschutz und Gewerbeaufsicht, Mainz: Monatsberichte der Immissionsmessungen
75 Lahmann, E.: Quellen, Immissionen und Trends von Luftverunreinigungen in Ballungsgebieten – Berlin. In: von Nieding, G.; Jander, K. (Hrsg.): Smogepisoden. Stuttgart: Gustav Fischer 1986, S. 11–23
76 Umweltbundesamt: Monatsberichte aus dem Meßnetz Nr. 7/87, Berlin 1988
77 Baumbach, G.; Baumann, K.: Ozone in forest stands – examinations to its occurence and degradation. In: H.-W. Georgii (ed.): Mechanisms and effects of pollutant-transfer into forests. Dordrecht: Kluwer Academic 1989, S. 37–44
78 Graedel, T.E.: Chemical compounds in the atmosphere. New York: Academic Press 1978
79 Umweltbundesamt: Daten zur Umwelt 1988/89. Berlin: Erich Schmidt 1989
80 Fortak, H.: Meteorologie und Luftreinhaltung. In: Institut für theoretische Meteorologie (Hrsg.): Meteorologie der Luftverunreinigungen. Pressedienst Wissenschaft, FU Berlin, Nr. 7/1971
81 Stern, R.: Einige Modellansätze zur Einbeziehung chemischer Reaktionen in die Ausbreitungsrechnung. In: Ausbreitungsrechnung in der Atmosphäre – Physikalisch-chemische Modelle. VDI-Kommission Reinhaltung der Luft. Düsseldorf: VDI 1982
82 Martens, R.; Maßmeyer, K. et al.: Bestandsaufnahme und Bewertung der derzeit genutzten atmosphärischen Ausbreitungsmodelle. Köln: Gesellschaft für Reaktorsicherheit (GRS) mbH 1987
83 Wippermann, F.: Physikalische Grundlagen des Klimas und Klimamodelle. DFG-Forschungsbericht. Weinheim: VCH Verlagsgesellschaft 1988
84 Heimann, D.: Ein Dreischichten-Modell zur Berechnung mesoskaliger Wind- und Immissionsfelder über komplexem Gelände. Dissertation an der Fakultät für Physik. Universität München, 1985
85 Verein Deutscher Ingenieure (Hrsg.), VDI-Richtlinie 3783 Bl. 6 (Entwurf): Regionale Ausbreitung von Luftverunreinigungen über komplexem Gelände – Modellierung des Windfeldes. Berlin: Beuth 1988
86 Heimann, D.; Rösler, F.; Baltrusch, M.: Numerical case studies of air pollution in and around urban agglomeration areas during inversion situations. In: Grefen, K.; Löbel, J. (eds.): Environmental meteorology. Dordrecht: Kluwer Academic Publishers 1988
87 Kolb, H.: Modellansätze zur Simulation der Ausbreitung von Luftverunreinigungen. In: VDI-Kommission Reinhaltung der Luft (Hrsg.): Stadtklima und Luftreinhaltung. Berlin: Springer 1988
88 Umweltbundesamt (Hrsg.): Luftreinhaltung '88: Tendenzen – Probleme – Lösungen. Materialien zum 4. Immissionsschutzbericht der Bundesregierung an den Deutschen Bundestag (Drucksache 11/2714) nach § 61 Bundes-Immissionsschutzgesetz. Berlin: Erich Schmidt 1989
89 Taylor, G.I.: Diffusion by continuous movements. Proceedings London Mathematical Society, Vol. 20, 1921
90 Gross, G.: Schadstoffausbreitung bis zu 50 Kilometer Entfernung über unregelmäßigem Gelände. VDI-Berichte Nr. 667, 1988

91 Businger, J.A.: Equations and concepts. In: Nieuwstadt, F.T.M.; van Dop, H. (eds.): Atmospheric turbulence and air pollution modeling. Dordrecht: D. Reidel 1982
92 Schultz, H.: Grundzüge der Schadstoffausbreitung in der Atmosphäre. Köln: TÜV Rheinland 1986
93 Röth, E.P.: Chemische Umsetzungen in Ausbreitungsrechnungen. In: Becker, K.H.; Löbel, J. (Hrsg.): Atmosphärische Spurenstoffe und ihr physikalisch-chemisches Verhalten. Berlin: Springer 1985
94 Bartholomé, E. et al. (Hrsg.): Ullmanns Encyklopädie der technischen Chemie. 4. Aufl., Bd. 6, Weinheim: Chemie 1972
95 Erste Allgemeine Verwaltungsvorschrift zum Bundes-Immissionsschutzgesetz; Technische Anleitung zur Reinhaltung der Luft – TA Luft, GMBl. S. 95, 27.2.1986
96 Pasquill, F.: The estimation of the dispersion of windborne material. Meteorol. Magaz. 90, p. 33–49, 1961
97 Turner, D.B.: A diffusion model for an urban area. J. Appl. Meteoro. 3 (1964) 83–91
98 Klug, W.: Ein Verfahren zur Bestimmung der Ausbreitungsbedingungen aus synoptischen Beobachtungen. Staub Reinhalt. Luft 29 (1969) 143–147
99 Manier, G.: Vergleich zwischen Ausbreitungsklassen und Temperaturgradienten. Meteorol. Rundsch. 28 (1975) 6

4 Wirkungen von Luftverunreinigungen

(mit F. Dröscher)

4.1 Allgemeines

In unserem Industriezeitalter setzt der Mensch eine Vielzahl von Spurenstoffen in die Atmosphäre frei. Neben den primär emittierten Verbindungen finden sich dort auch durch chemische Umwandlungen erzeugte Sekundärkomponenten. Sie alle sind in vielfältiger Weise in Stoffkreisläufe eingebunden, die nicht nur die Atmosphäre, sondern auch Boden (Lithosphäre), Wasser (Hydrosphäre) und die belebte Welt (Biosphäre) einbeziehen. Ob nun atmosphärische Spurenstoffe aus der Sicht des Menschen als Schadstoffe wirksam werden, hängt ab von ihren Wirkungen auf das menschliche Wohlbefinden direkt oder auf die Lebensbedingungen des Menschen in seiner Umwelt. Dabei stellt die Nahrungskette eine besonders enge Verbindung zur Tier- und Pflanzenwelt dar. Auch indirekte Schäden an Klima und Lebensraum beeinflussen sowohl die körperliche Gesundheit als auch das seelische Wohlbefinden. Dagegen verursachen Schäden an Sachgütern meist nur eine materielle und ideelle Beeinträchtigung des Menschen.

4.1.1 Das Spektrum der möglichen Schädigungen

Das Ausmaß der nachteiligen Wirkung von Luftverunreinigungen kann höchst unterschiedlich ausfallen. Das mögliche Spektrum reicht von nicht wahrnehmbarer Grundbelastung über Belästigung und Krankheit bis zum Tode. Meist treten die Störungen nicht unmittelbar nach der Einwirkung (akute Schädigung) auf. Vielmehr werden häufig erst nach längeren Einwirkungszeiten, oft nach Anreicherung, d.h. Akkumulation, chronische Schäden sichtbar. Gerade in komplexen Organismen oder Lebensgemeinschaften zeigen sich Wirkungen teilweise mit zeitlicher Verzögerung.

Es sind vorübergehende, d.h. reversible, und bleibende, d.h. irreversible, Schädigungen zu unterscheiden. Die Suche nach eindeutigen Ursache-Wirkungs-Beziehungen ist oft durch das gleichzeitige Auftreten mehrerer Schadfaktoren erschwert. Dabei sind Wirkungsverstärkungen, Synergismen, möglich, welche die Summe der Einzelwirkungen weit übertreffen. Andererseits kommen aber auch Kompensationseffekte vor. Man spricht dann von Antagonismen.

Bei diesen meist hoch komplexen Wirkungsbeziehungen bedarf es eines klaren Verständnisses für die wesentlichen Wirkungsstrukturen, um aus isolierten Wirkungsbefunden das Verhalten größerer natürlicher Gesamtsysteme vorherzusagen. Daher konzentrieren sich derzeit zahlreiche Forschungsvorhaben auf die Wirkungen von Luftverunreinigungen auf Mensch, Tier, Vegetation, Materialien sowie Klima und Lebensraum. Die Auswirkungen auf luftchemische Prozesse und den Strahlungshaushalt der Erde nehmen in dieser Auflistung eine gewisse Sonderrolle ein, da sich hierbei die Vorgänge auf die Atmosphäre beschränken.

4.1.2 Der Weg von Luftschadstoffen an ihre Wirkungsorte

In allen Bereichen setzt die Wirkung von Luftverunreinigungen die Ablagerung (Deposition) von Spurenstoffen aus der Atmosphäre voraus. In vielen Fällen ist daher den Ablagerungsbedingungen eine besondere Aufmerksamkeit zu widmen. Sie können darüber entscheiden, welche Stoffe in welchem Umfang an welchen Stellen mit dem Wirkobjekt in Berührung kommen. Dabei handelt es sich grundsätzlich um ähnliche Transportvorgänge, gleichgültig ob es sich um biologische Oberflächen handelt, z.B. die Lunge des Menschen oder ein Blatt, oder abiotische Oberflächen, wie beispielsweise Hausfassaden. In unterschiedlicher Gewichtung kommen bei der Abscheidung hauptsächlich folgende Transportmechanismen zur Geltung:

- turbulente Diffusion aufgrund der atmosphärischen Turbulenz,
- molekulare Diffusion aufgrund der Brownschen Molekularbewegung,
- Sedimentation infolge Gravitation,
- Impaktion (Trägheitsabscheidung von bewegten Aerosolen).

Die Gasdeposition beschränkt sich vor allem auf Diffusionsvorgänge. Sedimentation und Impaktion sind massenabhängige Mechanismen und betreffen daher Flüssigkeitströpfchen und Stäube. Oft ist die Windbewegung für den Stofftransport durch die Grenzschicht zwischen Atmosphäre und Oberfläche des Wirkobjektes entscheidend.

Der Umfang der Deposition ist weiterhin abhängig von Beschaffenheit und Zustand der Grenzfläche. Sie bestimmen die Sorptionseigenschaften der Oberfläche oder ihre Hafteigenschaften für Aerosole.

Wässrige Benetzungsfilme unterstützen die Lösung von hydrophilen Gasen oder Partikelbestandteilen, die in trockenem Zustand inert sind. Dies gilt insbesondere für saure Gase wie SO_2, NO_2, HCl. Im Fall von Schwefeldioxid führt beispielsweise die naßchemische Oxidation zur Bildung der eigentlich wirksamen Schwefelsäure.

Schließlich können Luftverunreinigungen in das Wirkobjekt eindringen. Der Transport zum eigentlichen Angriffspunkt beruht meist auf Diffusionsvorgängen. Im Gegensatz zu abiotischen Materialien verfügen Pflanzen und Tiere und der Mensch auch über aktive Transportmechanismen. Sie beeinflussen selbst die Verteilung eingedrungener Luftverunreinigungen in ihrem Körper. In vielen Fällen kommen spezifische Entgiftungsmechanismen zum Tragen, mit denen die Lebewesen Schadstoffe ausscheiden oder in unschädlicher Form einbinden, d.h. immobilisieren.

4.2 Klimaveränderungen durch atmosphärische Spurenstoffe

Unter Klima wird im allgemeinen der langjährig gemittelte Verlauf des Wetters an einem bestimmten Ort verstanden. Das Klima ist in vielfältiger Weise von Atmosphäre, Hydrosphäre und Biosphäre abhängig. Dabei kommt dem Strahlungshaushalt der Erde eine besondere Rolle zu.

Atmosphärische Spurenstoffe beeinflussen diesen Strahlungshaushalt erheblich. So wirkt z.B. die stratosphärische Ozonschicht als UV-Filter und ermöglicht damit Leben auf der Erde. Andererseits temperieren die natürlich vorhandenen infrarotaktiven Treibhausgase die Erdoberfläche im Mittel auf 15 °C; ohne sie läge die Mitteltemperatur bei ca. −20 °C [1, 2]. Veränderte Spurenstoffgehalte können daher den Strahlungshaushalt empfindlich stören und damit das Wettergeschehen auf der Erde langfristig verändern.

Die Konzentrationsentwicklung einiger klimarelevanter Spurenstoffe ist in Tabelle 4.1 zusammengestellt. Dabei weisen Ozon, Wasserdampf und Aerosolteil-

Tabelle 4.1. Klimarelevante atmosphärische Spurenstoffe und die Veränderung ihres Vorkommens (nach [1])

Spurenstoff	Teil der Atmosphäre	Mischungsverhältnis	jährliche Veränderung der Konzentration	Gründe für die Veränderung
Spurenstoffe ohne klar erkennbaren Trend				
O_3	Troposphäre	variabel	+1% (nur untere Troposphäre der mittleren Breiten der Nordhalbkugel)	Verbrennung von fossilen Energieträgern
	Stratosphäre	variabel	−0,3% (mittlere Breiten) −40% (Antarktis, Sept. + Okt.)	Photolytische Spaltung von $CFCl_3$ und CF_2Cl_2 Abbauprodukte von $CFCl_3$ und CF_2Cl_2
H_2O-Dampf	Troposphäre	variabel	Zunahme (tropischer Pazifik)	
Aerosolteilchen	Troposphäre	variabel	Zunahme (abgegrenzte Gebiete)	Luftverschmutzung
Treibhausgase mit ansteigendem Trend				
CO_2	Troposphäre	345 ppm	+0,5% = 1,6 ppm/a	Fossile Brennstoffe, Zerstörung von Teilen der Biosphäre
CH_4	Troposphäre	1,65 ppm	+1,2% = 27 ppb/a	Reisanbau, Großvieh, Mülldeponien, fossile Brennstoffe, Zerstörung der Biosphäre durch Verbrennung
N_2O	Troposphäre	0,32 ppm	+0,2% = 0,9 ppb/a	Stickstoffdüngung, fossile Brennstoffe, Zerstörung von Teilen der Biosphäre
CF_2Cl_2	Troposphäre	400 ppt	+4,5% = 18 ppt/a	Kühlmittel, Sprühdosen
$CFCl_3$	Troposphäre	270 ppt	+5,2% = 13 ppt/a	Kühlmittel, Sprühdosen, Isolierschaumproduktion

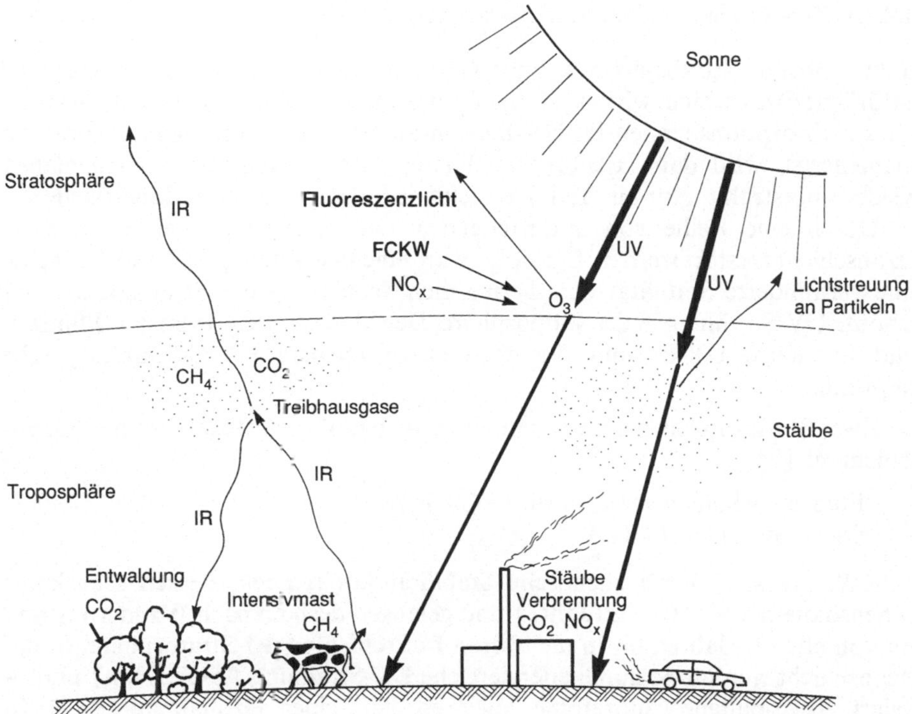

Bild 4.1. Schema der Wechselwirkungen von atmosphärischen Spurenstoffen mit dem Strahlungshaushalt der Erde

chen schwer erkennbare Trends auf, während die anthropogenen Teibhausgase CO_2, CH_4, N_2O und Fluorchlorkohlenwasserstoffe (FCKW) eindeutig in ihren Konzentrationen zunehmen.

Die wichtigsten Mechanismen, die zu Klimaveränderungen durch atmosphärische Spurenstoffe führen, sind in Bild 4.1 schematisiert. Sie können sowohl zu einer Erhöhung der mittleren Oberflächentemperatur der Erde führen als auch zu einer Verminderung.

4.2.1 Temperaturerhöhung

Mehrere Effekte können zu einer globalen Temperaturerhöhung der Erdoberfläche führen. Vermehrte Einstrahlung von Sonnenlicht auf die Erdoberfläche, insbesondere von energiereichem UV-Licht, erwärmt die Erdoberfläche ebenso wie eine verminderte Lichtabstrahlung aus dem Bereich der unteren Luftschichten. Diskutiert werden deshalb z.Zt. die Zerstörung der stratosphärischen Ozonschicht sowie die Zunahme der sogenannten Treibhausgase. Die Folgen einer Temperaturerhöhung wären vielfältig, u.a. sind die Wanderung von Klimazonen und damit der bewohnbaren Gebiete der Erde, die Ausdehnung der Wüsten, sowie die Überflutung größerer Landflächen durch Abschmelzen der polaren Eismassen zu befürchten.

4.2.1.1 Zerstörung der stratosphärischen Ozonschicht

In der oberen Stratosphäre kommt Ozon in hoher Konzentration vor. Die natürliche Ozonschicht wirkt als Filter für das energiereiche Sonnenlicht, da Ozon starke Absorptionsbanden im UV-Bereich aufweist. Die von Ozon absorbierte Lichtenergie wird dann richtungsunabhängig und mit größerer Wellenlänge wieder abgestrahlt. Nur ein Teil der Lichtenergie gelangt zur Erdoberfläche.

Durch eine Reihe von anthropogenen Luftverunreinigungen kann diese Ozonschicht zerstört werden. Die Folge wäre eine Erwärmung der Erdoberfläche, eine verminderte Stabilität der thermischen Schichtung der Stratosphäre und erhöhte UV-Strahlung in der Troposphäre. Der Mensch, viele Tiere und Pflanzen sind für harte UV-B- und die noch energiereichere UV-C-Strahlung sehr empfindlich.

Zwei Stoffgruppen schreibt man einen Abbau der stratosphärischen Ozonschicht zu [7]:

- Fluorchlorkohlenwasserstoffe (FCKW),
- Stickstoffoxiden (NO_x).

FCKW, die sich durch chemische Stabilität auszeichnen, weisen sehr lange Lebensdauern auf (50–100 Jahre) und gelangen deshalb nach Wanderungszeiten von etwa 10 Jahren bis in die oberen Luftschichten der Stratosphäre. In der Ozonschicht werden sie durch energiereiche UV-Strahlung ($\lambda < 220$ nm) photolysiert. Abgespaltene Chloratome bewirken dann einen Ozonabbau [3, 5]. In Reaktionskammern wurden unter Laborbedingungen die Verhältnisse in der Stratosphäre nachgebildet. Dabei entstand Chlormonoxid (ClO) als Endprodukt komplizierter Kettenmechanismen.

Seit 1979 beobachtet man mit Hilfe von Satellitenaufnahmen eine stetige Verminderung der stratosphärischen Ozonschicht in der winterlichen Antarktis. Bei ersten Meßflügen in der antarktischen Stratosphäre konnten im Zentrum des „Ozonloches" erhebliche ClO-Konzentrationen gemessen werden, so daß heute die Beteiligung von FCKW am Ozon-Abbau als erwiesen gilt [5].

Einen Ozonabbau in der Stratosphäre bewirken auch dort freigesetzte Stickstoffoxide. Vermutlich wird der heute noch verhältnismäßig geringe Luftverkehr in dieser Schicht durch Überschallflüge, vor allem von Militärmaschinen, und Weltraumflüge in Zukunft wachsen. Erheblich größere Stickstoffoxidmengen als von den Triebwerken von Flugzeugen und Trägerraketen würden jedoch bei nuklearen Explosionen in der Atmosphäre freigesetzt. Für diesen Fall wären gewaltige Veränderungen in der Zusammensetzung der Atmosphäre zu erwarten [6]. Der sich momentan stark ausweitende Luftverkehr mit normalen Unterschallverkehrsflugzeugen (Steigerungen bis zu 10 % jährlich in der BRD) setzt Stickstoffoxide und Kohlenwasserstoffe im Bereich der Tropopause frei (in ca. 8–12 km Höhe). Die Emissionen bewirken nach heutigem Wissen tendentiell einen Anstieg der Ozonkonzentration ähnlich wie in Bodennähe, Modellrechnungen zufolge um ca. 20 % in 10 km Höhe [7]. Mit der Entwicklung treibstoffsparender Flugzeugtriebwerke dürften die Kohlenwasserstoff-Emissionen abnehmen und die Stickstoffoxidauswürfe weiter zunehmen. Dies könnte einen Ozonabbau in dem Höhenbereich der Verkehrsflugzeuge zur Folge haben (8–12 km Höhe).

Ähnlich wie die FCKW wird das reaktionsträge Distickstoffoxid N_2O (Lachgas), das aus mikrobieller Nitrifikation und Denitrifikation im Boden stammt, bis in die Stratosphäre gemischt und ist dort ebenfalls am Ozonabbau beteiligt.

Die Prognosen der Entwicklung der stratosphärischen Ozonschicht werden laufend den Erkenntnissen aus direkten Messungen und Laborversuchen, insbesondere zur Reaktionskinetik, sowie der Emissionsentwicklung entsprechend revidiert [7].

4.2.1.2 Treibhauseffekt Infrarotlicht-aktiver Gase

Als Treibhausgase werden Gase mit starken Absorptionsbanden im Infrarot (IR)-Licht-Bereich bezeichnet. Diese Gase absorbieren das von der Erdoberfläche abgestrahlte IR-Licht in der Troposphäre und senden es richtungs-

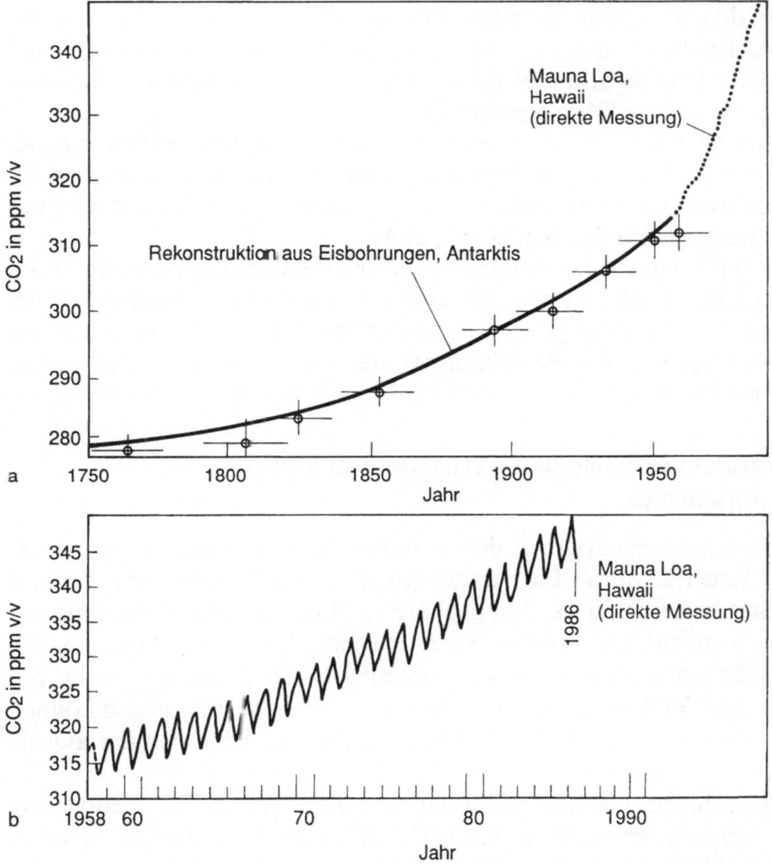

Bild 4.2. Anstieg des CO_2-Gehalts der Atmosphäre seit Beginn der Industrialisierung (nach [11]). **a** Die Zunahme der atmosphärischen CO_2-Konzentration rekonstruiert aus Eisbohrungen in der Antarktis nach Neftel 1985; Punkte oben rechts Jahreswerte; bei den Rekonstruktionen geben die Kreuze den jeweiligen Unsicherheitsbereich an. **b** Monatswerte der direkten Messungen auf dem Mauna Loa, Hawaii, nach Keeling 1982, 1987

unabhängig wieder aus, so daß es teilweise zur Erde zurückgestrahlt wird. Das einfallende kurzwellige Sonnenlicht lassen sie ähnlich wie die Verglasung eines Treibhauses ungehindert durch.

Das weitaus bedeutendste IR-aktive Gas ist der Wasserdampf. Er kommt in großen Mengen in der Troposphäre vor. Erhöhte Oberflächentemperaturen erhöhen die Verdunstungsrate und steigern somit die Wasserdampfkonzentration. Eine Wirkungsverstärkung ist die Folge (sog. positive Rückkopplung).

Die Zunahme der anthropogenen Treibhausgase (s. Tabelle 4.1) ist in vielfacher Weise mit der Steigerung des Energieverbrauchs verknüpft. Der besonders starke Anstieg der Spurengase CH_4 und CO_2 hängt zudem mit massiven Veränderungen der Landnutzung vor allem in der Dritten Welt zusammen. Beispielhaft zeigt dies die Entwicklung des atmosphärischen CO_2-Gehalts der nördlichen Hemisphäre während der letzten 100 Jahre, Bild 4.2.

Sowohl der weltweit exponentiell wachsende Verbrauch an fossilen Energieträgern (s. Bild 1.5) als auch die beschleunigte Abholzung von jährlich 1 % der tropischen Waldfläche setzen gewaltige CO_2-Mengen in die Atmosphäre frei. Gleichzeitig werden damit auch weltweit bedeutende Biomasseanteile zerstört und damit die globale Photosyntheseleistung vermindert. Der Kohlenstoffkreislauf der Erde kommt aus dem Gleichgewicht [8].

Der Treibhauseffekt des anthropogen freigesetzten CO_2 wird jedoch in naher Zukunft bereits von den übrigen Treibhausgasen (s. Tabelle 4.1) übertroffen werden. Sie sind zwar nur in geringen Mengen vorhanden, absorbieren aber das IR-Licht wesentlich effektiver als CO_2 [1, 2, 4].

Prognosen der Temperaturentwicklung der Erdoberfläche infolge von Treibhausgasen sind jedoch noch sehr unsicher: Neben Modellvereinfachungen können auch veränderte Randbedingungen zu sehr unterschiedlichen Ergebnissen führen. Bereits eine Verringerung des Bewölkungsgrades um 4 % bewirkt die gleiche Erwärmung wie eine Verdoppelung des CO_2-Gehalts der Troposphäre [1].

4.2.2 Temperaturerniedrigung durch erhöhtes Staub- und Wolkenvorkommen

Zu einer Temperaturerniedrigung der Erdoberfläche kommt es, wenn die einfallende Lichtenergie durch Luftverunreinigungen vermindert wird. Wassertropfen oder Staubpartikel in der Atmosphäre reflektieren, streuen und brechen einfallendes Sonnenlicht und absorbieren es teilweise. Dadurch gelangt nur ein Teil der eingestrahlten Sonnenenergie zur Erdoberfläche. Bedeutendste natürliche Aerosolquellen sind Vulkanausbrüche. Ihre klimatischen Auswirkungen können weitreichend sein. Eiszeiten in der Klimageschichte der Erde werden auf sie zurückgeführt.

Der direkte anthropogene Einfluß auf Staubvorkommen und Wolkenbildung ist bisher im wesentlichen auf die industriellen Gebiete beschränkt gewesen (Kraftwerke, Kühltürme). In Zukunft dürften jedoch massive Veränderungen der Landnutzung in der Dritten Welt (Abholzung, Wüstenbildung) großflächigeren Einfluß auf Staub- und Wolkenvorkommen in der Troposphäre nehmen.

In letzter Zeit wiesen verschiedene Wissenschaftler darauf hin, daß auch beim Einsatz von Kernwaffen schlagartig gewaltige Aerosolmengen in der Atmosphäre freigesetzt würden. Modellrechnungen zufolge steigt nach einem nuklearen Schlagabtausch die Aerosolkonzentration selbst auf der Südhalbkugel so stark an, daß die Oberflächentemperaturen auch dort langfristig drastisch abfallen würden („nuklearer Winter") [6, 10]. Damit wären viele Lebensformen unmöglich.

4.2.3 Schwierigkeiten der Prognose

Es ist schwierig, quantitative Aussagen über die Entwicklung des Erdklimas zu treffen. Schlecht abschätzbar sind die komplexen Zusammenhänge zwischen der Atmosphäre und den anderen Teilbereichen der Erde, der Hydrosphäre mit der enorme Speicherfähigkeit der Ozeane für Stoffe und Energie sowie der Biosphäre und Lithosphäre [1, 11–13]. Momentan wird ein tendentieller Anstieg der mittleren Oberflächentemperatur der Erde um ca. 1 °C/100 Jahre beobachtet [1]. Dies könnte durchaus auf überwiegend temperatursteigernde Eingriffe des Menschen zurückzuführen sein, liegt aber noch im Bereich natürlicher Klimaschwankungen, s. Bild 4.3. Auch wenn die Klimaforschung diese Frage noch nicht schlüssig beantworten kann, hat sie doch ergeben, daß mit Sicherheit unser heutiges Klima kein sich selbst stabilisierendes System ist. Vielmehr kann es sehr empfindlich auf Veränderungen der klimabestimmenden Größen reagieren.

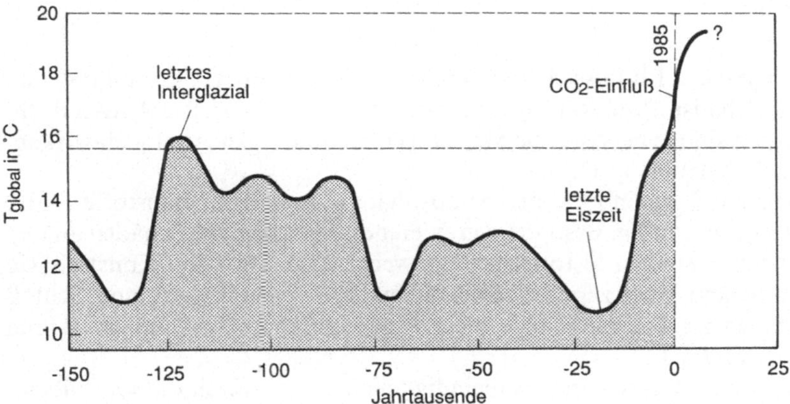

Bild 4.3. Temperaturrekonstruktion (hier bezogen auf den globalen Mittelwert) aufgrund von Eisbohrungen in der Antarktis. Hypothetisch ist für die Zukunft ein möglicher anthropogener Spurengaseinfluß eingezeichnet [1]

4.3 Wirkungen auf Sachgüter

Die Wirkungen von Luftverunreinigungen auf Sachgüter äußern sich vor allem in oberflächlichen Korrosionserscheinungen. Die Wirkungsmechanismen sind meist verhältnismäßig überschaubar, die Effekte offensichtlicher als bei biologischen Systemen. Dennoch ist es nicht immer leicht, die Wirkung atmosphärischer

a

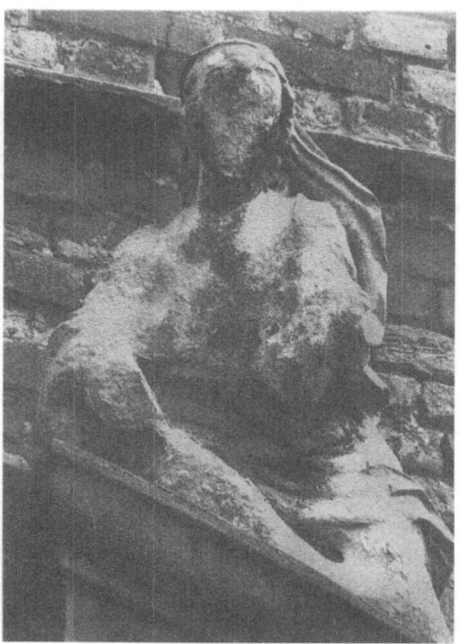
b

Bild 4.4. Sandsteinplastik aus dem Jahre 1702, Schloß Herten bei Essen. Zustand im Jahre 1908 (**a**) und 1969 (**b**) [16]

Schadstoffe von den Einflüssen von Klima, insbesondere UV-Strahlung und Feuchtigkeit, Schadstoffablagerungsbedingungen und bakterieller Aktivität abzugrenzen. Auch sind synergistische Wirkungen mehrerer gleichzeitig einwirkender Schadstoffe bekannt [14].

Im großen Umfang sind die der Atmosphäre ausgesetzten Baustoffe Stahl, Beton und Ziegel betroffen. Besonders gravierend zeigen sich die Schäden an den aus Natursteinen erstellten historischen Bauwerken. Dort werden Kunstschätze von geschichtlichem Wert zerstört. Zwei Aufnahmen einer Plastik von Schloß Herten bei Essen zeigen, wie rapide diese Figur innerhalb von nur 60 Jahren zerfallen ist, s. Bild 4.4.

Weitaus größere Korrosionsgeschwindigkeiten als sie durch die Grundbelastung der Atmosphäre hervorgerufen werden, treten um bestimmte Emissionsquellen herum im Freien oder auch in Gebäuden auf, wo Verdünnungseffekte gering sind. Dabei ergeben sich sehr unterschiedliche Emissions-Material-Paarungen mit spezifischen Korrosionserscheinungen. Die natürliche Korrosion von Metalloberflächen und mineralischen Baumaterialien wird durch die Ablagerung von sauren Gasen und Staubpartikeln in Verbindung mit Luftfeuchtigkeit stark beschleunigt.

4.3.1 Mineralische Baustoffe

Bei der Korrosion von mineralischen Baustoffen kommt der aus Schwefeldioxid gebildeten Schwefelsäure eine Hauptrolle zu. Sie greift den in vielen Natursteinen sowie Beton enthaltenen Kalkstein ($CaCO_3$) an und setzt ihn in Gips $CaSO_4 \cdot 2H_2O$ um [15]:

$$CaCO_3 + H_2SO_4 + 2H_2O \rightarrow CaSO_4 \cdot 2H_2O + H_2CO_3 . \quad (4.1)$$

Entscheidend für die Korrosionswirkung ist die starke Volumenausdehnung um ca. 100 % bei der Bildung der Gipsstruktur. Dies führt – ausgehend von Rissen – häufig zu einem flächenhaften Abplatzen des Gesteins oder Mauerwerks.

Die gleichfalls entstehende Kohlensäure kann ebenfalls eine Umwandlung von Kalkstein verursachen:

$$CaCO_3 + H_2CO_3 \rightarrow Ca(HCO_3)_2 . \quad (4.2)$$

Dabei entsteht Calciumhydrogenkarbonat. Es ist gut wasserlöslich, wird gut ausgewaschen und besitzt wie Gips eine geringe mechanische Festigkeit.

Verschiedene Autoren bestimmten die Abhängigkeit der Korrosionsgeschwindigkeit bei Natursteinen von der SO_2-Belastung. Dazu wurden an Orten unterschiedlicher Immissionssituation gleiche Materialproben unter definierten Bedingungen ausgebracht und schließlich die entstandenen Gewichtsverluste bestimmt. Eine solche Beziehung ist in Bild 4.5 dargestellt. Dabei ist die SO_2-Belastung allerdings nicht als einzige Ursache zu betrachten, sondern als Leitgröße für viele andere urbane Luftverunreinigungen.

Korrosion ist zunächst eine Oberflächenerscheinung. Alkalisch reagierende Baumaterialien neutralisieren größtenteils atmosphärische Säureablagerungen und schirmen so tieferliegende Schichten ab. Dennoch wird bei Verbundbaustoffen wie Stahlbeton das Eindringen von Säuren bis zu den Stahlarmierungen festgestellt [17–19]. In diesen Fällen überwiegt die Metallkorrosion.

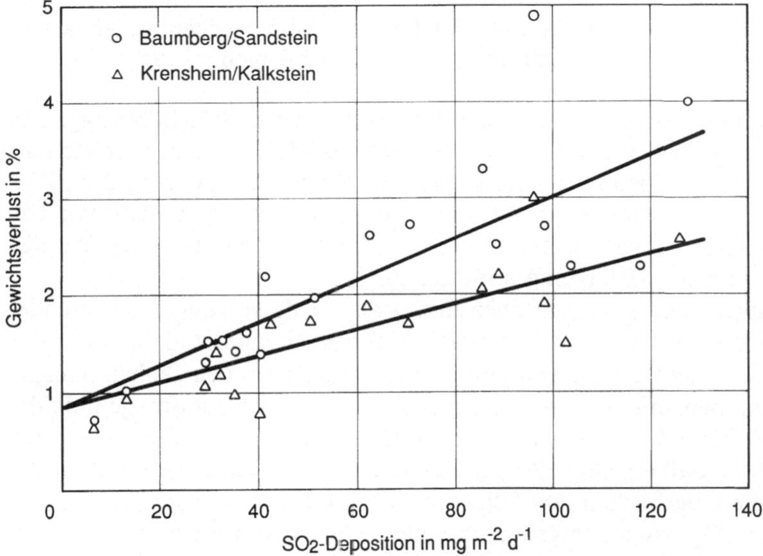

Bild 4.5. Abhängigkeit der Korrosionsrate verschiedener Natursteine von der SO_2-Deposition, gemessen mit IRMA-Passivsammlern, Nordrhein-Westfalen [20]

4.3.2 Metalle

Auch die Metallkorrosion ist größtenteils auf die Wirkung von sauren Spurengasen zurückzuführen. Hauptmechanismus bei den Eisenmetallen ist dabei die elektrochemische Korrosion. Natürlicherweise bilden sich aufgrund kleinräumiger Unterschiede in der chemischen und physikalischen Struktur der Metalloberfläche geringfügige Potentialdifferenzen aus. Es entstehen elektrochemische Zellen, sog. Lokalelemente der Korrosion mit Anoden und Kathoden. Diese Potentialdifferenzen verursachen einen Korrosionsstrom. Das weniger edle Metall der Anode wird oxidiert.

Trockene, saubere Oberflächen zeigen vernachlässigbar geringe Korrosionsraten. Eine Reihe von Klima- und Immissionsparametern beschleunigen die Korrosion. Es wurde immer wieder versucht, diese Parameter möglichst allgemeingültig zu gewichten. Dazu wurden empirische Korrosionsfunktionen aufgestellt, die eine Vorhersage von Korrosionsverlusten ermöglichen sollen. In ihnen sind hauptsächlich berücksichtigt [21, 22]:

- Benetzungsdauer: Wässrige Benetzungsfilme aufgrund Taubildung, Ablagerung hygroskopischer Stäube oder Kapillarkräfte von Poren bieten Reaktionsvolumina für die lokale Säureentstehung aus gelösten Spurengasen und sind Medium für diffusive Transportvorgänge. Sie bilden sich bereits bei Überschreiten von Schwellwerten unter 100 % Luftfeuchte aus.
- Schadstoffkonzentration in der Luft: Belastung durch korrodierende Spurenstoffe
- Windgeschwindigkeit: ein Maß für den turbulenten Transport von Gasen zur Materialoberfläche,
- Temperatur: bestimmt Geschwindigkeit von chemischen Reaktionen und Diffusionsvorgängen.

Besonders gut untersucht ist die Metallkorrosion durch SO_2-Belastung. Ein Beispiel dafür zeigt Bild 4.6. Hier ist die Korrosionsrate von Zink, ermittelt als Masseverlust von Probeplatten, dargestellt in Abhängigkeit von der SO_2-Depositionsrate [23]. Zink wird verbreitet zur Oberflächenbeschichtung von Stahlteilen als Korrosionsschutz eingesetzt. Ähnliche Abhängigkeiten wurden auch für Stahl und SO_2-Belastung ermittelt [24].

Die Wirkung des SO_2 geht zum einen zurück auf die Zerstörung passivierender Oxidschichten, die auf trockenen Oberflächen entstehen, zum anderen auf seine Funktion bei der Elektronenübertragung in elektrochemischen Zellen. Ablagerungen von Stäuben mit hohem Metallgehalt steigern die Inhomogenität der Oberfläche und damit die entstehenden Potentialdifferenzen. In Industriegebieten wurde beobachtet, daß ergiebige Regengüsse die Korrosionsrate vermindern. Sie reinigen dort die Oberflächen von Schwermetall- und Säurepartikeln.

Ähnlich wie SO_2 beschleunigen auch andere starke Säurebildner wie Chlor- und Fluordämpfe die Korrosion von Metallen [17].

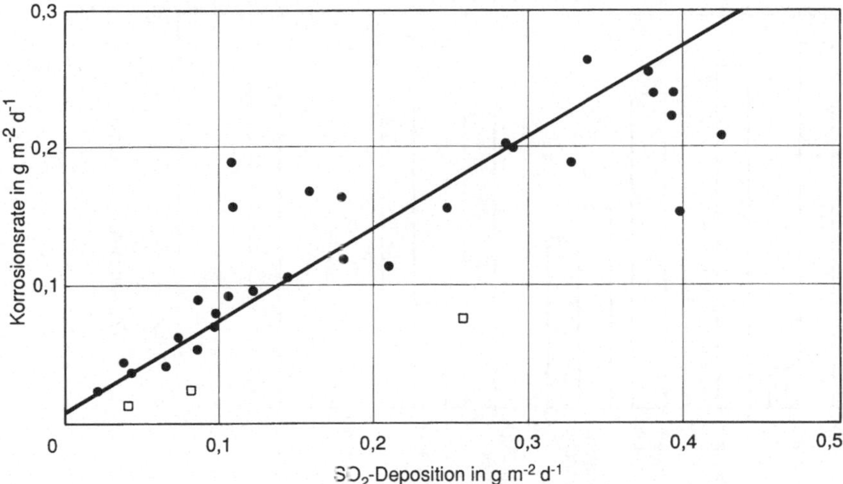

Bild 4.6. Korrosionsrate von Eisen in Abhängigkeit von der SO_2-Deposition, gemessen mit IRMA-SO_2-Passivsammlern, BRD und Großbritannien [23]

4.3.3 Andere Materialien

Auch Schäden an Papier, Leder und Textilien sind auf die Einwirkung von sauren Gasen, insbesondere SO_2, zurückzuführen. Sollen diese Materialien über Jahrzehnte hinweg aufbewahrt werden, z.B. in Museen oder Bibliotheken, so ist eine Konservierung notwendig, um ein Brüchigwerden dieser Materialen zu vermeiden [21].

Kunststoffe sowie Lacke und Pigmente, die heute verstärkt zum Einsatz kommen, werden dagegen eher durch Photooxidantien, meist charakterisiert durch die Leitsubstanz Ozon, geschädigt. Darüber hinaus werden polymere Werkstoffe von anderen Spurengasen angegriffen, z.B. von Stickstoffoxiden [14]. Als Photooxidantienschäden sind die Versprödung von Kautschukprodukten und Elastomeren sowie das Ausbleichen von Farbstoffen [14], z.B. Autoreifen und Kabelisolationen, bekannt. Makromoleküle mit Kohlenstoffdoppelbindungen sind besonders anfällig für die Oxidation durch Ozon. Unterschiedliche Abschirmungsgrade dieser Bindungen erklären die große Streuung der Ozonempfindlichkeit selbst innerhalb einer Stoffgruppe. Außer der chemischen Struktur beeinflußt Zugbelastung die Versprödungsneigung von Kunststoffen. Zum Ozonschutz werden vielen Kunststoffen spezielle Additive beigemengt.

Die starke Ozonempfindlichkeit bestimmter Kunststoffe läßt sich andererseits zur Luftgüte-Überwachung ausnützen. Als Kunststoffindikatoren eignen sie sich zur Abschätzung des Photooxidantienvorkommens. Aus Messungen in Südwestdeutschland ist ein klarer Zusammenhang zwischen der mittleren Ozonkonzentration und der Reißfestigkeit von NBR-Elastomer-Proben (Acrylnitril-Butadien-Kautschuk ohne Ozonschutz) feststellbar, s. Bild 4.7. Die Reißfestigkeit nimmt mit steigender Versprödung durch Photooxidantieneinwirkung ab.

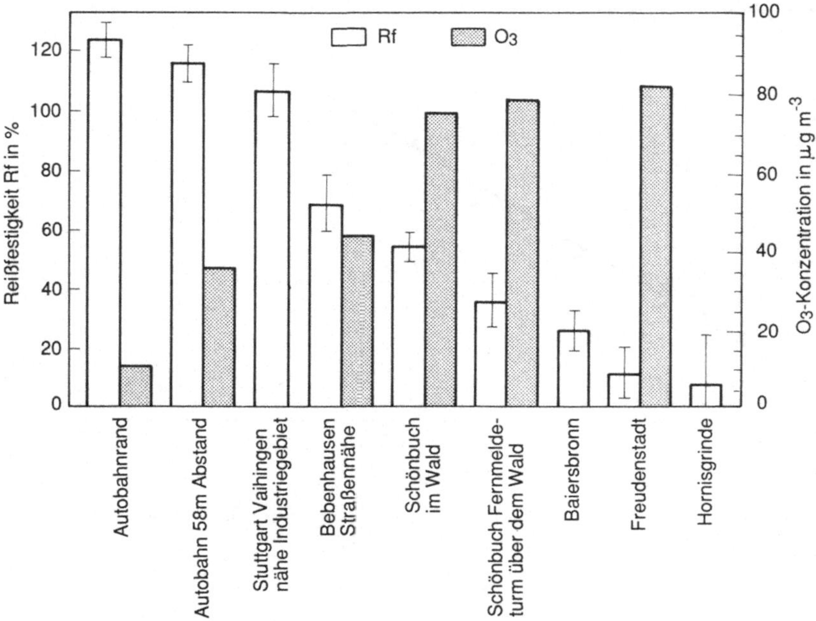

Bild 4.7. Reißfestigkeit von abgeschattet exponierten NBR-Proben mit Streubreite und mittlere Ozonkonzentrationen an Meßstellen in Südwestdeutschland [25]

4.4 Wirkungen auf die Vegetation

Wildpflanzen und Kulturpflanzen sind in vielfältiger Weise atmosphärischen Spurenstoffen ausgesetzt. Diese wirken als Gase oder als Staub- und Niederschlagsbestandteile entweder direkt auf die oberirdischen Pflanzenteile, vor allem Nadeln oder Blätter ein, oder aber – nach längerfristiger Belastung – indirekt über den Boden auf die Wurzeln. Es können sich dadurch Änderungen bei den Pflanzenfunktionen ergeben, die für die Pflanze schädlich oder auch nützlich sind. Unter Umständen sind Pflanzen in ihren Lebensfunktionen sogar auf den Eintrag bestimmter Spurenstoffe aus der Atmosphäre angewiesen. Dann haben Ablagerungen dieser Stoffe einen Düngungseffekt. Als Nährstoffe und wichtige Spurenelemente wirken insbesondere Mineralelemente sowie Stickstoffkomponenten in Niederschlägen und Stäuben.

Andererseits führen erhöhte Einträge von atmosphärischen Spurenstoffen auch zu Störungen der natürlichen Pflanzenfunktionen, welche die Nutzfunktionen der Pflanzen beeinträchtigen können. Ein solcher Schaden kann einen Verlust an wirtschaftlichen, ideellen Werten oder an menschlicher Lebensqualität bedeuten. Darüber hinaus aber kann eine Schädigung auch in größerem Rahmen den Naturhaushalt stören und die genetische Vielfalt vermindern.

Eine der weitreichendsten Folgen der Einwirkung von Luftverunreinigungen ist der großflächige Zusammenbruch von ganzen Ökosystemen. Das Beispiel flächenhafter Entwaldung zeigt, wie der Mensch auch indirekt von den Luftverun-

Tabelle 4.2. Mögliche Auswirkungen von Luftschadstoffen auf Pflanzen (nach [26])

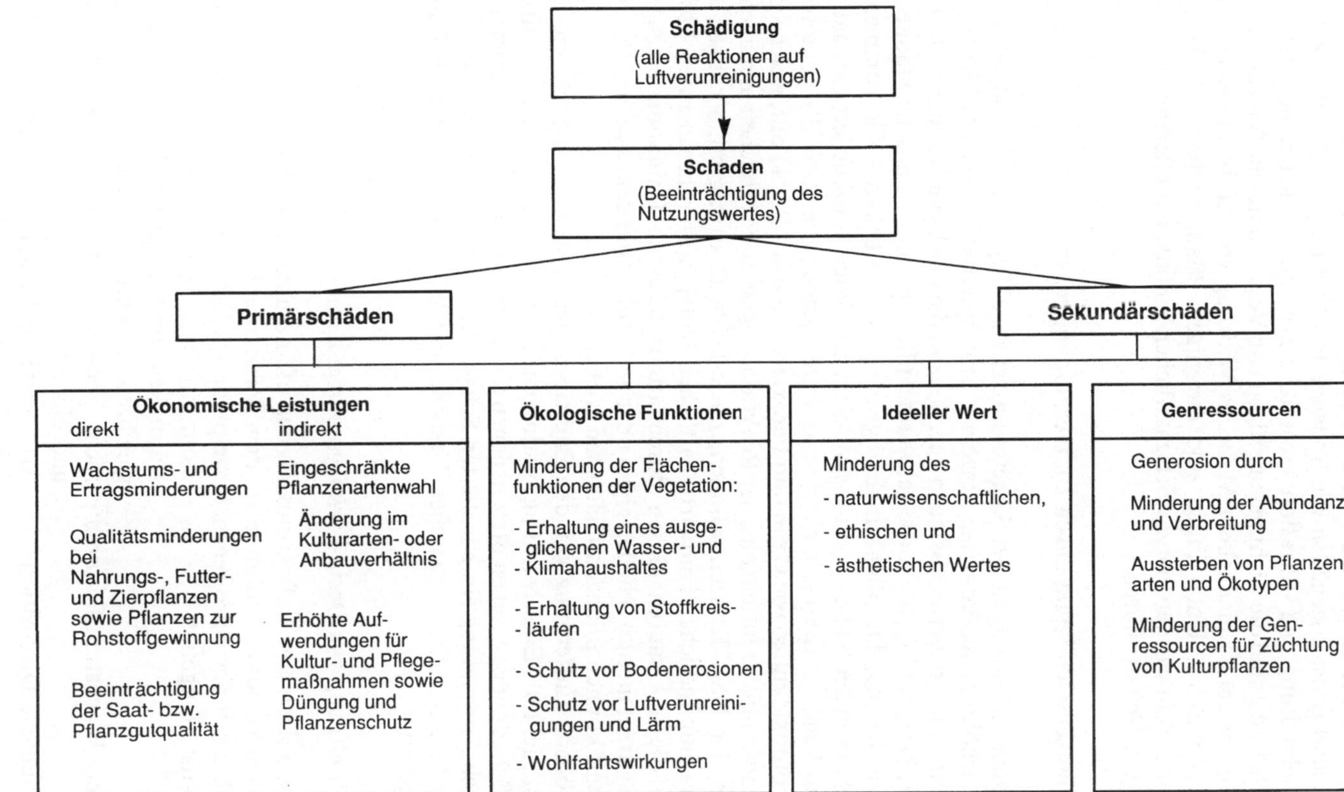

reinigungen betroffen ist. Kann der Wald seine Schutzfunktionen nicht mehr ausüben, sind Erosionsschäden wie Bodenverlust und Bergrutsche, mangelhafte Wasserrückhaltung und -filtration sowie Klimaveränderungen zu erwarten.

In Tabelle 4.2 sind die wichtigsten Folgen von Vegetationsschäden zusammengestellt, die in unterschiedlichem Maße als Wirkung von Luftverunreinigungen beobachtet wurden. Unter ihnen sind diejenigen Pflanzenschäden bisher am besten untersucht worden, die zu wirtschaftlichen Einbußen im Bereich der Land- und Forstwirtschaft führen.

4.4.1 Pflanzenschädigung durch Luftverunreinigungen

Die meisten Erfahrungen bei Vegetationsschäden liegen aus Situationen mit deutlich erhöhtem Aufkommen einzelner atmosphärischer Schadstoffe in der Umgebung industrieller Emissionen vor. So sind die Gaskomponenten SO_2, Cl_2, HCl, HF, NH_4 und C_2H_4 sowie schwermetallhaltige und alkalische Stäube für ihre phytotoxische, d.h. pflanzenschädigende Wirkung bekannt. Sie kommen in der Regel nur in der Nähe von Emissionsquellen so hoch konzentriert vor, daß sie zu akuten Schäden führen. Großräumig treten jedoch die ebenfalls phytotoxischen Photooxidantien wie Ozon und Peroxiacetylnitrat (PAN) auf, welche sich erst sekundär infolge luftchemischer Reaktionen bilden. Sie erreichen in manchen Regionen der USA Konzentrationen, die erhebliche Ertragsminderungen bei besonders empfindlichen landwirtschaftlichen Nutzpflanzen hervorrufen [26].

Auch die aus sauren Gasen durch atmosphärische Oxidation erzeugten starken Säuren, meist in Niederschlag oder an Staub gebunden, sind großräumig verteilt und können pflanzenschädigend wirken.

In größerer Entfernung von den Emissionsquellen lassen sich Pflanzenschäden meist nicht als Einzelwirkung bestimmter Luftverunreinigungen identifizieren. Die Schadbilder weichen oft von denen ab, die bei kontrollierten Laborversuchen durch Anwendung eines isolierten Schadfaktors erzielt wurden. Ein monokausaler Zusammenhang zwischen Ursache und Wirkung ist in diesen Fällen nicht gegeben.

4.4.1.1 Ermittlung von Dosis-Wirkungs-Beziehungen

Ob und wie stark eine Luftverunreinigung pflanzenschädigend wirkt, hängt von einer ganzen Reihe von Faktoren aus dem Bereich der Umweltbelastung sowie der Empfindlichkeit der betroffenen Einzelpfade ab. Dies sind hauptsächlich [26]:

- Schadstoffangebot: Konzentration, Einwirkungsdauer: Dauer, Häufigkeit und Sequenz der Einwirkung, gleichzeitiges Auftreten anderer Schadstoffe;
- äußere Wachstumsfaktoren: Licht, Temperatur, Luftfeuchtigkeit; Wasser- und Nährstoffversorgung;
- individuelle Disposition: Art, Sorte, individualspezifische Empfindlichkeit; Entwicklungsstadium, Keimbildung, Blattalter, physiologische Aktivität; bisherige Entwicklung (Ausbildung von Abwehrmechanismen).

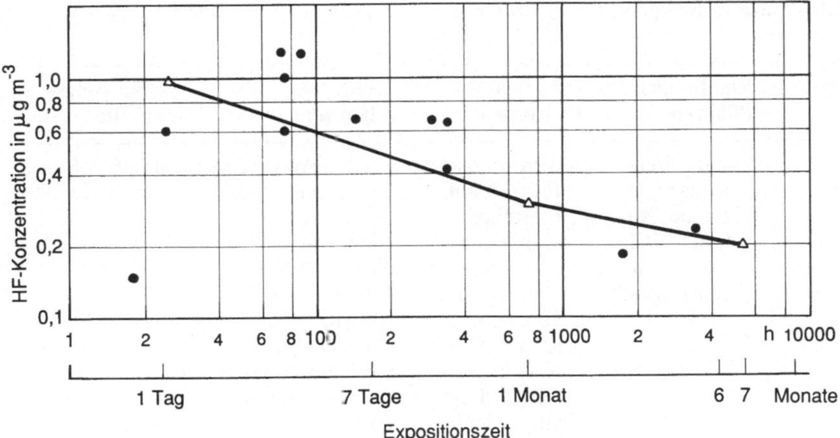

Bild 4.8. Kritische HF-Dosen, bei denen sehr empfindliche Pflanzen erste sichtbare Schäden zeigen. Versuchsergebnisse (●), maximale Immissionskonzentrationswerte (MIK) nach VDI-Richtlinie 2310 Bl. 3 E (△ = MIK in µg/m³: 1,0; 0,3; 0,2) [27]

Aus dieser Auflistung ist leicht die Vielzahl unterschiedlicher Wirkungskonstellationen zu ermessen. Da bei landwirtschaftlichen Kulturen stets optimale Wachstumsverhältnisse angestrebt werden, sind dort die Verhältnisse eindeutiger als bei extensiver Nutzung. Es lassen sich auf der Grundlage von Belastungsversuchen in offenen, geschlossen oder klimatisierten Gewächshäusern bei generell guten Wuchsbedingungen und definierten Schadstoffeinwirkungen eindeutige Dosis-Wirkungsbeziehungen herstellen. Die Ergebnisse, insbesondere die erzeugten Symptome, werden mit Freilanderhebungen in Immissionsgebieten bekannter Belastung verglichen, bei denen eine größere Zahl von Einflußgrößen zu berücksichtigen ist.

An den nur einjährigen landwirtschaftlichen Nutzpflanzen können solche Untersuchungen einen vollen Lebenszyklus verfolgen. Schwierig dagegen ist die Beurteilung von Langzeiteffekten bei Stauden und Gehölzen. Bei Versuchen zur Klärung von Waldschäden sind daher toxikologische Ansätze anzuwenden, bei denen Effekte durch kurzfristige Einwirkungsdosen auf größere Zeitspannen extrapoliert werden.

Von landwirtschaftlichen Nutzpflanzen sind für eine Reihe von Schadgasen Schwellenwerte der Pflanzenschädlichkeit bekannt. Sie berücksichtigen Konzentration und Einwirkungszeit. Am Beispiel von HF ist eine solche Dosis-Wirkungs-Beziehung in Bild 4.8 dargestellt.

Oft gelten in erster Näherung kritische Expositions- oder Dosiswerte (= Konzentration × Zeit), bei denen besonders empfindliche Pflanzenarten erste Schadbilder zeigen [26]. Aus solchen Wirkungsbeziehungen ergeben sich für die Grenzwertfestlegung bei kurzen Immissionszeiten hohe Werte, bei langer Einwirkung dagegen niedrige Werte.

Solche Schwellenwerte sind für ausgewählte atmosphärische Schadstoffe in Tabelle 4.3 angegeben. Sie berücksichtigen erste sichtbare Pflanzenschäden, z.B. Verfärbungen (Chlorosen) bzw. Eintrocknen (Nekrosen) von Blättern oder

Tabelle 4.3. Pflanzenschädigung durch Luftverunreinigungen (zusammengestellt nach [26, 27, 31–33])

Schadkomponenten	Empfindlichste Pflanzen	Schadbild an Blattorganen	Schädigungsmechanismus	Schädigungsschwelle
Ozon O_3	Tabak, Weizen, Roggen, Bohne, Kartoffel, Weinrebe, Tomate, Schwarzkiefer	rötlich-braune Flecken auf Blattoberseite, Chlorosen- und Nekrosen an Spitzen und Rändern von Nadeln, vorzeitiger Laub fall	Aufnahme durch Spaltöffnungen, oxidative Zerstörung von Lipoproteiden der Zellmembranen (→Auswaschverluste), Zerstörung von Stoffwechselprodukten wie ungesättigte Fettsäuren und Sulfonylgruppen, Störung der Photosynthese.	40 ppb/7–8 h 30 ppb Langzeit
Peroxyacetylnitrat PAN	Tabak, Bohne, Blattsalat, Kiefern-, Pappeln-, Eichenarten	Bronzefarbene Flecken auf Blattunterseiten, Verfärbung von Nadeln, vorzeitige Alterung	ähnlich wie bei O_3, insbesondere Hemmung der Fettsynthese, Enzymhemmung	10 ppb/8 h
Schwefeldioxid SO_2	Weizen, Roggen, Gerste, Baumwolle, Obstbaum-, Kiefern- u. Birkenarten	Nekrosen zw. Blattnerven und an Rändern (Laubbäume), rötlich-braune streifenförmige Verfärbung von Nadelspitzen	Aufnahmen durch Spaltöffnungen, Bildung von H_2SO_3 bzw. H_2SO_4 im Interzellularraum. Störung von Stoffwechselfunktionen, Veränderung von Enzymen und Proteinen, Spaltöffnungsstarre	180 ppb/8 h 8···17 ppb/Vegetationsperiode
Fluorwasserstoff HF	Obstbäume, Kiefern, Tannenarten, Weinrebe, Tulpe	Spitzen- und Randnekrosen	Aerosol- u. Ätzschäden an Epidermis; Gas: Aufnahme durch Spaltöffnungen, Transport in Rand- und Spitzenbereiche; Speicherung, Schäden an Zellstrukturen, Störung von Stoffwechselfunktionen	1,2 ppb/14 h 0,18 ppb/Vegetationsperiode
Chlor, Chlorwasserstoff Cl_2HCl		ähnlich SO_2		500···1500 ppb/0,5···3 h

Tabelle 4.3. (Fortsetzung)

Schadkomponenten	Empfindlichste Pflanzen	Schadbild an Blattorganen	Schädigungsmechanismus	Schädigungsschwelle
Stickstoffoxide NO, NO_2	Kiefern, Fichtenarten	gräulich, bräunliche Verfärbungen vom Blattrand ausgehend, rotbraune bis rotviolette Verfärbung von den Nadelspitzen ausgehend	Aufnahme durch Spaltöffnungen, pH-Erniedrigung an Eintrittsstelle, Störung von Stoffwechselfunktionen, evtl. Nitrosaminbildung	20000 ppb/1 h 1000 ppb/Langzeit
Ammoniak NH_3		ähnlich wie bei SO_2	Gewebekollaps ohne Chlorophyllverlust	55000 ppb/1 h
Schwefelwasserstoff H_2S		Nekrosen zwischen Blattadern		100000 ppb/5 h
Saure Niederschläge		kleinfleckige Nekrosen an Leitbündeln und Stomata	äußerlicher Angriff an Blattflächen ohne hydrophobe Wachsschicht (verstärkt durch O_3-Belastung), Nekrosen, Auswaschverluste, Aufnahme durch Spaltöffnungen, Pufferung durch Pflanzen, Ionenaustausch (H^+ gegen Mineralstoffe aus Pflanze), Verlust an Assimilaten	pH < 3,1···3,2 Tage bis Monate
Metalle	verschiedene	unterschiedlich	Störung von Stoffwechselfunktionen und Zellmembranstruktur	Cd,Cr,Co,Ta,V: 5···10 ppm[a] Hg,Ni: 25···40 ppm[a] Cu,Pb: 125···140 ppm[a] Zn: 740 ppm[a]

[a] Gewichtsanteil in der Asche von Blättern oder Nadeln.

Nadeln oder aber deutliche Wachstumsdepressionen bei den jeweils besonders empfindlichen Pflanzenarten. Indirekte Wirkungen über den Boden sind dabei ebenso wenig erfaßt wie latente, „unsichtbare" Schäden, da diese sich im Kurzzeitexperiment nur unzulänglich nachvollziehen lassen. Ebenfalls unberücksichtigt sind Kombinationswirkungen mehrerer Luftverunreinigungen.

Synergismen bei gleichzeitiger Belastung durch zwei Komponenten sind in einer Reihe von Fällen bekannt [26, 28–30]. Das Zusammenwirken von drei und mehr atmosphärischen Schadfaktoren wurde bisher jedoch kaum untersucht. Anstrengungen dazu laufen im Rahmen der Ursachenforschung zu den neuartigen Waldschäden.

4.4.1.2 Wirkungsmechanismen und Schadbilder einzelner Luftschadstoffe

Die Schadstoffaufnahme ist der erste Schritt eines Luftschadstoffs zum Ort seiner Wirkung in der Pflanze. Es bieten sich zwei Eintrittswege in das Blatt oder die Nadel an:

- durch die Spaltöffnungen (Stomata) vorwiegend an den Blatt- oder Nadelunterseiten; sie werden entsprechend dem Bedarf an CO_2 zur Photosynthese und für die Verdunstung zur Temperaturregelung geöffnet und geschlossen;
- über die Außenhaut (Epidermis), die durch eine schützende Wachsschicht (Kutikula) an der Außenseite bedeckt ist.

Die meisten Stoffe treten über die Stomata in die Pflanze ein, insbesondere Gase und die gelösten Bestandteile in benetzenden Wasserfilmen.

Photooxidantien

Von der Eintrittsstelle aus werden diese gelösten Stoffe im Interzellularraum in der Pflanze verlagert. Manche von ihnen zerstören Zellstrukturen, andere greifen in den Stoffwechsel der Pflanze ein. In Tabelle 4.3 sind stichpunktartig die Hauptschädigungsmechanismen der angeführten Schadstoffe zusammengestellt. Die starken Radikalbildner O_3 und PAN wirken bereits im Nahbereich der Stomata. Sie reagieren besonders rasch mit ungesättigten Fettsäuren und Sulfonylgruppen, z.B. von Aminosäuren. Im begrenzten Umfang ist die Pflanze gegen diese starken Oxidationsmittel durch eigene Enzyme geschützt. Das Enzym Peroxidase, z.B., ist u.a. in Zellwänden vorhanden und inaktiviert sekundär entstehendes Wasserstoffperoxid, bevor es in die Zelle eindringen kann.

Trotz des ähnlichen Wirkmechanismus unterscheiden sich die Symptome von O_3 und PAN an Blättern stark, da die Stoffe unterschiedliche Organe schädigen. Typische Ozonschäden betreffen Zellen auf der Blattoberseite, während PAN Zellen auf der Blattunterseite zerstört (Schwammparenchym). In Verbindung mit sauren Niederschlägen kann O_3 eine vorzeitige Alterung der Kutikula bewirken. In der Regel sind großblättrige Feld- und Zierpflanzen durch photochemische Oxidantien wesentlich stärker gefährdet als Nadelgehölze [30].

Säurebildende Gase und Schwermetalle

Vergleichsweise schwächere Oxidationsmittel sind die Produkte saurer Gase. Nur in sehr hohen Konzentrationen wirken sie bereits äußerlich und verätzen die Blattoberfläche ähnlich wie stark alkalische Stäube (z.B. Branntkalk aus Zementwerken) oder aber direkt an der Eintrittsstelle in die Pflanze. Teilweise werden sie in der Pflanze in bestimmten Organen akkumuliert. So verlagert die

Pflanze etwa auch über die Wurzeln aufgenommene Fluoride in die Rand- und Spitzenbereiche von Nadeln und Blättern. Daher sind nach geringen HF-Einwirkungen über lange Zeiträume die höchsten Fluoridkonzentrationen in älteren Nadeln gefunden worden. Laubbäume sind gegenüber Fluor weniger empfindlich. Erst nach Überschreiten bestimmter Nadel- oder Blattgehalte werden Schadsymptome beobachtet [27].

In ähnlicher Weise werden auch Schwermetalle in der Pflanze angereichert und wirken dann am Ort ihrer Akkumulation [31]. In diesen Fällen ist es daher sinnvoller, Schädigungsschwellen in der Form von mittleren Blatt- oder Nadelgehalten an diesen Stoffen anzugeben.

Zu Anreicherungen in Blättern und Nadeln kommt es auch bei Schwefelverbindungen, so daß auch in bezug auf SO_2 Nadelgehölze stärker gefährdet sind als laubabwerfende Pflanzen. Die sich aus SO_2 bildende Schwefel- und schweflige Säure greift in vielfältiger Weise in Stoffwechselfunktionen ein. Dies schlägt sich in einer allgemeinen Verminderung der Photosyntheseleistung sowie der Zunahme der Atmung (Respiration) nieder. Dadurch gerät die Pflanze in Assimilatmangel. Das Wachstum geht zurück. Es genügen bereits geringe SO_2-Belastungen, um die Schließbewegung der Spaltöffnungen zu behindern. Diese sog. Spaltöffnungsstarre hat übermäßigen Wasserverlust zur Folge [29].

Blatt- und Nadelbenetzung mit sauren Niederschlägen

Im Zusammenhang mit der Erklärung der neuartigen Waldschäden wurden verstärkt die Effekte von sauren Niederschlägen untersucht. Über wäßrige Benetzungsfilme wirken sowohl starke als auch schwache Säuren auf die Blattorgane ein (vor allem H_2SO_4, HNO_3). Hohe Protonenkonzentrationen schädigen die Epidermis in den Blatt- und Nadelbereichen, wo die hydrophobe Kutikula besonders dünn ist. In Kombination mit O_3-Belastung bilden sich Chlorosen und Nekrosen aus [28]. Sie führen zu verstärkter Auswaschung (Leaching) von Nährstoffen und Assimilaten. Bereits niedrige Protonenkonzentrationen wirken in den Mineralstoffhaushalt der Pflanze ein. Die im Benetzungswasser auf Blattorganen enthaltenen Protonen verdrängen Mineralstoffe wie Magnesium, Kalium und Mangan an den Kationenaustauscherplätzen der Kutikula und im Bereich der Spaltöffnungen [34]. Dadurch verarmen die Blattorgane an diesen essentiellen Mineralstoffen. Werden diese Stoffe aus dem Wurzelbereich nicht in ausreichender Menge nachgeliefert, dann zeigt sich beispielsweise der Mangel an Magnesium, dem Zentralatom im Chlorophyllkomplex, als flächige, braun-gelbe Verfärbung von Blättern und Nadeln.

4.4.2 Waldschäden

Klassische Rauchschäden

Bis vor wenigen Jahren konnten großflächig auftretende Schäden an Waldbeständen meist einzelnen Ursachen zugeordnet werden. Witterungsereignisse, Pflanzenschädlinge, forstbauliche Fehler und auch erhöhte Immissionsbelastungen zeigten oft sehr spezifische Wirkungen, die entweder nur bei bestimmten Baumarten oder aber räumlich und zeitlich begrenzt aufgetreten sind. Darunter fielen Waldschäden in der Nachbarschaft von Emissionsquellen wie Hütten- und Zementwerken oder großer Feuerungsanlagen, die seit dem letzten Jahrhundert besonders aus den stark industrialisierten Mittelgebirgsregionen von Erzgebirge, Harz, Thüringer- und Frankenwald bekannt sind.

Das bislang größte Ausmaß solcher „klassischer Rauchschäden" in Europa wird derzeit in den Kammlagen von Erzgebirge und Riesengebirge erreicht. Beide liegen in unmittelbarem Einfluß der sächsischen und nordböhmischen Braunkohle- und Industriereviere mit großem Ausstoß an SO_2 und schwermetallhaltigen Stäuben. Im Erzgebirge wird seit 1960 ein flächenhafter Zusammenbruch von Fichtenbeständen beobachtet, der bis zum Jahre 1984 allein auf dem Gebiet der CSSR zum Absterben von ca. $600\,km^2$ der Gesamtwaldfläche von $3\,500\,km^2$ geführt hat. Die weniger SO_2-empfindlichen, laubabwerfenden Baumarten Buche, Lärche, Eberesche sind dagegen kaum geschädigt [35]. Ähnlich großflächige Waldschäden sind aus der Umgebung der größten kanadischen Nickelhütte in Sudbury bekannt [29, 33].

Neuartige Waldschäden

Seit Anfang der 80er Jahre treten jedoch weitverbreitet in Mitteleuropa und im Osten der USA an vielen sehr unterschiedlichen Laub- und Nadelgehölzen Waldschäden auf, die in Art und Umfang auf keine einzelne der bisher bekannten Ursachen zurückzuführen sind. Sie werden daher im Gegensatz zu den klassischen Rauchschäden als „neuartige Waldschäden" bezeichnet.

Zunächst war nur die Tanne betroffen, doch weiteten sich die Schäden schnell auf Fichte und andere Koniferen und später auf Buche, Eiche und weitere Laubbaumarten aus. Ebenfalls breiteten sich die Schadensgebiete, ausgehend von den Hochlagen der süddeutschen Mittelgebirge, insbesondere Schwarzwald und Bayerischer Wald, rasch auch auf die mittel- und norddeutschen Waldgebiete und den Alpenraum aus, so daß die Baumerkrankung heute die unterschiedlichsten Boden-, Klima-, Bestockungs- und waldbaulichen Verhältnisse erfaßt. Allgemein nehmen die Waldschäden mit der Meereshöhe des Bestandes deutlich zu. Die Hochlagen der Mittelgebirge sind besonders stark betroffen.

Dabei fördert die Ausrichtung des Bestandes nach Westen i.allg. die Schädigung, selbst dann, wenn die Hauptschadstofffracht aus anderen Richtungen kommt. Dies gilt sogar im Bayerischen Wald, wo die Osthänge den Emissionen des benachbarten nordböhmischen Braunkohlenreviers stärker ausgesetzt sind [28].

Sehr gefährdet sind die licht- und luftexponierten Lagen, das sind vor allem Einzelbäume am Waldrand, freigestellte Bäume oder solche, die über das Bestandsdach hinausragen.

4.4.2.1 Schadbilder

Es entsteht kein einheitliches Krankheitsbild. Selbst bei einer Baumart können sich die Symptome stark unterscheiden. Eine systematische Differenzierung der

Schadbilder wird derzeit erst entwickelt. Mit ihrer Hilfe sollen die einzelnen Merkmale besser eingeordnet werden. Dennoch lassen sich die Krankheitserscheinungen der am stärksten betroffenen Tanne und Fichte in einigen Hauptmerkmalen zusammenfassen [28]:

– Wachstumsanomalien:	bei Fichten schlaffes Herabhängen der Äste 2. Grades (Lamettasyndrom); bei Tannen vermindertes Wachstum des Gipfeltriebes (Storchennestkrone); Ausbildung von Ersatztrieben, Ästen und Zweigen im unteren Stammbereich (Wasserreiser)
– Nadelverfärbung:	Braun-Gelb-Färbung der Nadeln von lichtexponierten Zweigoberseiten meist mit Ausnahme des neuen Nadeljahrgangs; in der Regel herrscht Mg- und K-Mangel bei unbedenklichen Schwermetall- und Schwefelgehalten in den Nadeln;
– Vorzeitiger Nadelverlust:	Entnadelung beginnt bei ältesten Nadeln und verläuft vom Stamm zur Peripherie, von der Kronenbasis zum Wipfel hin;
– Störungen im Wurzelbereich:	vermindertes Feinwurzelwachstum und beeinträchtigte Mycorrhizierung (Symbiose von Bodenpilzen und Baum im Feinwurzelbereich, die die Nährstoffaufnahme aus dem Boden ermöglicht);
– Holzzuwachsverluste:	teilweise abrupt seit 60er Jahren ohne äußerliche Merkmale, teilweise kontinuierlicher Rückgang bis zum Absterben des Baumes.

Daneben kommen noch regional spezifische Merkmale vor wie zum Beispiel die Nadelröte im Bereich der Kalkalpen.

Bei den Laubbäumen ist das Krankheitsbild der Buche am einheitlichsten. Die Hauptmerkmale sind hier [28]:

– Wachstumsanomalien:	peitschenartige Kurztriebe zwischen den Blattadern, Reduktion der Blattgröße, Aufwölben der Blattränder;
– Blattverfärbung:	Braun-gelb-Färbung der lichtexponierten oberen Kronenbereiche;
– Vorzeitiger Laubfall:	Entlaubung, vor allem in der oberen Krone, von den Triebspitzen ausgehend;
– Holzzuwachsverluste:	kontinuierlicher Rückgang.

Allgemein treten in einem späteren Krankheitsstadium Sekundärparasiten zum Krankheitsbild hinzu. Darunter fallen Holzpilze, die zur Ausbildung eines Naßkerns in der Stammitte führen können, und Borkenkäfer, die unter der Rinde an den nährstofführenden Leitbündeln saugen.

4.4.2.2 Angenommene Wirkungsmechanismen

Zur Erklärung dieser neuartigen Waldschäden wurden eine Reihe von Hypothesen vorgebracht, die sich aus heutiger Sicht immer stärker zu einem Gesamtkomplex verdichten. Dabei treffen die verschiedensten Schwächungsfaktoren und mögliche Auslösefaktoren zusammen.

Eine Grundlage bildet die zuerst vorgebrachte These der Bodenversauerung. Ihr zufolge stören saure Niederschläge den Nährstoff- und Wasserhaushalt eines Baumes auf mehrere Weisen.

Bodenversauerung

Einerseits können Säuren direkt die Spaltöffnungen von Blättern und Nadeln schädigen und so zu Nährstoffauswaschungen führen. Andererseits belastet andauernder Säureeintrag die Pufferkapazität des Bodens und kann schließlich den pH-Wert der Bodenlösung herabsetzen. Dadurch werden Nährstoffe verstärkt auch aus dem Boden ausgewaschen. Zusätzlich gehen bei Unterschreiten kritischer pH-Werte Metalle, z.B. Aluminium, in Lösung und werden biologisch verfügbar. Besonders davon gefährdet sind Mycorrhiza-Pilze, die im Feinwurzelbereich vieler Baumarten in Symbiose leben und den Baum bei der Nährstoffaufnahme unterstützen. Sind, wie häufig beobachtet, die aktiven Feinwurzelspitzen nur in geringer Zahl vorhanden, so ist ein solcher Baum schlecht mit Wasser und Näherstoffen versorgt, s. Bild 4.9.

Zu dieser Grundbelastung (disponierende Faktoren) kommen auslösende Faktoren wie Frost und Trockenheit hinzu. Auch sie wirken nachteilig auf den Nährstoff- und Wasserhaushalt der Bäume. Verstärkte Aktivität nitrifizierender Bakterien in warmen, trockenen Sommern führt zu zusätzlicher Bodenversauerung durch Salpetersäurebildung.

Als Einschränkung bei dieser Hypothese ist zu sehen, daß sie Schäden auf gut gepufferten Böden (Kalk) nicht erklärt. Auch wurden bisher toxische Aluminiumkonzentrationen selbst auf sauren Bodenstandorten nicht nachgewiesen.

Stickstoffeinträge

Ein weiterer Erklärungsansatz knüpft an die Bodenversauerungsthese an. Sie berücksichtigt den Nährstoffcharakter des Stickstoffeintrags aus der Atmosphäre. Dieser Eintrag übersteigt in den meisten Waldgebieten das für eine ausgewogene Nährstoffversorgung notwendige Maß. Bei diesen anfänglich günstigen Wachstumsbedingungen kann ein zunächst kräftiges Pflanzenwachstum schnell die geringen Vorräte an anderen Nähr- und Spurenstoffen erschöpfen. Ungenügende Anpassung an diese Situation führt – wie aus der Landwirtschaft bekannt – zu größerer Anfälligkeit für Frostschäden und Schädlingsbefall.

Die möglichen Wirkungsbeziehungen dieser Hypothese sind in Bild 4.9 schematisch dargestellt.

Ozon und saure Niederschläge

Die besonders in den Hochlagen der Mittelgebirge auftretende Verfärbung der lichtzugewandten Nadeloberseiten von Fichten und Tannen versucht die Ozonhy-

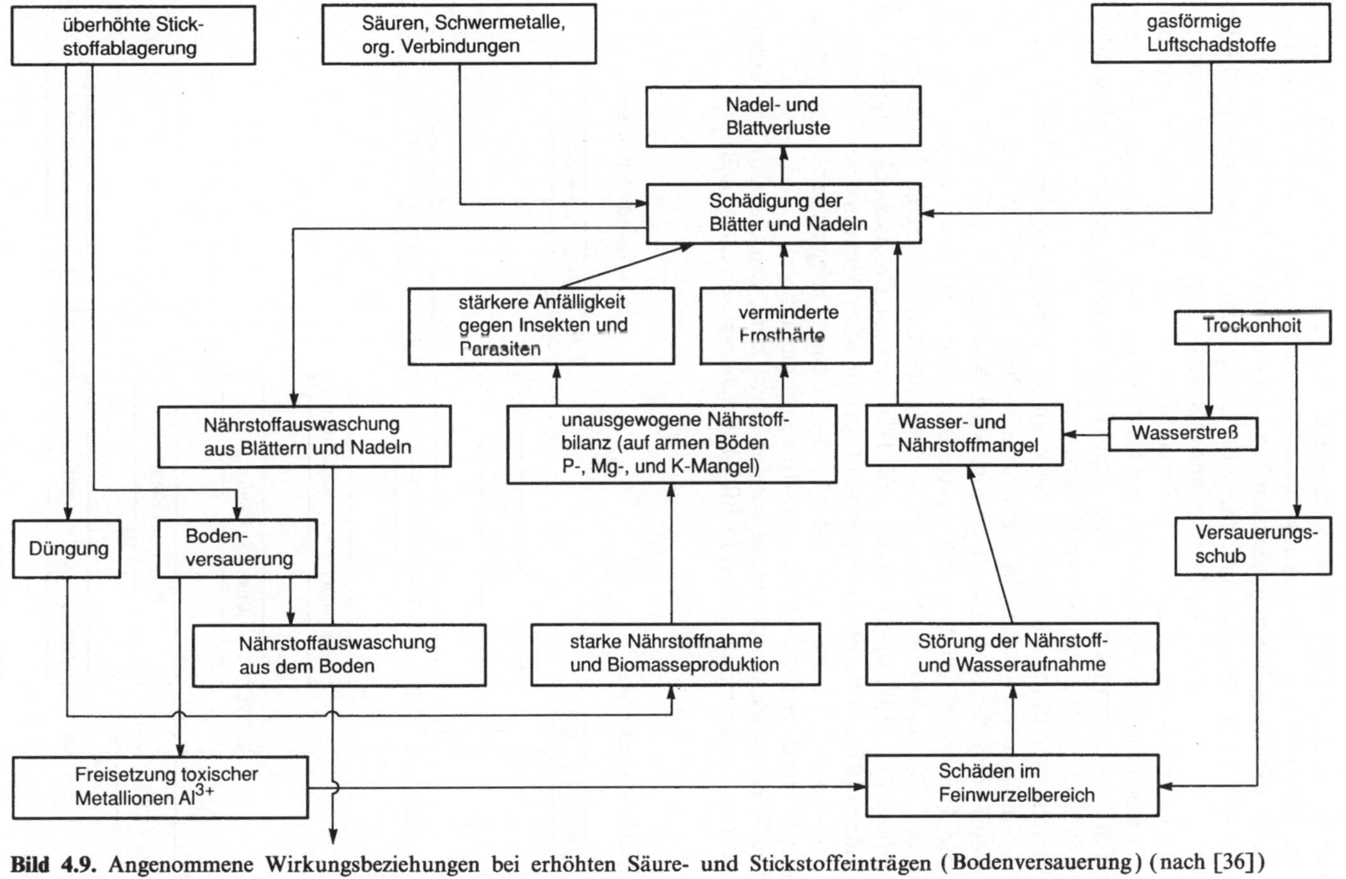

Bild 4.9. Angenommene Wirkungsbeziehungen bei erhöhten Säure- und Stickstoffeinträgen (Bodenversauerung) (nach [36])

pothese zu erklären [28]. Diese Waldgebiete mit zumeist nährstoffarmen Böden sind durch starke Säureeinwirkung mit dem Niederschlag von Regen, aber auch mit meist wesentlich höher belastetem Nebelwasser, sowie durch hohe Luftkonzentrationen von Photooxidantien, z.B. Ozon, gekennzeichnet. Die direkte Wirkung von Ozon auf die Spaltöffnungsbereiche von Nadeln wird verstärkt durch die Einwirkung von Säuren. Nährstoffe werden dadurch verstärkt aus den Nadeln ausgewaschen. Die beobachtete Gelbfärbung von Nadeln geht auf einen – offenbar lichtinduzierten – Chlorophyllabbau zurück und ist insbesondere mit einem Magnesiummangel verknüpft.

Verminderte Photosyntheseleistung kann die Versorgung des Wurzelraumes mit Assimilaten und damit die Feinwurzelbildung beeinträchtigen, so daß der Nährstoff- und Wasserhaushalt gestört wird. Mit diesem Schadbild geht eine erhöhte Frostanfälligkeit einher. Auch hier treten zu einer Grundbelastung auslösende Klimafaktoren hinzu. Es wird vermutet, daß extreme Trockenheit in den Jahren 1976, 1982 und 1983 sowie die Häufung von Frostschockereignissen in den Jahren 1978, 1981, 1982 und 1983 mit sprunghafter Abnahme der Lufttemperatur um bis zu 30 Kelvin (Silvester 1978) zu einem zeitgleichen Auftreten der Waldschäden in den Mittelgebirgen Mitteleuropas führte.

Die Wirkungszusammenhänge bei der Einwirkung von Ozon in Verbindung mit sauren Niederschlägen sind in Bild 4.10 schematisch dargestellt.

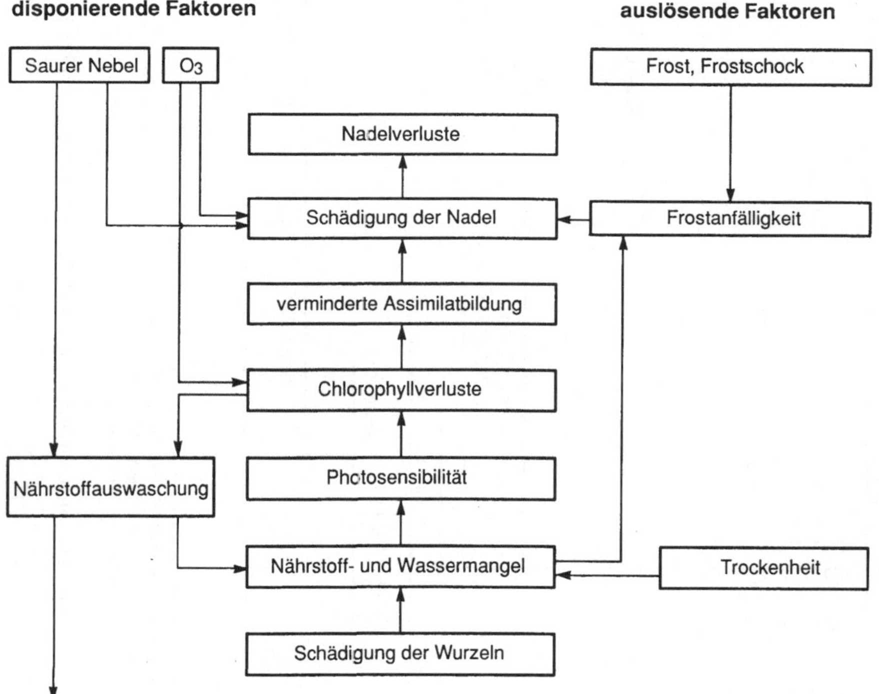

Bild 4.10. Angenommene Wirkungsbeziehungen bei der Einwirkung von Ozon und sauren Niederschlägen (nach [36])

Organische Stoffe

Bisher konzentrierten sich die Untersuchungen zu den neuartigen Waldschäden auf die Einwirkung von anorganischen Luftschadstoffen. Kaum erforscht ist die Wirkung von vielen organischen Substanzen auf Waldbäume. Auch sie kommen als Ursachen für die neuartigen Waldschäden in Betracht.

Um die Bedeutung der Einwirkung von organischen Komponenten auf die Gesundheit von Waldbeständen zu klären, ist die Kenntnis über das Vorkommen solcher möglichen Pflanzengifte an Waldstandorten und ihre Ablagerung auf Pflanzenoberflächen sowie über die Wirkungsmechanismen solcher Stoffe in der Pflanzenphysiologie heute aber noch völlig unzureichend.

Neuartige Waldschäden – eine Komplexkrankheit

Nach mehrjähriger intensiver Forschung auf dem Gebiet der neuartigen Waldschäden konnte bisher keine der genannten Hypothesen die Vielfalt beobachteter Symptome unter den unterschiedlichsten inneren und äußeren Rahmenbedingungen umfassend erklären. Nach heutiger Erkenntnis müssen eine Reihe von Schädigungsmechanismen zusammentreten, so daß im Einzelfall die Gewichtung des Einflusses einzelner Faktoren in Frage steht. Gezielte Maßnahmen bei der Emissionsminderung lassen sich aus solch einem Ursachenkomplex bedauerlicherweise derzeit noch nicht ableiten.

Allerdings existieren stichhaltige Indizien, daß eine Reihe anthropogener Spurenstoffe selbst in den geringen Konzentrationen, wie sie in emissionsfernen Räumen auftreten, unter ungünstigen Boden- und Klimaverhältnissen zur latenten Pflanzenschädigung in Waldgebieten führen. Jede zusätzliche Belastung (Streß) kann dann sichtbare Waldschäden am Einzelbaum auslösen oder gar ganze Wälder in ihrem Bestand gefährden.

4.5 Wirkungen auf die menschliche Gesundheit

Neben Nahrungsmitteln und Getränken, deren tägliche Aufnahme bei wenigen Kilogramm liegt und mehr oder weniger frei gewählt werden kann, stellt die Atemluft ein Medium dar, das von allen Menschen einer bestimmten Umgebung in gleicher Weise aufgenommen wird. Das Luftvolumen, das bei durchschnittlicher Lebensweise mit dem Organismus eines erwachsenen Menschen in engsten Kontakt kommt, beträgt etwa $20\,m^3$ täglich, was einer Masse von 25 kg entspricht. Ohne feste Nahrung kann der Mensch bis zu vierzig Tagen auskommen, ohne Atemluft dagegen nur wenige Minuten. Der Qualität der eingeatmeten Luft ist daher eine besondere Aufmerksamkeit zu widmen.

Die in der Luft enthaltenen Schadstoffe gelangen über die Atmung in das Innere des Körpers und werden dort festgehalten und umgewandelt oder gespeichert und über viele Jahre angereichert.

Die Schädlichkeit von Luftverunreinigungen für den Menschen hängt von den folgenden Faktoren ab:

- Giftwirkung (Toxizität) der einzelnen Schadstoffe,
- Konzentration der Schadstoffe + Dauer der Einwirkung = Schadstoff-Dosis,
- kombinierte Wirkung mehrerer Schadstoffe,
- Umgebungsbedingungen wie Temperatur, Strahlung, Luftbewegung, Feuchtigkeit usw.,
- Alter und gesundheitlicher Zustand des Menschen.

Die Luftverunreinigungen können Belästigungen verursachen oder physische und psychische Beeinträchtigungen hervorrufen.

Es treten höchst unterschiedliche Schädigungsarten und -grade auf, s. Abschn. 4.1.1. Im schlimmsten Fall kann eine erhöhte Sterblichkeit eintreten (beachte hierzu die Todesfälle bei Smog-Episoden, Tabelle 1.2).

Belästigungen können z.B. hervorgerufen werden durch

- sichtbare Rauchwolken,
- Gerüche,
- Kombinationen aus beiden.

Sichtbare Rauchwolken vermitteln bei vielen Menschen eine negative Information über Umweltverschmutzung. Bei ständig wiederholtem Auftreten kann durch den Ärger über diese Erscheinung eine Störung des psychischen Wohlbefindens eintreten. Ähnlich verhält es sich bei Geruchsbelästigungen, wobei hier die persönliche Empfindung des Menschen noch intensiver ist als bei dem Eindruck über das Auge. Dem Geruchssinn obliegt in dieser Hinsicht eine natürliche Warnfunktion vor schädlichen Stoffen. Wenn zum Geruchsempfinden Kopfschmerzen oder Atemwegsreizungen hinzutreten, dann wird aus der psychischen eine physische Beeinträchtigung des Wohlbefindens.

4.5.1 Möglichkeiten und Schwierigkeiten bei der Erfassung der Schadwirkungen

Die Wirkung der Luftverunreinigungen auf die menschliche Gesundheit ist das Hauptargument zur Begrenzung der Schadstoff-Emissionen. Die Schädigungssymptome sind jedoch sehr vielfältig, und durch gleichzeitiges Einwirken gemeinsam mit anderen Reizungen ist es meist sehr schwierig, den spezifischen Einfluß der Luftverunreinigungen zu ermitteln. Erkenntnisse über die Wirkungen kommen aus den in Tabelle 4.4 genannten Forschungsdisziplinen Arbeitsmedizin, Epidemiologie, Klinische Studien und Toxikologie. Um wirklich genaue Angaben über die Wirkungen einzelner Luftverunreinigungen zu erhalten, müßten Versuche an Menschen durchgeführt werden, bei denen sämtliche anderen Einflußfaktoren auszuschalten wären (*klinische Studien*). Solche Versuche an freiwilligen Versuchspersonen können allenfalls auf akute Beeinflussung mit reversiblen Wirkungen beschränkt bleiben. Selbst hierbei muß strengstens darauf geachtet werden, daß die beteiligten Personen kein gesundheitliches Risiko eingehen.

Tabelle 4.4. Wissenschaftliche Disziplinen, die die Wirkung von Luftverunreinigungen auf die menschliche Gesundheit erforschen, und deren Stärken und Schwächen, in Anlehnung an [37]

Disziplin	Bevölkerungsgruppen	Stärken (Vorteile)	Schwächen (Nachteile)
Arbeitsmedizin (als eine Art der Epidemiologie)	bestimmte Berufe	eingegrenzte Schadfaktoren u. U. lange Expositionszeiten	Wirkungen in erster Linie nur auf gesunde Personen
Epidemiologie	Bevölkerungsgruppen (z. B. Stadt- und Landbevölkerung) erkrankte Gruppen	tatsächliche Exposition Wirkungen niedriger Konzentrationen über lange Zeiträume keine Extrapolationen notwendig Erfassung empfindlicher Gruppen	schwierige Quantifizierung der Exposition viele Überlagerungen minimale Ergebnisse zu Dosis-Wirkungs-Beziehungen vermutete anstatt kausale Zusammenhänge
Klinische Studien	Experimente (Versuche an Menschen) kranke Personen	kontrollierte Exposition geringe Überlagerungen Untersuchung anfälliger Personen kausale Zusammenhänge	künstliche Exposition nur akute Wirkungen, keine Langzeitschäden Risiko ethische Bedenken (öffentliche Akzeptanz)
Toxikologie	Tierversuche	viele Dosis-Wirkungsdaten	Übertragbarkeit auf den Menschen? ethische Bedenken
	Zellgewebe	schnelle Gewinnung von Daten	Schwelle der menschlichen Reaktion?
	biochemische Systeme	kausale Zusammenhänge Wirkungsmechanismen	Extrapolation

Wirkungen durch Langzeitbelastungen können auf diese Weise nicht untersucht werden, da hierbei mit bleibenden Schäden zu rechnen wäre. Ein Groß- und Langzeitversuch findet jedoch schon seit vielen Jahren statt: die freiwillige Beaufschlagung vieler Menschen mit Verbrennungsabgasen beim Rauchen bzw. unfreiwillig beim Passivrauchen.

Die *Epidemiologie* befaßt sich – nach der Definition der Weltgesundheitsorganisation (WHO) – mit der Untersuchung der Verteilung von Krankheiten, physiologischen Variablen und sozialen Krankheitsfolgen in menschlichen Bevölkerungsgruppen sowie mit den Faktoren, die diese Verteilung beeinflussen [38]. Aus epidemiologischen Studien ist bekannt, daß in der Bundesrepublik Deutschland jährlich etwa 25 000 Personen an Lungenkrebs sterben und 80–90 % dieser Todesfälle dem Rauchen zugeschrieben werden [39, 40]. Nicht nur der Lungenkrebs, sondern auch zahlreiche andere Krankheiten, z.B. im Herz-Kreislauf-Bereich, sind auf die Einatmung von Zigarettenrauch zurückzuführen. Auch Passivrauchen ist nicht ungefährlich und führt zu einem erhöhten Krebsrisiko, da im sog. Nebenstromrauch teilweise viel höhere Schadstoffkonzentrationen auftreten als im Hauptstromrauch [41, 42].

Die Wirkungen des Rauchens sind so stark, daß dadurch oftmals die Effekte der Verunreinigungen in der Umgebungsluft überdeckt werden. So konnte zwar z.B. mit epidemiologischen Studien in städtischen Ballungsgebieten gegenüber ländlichen Räumen ein erhöhtes Lungenkrebsrisiko festgestellt werden. Dies konnte aber in erster Linie nicht der Luftverschmutzung zugeschrieben werden, da in den städtischen Gebieten vor zehn bis dreißig Jahren mehr geraucht wurde als auf dem Land [43, 44].

Eine besondere Schwierigkeit bei epidemiologischen Studien besteht darin, daß die Personen nicht nur den Außenluft-Konzentrationen ausgesetzt sind, sondern vorwiegend Innenraumluft einatmen, deren Qualität von Fall zu Fall stark variieren kann. Hierdurch wird die Ableitung von kausalen Zusammenhängen zwischen Schadstoffkonzentrationen in der Luft und den Wirkungen beim Menschen erschwert.

Viele Erkenntnisse zur Wirkung von Luftverunreinigungen werden der *Arbeitsmedizin* verdankt, die Zusammenhänge zwischen auftretenden Berufskrankheiten und der Exposition gegenüber bestimmten Schadstoffen ermittelt [45, 46]. In der Außenluft sind die Luftverunreinigungen allerdings meistens um eine Größenordnung geringer konzentriert als an Arbeitsplätzen, so daß über die Wirkung niedriger Konzentrationen, die über lange Zeiträume auftreten, nach wie vor noch Wissenslücken bestehen.

Während man an Arbeitsplätzen davon ausgeht, daß gesunde Personen im erwerbsfähigen Alter gegenüber Schadstoffen exponiert sind und geschützt werden müssen, sind gegenüber Verunreinigungen in der Umgebungsluft besonders folgende Personengruppen empfindlich:

- Kleinkinder, deren Atem- und Kreislaufsystem sich noch in starkem Wachstum befindet,
- alte Leute mit geschwächten Herz-, Kreislauf- und Atemfunktionen,
- Kranke, z.B. mit Asthma-, Bronchitis- oder Herz-Kreislauf-Leiden.

Bei der Erstellung von Richtwerten für Schadstoffe in der Außenluft wurde insbesondere auch an solche Personengruppen gedacht [47].

4.5.2 Wege der Luftverunreinigungen im menschlichen Körper

Abgesehen von Schadstoffaufnahmen über die Haut oder die Schleimhäute der Augen geht der Hauptwirkungspfad der Luftverunreinigungen im menschlichen Körper über den Atemtrakt. Partikelförmige Schadstoffe werden an unterschiedlichen Stellen der Atemwege abgeschieden bzw. aufgenommen, was im wesentlichen von den aerodynamischen Eigenschaften der Partikel abhängt. Bild 4.11 gibt einen Überblick. Während grobe Partikel ($> 5-10\,\mu m$ mittlerer Durchmesser)

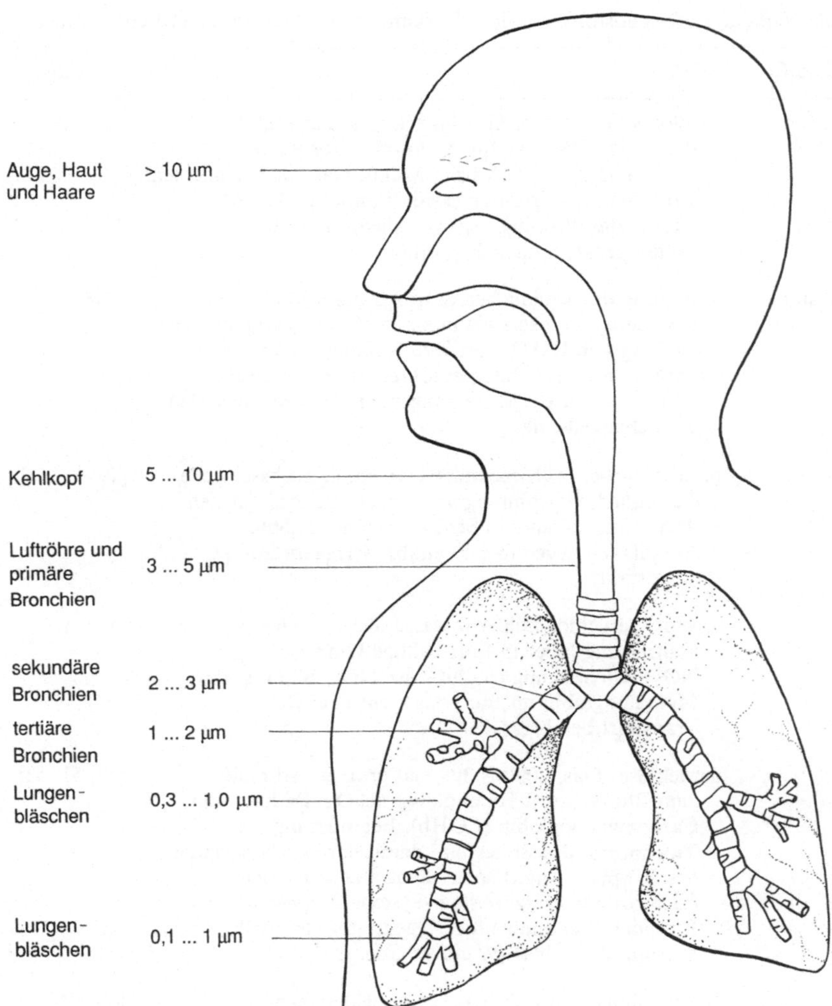

Bild 4.11. Partikeldeposition in den verschiedenen Bereichen des Atemtraktes in Abhängigkeit vom mittleren Durchmesser der Partikel (nach [37])

schon im Nasen-Rachen-Raum verbleiben, werden kleinere Partikel teilweise im Flimmerepithel der Bronchien (Flimmerhärchen), zum größten Teil aber in der Lunge deponiert.

Die Nasengänge und die oberen Bronchien sind mit einer Schleimschicht bedeckt. Von dieser Schicht werden nicht nur die Partikel, sondern auch wasserlösliche Gase aufgenommen. Das Flimmerepithel der Bronchien sorgt für eine ständige Schleimbewegung nach oben. Auf diese Weise werden die absorbierten Gase und Partikel in den Rachenraum gefördert und durch Verschlucken letztlich über den Verdauungstrakt ausgeschieden. Die im „Vorfilter" Nase aufgenommenen Partikel werden ebenfalls durch Schleimabsonderung wieder ausgeschieden.

Tabelle 4.5. Wichtige Luftschadstoffe und ihre Wirkungen auf die menschliche Gesundheit

Luftschadstoffe	Wirkung	Literatur
SO_2	farbloses Gas, saurer Geschmack in reiner Luft ab 0,6 mg/m^3, Reizgas für Atemwege, Lösung in Schleimhäuten von Augen, Mund, Nase und Bronchien; Erhöhung des Strömungswiderstandes in den Atemwegen; die Wirkung liegt vor allem in der wiederholten peakförmigen Exposition;	[49–51]
SO_2 + Feinstaub	Erhöhung der schädlichen SO_2-Wirkung; Eindringen des sauren Aerosols bis in innere Atmungsorgane und Bildung von H_2SO_4; größere Anfälligkeit gegenüber chronischer Bronchitis; erhöhtes Risiko gegenüber akuten Atemwegserkrankungen; erhöhte Beschwerden Bronchialleidender;	[50]
NO_2	braune Farbe, beklemmender Geruch, Geruchsschwelle 0,2 mg/m^3, Gewöhnung an Geruch, Reizgas für den Atemtrakt, Lösung in Schleimhäuten; erhöhte Anfälligkeit gegenüber Krankheitserregern im Atemtrakt;	[49, 51, 52]
NO	farblos, geruchlos, schlecht wasserlöslich; keine Schleimhautreizung (aber in Luft baldige Umwandlung zu NO_2), Giftwirkung ca. 20% des NO_2, Bildung von Methämoglobin im Blut, das nicht zum O_2-Transport befähigt ist;	[49, 51]
CO	geruchloses Gas, 200 bis 300 mal größere Affinität zum Blutfarbstoff Hämoglobin als O_2: Bildung von Carboxyhämoglobin (COHb), Behinderung des O_2-Transportes des Blutes und damit der O_2-Versorgung des Körpers; Angriffsorte: Zentralnervensystem (Gehirn) und Herzkreislauf-System; Kopfschmerzen, Ermüden, Benommenheit, Nachlassen der Willenskraft, Störung des Schlaf-/Wachverhaltens;	[49, 51, 53]
O_3	farblos (höher konzentriert blau), beklemmender Geruch, Geruchsschwelle ab 0,05 mg/m^3, stärkstes Oxidationsmittel; starkes Reizgas für Atemwege; da schlecht wasserlöslich, Vordringen bis in die Lunge; Beeinträchtigung der Lungenfunktionen durch Oxidation von Enzymen, Proteinen, Aminosäuren, Lipiden usw., Bewirkung von Chromosomenbrüchen, erhöhte Empfindlichkeit gegenüber Infektionen; Hustenreiz, Augenreizung; O_3 ist Bestandteil von photochemischem Smog, Kombinationswirkung mit anderen Photooxidantien;	[49, 54, 55]
H_2S	farbloses Gas, starker Geruch nach faulen Eiern, Geruchsschwelle 1,6 bis 5 μg/m^3, Gewöhnung an Geruch; Reizgas für Augen und Schleimhäute, Zell- bzw. Fermentgift, Schädigung des Nervengewebes, Müdigkeit, leichte Reizbarkeit, Kopfschmerzen, Gleichgewichts- und Schlafstörungen usw;	[51, 56, 57]

Tabelle 4.5. (Fortsetzung)

Luftschadstoffe	Wirkung	Literatur
Cl_2, HCl	Cl_2: Grüne Farbe, Geruchsschwelle ca. 0,15 bis 0,3 mg/m^3; HCl: farblos; starke Reizgase für Atemwege, Absorption in Schleimhäuten, da gut wasserlöslich; relevant in Umgebung von speziellen Emittenten und bei Störfällen;	[49]
HF	starkes Oxidationsmittel; Störung des Calciumstoffwechsels und dadurch Schädigung an Knochen und Zähnen; starkes Pflanzengift; relevant in Umgebung von speziellen Emittenten;	[27, 49]
HCHO (Formaldehyd)	farbloses Gas, starker, stechender Geruch, Geruchsschwelle 0,05 bis 1 mg/m^3, Reizgas für Augen und Atemwege, Verdacht auf krebserzeugende und mutagene Wirkung;	[45, 51, 58]
Aldehyde, Ketone, Phenole, Merkaptane	starke Geruchsstoffe, Augen- und Atemwegsreizungen (oxidierte Kohlenwasserstoffe z. B. aus unvollständiger Verbrennung);	[59]
C_6H_6 (Benzol)	farblose, leichtbewegliche Flüssigkeit mit charakteristischem Geruch; als Luftverunreinigung Benzoldampf; Aufnahme über Atemtrakt, bei chronischer Exposition Anreicherung im Fettgewebe und Knochenmark, Metabolisierung in der Leber, Schädigung der blutbildenden Systeme, krebserzeugend (Leukämie) bei beruflicher Exposition;	[45, 60]
PAK Polycyclische Aromatische Kohlenwasserstoffe	mehr als 100 verschiedene PAHs bei unvollständiger Verbrennung fossiler Brennstoffe, oft an Staubpartikel adsorbiert, z. B. bei Zigarettenrauch oder Dieselruß; ein Teil der PAK ist krebserregend, bekanntester Vertreter: Benzo(a)pyren;	[45, 61–63]
Ruß	Kohlenstoffteilchen (Agglomerate), an die PAK adsorbiert sein können: Träger von PAK in den Atemtrakt; Dieselruß ist z. B. krebsverdächtig;	[45, 51]
Halogenierte Kohlenwasserstoffe	sehr vielfältige Stoffe, die meisten sind relativ reaktionsträge, einige sind sehr giftig; mögliche Wirkungen auf die Haut, auf Stoffwechsel und Ausscheidungsorgane (Leber, Niere), auf die Keimbahn, auf das Zentralnervensystem und Anreicherungen im Fettgewebe;	[45, 51]
Pb	Partikelförmiges Vorkommen; Wirkung auf Stoffwechselaktivität und Gehirn, besonders bei Kleinkindern, Speicherung in Knochen;	[51]
Cd	partikelförmiges Vorkommen; erhöhte Resorption bei Vitamin- und Mineralstoffmangel; Beeinträchtigung der Nierenfunktion bei langfristig erhöhter Aufnahme;	[51]
Asbest	faserige Stäube; bei längerer Einwirkung erhöhtes Mesotheliom- und Lungenkrebsrisiko.	[45, 51]

Bei Gasen ist die Wasserlöslichkeit entscheidend für den Ort der Deposition im Atemtrakt. Gut lösliche Gase wie SO_2 werden bereits in den oberen Atemwegen absorbiert. So ist z.B. beim Einatmen von SO_2 ein saurer Geschmack charakteristisch. Weniger wasserlösliche Gase wie CO, NO oder O_3 dringen bis in die Lungenregion vor und können dort durch molekulare Diffusion über die Lungenbläschen in das Lymph- oder Blutsystem gelangen. Von Reizgasen wird angenommen, daß sie Nervenzellen an den Atemwegswänden anregen und auf diese Weise mannigfaltige Wirkungen verursachen, z.B.: Niesen, Husten oder schnelles, flaches Atmen [37].

4.5.3 Wirkungen der wichtigsten Luftschadstoffe

Die Wirkungen der Luftverunreinigungen beim Menschen reichen von leichten Augen- oder Schleimhautreizungen bis hin zum Tod. Dabei beschränken sich die Orte der Wirkung nicht nur auf den Atemtrakt, sondern sie betreffen die verschiedensten Organe im Körper. Die vielfältigen Effekte der einzelnen Luftschadstoffe sind für die wichtigsten Komponenten in Tabelle 4.5 dargestellt.

4.6 Grenzwerte

Die Todesfälle bei Smogkatastrophen, die Vegetationsschäden in der Umgebung von emittierenden Betrieben sowie die vielfältigen Wirkungsmöglichkeiten der Luftverunreinigungen bei den verschiedensten Emittentengruppen machten Maßnahmen zur Schadstoffverringerung erforderlich. Hierbei werden auch weiterhin noch große Anstrengungen erforderlich sein, weil das notwendige Minimum an Emissionen auf vielen Gebieten noch nicht erreicht ist und Emissionsminderungen teilweise durch Zuwachsraten der Emissionsquellen kompensiert werden. Es werden auch ständig neue Wirkungsmöglichkeiten erkannt, an die man bisher nicht gedacht hatte.

Neben den Maßnahmen zur Emissionsverringerung ist zum Schutz der Bevölkerung und der belebten und unbelebten Umwelt des Menschen auf der Immissionsseite eine Überwachung der Luftgüte erforderlich. Zur Beurteilung der Luftgüte wurden von verschiedenen Stellen Grenz- bzw. Richtwerte für Luftverunreinigungen erarbeitet bzw. erlassen. Durch Vergleich der auftretenden Schadstoffkonzentrationen mit den Grenzwerten soll festgestellt werden, wo Schutzmaßnahmen und Emissionsminderungen besonders notwendig sind (z.B. Erstellen von Luftreinhalteplänen). Bei Überschreiten gewisser Schwellenwerte treten Smogwarn- und Smogalarmpläne in Kraft, die sofortige und drastische Maßnahmen zur Emissionsverringerung zur Folge haben.

Einen Überblick über die für die wichtigsten Luftverunreinigungen z.Zt. in Deutschland geltenden Immissionsgrenz- und Richtwerte gibt Tabelle 4.6.

4.6.1 Immissionswerte der TA Luft

Für immissionsrechtliche Genehmigungsverfahren, insbesondere zur Beurteilung von „genehmigungsbedürftigen Anlagen", wurden in der Technischen Anleitung zur Reinhaltung der Luft (TA Luft) [48] Immissionswerte festgelegt. Um festzustellen, ob diese Immissionswerte – IW1 und IW2 – eingehalten sind, müssen die Schadstoff-Immissionen nach dem ebenfalls in der TA Luft festgelegten Verfahren ermittelt werden. Dazu werden im Einwirkungsbereich einer Anlage auf einzelnen Beurteilungsflächen von 1 km^2 die Immissionen über ein Jahr oder länger stichprobenartig gemessen. Die arithmetischen Mittelwerte der Meßwerte der einzelnen Beurteilungsflächen (Kenngrößen I1) werden mit den Langzeitwerten (IW1) verglichen. Zum Vergleich mit den Kurzzeitwerten (IW2) werden die 98 %-Werte der Summenhäufigkeitsverteilung (I2-Kenngrößen) gebildet, die nur von 2 % aller Meßwerte überschritten werden.

Nach der TA Luft ist der Schutz vor Gesundheitsgefahren durch Schadstoffe, für die Immissionswerte festgelegt sind, sichergestellt, wenn die ermittelten Kenngrößen die Immissionswerte auf keiner Beurteilungsfläche überschreiten.

Streng genommen gelten die IW1- und IW2-Werte nur im Zusammenhang mit dem in der TA Luft festgelegten Verfahren zur Immissionsermittlung. Da diese Konzentrationsangaben aber in der Bundesrepublik Deutschland die einzigen gesetzlich verankerten Immissionsgrenzwerte darstellen, werden sie oft auch auf andere Belastungssituationen übertragen. Einschränkend muß hierzu jedoch angemerkt werden, daß nach dem heutigen Kenntnisstand bei Reizgasen wie SO_2 die Wirkung auf die menschliche Gesundheit vor allem auf wiederholt auftretenden Konzentrationsspitzen über kurze Zeit beruht. In der VDI-Richtlinie 2310, Bl. 11 [50] wird hierzu folgendes ausgeführt: „Bei Korrelation beobachteter Wirkungen wie Mortalität und Morbidität mit Jahresmittelwerten wird dieser Zusammenhang möglicherweise verschleiert und falsch interpretiert. Der Jahresmittelwert bringt auch die gerade beim SO_2 besonders ausgeprägten jahreszeitlichen Konzentrationsschwankungen nicht zum Ausdruck: Gleiche Jahresmittelwerte in verschiedenen Gegenden können mit sehr unterschiedlichen Immissionsmustern verbunden sein. Die von einem Jahresmittelwert abgeleiteten Dosis-Wirkungs-Beziehungen sind daher nicht immer übertragbar und haben nicht zwangsläufig Allgemeingültigkeit".

Aus diesem Grund wurde von der VDI-Kommission Reinhaltung der Luft davon abgesehen, für SO_2 und für NO_2 MIK-Langzeitwerte[1] anzugeben bzw. vorhandene Langzeitwerte wurden zurückgezogen.

4.6.2 MIK-Werte des Vereins Deutscher Ingenieure

Die Werte maximaler Immissionskonzentration des VDI wurden im Zusammenwirken von Wissenschaftlern aus verschiedenen Disziplinen und Fachleuten aus der Industrie und Verwaltung erarbeitet und einem öffentlichen Einspruchsverfahren ausgesetzt. Ziel des Immissionsschutzes der VDI-Richtlinien ist es, nachteilige Wirkungen von Luftverunreinigungen auf den Menschen und seine

1 MIK bedeutet „Maximale Immisions-Konzentration"

Tabelle 4.6. Zusammenstellung von Immissionsgrenz-, Immissionsricht- und Smogalarm-Werten für die wichtigsten Luftverunreinigungskomponenten [26, 27, 45, 47, 48, 50, 52, 54, 64–66]

	TA Luft-Werte		MIK-Werte zum Schutze des Menschen nach VDI 2310, Bl. 1,11,12,15			MIK-Werte zum Schutze der Vegetation nach VDI 2310, Bl. 2,3,5,6			Smogalarm-Werte nach Smog-VO der Bundesländer		MAK-Werte
	alle Werte in $mg/m^3 = 1000\ \mu g/m^3$										
Schadstoff	Einwirkungszeit										
	IW 1 1 Jahr	IW 2 98%	0,5 h	24 h	1 Jahr	0,5 h	7 Mon.		3 h	24 h	8 h
Schwefeldioxid SO_2	0,14	0,40	1,0	0,3	zurück- gezogen	0,25[a] 0,4[b] 0,6[c]	0,05[a] 0,08[b] 0,12[c]		0,6[d] 1,2[e] 1,8[f]	– – –	5
Stickstoffdioxid NO_2	0,08	0,2[h]	0,2	0,1	–	6	0,35[b]		0,6[d] 1,0[e] 1,4[f]	– – –	9
Stickstoffmonoxid NO	–	–	1,0	0,5	–	–	–		–	–	–
Kohlenmonoxid CO	10	30	50	10	10	–	–		30[d] 45[e] 60[f]	– – –	33
Ozon O_3	–	–	0,12	–	–	0,3[a] 0,5[b] 1,0[c]	–		–	–	0,2
Chlorwasserstoff HCl	0,1	0,2	–	–	–	1 Tag 0,8[a] 1,2[b]	1 Mon. 0,1[a] 0,15[b]	7 Mon.	–	–	7
Fluorwasserstoff HF	0,001	0,003	0,2	0,1	0,05	0,001[a] 0,002[b] 0,006[c]	0,00025[a] 0,0006[b] 0,0018[c]	0,00015[a] 0,0004[b] 0,0012[c]		– –	2
Formaldehyd- HCHO	–	–	0,07	–	0,03	–	–	–	–	–	0,6

Schwebstaub	0,15	0,3								6
Feinstaub			0,3	0,2	0,1	–	–	–	–	
Gesamtst.			0,45	0,3	0,15	–	–	–	–	
Summe von $SO_2 + 2$ x Schwebstaub			–	–	–	–	–	–	1,1[d] 1,4[e]	
Blei und anorg. Bleiverbindungen (Pb) im Schwebstaub	0,002		–	0,003	0,0015	–	–	–	–	0,1
Cadmium u. anorg. Cadmiumverbindungen (Cd) im Schwebstaub	0,004	–	–	0,00005	–	–	–	–	–	–[g]

[a] Für sehr empfindliche Pflanzen.
[b] Für empfindliche Pflanzen.
[c] Für weniger empfindliche Pflanzen.
[d] Vorwarnstufe.
[e] 1. Alarmstufe.
[f] 2. Alarmstufe.
[g] Verdacht auf krebserzeugend.
[h] Entspricht auch dem EG-Grenzwert (s. Abschnitt 8.4).

Umwelt, d.h. Tiere, Pflanzen, Materialien, Boden, Gewässer und Atmosphäre, auch in ihrem funktionellen Bezug zueinander, wie er z.B. in Ökosystemen vorliegt, zu verhindern [47].

Bei der Festlegung maximaler Immissions-Werte werden auch die dazugehörigen Bezugszeiten angegeben. Diese Bezugszeiten werden sowohl dem Wirkungscharakter der Schadstoffe als auch der Reaktion der betreffenden Wirkungsobjekte angepaßt. Die MIK-Werte zum Schutze des Menschen haben z.B. mit 0,5 oder 24 Stunden feste Zeitbasen. Anders als bei den Werten der TA Luft hängt die Überschreitung einer Grenzkonzentration also nicht von der Gesamtheit aller Meßdaten ab, sondern von den im Moment auftretenden einzelnen Halbstunden- oder Tagesmittelwerten.

4.6.3 Smogalarm-Werte

Ausgehend von den früheren Smogkatastrophen mit zahlreichen Krankheits- und Todesfällen dienen die Smogwarnpläne der Bundesländer [66] dazu, bei Episoden hoher Schadstoffkonzentration die Freisetzung von Luftverunreinigungen einzuschränken und die Bevölkerung zu warnen. Durch die Emissionsminderungs-Maßnahmen in den letzten Jahren traten bei austauscharmen Wetterlagen allerdings nicht mehr so hohe Schadstoffkonzentrationen auf, wie dies früher der Fall war.

Bei Überschreiten der Werte der Smog-Vorwarnstufe und voraussichtlich längerem Anhalten der austauscharmen Wetterlage werden die Bevölkerung und die Industrie aufgefordert, Schadstoffemissionen möglichst zu vermeiden. Bei den Alarmstufen 1 und 2 treten Emissionsbegrenzungen, z.B. mit Verkehrsverboten und Betriebseinschränkungen bei industriellen Feuerungs- und anderen emittierenden Anlagen, in Kraft.

4.6.4 MAK-Werte der Deutschen Forschungsgemeinschaft

Zur Verhinderung von Gesundheitsgefährdungen durch Luftverunreinigungen an Arbeitsplätzen wurden von einer Senatskommission der Deutschen Forschungsgemeinschaft Werte maximaler Arbeitsplatz-Konzentrationen (MAK-Werte) erarbeitet. Die Liste der MAK-Werte wird jährlich fortgeschrieben [45]. In diesen jährlichen Mitteilungen sind die MAK-Werte wie folgt definiert:

„Der MAK-Wert ist die höchstzulässige Konzentration eines Arbeitsstoffes als Gas, Dampf oder Schwebstoff in der Luft am Arbeitsplatz, die nach dem gegenwärtigen Stand der Kenntnis auch bei wiederholter und langfristiger, in der Regel täglich 8stündiger Exposition, jedoch bei Einhaltung einer durchschnittlichen Wochenarbeitszeit von 40 Stunden i.allg. die Gesundheit der Beschäftigten nicht beeinträchtigt und diese nicht unangemessen belästigt. In der Regel wird der MAK-Wert als Durchschnittswert über Zeiträume bis zu einem Arbeitstag oder einer Arbeitsschicht integriert. Bei der Aufstellung von MAK-Werten sind in erster Linie die Wirkungscharakteristika der Stoffe berücksichtigt, daneben aber auch – soweit möglich – praktische Gegebenheiten der Arbeitsprozesse bzw. der durch diese bestimmten Expositionsmuster. Maßgebend sind dabei wissenschaftlich fundierte Kriterien des Gesundheitsschutzes, nicht die technischen und wirtschaftlichen Möglichkeiten der Realisation in der Praxis."

Die maximalen Arbeitsplatzkonzentrationen werden für gesunde Personen im erwerbsfähigen Alter aufgestellt. Sie gelten nicht für Kinder, Kranke, Schwangere und alte Menschen. Extra betont wird, daß die MAK-Werte nicht geeignet sind, mögliche Gesundheitsgefährdungen durch langdauernde Einwirkungen von Verunreinigungen der freien Atmosphäre, z.B. in der Nachbarschaft von Industrieunternehmen, anhand konstanter Umrechnungsfaktoren abzuleiten.

Krebserzeugende Stoffe

Für Stoffe, deren Einwirkung nach dem gegenwärtigen Stand der Kenntnis eine eindeutige Krebsgefährdung für den Menschen bedeutet, enthält die MAK-Werte-Liste keine Konzentrationswerte, da keine noch als unbedenklich anzusehende Konzentration angegeben werden kann [45].

4.7 Literatur

1 Graßl, H.: Klimaveränderung durch Spurengase. Energiewirtschaftliche Tagesfragen 37 (1987) 127–133

2 Flohn, H.: Treibhauseffekt und Klima. GRS-Fachgespräch „Betriebserfahrung und Reaktorsicherheit", Gesell. f. Reaktorsicherheit, Köln 1987

3 Fabian, P.: Antarktisches Ozonloch: Indizien weisen auf Umweltverschmutzung. Phys. Bl. 44 (1988) 2–11

4 Ehhalt, D.H.: Kreisläufe klimarelevanter Spurenstoffe. In: VDI-Kommission RdL: Globales Klima. Schriftenreihe der VDI-Kommision RdL Bd. 7, Düsseldorf: VDI (1987) 78–96

5 Stolarski, R.S.: Das Ozonloch über der Antarktis. Spektrum der Wissenschaft 1988

6 Crutzen, P.; Birks, J.: The atmosphere after the nuclear war, Ambio 11 (1982), 116–125

7 Fabian, P.: Atmosphäre und Umwelt. 3. Aufl., Berlin: Springer 1989

8 Junge, C.: Kreisläufe von Spurenstoffen in der Atmosphäre. In: Jaenicke, R. (ed.): DFG Sonderforschungsbereich Atmosphärische Spurenstoffe. Weinheim: Chemie 1987, S. 19–30

9 Schönwiese, C.D.: Das natürliche Klima und seine Schwankungen. In: VDI-Kommission RdL: Globales Klima, Schriftenreihe der VDI-Kommission RdL, Bd. 7, Düsseldorf: VDI 1987, S. 4–26

10 Budyko, M.I.; Golitsyn, G.S.; Izrael, Y.A.: Global climatic catastrophes. Berlin: Springer 1988

11 Schönwiese, C.D.; Dickmann, B.: Der Treibhauseffekt – Der Mensch ändert das Klima. Stuttgart: Deutsche Verlagsanstalt 1987

12 Jäger, J.: Climatic changes: floating evidence in the CO_2-debatte. Environment 28 (1986), S. 6

13 Bolle, H.-J.: Die Bedeutung atmosphärischer Spurenstoffe für das Klima und seine Entwicklung. In: [9], S. 27–77

14 Schreiber, H.: Wirkungen von Photooxydantien auf Materialien. In: Guderian, R. (ed): Luftqualitätskriterien für photochemische Oxidantien. UBA Berichte 5/83. Berlin: Erich Schmidt 1983, S. 481

15 Gauri, L.K.; Holdren, G.C.: Pollutant effects on stone monuments. Environmental Science and Technology 15 (1981) 386–390

16 N.N.: Westfälisches Amt für Denkmalpflege, Salzstraße 38, D-4400 Münster, Bildarchiv

17 Wangerang, E.: Freiheitsstrafen nach dem Deckeneinsturz im Hallenbad. VDI-Nachrichten 18.12.87, S. 23

18 Isecke, B.: Einfluß von Luftverunreinigungen und Umwelteinflüssen auf das Korrosionsverhalten von Stahl- und Spannbeton. In: VDI-RdL: Materialkorrosion durch Luftverunreinigungen, VDI Berichte 530. Düsseldorf: VDI 1985, S. 137
19 Lindner, W.: Betonschutz und Betonsanierung mit dem Disbocret System 500. In: VDI-Rdl: Materialkorrosion und Luftverunreinigungen. VDI-Berichte 530. Düsseldorf: VDI 1985, S. 219
20 Luckat, S.: Quantitative Untersuchung des Einflusses von Luftverunreinigungen bei der Zerstörung von Naturstein. Staub 41 (1981) 440–442
21 Yocom, J.E.; McCaldin, R.O.: Effect of air pollutants on materials and the economy. In: Stern, A.C. (ed): Air pollution. Vol. 1: Air pollution and its effects. New York: Academic Press 1968
22 Topol, L.E.; Vijauakumar, R.: Material demage from acid deposition. In: Proceedings of the 6th World Congress on Air Quality, 16–20. May 1983, Paris, Vol. 3, p. 51–58
23 Schikerr, G.: Die Bedeutung des Schwefeldioxids für die atmosphärische Korrosion der Metalle. Werkstoffe und Korrosion 15 (1964) 457–463
24 Upham, J.B.: Materials deterioration and air pollution. JAPCA 15 (1965) 265
25 Schliep, M.: Kunststoffe als Indikatoren für Luftverunreinigungen – Ergebnisse von Expositionsversuchen. IVD-Bericht Nr. 4–1986, Universität Stuttgart 1986
26 Verein Deutscher Ingenieure, Richtlinie 2310 Bl. 6: Maximale Immissions-Werte zum Schutze der Pflanzen, Maximale Immissions-Konzentrationen für Ozon. Berlin: Beuth April 1989
27 Verein Deutscher Ingenieure, Richtlinie 2310, Bl. 3 (Entwurf): Maximale Immissions-Werte zum Schutze der Pflanzen, Maximale Immissions-Konzentrationen für Fluorwasserstoff. Berlin: Beuth Juli 1987
28 Prinz, A.; Krause, G.H.M.: Waldschäden in der Bundesrepublik Deutschland, Staub 47 (1987) 94
29 Guderian, R.: Air pollution – phototoxicity of acidic gases. Berlin: Springer 1977
30 Guderian, R.; Tingey, D.T.; Rabe, R.: Wirkung von Photooxidantien auf Pflanzen. In: Guderian, R.: Luftqualitätskriterien für photochemische Oxidantien. UBA-Berichte 5/83. Berlin: Erich Schmidt 1983, S. 205
31 Hindawi, I.J.: Air pollution injury to vegetation. US Dept. Health Education and Welfare. Publ. AP 71 Raleigh, N.C. 1970
32 Brandt, C.S.; Heck, W.W.: Effects of air pollutants on vegetation. In: Stern, A.C. (ed): Air pollution. Vol. 1: Air pollution and its effects. New York: Academic Press 1968
33 Smith, W.H.: Air pollution and forests. New York: Springer 1981
34 VDI: Säurehaltige Niederschläge – Entstehung und Wirkung auf terrestrische Ökosysteme. VDI-Kommission Reinhaltung der Luft. Düsseldorf: VDI 1983
35 Exkursion anläßlich der XIII. Internationalen Arbeitstagung forstlicher Rauchschadensachverständiger (INFRO) 27.8.–19.1984, Most, CSSR
36 Cowling, E.; Krahl-Urban, B.; Schimansky, C.: Wissenschaftliche Hypothesen zur Erklärung der Ursachen der neuartigen Waldschäden. In: Papke, H.E., Krahl-Urban, B.; Peters, K.; Schimansky, C. (ed): Waldschäden. KFA Jülich, Jülich 1987
37 Stern, A.C. et al.: Fundamentals of air pollution. New York: Academic Press 1984
38 Wichmann, H.-E.: Umweltepidemiologie – wozu?, Staub Reinhalt. Luft 48 (1988) 175–176
39 Bundesministerium des Innern: Was sie schon immer wissen wollten. Luftreinhaltung. Stuttgart: W. Kohlhammer 1983
40 Ergebnisse der Epidemiologie des Lungenkrebses, Umweltbundesamt. Berichte 3/86. Berlin: Erich Schmidt 1986
41 Blot, W.J.; Frummeni, J.F. jr.: Passive smoking and lung cancer. JNCl, Vol. 77, No. 5, November 1986, p. 933–1000
42 Remmer, H.: Gefährdung durch Passivrauchen. Studie, Universität Tübingen 1988
43 Becker, N.; Frentzel-Beyme, R.; Wagner, G.: Krebsatlas der Bundesrepublik Deutschland, 2. Auflage. Berlin: Springer 1984
44 Klein, R.G.: Krebs durch die Atemluft – Fragestellungen und Probleme. In: Krebsforschung heute, S. 106–110. Darmstadt: Steinkopf 1986
45 DFG Deutsche Forschungsgemeinschaft: Maximale Arbeitsplatzkonzentrationen und Biologische Arbeitsstofftoleranzwerte. Mitteilung XXIV der Senatskommission zur Prüfung gesundheitsschädlicher Arbeitsstoffe. Weinheim: VCH Verlagsgesellschaft 1988

46 Henschler, D. (Hrsg.): Gesundheitsschädliche Arbeitsstoffe, Toxikologisch-arbeitsmedizinische Begründung von MAK-Werten. Loseblattsammlung. Weinheim: VCH Verlagsgesellschaft 1987
47 Verein Deutscher Ingenieure: Richtlinie VDI 2310, Maximale Immissions-Werte. Berlin: Beuth September 1974 und VDI 2310, Bl. 1, Entwurf, Juni 1986
48 Erste Allgemeine Verwaltungsvorschrift zum Bundes-Immissionsschutzgesetz. (Technische Anleitung zur Reinhaltung der Luft – TA Luft) vom 27.2.1986, GMBl. S. 95 f
49 Leithe, W.: Die Analyse der Luft und ihrer Verunreinigungen. Stuttgart: Wissenschaftliche Verlagsgesellschaft 1974
50 Verein Deutscher Ingenieure: Richtlinie VDI 2310, Bl. 11: Merkmale Immissions-Werte zum Schutze des Menschen, Maximale Immissions-Konzentration für Schwefeldioxid. Berlin: Beuth August 1984
51 Der Bundesminister für Umwelt, Naturschutz und Reaktorsicherheit (Hrsg.): Auswirkungen der Luftverunreinigungen auf die menschliche Gesundheit. Informationsschrift, Bonn 1987
52 Verein Deutscher Ingenieure: Richtlinie VDI 2310, Bl. 12: Maximale Immissions-Werte zum Schutze des Menschen, Maximale Immissions-Konzentration für Stickstoffdioxid. Berlin: Beuth Juni 1985
53 Berichte des Kohlenmonoxid-Kolloquiums der VDI-Kommission Reinhaltung der Luft 28.–29.10.1971. Staub Reinhalt. Luft 32 (1972) Nr. 4
54 Verein Deutscher Ingenieure. Richtlinie VDI 2310, Bl. 15: Maximale Immissions-Werte zum Schutze des Menschen, Maximale Immissions-Konzentrationen für Ozon (und photochemische Oxidantien). Berlin: Beuth April 1987
55 Umweltbundesamt: Luftqualitätskriterien für photochemische Oxidantien. Berichte 5/83. Berlin: Erich Schmidt 1983
56 Kappus, H.: Die Toxikologie des Schwefelwasserstoffs. Staub Reinhalt. Luft 39 (1979) Nr. 5, S. 153–155
57 Hettche, H.O.: Wirkungen von Luftverunreinigungen auf Menschen und Tiere. VDI-Bildungswerk BW 616, Düsseldorf 1966
58 Bundesgesundheitsamt, Bundesanstalt für Arbeitsschutz und Umweltbundesamt: Formaldehyd. Schriftenreihe des Bundesministers für Jugend, Familie und Gesundheit, Band 148. Stuttgart: W. Kohlhammer 1984
59 Cheremisinoff, P. N.; Young, R.A.: Industrial odor technology assesment. Ann Arbor: Ann Arbor Science Publishers 1975
60 Umweltbundesamt: Luftqualitätskriterien für Benzol. Berichte 6/82. Berlin: Erich Schmidt 1982
61 Seidenstücker, R.; Wölcke, U.: Krebserregende Stoffe, Chemische Kanzerogene im Laboratorium – Struktur, Wirkungsweise und Maßnahmen beim Umgang. Nr. 3 Schriftenreihe Arbeitsschutz, Bundesanstalt für Arbeitsschutz und Unfallforschung Dortmund, 1979
62 Umweltbundesamt: Luftqualitätskriterien für ausgewählte polycyclische aromatische Kohlenwasserstoffe. Berichte 1/79. Berlin: Erich Schmidt 1979
63 Verein Deutscher Ingenieure: Luftverunreinigung durch polycyclische aromatische Kohlenwasserstoffe. VDI-Berichte 358. Düsseldorf: VDI 1979
64 Verein Deutscher Ingenieure, Richtlinie 2310, Bl. 2 (Entwurf): Maximale Immissions-Werte zum Schutze der Pflanzen, (Schwefeldioxid). Berlin: Beuth August 1978
65 Verein Deutscher Ingenieure, Richtlinie 2310, Bl. 5 (Entwurf): Maximale Immissions-Werte zum Schutze der Pflanzen (Stickstoffdioxid). Berlin: Beuth September 1978
66 Verordnung der Landesregierung, des Ministeriums für Umwelt und des Innenministeriums zur Verhinderung schädlicher Umwelteinwirkungen bei austauscharmen Wetterlagen (Smog-Verordnung-Smog VO) vom 27.6.1988 Gesetzblatt für Baden-Württemberg 1988, S. 214 f

5 Meßtechniken zur Erfassung von Luftverunreinigungen

5.1 Allgemeine Kriterien

5.1.1 Einsatzgebiete der Meßtechnik

Die Auswahl eines Meßverfahrens für Luftverunreinigungen hängt davon ab, welcher Schadstoff gemessen werden soll, welche Eigenschaften er hat und welche Informationen aus den Meßwerten gewonnen werden sollen. Messungen müssen sowohl an der Stelle der Entstehung der Luftverunreinigungen zur Bestimmung der *Emissionen* als auch an der Einwirkungsstelle zur Ermittlung der *Immissionen* durchgeführt werden. Die Schadstoffe verteilen sich auf die verschiedenen Phasen gasförmig, flüssig und fest. Entsprechend vielfältig sind die Aufgaben der Meßtechnik. Bild 5.1 gibt einen Überblick.

Gemessen werden in erster Linie die *Konzentrationen* der Luftverunreinigungen. Bei den Emissionen interessieren auch die *Massenströme.* Auf die Methoden zur Berechnung letzterer wird später eingegangen. Auch bei den Immissionen können *Stoffströme* bzw. *Depositionen* gefragt sein. Die Meßtechniken müssen hierfür speziell ausgelegt werden.

5.1.2 Diskontinuierliche und kontinuierliche Meßverfahren

Bei der Meßtechnik ist zu unterscheiden zwischen kontinuierlichen und diskontinuierlichen Meßverfahren. Neben den verfügbaren meßtechnischen Möglichkeiten hängt es wesentlich von der Zielsetzung der Messungen ab, ob diskontinuierliche Einzelmessungen durchgeführt werden können oder ob ein kontinuierlich arbeitendes Meßgerät eingesetzt werden muß. Während kontinuierlich arbeitende Meßgeräte den zeitlichen Verlauf der Meßgröße wiedergeben, liegt bei diskontinuierlichen Verfahren die Meßgröße als Mittelwert über die Probenahmezeit vor. Bei Einsatz diskontinuierlicher Verfahren sollten daher zur Anwendung sinnvoller Probenahmezeiten Kenntnisse über die zeitlichen Verläufe der zu messenden Luftverunreinigungen vorhanden sein. In Bild 5.2 wird am Beispiel verschiedener Emissionsverläufe die Anwendbarkeit von diskontinuierlichen Einzelmessungen und kontinuierlicher Messung gegenübergestellt.

Auch bei den Immissionen treten schwankende Konzentrationsverläufe auf, da sich neben den verursachenden Emissionen auch die atmosphärischen Ausbreitungsbedingungen ständig ändern. Hier wird die anzuwendende Meßtechnik im wesentlichen durch die mögliche Wirkung der Luftverunreinigungen

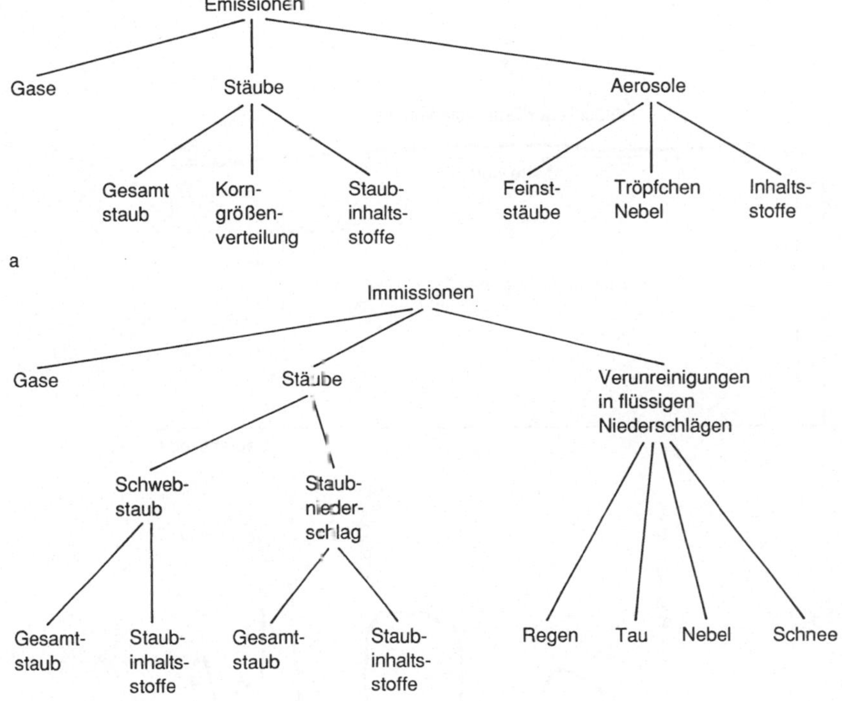

Bild 5.1. Anwendungsbereiche für die Meßtechnik in der Luftreinhaltung. **a** Emissionsbereich; **b** Immissionsbereich

bestimmt (s. Abschn. 6.2). Bei langfristigen Wirkungen genügt die Ermittlung von Mittelwerten, die durch eine Anzahl von diskontinuierlichen Einzelmessungen ganz gut getroffen werden können. Zur Ermittlung von Spitzenwerten müssen dagegen kontinuierlich arbeitende Meßgeräte eingesetzt werden, die den zeitlichen Verlauf der Immissionen möglichst lückenlos wiedergeben. Situationen mit hohen Konzentrationen sind nämlich meistens nicht vorhersagbar, da sie von vielen Faktoren abhängen.

Neben den Verläufen der Meßgrößen wird der Einsatz von kontinuierlichen oder diskontinuierlichen Meßverfahren durch die technischen Möglichkeiten der Verfahren selbst bestimmt. Die Merkmale der beiden Verfahrensarten sind im folgenden gegenübergestellt:

Kontinuierlich arbeitende Meßgeräte

- automatische Meßgeräte mit physikalischem, chemisch-physikalischem oder chemischem Meßprinzip,
- fortlaufende Erfassung und Anzeige bzw. elektrische Ausgabe der Meßwerte,
- die Geräte müssen kalibriert werden, z.B. mit Prüfgasen oder durch Vergleichsmessungen mit manuellen Verfahren,
- es sind nicht für alle Meßkomponenten automatische Geräte entwickelt und erhältlich.

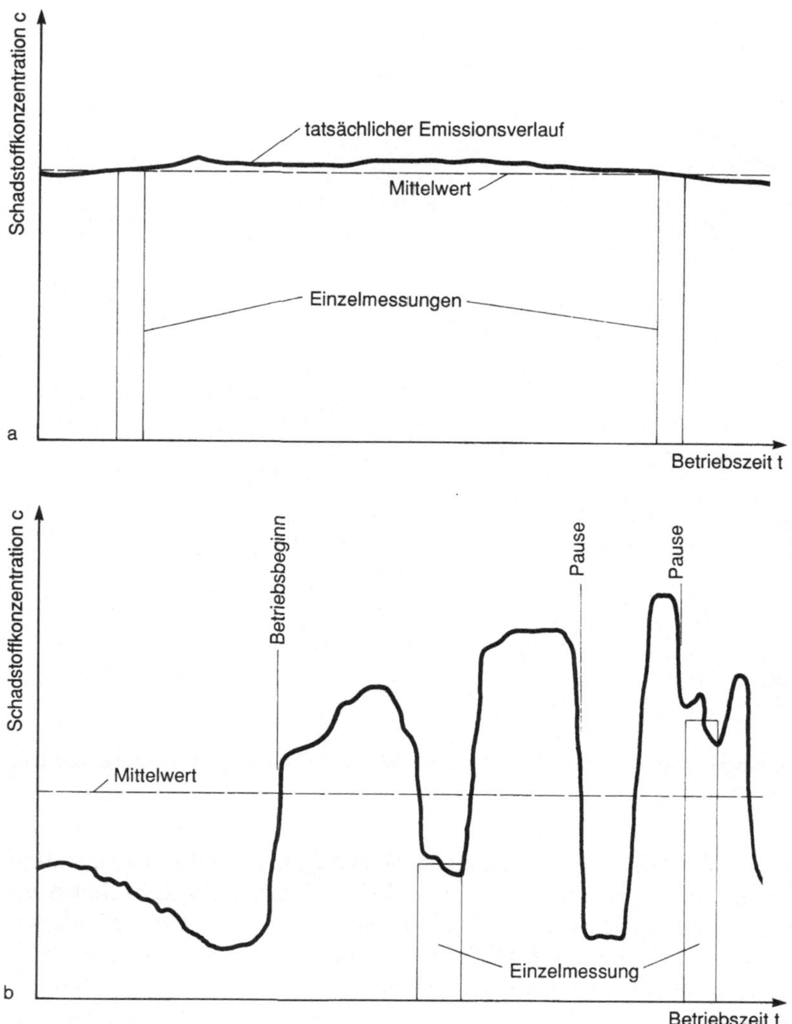

Bild 5.2. Anwendung von kontinuierlichen und diskontinuierlichen Meßverfahren bei unterschiedlichen Emissionsverläufen. **a** annähernd gleichbleibende Emissionen, z.B. bei einer konstant betriebenen Prozeßfeuerung; die Emissionen werden durch die Einzelmessungen gut erfaßt; **b** schwankende Emissionen durch chargenhaften Betrieb einer Produktionsanlage; die tatsächlichen Emissionen können nur mit kontinuierlichen Messungen ermittelt werden

Diskontinuierliche Meßverfahren

- meist manuelle Verfahren oder automatisierte diskontinuierliche Verfahren,
- i.allg. erfolgt die Messung in zwei Arbeitsgängen:
  1. Probensammlung vor Ort in verschiedenen Probenahmeeinrichtungen: in Sammelgefäßen, z.B. in Gasmäusen oder Spritzen, in Reaktionslösungen, auf Filtern oder durch Adsorption an Feststoffen, z.B. auf Aktivkohle,
  2. Analyse der Proben im Labor,

- die gezogenen Proben können im Labor aufwendigen Analysen unterzogen werden, so daß auch die Bestimmung von Stoffen möglich ist, die kontinuierlich arbeitenden Meßgeräten nicht zugänglich sind,
- durch Anreicherungen über lange Probenahmezeiten können sehr niedrige Konzentrationen erfaßt werden, auf die kontinuierlich arbeitende Geräte oft nicht mehr ansprechen,
- prinzipieller Nachteil: das Meßergebnis liegt erst eine bestimmte Zeit nach der Probenahme vor,
- die Meßgrößen werden oft, z.B. bei naßchemischen Verfahren, auf Gewichts- und Volumenbestimmungen zurückgeführt. Eine Kalibrierung mit äußeren Standards, z.B. mit Prüfgasen, ist dabei nicht erforderlich. Derartige Verfahren werden aus diesem Grund als *Bezugsmeßverfahren* für bestimmte Meßgrößen verwendet. So kann z.B. die exakte Gehaltsbestimmung von Prüfgasen, die zur Kalibrierung kontinuierlich arbeitender Meßgeräte eingesetzt werden, mit naßchemischen Bezugsmeßverfahren erfolgen.

5.1.3 Physikalisches und chemisches Meßprinzip

Bei den *physikalischen Meßverfahren* wird eine spezifische physikalische Eigenschaft des Schadstoffs als Meßgröße ausgenutzt; bei diesen Verfahren verändert sich die Luftprobe während der Messung stofflich nicht. Es werden spezifische physikalische Eigenschaften der zu untersuchenden Stoffe ausgenutzt, zu denen die anderen Luft- oder Abgasbestandteile nichts beitragen.

Bei *chemischen Meßverfahren* wird die Meßkomponente durch eine chemische Reaktion in einen Zustand mit charakteristischen und meßbaren Eigenschaften umgewandelt; sie verändert sich dabei.

Meßverfahren nach physikalischem Prinzip lassen sich i.allg. besser automatisieren und als kontinuierliche Verfahren anwenden, während die chemischen Verfahren meist für diskontinuierliche Messungen in Frage kommen. Es kommen auch chemisch-physikalische Meßprinzipien zur Anwendung.

Ein wesentliches Prinzip, das man sich vor allem bei der kontinuierlichen Messung gasförmiger Schadstoffe zunutze macht, ist die *Anregung von Molekülen* durch Energiezufuhr. Die Anregung erfolgt entweder durch Bestrahlung in unterschiedlichen Wellenlängenbereichen, durch Erzeugung hoher Temperaturen, z.B. durch Verbrennung, oder durch chemische Reaktionen. Es wird entweder die bei der Anregung verbrauchte oder die dabei in anderer Form entstehende Energie zur Messung ausgenutzt. Gemessen werden also physikalische Größen, die Anregung kann aber auch chemisch erfolgen.

Es gibt noch weitere Anregungsarten, z.B. die Anregung durch elektrische oder magnetische Kräfte (Kernresonanzspektren). Derartige Methoden können bei Laboranalysen von gesammelten Luftschadstoffproben eingesetzt werden, für die direkte Messung kommen sie weniger zum Einsatz.

In Tabelle 5.1 sind beispielhaft verschiedene Anregungsformen und die dabei ausgenutzten Meßeffekte dargestellt, siehe hierzu auch Bild 5.3.

Tabelle 5.1. Verschiedene Formen von Molekülanregungen, Meßeffekte und in der Luftreinhaltung angewandte Meßprinzipien

Molekülanregung	Meßeffekt	Angewandte Meßprinzipien
Rotationsspektren – Mikrowellen – Infrarotstrahlung (IR)	spezifische Absorption der Strahlung bzw. der Mikrowellen	IR-Fotometer, z. B. nichtdispersiv (NDIR) oder Laserfotometer
Schwingungsspektren durch Infrarotstrahlung	spezifische Absorption der Strahlung	
Elektronenspektren	spezifische Absorption sichtbarer (VIS) oder ultravioletter (UV) Strahlung; entstehende Strahlungsemission:	UV- und VIS-Fotometer
	UV-Fluoreszens	Fluoreszensmessung
	Streulicht	Raman-spektroskopie
Chemische Reaktion	Intensität der auftretenden Lichtemission	Chemilumineszens
Flammen	spezifische Lichtemission	Flammenfotometrie
	Entstehung von Ionen	Flammenionisation

5.1.4 Unterschiedliche Anforderungen bei Emissions- und Immissionsmessungen

Die unterschiedlichen Anforderungen bei Emissions- und Immissionsmessungen sind in Tabelle 5.2 gegenübergestellt. Der Hauptunterschied liegt in den zu erfassenden Konzentrationsbereichen. Immissionsmeßgeräte müssen i.allg. eine wesentlich niedrigere Nachweisgrenze aufweisen als Emissionsmeßgeräte. Emissionsmessungen erfordern demgegenüber oft eine aufwendige Probenaufbereitung.

Tabelle 5.2. Unterschiedliche Anforderungen bei Emissions- und Immissionsmessungen

	Emission	Immission
Konzentrations-bereich		Faktor 1000···100000 niedriger, niedrige Nachweisgrenzen, geringe Driften
Störgrößen	hohe Konzentrationen z. B. an Wasserdampf, Staub, CO_2, aggressiven Gasen aufwendige Probenahme und Gasaufbereitung, hohe Selektivität der Meßverfahren, häufige Wartung	geringer
Schadstoffströme	Erfassung der Trägergasvolumenströme mit Hilfsgrößen	Volumenströme: aufwendige meteorologische Messungen

5.1.5 Zu erfassende Emissionskomponenten

In Tabelle 5.3 sind am Beispiel der Abgase von Verbrennungsprozessen die wichtigsten Emissionskomponenten aufgeführt, die meßtechnisch erfaßt werden müssen.

Tabelle 5.3. Aufgaben und Stand der Meßtechnik zur Erfassung der bei Verbrennungsprozessen emittierten Schadstoffe

Schadstoff	Aufgabe der Meßtechnik				Stand der Meßtechnik			
	kontinuierl.	diskont.	vorgeschrieben[a]	Interesse, Forschung	Geräte serienmäßig erhältl.	Manuelle Verf.	Labor-Verf.	aufwendige Forschungs-Verfahren
Führungsgrößen für Verbrennung								
O_2	×		×		×			
CO_2	×	×	×		×			
H_2O	(×)	×	(×)		(×)	×		
(CO)	×		×		×			
(Ruß)	×	×	×		×			
H_2SO_4-Taupunkt	×	×				×		×
Produkte unvollständiger Verbrennung								
CO	×	×	×		×	×		
Kohlenwasserstoffe								
Alkane, Alkene, Alkine	× Summe	×	× Summe	×	× Summe	×	×	×
Aromaten		×	(×)	×		×	×	×
Oxidierte KW, z. B. Aldehyde		×		×		×	×	×
Geruchsstoffe		×	(×)	×		×		
Ruß	×	×	×		×			
Schwefelverbindungen								
SO_2	×	×	×		×	×		
SO_3		×		×		×		(×)
H_2S	(×)	×		×	(×)	×		
Stickstoffoxide								
NO_x ($NO+NO_2$)	×	×	×		×	×		
einz. NO, NO_2	×	×	×		×	×		
NH_3	×	×	×	×		×	×	(×)
andere anorganische Gase								
Cl_2 bzw. HCl	(×)	×	×	×	(×)	×	×	
F_2 bzw. HF	(×)	×	×	×	(×)	×	×	

Tabelle 5.3. (Fortsetzung)

Schadstoff	Aufgabe der Meßtechnik				Stand der Meßtechnik			
	kontinuierl.	diskont.	vorgeschrieben[a]	Interesse, Forschung	Geräte serienmäßig erhältl.	Manuelle Verf.	Labor-Verf.	aufwendige Forschungs-Verfahren
Staubgehalt von Abgasen								
Gesamtstaub	×	×	×		×	×		
Korngrößenverteilung, Aerosole		×	(×)	×	(×)	×	×	
Staubinhaltsstoffe								
Sulfat, Nitrat, Chlorid, Fluorid		×	(×)	×		×	×	(×)
Schwermetalle								
z. B. V, Ni, Cd, Hg, Pb		×	(×)	×		×	×	×
organische Inhaltsstoffe		×	(×)	×		×	×	×

[a] Für verschiedene Anlagen bestehen unterschiedliche Vorschriften bezügl. der Meßtechnik.

5.1.6 Zu erfassende Immissionskomponenten

In Tabelle 5.4 sind die Immissionskomponenten genannt, die einerseits als Emissionen in die Luft gelangt sind und andererseits als Sekundärschadstoffe durch chemische Umwandlungen in der Atmosphäre entstehen können und für die Meßtechniken bereitgestellt werden müssen.

Tabelle 5.4. Aufgaben und Stand der Meßtechnik zur Erfassung von Schadstoffimmissionen

Schadstoff	Aufgabe der Meßtechnik				Stand der Meßtechnik			
	kontinuierl.	diskont.	in Meßnetzen	spez. Fälle, Forschung	Geräte serienmäßig erhältl.	manuelle Verf.	Labor-Verf.	aufwendige Forschungs-Verfahren
klassische Schadstoffe								
SO_2	×	×	×		×	×		
NO	×		×		×			
NO_2	×	×	×		×	×		
O_3	×	×	×		×	×		
CO	×	(×)	×		×	(×)		
C_nH_m (Summe, Methanfrei)	×		×	×	×	×		×

Tabelle 5.4. (Fortsetzung)

Schadstoff	Aufgabe der Meßtechnik				Stand der Meßtechnik			
	kontinuierl.	diskont.	in Meßnetzen	spez. Fälle, Forschung	Geräte serienmäßig erhältl.	manuelle Verf.	Labor-Verf.	aufwendige Forschungs-Verfahren
CO_2	×		×		×	×		
Schwebstaub	×	×	×	×	×	×		
Staubniederschlag		×	×		×	×		
luftchemisch entstandene Gase, besondere Gase								
H_2S	(×)	×		×	(×)	×		
NH_3	(×)	×		×	(×)	×	×	
HNO_3 (gasf.)		×		×		(×)	×	×
NO_3,N_2O	(×)	×		×		(×)		×
OH	×	×		×		(×)		×
HO_2,RO_2	×	×		×		(×)		×
HCHO	×	×		×		(×)		×
höhere Aldehyde		×		×		(×)		×
PAN	×	×		×		(×)		×
CH_4	×	(×)	(×)	×	(×)			×
C_nH_m Einzelkomp.		×	(×)	×	(×)	×	×	×
Niederschlag								
Regenmenge	×	×	×		×	×		
Regendauer	×		×		×			
Schnee		×	×			×		
Nebel		×		×		×		×
Tau		×		×		×		×
Inhaltsstoffe:								
pH-Wert,	×	×	(×)		×	×		
Leitfähigkeit	×	×	(×)		×	×		
Sulfat, Nitrat, Chlorid, Fluorid, Ammonium		×	×	×		×	×	×
Metalle:								
Alkali, Erdalkali		×	(×)	×		×	×	×
Schwermetalle		×	(×)	×		×	×	×
Staubinhaltsstoffe								
Salze		×		×		×	×	×
Metalle		×		×		×	×	×
Org. Stoffe		×		×		×	×	×

5.2 Meßverfahren für gasförmige Schadstoffe

In den folgenden Abschnitten werden die wichtigsten Meßprinzipien für gasförmige Luftverunreinigungen beschrieben.

Eine Übersicht über die wichtigsten Meßmethoden und die jeweils nachzuweisenden Gase enthält Tabelle 5.5.

Tabelle 5.5. Übersicht über die wichtigsten Meßmethoden für gasförmige Luftverunreinigungen

Meßverfahren	Emission	Immission	kontinuierlich	diskontinuierlich	Beispiele für nachzuweisende Gase
Strahlungsabsorption im infraroten Bereich (IR-Fotometer)	×	nur CO	×		CO, CO_2, SO_2, NO, NH_3, H_2O, CH_4, C_2H_2, C_2H_4, C_2H_6 usw.
Strahlungsabsorption ultravioletten Bereich (UV-Fotometer)	×	×	×		O_3, NO, NO_2, SO_2, Cl_2, H_2S, $HCHO$, (NH_3)
Strahlungsabsorption im sichtbaren Bereich	×		×		NO_2, Cl_2
UV-Fluoreszenz	×	×	×		SO_2
Chemilumineszenz	×	×	×		NO, $NO+NO_2$, O_3
Flammenfotometrie		×	×		Gesamtschwefel bzw. SO_2
Flammenionisation	×	×	×		Gesamt-Kohlenwasserstoffe
Konduktometrie (elektr. Leitfähigkeit)	×	×	×	HCl	SO_2, H_2S, CO_2, Cl_2
Amperometrie	×	(×)	×		NO_2, H_2S, O_2, CO, SO_2
Coulometrie	×	×	×		SO_2, Cl_2
Potentiometrie	×	×	×		pH vor Lösungen, HF, HCl, O_2
Gas-Chromatographie	×	×		×	organische Komponenten, Einzelbestimmung
Hochdruckflüssigkeits-Chromatographie	×	×		×	organische Komponenten, Einzelbestimmung, Ionen in Lösungen
naßchemische Verfahren					
Kolorimetrie	(×)	×	(×)	×	SO_2, NO_2, F^-, HCl, Cl_2, H_2S, NH_3, O_3, HCHO
Titration	×			×	SO_2, SO_3, $NO+NO_2$, CO, Cl_2, H_2S, NH_3
Paramagnetismus	×		×		O_2
Wärmeleitfähigkeit	×		×		CO_2, H_2

5.2.1 Fotometrie

Bei der Fotometrie wird die Absorption infraroter (IR), sichtbarer (visible, VIS) oder ultravioletter Strahlung (UV) durch die Schadgase als Meßeffekt ausgenutzt. Die Wellenlängenbereiche sind dabei:

IR:		1000...10000 nm,
VIS:		400... 800 nm,
UV:	ca.	200... 400 nm.

Im sichtbaren und im UV-Bereich werden durch eine Bestrahlung die Hüllenelektronen, im IR-Bereich vorwiegend Molekülschwingungen, aber auch Rotation angeregt. Die Gase nehmen dabei in bestimmten Wellenlängenbereichen (Absorptionsbanden) Energie auf. Die dadurch bedingte Intensitätsabnahme der Strahlung kann gemessen werden.

In Bild 5.3 sind die in den einzelnen Wellenlängenbereichen auftretenden Anregungsformen dargestellt und „Absorptionsbanden" einiger Gase im IR-Bereich gezeigt (s. auch Abschn. 5.2.1.1 und [1–3]).

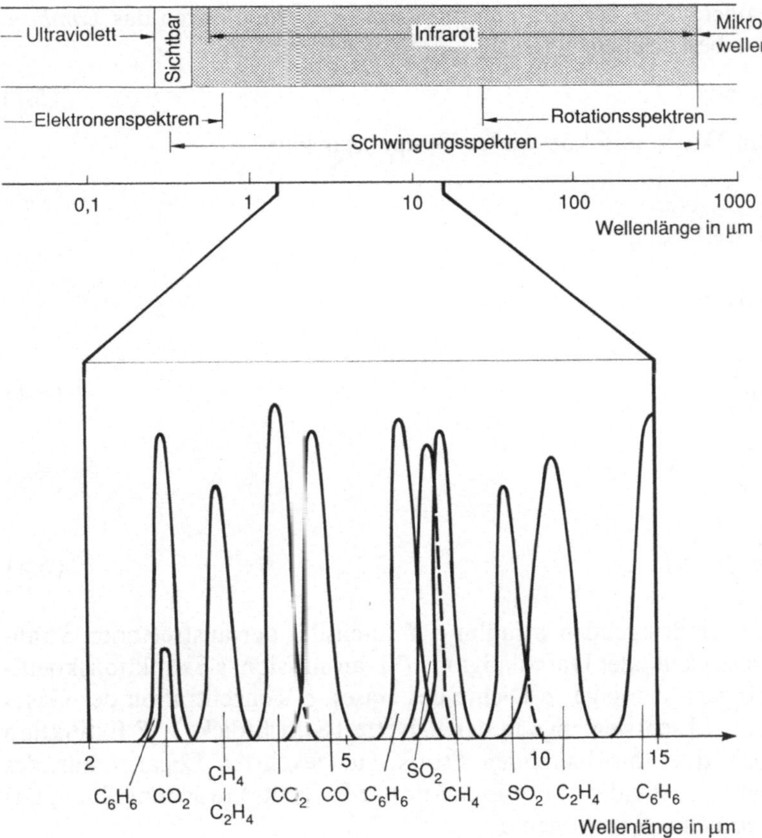

Bild 5.3. Anregungsformen in den einzelnen Wellenlängenbereichen und ausgewählte IR-Absorptionsbanden

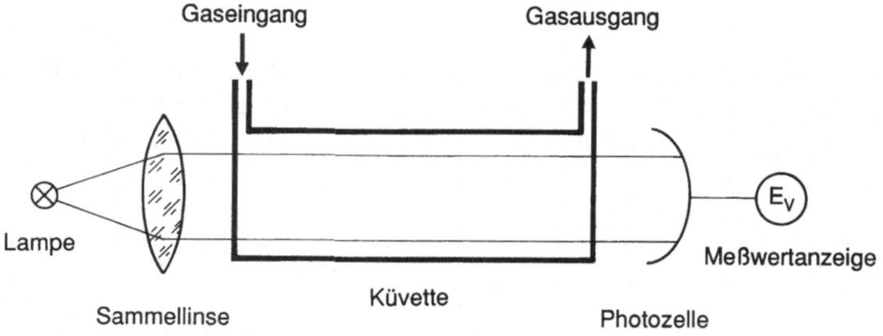

Bild 5.4. Prinzip eines Fotometers

Ein Photometer besteht (s. Bild 5.4) aus einem Strahler, dessen gebündeltes Licht durch einen vom Meßgas durchströmten oder erfüllten Raum hindurch (z.B. Küvette) auf einen Strahlungsempfänger fällt; dieser wandelt es in ein intensitätsproportionales Signal um. Die Abnahme der Strahlungsintensität durch die Absorption des Meßgases ist bei konstanten Randbedingungen ein Maß für dessen Konzentration.

Die Zusammenhänge der Strahlungsabsorption werden durch das *Lambert-Beersche Gesetz* beschrieben:

$$I = I_0 \cdot e^{-\varepsilon \cdot \varrho \cdot l}. \tag{5.1}$$

Bei konstantem Druck und konstanter Temperatur gilt:

$$I = I_0 \cdot e^{-\varepsilon \cdot c \cdot l}. \tag{5.2}$$

Umgewandelt ergibt sich:

$$\frac{I}{I_0} = D = T, \tag{5.3}$$

$$E = \ln \frac{1}{D} \tag{5.4}$$

$$\frac{1}{D} = \frac{I_0}{I} = e^{\varepsilon c l} \tag{5.5}$$

$$E = \ln \frac{I_0}{I} = \varepsilon c l; \tag{5.6}$$

I_0 Intensität der eindringenden Strahlung, I Intensität der austretenden Strahlung, D Durchlässigkeit oder Durchlaßgrad, T Transmission, ε Extinktionskoeffizient (wellenlängenabhängig), ϱ Dichte des Gases, c Konzentration des Gases bzw. Schadstoffs, l Lichtweglänge in der Küvette (Schichtdicke), E Extinktion (dimensionslos) des absorbierenden Stoffs (umgekehrter Logarithmus des Durchlaßgrades), E_0 Blindwert der Extinktion, z.B. Lichtschwächung durch das Gas ohne die gesuchte Komponente.

5.2.1.1 IR-Fotometer

Im Gegensatz zu den zweiatomigen Elementargasen mit symmetrischer Elektronenanordnung im Molekül weisen alle heteroatomigen Gase einen gewissen Dipolcharakter auf. Dieser Dipolcharakter führt dazu, daß das Molekül bei IR-Bestrahlung in Grundschwingung gerät und dabei Strahlung absorbiert. Die heteroatomigen Gase weisen daher je nach Molekülaufbau mehr oder weniger starke Absorptionsbanden auf, die relativ gut voneinander getrennt sind. In Bild 5.3 wurden beispielhaft die IR-Absorptionsbanden von einigen Gasen gezeigt. Die relativ breiten Banden ergeben sich durch die Schwingung der Moleküle. Bei genügend großer spektraler Auflösung wird in den Banden eine Feinstruktur sichtbar, die sich aus der Rotationsanregung ergibt.

Die meisten IR-Fotometer arbeiten als sogenannte nichtdispersive Geräte (NDIR), d.h. die Strahlung wird im gesamten IR-Bereich ausgesendet; es findet also keine spektrale Zerlegung der von der Strahlungsquelle ausgehenden IR-Strahlung statt. Die Selektivität wird durch Einbau eines Strahlungsempfängers erreicht, der mit der zu messenden Komponente gefüllt ist. Diese Empfängerart ist nur im IR-Bereich möglich, weil hier die Lebensdauer der durch IR-Strahlung angeregten Moleküle so lang ist, daß die Anregungsenergie strahlungslos durch Molekülzusammenstöße als Wärmeenergie abgegeben werden kann.

Die Extinktion E als Maß für die Strahlungsabsorption eines Gases (oder auch einer Flüssigkeit) ist also von den Eigenschaften des Gases (Extinktionskoeffizient ε), von der Konzentration und von der Weglänge l, die der Lichtstrahl durchlaufen muß, abhängig. Bei konstanten Umgebungsbedingungen ist ε für ein Gas konstant. Hält man auch l konstant, dann ist die Extinktion E direkt abhängig von der Konzentration des Gases, die gemessen werden soll.

In der Praxis genügt es nicht, den Logarithmus des Verhältnisses von eingestrahlter Intensität I_0 und austretender Intensität I zu bilden und damit die

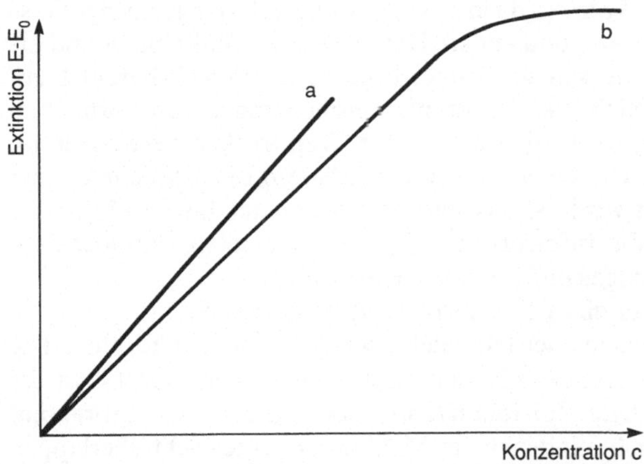

Bild 5.5. Zusammenhänge zwischen Extinktionen und Konzentrationen (Eichkurven); ε, ϱ und l konstant. *a* linearer Zusammenhang bei niedrigen Extinktionen; *b* Sättigung bei hohen Extinktionen und Konzentrationen

Extinktion E zu bestimmen. Die Geräte weisen z.B. durch optische Fenster und die zu untersuchenden Gase auch ohne Vorhandensein der Meßkomponente Strahlungsabsorptionen auf, so daß die austretende Strahlung ohne Vorhandensein der Meßkomponente nicht gleich der eingestrahlten Intensität I_0 ist. Diese Blindabsorption wird i.allg. in einem Blindwert E_0 der Extinktion berücksichtigt, der meistens experimentell bestimmt werden muß.

Für kleine Extinktionen (bis 1) ist bei konstantem Druck die Eichkurve meist eine Gerade, s. Bild 5.5. Bei ansteigenden Konzentrationen und gleichbleibender Küvettenlänge l erfährt die Extinktion allmählich eine Sättigung (Kurve b). Die Eichkurven werden in der Regel experimentell ermittelt.

In Bild 5.4 wurde schematisch ein Einstrahlphotometer dargestellt. Bei dieser Art der Fotometrie beeinflussen Schwankungen der Strahlerintensität unmittelbar die Stabilität des Nullpunktes. Um die Instabilität des Nullpunktes zu kompensieren, wird heute entweder mit einem Vergleichgsstrahl durch eine Blindküvette (Zweistrahlverfahren) gearbeitet, oder es wird durch dieselbe Küvette abwechselnd Nullgas und das zu messende Gas hindurchgeleitet, oder man schickt abwechselnd den Meßstrahl und einen Vergleichsstrahl benachbarter Wellenlänge durch ein und dieselbe Küvette hindurch. Die gesuchte Meßkomponente darf bei der benachbarten Wellenlänge keine Strahlung absorbieren. Gemessen wird immer das Intensitätsverhältnis zwischen Meßstrahl und Vergleichsstrahl. Die Fotometer, die mit nur einer Küvette arbeiten, haben den Vorteil, daß nicht nur Schwankungen der Strahlerintensität, sondern auch Verschmutzungen der Küvettenfenster und teilweise sogar Querempfindlichkeit durch Störgase kompensiert werden. Zur Erhöhung der Empfindlichkeit und der Nullinienstabilität werden die Strahlengänge meistens mit Blendenrädern moduliert. Man spricht dann von Wechsellichtverfahren, wobei die Signale nach den Empfängern als Wechselspannungen auftreten und gut verstärkt werden können [4].

Heute haben Geräte, die mit infraroter und mit ultravioletter Strahlung arbeiten, ihren festen Platz in der Spurengasanalytik. Geräte mit sichtbarem Licht haben sich nicht durchsetzen können, da ihre Anwendung auf wenige farbige Gase wie NO_2 (braun), Chlor (grün) und andere Halogene beschränkt bleibt und die Absorptionsquerschnitte nicht sehr groß sind. Fotometer mit sichtbarem Licht sind also relativ unempfindlich und für Immissionsmessungen von vornherein nicht geeignet, es sei denn, es werden sehr lange Wegstrecken verwendet (s. Abschn. 5.2.1.3). Das klassische Gerät, das mit sichtbarem Licht arbeitete, aber heute nicht mehr hergestellt wird, ist das Betriebsphotometer Limas [5].

Im folgenden wird auf die Infrarot- und auf die Ultraviolett-Fotometrie in ihrer Anwendung zur Spurengasanalyse näher eingegangen.

In Bild 5.6 ist der Aufbau eines IR-Gasanalysators dargestellt.

Als Strahlungsquelle dienen meistens elektrisch beheizte Glühdrähte. Die Strahlung, die durch ein rotierendes Blendenrad moduliert wird, durchläuft die Meß- und die Vergleichsküvette. Zur Reduzierung des Einflusses von Störgasen, deren Absorptionsbanden sich mit denen der Meßkomponente leicht überlappen (s. Bild 5.3), werden i.allg. Filterküvetten, die mit der Störkomponente gefüllt sind, vor die Meß- und Vergleichsküvette in den Strahlengang gesetzt. Auf diese Weise wird nur der Strahlungsanteil vorweg absorbiert, der den Störkomponen-

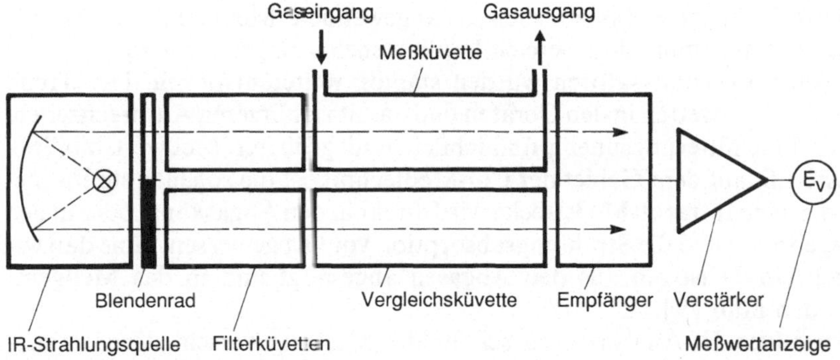

Bild 5.6. Schematischer Aufbau eines IR-Gasanalysators

ten entspricht. Es werden keine der verschiedenen Absorptionsbanden der Meßkomponenten abgeschnitten, wie das bei einer dispersiven Einengung der Strahlung durch optische Filter der Fall wäre. Bei Feuerungsabgasen ist die Hauptstörkomponente CO_2; die Filterküvetten sind daher hier mit CO_2 gefüllt.

Hinter den Küvetten ist der Strahlungsempfänger angeordnet. Er besteht aus zwei Kammern, die beide mit dem zu messenden Gas gefüllt sind. Der Meßeffekt entsteht dadurch, daß bei Anwesenheit des gesuchten Meßgases in der Meßküvette eine Vor-Absorption der IR-Strahlung erfolgt. Dadurch gelangt in die eine Kammer des Empfängers weniger Strahlung als in die andere. Dies führt zu einer unterschiedlichen Erwärmung und damit zu einer unterschiedlichen Druckerhöhung des Gases in den beiden Empfängerkammern. Die Druckerhöhung geschieht periodisch mit der Frequenz des Blendenrades, das die IR-Strahlung moduliert. Die Amplitude dieser Druckschwankung hängt von der Größe der Vor-Absorption der IR-Strahlung in der Meßküvette ab und ist daher ein Maß für die Konzentration des gesuchten Meßgases. Die einzelnen Gerätetypen unterscheiden sich im wesentlichen durch die Konstruktion des Empfängers, der die Druckschwankungen in elektrische Signale umwandelt. So besteht der klassische Empfängertyp aus zwei durch eine sehr dünne Metallmembran getrennten Kammern. Die Metallmembran bildet mit einer festen Gegenelektrode einen elektrischen Kondensator, der bei Schwingung der Membran seine Kapazität ständig ändert. Hieraus wird das elektrische Signal gewonnen. Geräte, die mit diesem „Membrankondensator" arbeiten sind z.B. der Uras der Fa. Hartmann & Braun [5] und der Unor der Fa. Maihak [6]. Die Geräte Ultramat von Siemens [7] und Binos von Leybold [8] arbeiten mit Mikroströmungsfühlern, die zwischen den beiden Empfängerkammern angeordnet sind. Diese Mikroströmungsfühler sind elektrisch beheizte Widerstandsdrähte, die Teile einer Wheatstone-Brücke darstellen. Hier wandeln diese Fühler die unterschiedlichen Druckschwankungen in den Empfängerkammern in elektrische Signale um. Es gibt inzwischen noch andere Firmen, die derartige NDIR-Photometer anbieten.

NDIR-Geräte werden in erster Linie für Emissionsmessungen angewendet; die Analysatoren eignen sich hauptsächlich zur Bestimmung der Gase CO, CO_2, NO, SO_2, H_2O, CH_4, C_2H_6 und vieler anderer Kohlenwasserstoffe. Für CO und CO_2

ist die NDIR-Fotometrie das am meisten angewendete Meßverfahren, das für diese Gase auch im Immissionsbereich konkurrenzlos eingesetzt wird.

Die Infrarot-Gasanalysatoren wurden ständig weiterentwickelt. Der Trend geht zu kleineren Küvetten in den Geräten und damit zu kürzeren Ansprechzeiten, zu größerer Erschütterungsunempfindlichkeit und größerer Meßwertstabilität. Das Neueste z.B. auf dem Gebiet der CO-Meßtechnik ist die sogenannte In-line-Messung, d.h. eine Infrarot-Meßstrecke wird direkt in den Abgaskanal oder in den Kamin eingebracht und die Strahlungsabsorption vor Ort gemessen, ohne daß wie sonst üblich ein Teilstrom aus den Abgasen abgesaugt und in das Meßgerät geleitet werden muß [9].

An dispersiven IR-Analysatoren sei für die Messung verschiedener organischer Komponenten ein Gerät erwähnt, bei dem die Wellenlänge der ausgesandten Strahlung durch ein Filtersystem verstellt werden kann: Miran [10]. Die geringere Empfindlichkeit, die sich im Gegensatz zur NDIR-Fotometrie dadurch ergibt, daß jeweils nur eine Absorptionsbande für die Messung ausgenutzt wird, wird durch Einsatz einer Langwegküvette (bis 20 m) kompensiert. Die große Weglänge wird auf kleinem Raum durch Mehrfachreflexion erreicht [10].

Für Mehrkomponentenmessungen werden heute Geräte mit durchstimmbaren IR-Lasern eingesetzt [11, 12]. Da die Geräte sehr aufwendig und dementsprechend teuer sind, kommen sie über den Labor- und Forschungseinsatz hinaus für allgemeine Emissions- und Immissionsmessungen noch nicht in Betracht. Von den Laborgeräten abgeleitet, werden inzwischen für Emissions- und Immissionsmessungen Geräte angeboten, die auf der Fourier-Transformspektroskopie beruhen [13].

5.2.1.2 UV-Fotometer

In Bild 5.7 sind schematisch die UV-Absorptionsspektren einiger luftverunreinigender Gase dargestellt.

Man sieht, daß es Gase gibt, die relativ schmale UV-Absorptionsbanden haben, z.B. NO und NH_3.

Andere Gase absorbieren dagegen sehr breitbandig die UV-Strahlung, wobei in dieser Breitbandigkeit eine Feinstruktur enthalten sein kann. Um zu selektiven Messungen zu gelangen, müssen Kunstgriffe angewendet werden. Zunächst versucht man, durch die Auswahl der UV-Lampe schon eine gewisse Selektivität zu erreichen. Die UV-Lampen weisen je nach Metall- oder Gasfüllung gewisse Emissionsspektren auf. Man verwendet daher Lampen mit Emissionsbanden, die sich mit den Absorptionsbanden der Meßkomponenten möglichst gut decken, bzw. als definierte Linien in den Absorptionsbanden liegen. Breitbandig absorbierende Gase stören hier aber immer noch. Sie führen neben Küvettenverschmutzungen und Intensitätsschwankungen der Lampen zu hohen und schwankenden Blindwerten E_0 der Extinktion. Von den verschiedenen Möglichkeiten zur Kompensation der Blind-Extinktionen seien hier am Beispiel der UV-fotometrischen Messung von NO-Emissionen und O_3-Immissionen zwei geschildert.

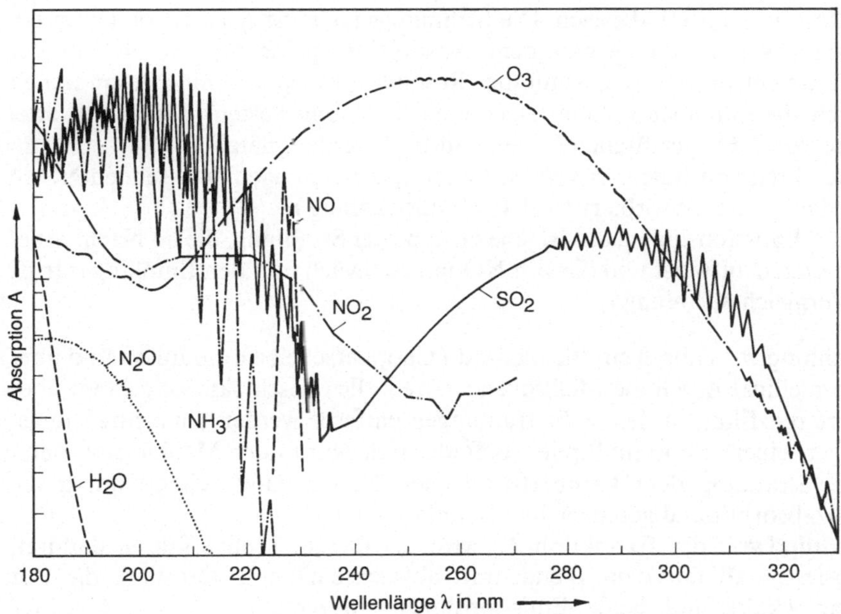

Bild 5.7. UV-Absorptionsspektren einiger luftverunreinigender Gase [14]; Absorption *A* in Abhängigkeit von der Wellenlänge *λ*

UV-Absorptionsmessung mit Blindwert-Kompensation durch Wellenlängenvergleich

Von der DLR Stuttgart wurde ein UV-Absorptionsmeßgerät für NO entwickelt [14, 15], dessen Aufbau in Bild 5.8 schematisch dargestellt ist.

In einer mit Stickstoff und Sauerstoff bei vermindertem Druck gefüllten Hohlkathodenröhre entstehen bei einer Glimmentladung angeregte NO-Moleküle. Beim Übergang in den Grundzustand emittieren diese Moleküle eine stoffspezi-

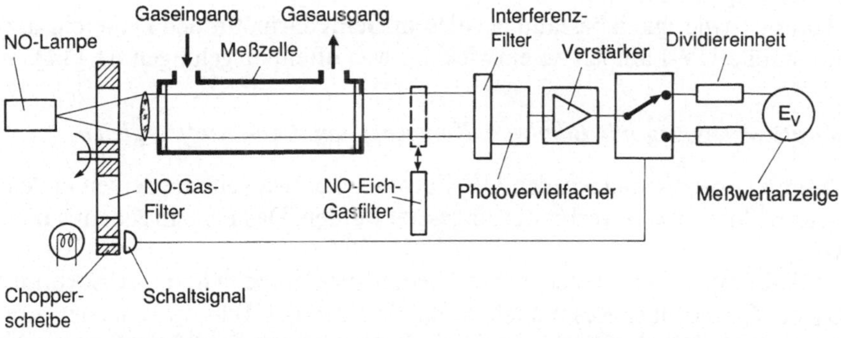

Bild 5.8. Schematischer Aufbau eines UV-Gasanalysators für NO mit Blindwert-Kompensation durch Wellenlängenvergleich [15]

fische Strahlung im UV-Bereich. Die Strahlungsquelle ist selektiv; sie liefert ein Emissionsspektrum, das genau dem Absorptionsspektrum von NO in der Meßküvette entspricht, man nennt dies Resonanzabsorption. Eine Besonderheit der durch die Glimmentladung angeregten Strahlung besteht darin, daß zwei Gruppen von NO-spezifischen Linien emittiert werden, nämlich:

1. „kalte" Emissionslinien, das ist die Gruppe, die vom nachzuweisenden NO in der Meßküvette absorbiert wird (= Meßstrahlung),
2. „heiße" Emissionslinien, das ist jene Gruppe der Strahlung, die im Nachbarbereich Linien aufweist und die von NO ungeschwächt auf den Empfänger trifft (= Vergleichsstrahlung).

Die Strahlung wird durch ein Blendenrad (Chopperscheibe) moduliert und über eine Sammellinse durch die Meßküvette (Meßzelle) geschickt. Sie gelangt über ein Interferenzfilter, in dem Störstrahlungen entfernt werden, zum Strahlungsempfänger, einem Photomultiplier. Befindet sich NO in der Meßküvette, dann wird die Strahlung dem Lambert-Beerschen Gesetz entsprechend durch die Resonanzabsorption abgeschwächt (Extinktion E).

Der Blindwert der Extinktion E_0 wird bei diesem Meßverfahren dadurch kompensiert, daß mit dem Blendenrad abwechselnd eine Öffnung, die alle Strahlung (kalte und heiße Emissionslinien) durchläßt, und ein Gasfilter eingeblendet werden. In dem Gasfilter befindet sich NO in hoher Konzentration, das die kalten NO-Emissionslinien vollständig absorbiert. Die heißen NO-Emissionslinien, die im unmittelbaren Nachbarbereich liegen, gehen jedoch als Vergleichsstrahlung hindurch. Sie werden wie die Meßstrahlung durch die nachgeschaltete Optik, durch die Küvettenfenster und vor allem durch die breitbandigen Störkomponenten geschwächt und erzeugen am Photomultiplier den Intensitätsausgangswert I_0. Die Signale des Photomultipliers werden durch eine von dem Blendenrad gesteuerte Dividiereinheit umgerechnet $\left(\ln \frac{I_0}{I} = E\right)$, so daß ein Signal angezeigt wird, das der NO-Konzentration proportional ist. Intensitätsschwankungen der Lampe werden auf diese Weise ebenfalls kompensiert. Diese Kompensation des Blindwertes bei einer benachbarten Wellenlänge wird als Wellenlängenvergleich bezeichnet [4]. In den Strahlengang kann von Hand oder automatisch gesteuert für Kalibrierzwecke ein definiertes NO-Eichgasfilter eingeblendet werden.

Die Hauptschwierigkeit bestand bei diesem Gerät darin, für den Dauereinsatz genügend stabile UV-Lampen zu entwickeln, was offenbar gelungen ist [14].

UV-Absorptionsmessung mit Blindwert-Kompensation durch Stoffvergleich

Zur O_3-Immissionsmessung wurden UV-Fotometer entwickelt, die derzeit in den Immissionsmeßnetzen weit verbreitet eingesetzt werden. Das Prinzip geht aus Bild 5.9 hervor.

Die UV-Lampe, eine Quecksilber-Niederdrucklampe (hohe Absorption durch O_3 bei Quecksilber-Resonanzlinie mit 253,7 nm, s. Bild 5.7), sendet ihre Strahlung unmoduliert als Gleichlicht durch die Meßküvette zum Strahlungsempfänger, einem Photomultiplier. Die von der Pumpe angesaugte Meßluft gelangt

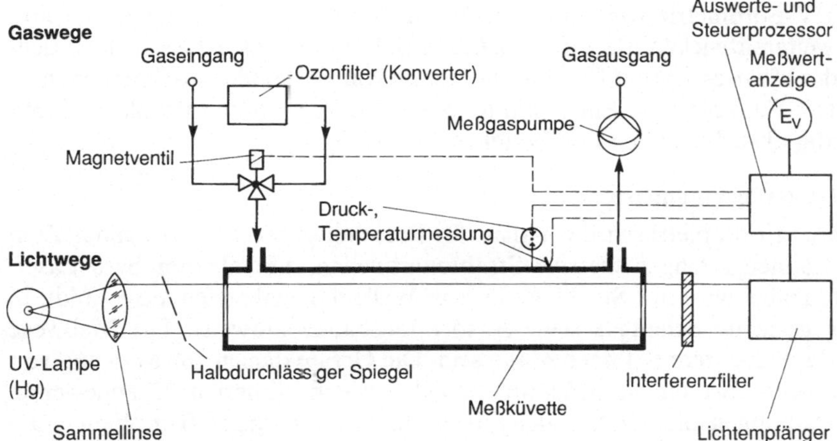

Bild 5.9. Schematischer Aufbau eines UV-Gasanalysators für O_3 mit Blindwert-Kompensation durch Stoffvergleich [16, 17]

über das Magnetventil gesteuert abwechslungsweise direkt in die Meßküvette oder über den Konverter in die Küvette. Der Konverter enthält mehrere mit Braunstein (MnO_2) belegte Siebe. Er hat die Aufgabe, O_3 quantitativ aus der Meßluft zu entfernen, alle anderen Gase aber, die evtl. breitbandig absorbieren, durchzulassen.

Die Umschaltung des Magnetventils erfolgt alle 10 Sekunden. Während von O_3 gereinigte Luft über den Konverter in die Meßküvette gelangt, wird die Ausgangsintensität I_0 gemessen. Die im nächsten Gang gemessene Intensität I wird im Probenzähler, der parallel mit dem Magnetventil gesteuert wird, auf die Ausgangsintensität I_0 bezogen und delogarithmiert. Das ausgegebene Signal ist damit proportional zur O_3-Konzentration. Lampenalterung, Küvettenverschmutzung und Querempfindlichkeiten durch Störgase werden auf diese Weise kompensiert. Die Lampe darf in ihrer Intensität jedoch nicht zu stark absinken, da man sonst aus dem Gültigkeitsbereich der Eichkurve gerät. Zu diesem Zweck wird die Lichtquelle mit einem Kontrolldetektor überwacht, der bei zu schwacher Intensität eine Störmeldung signalisiert. Die Strahlungsabsorption in der Meßküvette ist abhängig von der O_3-Konzentration und der Meßgasdichte. Um die Abhängigkeit von der Gasdichte zu eliminieren, ist eine Druck- und Temperaturkompensation aufgeschaltet.

Da die Blindwertkompensation hier bei derselben Wellenlänge, aber mit einem anderen Gas (gleiches Gas, aber von O_3 gereinigt) erfolgt, spricht man von einem Stoffvergleich [4].

Die exakte Arbeitsweise dieses UV-Fotometers steht und fällt mit der Funktionstüchtigkeit des Konverters. Läßt er O_3 durch, dann wird die Anzeige zu niedrig; absorbiert er Störkomponenten, dann wird die Anzeige zu groß. Aufgrund der Empfindlichkeit des Konverters ist ein derartiges O_3-Meßgerät nur für den Einsatz in relativ reiner Luft (Immission) geeignet. An Feuerungsabgasen (z.B. zur Überprüfung der O_3-Entstehung in Elektroabscheidern) wäre der Konverter sofort zerstört.

Die UV-Fotometrie wird immer mehr zur Spurengasanalyse eingesetzt und ständig weiterentwickelt. So gibt es z.B. ein SO_2-Emissionsmeßgerät nach dem Prinzip der UV-Absorption [8]. Für die Analse von Formaldehyd-Emissionen ist z.B. die UV-Fotometrie in Entwicklung, wobei hier die größten Probleme durch breitbandig absorbierende Gase bestehen [19–21].

5.2.1.3 Langweg-Fotometrie

Die Langweg-Fotometrie wird vor allem für Forschungszwecke angewendet. Zum Einsatz können streng dispersive Strahlungsquellen, z.B. abstimmbare Laser, kommen. Dabei wird nur Strahlung in dem Wellenlängenbereich ausgesandt, in dem das gesuchte Schadgas seine Absorptionsbande aufweist. Die Meßwege können dabei mehrere Kilometer lang sein. Die Geräte dienen zur Messung von Immissionsmittelwerten ausgedehnter Quellen wie Raffinierien, Chemiewerke, Industrieballungen anderer Art oder ganzer Städte. So wurden z.B. in Wien NO_2-Konzentrationen über 3 km Entfernung mit einem Langweg-Fotometer gemessen [22].

Eine andere Möglichkeit besteht darin, mit einer Lampe Licht in einem möglichst breiten Wellenlängenbereich auszusenden. Am Empfänger, der sich nach mehreren Kilometern Entfernung befindet, kann dann mit einem durchstimmbaren Monochromator die Strahlungsabsorption bei verschiedenen Wellenlängen gemessen werden. Auf diese Weise wurden z.B. im Reinluftgebiet Südschwarzwald zwischen dem Feldberg und dem Schauinsland (8 km Weglänge) berührungslos Konzentrationen von Spurengasen bzw. sogar von Radikalen gemessen, die sonst keiner Meßtechnik zugänglich sind (OH-Radikale, HCHO, HNO_2, N_2O_5 usw.) [23]. Nach demselben Prinzip arbeitet ein neues, kommerziell vertriebenes Gerät für Schadgaskomponenten wie z.B. SO_2, NO, NO_2, O_3, Formaldehyd (HCHO) und mit Einschränkungen für Aromaten wie Benzol (C_6H_6), Toluol (C_7H_8) und *p*-Xylol (C_8H_{10}) [24]. Bei diesem Verfahren, genannt DOAS (differential optical absorption spectroscopy), wird sichtbares Licht und UV-Strahlung ausgesendet, nach einer gewissen Entfernung (300 m bis einige km) empfangen und über ein Lichtleitfaserkabel zu einem Auswertegerät geleitet. Hier findet in verschiedenen Wellenlängenbereichen eine sehr feine spektrale Zerlegung des empfangenen Lichts statt. Mit moderner PC (Personal Computer)-Technik wird die Auswertung der empfangenen Spektren durch Vergleich mit gespeicherten vorgenommen. Durch Subtrahieren der Spektren der verschiedenen Gase wird das Verfahren selektiv [24, 25]. Diese integral messende Methode bietet dort Vorteile, wo die Ergebnisse punktueller Messungen stark von örtlichen Strömungen beeinflußt werden, z.B. an verkehrsreichen Straßen. Außerdem hat es den Vorteil, daß mit einem Gerät mehrere Komponenten erfaßt werden können. Eine weitere Methode zur örtlich aufgelösten Erfassung von luftverunreinigenden Stoffen über größere Entfernungen hinweg nutzt als Meßeffekt die Streuung von Laserlicht an Schadstoffteilchen (Schwebstoffteilchen von Aerosolen oder Schadstoffmoleküle). Die Entfernung und die Teilchendichte einer Schadstoffwolke oder einer Rauchfahne ergeben sich aus Laufzeit und Intensität der rückgestreuten Laserlicht-Impulse (Laser-Lidar). Gasförmige Schadstoffe sind durch Auswertung des Raman- oder des Fluoreszenz-Spektrums des von ihnen rückgestreuten Lichtes qualitativ und quantitativ analysierbar [26].

5.2.2 Kolorimetrie

Bei der Kolorimetrie wird die Farbintensität einer Absorptionslösung, die mit der gesuchten Gaskomponente eine chemische Farbreaktion einging, gemessen. Das zu untersuchende Meßgas muß mit einer möglichst kleinen Menge einer für den gesuchten Schadstoff spezifischen Reaktionslösung in innigen Kontakt gebracht werden, so daß die chemische Reaktion vollständig ablaufen kann. Meistens wird dazu die Gasprobe durch sog. Frittenwaschflaschen geleitet, in denen sich die Reaktionslösung befindet, s. Bild 5.17c. Die entstehende Färbung gehorcht in gewissen Grenzen dem Lambert-Beerschen Gesetz, d.h. die Farbintensität ist der Konzentration der gesuchten Meßkomponente in der Reaktionslösung proportional. Die Farbintensität wird in einem Fotometer vermessen. Für zahlreiche luftverunreinigende Gase sind kolorimetrische Meßverfahren entwickelt und z.B. in VDI-Richtlinien beschrieben (s. Abschn. 5.2.12). Viele Farbreaktionen sind sehr empfindlich, also zum Nachweis geringer Konzentrationen geeignet und weitgehend selektiv, d.h. die Reaktionslösungen sind unempfindlich gegenüber anderen Begleitgasen.

Im allgemeinen handelt es sich bei den kolorimetrischen Meßverfahren um diskontinuierliche Probenahmen mit nachfolgender Auswertung im Labor. Der Prozeß der Gas-Flüssigkeitsreaktion und der nachfolgenden fotometrischen Messung wurde aber auch in automatischen Meßgeräten verwirklicht.

5.2.3 UV-Fluoreszenz

Die UV-Fluoreszenz ist als Meßverfahren der Fotometrie verwandt. Das Meßgas wird ebenfalls bestrahlt. Es wird aber nicht die Strahlungsabsorption gemessen, sondern eine Leuchterscheinung (Fluoreszenz), die sich durch die Anregung von Molekülen mit UV-Strahlung bestimmter Wellenlänge ergibt. Das Meßprinzip wird z.B. bei der SO_2-Immissionsmessung angewendet, s. Bild 5.10.

Die Luftprobe wird mit einer UV-Lampe im Wellenlängenbereich von 190 – 320 nm bestrahlt. SO_2, sofern vorhanden, gibt eine Fluoreszenzstrahlung bei 320 – 380 nm ab. Durch ein Interferenzfilter wird nur Strahlung dieser Wellenlänge vom Empfänger (Photomultiplier) erfaßt; das Meßverfahren ist also streng selektiv. Je höher die SO_2-Konzentration, umso größer die Fluoreszenz.

Eine Querempfindlichkeit dieser Meßmethode besteht darin, daß Störkomponenten die Energie der angeregten SO_2-Moleküle aufnehmen können und sich somit die Fluoreszenzausbeute verringert. Dieser Störeffekt ist besonders von Wasserdampf und Kohlenwasserstoffen bekannt. Durch einen vorgeschalteten Permeations-Gasaustauscher wird versucht, die Störkomponenten aus dem Meßgas zu entfernen. Meßgeräte nach diesem Prinzip werden sowohl für SO_2-Immissionsmessungen als auch für SO_2-Emissionsmessungen eingesetzt [27, 28]. Bei den Emissionsmessungen sind aufgrund höherer Konzentrationen der Störkomponenten die Querempfindlichkeiten größer. Die Immissionsmeßgeräte laufen bezüglich Nullpunkt- und Empfindlichkeitsdrift sehr stabil, solange die Intensität der UV-Lampe konstant bleibt.

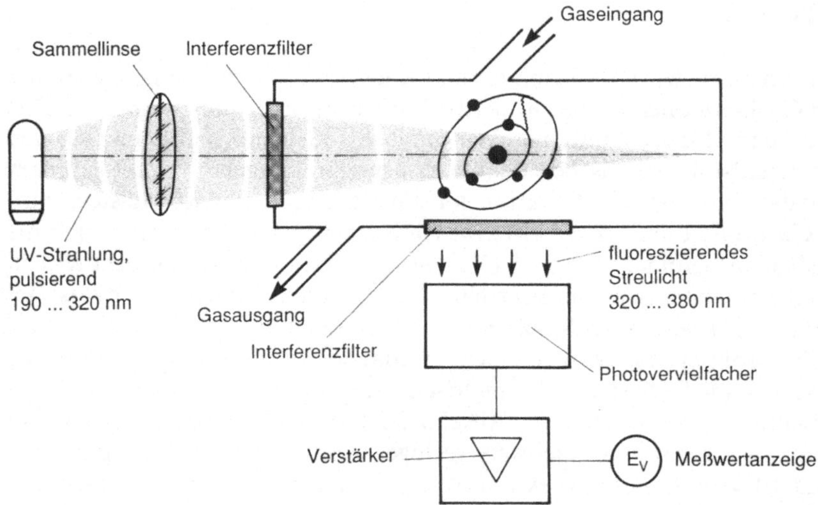

Bild 5.10. Prinzip der UV-Fluoreszenzmessung (nach [27])

5.2.4 Chemilumineszenz

Die Chemilumineszenz ist mit der UV-Fluoreszenz verwandt. Der Unterschied besteht darin, daß bei der Chemilumineszenz Moleküle nicht durch UV-Strahlung, sondern durch eine chemische Reaktion zum Leuchten angeregt werden. Es handelt sich also um ein chemisch-physikalisches Meßprinzip. Die Intensität der entstehenden Strahlung ist ein Maß für die Konzentration des reagierenden Gases in einem Gemisch von Gasen, wenn die äußeren Bedingungen (Druck, Temperatur und Volumenstrom des Meßgases) konstant gehalten werden. Die entstehende Strahlung wird wie bei der UV-Fluoreszenz von einem Photomultiplier als Strahlungsempfänger erfaßt und in einen elektrischen Strom umgewandelt. Das Verfahren wird hauptsächlich zur Messung von NO, $NO + NO_2$ (also NO_x) und O_3 angewendet. Es ist für Emissions- und Immissionsmessungen gleichermaßen geeignet, wobei O_3 allerdings vorwiegend als Immission zu untersuchen ist.

5.2.4.1 NO_x-Messung

Bei der Messung von NO wird als Hilfsgas O_3 benötigt. Folgende Reaktionen laufen in dem Meßgerät ab:

$$NO + O_3 \rightarrow NO_2^* + O_2 \qquad (5.7)$$

$$NO + O_3 \rightarrow NO_2 + O_2 \qquad (5.8)$$

$$NO_2^* \rightarrow NO_2 + h\nu \qquad (5.9)$$

$$NO_2^* + M \rightarrow NO_2 + M\,, \qquad (5.10)$$

$h\nu$ abgestrahlte Lichtenergie bei 600 – 3 200 nm mit einem Strahlungsmaximum bei 1 200 nm, M Dreierstoßpartner, der Energie aufnimmt, sonst aber an der Reaktion nicht teilnimmt.

Die Reaktionen laufen mit unterschiedlichen Reaktionsgeschwindigkeiten ab. Ein konstanter Anteil des NO (ca. 10 % [4]) reagiert mit Ozon zu einem angeregten NO_2^*-Molekül. Beim Übergang des angeregten NO_2^*-Moleküls in den Grundzustand entsteht nach (5.9) die Lichtenergie $h\nu$ (=Chemilumineszenz), deren Intensität als Meßeffekt genutzt wird. Ein Teil der angeregten NO_2^*-Moleküle gibt seine Energie jedoch an Stoßpartner M ab und geht dabei in den Grundzustand über. Man nennt diese strahlungslose Energieabgabe Quenching. Je geringer der Druck und damit die Gasdichte in der Meßkammer ist, umso geringer wird die Wahrscheinlichkeit, daß ein NO_2^*-Molekül seine Energie strahlungslos über einen Stoßpartner abgeben kann.

In Bild 5.11 ist ein Chemilumineszenz-Gerät zur Bestimmung von NO bzw. von $NO + NO_2$ (d.h. NO_x) schematisch dargestellt.

Das für die Reaktion benötigte Ozon wird durch eine elektrische Gasentladung in einem Luft- bzw. Sauerstoffstrom erzeugt. Dabei entstehen ca. 2 % Ozon, das für die Reaktion mit dem NO in der Reaktionskammer im Überschuß

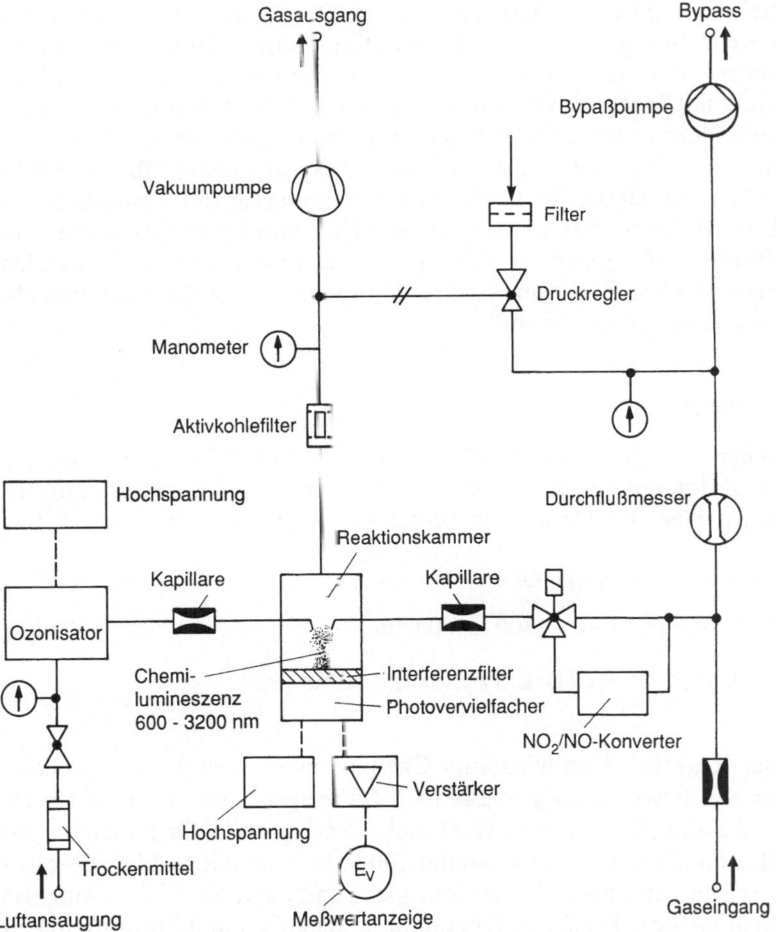

Bild 5.11. Prinzip eines Chemilumineszenz-Gerätes zur Bestimmung von NO bzw. $NO + NO_2$

vorhanden sein muß. Bei hohen NO-Konzentrationen ist für eine höhere Ozonausbeute im Ozonisator reiner Sauerstoff erforderlich. Um einen niedrigen Druck in der Reaktionskammer aufrecht zu erhalten, wird der größte Teil des Meßgases durch ein Bypass-System durch das Meßgerät geführt und nur ein kleiner Teil über eine feine Kapillare oder eine kritische Düse in die Reaktionskammer geleitet. Würde nur das in der Reaktionskammer benötigte Gas vom Meßgerät angesaugt, dann wäre aufgrund der kleinen Volumenströme in den Ansaugleitungen die Anzeigeverzögerung zu groß. Das Bypass-System sorgt zudem für konstante Druckverhältnisse vor der Kapillare bzw. der kritischen Düse.

Die bei der Reaktion entstehende Strahlung wird nach Durchgang durch ein Interferenzfilter von einem Photomultiplier in ein elektrisches Signal umgesetzt.

Auch NO_2 kann mit diesem Verfahren gemessen werden; es muß dazu vor der Chemilumineszenz-Reaktion zu NO reduziert werden. Dies geschieht in einem Konverter durch Reduktion an heißen Metallen, z.B. an Molybdän. Durch geschickte Anordnung und Steuerung des Magnetventils MV kann somit sowohl die Gesamtstickstoffoxid-Konzentration ($NO + NO_2$) als auch die NO-Konzentration gemessen werden. Durch Subtraktion wird daraus die NO_2-Konzentration ermittelt. Es gibt auch Geräte mit zwei Reaktionskammern, von denen eine direkt mit Meßgas, die andere über den Konverter beaufschlagt wird. Auf diese Weise kann gleichzeitig NO und $NO + NO_2$ gemessen werden.

Es gibt mehrere Hersteller, die Chemilumineszenz-Geräte für die NO_x-Messung anbieten. Die Meßgeräte sind je nach Auslegung für Immissionsmessungen bis hinab zu Meßbereichen von 0 – 100 ppb NO_x und für Emissionsmessungen bis 10 000 ppm NO_x geeignet. Die Anzeige ist sehr linear, und es treten aufgrund der spezifischen Reaktion prinzipiell nur sehr geringe Querempfindlichkeiten gegenüber anderen Gasen auf.

5.2.4.2 O_3-Messung

Nach der gleichen Chemilumineszenz-Reaktion wie bei der NO-Messung könnte Ozon durch Reaktion mit NO gemessen werden. Einen besseren und preisgünstigeren Reaktionspartner für Ozon stellt jedoch Ethen (C_2H_4) dar:

$$O_3 + C_2H_4 \rightarrow O_2 + C_2H_4O^* \quad (5.11)$$

$$C_2H_4O^* \rightarrow C_2H_4O + h\nu \ (300 \ldots 600\,\mathrm{nm}) \quad (5.12)$$

C_2H_4O, $H_2C{-}O{-}CH_2$ (Ring) Ehtylenoxid, Oxiran.

Nach dieser Reaktion wird wiederum Chemilumineszenzstrahlung gebildet, die analog der NO-Bestimmung gemessen wird. Einziger Nachteil dieser Ozonmeßmethode ist, daß Ethen aus einer Gasflasche benötigt wird. Da es sich um ein brennbares Gas handelt, wird diese Meßmethode in Immissions-Meßstationen nicht so gern gesehen und hat in letzter Zeit mehr und mehr der UV-Fotometrie das Feld räumen müssen. Bezüglich Querempfindlichkeiten und Störanfälligkeiten ist jedoch die Chemilumineszenz-Methode der UV-Fotometrie überlegen.

5.2.5 Flammen-Fotometrie

Bei der Flammen-Fotometrie werden Atome in einer Flamme angeregt und zum Leuchten gebracht. Von der Strahlung der Flamme wird die Spektrallinie des gesuchten Atoms durch ein Interferenzfilter ausgefiltert und mit einem Photomultiplier gemessen. Das Verfahren wird in der Gasanalyse hauptsächlich für Schwefel-Immissionsmessungen eingesetzt, ist aber z.B. auch für die Messung von Phosphorverbindungen geeignet. Bei der Schwefelmessung geht der flammenfotometrische Nachweis allerdings nicht auf eine Atomemission zurück, sondern auf ein Rekombinieren von Schwefelatomen, wobei angeregte S_2^*-Moleküle entstehen, die unter Lichtemission von etwa 320 nm – 460 nm in den Grundzustand übergehen. Mit einem optischen Filter wird eine Wellenlänge von 394 nm zum Schwefelnachweis ausgewählt [4].

Es wird primär der Gesamtschwefelgehalt der Luft, im wesentlichen H_2S und SO_2, gemessen. Sollen die Einzelverbindungen aufgeschlüsselt werden, müssen einzelne Gase vor der Messung durch Absorptions- oder Adsorptionsfilter entfernt werden. Das Verfahren zeichnet sich durch sehr hohe Empfindlichkeit (niedrige Nachweisgrenze!) und durch sehr kurze Ansprechzeit aus. Meßgeräte nach diesem Prinzip werden daher z.B. für Immissionsmessungen mit Flugzeugen eingesetzt [29]. Dadurch, daß zur Erzeugung der Flamme in dem Gerät Wasserstoff als Hilfsgas benötigt wird, wird das Flammenfotometer in stationären Immissionsmeßstationen seltener verwendet. Ein Einsatz bei Emissionsmessungen ist nicht üblich, da die zu messenden Konzentrationen zu hoch sind und zu viele Störkomponenten auftreten (Quenching).

5.2.6 Flammen-Ionisation

Gase lassen sich durch Energiezufuhr mehr oder weniger leicht ionisieren. Für die Gasanalyse hat die Ionisierung organischer Moleküle in Flammen (Flammen-Ionisation) die größte Bedeutung gewonnen. Es wird aber auch die Ionisierung durch die Strahlung radioaktiver Substanzen in Detektoren, z.B. in der Gas-Chromatographie angewendet [30].

Der sogenannte Flammen-Ionisationsdetektor (FID) wurde ursprünglich für die Gas-Chromatographie entwickelt. Er wird heute aber auch als das wichtigste Meßgerät zur kontinuierlichen Erfassung organischer Substanzen in Abgasen oder in Außenluft verwendet.

Das Meßprinzip des FID ist vielfach beschrieben worden, z.B. in [30 – 32]. Es sei hier anhand von Bild 5.12 zusammenfassend dargestellt.

Die Wasserstoff-Flamme brennt aus einer Metalldüse, die gleichzeitig die negative Elektrode einer Ionisationskammer bildet. Die positive Gegenelektrode ist über der Flamme, z.B. als Ring, angebracht. Zwischen den beiden Elektroden liegt eine Gleichspannung. Der Ionenstrom wird als Spannungsabfall über dem Widerstand W gemessen. Das Meßgas wird dem Brenngas kurz vor Eintritt in die Brennerdüse zugemischt. Die zur Verbrennung notwendige Luft strömt durch einen Ringspalt um die Brennerdüse herum ein.

Für stabile Meßbedingungen ist entscheidend, daß alle Gase – Brenngas, Brennluft und Meßgas – in konstanten Volumenströmen der Flamme zugeführt

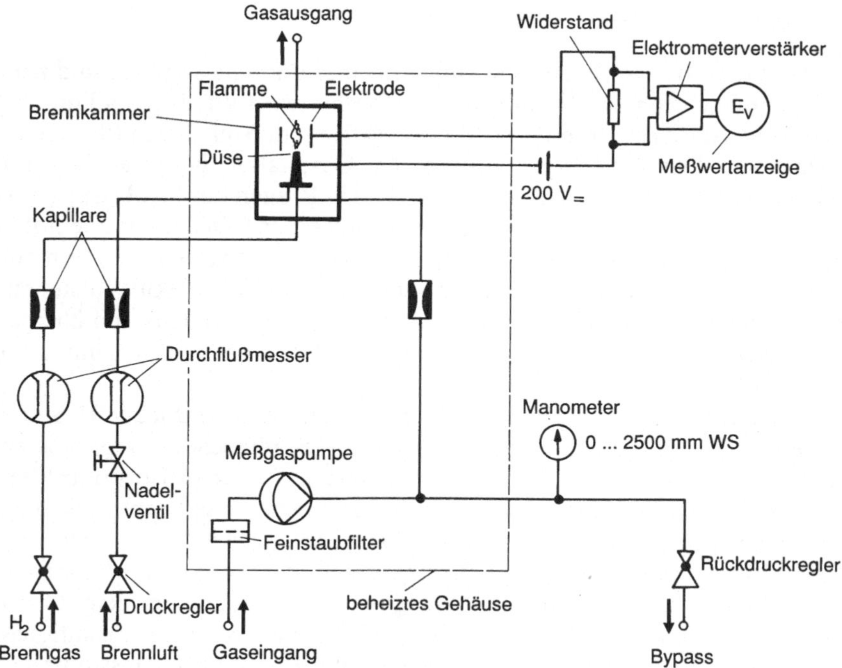

Bild 5.12. Prinzip eines Flammen-Ionisationsdetektors FID

werden. Dazu werden alle Gasströme über Kapillaren geleitet. Der Durchfluß ist dann konstant, wenn vor den Kapillaren konstante Drücke herrschen. Hierfür werden für Brenngas und Brennluft Feindruckregler eingesetzt. Das Meßgas wird in einem großen Volumenstrom an der Kapillare im Bypass vorbeigepumpt. Der Druck wird über den Rückdruckregler konstant gehalten, so daß ein konstanter Teilstrom über die Kapillare in die Flamme gelangt. Die meisten FID arbeiten mit Überdruck, d.h. die Meßgaspumpe befindet sich vor der Kapillare. Grundsätzlich wäre es zwar besser, wenn das Meßgas vor der Kapillare nicht mit der Pumpe in Berührung käme, d.h. daß die Meßgaspumpe im Bypass erst nach der Abzweigung zur Kapillare angeordnet wäre. Das Meßgas müßte dann über die Kapillare in die Brennkammer gesaugt werden. Ein derartiger Unterdruckbetrieb erfordert jedoch eine sehr aufwendige Regelung, wenn die Meßbedingungen wirklich konstant gehalten werden sollen. Es gibt nur wenige Meßgeräte, die solche Unterdruckschaltungen optimal verwirklicht haben.

Um Kondensationen der gesuchten Kohlenwasserstoffe zu vermeiden, sind fast alle Geräte auf 150–200 °C beheizbar. Die Heizung schließt das Staubfilter und die Meßgaspumpe mit ein; in den meisten Fällen, besonders an warmen Abgasen, wird von der Meßgasentnahme bis zum Meßgerät auch eine beheizte Probenahmeleitung verwendet.

Die Kohlenwasserstoffverbindungen werden in der Flamme oxidiert, wobei als Zwischenprodukte Ionen entstehen. In einem gewissen Bereich der Saugspannung ist die Stärke des entstehenden Ionisationsstromes in erster Näherung direkt proportional der Anzahl der C-Atome der verbrannten Substanz. Ein FID reagiert also grundsätzlich auf alle Kohlenwasserstoffe und mißt deren Summe. Größere Moleküle mit hohem C-Anteil rufen ein der Zahl der Kohlenstoffatome entsprechend höheres Signal hervor als kleinere Moleküle mit geringem C-Anteil. Die Ionisierungsenergie stammt nicht nur aus der Energie der Flamme, sondern vor allem auch aus der Oxidationsenergie des Kohlenstoffs. Teilweise oder vollständig oxidierter Kohlenstoff liefert demnach ein geringes oder gar kein Detektorsignal; nicht erfaßt werden z.B. HCHO, CO und CO_2.

Liegen in Abgasen vorwiegend Gemische reiner, d.h. nicht oxidierter oder halogenierter Kohlenwasserstoffe vor, dann liefert der FID ein Signal, das dem Kohlenstoffmassengehalt des Abgases annähernd proportional ist. Durch besondere schaltungstechnische Maßnahmen, z.B. durch Beimischung von Ballastgas zum Brenngas, können die Betriebsbedingungen stabilisiert und die Proportionalität der Anzeige zum C-Gehalt des Meßgases verbessert werden [33]. Flammen-Ionisationsdetektoren zeichnen sich durch sehr kurze Ansprechzeiten (< 1 s) aus.

Der FID ist das Standardmeßverfahren zur Bestimmung der unverbrannten Kohlenwasserstoffe in Automobilabgasen und wird in Prüfständen zur Feststellung der HC-Emissionen (Hydrocarbon) bei den verschiedenen Fahrzyklen eingesetzt. In gewissen Grenzen ist der FID auch zur Gesamt-C-Überwachung, die für bestimmte Anlagen nach der TA Luft vorgeschrieben ist [34], einsetzbar. Die Einsatzmöglichkeiten und -grenzen sind in der VDI-Richtlinie 3481, Bl. 6 [35] dargestellt. Der FID läßt sich auch zur Überwachung flüchtiger organischer Substanzen, z.B. Lösemittel, einsetzen. Er kann direkt für die emittierten Substanzen kalibriert werden, wobei mit sog. Responsefaktoren gearbeitet wird. Der Responsefaktor gibt das Verhältnis der Anzeige des FID zwischen der gesuchten Substanz und einer Bezugssubstanz an (bei gleicher Konzentration beider Substanzen). Die Kalibrierverfahren zur Ermittlung der Responsefaktoren sind ausführlich in [36] beschrieben. Sollen Informationen über die Zusammensetzung der emittierten organischen Stoffe gewonnen werden, dann müssen diskontinuierlich Proben gezogen und z.B. gaschromatographisch analysiert werden. Die Kenntnis über die Zusammensetzung der Emissionen und Immissionen allein nützt jedoch nichts, wenn der zeitliche Verlauf nicht bekannt ist. Bei chargenhaftem Betrieb können z.B. erhebliche Schwankungen der Emissionen auftreten, s. z.B. [37]. Hier empfiehlt es sich, den Verlauf summarisch mit einem FID zu messen und zu definierten Zeitpunkten Proben für differenzierte Analysen zu ziehen.

5.2.7 Konduktometrie

Bei konduktometrischen Verfahren wird das zu untersuchende Gas mit einer für die Meßkomponente spezifischen Reaktionslösung in Verbindung gebracht und die dabei auftretende Änderung der elektrischen Leitfähigkeit dieser Lösung gemessen. Es handelt sich um ein chemisches Meßverfahren. Alle Gase, die bei einer Reaktionslösung eine Leitfähigkeitsänderung hervorrufen, können prinzipiell mit einem derartigen Verfahren gemessen werden, z.B. SO_2, CO_2, H_2S, HCl, NH_3 u.a.. CO kann beispielsweise durch eine Vorverbrennung zu CO_2 oxidiert werden und dann ebenfalls per Leitfähigkeitsänderung gemessen werden [32]. Die Methode ist beim Gasanalysator „Ultragas U 4S“ der Fa. Wösthoff verifiziert, bei dem das CO nach Oxidation an J_2O_5 als CO_2 mit Natronlauge in einer Leitfähigkeitsmeßzelle bestimmt wird [38, 39].

Für die Bestimmung von SO_2 sowohl im Emissions- als auch im Immissionsbereich ist die Messung der Leitfähigkeitsänderung das schon am längsten eingesetzte kontinuierlich arbeitende Meßverfahren. Als Reaktionslösung dient eine wässrige Wasserstoffperoxid-Lösung (H_2O_2), mit der SO_2 zu Schwefelsäure (H_2SO_4) reagiert:

$$H_2O_2 + SO_2 + 2H_2O \rightarrow H_2SO_4 + 2H_2O \rightarrow 2H_3O^+ + SO_4^{2-} . \qquad (5.13)$$

Die gebildete Schwefelsäure liegt in der wässrigen Lösung praktisch vollständig dissoziiert vor. Die durch die entstandenen Ionen hervorgerufene Leitfähigkeitsänderung der Absorptionslösung ist ein Maß für die SO_2-Konzentration. Die Leitfähigkeitsänderung wird über eine Elektrodenmeßstrecke, die Bestandteil einer Wheatstone-Brücke ist, gemessen.

Für die SO_2-Emissionsmessung ist z.B. der „Mikrogas“ der Firma Wösthoff das schon am längsten eingesetzte Meßgerät [40, 41]. Das Prinzip dieses Gerätes ist in Bild 5.13 schematisch dargestellt.

Das Meßgas wird von der Membranpumpe im Bypass angesaugt. Ein kleinerer Teilgasstrom wird aus dem Bypass zur Meßzelle gesaugt. Aus einem Vorratsbehälter wird die Reaktionslösung in die Reaktionsstrecke gepumpt, in der sie sich mit dem Meßgas vermischt. Das im Meßgas enthaltene SO_2 reagiert vollständig mit der Reaktionslösung. Nach der Reaktion wird das Gas von der Flüssigkeit getrennt, weil letztere zur Leitfähigkeitsmessung gasfrei sein muß. Nach der Leitfähigkeitsmessung an der Elektrodenmeßstrecke wird die Flüssigkeit zusammen mit dem Meßgas aus dem Meßgerät abgesaugt. Die Förderung konstanter Gas- und Flüssigkeitsströme ist entscheidend für eine genaue Messung.

Bei Emissionsmessungen genügt es, die Leitfähigkeit der Lösung nach der Reaktion mit SO_2 zu messen; die Leitfähigkeit der H_2O_2-Ausgangslösung kann gegenüber der reagierten Lösung annähernd Null gesetzt werden, da H_2O_2 sehr wenig dissoziiert.

Für SO_2-Immissionsmessungen ist das Verfahren dagegen etwas aufwendiger. Das Meßprinzip ist zwar analog dem für Emissionsmessungen, jedoch wird die H_2O_2-Lösung mit H_2SO_4 angesäuert. Es wird dann im Gerät die Differenz der Leitfähigkeiten vor und nach der Reaktion mit SO_2 bestimmt. Die bekannten Geräte für SO_2-Immissionsmessungen sind der „Ultragas“ der Fa. Wösthoff [42, 43] und der „Picoflux“ der Fa. Hartmann & Braun [44, 45].

Die Temperatur beeinflußt direkt die Leitfähigkeit der Lösung. Eine gute Thermostatisierung der Meßzellen ist daher erforderlich. Entscheidend ist für die Leitfähigkeitsmeßverfahren, daß die Flüssigkeits- und Gasströme sehr konstant gefördert werden. Probleme treten oft durch Verstopfungen der feinen Kapillaren, durch Algenbildung oder Verschmutzungen auf. Auch die Reinheit der Elektroden der Leitfähigkeitsmeßstrecke ist von großer Bedeutung.

Eine einwandfreie Funktion der Leitfähigkeitsmeßgeräte erfordert daher einen relativ hohen Wartungsaufwand. Bei intensiver Betreuung können die SO_2-Leitfähigkeitsmeßgeräte sehr gut arbeiten [46]. Sie waren früher in allen Länder-

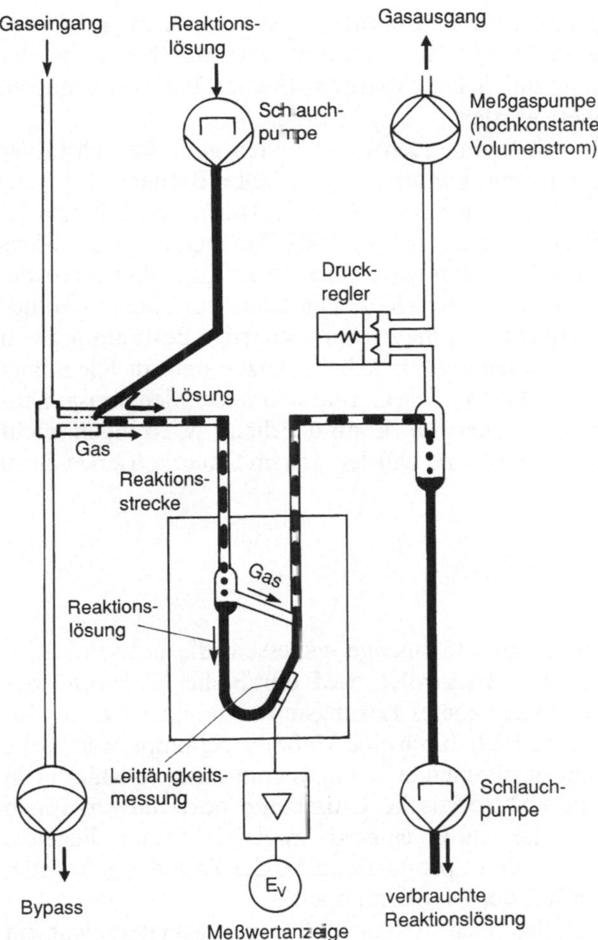

Bild 5.13. Prinzip des konduktometrischen Gasanalysators „Mikrogas" [40]

Immissionsmeßnetzen im Einsatz [47, 48], sind heute aber zum Teil durch UV-Fluoreszenzsgeräte abgelöst worden.

5.2.8 Amperometrie

Unter Amperometrie versteht man die Ausnutzung eines galvanischen Stroms, der in einem Elektrolyt nach Reaktion mit der Meßkomponente gebildet wird. Die Meßzelle bildet ein galvanisches Element, das nur dann Strom über einen äußeren Schließungskreis liefert, wenn sein Elektrolyt mit dem gesuchten Schadgas in Berührung kommt und dabei Ionen bildet. Die Ionen wandern zu den Elektroden und laden diese negativ oder positiv auf, so daß im Außenkreis ein Strom fließen kann. Wichtig ist hierbei, daß allein die Meßkomponente den Stromerzeugungsprozeß auslöst und seine Stärke bestimmt. Dann ist die Stromstärke der

Meßkomponente im Gas proportional. Eventuelle Störkomponenten werden i.allg. durch Absorptionsfilter vor der Meßzelle entfernt. Die Elektroden und der Elektrolyt verbrauchen sich allmählich. Die elektrochemischen Meßzellen müssen daher von Zeit zu Zeit erneuert werden.

Während es früher Zellen mit strömenden Elektrolyten gab, die sich in der Luftanalyse aber nicht durchsetzen konnten, entwickelte Breuer [49] eine Feststoffzelle, die später im Gasanalysator „Picos" der Fa. Hartmann & Braun für die Messung von H_2S und NO_2 Anwendung fand [50]. Während sich der Picos nicht durchsetzen konnte, weil er die an Immissionsmessungen gestellten Anforderungen nicht erfüllte, werden elektrochemische Zellen heute vor allem in Hand- bzw. transportablen Meßgeräten, z.B. für die stichprobenartige Bestimmung von O_2, CO und auch anderen Komponenten an Arbeitsplätzen und an Kleinfeuerungsanlagen, eingesetzt, s. z.B. [51 – 54]. Die Geräte sind wesentlich preisgünstiger als z.B. IR-Gasanalysatoren, aber für kontinuierliche Messungen nicht geeignet. Sie arbeiten nicht stabil genug und würden sich im Dauerbetrieb auch zu schnell verbrauchen.

5.2.9 Coulometrie

Bei der Coulometrie wird die Elektrizitätsmenge gemessen, die notwendig ist, einen Elektrolyt zu zersetzen. Der Elektrolyt wird durch die Einleitung der gesuchten Gaskomponente in ein geeignetes Lösungsmittel gebildet. Dazu wird die zu analysierende Luft kontinuierlich durch eine Meßzelle gepumpt, welche die Reagenzlösung enthält. Die zu bestimmende Komponente muß vollständig in Lösung gehen und die für die elektrolytische Umsetzung notwendigen Ionen bilden. Der Elektrolysestrom, der durch eine an zwei Elektroden liegende Spannung hervorgerufen wird, ist direkt proportional zu der Zahl der gebildeten Ionen und damit zum Massenfluß der Meßkomponente.

Das bekannteste Meßgerät, das nach diesem Meßprinzip arbeitete, war ein SO_2-Monitor der Fa. Philips zur Messung von Immissionen [55], der aber inzwischen nicht mehr hergestellt wird. Es sind heute aber Geräte zum Nachweis niedrigster SO_2-Konzentrationen im Einsatz, die nach einem ähnlichen Meßprinzip, einem polarographisch-coulometrischen Verfahren, arbeiten, das von Rumpel entwickelt wurde. Diesem polarographisch-coulometrischen Verfahren liegt folgendes Prinzip zugrunde [4]:

Taucht man eine sehr leicht polarisierbare und eine unpolarisierbare Elektrode passender Potentiallage in eine geeignete Elektrolytlösung, so fließt dann ein Strom, wenn ein als Depolarisator wirkender Stoff im Elektrolyten anwesend ist. Die unpolarisierbare Gegenelektrode behält auch bei Anlegen einer äußeren Spannung ihre Potentiallage bei.

Die Meßanordnung des von Rumpel entwickelten SO_2-Gerätes ist in Bild 5.14 gezeigt.

Eine sehr langsam fließende Elektrolytlösung (1 %ige H_2SO_4) wird in Zelle 1 mit Jod gesättigt und anschließend in Zelle 2 durch Elektronenabgabe von etwaigem Jodid (J^-) an einer polarisierbaren Pt-Elektrode gereinigt. Danach gelangt diese Elektrolytlösung in Zelle 3, wo sie von einem konstant geregelten

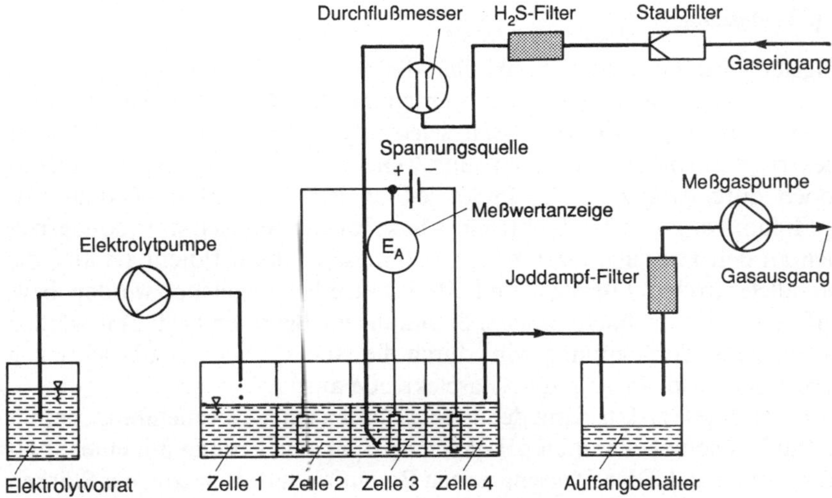

Bild 5.14. Meßzellenanordnung des SO_2-Meßgerätes nach Rumpel [56, 57]

Meßgasstrom durchperlt wird. Ist im Meßgas SO_2 vorhanden, dann wird dieses mit Jod oxidiert, wobei das Jod zu Jodid reduziert wird:

$$SO_2 + J_2 + 2H_2O \rightarrow SO_4^{2-} + 4H^+ + 2J^- . \quad (5.15)$$

Die Jodidionen wirken als Depolarisator und oxidieren an der polarisierbaren Pt-Elektrode (Indikator-Elektrode) der Zelle 3 wieder zu Jod. Der dabei auftretende elektrolytische Strom ist durch die Konzentration des SO_2 (Masse/Volumen) bestimmt. Der zwischen Polarisationselektrode und nicht-polarisierbarer Referenzelektrode in Zelle 4, durch die die Lösung anschließend fließt, gemessene Strom stellt daß Meßsignal dar. Durch eine externe Zellenspannung von 200 mV werden die Indikator- und die Referenzelektrode zueinander auf konstantem Potential gehalten. Nach Durchströmen der Meßzellen wird die Lösung in einem Auffangbehälter gesammelt.

Dieses Meßgerät wird im Meßnetz des Umweltbundesamtes zum SO_2-Nachweis eingesetzt, wobei auch noch die oft sehr niedrigen SO_2-Konzentrationen an den Reinluftstationen (z.B. auf dem Schauinsland und auf Sylt) gemessen werden können. Die Nachweisgrenze soll bei weniger als 1 $\mu g/m^3$ SO_2 liegen [56].

5.2.10 Potentiometrie

Läßt man durch eine Elektrolytlösung einen elektrischen Gleichstrom fließen, verändert man ihre chemische Zusammensetzung. Dieses Prinzip wird, wie gezeigt wurde, bei der coulometrischen Messung ausgenutzt. Aus chemischen Vorgängen wiederum läßt sich umgekehrt elektrische Energie gewinnen. Diese Tatsache macht man sich bei der potentiometrischen Messung zunutze.

5.2.10.1 pH-Messung

Am häufigsten wird das potentiometrische Meßprinzip bei der pH-Messung von wässrigen Lösungen angewendet. Dazu werden meistens Glaselektroden verwendet, die mit einem gepufferten Bezugselektrolyt gefüllt sind [58]. Dieser Bezugselektrolyt ist von der Meßlösung durch ein Glas-Diaphragma getrennt, das für H-Ionen durchgängig ist. Es findet jedoch kein Reduktions-Oxidations-Vorgang (Redoxvorgang) mit Elektronen- bzw. Ionenaustausch statt, sondern es bilden sich an den Phasengrenzen durch Ladungsaustausch Potentiale aus, die durch Metallelektroden (Bezugs- und Meßelektrode) abgeleitet werden bzw. deren Differenz mit sehr hochohmigen Spannungsmeßgeräten bestimmt werden kann. Die entstehende Spannung wird durch die Nernst-Gleichung beschrieben [59]. Nernst geht vom Prinzip der Glaselektrode aus:

Taucht man eine Glaskugel mit den Eigenschaften einer Glasmembran, gefüllt mit einer Pufferlösung bekannten pH-Wertes pH_i in eine Lösung mit einem pH-Wert pH, so treten an beiden Phasengrenzen Potentiale unterschiedlicher Stärken auf. Die Potentialdifferenz wird als Membranspannung bezeichnet und kann gemessen werden. Die Nernst-Gleichung gibt den Zusammenhang zwischen dieser Membranspannung und den Aktivitäten der maßgebenden Ionenart an

$$U_E = \frac{RT}{nF} \ln \frac{a}{a_i}, \tag{5.16}$$

U_E Membranspannung, T absolute Temperatur, R Gaskonstante $= 8{,}31439$ $J \cdot (K \cdot mol)^{-1}$, n Anzahl der Elementarladungen (bei Wasserstoff ist $n=1$), F Faraday-Konstante (Ladung eines Mol eines Stoffes), $1F = 96486$ As mol^{-1}, a Aktivität des zu messenden Ions, a_i Aktivität des Innenelektrolyten.

Für die potentiometrische pH-Messung ist bei Verwendung von Glaselektroden die Aktivität des einwertigen Wasserstoffions H^+ maßgebend. Da es sich innen und außen um gleiche H^+-Ionen handelt, sind die Aktivitäten a und a_i proportional den Konzentrationen c und c_i der H^+-Ionen.

Die Nernst-Gleichung zeigt, daß bei der pH-Messung die Temperatur der Lösungen bzw. der Glaselektrode mit eingeht.

Die pH-Messung ist in der Literatur ausführlich beschrieben und in DIN-Normen weitgehend standardisiert worden [60–68]. In der Luftanalytik wird die pH-Messung vor allem zur Bestimmung des Säuregehalts von Niederschlägen eingesetzt. Hierzu wurden neben der diskontinuierlichen Analytik von Niederschlagsproben auch automatische Niederschlagsmonitore entwickelt, die inzwischen käuflich erhältlich sind [69–71]. Neben der automatischen pH-Messung erfordert vor allem die Niederschlags-Probenahme erheblichen Aufwand. Die Niederschlagsmonitore sind daher z.Zt. noch recht wartungsintensiv.

5.2.10.2 HF- und HCl-Messung mit ionensensitiven Elektroden

Es wurden nicht nur für die Wasserstoffionen Elektroden entwickelt, sondern auch für andere Ionen, die als sog. ionensensitive Elektroden im Handel erhältlich sind. Die potentiometrische Messung mit ionensensitiven Elektroden wurde in der Luftreinhaltung in den Meßgeräten „Sensimeter“ und „Ecometer“ zur Messung von Chlorwasserstoff (HCl) und Fluorwasserstoff (HF) an Abgasen verwirklicht [72]. Die HCl- und HF-Messungen sind z.B. an Müllverbrennungsanlagen erforderlich.

5.2.10.3 O_2-Messung mit dem Festkörperionenleiter Zirkondioxid

Das gleiche Prinzip der potentiometrischen Messung liegt auch Festkörperionenleitern, z.B. der sog. λ-Sonde zur Sauerstoffmessung bzw. -regelung an Abgasen zugrunde. Wenn Gase mit verschiedenen Sauerstoffgehalten bei hoher Temperatur durch eine Membran aus Zirkondioxid (ZrO_2) getrennt sind, dann diffundieren Sauerstoffionen durch Leerstellen im Gitter der ZrO_2-Membran, wobei auf dieser die elektrische Aufladung entsteht. Wenn beide Seiten der Zirkondioxidmembran mit einem Gitter aus Platin versehen sind, kann eine elektrische Spannung abgenommen werden, wenn in beiden voneinander getrennten Gasgemischen unterschiedliche Sauerstoffkonzentrationen herrschen. Die Membranspannung hängt wie bei der pH-Messung nach der Nernst-Gleichung (5.16) logarithmisch vom Partialdruck- bzw. Konzentrationsverhältnis des Sauerstoffes auf den beiden Seiten der Membran ab. Ferner geht die Temperatur mit ein,

$$U = \frac{R \cdot T}{n \cdot F} \cdot \ln \frac{p_{O_2}(\text{Luft})}{p_{O_2}(\text{Abgas})}, \qquad (5.17)$$

p_{O_2} Sauerstoffpartialdruck.

Hierbei ist anzumerken, daß die O_2-Ionenleitfähigkeit des ZrO_2 erst oberhalb von etwa 400 °C einsetzt. In Bild 5.15 ist eine ZrO_2-Abgassonde schematisch dargestellt.

Auf der Innenseite der fingerhutförmig angeordneten ZrO_2-Membran befindet sich Luft mit 20,93 % Volumenanteil an O_2. An der Außenseite werden die Abgase vorbeigeführt. Bei der λ-Messung (Luftüberschußmessung) an Kraftfahrzeugabgasen ist die Sonde mit ihrer Außenseite direkt den Abgasen ausgesetzt. Je kleiner der O_2-Gehalt des Abgases, umso größer wird das O_2-Verhältnis, da auf der anderen Seite immer der konstant hohe O_2-Gehalt der Luft vorhanden ist. Mit größer werdendem O_2-Konzentrationsverhältnis geht die Sondenspannung exponentiell hoch, d.h. die Empfindlichkeit des Meßverfahrens nimmt mit kleiner werdender Meßgröße zu, ein Fall, der in der Meßtechnik nicht häufig anzutreffen ist. In Bild 5.16 sind die Abhängigkeiten der Sondenspannung von der O_2-Konzentration im Abgas für verschiedene Temperaturen dargestellt. Die Spannung kann bei kleiner werdendem O_2-Gehalt nicht unendlich hoch werden; beim Ansteigen der Spannung erfolgt irgendwann eine Entladung über die ZrO_2-Membran selbst (abhängig vom Innenwiderstand) oder über das angeschlossene Voltmeter, dessen Widerstand meist auch nicht unendlich hoch ist.

ZrO_2-Sonden werden an Feuerungsabgasen immer häufiger zur O_2-Messung eingesetzt. Die Sonden werden dabei meistens auf konstante Temperatur beheizt, so daß man sich nur auf einer der in Bild 5.16 dargestellten Kurven bewegt. An Kraftfahrzeugabgasen findet dagegen keine exakte O_2-Messung statt. Es wird vielmehr das Luft/Brennstoffverhältnis so geregelt, daß der O_2-Gehalt an der Sonde gegen Null geht. Hierbei steigt die Sondenspannung steil an. Dieser steile

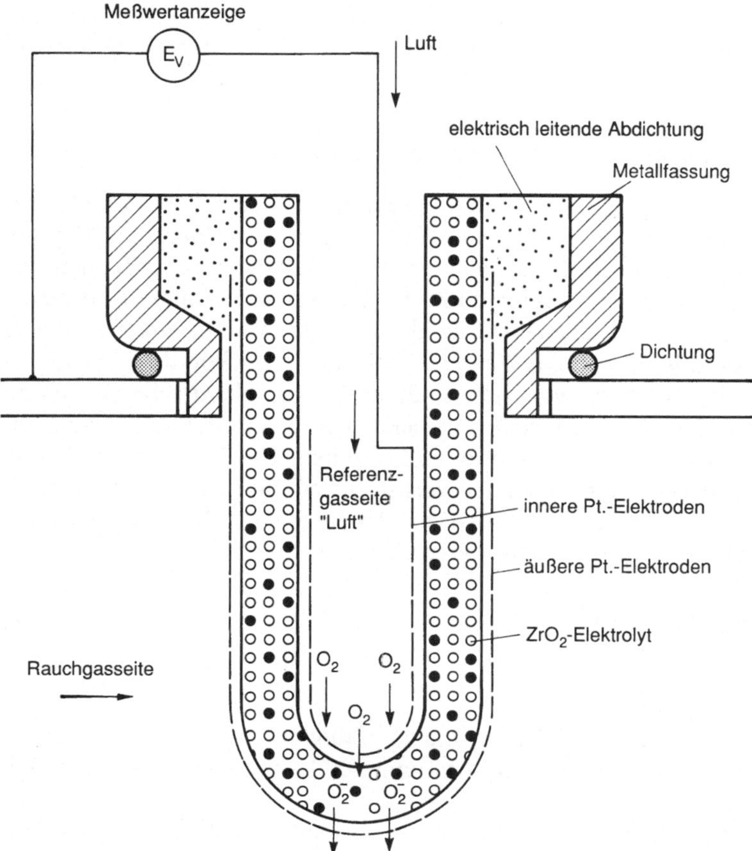

Bild 5.15. Schema einer ZrO_2-Abgassonde [73]. Mit fallendem O_2-Gehalt im Rauchgas nimmt die Zellenspannung zu

Spannungsanstieg wird für die Regelung verwendet. Die Spannungs-Schaltschwellen werden so gelegt, daß unterschiedliche Temperaturen an der Sonde keinen großen Einfluß haben.

Befinden sich nennenswerte Konzentrationen an CO oder Kohlenwasserstoffen in den Abgasen, dann findet an der Sonde eine katalytische Nachverbrennung statt, wobei der Restsauerstoff verbraucht wird; d.h. die Sonde zeigt einen zu niedrigen O_2-Gehalt an. Bei Kraftfahrzeugabgasen spielt das keine Rolle, da der Restsauerstoff z.B. im nachgeschalteten Katalysator für die CO- bzw. Kohlenwasserstoffverbrennung benötigt wird. Über die Sonde wird hier also kein O_2-Gehalt geregelt, sondern das Luftverhältnis λ geht gegen 1, d.h. es wird gerade so viel O_2 bzw. Luft zugeführt, wie für die vollständige Oxidation aller unverbrannter Bestandteile benötigt wird. Daher der Name λ-Sonde.

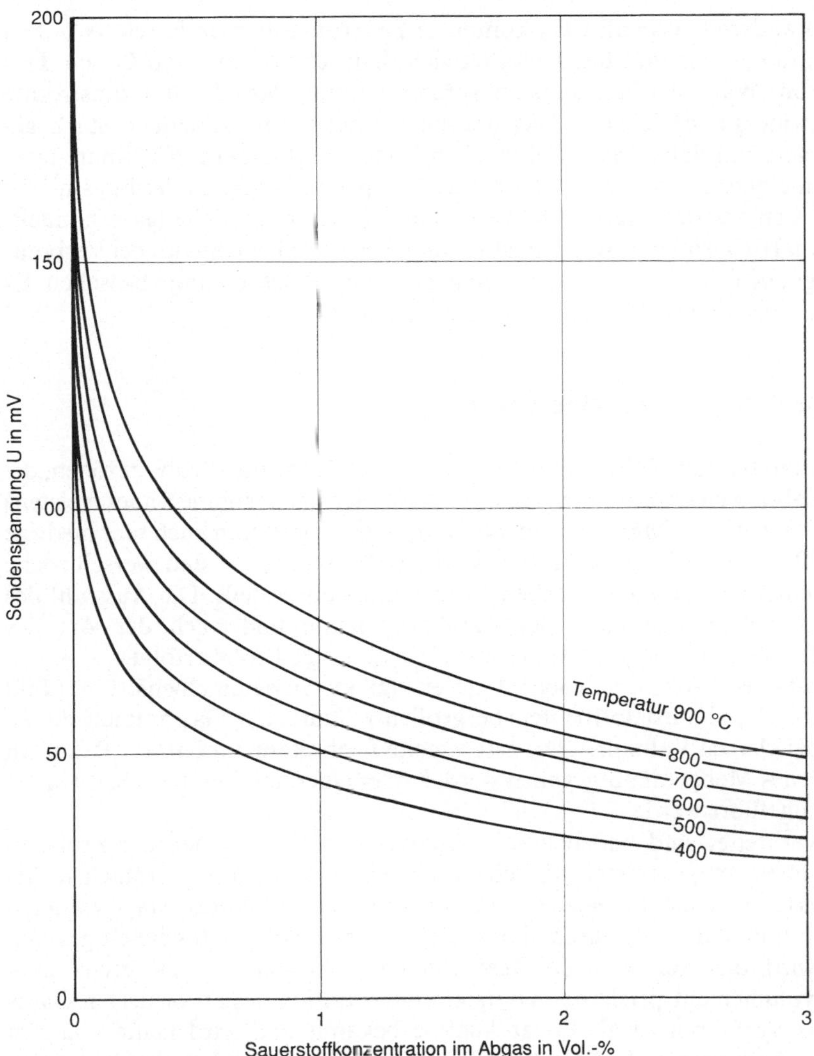

Bild 5.16. Abhängigkeit der Membran-Spannungen vom O_2-Gehalt der Abgase bei verschiedenen Temperaturen [74]

5.2.11 Paramagnetische Sauerstoffmessung und Messung der Wärmeleitfähigkeit

Sauerstoff weist gegenüber allen anderen normalerweise auftretenden Gasen ein paramagnetisches Verhalten auf. Diese Eigenschaft wird in Meßgeräten zur Bestimmung des Sauerstoffgehalts von Abgasen als Meßeffekt ausgenutzt, indem der Sauerstoff in ein Magnetfeld hineingezogen wird und damit Strömungen in Meßkammern entstehen, deren Größe elektrisch bestimmt wird.

Die unterschiedliche Wärmeleitfähigkeit von Gasen wird in erster Linie zur CO_2- und H_2-Messung ausgenutzt. H_2 weist eine wesentlich größere Wärmeleitfähigkeit als andere Gase auf; CO_2 kommt in Feuerungsabgasen in relativ hohen Konzentrationen vor und unterscheidet sich dadurch von anderen Gasen. Das Prinzip von Wärmeleitfähigkeitsmeßgeräten beruht darauf, daß umströmte Hitzdrahtwiderstände je nach Gaszusammensetzung unterschiedlich stark gekühlt werden und dabei ihren elektrischen Widerstand ändern. Für Spurengasmessungen eignet sich die Ausnutzung der Wärmeleitfähigkeit allerdings nicht.

Da es sich bei den Gasen O_2, CO_2 und H_2 um keine Schadgase handelt, sondern um Hilfsgrößen, z.B. zur Bestimmung des Luftüberschusses bei Verbrennungsvorgängen, wird hier von einer eingehenderen Beschreibung abgesehen. Es sei auf die einschlägige Literatur verwiesen [5, 7, 32].

5.2.12 Handanalytische Meßverfahren

Bei handanalytischen Meßverfahren wird i.allg. zunächst eine Probe gezogen, die dann im Labor weiterverarbeitet wird. Während der Probenahme findet meistens eine Anreicherung der Meßkomponente statt, so daß hierdurch auch sehr niedrige Schadstoffkonzentrationen erfaßbar werden. In Bild 5.17 sind verschiedene Möglichkeiten zur handanalytischen Probenahme dargestellt. Die Auswahl des Verfahrens richtet sich nach der Meßkomponente und nach der Art des Laborverfahrens, mit dem die weitere Auswertung der Probe erfolgt.

Die einfachste Art der Probenahme erfolgt in Gassammelbehältern (Bild 5.17a und b) – in Kunststoffbeuteln bei großen Volumina, in Gassammelgefäßen aus Glas bei kleinen Volumina. Die gesammelte Probe kann im Labor z.B. auf ein automatisches Meßgerät aufgegeben werden oder einer handanalytischen Untersuchung zugeführt werden.

Weit verbreitet sind naßchemische Meßverfahren, bei denen die Probe in Reaktionslösungen gesammelt und chemisch gebunden wird. Die einfachste Art dieser Messung ist die *Volumetrie.* Hierbei wird ein definiertes Abgasvolumen genommen und mehrmals durch eine spezifische Absorptionsflüssigkeit gespült. Danach wird das verbleibende Restvolumen gemessen; die Differenz zum Ausgangsvolumen entspricht der Volumenkonzentration des absorbierten Gases in %. Das Verfahren ist als Orsat-Analyse bekannt und wird heute von den Schornsteinfegern zur einfachen CO_2-Gehaltsbestimmung an Feuerungsabgasen eingesetzt [75]. Es eignet sich nur für hohe Konzentrationen im %-Bereich.

Eine andere Art, den absorbierten Schadstoffgehalt in der Reaktionslösung zu bestimmen, ist die *Farbumschlags-Titration.* Hierbei wird z.B. im Labor in die in der Waschflasche nach Bild 5.17c gewonnene Absorptionslösungs-Probe so lange ein Reagenz zugetropft, bis der gebundene Schadstoff quantitativ umgesetzt oder das überschüssige Reagenz der Absorptionslösung, das in der Waschflasche im Überschuß vorhanden war, quantitativ verbraucht ist. Das Ende der Umsetzungen wird durch geeignete Farb-Indikatoren angezeigt.

Sehr empfindlich reagieren *kolorimetrische Verfahren* (s.a. Abschn. 5.2.2). Die in der Waschflasche vorhandene Reaktionslösung reagiert mit der Schadstoffkomponente direkt oder nach Zugabe weiterer Chemikalien unter Bildung eines Farbkomplexes. Die Farbintensität ist dabei ein Maß für den Schadstoffgehalt in der Reaktionslösung. Die Farbintensitäten werden mit bekannten Schadstoff-

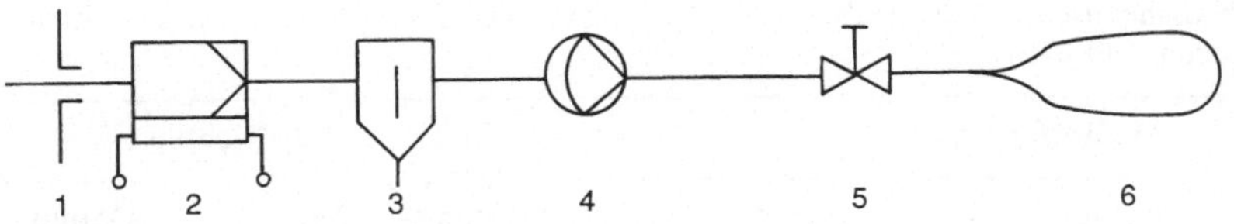

a Probenahme in Kunststoffbeuteln

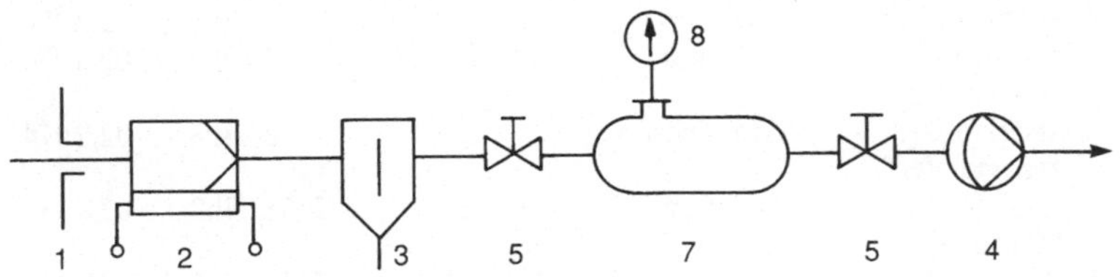

b Probenahme mit Gassammelgefäß (Gasmaus)

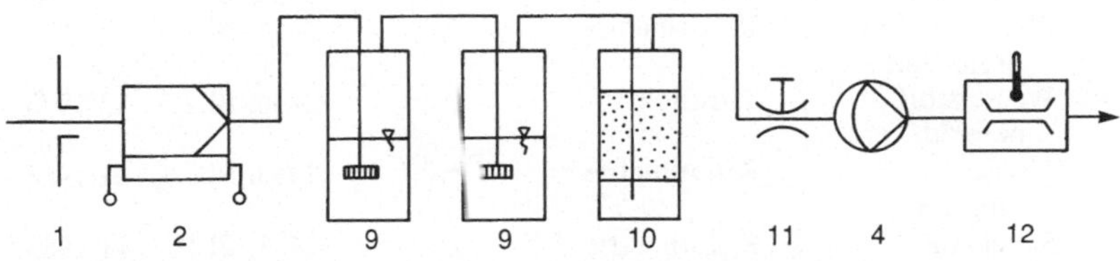

c Versuchsanordnung zur Absorption von Schadgasen in Reaktionslösungen

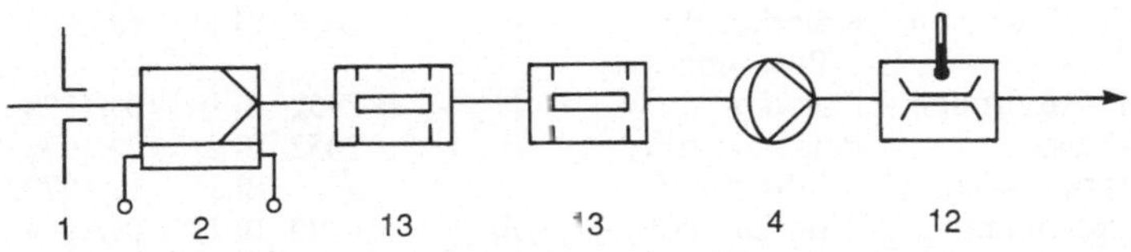

d Versuchsanordnung zur adsorptiven Sammlung von Schadgasen auf porösen Feststoffen, z.B. auf Aktivkohle

1 Entnahmesonde im Abgaskanal
2 Staubfilter, ggf. beheizt
3 Kondensatabscheider, z.B. Waschflasche im Eisbad
4 Meßgaspumpe
5 Absperrhahn
6 Kunststoffbeutel
7 Gassammelgefäß aus Glas (Gasmaus)
8 Manometer
9 Frittenwaschflasche
10 Waschflasche mit Trockenmittel (Trockenturm)
11 Drosselventil
12 Gasmengenzähler
13 Sorptionsrohr

Bei Immissionsmessungen entfallen jeweils die Teile 1, 2 und 3

Bild 5.17a – d. Probenahmeverfahren für handanalytische Messungen mit Auswertung im Labor

mengen kalibriert. Der Schadstoffgehalt der Reaktionslösung, bezogen auf das durchgesaugte Gasvolumen, das am Gasmengenzähler abgelesen wird, ergibt die Konzentration des Schadgases in der untersuchten Gasprobe.

In Tabelle 5.6 sind beispielhaft für verschiedene Komponenten naßchemische Meßverfahren aufgeführt, die in VDI-Richtlinien beschrieben sind [76].

Tabelle 5.6. Naßchemische Meßverfahren zur Luft- und Abgasanalyse, die in VDI-Richtlinien beschrieben sind [76]

Meß-komponente	Meßverfahren		Emission (E) Immission (I)	VDI-Richtlinie	
	Name	Prinzip		Nr.	Datum
SO_2	Jod-Thiosulfat	Titration	E	2462, Bl.1	02/1974
	Wasserstoff-peroxid-Verf.	Titration	E	2462, Bl.2	02/1974
	Wasserstoff-peroxid-Verf.	Gravimetrie	E	2462, Bl.3	02/1974
	H_2O_2-Thorin-Methode	Titration	E	2462, Bl.8	03/1985
	Silikagelverf.	Adsorption/ Kolorimetrie	I	2451, Bl.1	08/1968
	TCM	Kolorimetrie	I	2451, Bl.3	08/1968
SO_3	Isopropanol-Verf.	Titration	E	2462, Bl.7	03/1985
$NO+NO_2$	Phenoldisulfon-säure-Verf.	Kolorimetrie	E	2456, Bl.1	12/1973
	Wasserstoff-peroxid-Verf.	Titration	E	2456, Bl.2	12/1973
	Natrium-salicylat	Kolorimetrie	E	2456, Bl.8	01/1986
NO_2	Saltzman	Kolorimetrie	I	2453, Bl.1E	11/1983
NO	Oxidation + Saltzman	Kolorimetrie	I	2453, Bl.2	01/1974
CO	Jodpentoxid	Titration	E	2459, Bl.2E	1989
Gesamt-F^-	NaOH-Absorption	Kolorimetrie/ Potentiometrie	E	2470, Bl.1	10/1975
	NaOH-Absorption	Kolorimetrie	I	2452, Bl.1	03/1978
F^-	Silberkugel-Sorptions-Verf.	Potentiometrie/ Fotometrie	I	2452, Bl.2, Bl.3	02/1975 11/1979
HCl	Absorption mit Wasser	Titration, Potentiometrie, Kolorimetrie	E	3480, Bl.1	07/1984
Cl_2	Methylorange-Verf.	Kolorimetrie	E	3488, Bl.1	12/1979
	Bromid-Jodid-Verf.	Titration	E	3488, Bl.2	11/1980
	Methylorange-Verf.	Kolorimetrie	I	2458, Bl.1	12/1973
H_2S	Jodometrie	Titration	E	3487, Bl.1	11/1978
	Molybdänblau-Sorption	Kolorimetrie	I	2454, Bl.1	03/1982
	Methylenblau-Impinger	Kolorimetrie	I	2454, Bl.2	03/1982
NH_3 (Gesamt-N)	Schwefelsäure-Absorption	Kolorimetrie/ Titration	E	3496, Bl.1	04/1982
NH_3	Indophenol	Kolorimetrie	I	2461, Bl.1	03/1974
	Nessler-Verf.	Kolorimetrie	I	2461, Bl.2	05/1976

Tabelle 5.6. (Fortsetzung)

Meß-komponente	Meßverfahren Name	Prinzip	Emission (E) Immission (I)	VDI-Richtlinie Linie Nr.	Datum
O_3	Kaliumjodid-Methode	Kolorimetrie	I	2468, Bl.1	05/1978
	Indigosulfonsäure-Verf.	Kolorimetrie	I	2468, Bl.5	10/1978
HCHO (Formaldehyd)	MBTH-Verf.	Kolorimetrie	E	3862, Bl.1	1988
	Sulfit-Pararosanilin	Kolorimetrie	I	3484, Bl.1	01/1979
Phenole	*p*-Nitranilin-Verfahren	Kolorimetrie	I	3485, Bl.1E	12/1981
Gesamt-C	Kieselgel-Adsorption	CO_2-Coulometrie	E	3481, Bl.2	04/1980
	Kieselgel-Adsorption	CO_2-Coulometrie	I	3495, Bl.1	09/1980

5.2.13 Chromatographische Verfahren

Die Chromatographie – aus dem Griechischen übersetzt bedeutet es „Farbschreibung“ – ist ein auf physikalischen Prinzipien beruhendes Analysenverfahren. Eines der einfachsten chromatographischen Analysenverfahren ist die Papierchromatographie. Wird ein Farbstoffgemisch auf ein Lösch- oder Fließpapier aufgebracht, dann breiten sich die einzelnen Substanzen des Gemisches aufgrund unterschiedlicher Affinität zu dem Absorptionsmittel, dem Fließpapier, unterschiedlich aus. Sie sind durch Farbzonen bzw. Farbringe auf dem Papier zu erkennen.

Bei der modernen Chromatographie verwendet man im Gegensatz dazu sogenannte Trennsäulen, die mit einem Absorptionsmittel gefüllt sind, durch das man das Substanzgemisch hindurchfließen läßt. Entsprechend ihrer unterschiedlichen Affinität zum jeweiligen Absorptionsmittel wandern Stoffe mit großer Affinität langsamer durch die Trennsäule als solche mit kleiner Affinität, so daß sie getrennt austreten. Am Ausgang der Trennsäule werden die einzelnen Stoffe mit physikalischen Detektoren erfaßt.

5.2.13.1 Gas-Chromatographie

Die Gas-Chromatographie ist ein Verfahren zur Trennung von Gasgemischen. Es können auch Flüssigkeiten getrennt werden, sie müssen nur vorher verdampft werden und dürfen sich dabei nicht zersetzen. Das Prinzip ist vielfach beschrieben worden, s. z.B. [30, 31]. Bild 5.18 zeigt das Schema eines Gas-Chromatographen.

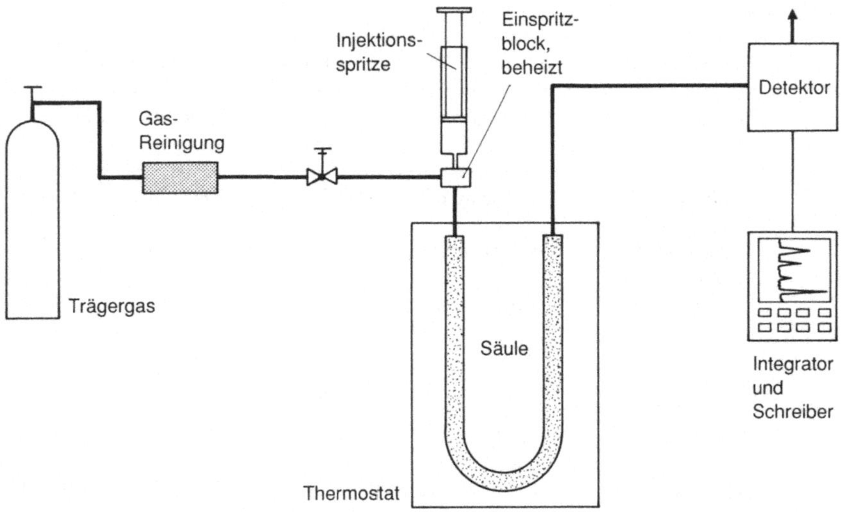

Bild 5.18. Prinzip eines Gas-Chromatographen

Die Trennsäule wird von einem Trägergas, der sogenannten mobilen Phase – Wasserstoff, Stickstoff oder Helium –, durchströmt. Mit der Injektionsspritze wird das zu trennende Gas- oder Flüssigkeitsgemisch in den Trägergasstrom gegeben. Der Einspritzblock ist so hoch beheizt, daß auch flüssig eingespritzte Stoffe bis zu einem gewissen Siedepunkt sofort verdampft werden. Das Probengemisch wird vom Trägergas in die Trennsäule gespült. Die „gepackten Säulen" sind zur Vergrößerung der inneren Oberfläche mit einem porösen inerten Material, z.B. Silikagel, gefüllt. Dieses Material ist bei der sogenannten Gas-Flüssig-Chromatographie zur Verbesserung der Trennleistung mit einer flüssigen Phase, der stationären Phase, belegt. Die mobile Phase, das Trägergas, führt die Komponenten der Probe beim Strömen durch die stationäre Phase mehr oder weniger schnell mit sich und zwar entsprechend dem Verteilungsgleichgewicht zwischen mobiler und stationärer Phase. Die einzelnen Gas- oder Dampfbestandteile durchströmen daher die Trennsäule mit verschiedenen Geschwindigkeiten, so daß sie das Säulenende mit charakteristischen Zeitabständen erreichen. Anschließend durchfließen sie den Detektor, in dem ihre Konzentration einzeln bestimmt wird. Die Signale des Detektors werden von einem Schreiber als „Peaks" registriert. Das Schreiberdiagramm mit der Aufeinanderfolge der einzelnen Peaks wird „Gas-Chromatogramm" genannt, s. Bild 5.19.

Das Verteilungsgleichgewicht der einzelnen Stoffe zwischen mobiler und stationärer Phase ist temperaturabhängig. Die Trennsäule wird daher im sog. Säulenofen auf konstanter Temperatur gehalten bzw. mit definierten Temperaturprogrammen hochgeheizt, um auch schwerflüchtige Stoffe wieder aus der Säule austreiben und analysieren zu können.

Die Trennleistung der gepackten Säulen ist begrenzt. Man hat daher in den letzten Jahren als Trennsäulen Kapillaren entwickelt, bei denen die stationäre Phase als hauchdünner Flüssigkeitsfilm an der Innenwand aufgetragen ist

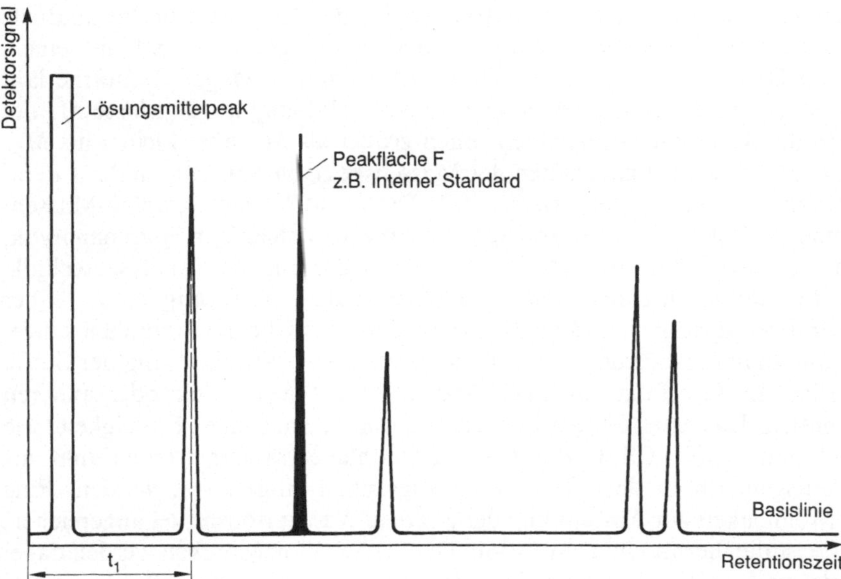

Bild 5.19. Prinzipielle Darstellung eines Gas-Chromatogramms mit den Meßgrößen Retentionszeit t_1 und Peakfläche F

(Dünnfilmkapillaren). Mit diesen Kapillaren, die aus Quarzglas bestehen und 25 oder 50 m lang sind, werden sehr gute Trennleistungen erzielt.

Von den Luftverunreinigungen werden hauptsächlich die vielfältigen Kohlenwasserstoff-Verbindungen gaschromatographisch bestimmt, sowohl in Emissions- als auch im Immissionsbereich. Als gaschromatographischer Detektor für solche Verbindungen wird in erster Linie der Flammenionisations-Detektor eingesetzt.

Die Verweilzeit in der Säule ist für jeden Stoff charakteristisch. Die Identifikation der gesuchten Stoffe erfolgt durch Vergleich ihrer Verweilzeiten mit den Verweilzeiten bekannter Reinsubstanzen (Retentionszeiten), s. Bild 5.19. Die Konzentration der Stoffe ist der Fläche F unter dem jeweiligen Peak proportional. Mit rechnergesteuerten Integratoren können die Flächenteile direkt in Konzentrationseinheiten umgerechnet werden, wobei die Peakfläche einer zusätzlich zugegebenen Begleitsubstanz als Bezugsgröße, sog. interner Standard, dient.

5.2.13.2 Gas-Chromatographie/Massenspektrometrie

Ist in Gas-Chromatogrammen mit sehr vielen Peaks eine Identifikation anhand der Retentionszeiten nicht möglich, dann wird heute oft dem Gas-Chromatographen (GC) ein Massenspektrometer (MS) als Detektor nachgeschaltet. Bild 5.20 zeigt das Prinzip eines Massenspektrometers: Das zu untersuchende Gas wird in eine Ionenquelle eingeleitet, in der durch Beschuß mit Elektronen geladene Teilchen erzeugt werden. Diese werden durch Anlegen einer Hochspannung zu einem Ionenstrahl formiert und mit einer elektrostatischen Linse fokussiert. Nach

Durchlaufen eines Zylinderkondensators werden die verschiedenen Bestandteile des Ionenstrahls in einem Magnetfeld voneinander getrennt und mit einem geeigneten Detektor nachgewiesen. Durch Messung der Magnetfeldstärke läßt sich die Masse M der Ionen bestimmen. In der Abbildung ist die Masse M_2 der gerade in den Detektor gelangenden Ionen größer als M_1, aber kleiner als M_3.

Die analytischen Möglichkeiten der Massenspektrometrie sind in der Literatur ausführlich beschrieben, z.B. in [77]. Die Gas-Chromatographie-Massenspektrometrie (GC/MS) ist zwar eine teure, aber in der heutigen Spurenanalytik, auch in der Luftreinhaltung, eine kaum mehr wegzudenkende Analysentechnik.

Da die Luftverunreinigungen in seltenen Fällen gasförmig in so hoher Konzentration vorliegen, daß sie direkt in den Gas-Chromatographen eingespritzt und analysiert werden können, ist meistens eine Anreicherung der Stoffe erforderlich. Diese erfolgt z.B. nach Bild 5.17d auf Aktivkohle oder anderen Adsorbentien. Das Substanzgemisch kann dann z.B. mit einer Flüssigkeit, wie Schwefelkohlenstoff (CS_2) von der Aktivkohle extrahiert werden und als Flüssigkeitsgemisch in den Gas-Chromatographen eingespritzt werden. Eine andere Möglichkeit zur Abtrennung der auf dem Adsorptionsmittel angereicherten Stoffe ist die thermische Desorption. Die Probenahmeröhrchen werden dabei ausgeheizt und ihr Inhalt gasförmig in den Trägergasstrom gespült.

5.2.13.3 Hochdruckflüssigkeits- und Ionen-Chromatographie

Relativ neue Methoden zur Bestimmung der Schadstoffgehalte in Lösungen, wie sie z.B. nach Bild 5.17c gewonnen wurden, sind die Hochdruckflüssigkeits-

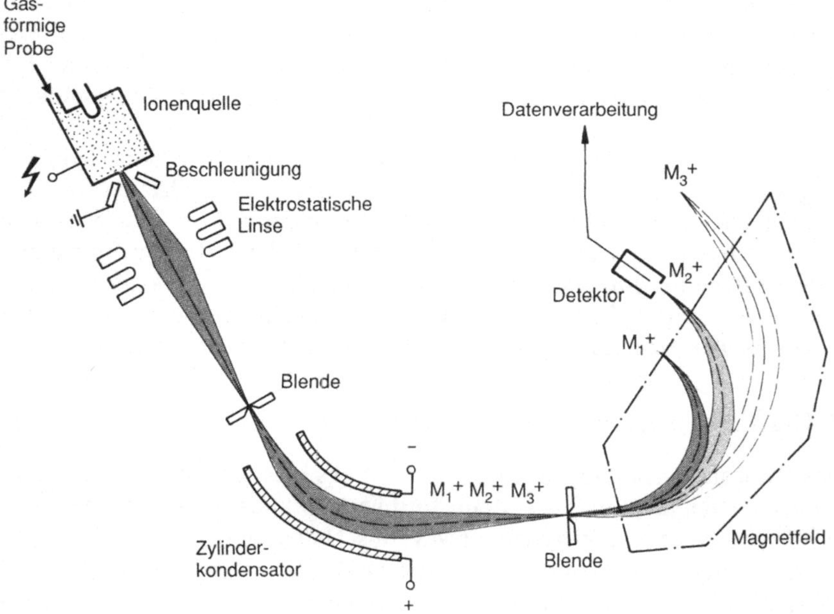

Bild 5.20. Prinzip eines magnetischen Massenspektrometers; M_1^+, M_2^+, M_3^+ Massen der verschiedenen Ionen [78]

Chromatographie (HPLC) und die Ionen-Chromatographie als spezielle Variante der HPLC. Diese Verfahren sind zur Bestimmung mehrerer Komponenten in den Lösungen besonders geeignet. Die zu untersuchenden Lösungen werden dabei mit Trägerlösungen durch spezielle Trennsäulen geschickt, in denen die gesuchten Schadstoffe unterschiedlich lange zurückgehalten werden und dementsprechend getrennt austreten. Die Stoffe werden dann mit geeigneten Detektoren erfaßt, in der HPLC z.B. mit UV-Absorptions- oder Fluoreszens-Detektoren, in der Ionen-Chromatographie mit Leitfähigkeitsdetektoren. Die HPLC wird in der Luft- und Abgasanalytik insbesondere zur Bestimmung organischer Schadstoffe wie Aldehyde eingesetzt [79], die Ionen-Chromatographie ist heute die gängige Methode zur Bestimmung von Anionen, z.B. Sulfat, Nitrat, Chlorid und Kationen wie NH_4^+, Na^+, K^+, Ca^{2+}, Mg^{2+}, Al^{3+} usw. in Niederschlagsproben [80].

5.2.13.4 Bestimmung von hochtoxischen organischen Verbindungen

Genannt seien hier polycyclische aromatische Kohlenwasserstoffe (PAK), polychlorierte Dibenzodioxine, Dibenzofurane sowie polychlorierte Biphenyle. Hinweise zur Struktur und zum Vorkommen dieser Stoffe sind in Abschn. 2.2.3 gegeben.

Polycyclische aromatische Kohlenwasserstoffe und polychlorierte Dioxine und Furane treten in Abgasen nur in Spuren auf. Die Abgastemperaturen bei Kraftfahrzeugen, bei Feuerungs- und Verbrennungsanlagen liegen zwischen 60 und 400 °C. Bei Abkühlung auf Temperaturen im unteren Bereich kondensieren die meisten dieser Verbindungen. Neben der Kondensation werden die organischen Verbindungen vor allem von vorhandenen Ruß- und Feststoffpartikeln adsorbiert. Bei Temperaturen um 400 °C liegen dagegen viele Verbindungen gasförmig vor [81].

Aufgrund der niedrigen Konzentrationen und der unterschiedlichen Aggregatzustände werden an die Probenahme dieser Stoffe besondere Anforderungen gestellt. Bei niedrigen Abgastemperaturen muß sich die Probenahme hauptsächlich auf die Sammlung der organischen Verbindungen auf Filtern konzentrieren. Bei höheren Abgastemperaturen müssen die Stoffe entweder durch Kühlung der Abgase kondensiert und dann auf Filtern abgeschieden werden, oder den Filtern werden Absorptionseinheiten (z.B. Waschflaschen) zur Sammlung der gasförmigen Bestandteile nachgeschaltet [82, 83].

Für eine wirkungsvolle Probenahme ist es am sichersten, den gesamten Abgasstrom über die Probenahmevorrichtung zu leiten, dies ist aber nur bei Abgasströmen bis ca. 50 m^3/h möglich. Probenahmeapparaturen, die nach dieser *Vollstrommethode* arbeiten, werden z.B. bei Abgasuntersuchungen an Kraftfahrzeugmotoren und an Hausheizfeuerungen eingesetzt.

Bild 5.21 zeigt den Aufbau einer Vollstrom-Probenahmeeinrichtung mit Kühler und Filtern, wie sie sowohl zur Sammlung polycyclischer aromatischer als auch polychlorierter aromatischer Kohlenwasserstoffe verwendet wird [83, 84]. Bei großen Abgasvolumenströmen, wie sie an industriellen Anlagen vorkommen, kann jeweils nur ein Teilstrom entnommen werden, dafür aber als Netzmessung über den Abgaskanalquerschnitt. Da ein Teil der organischen Stoffe partikelför-

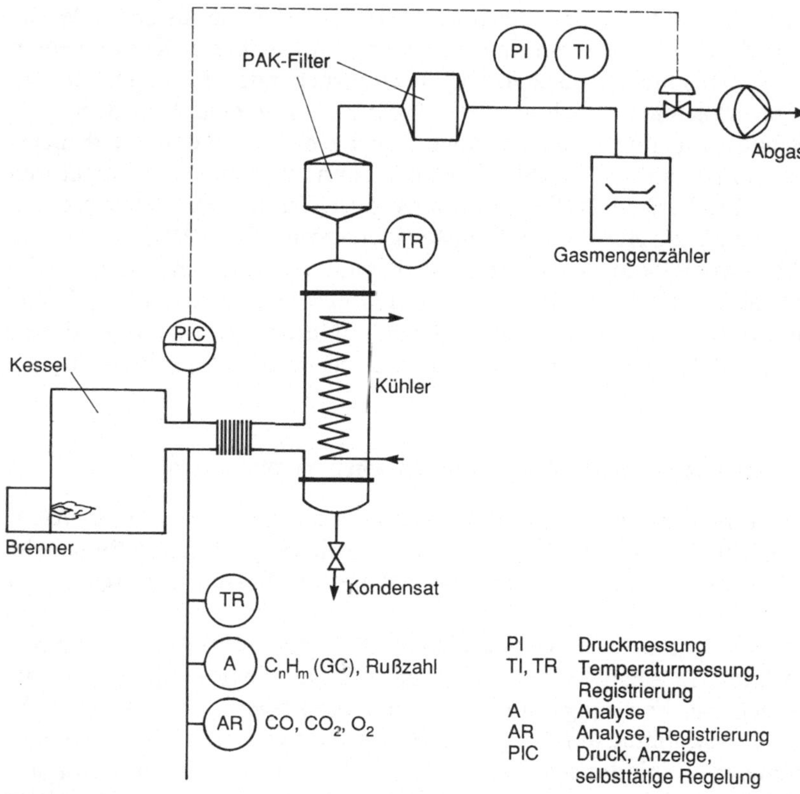

Bild 5.21. Schema einer PAK-Sammeleinrichtung nach der Vollstrommethode an einer Versuchsfeuerung nach Grimmer [85]; für die Probenahme an Kraftfahrzeugabgasen wird im Prinzip die gleiche Apparatur verwendet [86]

mig vorliegt, muß die Probenahme geschwindigkeitsgleich erfolgen (s. Abschn. 5.3 und 5.4). Meßanordnungen für derartige Probenahmen sind z.B. in [83] beschrieben.

Die Probenaufbereitung als Schritt zwischen Probenahme und Analyse ist häufig kompliziert und aufwendig. Die zu untersuchende Probe fällt in drei Fraktionen an, im Wasserkondensat, in der Kühlerbelegung und in der Filterbelegung. Das Filter enthält meistens die Hauptmenge der PAK. Die Aufbereitung der drei Fraktionen ist in Bild 5.22 schematisch dargestellt: Die PAK aus den drei Fraktionen werden zunächst extrahiert, die Extrakte einzeln weiterbehandelt oder vereinigt und durch zweimalige Flüssig-Flüssig-Verteilung von den Begleitsubstanzen, wie z.B. Paraffinen, abgetrennt. Nach einer weiteren Vorreinigung über eine Kieselgelsäule werden die PAK mittels *Säulen-Chromatographie* in zwei Fraktionen aufgeteilt, von denen die eine die Komponenten mit 2–3 Ringen, die andere diejenigen mit 4–7 Ringen enthält. Nach dieser Vortrennung können die Lösungen der gaschromatographischen Analyse zugeführt werden, ohne daß befürchtet werden muß, daß die gesuchten PAK-Peaks im Chromatogramm durch Störkomponenten überdeckt werden.

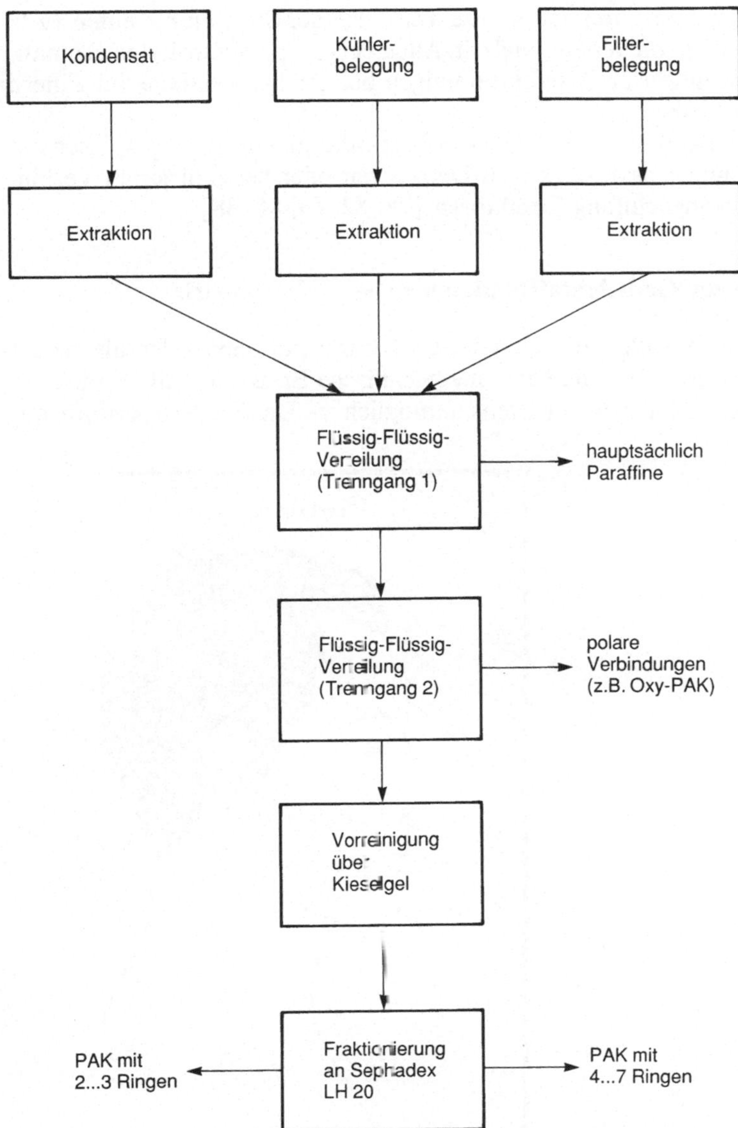

Bild 5.22. Schema einer PAK-Probenaufbereitung und -anreicherung [86]

Die Probenaufbereitung für polychlorierte aromatische Verbindungen geschieht entsprechend angepaßt, ebenfalls durch Extraktion der verschiedenen Fraktionen und durch Einengung der gesuchten Substanzen.

Bei der Sammlung auf Filtern und der Probenaufbereitung können chemische Umwandlungen der gesuchten Komponenten auftreten, die dann zu falschen Ergebnissen führen. Hartung et al. fanden z.B. Nitroderivative der PAK als Artefakte bei der Probenahme aus Dieselabgas [87]. Die Wiederfindungsrate bzw. die Artefaktbildung von PAK ist bei gegebener Temperatur abhängig von der Reaktivität der PAK, von den Konzentrationen der Störkomponenten (z.B. Stickstoffoxide) und von der Sammelzeit. Auch bei den polychlorierten aromatischen Verbindungen dürfen Artefaktbildungen bei der Probenahme auf Filtern nicht unbeachtet bleiben.

Die Analyse der aufbereiteten Proben erfolgt i.allg. gaschromatographisch mit Trennkapillaren und massenselektiven Detektoren oder bei chlorierten Verbindungen mit Elektroneneinfang-Detektoren [78, 82, 84, 85, 88].

5.2.14 Methode zur Geruchsstoffbestimmung – Olfaktometrie

Geruchsstoffe treten i.allg. in so niedrigen Konzentrationen oder als derart vielfältige Stoffgemische auf, daß eine meßtechnische Erfassung mit chemischen oder physikalischen Methoden meistens unmöglich ist. Da die Geruchsstoffe auf

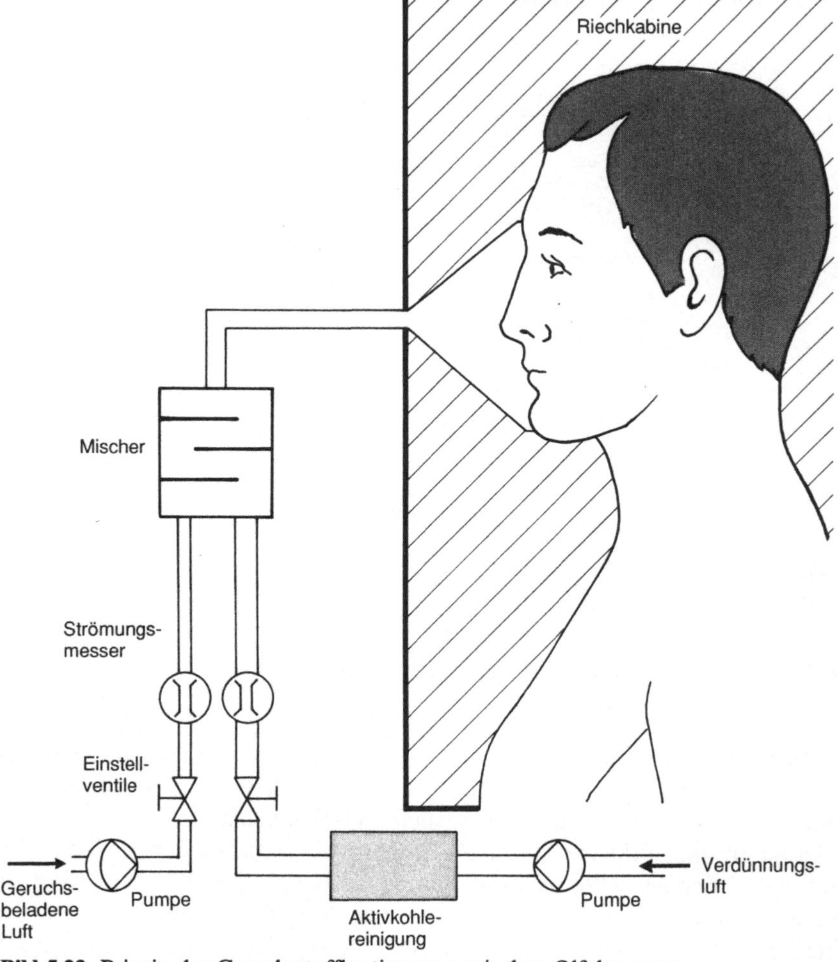

Bild 5.23. Prinzip der Geruchsstoffbestimmung mit dem Olfaktometer

den Menschen oftmals belästigend wirken, wurde ein „Meßverfahren" entwickelt, bei dem der menschliche Geruchssinn selbst als Detektor dient. Dazu werden Apparaturen verwendet, in denen das zu untersuchende Gas mit reiner Luft in variablem Maße verdünnt werden kann. An diesem verdünnten Gas finden an einem Trichter dann die Geruchsproben durch mehrere Personen statt, s. Bild 5.23.

Von dem zu untersuchenden Gas wird entweder ein kontinuierlicher Teilstrom in das Olfaktometer geleitet, oder es werden Gasproben aus Sammelbehältern, die am Ort der Geruchsbelästigung gefüllt wurden, in das Olfaktometer überführt [89]. Die Olfaktometrie hat mehrere Aufgaben [90]:

- Ermittlungen von Geruchsschwellen von Einzelstoffen und Stoffgemischen im Labor,
- bei unbekannten Stoffgemischen, an Emissionsquellen oder im Bereich der Immission, Bestimmung von Geruchseinheiten,
- Beurteilung der Art des Geruches (angenehm, unangenehm, vergleichbar mit ... usw.) = hedonische Wirkung.

„Die *Geruchsschwelle* im Sinne der Empfindungsschwelle ist diejenige Konzentration eines Geruchsstoffes, die eine eben merkliche Geruchsempfindung auslöst. Nach Konvention ist dies diejenige Konzentration, bei der ein Riecher in 50 % aller Darbietungen eine Geruchsempfindung mitteilt. Für eine Probanden-Stichprobe (mehrere Riecher) gilt entsprechend, daß 50 % dieser Stichprobe eine Geruchsempfindung angibt" [90].

Zur Bestimmung der Geruchsschwelle wird das Probegas am Olfaktometer zunächst bis deutlich unter die Geruchsschwelle verdünnt. Dann wird die Konzentration erhöht, bis der Riecher die eben merkliche Geruchsempfindung angibt.

„Als relatives Maß der Konzentration *undefinierter Geruchsstoffproben* wird die *Geruchseinheit* verwendet. Die Geruchsstoffprobe mit Schwellenkonzentration (Geruchsschwelle) hat definitionsgemäß eine Geruchseinheit. Die Anzahl der Geruchseinheiten einer Geruchsstoffprobe ist identisch mit der Verdünnungszahl Z_{50}, die bestimmt ist, wenn bei der Olfaktometermessung die Geruchsschwelle erreicht wird" [90]:

$$Z = \frac{\dot{V}_P + \dot{V}_R}{\dot{V}_P}, \qquad (5.18)$$

Z Verdünnungszahl der Verdünnung der Geruchsstoffprobe, $\dot{V}_P$ Volumenstrom der Geruchsstoffprobe, $\dot{V}_R$ Volumenstrom der zugemischten Reinluft, Z_{50} Verdünnungszahl, die von 50 % der Riecher angegeben wird.

Zur Untersuchung der *Geruchsempfindungen* wird im überschwelligen Bereich gearbeitet.

Die olfaktometrische Messung muß sehr sorgfältig ausgeführt werden. Genaue Anweisungen sind in [90] angegeben. Die Streubreiten der Geruchsschwellen und der relativen Geruchsstoffkonzentrationen können zum Teil erheblich sein. Die Ergebnisse von Ringversuchen zeigen aber auch, daß das Verfahren der Olfaktometrie zur Geruchsbeurteilung grundsätzlich geeignet ist [91–96].

5.3 Meßverfahren für staubförmige Luftverunreinigungen

Bei den staubförmigen Luftverunreinigungen müssen sowohl im Emissions- als auch im Immissionsbereich folgende Größen erfaßt werden:
- die Konzentration des Gesamtstaubes,
- die Konzentration des Feinstaubes,
- die Korngrößenverteilung,
- die Staubinhaltsstoffe.

Im folgenden wird in einer Übersicht auf die einzelnen Bereiche eingegangen, und es werden beispielhaft einige Meßmethoden genannt. Eine vollständige Darstellung aller Meßmethoden ist im Rahmen dieser Ausführungen nicht möglich, hierfür sei auf die weiterführende Literatur verwiesen, z.B. [97].

Im Immissionsbereich interessiert sowohl der Staubniederschlag als auch der nichtsedimentierende Schwebstaub, letzterer ganz besonders, weil er lungengängig ist und auf diese Weise Schadstoffe in den menschlichen Körper eintragen kann.

5.3.1 Gravimetrische Staubgehaltsbestimmung an Abgasen

Die einfachste Methode, den Staubgehalt von Abgasen zu bestimmen, besteht darin, daß ein Teilstrom des Abgases abgesaugt und über ein Filter geleitet wird. Aus der Gewichtszunahme des Filters und dem durchgesaugten Gasvolumen wird der Staubgehalt berechnet. Es handelt sich um eine manuelle und diskontinuierliche Methode. Sie wird eingesetzt bei Abnahmeversuchen, zur Kalibrierung automatischer Staubmeßeinrichtungen und zur Entnahme von Staubproben, die anschließend einer Bestimmung der Inhaltsstoffe unterzogen werden sollen. Das Meßverfahren ist in der VDI-Richtlinie 2066 ausführlich beschrieben [98, 99]. Aufwendig wird es dadurch, daß zur Verminderung von Fehlmessungen isokinetisch, d.h. geschwindigkeitsgleich, mit dem Abgasstrom abgesaugt werden muß. Dies sei anhand von Bild 5.24 verdeutlicht:

Bei zu geringer Absaugegeschwindigkeit (Bild 5.24a) wird Abgas, das von seinem Stromlinienverlauf eigentlich in die Absaugsonde strömen müßte, an ihr vorbeigelenkt. Die Partikel machen aufgrund ihrer Trägheit diese Umlenkung nicht mit und fliegen in die Sonde: der gemessene Staubgehalt wird zu groß. Bei zu großer Absaugegeschwindigkeit wird Abgas aus der Umgebung in die Sonde gesaugt, die Partikel machen wiederum die Umlenkung nicht mit und fliegen diesmal außen vorbei (Bild 5.24b): der gemessene Staubgehalt ist zu klein. Untersuchungen haben ergeben, daß der Fehler bei zu geringer Absaugegeschwindigkeit wesentlich stärker ansteigt als bei zu großer [89, 100]. Der Fehler hängt allerdings von der Korngröße und der Dichte der Partikel ab. Je kleiner und leichter sie sind, umso eher können sie die Umlenkung mitmachen und umso kleiner wird der Fehler.

Zur geschwindigkeitsgleichen Absaugung muß vor der eigentlichen Staubmessung die Geschwindigkeit des Abgasstromes bestimmt werden, und zwar über den Abgaskanalquerschnitt verteilt. Eine Meßeinrichtung zur gravimetrischen Staub-

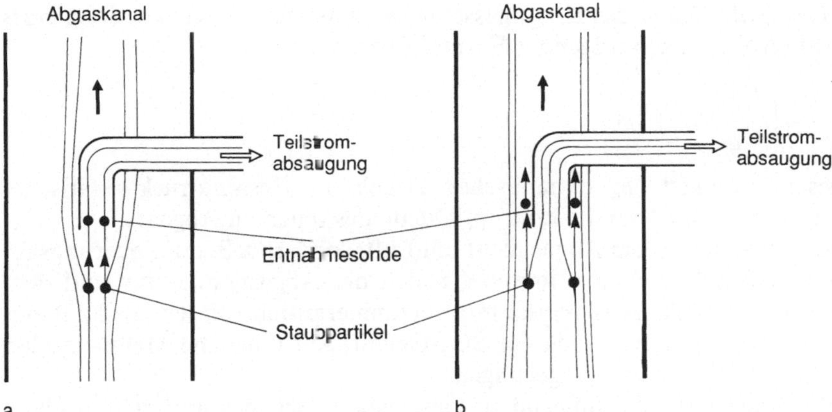

Bild 5.24. Einfluß einer nicht geschwindigkeitsgleichen Teilstromabsaugung; **a** zu geringe, **b** zu große Absauggeschwindigkeit

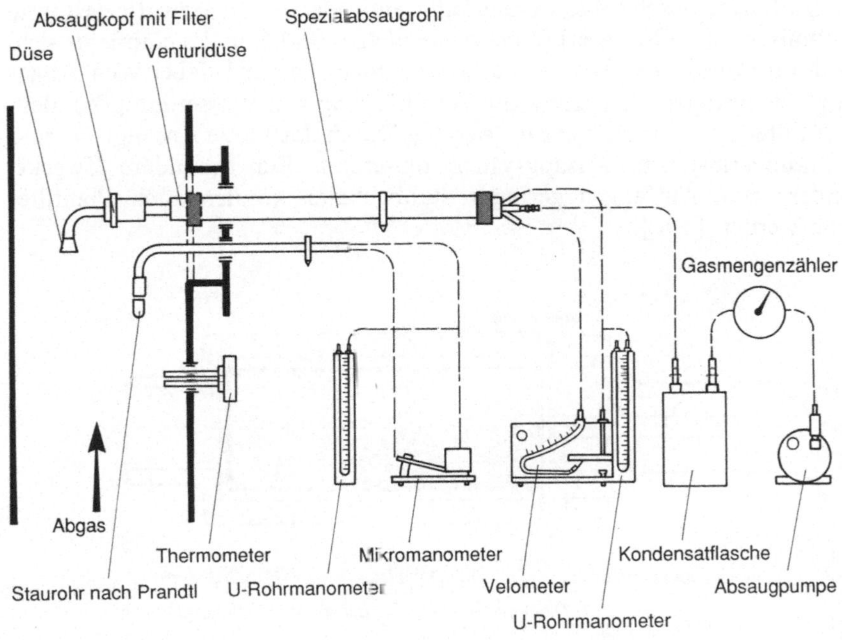

Bild 5.25. Prinzip der gravimetrischen Staubgehaltsbestimmung von Abgasen

gehaltsbestimmung einschließlich der Anordnung zur Messung der Abgasgeschwindigkeit zeigt Bild 5.25.

Die Geschwindigkeit des Teilstromes wird über die Venturidüse und das Velometer bestimmt und an der Pumpe eingestellt. Das insgesamt durchgesaugte Gasvolumen wird an der Gasuhr abgelesen.

Die Geschwindigkeit des Hauptgasstromes ergibt sich bei Verwendung eines Prandtl-Staurohres nach folgender Formel (Bernoulli):

$$v=\sqrt{\frac{2p_d}{\varrho_f}}, \tag{5.19}$$

v Gasgeschwindigkeit, p_d dynamischer Druck (=Gesamtdruck − statischer Druck) gemessen mit Prandtl-Rohr, ϱ_f Dichte des feuchten Abgases.

Handelt es sich bei dem Abgas nicht um Luft, sondern z.B. um Feuerungsabgas, dann muß zur Dichtebestimmung neben der Abgastemperatur und dem statischen Abgasdruck die Gaszusammensetzung ermittelt werden, also z.B. der CO_2-, O_2-, H_2O- und evtl. auch der SO_2-Gehalt. Auf mögliche Meßmethoden wurde schon in Abschn. 5.2 eingegangen.

Eine Möglichkeit, die aufwendige Geschwindigkeitsmessung zu umgehen, bietet die Anwendung einer sog. Nulldrucksonde [101]. Hierbei wird auf der Innenseite des Absaugrohres als auch auf der Außenseite der statische Druck gemessen und die Druckdifferenz durch Einregulierung des Teilstromes auf Null gestellt.

Zum Auffangen des Staubes werden i.allg. entweder mit Quarzwatte gestopfte Edelstahlhülsen oder Glasfaserhülsen verwendet, s. Bild 5.26. Es empfiehlt sich, das Staubfilter direkt im Abgaskanal anzuordnen. Es wird dabei vom Abgas aufgeheizt; eine externe Beheizung zur Verhinderung von Wasserdampfkondensation im Filter ist dadurch nicht notwendig. Durch das kurze Ansaugrohr sind zudem Staubverluste im Ansaugsystem minimiert. Für besondere Zwecke, insbesondere zum Auffangen geringer Staubgehalte, können auch Planfilter verwendet werden [102].

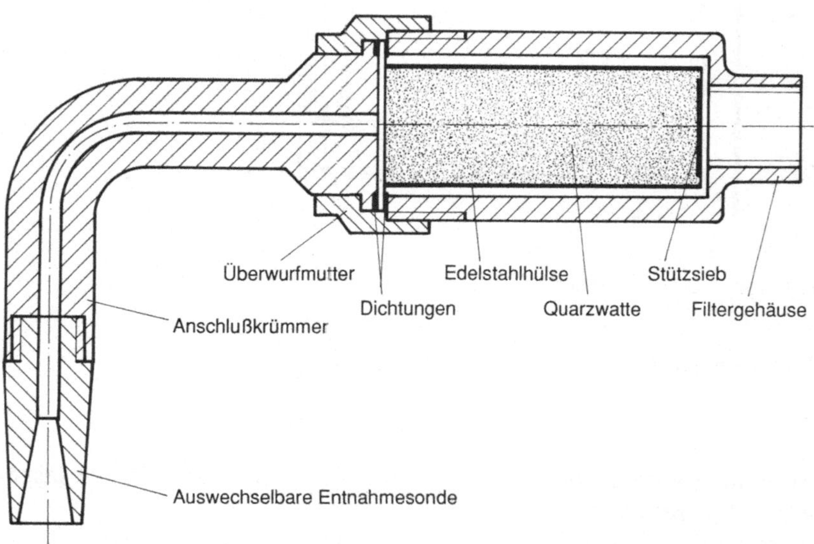

Bild 5.26. Schema eines Ansaugkopfes mit Probenahmefilter: Edelstahlhülse, gestopft mit Quarzwatte [100]

Die auf den Filtern niedergeschlagenen Stäube können auf ihren Gehalt an besonderen Substanzen hin untersucht werden. Zur Untersuchung z.B. auf adsorbierte Schwefelsäure wird der Staub mitsamt dem Filtermaterial in Wasser gelöst und mit Natronlauge titiert. Zur Bestimmung des Gehalts an Brennbarem, z.B. Ruß, wird das Filter im Glühofen verascht und der sog. Glührückstand gewogen.

Für die analytische Bestimmung von Schwermetallen wie Barium, Cadmium, Chrom, Nickel, Blei, Vanadium u.a. wird der Staub mitsamt dem Quarzwattefilter chemisch aufgeschlossen und die Elemente mit Hilfe der Atomabsorptionsspektrometrie (AAS) analysiert [103]. Bei der Analyse von Metallen in Abgasen muß allerdings bedacht werden, daß einige Verbindungen bei den herrschenden Temperaturen auch dampfförmig vorliegen können. Um derartige Metalldämpfe zu erfassen, sind nach dem Filter noch aufwendige Auffangapparaturen, z.B. Gaswaschflaschen, erforderlich [104].

5.3.2 Laufende Registrierung der Abgas-Staubkonzentration

Zur Überwachung der Wirksamkeit von Staubabscheideanlagen oder der richtigen Einstellung von Feuerungsanlagen sowie der Einhaltung von Emissionsgrenzwerten muß der Staubgehalt von Abgasen kontinuierlich gemessen und aufgezeichnet werden. Hierfür haben sich zwei Meßprinzipien durchgesetzt, die Eignungsprüfungen bestanden haben und vom Bundesumweltministerium (früher vom Innenministerium) amtlich zugelassen wurden [105]; es sind dies einerseits optische (photometrische) Staubgehaltsmeßgeräte und andererseits ein Gerät, das die Abschwächung von β-Strahlung als Meßeffekt ausnutzt.

β-Strahlungsabschwächung

Das Prinzip eines β-Staubmeters geht aus Bild 5.27 hervor. Es wird ein Teilgasstrom möglichst geschwindigkeitsgleich aus dem Abgaskanal abgesaugt. Der

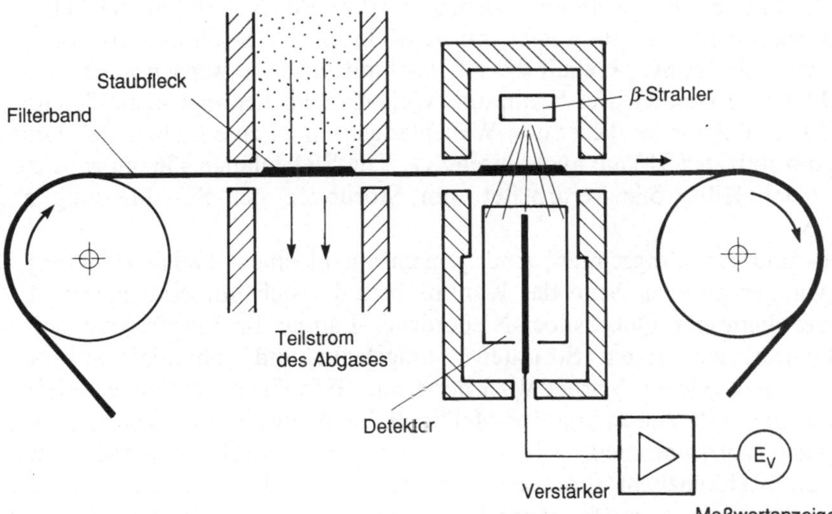

Bild 5.27. Prinzip der Staubgehaltsmessung durch Abschwächung von β-Strahlung [106, 107]

im Teilstrom enthaltene Staub wird auf einem Filterpapierstreifen abgeschieden und der erzeugte Staubfleck von einem β-Strahler durchgestrahlt. Als Meßeffekt wird die Abschwächung der Strahlung ausgenutzt; sie ist abhängig von der Staubmasse auf dem Filterpapier.

Nach einer bestimmten Zeit wird das Filterpapier weiter gedreht und ein neuer Staubfleck erzeugt. Aus dem erreichten Höchstwert ergibt sich die Staubkonzentration. Es handelt sich also um ein quasikontinuierliches Verfahren. Das Gerät muß durch eine gravimetrische Staubgehaltsmessung kalibriert werden.

Photometrische Staubgehaltsmessung

Bei den optischen Staubmeßgeräten ist zu unterscheiden zwischen *einfachen Rauchdichtemeßgeräten* und *kalibrierbaren Staubgehaltsmeßgeräten.* Beide Gerätetypen haben gemeinsam, daß sie direkt am Kamin bzw. am Abgaskanal angebracht werden, diesen mit Licht durchstrahlen und die Lichtabschwächung, die durch den Staubgehalt des Abgases verursacht wird, als Meßeffekt ausnutzen.

Die einfachen Rauchdichtemeßgeräte arbeiten mit sichtbarem Licht und messen die Transmission, das ist das Verhältnis von abgeschwächter zu ausgesendeter Lichtintensität, s. Gl. (5.3). Abnehmende Transmissionswerte entsprechen dabei zunehmender Rauchdichte bzw. zunehmendem Feststoffanteil im Abgas. Die Geräte werden z.B. entsprechend der TA Luft [34] zur Überwachung der Vollständigkeit der Verbrennung bei Feuerungsanlagen bzw. zur Überwachung des Grauwertes von Abgasfahnen eingesetzt [105, 108, 109].

Soll mit einem optischen Gerät quantitativ der Staubgehalt des Abgases bestimmt werden, dann wird die Extinktion gemessen [Logarithmus des Kehrwertes der Transmission, s. Gl. (5.4), (5.5)]. Die Extinktion ist nach dem Lambert-Beerschen Gesetz direkt proportional der gesuchten Konzentration im Abgas, Gl. (5.6). Die Anforderungen an optische Staubgehaltsmeßgeräte sind in der VDI-Richtlinie 2066, Bl. 4E beschrieben [110]. In Bild 5.28 ist schematisch ein optisches Staubmeßgerät dargestellt, mit dem durch UV-Strahlungsabsorption auch gleich noch der SO_2-Gehalt des Abgases mitgemessen werden kann.

Zur Messung werden drei bestimmte Wellenlängen herangezogen: 313 nm, 436 nm, 546 nm. Bei jeder dieser drei Wellenlängen findet eine Lichtschwächung durch Staub statt, bei 313 nm auch durch SO_2. Die Wellenlänge 436 nm wird zur Bildung einer Hilfsgröße verarbeitet, um Störungen der SO_2-Messung zu verhindern.

Sende- und Empfangseinheit sind gemeinsam in einem Gehäuse untergebracht. Auf der anderen Seite des Kamins befindet sich nur ein Spiegel. Als Lichtsender dient eine Quecksilber-Niederdruck-Lampe. Im Empfangsteil wird der Lichtstrahl von einem Strahlteiler umgelenkt und gebündelt auf den Photoempfänger geleitet. Vorher wird noch mit Hilfe einer rotierenden Filterscheibe die spektrale Aufteilung des Meßlichtbündels in die drei verschiedenen Wellenlängen vorgenommen. Alle 15 Minuten wird durch Einblenden von Spiegeln das Referenzlicht gemessen. Die Intensitäten des Meßlichts und des Referenzlichts werden vom Photoempfänger optisch-elektronisch gewandelt und an die Auswerteelektronik gegeben. Aus den bei den drei Wellenlängen gemesse-

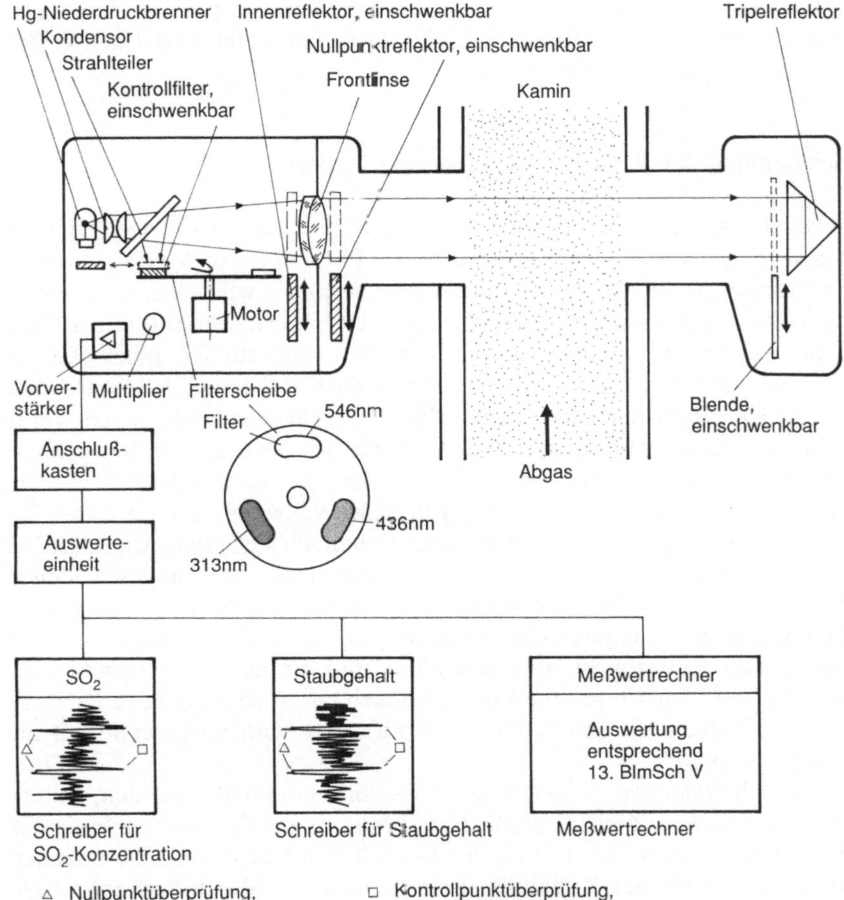

Bild 5.28. Schema eines optischen Staubgehalts- und SO_2-Meßgeräts (nach [111])

nen Summenextinktionen werden die Extinktionswerte für Staub und SO_2 errechnet. Alle 120 Minuten werden durch Einblenden von Spiegeln und Filtern die Verschmutzung, der Null- und der Kontrollpunkt erfaßt und auf dem Schreibstreifen aufgezeichnet. Das Meßprinzip bietet den Vorteil einer sog. In-situ-Messung, d.h. es wird ohne Teilstromabsaugung direkt am Kamin gemessen. Probleme einer repräsentativen Probenahme, der Meßgaskühlung, defekter Meßgaspumpen, verstopfter Filter usw. (s. Abschn. 5.4) entfallen dadurch. Allerdings muß die Kalibrierung durch Vergleichsmessungen mit anderen Meßverfahren erfolgen, bei Staub mit der gravimetrischen Messung, für SO_2 i.allg. mit einem naßchemischen Referenzmeßverfahren. Dies ist eine aufwendige Prozedur, da jeweils Netzmessungen bei unterschiedlichen Konzentrationen erforderlich sind. Die Kalibrierung der optischen Staubmessung gilt nur für die jeweilige Staubart und Korngrößenverteilung. Weist der Staub gegenüber dem bei der Kalibrierung vorhandenen Staub andere optische Eigenschaften auf, z.B. feinere

Korngröße oder eine andere Farbe, dann treten Fehlmessungen auf. Es ist z.B. einleuchtend, daß schwarzer Ruß das Licht ganz anders absorbiert als weißer Gips, der auch einen Teil reflektiert.

5.3.3 Bestimmung der Rußzahl von Feuerungsabgasen

Zur Überwachung von Ölfeuerungen auf die Vollständigkeit der Verbrennung ist die Einhaltung einer sog. Rußzahl vorgeschrieben [34, 112]. Als „Meßgerät" dient eine Handpumpe, in die ein weißes Filterpapier gespannt wird. Aus dem Abgas wird ein definiertes Volumen abgesaugt (i.allg. 10 Hübe). Der enthaltene Ruß scheidet sich auf dem Filterpapier ab und hinterläßt einen runden, geschwärzten Fleck. Der Schwärzungsgrad, auch als Rußzahl nach Bacherach bekannt, wird anhand einer Vergleichsskala festgestellt, die 10 Vergleichsschwärzungen von 0 (weiß) bis 9 (schwarz) enthält. Die Methode ist genormt, wobei genaue Anforderungen an die Pumpe und an die Filterpapiereigenschaften gestellt werden [113]. Feuerungen für Heizöl EL dürfen den Schwärzungsgrad 2, Heizöl-S-Feuerungen den Grad 3 nicht überschreiten. Es handelt sich um eine qualitative Methode. Zusammenhänge zwischen Schwärzungsgrad und abgeschiedener Staubmasse lassen sich nicht ohne weiteres herstellen, da je nach Feuerung und Brennstoff Stäube mit unterschiedlichen optischen Eigenschaften emittiert werden können. Die Rußzahl ist aber ein guter und einfach zu bestimmender Indikator, um bei Ölfeuerungen die Vollständigkeit der Verbrennung zu überwachen und damit auch die Emissionen von CO und Kohlenwasserstoffen zu begrenzen (s. Kap. 2).

Befinden sich *Ölderivate* (unverbrannte Heizölbestandteile) auf dem Filterfleck, erkennbar an einer Gelb-Braunfärbung, dann ist zur Sichtbarmachung ein sog. *Fließmitteltest* anzuwenden [114]. Es handelt sich hierbei um ein einfaches papierchromatographisches Verfahren: Beim Eintauchen des Filterpapierstreifens in Aceton (früher wurde das giftige Pyridin verwendet) saugt sich dieses über den Filterfleck hinweg voll und schwemmt die Ölderivate heraus, die außerhalb des Filterflecks deutlich sichtbar werden.

Von Feuerungsanlagen für feste Brennstoffe wird neben Ruß auch Teer emittiert. Um bei Kleinanlagen eine einfache Überwachung auch dieser Emissionen zu ermöglichen, entwickelten Baum und Brocke eine Vergleichsskala, die neben 10 Schwärzungsgraden als weiteren Parameter 8 Gelb-Brauntöne enthält, die Skala umfaßt also 80 Farbtöne [115]. Ein entsprechendes halbautomatisches Absaugegerät wurde ebenfalls von den Autoren für diese Messung entwickelt.

5.3.4 Bestimmung der Korngrößenverteilung der emittierten Stäube

Selbst bei guten Abscheidegraden der Staubabscheider werden oft erhebliche Mengen von Feinstäuben emittiert, da letztere bei der Bestimmung des Abscheidegrades nicht so stark ins Gewicht fallen wie gröbere Stäube. Die Feinstäube sind es aber, die für den Dunst in der Luft sorgen, weil sie nicht sedimentieren. Feinstäube haben auch die besondere Eigenschaft, Gase zu adsorbieren. Außerdem zeichnen

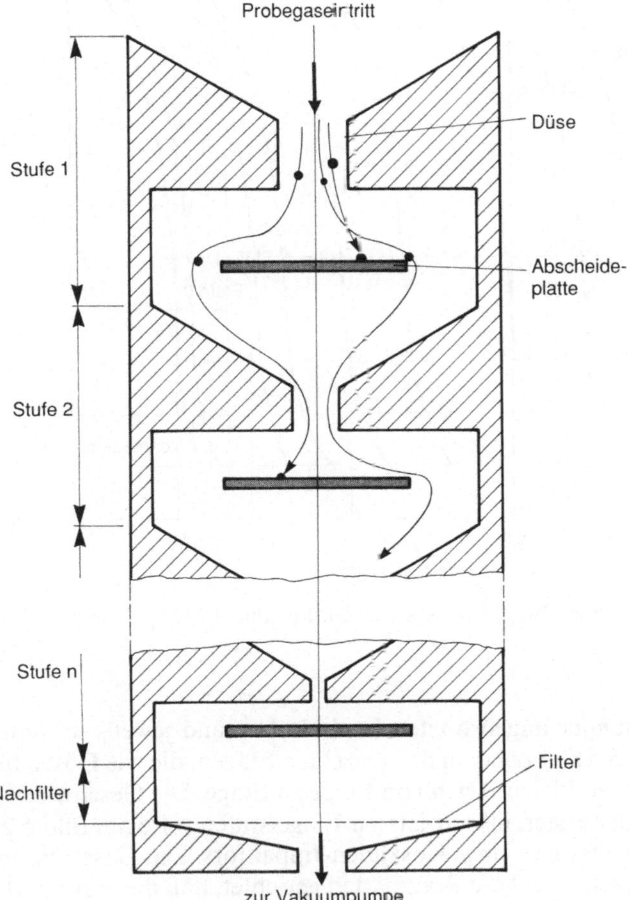

Bild 5.29. Prinzip der Arbeitsweise eines Kaskaden-Impaktors [117]

sich Feinstäube durch ihre Lungengängigkeit aus. Immer mehr interessiert daher heute auch der Fraktionsabscheidegrad von Staubabscheidern. Um diesen zu bestimmen, sind Staub-Korngrößenanalysen erforderlich. Denkbar wäre zur Bestimmung der Korngrößenverteilung eine Entnahme von Staubproben aus dem Abgasstrom, die dann einer weiteren Sicht- oder Siebanalyse zugeführt werden. Für die Analysen sind jedoch Mindestmengen erforderlich, die bei niedrigen Staubgehalten der Abgase nicht so einfach gewonnen werden können. Zum Auffangen größerer Staubmengen müßte das Auffangfilter außerhalb des Abgaskanals angeordnet werden. Hierbei ergibt sich das Problem, daß wahrscheinlich bevorzugt bestimmte Korngrößenfraktionen an den Wänden der Absaugerohre bzw. -schläuche haften bleiben. Von Vorteil ist deshalb eine Messung bzw. Sammlung der Stäube mit den verschiedenen Korngrößen direkt im Abgas, eine sog. In-situ-Messung.

Eine Möglichkeit zur direkten Korngrößenbestimmung im Abgas bieten z.B. Kaskaden-Impaktoren [116]. Das Prinzip solcher Impaktoren besteht aus

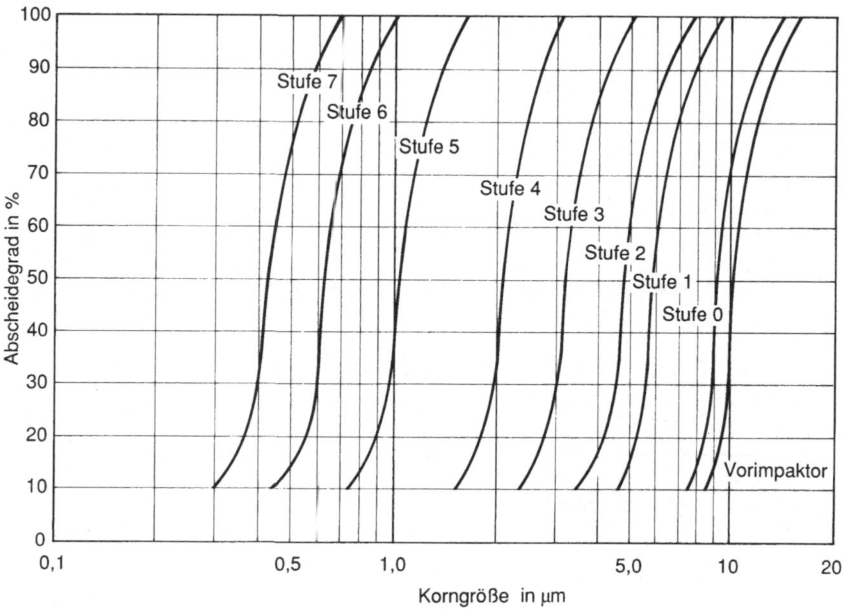

Bild 5.30. Trennlinien der einzelnen Etagen eines Kaskaden-Impaktors [118]

kaskadenförmig übereinander angeordneten Lochblechen und jeweils darunter angeordneten Prallplatten. Die Löcher in den einzelnen Etagen, die wie Düsen für die Gasströmung wirken, verkleinern sich von Etage zu Etage. Die Geschwindigkeit steigt dadurch von der ersten bis zur letzten Etage stufenweise an. Bild 5.29 zeigt das Prinzip der Arbeitsweise eines Kaskaden-Impaktors. Die Gasströmungen werden durch die Düsen so auf die Prallplatten gerichtet, daß die Staubpartikel ab einer bestimmten Mindestgröße aufgrund ihrer Trägheit auf die Platte fliegen und dort abgeschieden werden. Partikel unterhalb dieser Mindestgröße werden mit dem Gasstrom an der Prallplatte umgelenkt und treten in die nächste Etage ein, in deren kleinerem Löcherquerschnitt eine größere Gasgeschwindigkeit herrscht.

Auf den einzelnen Prallplatten der Kaskade werden also entsprechend der zugehörigen Gasgeschwindigkeit einzelne Kornfraktionen abgeschieden. Die einzelnen Etagen besitzen keine Idealtrennlinien, die realen Trennlinien sind in Bild 5.30 angegeben [118]. Jeder Etage kann ein Korndurchmesser zugeordnet werden, für den die Abscheidewahrscheinlichkeit 50 % beträgt.

Die einzelnen Prallplatten, die meist aus Glasfaserpapier bestehen, werden vor und nach dem Absaugen gewogen und der relative Anteil der einzelnen Kornfraktionen bestimmt.

Es gibt den Kaskaden-Impaktor in so kleiner Ausführung, daß er direkt in den Abgaskanal eingeführt werden kann. Die Genauigkeit der Impaktormessung steht und fällt mit der Genauigkeit der Wägung. An die Wägetechnik werden daher sehr hohe Anforderungen gestellt. Temperatur und Feuchtigkeitseinflüsse können u.U. das Meßergebnis überdecken.

5.3.5 Messung der Staubniederschläge aus der Atmosphäre

Wenn sich auf Fensterbrettern, Autodächern oder Gartenmöbeln eine Schmutzschicht bildet, dann rührt diese von Staubniederschlägen her. In Industriegebieten waren früher vor allem diese Staubniederschläge der Inbegriff für Luftverschmutzung, insbesondere wenn es sich dabei um schwarzen Staub handelte. Man ging deshalb schon frühzeitig daran, waagrechte Auffangflächen bzw. Auffangbehälter zu exponieren, um den Staubniederschlag pro Flächeneinheit und Zeiteinheit zu bestimmen.

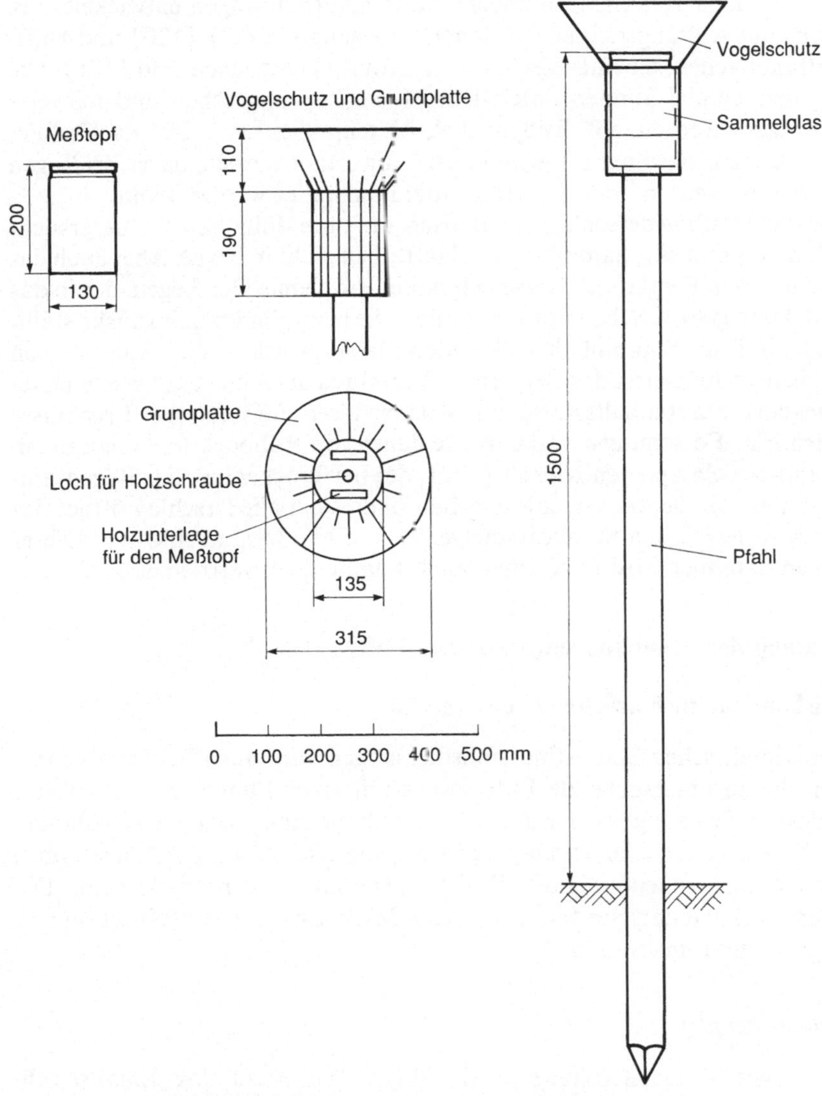

Bild 5.31. Staubniederschlags-Auffanggerät nach Bergerhoff [119]

Es gibt inzwischen verschiedene Staub-Auffangmöglichkeiten. In der TA Luft [34] ist das sog. Bergerhoff-Verfahren vorgeschrieben. Es handelt sich dabei um ein Weck-Einmachglas, das in einem Korb mit Vogelschutzring auf einem Pfahl aufgestellt wird, s. Bild 5.31. Die Expositionszeit beträgt üblicherweise 30 Tage. Es werden sowohl die Stäube als auch flüssige Niederschläge (Regen, Schnee) gesammelt. Bei der Auswertung wird der Eindampfrückstand gravimetrisch ermittelt und das Gewicht auf die Öffnungsfläche des Auffangglases und die Expositionszeit bezogen. Die Angabe des Staubniederschlags erfolgt dann in Gramm je Quadratmeter und Tag [$g/(m^2 \cdot d)$]. Da es sich um ein sehr preisgünstiges „Meßgerät" handelt, können Staubniederschlagsmessungen in engmaschigen Rastern ausgeführt werden.

Es wurden noch verschiedene andere Auffangvorrichtungen entwickelt, z.B. eine Flasche mit Auffangtrichter („Löbner-Liesegang-Gerät") [120] und Haftfolien-Auffangflächen, die mit Vaseline als Haftmittel bestrichen sind [121]. Die aufgefangenen Stäube können unter dem Mikroskop angesehen und teilweise auch identifiziert werden, z.B. Rußpartikel, Blütenpollen usw.. Die Partikelniederschläge können allerdings oft nicht vollständig erfaßt werden, da sie bei Regen weggeschwemmt werden oder das Haftmittel beschädigt werden kann.

Sollen die Staubniederschläge analytisch auf ihre Inhaltsstoffe untersucht werden, dann kommt eine Sammlung auf Haftfolien nicht in Frage. Aber auch das Auffangen mit dem Bergerhoff-Gerät beinhaltet Probleme: Der Regen, der in das Gefäß fällt, kann gelöste Schadstoffe enthalten, die beim Eindampfen auskristallisieren und als feste Staubinhaltsstoffe identifiziert werden. Zur Analyse von flüssigen Niederschlägen ist das Bergerhoff-Verfahren auch nicht gut geeignet, da sich umgekehrt Staubinhaltsstoffe im Wasser lösen und falsche Ergebnisse verursachen. Für Forschungszwecke wurde daher von Rohbock und Georgii ein sog. Dry-and-wet-Sampler entwickelt [122], der bei Trockenheit das Regensammelgefäß mit einem Deckel verschlossen hält und es bei Niederschlag öffnet. Im Gegenzug wird jeweils ein Staubsammelgefäß geöffnet bzw. geschlossen. Dieser Naß-trocken-Sammler wird inzwischen auch kommerziell vertrieben.

5.3.6 Messung der Staubkonzentration der Luft

5.3.6.1 Diskontinuierlich arbeitende Filtergeräte

Wie bei gravimetrischen Staub-Emissionsmessungen wird auch bei Immissionsmessungen die zu untersuchende Luft jeweils mit einer Pumpe über ein Filter gesaugt, dessen Belegung wird gemessen und das durchgesetzte Luftvolumen bestimmt. Eine isokinetische Ansaugung ist bei Immissionsmessungen irrelevant, da z.B. auch aus ruhender Luft Proben genommen werden müssen. Die eingesetzten Geräte unterscheiden sich je nach Meßaufgabe im Luftdurchsatz, in der Filtergröße und im Ansaugkopf.

High-Volume-Sampler

Sollen die abgeschiedenen Stäube in vielfältiger Weise auf ihre Inhaltsstoffe analysiert werden, dann kommen, um genügend Material für die Analysen zu

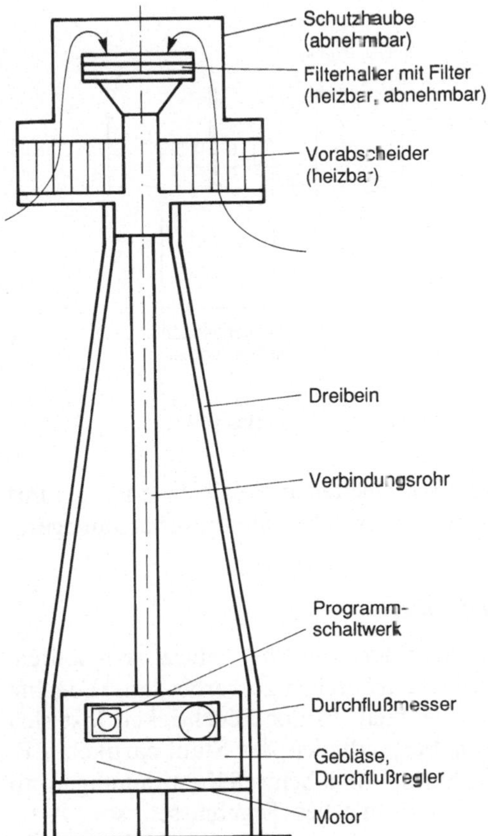

Bild 5.32. Aufbau eines High-volume-Samplers [123]

sammeln, sog. High-Volume-Sampler zum Einsatz, die mit Luftdurchsätzen bis über 1,5 m^3/min (entsprechend 90 m^3/h) arbeiten. Die Luft wird i.allg. über Glasfaserfilter mit großem Durchmesser (z.B. 257 mm) gezogen, die alle Partikel mit einem aerodynamischen Durchmesser von $>0{,}3\,\mu m$ nahezu vollständig abscheiden. Die Expositionszeit pro Filter beträgt meistens 24 Stunden. Bild 5.32 zeigt schematisch einen derartigen High-Volume-Sampler [123]. Das Filter und der Vorabscheider sind beheizbar, da z.B. bei Abscheidung von Nebeltröpfchen der Druckverlust am Filter ansteigen würde. Durch die Heizung verdampfen die Tröpfchen schnell wieder. Im Winter bestünde ohne Heizung zudem die Gefahr des Zufrierens bei Abscheidung von Nebeltröpfchen.

Kleinfiltergeräte

Für die diskontinuierliche Staubkonzentrationsmessung kommen neben dem High-Volume-Sampler üblicherweise Geräte mit kleineren Filtern, z.B. 120 oder 50 mm ∅, zum Einsatz [124–127]. Bei den Geräten wird mit Luftdurchsätzen zwischen 2,5 und 16 m^3/h und i.allg. 24 h Probenahmezeit gearbeitet. Teilweise wird so viel Staub auf dem Filter gesammelt, daß neben der Gewichtsbestimmung

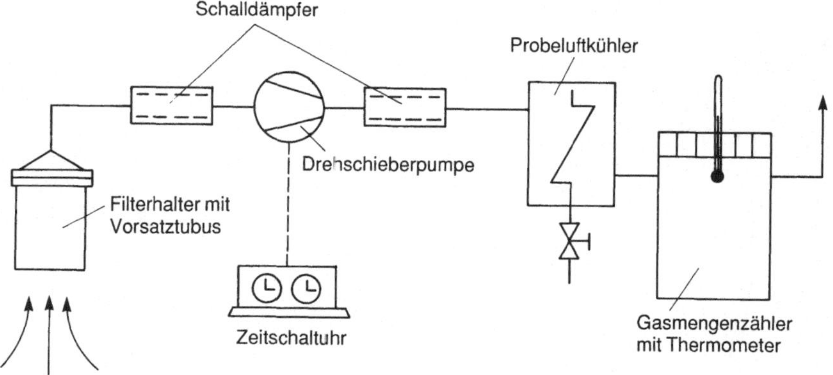

Bild 5.33. Beispiel für den Aufbau eines Staubprobenahme-Meßgerätes [124]

auch Stoffinhaltsbestimmungen an den abgeschiedenen Partikeln durchgeführt werden können. In Bild 5.33 ist das Schema eines solchen Staubprobenahmegerätes dargestellt.

Minimierung der Stoffumwandlungen auf Filtern

Es wurde schon erwähnt, daß Staubsammelfilter möglichst beheizt sein sollten, um Probleme bei der Abscheidung von Nebeltröpfchen zu verhindern. Feuchte Filter haben außerdem noch folgenden Nachteil: In der Feuchtigkeit löst sich gasförmiges SO_2, das sich mit gewissen Bestandteilen der Staubpartikel, z.B. mit Calcium, zu Sulfat umsetzt [128]. Sulfat- und Schwefelbestimmungen an den abgeschiedenen Partikeln würden also zu falschen Ergebnissen, sog. Artefakten, führen, da das Sulfat teilweise erst auf dem Filter gebildet wurde. Artefaktbildungen wurden nicht nur bei Sulfaten, sondern auch bei Nitraten und organischen Stoffen beobachtet [117]. Mit einer Beheizung der Filter kann diesem Problem weitgehend begegnet werden. Hierbei ist zu beachten, daß manche Filtermaterialien durch hygroskopische Eigenschaften für die Aufnahme von Feuchtigkeit geradezu prädestiniert sind. Bei Anwesenheit sauer reagierender Gase wie SO_2 und NO_2 dürfen z.B. keine Glasfaserfilter verwendet werden, da diese meistens eine geringe Alkalität aufweisen und zusammen mit Restfeuchtigkeit zum Verbleib dieser Gase auf dem Filter führen [117].

Die Beheizung der Filter beinhaltet aber andererseits auch Gefahren: Leichtflüchtige Staubinhaltsstoffe können auf diese Weise verdampfen, insbesondere dann, wenn mit hohen Volumendurchflüssen gearbeitet wird.

Bei der Bestimmung von Staubinhaltsstoffen muß auch beachtet werden, daß die auf dem Filter abgeschiedenen Partikel untereinander chemisch reagieren können. Je länger die Filter exponiert sind, mit umso mehr Umwandlungen ist zu rechnen. Bei einer in dieser Hinsicht optimierten Staubprobenahme muß auf folgendes geachtet werden:

- sorgfältige Auswahl des Filtermaterials,
- schonende Beheizung,
- möglichst niedrige Volumendurchflüsse,
- kurze Probenahmezeiten.

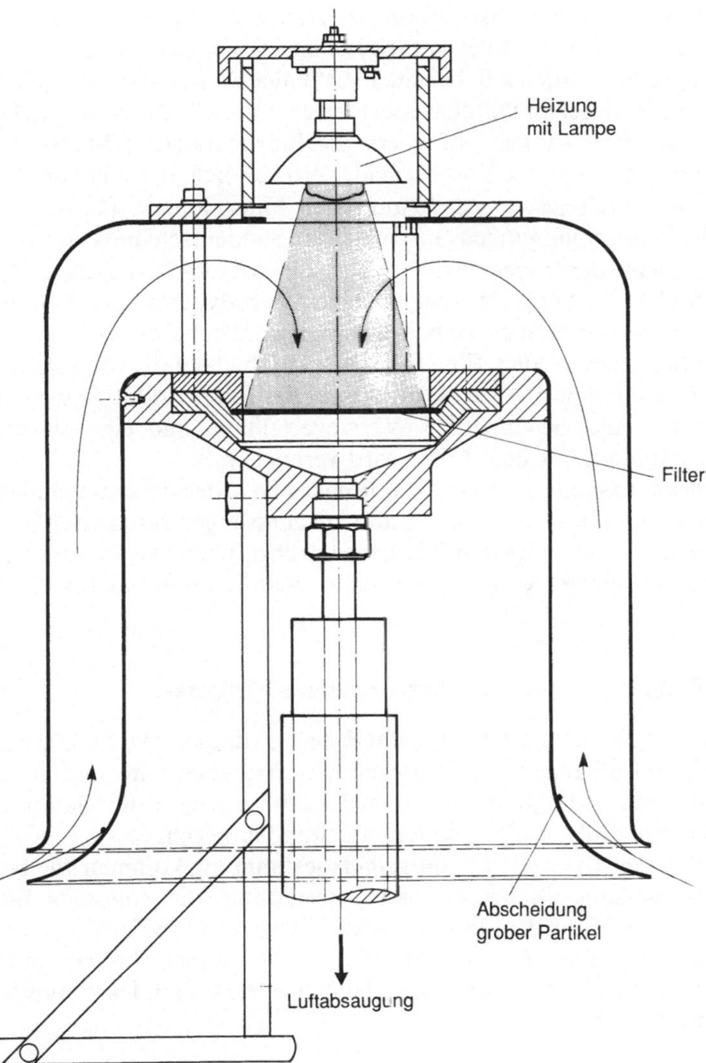

Bild 5.34. Aufbau eines Probenahmetopfes mit beheiztem Staubfilter und Grobstaub-Vorabscheidung – die Heizung besteht aus einer Glühlampe, die auf das Filter strahlt

Natürlich müssen hier Kompromisse eingegangen werden, denn geringe Volumendurchflüsse und kurze Probenahmezeiten haben zur Folge, daß nur wenig Staub abgeschieden wird, wodurch der Fehler bei weiteren Analysen vergrößert wird.

Staubfraktionierung bei der Probenahme und Bestimmung der Korngrößenverteilung

Bei den Staubsammelgeräten sind über den Filtern i.allg. Hauben angeordnet, die verhindern sollen, daß es hineinregnet und daß zu große Teile, z.B. Blätter, hineingezogen werden. Je nach Konstruktion der Haube über dem Filterhalter werden unterschiedlich grobe Partikel vorabgeschieden. Bei dem in Bild 5.33 dargestellten Ansaugtubus werden z.B. bei einer vertikalen Anströmgeschwindigkeit von etwa 0,55 m/s Partikel im Durchmesserbereich unter 80 µm erfaßt [124].

Um bei Schwebstaubmessungen vor allem die lungengängigen Stäube zu messen, ist ein besonders geformter Vorabscheider erforderlich, der alle Partikel mit einem größeren Durchmesser als 20 µm vom Filter abhält [129]. Bei Messungen der Luftverunreinigungen in Wäldern Süddeutschlands werden Ansaugtöpfe mit einem derartigen Prinzip zur Grobstaub-Vorabscheidung eingesetzt, s. Bild 5.34 [130, 131]. Partikel mit einem aerodynamischen Durchmesser > 20 µm sowie Wasser- und große Nebeltropfen werden bei der Gasumlenkung im Ansaugschlitz abgeschieden. Eine Filterheizung ist ebenfalls vorgesehen, sie besteht aus einer Glühlampe mit Reflektor, die auf das Filter strahlt. Diese Art der Heizung sorgt für eine gleichmäßige Wärmeverteilung, und eine direkte Berührung von Heizdrähten mit dem Filter wird vermieden.

Staub-Korngrößenbestimmungen bzw. Fraktionierungen der zu sammelnden und zu analysierenden Stäube werden bei Immissionsmessungen fast ausschließlich mit Impaktoren der verschiedensten Bauarten durchgeführt. Das Prinzip der Staubfraktionierung mit einem Kaskaden-Impaktor wurde schon mit Bild 5.29 erklärt.

5.3.6.2 Automatisch registrierende Staubkonzentrations-Meßgeräte

Für viele Anwendungsfälle ist eine zeitlich aufgelöste, kontinuierliche Staubkonzentrationsmessung der Luft angezeigt. Geräte mit automatischen Filterwechslern erfüllen diesen Zweck nur bedingt, da die Sammelzeiten für jedes Filter dadurch nicht kürzer werden und i.allg. bei mindestens 12 Stunden liegen.

Zur kontinuierlich registrierenden Staubgehaltsbestimmung kommen wie bei der Staub-Emissionsmessung Meßgeräte zur Anwendung, die einerseits die Abschwächung von β-Strahlung auf staubbelegten Filtern als Meßeffekt ausnützen und andererseits optische Geräte. Mit beiden Prinzipien können nur Gesamtstaubgehalte der Luft, nicht aber die vielfach interessierenden Staubinhaltsstoffe bestimmt werden.

β-Staubmeter

Das Prinzip der Staub-Immissionsmessung nach der β-Strahlungsabsorption ist dasselbe wie das der Emissionsmessung, s. Bild 5.27. In der Bundesrepublik Deutschland sind zwei Meßgeräte nach diesem Meßprinzip für Immissionsmessungen anerkannt [132, 133]. Die Probenahmesysteme für diese Geräte wurden ebenfalls standardisiert.

Streulichtphotometer [134]

Wird ein Lichtstrahl durch ein mit Partikeln beladenes Gasvolumen gesandt, erfolgt eine Lichtschwächung, wobei gleichzeitig Licht von den Partikeln gestreut wird. Während bei den für die Emissionsmessung eingesetzten optischen Rauch-

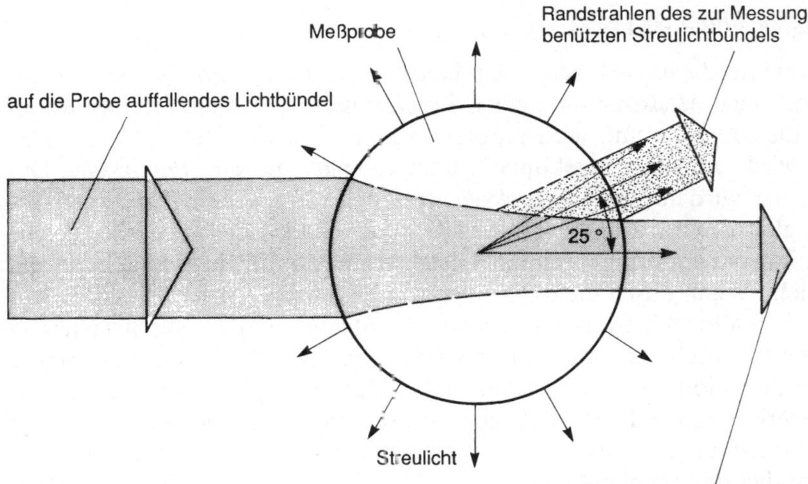

Bild 5.35. Lichtstreuung an Partikeln [134]

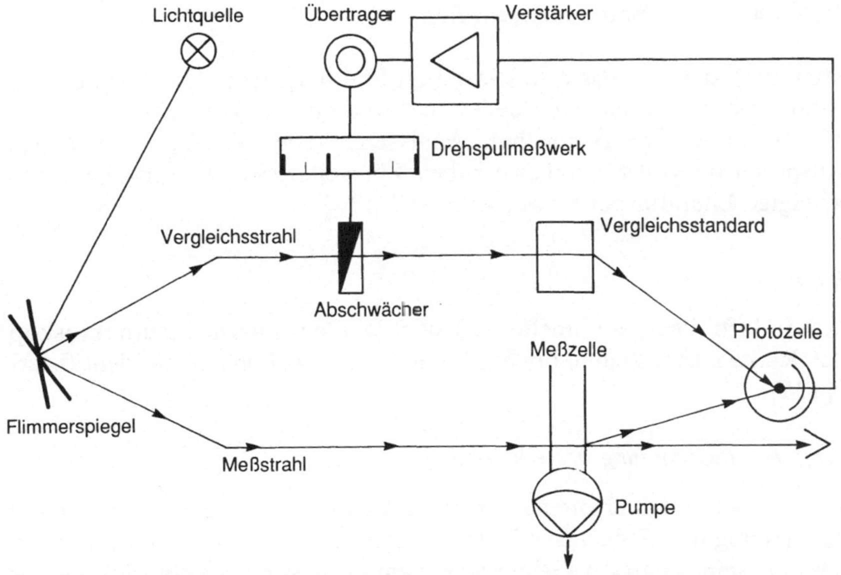

Bild 5.36. Staubkonzentrationsmeßverfahren nach dem Streulichtprinzip [134]

dichte- und Staubgehaltsmessungen die Lichtschwächung als Maß für den Gehalt an Partikeln gemessen wird, erfolgt bei den für Immissionsmessungen eingesetzten Geräten eine Auswertung des Streulichts, welches z. B. 25 ° zum einfallenden Lichtstrahl vorwärts gestreut wird und damit vom Hauptlichtstrahl getrennt ist, s. Bild 5.35.

Das Prinzip des Meßgerätes nach diesem Streulichtverfahren geht aus Bild 5.36 hervor, [134].

Erläuterung zu Bild 5.36 [134]:

Eine netzgespeiste *Lichtquelle* sendet ein Lichtbündel auf den *Flimmerspiegel*, der abwechselnd einen *Meßstrahl* und einen *Vergleichsstrahl* erzeugt. Der *Meßstrahl* gelangt in die *Meßzelle* und wird an den vorhandenen Partikeln gestreut. Das Streulicht wird optisch ausgekoppelt und gelangt auf die *Photozelle*. Der *Vergleichsstrahl* wird über einen *Abschwächer* und den *Vergleichsstandard* geführt. Wenn die alternierend auf die *Photozelle* auftreffenden Strahlen die gleiche Lichtintensität haben, ergibt sich ein Gleichstrom, die optische Brücke ist im Gleichgewicht. Wenn durch mehr Partikel in der Meßzelle auch mehr Streulicht erzeugt wird, resultiert hieraus ein pulsierender Strom, der den Abschwächer so lange verstellt (durchlässig macht), bis wegen gleicher Lichtintensität beider Strahlen die Pulsation wieder verschwindet. Die Verstellung des Abschwächers bis zum Wiedererlangen des Brückengleichgewichtes wird am *Drehpulsmeßwerk* zur Anzeige gebracht und liegt als direktes, elektrisches Maß für die Streulichtmenge vor. Die Streulichtmenge hängt von der Anzahl und Korngröße der im Meßluftvolumen vorhandenen Partikel ab.

5.3.7 Bestimmung von Staubinhaltsstoffen

Zur Bestimmung der Inhaltsstoffe sowohl an Staubniederschlägen als auch an Schwebstäuben kommen die verschiedensten Methoden in Betracht.

Im folgenden werden beispielhaft Analysemethoden genannt, die jedoch keinen Anspruch auf Vollständigkeit erheben. Für weitergehende Hinweise sei auf die einschlägige Literatur verwiesen, z.B. [117, 135].

Mikroskopie

Die z.B. auf Haftfolien gesammelten Partikel werden unterm Lichtmikroskop betrachtet. Rußteilchen, Reifenabrieb, Blütenpollen usw. können gut identifiziert werden [136].

Veraschung und Bestimmung des Glührückstandes

Der organische Schwebstaubanteil kann durch Veraschen in einem Glühofen und durch Feststellung des Gewichtsverlusts bestimmt werden. Dies kann z.B. dann von Bedeutung sein, wenn der Gehalt an organischen Stoffen hauptsächlich aus Ruß besteht, z.B. während der Heizperiode in den Wintermonaten.

Atomabsorptionsspektrometrie (AAS)

Die AAS ist eine Standard-Labormethode zur Bestimmung von Metallen. Die Metalle werden durch eine Lösung von den Filtern extrahiert und dann in einer Flamme verdampft. Ein Lichtstrahl mit einer Wellenlänge, bei der das gesuchte Metall eine Absorption aufweist, wird durch die verdampfte Probe geschickt. Die Lichtabsorption wird gemessen und anhand des Lambert-Beerschen Gesetzes durch Vergleich mit Standardlösungen die Metallmasse quantitativ bestimmt.

Röntgenfluoreszens

Die Probe auf dem Filter wird durch monochromatische Röntgenstrahlen angeregt. Jedes Element emittiert bei dieser Anregung charakteristische Röntgenstrahlen (Röntgenfluoreszens), deren Wellenlänge zur Identifizierung genutzt wird und deren Intensität ein Maß für die Elementmasse auf der untersuchten Filterfläche ist [137].

Partikel-induzierte Röntgen (X-Ray) *Emission* (PIXE)

Mit dieser Methode können Elemente, die schwerer sind als Natrium, analysiert werden. Die Probe wird mit einem Partikelstrahl, üblicherweise Protonen, beschossen. Dabei werden die Elemente in der Probe angeregt, was zu einer Emission von Röntgenstrahlen führt, deren Wellenlängen charakteristisch für die einzelnen Elemente sind [138].

Neutronenaktivierungs-Analyse (NA)

Die Probe wird mit Neutronen beschossen und die dadurch in den Staubpartikeln induzierte Radioaktivität, insbesondere die charakteristischen freigesetzten Gammastrahlen, werden gemessen [117, 135].

Massenspektrometrie (MS) *und Lasermikrosonden-Massenspektrometrie* (LMMS)

Die Massenspektrometrie ist eine allgemeine Methode zur Bestimmung organischer Stoffe (s. a. Abschn. 5.2.13), aber auch manche anorganischen Komponenten können analysiert werden. Zur Analyse von Einzelpartikeln wird eine spezielle Form, die Lasermikrosonden-Massenspektrometrie (LMMS) angewendet: Auf einer dünnen, organischen Trägerfolie abgeschiedene Teilchen werden unter mikroskopischer Kontrolle mit „Leistungslaserimpulsen" einzeln verdampft. Die im Laserfokus herrschenden Bedingungen führen zur Bildung von Element-, Molekül- und Molekülfragment-Ionen. Die Massen der so gebildeten Ionen werden über Flugzeiten im Massenspektrometer (s. a. Bild 5.20) analysiert [139].

Kolorimetrie

Zur Bestimmung verschiedener Ionen, die an die Partikel angelagert sein können oder aus denen die Partikel selbst bestehen, z.B. Cl^-, NH_4^+, SO_4^{2-}, NO_3^- u.a. können mit kolorimetrischen Methoden analysiert werden. Die Staubprobe wird dabei in eine chemische Reaktionslösung gegeben, in der die gesuchten Ionen eine Farbbildung verursachen. Die Farbintensität wird photometrisch bestimmt (s.a. Abschn. 5.2.2).

Ionen-Chromatographie (IC)

Für die Bestimmung des Ionengehalts von Partikeln, z.B. Sulfat, Nitrat, Chlorid usw., wird sehr häufig die Ionen-Chromatographie eingesetzt. Die Probe wird in eine wäßrige, ggf. angesäuerte Lösung gegeben, die Partikel abfiltriert und diese Lösung der ionenchromatographischen Trennung und Analyse unterzogen [140].

Für die Anwendung der einzelnen Stoffbestimmungsmethoden ist Voraussetzung, daß die *Filtermaterialien* die Analyse nicht stören. Dies ist besonders dann der Fall, wenn das Filter selbst Elemente enthält, die analysiert werden sollen, oder wenn die Filter, z.B. bei den physikalischen Analysen (AAS, Röntgenfluoreszens usw.), ein zu starkes Rauschen erzeugen. Eine entsprechende Auswahl der Materialien ist erforderlich. In der VDI-Richtlinie 2463, Bl. 1, sind für das Messen von Partikeln geeignete Filter genannt [141].

5.4 Aufbau von Meßanlagen, Probenahmeverfahren und deren Einflüsse auf die Genauigkeit der Messungen

Bei der Messung von Luftverunreinigungen, sei es im Emissions- oder im Immissionsbereich, hat die Probenahme ganz entscheidenden Einfluß auf die Genauigkeit. Der Einsatz des teuersten Meßgerätes nützt z.B. nichts, wenn der zu untersuchende Schadstoff bei der Probenahme so beeinflußt wird, daß er gar nicht oder nicht in der ursprünglichen Form bis in das Meßgerät gelangen kann. Die Anforderungen an die Probenahmen bei Emissions- und Immissionsmessungen sind teilweise unterschiedlich. Aus diesem Grund werden die beiden Bereiche hier getrennt behandelt.

5.4.1 Emissionsmessungen an Feuerungs- und Prozeßanlagen

5.4.1.1 Ort der Probenahme

Die Wahl des Ortes der Probenahme für Emissionsmessungen richtet sich nach der Aufgabenstellung. Sollen an einer großen Feuerungsanlage die Emissionen überwacht werden, die in die Umwelt gelangen, dann müssen die Meßgeräte an einer Stelle des Abgassystems angebracht werden, an der sich die Abgase nicht mehr verändern, also am Kamin oder am Abgaskanal kurz davor, Bild 5.37.

Soll dagegen die Feuerungsführung mit einer CO- oder Rußmessung überwacht werden, dann sind die Meßgeräte entsprechend Bild 5.37 möglichst nah am Kesselende anzubringen. Zur Überwachung der Wirksamkeit von Abgasreinigungsanlagen, wie z.B. in Bild 5.37 zur NO_x- oder SO_2-Minderung, müssen die Meßgeräte an den Abgasen jeweils vor und nach der entsprechenden Anlage angeordnet werden.

Bei großen Abgaskanalquerschnitten muß berücksichtigt werden, daß sich Strähnen im Abgas befinden können und daß damit die Konzentrationsverteilung nicht gleichmäßig ist. In Bild 5.38 ist beispielhaft die Verteilung der NO_x- und O_2-Konzentrationen im Abgaskanal einer Kohlenstaubfeuerung mit flüssigem Ascheabzug dargestellt. Die Gasentnahme für kontinuierlich arbeitende Meßgeräte muß an einer repräsentativen Stelle erfolgen, das ist dort, wo die Konzentra-

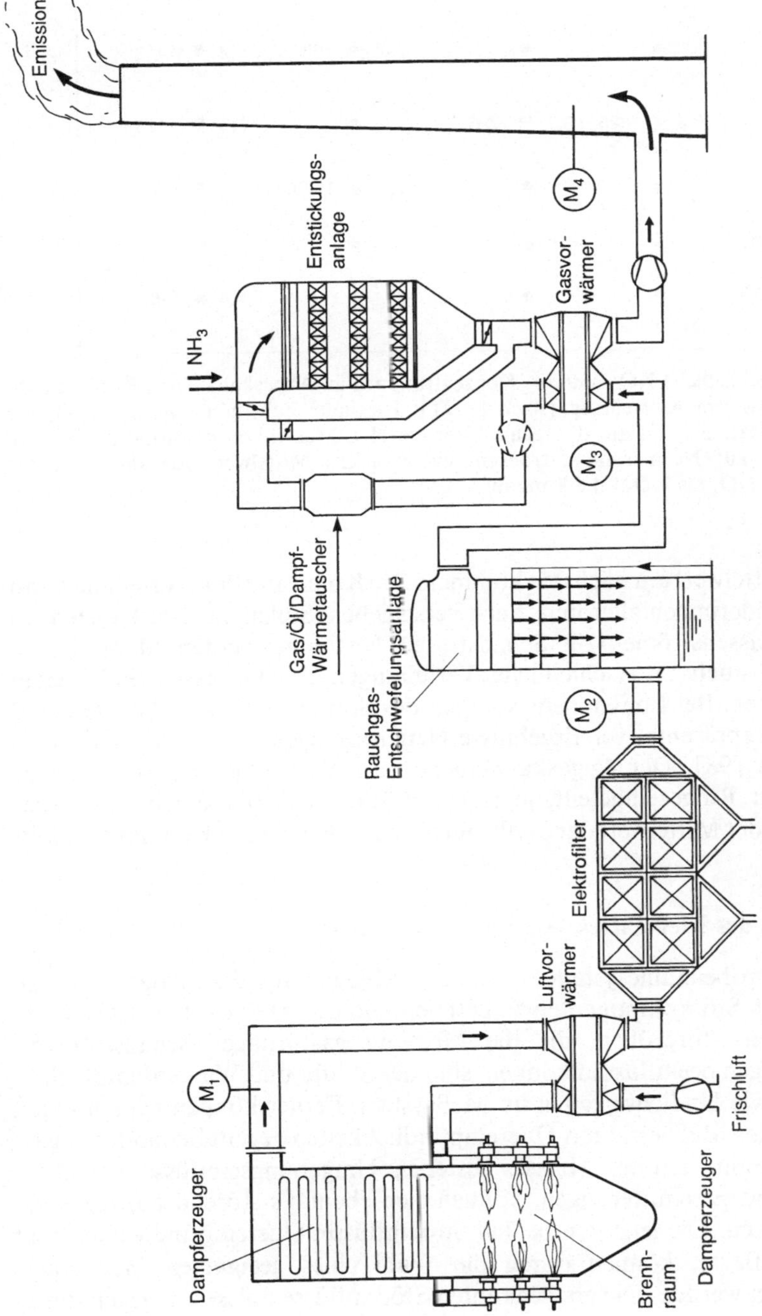

Bild 5.37. Anordnung der Meßstellen (M1 – M4) an einer Kraftwerksfeuerung mit Rauchgasreinigungsanlagen

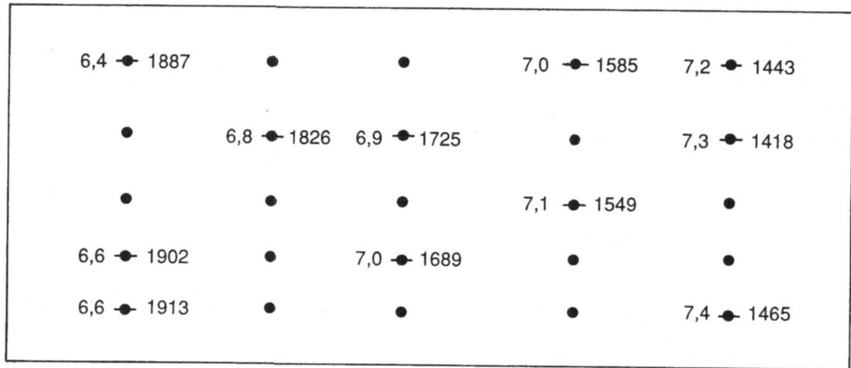

Bild 5.38. Unterschiedliche NO_x- und O_2-Konzentrationen im Abgaskanal einer Kohlenstaubfeuerung mit flüssigem Ascheabzug (nach [142]). Die linke Zahl gibt jeweils von O_2 die Volumenkonzentration in % an, die rechte Zahl die NO_x-Massenkonzentration als NO_2 in mg/m^3, bezogen auf Normzustand, trocken und 5 % O_2. Mittelwert aus allen Punkten (Netzmessung): NO_x als $NO_2 = 1\,690\ mg/m^3$

tionen dem Mittelwert am nächsten kommen. Die Konzentrationsverteilung kann sich bei Laständerungen allerdings auch verschieben. Sollen aus den Konzentrationen die Massenströme von Schadstoffen bestimmt werden, dann ist zu beachten, daß auch unterschiedliche Verteilungen der Gasgeschwindigkeiten auftreten können. Bei Emissionsmessungen des Staubgehalts von Abgasen sind zur Erzielung repräsentativer Ergebnisse Netzmessungen an den Abgaskanälen vorgeschrieben [98]. Der Abgaskanalquerschnitt wird dabei in flächengleiche Rechtecke oder Ringe eingeteilt, in jedem Flächenmittelpunkt wird Probegas abgesaugt und der Mittelwert der Staubemission für den ganzen Kanalquerschnitt bestimmt.

5.4.1.2 Aufbau des Meßplatzes – Probenahmesystem

Aufgabe des Probenahmesystems ist es, das Meßgas aus dem Abgaskanal zu entnehmen, von Störkomponenten zu befreien und den Meßgeräten zuzuführen. Die wichtigsten Störgrößen, die die Messung gasförmiger Schadstoffe an Feuerungsanlagen beeinflussen können, sind der Staub- und Wasserdampfgehalt der Abgase sowie Undichtigkeiten im Meßsystem. Ferner können bei einzelnen Meßgeräten oder Meßverfahren Querempfindlichkeiten gegenüber anderen gasförmigen Komponenten des Abgases bestehen. Umgebungseinflüsse, vor allem Temperatur und Erschütterungen, können sich ebenfalls störend auf die Messungen auswirken. Die letzteren beiden Störeinflüsse, Querempfindlichkeit und Umgebungseinflüsse, können durch die Wahl eines geeigneten Meßgerätes niedrig gehalten werden. Die erstgenannten Störeinflüsse müssen dagegen durch das Probenahmesystem bewältigt werden.

Wenn Staubpartikel in das Meßsystem gelangen, kann es zu Verstopfungen und Fehlanzeigen der Geräte kommen. Die meisten Feuerungsabgase enthalten viel Wasserdampf, der bei Abkühlung kondensiert. Kondenswasser im Meßsystem führt unweigerlich zu Störungen. In dem Kondenswasser lösen sich zudem

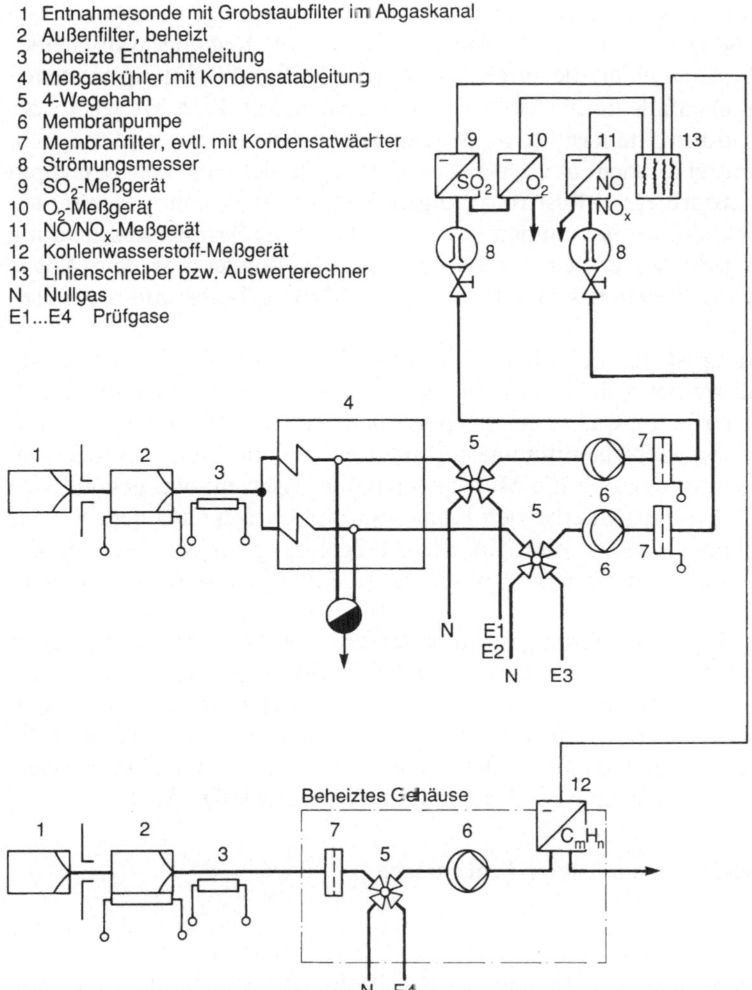

Bild 5.39. Anordnung zur Messung der SO_2-, NO_x-, O_2- und Kohlenwasserstoffkonzentrationen an Abgasen

saure Abgaskomponenten wie z.B. SO_3, so daß neben den Störeinflüssen des Wassers selbst noch korrosive Wirkungen hinzukommen.

Einen Aufbau des Probenahmesystems, mit dem die Störeinflüsse weitgehend ausgeschaltet werden sollen, zeigt Bild 5.39.

Die Staubfilter, die vor der Wasserabscheidung angeordnet sind, müssen beheizt sein. Die Grobstaubfilterung wird am Entnahmerohr am besten direkt im Abgaskanal ausgeführt (1). Die Wärme des Abgases dient hier zur Beheizung. Der Verbindungsschlauch zwischen Entnahmesonde und Meßgaskühler soll möglichst kurz gehalten sein. Konsequenterweise muß auch er beheizt sein (3). In der Praxis ist dies nicht immer der Fall. Auf mögliche Fehler hierdurch wird im nächsten Abschnitt eingegangen.

Zur Trocknung des Meßgases haben sich bei den Messungen der klassichen Größen SO_2, NO_x, CO und O_2 Meßgaskühler mit Kondensatabscheider durchgesetzt (4). Die Fehler, die durch diese Art der Meßgastrocknung entstehen können, werden ebenfalls im nächsten Abschnitt behandelt. Eine Meßgastrocknung mit Absorptionsmitteln ist bei der Messung der meisten Gase nicht möglich, da die Trockenmittel oft nicht nur den Wasserdampf, sondern auch die gesuchten Komponenten absorbieren. Resttrocknungen können auch mit sogenannten Permeationstrocknern vorgenommen werden [143]. Eine Tropfenabscheidung kann hierdurch jedoch nicht ersetzt werden. Da das Wasser aus dem Abgas abgeschieden wird, beziehen sich schließlich die Meßergebnisse auf trockenes Abgas.

Von Bedeutung ist das Feinfilter (7). Wenn der Feinstaub nicht sorgfältig ausgefiltert wird, werden z.B. bei Infrarot- oder UV-Gasanalysatoren allmählich die Küvettenfenster blind, was zu einem langsamen Nachlassen der Empfindlichkeit der Geräte führt. Bei Chemilumineszensmeßgeräten (für NO_x) würden sich durch Feinstäube mit der Zeit die Meßgaskapillaren zusetzen, was ebenfalls zu Störungen führt. Um im Dauerbetrieb Kondensatdurchbrüche aus dem Kühler erkennen zu können, bevor diese in die Meßgeräte gelangen, werden die Feinstaubfilter häufig mit Kondensatwächtern (Leitfähigkeitsmessung) ausgerüstet.

Enthält das Probegas Schadgaskomponenten, die bei Abkühlung selbst kondensieren würden, kann das Gas nicht über Kühler geleitet werden. Zur Vermeidung der Kondensation muß in diesem Fall das ganze Meßsystem einschließlich des Meßgerätes beheizt werden. Dies ist z.B. bei Kohlenwasserstoffmessungen mit Flammenionisations-Detektoren üblich, s. Bild 5.39. Die Wasserdampfkondensation findet in diesem Fall erst nach dem Meßgerät statt.

5.4.1.3 Fehlermöglichkeiten bei der Probenahme

Undichtigkeiten

Die größte Fehlermöglichkeit besteht bei der Probenahme in Undichtigkeiten. Wenn die Staubfilter an der Meßgassonde verstopfen, dann kann bis zur Meßgaspumpe ein großer Unterdruck entstehen, der bei geringsten Undichtigkeiten zu Falschlufteinbrüchen und damit zur Verdünnung des Meßgases und zu Fehlmessungen führt. Die wirksamste Überprüfung von Undichtigkeiten kann mit der O_2-Messung erfolgen, indem in das Meßsystem reiner Stickstoff gegeben wird. Bricht irgendwo Falschluft ein, dann zeigt das O_2-Geräte den Sauerstoff der Luft an. Durch Aufgabe des Stickstoffs an verschiedenen Stellen des Meßsystems kann die undichte Stelle eingegrenzt werden.

Meßgasverluste im Kondensat

Eine weitere Fehlermöglichkeit ergibt sich dadurch, daß sich die gesuchten Meßkomponenten in dem Kondenswasser des Meßgaskühlers oder an anderen Stellen des Probenahmesystems lösen und auf diese Weise nicht mehr vollständig zum Meßgerät gelangen. Insbesondere bei gut wasserlöslichen und bei konden-

Tabelle 5.7. Löslichkeiten (Henry-Koeffizienten *H*)[1] einiger luftverunreinigender Gase in Wasser bei 25 °C ohne chemische Reaktionen nach [117]

Gas	H (mol l^{-1} bar^{-1})
O_2	$1{,}3 \cdot 10^{-3}$
NO	$1{,}9 \cdot 10^{-3}$
C_2H_4	$4{,}9 \cdot 10^{-3}$
NO_2	$1 \cdot 10^{-2}$
O_3	$1{,}3 \cdot 10^{-2}$
N_2O	$2{,}5 \cdot 10^{-2}$
CO_2	$3{,}4 \cdot 10^{-2}$
SO_2	1,24
HONO	49
NH_3	62
H_2CO	$6{,}3 \cdot 10^{3}$
H_2O_2	$(0{,}7 \cdots 1{,}0) \cdot 10^{5}$
HNO_3	$2{,}1 \cdot 10^{5}$
HO_2	$(1 \cdots 3) \cdot 10^{3}$
PAN	5
CH_3SCH_3	0,56

[1] In der deutschen Literatur werden diese Henry-Koeffizienten auch als Löslichkeit L bezeichnet: $L = c/H_d$, mit c = Konzentration in der Flüssigkeit in mol pro l und H_d = Henry-Koeffizienten nach deutscher Definition in bar.

sierbaren Gasen ist hier mit Verlusten zu rechnen. Die Probenahme wird um so problematischer, je wasserlöslicher die Gase sind. In Tabelle 5.7 sind die Wasserlöslichkeiten (Henry-Koeffizienten) einiger luftverunreinigender Gase aufgelistet.

Man erkennt die etwa 100mal größere Löslichkeit des Schwefeldioxids (SO_2) gegenüber Stickstoffmonoxid (NO); Ammoniak (NH_3) ist noch 50mal löslicher als SO_2. Die Messung von NH_3 ist aus diesem Grund sehr schwierig. Dies zeigt sich in letzter Zeit besonders bei der Messung des NH_3-Schlupfes nach Katalysatoren zur Stickstoffoxidminderung an Kraftwerksabgasen. Bereitet die kontinuierliche NH_3-Spurenmessung an sich schon Schwierigkeiten, so sind die Probleme auf der Probenahmeseite noch größer. Neben seiner sehr guten Wasserlöslichkeit reagiert dieses Gas unterhalb von etwa 280 °C mit SO_3 zu Ammoniumsulfit und Ammoniumsulfat. Zur Vermeidung von Verlusten ist eine Beheizung des gesamten Meßsystems bis auf 300 °C erforderlich. Dies stellt insofern keine leichte Aufgabe dar, als z.B. in den Meßgeräten eingesetzte optische Systeme sich aufgrund unterschiedlicher Ausdehnungskoeffizienten der Bauteile verziehen können.

Ebenso problematisch wie die NH_3-Messung ist z.B. die SO_3-Messung. Abgesehen von einem sehr wartungsintensiven, naßchemisch arbeitenden Gerät gibt es für diese Abgaskomponente keine automatischen Geräte. Die Meßergebnisse bei handanalytischen Meßmethoden hängen hier entscheidend von der

Probenahme ab. Zur Vermeidung von SO_3-Verlusten wird überhaupt keine Probenahmeleitung verwendet, sondern die Meßapparatur direkt an dem Stutzen der Entnahmesonde angebracht. Auch das eingesetzte Staubfilter muß einer analytischen SO_3-Bestimmung unterzogen werden, weil an den ausgefilterten Staubpartikeln SO_3 adsorbiert sein kann.

Während bei schwierigen Meßkomponenten wie Kohlenwasserstoffen, NH_3, SO_3 und anderen Gasen eine Trocknung des Meßgases durch Kühlung und Kondensation vermieden wird, werden bei der Messung der klassischen Schadgase SO_2, NO, NO_2, CO, CO_2 und O_2 ohne Bedenken *Meßgaskühler* eingesetzt. Bei den schwach wasserlöslichen Gasen CO, NO und auch bei O_2 und CO_2 ist kaum mit Verlusten zu rechnen, auch deshalb nicht, weil die benetzte Kondensationsstrecke im Meßgaskühler kurz ist und damit die Verweilzeit der Gase über dem Kondenswasser klein ist. Bei der relativ gut wasserlöslichen Komponente SO_2 ist jedoch im Meßgaskühler mit Verlusten zu rechnen. Experimentelle Untersuchungen an Feuerungsabgasen mit einem SO_2-Gehalt von 1,6 g/m^3 und 10 % Wasserdampf ergaben SO_2-Verluste im Kühler bis 4,5 % [144]. Die Verluste sind abhängig von der Kühlertemperatur, vom Wasser- und vom SO_2-Gehalt der Abgase. Theoretische Berechnungen [145] stimmen recht gut mit den experimentell erzielten Ergebnissen [144] überein. Die Verluste nehmen zu mit zunehmendem Wassergehalt der Abgase (die größere Kondenswassermenge kann mehr SO_2 lösen) und mit abnehmendem SO_2-Gehalt. Die Kühlertemperatur hat den größten Einfluß. Je wärmer das Kondenswasser, umso geringer die Verluste. Bei wärmerem Kühler nimmt die Wirksamkeit der Wasserabscheidung jedoch ab, was durch den erhöhten Wasserdampfgehalt des Gases wiederum zu erhöhten Querempfindlichkeiten bei den Meßgeräten, besonders bei Infrarot-Gasanalysatoren führt. Bei niedrigen SO_2-Gehalten und Kühlertemperaturen von 2 – 5 °C können Verluste bis über 10 % auftreten.

Die Firma Hartmann & Braun [146] empfiehlt bei der Kalibrierung der SO_2-Meßgeräte eine Befeuchtung der Prüfgase, die wie das Meßgas dann über den Meßgaskühler geleitet werden sollen. Im Kühler stellt sich bei dem Prüfgas ein Wasserdampfgehalt ein, der dem des Meßgases entspricht. Damit werden Fehlanzeigen der wasserdampfquerempfindlichen Infrarot-Gasanalysatoren weitgehend kompensiert. Die SO_2-Verluste im Kühler entsprechen allerdings nicht denen bei Meßgasbedingungen, da das kalte Prüfgas nicht so viel Wasserdampf aufnehmen kann wie das heiße Abgas. Eine gewisse Fehlerkompensation ist aber durch diese Maßnahme zu erwarten, so daß die SO_2-Verluste im Kühler weniger stark ins Gewicht fallen.

Da in der Praxis oft mit *unbeheizten Meßgasleitungen* gearbeitet wird, wurde versucht, die hierbei auftretenden SO_2-Verluste experimentell zu bestimmen [144]. Es ließ sich jedoch kein eindeutiges Ergebnis erzielen: Grundsätzlich treten bei Kondensationserscheinungen in unbeheizten Meßgasschläuchen SO_2-Verluste auf. Flüssiges oder eingetrocknetes Kondensat im Schlauch weist andererseits gewisse Speicherwirkungen auf, so daß hinter einem unbeheizten Meßgasschlauch bei einer Erwärmung auch mehr SO_2 gefunden werden kann, als im Abgas wirklich vorhanden ist. Unbeheizte Meßgasschläuche führen also bei wasserlöslichen und reaktiven Gasen zu undefinierten Verhältnissen im Probenahmesystem.

5.4.2 Emissionsmessungen an Kraftfahrzeugen

Es ist zu unterscheiden zwischen Schadstoffmessungen an Motoren, die auf Prüfständen laufen, und Messungen an Kraftfahrzeugen selbst. Messungen an Motoren dienen z.B. dazu, die Abhängigkeit der Schadstoffemissionen von bestimmten Motorkenngrößen, wie Leistung und Drehzahl, zu ermitteln. Der Meßaufbau ist dem Aufbau bei Feuerungsanlagen ähnlich.

Zur Überwachung von Emissionsgrenzwerten sind Messungen am Kraftfahrzeug selbst und nicht nur am Motor notwendig. Hierbei ist zu beachten, daß die Schadstoff-Emissionen sehr stark vom Fahrverhalten der Fahrzeuge abhängen. Das Fahrverhalten wird durch verschiedene Fahrprogramme auf Rollenprüfständen simuliert und dabei die emittierten Schadstoffmengen gemessen.

5.4.2.1 Abgasprobenahme und Messung nach der CVS-Methode

Während sich die vorgeschriebenen Fahrprogramme (Fahrzyklen) und die Emissionsgrenzwerte in den einzelnen Ländern unterscheiden, besteht für die Abgasprüfung inzwischen in USA, Japan und Europa ein einheitliches Verfahren.

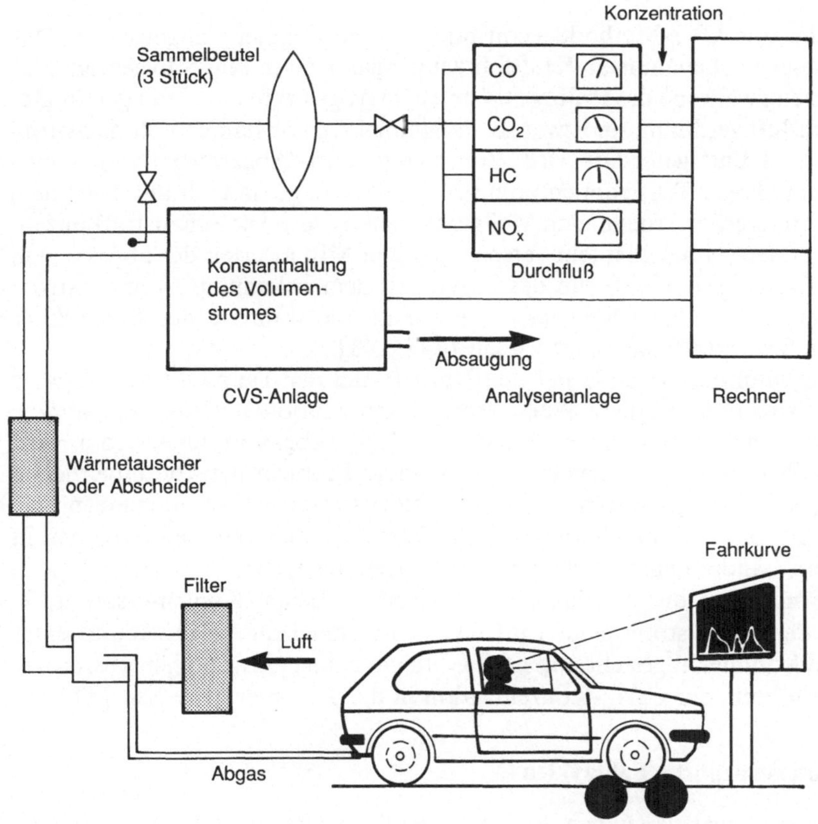

Bild 5.40. Probenahme und Analyse der Schadstoffemission von Kraftfahrzeugen nach der CVS-Methode [149]. Beispiel für Fahrzeug mit Ottomotor; bei Dieselmotor-Fahrzeugen ist zusätzlich eine Probenahme für Partikel vorgesehen

Tabelle 5.8. Limitierte Komponenten in Kraftfahrzeugabgasen und angewendete Meßverfahren

Komponente		Meßverfahren
Kohlenmonoxid	CO	Nichtdispersive Infrarot-Absorption (NDIR)
Stickstoffoxide	NO_x ($NO+NO_2$)	Chemilumineszenzgerät
Kohlenwasserstoffe (Hydrocarbons)	Gesamt-C_nH_m (HC)	Flammenionisationsdetektor (FID)
Partikel	Ruß	noch nicht einheitlich; Sammlung auf Filtern oder Abgastrübung
Verdampfungsverluste	Gesamt-C_nH_m (HC)	FID
zusätzlich		
Kohlendioxid (für Kraftstoffverbrauch)	CO_2	NDIR
Sauerstoff (zur Kontrolle der Gemischbildung)	O_2	Zirkondioxidsonde oder Paramagnetismus

Es wird die sog. CVS-Methode (constant volume sampler) angewendet. Das Prinzip dieser Probenahme an Kraftfahrzeugabgasen ist in Bild 5.40 gezeigt. Das vom Fahrzeug während des Prüfzyklus' erzeugte Abgas wird dabei mit gereinigter Umgebungsluft verdünnt, und zwar so, daß immer ein konstanter Volumenstrom an Abgas und Luft gefördert wird. Von diesem Luft-/Abgasstrom wird kontinuierlich ein kleiner Teilstrom entnommen, in Beuteln gesammelt und nach dem Test in kontinuierlich arbeitenden Meßgeräten analysiert. Die Schadstoffkonzentrationen in den Sammelbeuteln entsprechen den Mittelwerten des abgesaugten Abgas-Luft-Gemisches während des Tests. Mit dem bekannten Volumenstrom und den einzelnen Gasdichten lassen sich dann die während des Fahrzyklus' emittierten Schadstoffmassen errechnen [147, 148].

Die Verdünnungsmethode hat den Vorteil, daß der Taupunkt des Abgases abgesenkt wird und auf diese Weise Wasserkondensationen vermieden werden. Durch die Regelung auf einen konstanten Luft-/Abgas-Volumenstrom wird zudem das bei direkter Probenahme auftretende Problem der kontinuierlichen Erfassung sich ständig ändernder Abgasvolumenströme elegant umgangen.

In Tabelle 5.8 sind die limitierten Abgaskomponenten und die inzwischen in den meisten Ländern einheitlichen Meßverfahren angegeben.

Zur Ermittlung der Verdampfungsverluste (Gesamt-Kohlenwasserstoffe, HC) aus dem Kraftstoffsystem wird das zu untersuchende Fahrzeug in einer gasdichten Kammer abgestellt und nach Durchlauf einer einstündigen Testprozedur die Erhöhung der C_nH_m-Konzentration in der Kammer gemessen [147].

5.4.2.2 Unterschiedliche Fahrzyklen

Die bei den Abgasmessungen auf dem Rollenprüfstand durchzuführenden Fahrprogramme unterscheiden sich zum Teil erheblich.

In den USA wurde ein Fahrprogramm eingeführt, das etwa die Fahrzustände simuliert, die am Morgen an einer Autobahn in Los Angeles herrschen [148]. Die

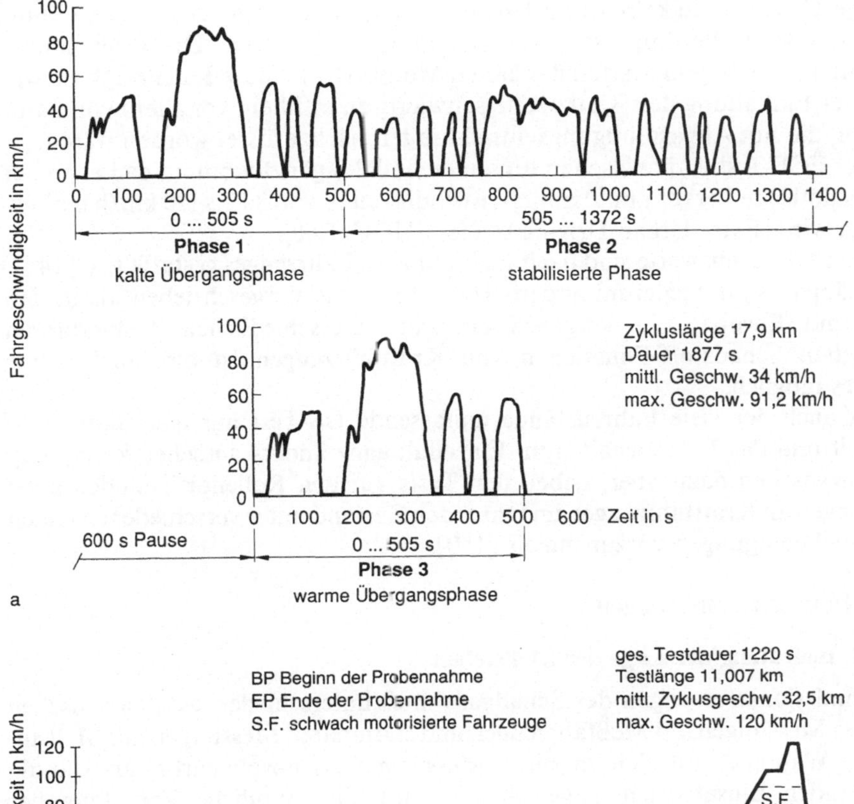

Bild 5.41. Verschiedene Fahrzyklen. **a** US-Test-75; **b** Europa-Test (ECE-Test)

Fahrkurve, die auf dem Rollenprüfstand nachgefahren werden muß, zeigt Bild 5.41a. Dieser Test ist durch viele Beschleunigungs- und Abbremsvorgänge gekennzeichnet und enthält in der kalten und in der warmen Phase jeweils einen Highway-Anteil mit 90 km/h. In den USA gelten die strengsten Werte, und zwar:

- HC(C_nH_m): 0,41 g/Meile,
- CO: 3,40 g/Meile (7,0 Kalifornien),
- NO_x: 1,00 g/Meile (0,4 Kalifornien).

Der US-Test-75 wurde mit Ausnahme der zusätzlichen Warmphase von der Schweiz und Schweden übernommen.

Die EG-Länder wenden den sog. ECE-Test an, s. Bild 5.41b. Dieser Test sollte den innerstädtischen Stop-and-go-Verkehr während der rush hour simulieren –

geringe Geschwindigkeiten und lange Leerlaufphasen. Das tatsächliche Fahrverhalten wird allerdings sehr vereinfacht wiedergegeben. Die Probenahme beginnt 40 s nach dem Starten des kalten Motors (BP). Diese Kaltstartphase war bzgl. der Einhaltung der Grenzwerte schwierig zu erfüllen, vor allem von Fahrzeugen, die mit Abgasreinigungseinrichtungen nachgerüstet worden waren.

Der ECE-Test ist inzwischen um einen Teil 2 ergänzt worden, daß auch der außerstädtische Verkehr mit Fahrgeschwindigkeiten von 80 bis 120 km/h berücksichtigt wird (Extra Urban Driving Cycle, EUDC) [148].

Die ECE-Grenzwerte sind nach Hubraum des Fahrzeuges gestaffelt, s. [147].

In Japan sind wiederum andere Testprogramme vorgeschrieben als in den USA und Europa. Ein Vergleich der mit unterschiedlichen Testverfahren ermittelten Schadstoff-Emissionen von Kraftfahrzeugen ist also nicht ohne weiteres möglich.

Da auch der viele Fahrzustände umfassende US-Test nur eine Simulation darstellt und das Fahrverhalten im Einzelfall ganz anders aussehen kann, ging man inzwischen dazu über, neben den Tests auf den Rollenprüfständen auch Messungen an Kraftfahrzeugen im fahrenden Zustand unter verschiedenen realen Verkehrsbedingungen vorzunehmen [150].

5.4.3 Immissionsmessungen

5.4.3.1 Bedeutung der Lage der Meßstellen

Bei Immissionsmessungen der Schadgase muß unterschieden werden zwischen mobilen Messungen mit Meßfahrzeugen und stationären Messungen mit Meßstationen. Während mit den mobilen Messungen stichprobenartig an ständig wechselnden Einsatzorten gemessen wird, um die räumliche Verteilung der Luftverunreinigungen zu bestimmen, wird mit stationären Messungen an wenigen Punkten eines Gebietes, z.B. in einer Stadt, kontinuierlich die zeitliche Verteilung erfaßt. Staubniederschlags- und Regenniederschlagsmessungen werden oft an zahlreichen Stellen, die der Verteilung der mobilen Messungen der Gase gleichkommen, mit zeitlich integrierenden Sammelgefäßen durchgeführt (s. Abschn. 5.3.5).

Die stationären Messungen müssen an einem repräsentativen Punkt des zu untersuchenden Gebietes durchgeführt werden. Dazu wäre es gut, die räumliche Verteilung der Immissionen zu kennen, die mit mobilen Messungen katastermäßig meist nach den Vorschriften der TA Luft [34] ermittelt wird.

Anfang bis Mitte der siebziger Jahre entstanden aus vereinzelten Meßstationen in den industriellen und städtischen Ballungsräumen der Bundesrepublik die Meßnetze der Bundesländer, die ständig erweitert wurden. Mit dem Bekanntwerden der neuartigen Waldschäden wurden Anfang der achtziger Jahre von den Ländern Waldmeßstationen aufgebaut. Darüber hinaus betreibt das Umweltbundesamt schon seit langem in der Bundesrepublik ein Meßnetz mit mehreren Meßstationen außerhalb der Ballungsgebiete. Anhand der Ergebnisse dieser „Reinluftstationen“ wurden in den achtziger Jahren die großräumigen Transportvorgänge von Luftverunreinigungen festgestellt, die auch in ländlichen Räumen bei bestimmten Wetterlagen für hohe Schadstoffkonzentrationen, insbesondere für hohe SO_2-Werte sorgten. Dieses hatte zur Folge, daß die bestehenden

Immissionsmeßnetze in letzter Zeit um weitere Stationen, vor allem auch in kleineren Städten, erweitert wurden.

Einen Überblick über die Meßnetze in der Bundesrepublik geben [152, 153].

Sowohl bei den stationären als auch bei den mobilen Messungen, durch die z.B. die Mittelwerte für 1 × 1-km-Flächen bestimmt werden sollen, kommt der Wahl des Probenahmeortes eine große Bedeutung zu.

Damit in den Meßnetzen der Bundesländer die Wahl der Standorte für automatisierte Meßstationen nach einheitlichen Kriterien erfolgt, hat der Länderausschuß für Immissionsschutz Richtlinien erstellt, die bei der Planung telemetrischer Immissionsnetze, d.h. mit Datenübertragung an eine Zentrale, als Grundlage dienen sollen [151]. Bezüglich der Auswahl von Standorten für Immissionsmeßstationen sind die folgenden Grundsätze zu berücksichtigen:

- Ziel: repräsentative Außenluftprobe für das Gebiet,
- Meßnetz mit konstanter Maschenweite: ganzzahlig Vielfaches von 1 km, nord-südlich/ost-westlich ausgerichtet,
- Abstand der Meßstelle zum nächsten größeren Strömungshindernis ≧ zweifache Höhe oder Breite des Hindernisses; Probenansaugung unterhalb der halben mittleren Bebauungshöhe,
- Einwirkung lokaler Emittenten gering halten: Abstand zu Quellen (Industrie, Gewerbe, Hausbrand, stark befahrene Straßen) ≧20 m, bei Industriequellen besondere Prüfung,
- freie Anströmbarkeit der Probenahmesysteme: Umkreis von ≦10 m keine Strömungshindernisse wie Bäume oder Gebäude,
- Ausschluß der Beeinflussung der Meßstelle durch topographisch bedingte lokale Zirkulation.

Es wird in der Richtlinie auch darauf hingewiesen, daß für Untersuchungen spezieller Immissionen je nach Fragestellung entsprechende Grundsätze für die Standortwahl anzuwenden sind.

Die Meßstationen der Bundesländer wurden i.allg. nach den o.a. Richtlinien aufgestellt. Diese Anordnung der Stationen führte in letzter Zeit zu Diskussionen, da eine EG-Richtlinie seit 1985 fordert, daß das Schadgas NO_2 insbesondere auch „an Stellen mit dem mutmaßlich höchsten Belastungsrisiko“ kontinuierlich zu messen ist, also auch an stark befahrenen Straßen, in Straßenschluchten usw. [154].

Derartige Meßstationen sind in Deutschland, mit einer Ausnahme in der Stadt Köln, bisher praktisch nicht vorhanden, werden aber in Zukunft vermehrt eingerichtet.

Bei Immissionsmessungen ist es wichtig, die Aufgabenstellung klar zu definieren (Erstellung eines Meßplanes) und die Wahl der Probenahmeorte bzw. der Meßstellen entsprechend festzulegen. Auf die Bedeutung von räumlicher und zeitlicher Verteilung der Luftverunreinigungen und auf deren Bestimmungen wird in Abschn. 6.2 näher eingegangen.

5.4.3.2 Probenahmesysteme in Meßstationen

Im folgenden wird eingegangen auf die Luftansaugung in Meßstationen für Schadstoffe, die mit kontinuierlichen Messungen erfaßt werden können. Mobile

Messungen werden heute in erster Linie mit Meßfahrzeugen ausgeführt, die mit kontinuierlich arbeitenden Meßgeräten bestückt sind. Die Meßanordnung in diesen Fahrzeugen entspricht daher weitgehend der in festen Meßstationen.

Probenahmesystem in automatisierten Meßstationen der Ländermeßnetze

Aufgabe des Probenahmesystems ist es, die Außenluft möglichst unverfälscht den Meßgeräten zuzuführen. Die Richtlinien für die automatisierten Meßstationen in den Ländermeßnetzen [151] enthalten auch Anforderungen an die Bauausführung der Probenahmesysteme für gasförmige und staubförmige Immissionen. Das Probenahmesystem für gasförmige Schadstoffe besteht demnach aus dem Probenahmekopf, einem Führungsrohr, dem Probenahmerohr, Probenahmeleitungen vom zentralen Probenahmerohr zu den einzelnen Meßgeräten und einem Lüfter oder einer Pumpe. Der Probenahmekopf soll als Vorabscheider für Stäube und Niederschläge ausgebildet sein.

Das Probenahmesystem soll 1 m über das Stationsdach hinausragen.

Bei den Standard-Meßstationen ist eine Staubfilterung im Probenahmesystem wegen möglicher Reaktionen der zu untersuchenden Gase auf den Filtern nicht vorgesehen. Staubfilter sind zum Schutz der Meßgeräte nur an letzteren selbst angebracht. Für die Probenahme staubförmiger Immissionen wird ein spezieller Probenahmekopf vorgeschrieben [151].

Probenahme für besondere Meßaufgaben, z.B. zur Messung von Konzentrationsprofilen

Bei Immissionsuntersuchungen müssen häufig Schadgaskonzentrationsprofile gemessen werden. Als Beispiele seien hier die Ermittlung der Schadgaskonzentrationen in und über Waldbeständen in verschiedenen Höhen [131, 155] oder die Erfassung der Konzentrationsabnahme im Nahbereich von verkehrsreichen Straßen [156, 157] erwähnt. Um an mehreren Stellen gleichzeitig bzw. quasigleichzeitig die Schadstoffkonzentrationen zu messen, besteht die Möglichkeit, die Luft durch Schläuche anzusaugen und mittels Meßgasumschaltung im kurzen Wechsel einem Meßgerätesatz zuzuleiten.

Bei der Meßgasansaugung durch lange Schläuche ist auch bei inerten Wandmaterialen, wie z.B. Teflon, prinzipiell eine Beeinflussung gasförmiger Stoffe zu erwarten, die von der Reaktionsfähigkeit der zu untersuchenden Gase abhängt. Bei Untersuchungen mit langen Schlauchleitungen zeigte sich, daß die Komponente Ozon am ehesten Verlusten im Schlauchsystem unterliegt, wobei eine deutliche Abhängigkeit vom Gasdurchsatz durch den Schlauch zu beobachten ist. Bei geringen Kontaktzeiten, die durch genügend hohe Durchsauggeschwindigkeiten erzielt werden, können die Ozonverluste in Meßgasschläuchen minimiert werden [158, 159].

Bei den Schadgaskomponenten NO, NO_2 und SO_2 konnten auch bei niedrigen Volumenströmen keine Verluste im Schlauch beobachtet werden [158, 159]

Neben Meßgasverlusten durch Wandeffekte sind Fehlanzeigen der Meßgeräte durch unzulässig hohe Unterdrücke im Schlauchansaugsystem zu berücksichtigen und zu vermeiden [160].

Einfluß von Staubfiltern

Um bei den langen Schläuchen Staubablagerungen an der relativ großen Schlauchinnenfläche zu verhindern, muß in Abweichung von den Ausführungen in der o.a. Richtlinie [151] die angesaugte Luft am Schlaucheintritt gefiltert werden. Ein innen verschmutzter Schlauch würde durch unkontrollierte Ad- und Absorption die Konzentrationsmessungen undefiniert beeinflussen.

Der Einfluß der auf dem Filter abgeschiedenen Staubmenge auf die Spurengasmessung wurde untersucht: Bei trockenen Filtern konnte keine Beeinflussung der Gase O_3 und SO_2 gemessen werden. Bei sehr feuchten und mit Wasser getränkten Filteroberflächen treten dagegen bei dem wasserlöslichen Gas SO_2 starke Verluste auf. Für O_3 ergaben sich auch in diesem Fall keine meßbaren Beeinflussungen [159].

In Abschn. 5.3.6.1 wurde schon darauf hingewiesen, daß besonders auf feuchten Filtern die Gase mit den Stäuben reagieren können. Neben der Beeinflussung der abgeschiedenen Staubinhaltsstoffe besteht dabei natürlich auch die Gefahr einer Verfälschung der gemessenen Gase. Bei dem in Bild 5.34 dargestellten Ansaugtopf wurden durch die Filterbeheizung die Verluste von Spurengasen minimiert.

5.4.3.3 Aufbau von Immissionsmeßstationen – Beispiel einer Waldmeßstation

Aufbauend auf den im vorhergehenden Abschnitt dargestellten Untersuchungsergebnissen wurden vom IVD zwei Waldmeßstationen eingerichtet [131, 164]. Ähnliche Meßstationen wurden im Rahmen der Waldschadensforschungen in der Schweiz [161] und von anderen Instituten in Deutschland aufgebaut [162, 163]. Den Aufbau einer Waldmeßstation mit Meßgasansaugungen zeigt schematisch Bild 5.42. Die Meßgasansaugtöpfe (entsprechend der Ausführung in Bild 5.34) und verschiedene meteorologische Meßgeräte sind an einem 42 m hohen Gittermast in unterschiedlichen Höhen angebracht.

Das Probengassystem, beispielhaft mit 2 Meßgasansaugungen ausgeführt, und die Anordnung der Schadgasmeßgeräte sind schematisch in Bild 5.43 dargestellt. Neben den Schadstoffmeßgeräten sind noch zahlreiche Instrumente zur Erfassung meteorologischer Größen wie Windrichtung und -geschwindigkeit, Temperaturen, Globalstrahlung, Regen- und Benetzungsdauer, Regenmenge usw. angeordnet.

Die Meßwertregistrierung erfolgt mit einer rechnergesteuerten elektronischen Meßwerterfassungsanlage. Der Rechner steuert auch die Ventilumschaltungen und speichert die Meßwerte je nach Ventilstellung entsprechend. Es werden Halbstunden-Mittelwerte gebildet, die auf Disketten abgelegt und vom Drucker ausgedruckt werden. Die weitere Auswertung der Disketten erfolgt dann an einer großen Rechenanlage. Manche Meßstationen arbeiten mit Daten-Direktübertragungen zu einer Zentrale. Zur Sicherheit werden die Meßwerte zusätzlich mit Mehrkanal-Linienschreibern bzw. Vielfach-Punktdruckern unabhängig von der rechnergesteuerten Meßwerterfassungsanlage aufgezeichnet. Bei Rechnerausfall können notfalls diese Schreiberdiagramme ausgewertet werden. Zudem können die Aufzeichnungen des Rechners anhand der Schreibstreifen noch einmal kontrolliert werden.

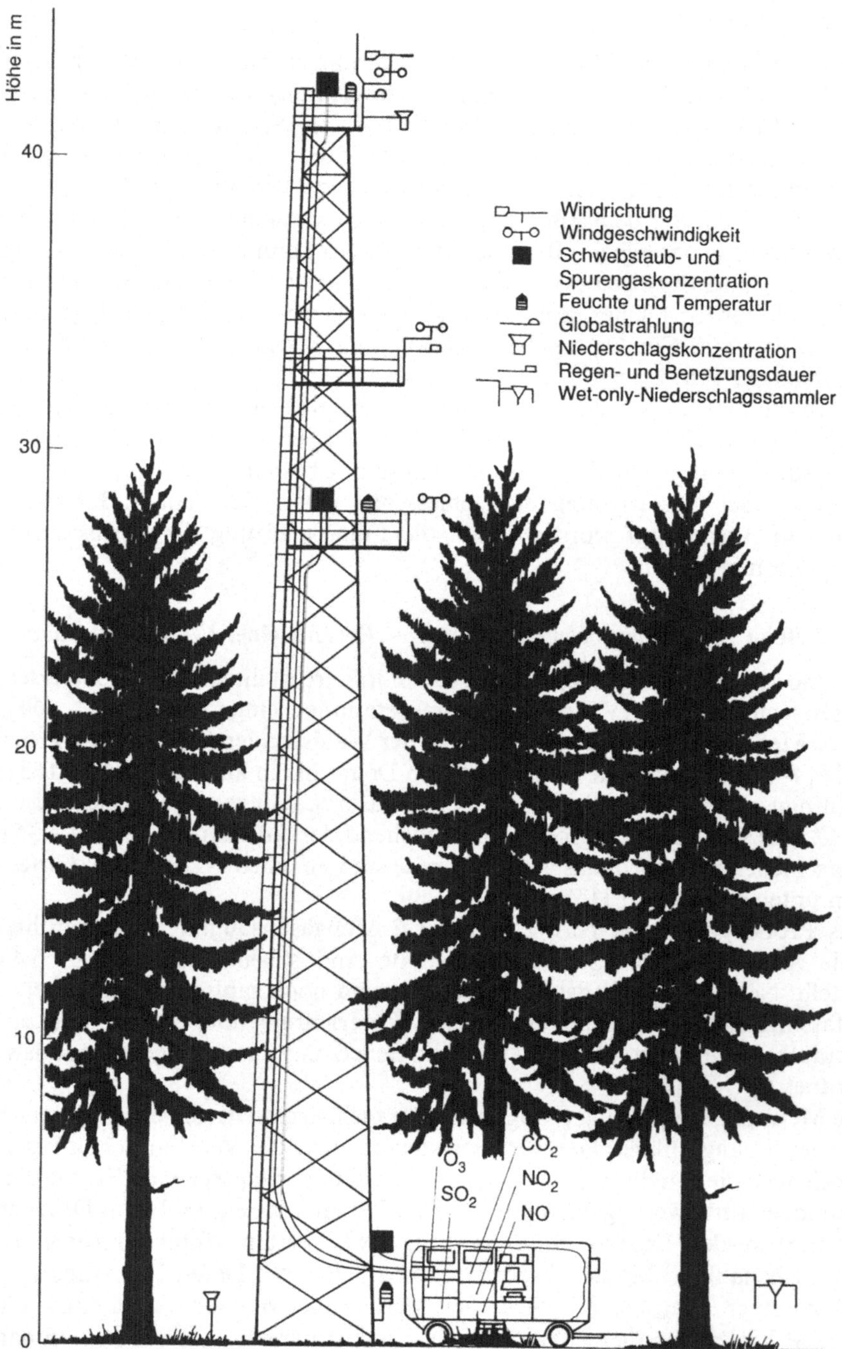

Bild 5.42. Aufbau einer Waldmeßstation mit Luftansaugung in verschiedenen Höhen in und über dem Bestand

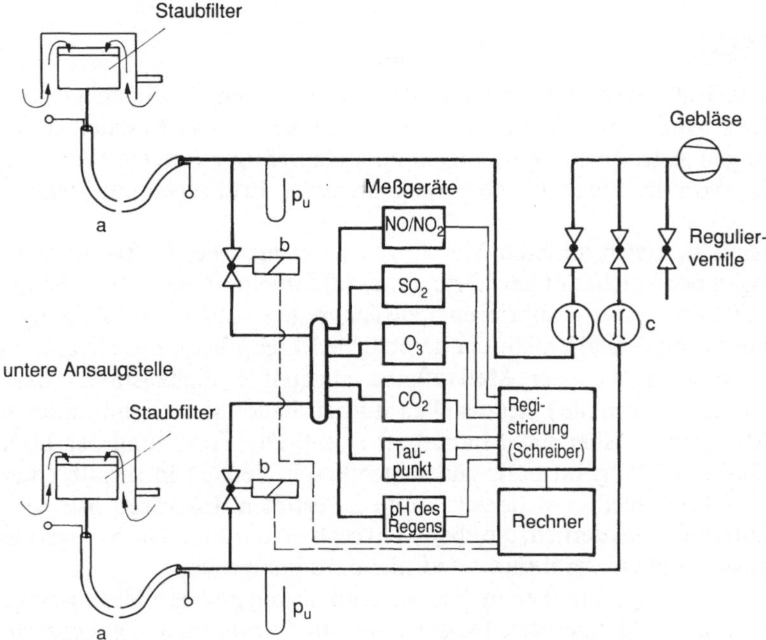

Bild 5.43. Aufbau des Probenahmesystems einer Waldmeßstation mit Meßgasansaugung durch lange Schläuche und Meßgasumschaltung; *a* Teflonschlauch beheizt, 45–26 m lang; *b* Umschaltventil; p_u Unterdruckmessung; *c* Durchflußkontrolle

Tabelle 5.9. Meßprinzipien der in einer Waldmeßstation eingesetzten Schadgasmeßgeräte

Meßkomponente	Meßprinzip
NO, NO_2	Chemilumineszens
SO_2	UV-Fluoreszens
O_3	Chemilumineszenz oder UV-Absorption
CO_2	IR-Absorption
Taupunkt bzw. Luftfeuchte	Taupunktspiegel
pH des Regens	Niederschlagsmonitor mit Durchflußzelle mit pH-Elektrode

Die Meßprinzipien der eingesetzten Schadstoffmeßgeräte sind in Tabelle 5.9 genannt.

Zur Erfassung der meteorologischen Parameter werden die bei Wettermessungen üblichen Meßgeräte eingesetzt.

Mit der hier beschriebenen Meßtechnik ist es möglich, die Schadstoffbelastung in Wäldern kontinuierlich zu bestimmen [131, 163, 164].

5.5 Kalibrierung bei Luftverunreinigungs-Messungen

5.5.1 Definitionen

Nach DIN 1319, Teil 1 wird unter *Justieren* das möglichst genaue Einstellen oder Abgleichen eines Meßgerätes verstanden, unter *Kalibrieren* das Feststellen der Meßabweichungen gegenüber dem richtigen oder als richtig geltenden Wert und unter *Eichen* die von der Eichbehörde vorzunehmenden Prüfungen mit Stempelung [165].

Im Gegensatz zu vielen anderen Messungen kann man bei Luftverunreinigungs-Messungen noch nicht auf bewährte, unter öffentlicher Kontrolle stehende Systeme der Eichung bzw. Kalibrierung zurückgreifen. Luftverunreinigungs-Meßgeräte unterliegen deshalb nicht der gesetzlichen Eichpflicht. Dies liegt zum einen an der Schwierigkeit, der Meßaufgabe angepaßte Eichzustände bzw. Referenzmaterialien (Normale) herzustellen und zu handhaben. Zum anderen arbeiten die Meßgeräte bisher nicht dauerhaft stabil. Die Forderung der DIN 1319, Teil 1, daß das Meßgerät aufgrund seiner Beschaffenheit innerhalb einer Nacheichfrist „richtig“ bleibt, ist derzeit kaum zu erfüllen. Es wären hier sehr kurze Nacheichfristen erforderlich, die aber nicht realisierbar sind. Die Meßgeräte werden also ausschließlich „kalibriert“ und nicht amtlich geeicht.

Für die Überwachungsaufgaben in der Luftreinhaltung gibt es allerdings eine amtliche Zulassung von Meßgeräten. Dazu werden die Geräte einer *Eignungsprüfung* unterzogen und müssen gewisse *Mindestanforderungen* erfüllen. Von einer Eichung kann in diesem Zusammenhang aber nicht gesprochen werden.

Bei Luftverunreinigungs-Messungen werden die Eichzustände durch *Prüfgasgemische* verwirklicht. Es handelt sich hierbei um Gasgemische, deren Zusammensetzung entweder durch Messung von Grundgrößen wie Masse, Volumen, Zeit, Stoffmenge (Molzahl) oder mit Hilfe unabhängiger Analysenverfahren vorab mit ausreichender Sicherheit bestimmt worden ist und die auf das zu kalibrierende System in der gleichen Weise einwirken wie die zu analysierenden Luftproben [166].

Beim Kalibrieren werden die Prüfgasgemische (Prüfgase) auf die Meßeinrichtung (Meßgerät oder Meßverfahren) gegeben, die angezeigten Werte abgelesen, mit den als richtig angenommenen Werten der Prüfgase verglichen und die Meßabweichungen festgestellt. Häufig ist die Kalibrierung eines Meßgerätes von anderen Maßnahmen begleitet, z.B. Wartung, Funktionsüberprüfung, Justierung, u.a..

Hartkamp et. al. [166] teilen die Gesamtheit aller Kalibriervorgänge in drei Kalibrierarten auf:

- Grundkalibrierung
- Routinekalibrierung und
- Kontrollkalibrierung.

Grundkalibrierung

Die Grundkalibrierung liefert den grundlegenden Zusammenhang zwischen gegebenen Prüfgaskonzentrationen und gefundenen Signalen, was als Eichfunktion bezeichnet wird. Bei vielen Geräten werden lineare Eichfunktionen angegeben. Bei der Grundkalibrierung werden nicht nur die Steigung und der Nullpunkt dieser Eichfunktion, sondern auch die Linearität selbst überprüft.

Die Grundkalibrierung kann grundsätzlich auch durch Vergleichsmessungen mit Bezugsmeßverfahren z.B. direkt an den zu untersuchenden Abgasen erfolgen [167, 168]. Als Bezugsmeßverfahren werden dabei meist naßchemische Meßverfahren angewendet, bei denen die Messung auf die Bestimmung von Grundgrößen wie Masse, Volumen usw. zurückgeführt wird.

Routine- und Kontrollkalibrierung

Nach Hartkamp sichern Routine- und Kontrollkalibrierung die Gültigkeit der Kalibrierdaten aus der Grundkalibrierung. Mit dieser Kontrolle wird überprüft, ob die Daten der zuletzt durchgeführten Grundkalibrierung noch gültig sind. Die Ergebnisse von Routine- und Kontrollkalibrierung sind Ja-Nein-Entscheidungen. Die vielfältigen Gesichtspunkte, die bei der Kalibrierung zu beachten sind und sich nach der Aufgabenstellung richten, sowie die verschiedenen Kalibriermethoden für Immissionsmessungen sind bei Hartkamp et al. [166] sehr eingehend dargestellt.

5.5.2 Prüfgase

Das Prinzip der Prüfgasherstellung beruht darauf, daß einem bekannten Volumen oder Volumenstrom an Trägergas (meist N_2 oder Luft) eine bekannte Menge des interessierenden Gases zudosiert wird.

Diese Dosierung kann über Massenbestimmung (gravimetrisch), Volumenbestimmung (volumetrisch) oder über eine Partialdruckbestimmung erfolgen. Bei der Umrechnung so ermittelter Konzentrationsangaben in andere Einheiten (z.B. Volumenkonzentration in Massenkonzentration) müssen evtl. Abweichungen vom idealen Gasgesetz berücksichtigt werden.

Ob die Herstellung des Prüfgases nach statischen oder dynamischen (d.h. Dosierung als Stoffstrom) Verfahren erfolgt, hängt von der benötigten Prüfgasmenge und von anderen Randbedingungen ab, z.B. von der gewünschten Konzentration und von der erforderlichen Genauigkeit und Stabilität der Prüfgase.

Im folgenden sind die verschiedenen Verfahren der Prüfgasherstellung aufgelistet. Die Verfahren sind größtenteils in VDI-Richtlinien genau beschrieben [76]; zur Kalibrierung von Meßverfahren zur Gesamt-Kohlenwasserstoff- und zur Lösemittelbestimmung s. [36].

5.5.2.1 Statische Verfahren zur Prüfgasherstellung

Gravimetrische Verfahren. Die Gase, Beimengung und Grundgas, werden nacheinander in Druckgasbehälter gefüllt, und die Massenzunahme wird bestimmt.

Volumetrische Verfahren. Die einzelnen Volumina der zu mischenden Gase werden nahe bei Atmosphärendruck bestimmt und in den Raum eines bekannten Volumens, z.B. in Glasbehälter, überführt.

Manometrische Verfahren. Man mißt die durch die Zugabe der einzelnen Mischungsbestandteile eintretenden Druckänderungen (z.B. bei der Füllung von Druckbehältern).

5.5.2.2 Dynamische Verfahren – Mischen von Volumenströmen

Gasmischpumpen. Grundgas und Beimengung werden in definierten Volumenströmen durch ein Pumpensystem mit zwei getrennten, einfach wirkenden Kolben gefördert und anschließend gemischt (für relativ hohe Konzentrationen geeignet).

Periodische Injektion mit Dosierküken oder Dosierschleifen. In einen kontinuierlich fließenden, konstanten Volumenstrom des Grundgases werden periodisch kleine, konstante und definierte Volumina der Beimengung mittels Dosierküken oder Dosierschleifen eingespült, die anschließend gut vermischt werden.

Kontinuierliche Injektion mit Kapillaren oder Meßblenden. In einen kontinuierlich fließenden, konstanten Grundgasstrom wird die Beimengung durch eine Kapillare oder eine Meßblende kontinuierlich injiziert.

Permeation durch Membranen. In einen konstanten, kontinuierlich fließenden Volumenstrom des Gundgases wird die Beimengung aus einem flüssigen oder gasförmigen Vorrat durch Permeation durch eine Membran zugemischt. Die Permeationsrate wird z.B. durch die Bestimmung der Gewichtsabnahme des Vorrats ermittelt.

Sättigungsmethoden. Einem konstanten, kontinuierlich fließenden Grundgasstrom wird die Beimengung mittels Gassättiger zugeführt, z.B. durch Taupunktunterschreitung oder durch eine Verdampfungsmethode.

Ozonprüfgas durch UV-Bestrahlung. Durch Bestrahlung eines kontinuierlich fließenden Luftstroms mit UV-Licht kann ein Teil der Sauerstoffmoleküle angeregt werden, wobei über atomaren Sauerstoff Ozon entsteht.

Bei allen Verfahren wird angestrebt, daß sich die eingestellte Gaskonzentration aus Grundgrößen wie Massen- oder Volumenbestimmungen ermitteln läßt. Sicherheitshalber wird aber oft noch eine analytische Bestimmung mit einem Bezugsmeßverfahren vorgenommen.

5.5.2.3 Beispiel einer Prüfgasherstellung

Beispielhaft für eine Prüfgasherstellung sei hier das Verfahren durch periodische Injektionen mit Dosierküken dargestellt [36, 169–171]:

Einer bestimmten Trägergasmenge (Stickstoff oder auch Luft) wird in sehr geringen Mengen das Meßgas diskontinuierlich zudosiert. Durch Mischgefäße wird eine homogene Durchmischung der Gase erzielt.

Die Ausführung einer Anlage nach diesem Prinzip zeigt Bild 5.44. Die einer Gasflasche entnommene Trägergasmenge wird durch ein Ventil eingestellt. Die Trägergasdurchflußmenge muß mit einer Gasuhr bestimmt werden; die angegebenen Rotameter dienen lediglich zur Durchflußkontrolle.

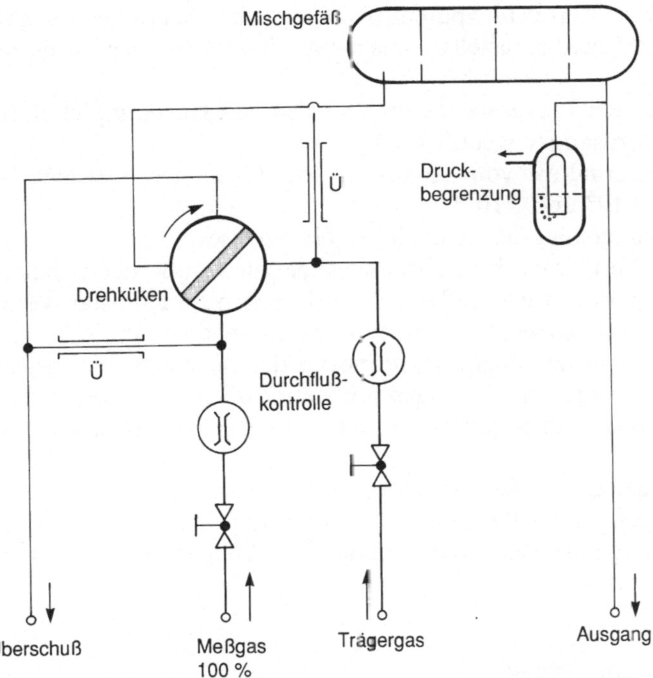

Bild 5.44. Dynamische Prüfgasherstellung durch periodische Injektion mit Dosierküken. *Ü* Überströmkapillare

Einem Teil des Trägergases wird durch das sich drehende Dosierküken eine bestimmte Menge an Schadgas zugemischt. Über die Überströmkapillaren Ü strömen das Meßgas bzw. Trägergas, wenn die Kükenbohrung für das entsprechende Gas nicht auf Durchgang steht. Das vorbeigeströmte Trägergas wird der Mischung wieder zugeführt, während das überströmende Meßgas als Überschuß abgeleitet wird. Die Konzentration der Gasmischung hängt zum einen vom Volumen der Kükenbohrung und der Drehgeschwindigkeit des Kükens ab, zum anderen von der Trägergasdurchflußmenge.

Die Gase vermischen sich in dem Mischgefäß. Dahinter befindet sich ein Druckbegrenzungsgefäß, das die Aufgabe hat, zu hohe Über- oder Unterdrücke zu verhindern. Nach dem Druckbegrenzungsgefäß gelangt das Gas zum Ausgang. Die eingestellte Konzentration entspricht bei einer Verdünnungsstufe etwa den Emissionskonzentrationen. Mit der vorhandenen Anlage lassen sich auch Gemische mit Immissionskonzentrationen herstellen. Hierzu wird das Gas noch einmal auf die gleiche Weise weiterverdünnt.

5.5.2.4 Schwierigkeiten bei der Prüfgasherstellung

Die bequemste Art der Kalibrierung erfolgt mit käuflich erhältlichen Prüfgasen in Druckgasflaschen (mit statischen Verfahren hergestellt). In manchen Fällen ist es jedoch zwecklos, Prüfgase in Druckflaschen herzustellen, weil sie nicht stabil sind.

Insbesondere bei reaktiven Gasen im Spurenbereich ist man daher oft gezwungen, sich selbst geeignete Prüfgase herzustellen, was meist mit dynamischen Verfahren erfolgt.

Die Schwierigkeiten der Prüfgasherstellung werden von Hartkamp et al. für den Immissionsbereich zusammengefaßt [166]:

- extremes Mengenverhältnis von Schadstoff und Grundgas, meistens bei Werten zwischen $1{:}10^6$ und $1{:}10^{10}$,
- extreme Anforderungen an die Reinheit des Grundgases,
- sehr ungünstiges Verhältnis der Substanzmenge zur Größe der Behälter, Leitungen und Apparate, was Anlaß zu erheblichen sorptiven Substanzverlusten aus dem Gasraum sowie zu Memory-Effekten geben kann.
- ein mitunter beträchtliches Reaktionsvermögen der Beimengungen gegenüber den auch bei hochreinen Grundgasen unvermeidlichen Restverunreinigungen (z.B. Wasser) und gegenüber dem Material der Behälter und Leitungen,
- hohe Anforderungen an die Konstanz der Prüfgaseigenschaften,
- hohe Anforderungen an die Verträglichkeit der Kalibriereinrichtungen mit wechselnden Umwelteinflüssen (z.B. Klimaschwankungen, Druckschwankungen, Erschütterungen).

5.5.3 Bedeutung der Kalibrierung

Die Genauigkeit von Luftverunreinigungsmessungen steht und fällt mit der Genauigkeit der eingesetzten Kalibriermethoden, insbesondere der verwendeten Prüfgase. Die Meßaufgabe beeinflußt dabei entscheidend die an die Kalibrierung zu stellenden Anforderungen. Wenn z.B. die Einhaltung von Emissionsgrenz- oder Alarmschwellenwerten (bei Smogalarm-Situationen) überwacht werden soll, muß besonders genau kalibriert werden. Wenn es dagegen darum geht, charakteristische Verläufe von Schadstoffkonzentrationen zu ermitteln, dann kommt es manchmal weniger auf die absolute Genauigkeit an als vielmehr auf eine gute Reproduzierbarkeit der Messungen. Hierbei dürfen keine Driften der Geräte auftreten. Letztere wiederum müssen durch Kontroll- oder Routinekalibrierungen überwacht werden.

Die Vergleichbarkeit verschiedener Messungen hängt grundsätzlich entscheidend von der Genauigkeit der Kalibrierung ab. Insofern muß diese mit größter Gewissenhaftigkeit und Sorgfalt durchgeführt werden.

5.6 Genauigkeit von Meßverfahren und Meßgeräten

5.6.1 Übersicht über Verfahrenskenngrößen

Die Genauigkeit von Meßverfahren und Meßgeräten wird durch Verfahrenskenngrößen gekennzeichnet. Die in der Luftanalysentechnik üblichen Verfahrenskenngrößen sind in der VDI-Richtlinie 2449, Bl. 1 [172] definiert und in DIN 1319, Teil 3 [173] sowie in DIN ISO 5725 [174] für einzelne Bereiche allgemein dargelegt.

Tabelle 5.10. Wichtige Verfahrenskenngrößen der Meßverfahren für Luftverunreinigungen und Mindestanforderungen für die Eignungsprüfung von Emissions-, und Immissions-Meßgeräten

Verfahrenskenngrößen [172–174, 176]	Mindestanforderungen	
	Emissionsmeßgeräte [167]	Immissionsmeßgeräte [175]
Eichfunktion $x=f(A)$ Berücksichtigung von Blindwerten: $x-\bar{x}_0=f(A)$ bei Linearität: $x-\bar{x}_0=K\cdot A$ Überprüfung der Linearität durch graphische Darstellung und Regressionsrechnung		
Analysenfunktion $A=f(x)$ (Umkehrung der Eichfunktion)	mit Bezugsmeßverfahren durch Regressionsrechnung zu ermitteln	mit Prüfgasen durch Regressionsrechnung zu ermitteln
Empfindlichkeit Quotient aus Änderung des Ausgangssignals und Änderung des Eingangssignals (Steigungsfaktor K der Eichfunktion)		
Standardabweichung s (empirische) (wichtigste Rechengröße zur Erfassung der Zufallsstreuung von n Einzelwerten einer Meßreihe um ihren Mittelwert $\bar{x}$ $s=\sqrt{\frac{1}{n-1}\sum_{i=1}^{n}(x_1-\bar{x})^2}$		
Varianz s^2 bzw. σ^2 (Quadrat der Standardabweichung)		
Variationskoeffizient (empirischer) (auch als relative Standardabweichung bezeichnet) $v=\frac{s}{\lvert\bar{x}\rvert}$ v wird oft in % ausgedrückt		
Meßbereich		Meßbereichsendwert $\geq 2\cdot$ IW2,
Nullpunkt	„lebender Nullpunkt“, um Driften zu erkennen	
Nachweisgrenze $\underline{x}$ [172, 177] Kleinste Zustandsgröße, die mit einer statistischen Sicherheit von 95% von Null unterschieden werden kann $\underline{x}=3\cdot s_{x_0}$ bzw. $\underline{x}=t\cdot s_{x_0}$ 3fache (t-fache) Standardabweichung der Blindwerte x	$\leq 2\%$ des empfindlichsten Anzeigenbereiches	$\underline{x}\leq 10\%$ des jeweiligen Langzeit-Immissionswertes der TA Luft

Tabelle 5.10. (Fortsetzung)

Verfahrenskenngrößen [172–174, 176]	Mindestanforderungen	
	Emissionsmeßgeräte [167]	Immissionsmeßgeräte [175]
$s_{x_0} = \sqrt{\frac{1}{n-1} \sum_{n=1}^{n} (x_{oi} - \bar{x}_0)^2}$		
Ansprechschwelle [176] Wert einer erforderlichen geringen Änderung der Meßgröße mit erkennbarer Änderung der Anzeige		
Unsicherheitsbereich U Differenz zwischen oberer bzw. unterer Grenze des Intervalls der Einzelwerte und dem Mittelwert bei 95% Vertrauensniveau $U = \pm s \cdot t$ Studentfaktor t siehe Tabelle 5.11. Der Unsicherheitsbereich wird oft auf den Mittelwert bezogen und in % angegeben		
Reproduzierbarkeit R $R = \frac{1}{U}$	$R = \frac{\bar{x}}{U} \geq 30$ Bezugswert: Meßbereichsendwert $\bar{x}$	$R = \frac{IW2}{U} \geq 10$ Bezugswert: jeweiliger Kurzzeitwert der TA Luft IW2
Wiederholstandardabweichung σ_r Wiederholbarkeit r Wert, unterhalb dessen der Betrag der Differenz zweier Meßwerte unter Wiederholbedingungen mit einer Wahrscheinlichkeit von 95% erwartet werden kann $r = 1{,}96\sqrt{2} \cdot \sigma_r = 2{,}77 \cdot \sigma_r$ (in DIN ISO 5725 wird anstelle von 2,77 der Wert 2,83 ($= 2 \cdot \sqrt{2}$) benutzt) Anwendung z. B. bei Wiederholmessungen an konstant bleibenden Prüfgasen Systematische Abweichungen sind nicht erkennbar		
Vergleichsstandardabweichung σ_R Vergleichbarkeit R Wert, unterhalb dessen der Betrag der Differenz zweier Meßwerte unter Vergleichsbedingungen mit einer Wahrscheinlichkeit von 95% erwartet werden kann		

Tabelle 5.10. (Fortsetzung)

Verfahrenskenngrößen [172–174, 176]	Mindestanforderungen	
	Emissionsmeßgeräte [167]	Immissionsmeßgeräte [175]
$R = 1{,}96\sqrt{2} \cdot \sigma_R = 2{,}77 \cdot \sigma_R$ (in DIN ISO 5725 wird anstelle von 2,77 der Wert 2,83 ($=2 \cdot \sqrt{2}$) benutzt) Die Vergleichbarkeit findet z. B. Anwendung bei Doppelbestimmungen und bei Messungen mehrerer Labors am gleichen Meßobjekt (Ringversuche), s. besonders [174] u. [172]		
Totzeit Zeit von sprunghafter Änderung der Meßgaskonzentration bis Anstieg des Meßwertes auf 10% des erwarteten Wertes (Sprungantwort)		
Anstiegszeit Zeit von 10% bis 90% des erwarteten Wertes		
Einstellzeit Summe aus Totzeit + Anstiegszeit (90%-Zeit)	$\leq$200 Sekunden einschließlich Probenahmesystem	$\leq$180 Sekunden
Wartungsintervall	muß ermittelt und angegeben werden	14 Tage
Temperaturabhängigkeit des Nullpunkt-Meßsignals	bei Änderung der Umgebungstemperatur um 10 K: $\leq \pm 2\%$ des empfindlichsten Anzeigebereiches	$\leq \pm 2\%$ des Meßsignals bei IW 2 (gilt auch für Gastemperatur)
Nullpunktdrift Änderung des Meßwertes bei Betrieb mit Nullgas über eine Zeitdauer ohne Justieren	im Wartungsintervall $\leq \pm 2\%$ des empfindlichsten Anzeigebereiches	in 24 Stunden $\leq \pm 2\%$ des Meßsignals bei IW 2, im Wartungsintervall $\leq \pm 10\%$ des Meßsignals bei IW 2
Temperaturabhängigkeit der Empfindlichkeit	bei Änderung der Umgebungstemperatur um 10 K: $\leq \pm 3\%$ der Steigung der Analysenfunktion	$\leq \pm 2\%$ der Steigung der Analysenfunktion (gilt auch für Gastemperatur)
Empfindlichkeitsdrift	im Wartungsintervall $\leq \pm 4\%$ der Steigung der Analysenfunktion	in 24 Stunden $\leq \pm 2\%$, im Wartungsintervall $\leq \pm 10\%$ der Steigung der Analysenfunktion

Tabelle 5.10. (Fortsetzung)

Verfahrenskenngrößen [172–174, 176]	Mindestanforderungen	
	Emissionsmeßgeräte [167]	Immissionsmeßgeräte [175]
Querempfindlichkeit (Störeinflüsse durch Begleitstoffe)	$\leq \pm 4\%$ des empfindlichsten Anzeigebereiches	$\leq \pm 6\%$ von IW 2 bei Störung durch CO_2, H_2O, SO_2, NO, NO_2, H_2S, NH_3, einige C_nH_m
Verfügbarkeit	im dreimonatigen Dauertest $\geq 90\%$, angestrebt: 95%	$\geq 80\%$, angestrebt: 90%
Nenngebrauchsbedingungen – Netzspannung – Umgebungstemperatur – Relative Luftfeuchtigkeit – Gehalt der Luft an Flüssigwasser – Schwingung – Betriebslage	festgelegt, u. a. nach DIN 43 745	

Zeichenerklärung für Tabelle

x	Meßwert	n	Anzahl der Einzelwerte
x_i	Einzelwert	v	Variationskoeffizient
x_{oi}	Einzel-Blindwert	U	Unsicherheitsbereich
$\bar{x}_0$	mittlerer Leerwert (Blindwert)	t	Zahlenwert der t-Verteilung nach Student
A	vorgegebene Quantität des Meßobjektes	R	Reproduzierbarkeit
K	Steigungsfaktor	IW 1	Langzeit-Immissionswert der TA Luft [34]
$\underline{x}$	Nachweisgrenze		
s, σ	Standardabweichung	IW 2	Kurzzeit-Immissionswert der TA Luft [34]
s_{x_0}	Standardabweichung der Blindwerte		

Bei den in VDI-Richtlinien beschriebenen Meßverfahren und Meßgeräten sind die jeweiligen Verfahrenskenngrößen angegeben [76]. Meßgeräte, die zur Überwachung von limitierten Emissionen oder für amtliche Immissionsmessungen eingesetzt werden, müssen vom Bundesministerium für Umwelt (früher vom Innenministerium) zugelassen sein. Um diese Zulassung zu erhalten, sind von den Meßgeräten gewisse Mindestanforderungen zu erfüllen [167, 175]. Um festzustellen, ob die Geräte diesen Mindestanforderungen genügen, werden sie auf Antrag des Herstellers sogenannten Eignungsprüfungen unterzogen, die von anerkannten Meßinstituten durchgeführt werden.

Tabelle 5.10 gibt einen Überblick über die wichtigsten Kenngrößen der Meßverfahren für Luftverunreinigungen. Die aufgeführten Mindestanforderungen betreffen Geräte, die für Überwachungsaufgaben im Rahmen von Luftreinhaltevorschriften eingesetzt werden. Für andere Meßaufgaben, z.B. in der Forschung, können andere Anforderungen bezüglich der Verfahrenskenngrößen erforderlich sein.

Tabelle 5.11. Werte für den Studentfaktor t bei 95% Vertrauensniveau (nach [173]) (in der Schadstoffanalytik wird mit 95% Vertrauensniveau gearbeitet)

Anzahl n der Einzelwerte	t
2	12,71
3	4,30
4	3,18
5	2,78
6	2,57
8	2,37
10	2,26
13	2,18
20	2,09
30	2,05
32	2,04
50	2,01
80	1,99
100	1,98
125	1,98
200	1,97
über 200 ($t = t_\infty$)	1,96

Die zur Berechnung der Nachweisgrenze und der Meßunsicherheit benötigten Studentfaktoren t sind für den Vertrauensbereich von 95 % in Tabelle 5.11 wiedergegeben.

Im folgenden wird beispielhaft auf einige Verfahrenskenngrößen und deren Bestimmung näher eingegangen.

5.6.2 Linearität der Eichfunktion und Empfindlichkeit

Die Eichfunktionen von Infrarot (IR)-Gasanalysatoren sind normalerweise nicht linear. Damit die Betreiber der Geräte nicht bei jeder Messung erst umständlich über die Eichfunktion das Ergebnis ermitteln müssen, sondern es direkt ablesen können, sind die Meßausgänge von den Geräteherstellern linearisiert. Die einfachste Art der Linearisierung ist dabei das Anbringen einer speziellen Skala am Anzeigegerät. Da die Meßwerte aber meistens elektrisch registriert werden, werden i.allg. auch die elektrischen Ausgänge linearisiert. Bei älteren Geräten funktionierte diese Art der Linearisierung nicht immer einwandfrei. In Bild 5.45 sind beispielhaft die Eichfunktionen eines alten und eines neuen IR-CO-Gasanalysators gegenübergestellt [39]. Die Eichfunktionen wurden mit selbst hergestellten und überprüften CO-Prüfgasen aufgenommen. Man erkennt bei dem alten CO-Gerät eine Nichtlinearität, die im mittleren Teil des Meßbereiches zu einer Abweichung von der idealen linearen Eichfunktion von etwa 10 % führt. Bei linearer Regression ergibt sich im mittleren Meßbereich ein etwas geringerer Fehler, dafür bestehen im unteren Bereich erhebliche Abweichungen von den tatsächlichen Werten. Man sieht, daß diese Nichtlinearität mit einer Zweipunkt-Kalibrierung (Nullpunkt und Höchstwert) nicht sichtbar wird.

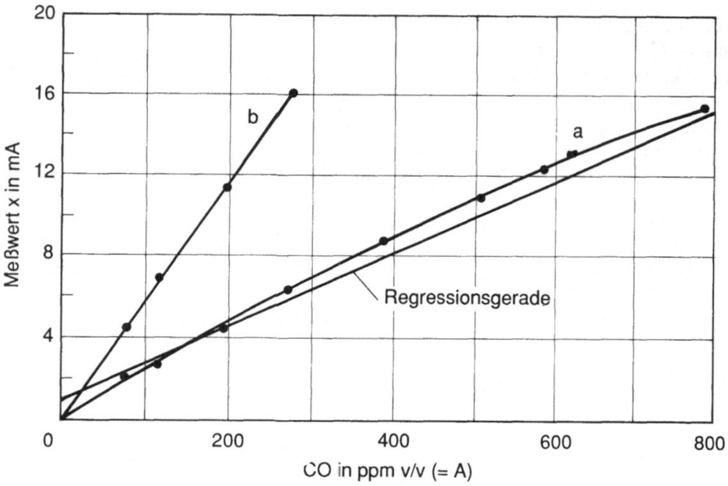

Bild 5.45. Eichfunktionen von zwei Infrarot-Gasanalysatoren zum CO-Nachweis. x Meßwert, A vorgegebene Quantität des Meßobjekts, hier CO-Prüfgaskonzentration in ppm v/v, K Steigungsfaktor der Eichfunktion. *a* Alte Ausführung eines IR-Gerätes lineare Regression: $x-0{,}55=0{,}02$ A (nicht linear!) Empfindlichkeit: $K=0{,}02$ mA/ppm CO; *b* neuere Ausführung eines IR-Gerätes lineare Regressionen: $x-0{,}026=0{,}059$ A; Empfindlichkeit: $K=0{,}059$ mA/ppm CO

Bei dem neueren CO-Meßgerät ist die Eichfunktion streng linear. Die Nullpunktabweichungen, die sich bei der Regressionsrechnung ergeben, sind so gering, daß sie nicht gezeichnet werden können.

Die Empfindlichkeit ist bei dem neuen Gerät etwa dreimal so groß wie bei dem alten.

5.6.3 Querempfindlichkeit

Der Störeinfluß von Begleitstoffen im zu untersuchenden Meßgas wird als Querempfindlichkeit bezeichnet. Querempfindlichkeiten können linear oder nicht linear auf das Meßsignal einwirken.

In Bild 5.46 sind beispielhaft die möglichen Störeinflüsse einerseits bei einem automatischen, physikalischen Meßverfahren und andererseits bei einer naßchemischen Analyse gezeigt. Bei der IR-Gasanalysentechnik besteht die Gefahr von Querempfindlichkeiten darin, daß sich die IR-Absorptionsbanden teilweise überlappen (s. Bild 5.3). Besonders bei der Messung von kleinen CO-Konzentrationen in Gegenwart hoher CO_2-Gehalte, wie dies an Feuerungsanlagen meistens gegeben ist, kann dieser Störeinfluß bestehen. Die Meßgerätehersteller versuchen durch technische Maßnahmen, insbesondere durch Einbau von Selektivfiltern, diesen Störeinfluß zu minimieren. Bild 5.46a zeigt, daß dies bei dem neuen IR-Analysator einigermaßen gut gelungen ist. Bei einer CO_2-Volumenkonzentration von 15 %, ein Wert, der für Feuerungsanlagen üblich ist, ist die Querempfindlichkeit <5 ppm (CO-Anzeige). Bei dem alten IR-Gerät I muß dagegen mit 30 – 40 ppm Fehlanzeige gerechnet werden; bei dem zweiten alten IR-Analysator werden etwa 10 ppm angezeigt. Bei IR-Analysatoren ist vom Prinzip her auch die Querempfindlichkeit gegenüber Wasserdampf besonders zu beachten.

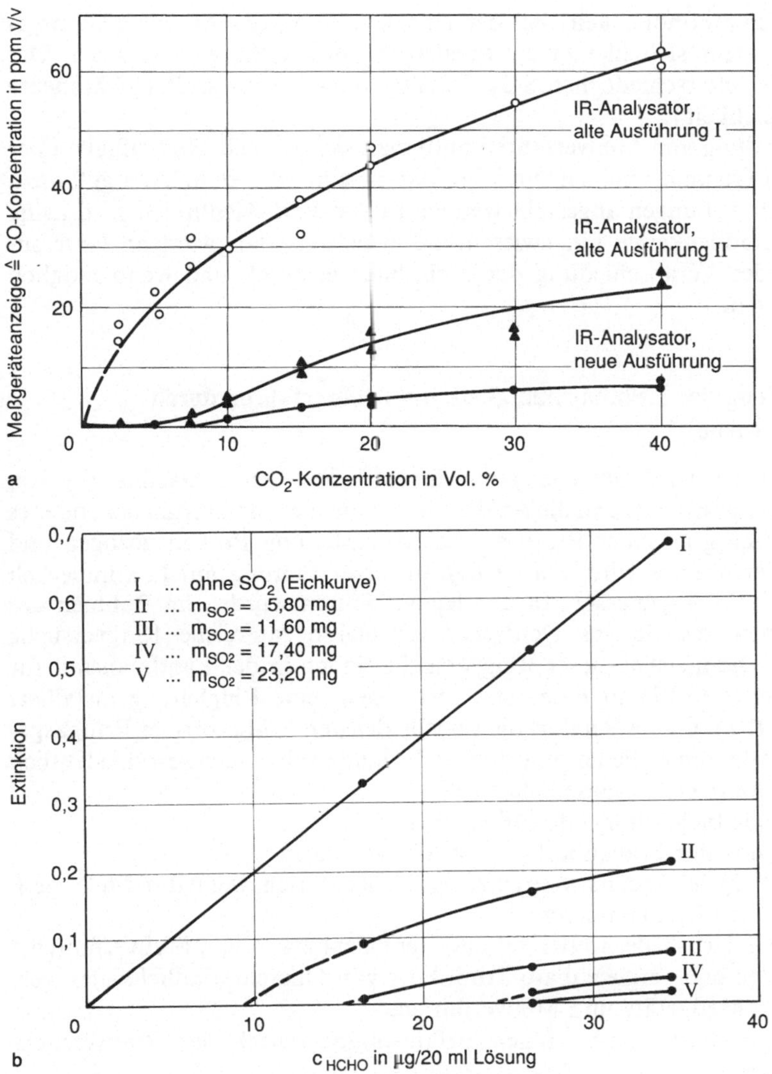

Bild 5.46. Darstellung von Querempfindlichkeiten bei einem automatischen, physikalischen Meßgerät und einem naßchemischen Meßverfahren. **a** Querempfindlichkeiten von CO-Infrarot-Gasanalysatoren gegenüber CO_2 [39]; **b** Sulfit-Pararosanilin-Verfahren zur Formaldehyd-Bestimmung: Abhängigkeit der Farbintensität von der HCHO-Konzentration bei unterschiedlichen SO_2-Gehalten (Beeinflussung der Eichfunktion) [179]

In Bild 5.46b ist beispielhaft der Einfluß von SO_2 auf die Ausbildung der Farbintensität bei der Formaldehydbestimmung nach dem Sulfit-Pararosanilin-Verfahren [178] dargestellt. Die Methode ist zur Bestimmung von Formaldehyd in Außenluft vorgesehen. Versuche, sie an Feuerungsanlagen einzusetzen, ergaben die große Querempfindlichkeit gegenüber SO_2.

Die Ausbildung der Farbintensität wird durch SO_2 stark beeinträchtigt, d.h. die Empfindlichkeit des Verfahrens geht zurück. Im Gegensatz zu der in Bild 5.46a gezeigten Querempfindlichkeit, bei der eine Erhöhung des Meßwertes vorgetäuscht wird, stellt sich hier eine Erniedrigung des Meßergebnisses ein. Der Einfluß ist bei unterschiedlichen SO_2-Gehalten verschieden groß (nichtlineare Querempfindlichkeit).

Bei Anwendung von Meßverfahren muß man sich je nach Meßaufgabe über die möglichen Querempfindlichkeiten im klaren sein, oder es müssen ggf. dazu extra Testuntersuchungen angestellt werden. In den VDI-Richtlinien wird i.allg. auf Querempfindlichkeiten hingewiesen, die in teilweise langwierigen Untersuchungen vor der Verabschiedung der Richtlinien ermittelt und wenn möglich eliminiert wurden.

5.6.4 Ermittlung der Leistungsfähigkeit von Meßverfahren durch Ringversuche

Bei Ringversuchen wird entweder ein Prüfgas (z.B. in einer Gasflasche) von Labor zu Labor geschickt, und die Analysenergebnisse werden verglichen, oder es werden gleichzeitig an einer Prüfgas- oder Abgasleitung Proben gezogen und analysiert, oder aber es wird gleichzeitig an dieser Leitung mit kontinuierlich arbeitenden Geräten gemessen. In den letzten Jahren wurden im Rahmen der Richtlinienarbeit des Vereins Deutscher Ingenieure zahlreiche Ringversuche durchgeführt. Die meisten dieser Ringversuche finden in der Landesanstalt für Immissionsschutz (LIS) in Essen statt, wo eigens eine Ringleitung installiert wurde [180–182]. Es werden dort die verschiedensten Prüfgase oder Prüfgasgemische hergestellt und in die Leitung dosiert. Es fanden aber auch verschiedentlich Ringversuche an realen Abgasen statt [39].

Ringversuche bieten folgende Möglichkeiten:

- Überprüfung der Brauchbarkeit von Meßvorschriften,
- Verbesserung der Arbeitsweise einzelner Laboratorien, wenn ihre Meßergebnisse aus dem Rahmen fallen,
- Ermittlung der Wiederholbarkeit und Vergleichbarkeit von Meßverfahren,
- gleichzeitige und vergleichbare Ermittlung von Querempfindlichkeiten verschiedener Meßgeräte und Meßverfahren,
- Lerneffekte durch gegenseitigen Erfahrungsaustausch der Ringversuch-Teilnehmer.

In Bild 5.47 ist beispielhaft das Ergebnis eines Ringversuchs an der Prüfgasleitung der LIS zur Erprobung von Stickstoffoxid-Immissionsmeßverfahren dargestellt [182]. Es kamen sowohl naßchemische Meßmethoden als auch automatische Chemilumineszens-Geräte zum Einsatz.

Die Streuungen bei den einzelnen Teilnehmern können als Maß für die Güte der Messung angesehen werden. Sie liegen im Mittel mit einem Wiederholvariationskoeffizienten (relative Wiederholstandardabweichung) von $v_r = 9{,}7\ \%$ in einem gerade noch akzeptablen Rahmen. Die Meßergebnisse der verschiedenen Teilnehmer weichen allerdings teilweise stark voneinander ab. Die Vergleichbarkeit ist mit einem Vergleichsvariationskoeffizienten (relative Vergleichsstandardabweichung) von $v_R = 45\ \%$ sehr schlecht. Man sieht hier, daß mit relativ großer Genauigkeit (geringe Wiederholstandardabweichung, z.B. bei Teilnehmer 10 und

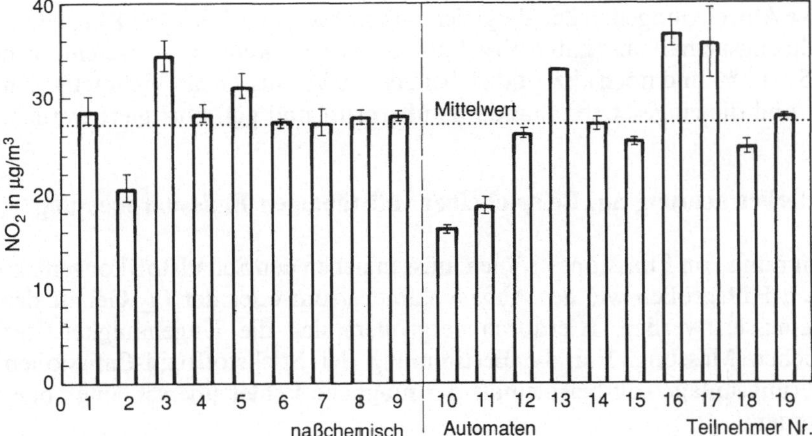

Bild 5.47. Vergleich naßchemischer Verfahren und automatischer Meßgeräte für NO_2-Immissionsmessungen, Ergebnis eines Ringversuchs der LIS. m Mittelwert, $m = 27{,}3$ µg/m³; r Wiederholbarkeit, $r = 7{,}53$ µg/m³, s_r Wiederholstandardabweichung, $s_r = 2{,}66$ µg/m³, v_r Wiederholvariationskoeffizient, $v_r = 9{,}7\%$; R Vergleichbarkeit, $R = 34{,}8$ µg/m³, s_R Vergleichsstandardabweichung, $s_R = 12{,}3$ µg/m³, v_R Vergleichsvariationskoeffizient, $v_R = 45\%$

11) absolut gesehen sehr falsch gemessen werden kann. Dies ist auf systematische Abweichungen bei der Kalibrierung zurückzuführen, z.B. durch Verwendung unterschiedlicher Prüfgasstandards. Es soll damit nicht gesagt werden, daß der Mittelwert unbedingt der wahre Wert ist.

Die Ergebnisse von Ringversuchen können allerdings auch wesentlich besser ausfallen. So wurden z.B. bei naßchemischen Messungen an CO-Prüfgasen in Stahlflaschen (Emissionsbereich) relative Vergleichsstandardabweichungen von $<2\%$ (bei 510 ppm v/v) und von $<10\%$ (bei 40 ppm v/v) erzielt [39].

Die Vergleichbarkeit der Ergebnisse von Ringversuchsteilnehmern verbessert sich, wenn der Teilnehmerkreis die Probleme diskutiert und entsprechende Schlußfolgerungen aus den Abweichungen zieht. Zur Abstimmung der Meßtechniken und der Standards der Ländermeßnetze wurde 1982 ein erster Stickstoffoxid-Ringversuch in der LIS durchgeführt. Nachdem die Ergebnisse relativ große Abweichungen aufwiesen, wurden die Probleme erörtert und der Ringversuch wiederholt. Tabelle 5.12 zeigt, wie auf diese Weise die Vergleichbarkeit der Ergebnisse verbessert werden konnte.

Tabelle 5.12. Relative Variationskoeffizienten (mittlere Spannweiten) der Teilnehmer-Mittelwerte aus den NO/NO_2-Ringversuchen im Mai 1982 bzw. Oktober 1982 in % [181]

	Mai 1982	Oktober 1982
NO (Automaten)	9,0···12,0	3,5···6,1
NO_2 (Automaten)	6,9···13,7	4,1···5,1
NO_2 (naßchemisch, Saltzman)	2,6···12,2	2,1 (1,8)···5,1

Relative Abweichungen in der Vergleichbarkeit bis 5 % müssen bei Ringversuchen erfahrungsgemäß als gutes Ergebnis angesehen werden, Abweichungen zwischen 5 – 10 % sind noch akzeptabel, bei über 10 % müssen die Meßmethoden verbessert und die eingesetzten Standards überprüft und ggf. korrigiert werden.

5.6.5 Fehlerbetrachtung am Beispiel einer vollständigen Emissionsmessung

Zur Bestimmung von Emissionsströmen müssen neben den Schadstoffkonzentrationen noch Hilfsgrößen wie der Abgasvolumenstrom oder der O_2-Gehalt der Abgase gemessen werden. Hierdurch vergrößert sich die Ungenauigkeit der ursprünglichen Messung. Für die Bestimmung der Stickstoffoxid-Emissionen einer Feuerungsanlage soll beispielhaft der mögliche Fehler überschlägig abgeschätzt werden:

Die Varianz einer Funktion $z(x_1, \ldots, x_k)$ läßt sich nach dem Fehlerfortpflanzungsgesetz aus den Varianzen der einzelnen Variablen schätzen:

$$\sigma_z^2 = \sum_{i=1}^{k} \left(\frac{\partial z}{\partial x_i} \right)^2 \sigma_i^2 . \tag{5.20}$$

Die bei den einzelnen Meßschritten möglichen, aus Erfahrungen geschätzten, prozentualen Fehler sind in Bild 5.48 aufgezeigt.

Vereinfacht wird der mögliche Gesamtfehler (empirischer Variationskoeffizient v_G) hier als Summe der Einzelfehler entsprechend Bild 5.48 (empirische Varianzen s_i^2) für den günstigsten und für den ungünstigsten Fall geschätzt. Im einzelnen mögen unterschiedliche Abhängigkeiten bestehen, z.B. eine Konzentrationsabhängigkeit des Fehlers:

$$v_G = \sqrt{s_1^2 + s_2^2 + s_3^2 + s_4^2 + s_5^2 + s_6^2 + s_7^2 + s_8^2 + s_9^2} , \tag{5.21}$$

günstigster Fall:

$$v_G = \sqrt{4 + 25 + 25 + 4 + 4 + 4 + 25 + 4 + 25} = \sqrt{120}$$

$$v_G = 11\ \% ,$$

ungünstigster Fall:

$$v_G = \sqrt{25 + 100 + 25 + 25 + 4 + 4 + 100 + 25 + 100} = \sqrt{408}$$

$$v_G = 20\ \% .$$

Die Bestimmung von Emissionsströmen aus Konzentrationsmessungen ist demnach mit einem Fehler von etwa 10 – 20 % behaftet. Dies setzt allerdings voraus, daß die Richtigkeit (Vergleichbarkeit) der Emissionsmessungen (Fehler 1 + 2) sich zwischen 5 und 10 % bewegt, was nicht unbedingt gewährleistet ist, wie verschiedene Ringversuch-Ergebnisse zeigten.

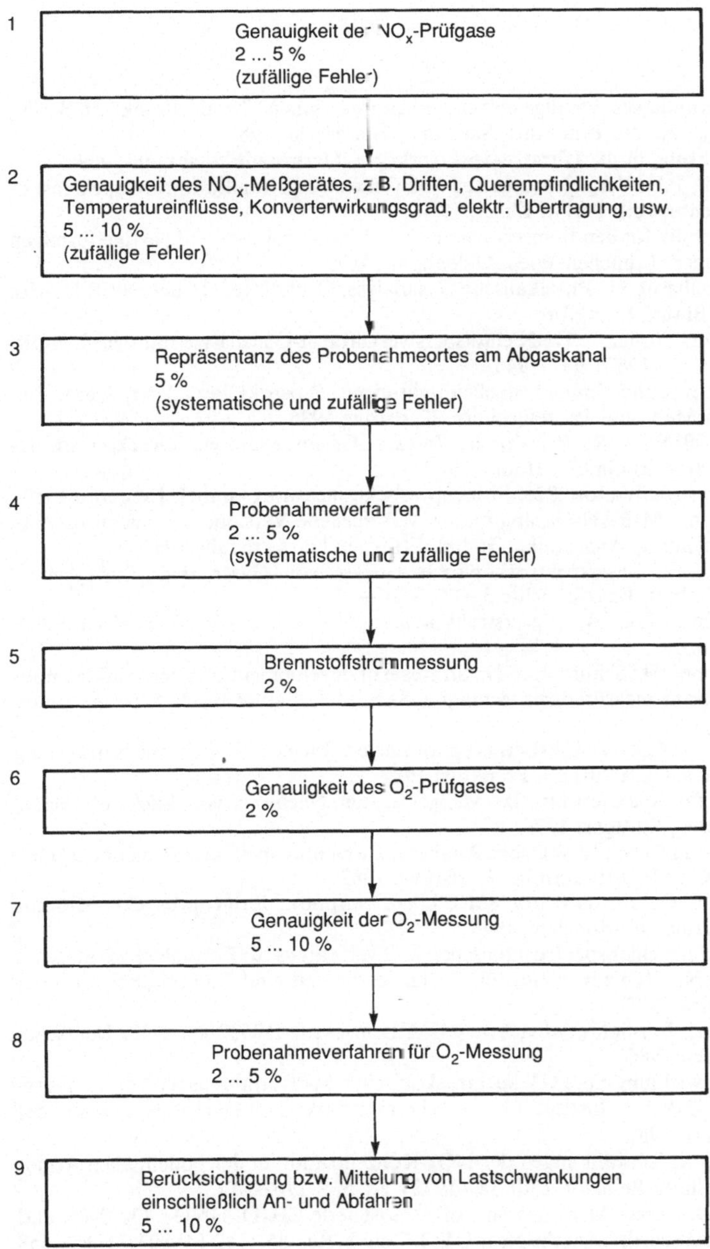

Bild 5.48. Mögliche aus Erfahrung geschätzte prozentuale Fehler (Variationskoeffizienten) bei den einzelnen Schritten zur Emissionsstrombestimmung am Beispiel der NO_x-Bestimmung einer Feuerungsanlage

5.7 Literatur

1 Christen, H.-R.: Grundlagen der allgemeinen und anorganischen Chemie. Frankfurt, Berlin, München: Salle und Aarau, Frankfurt, Salzburg: Sauerländer 1985

2 Brügel, W.: Einführung in die Ultrarot-Spektroskopie, Darmstadt: Steinkopf 1969

3 Zeller, M.V.; Juszli, P.P.: Vergleichsspektren von Gasen. Angewandte Infrarotspektroskopie, Heft 11, Bodenseewerk Perkin-Elmer, 1974

4 Birkle, M.: Meßtechnik für den Immissionsschutz – Messen der gas- und partikelförmigen Luftverunreinigungen. München Wien: Oldenbourg 1979

5 Karthaus, H.; Engelhardt, H.: Physikalische Gasanalyse, Grundlagen. Druckschrift L 3410, Fa. Hartmann & Braun, Frankfurt

6 Luft, K.F.; Kesseler; Zörner, K.H.: Nichtdispersive Ultrarot-Gasanalyse mit dem UNOR. Chem.-Ing.-Techn. 39 (1967) 937–945

7 Siemens: Eignungsgeprüfte Emissionsmeßeinrichtungen. Prospekt Bestell Nr. E 681, Siemens AG, Bereich Meß- und Prozeßtechnik, Karlsruhe 1986

8 Leybold-Heraeus: BINOS-IR, Prinzip der Infrarot-Gasanalysatoren. Druckschrift 43-200.1/2, Leybold-Heraeus GmbH, Hanau 1982

9 Measurex Rauchgas Analysator 2225. Firmenprospekt, measurex GmbH, Eschborn 1980

10 Wilks Scientific Lim.: MIRAN-Gasanalysator, verschiedene Versionen. Firmenprospekte und Bedienungsanleitung, Antechnika GmbH, Ettlingen bei Karlsruhe 1982

11 Grisar, R.; Preier, H.: Laserspektroskopische Analyse von Gasen und Flüssigkeiten. Fraunhofer-Gesellschaft, FhG-Berichte 3–81, S. 20–25

12 Stephan, K.; Hurdelbrink, W.: Laserstrahl analysiert Gasgemische. VDI-Nachrichten Nr. 26, 26.6.1981, S. 8

13 Staab, J.; Klingenberg, H.; Schürmann, D.: Strategie of development of a new multicomponent exhaust emissions measurement technique. SAE Tech. Pap. 830437, (Soc. Automot. Eng.) 1983

14 Hartmann & Braun AG. NDUV-Betriebsphotometer Radas 1G. Gebrauchsanweisung 42/20-22-1 bzw. Listenblatt 20-1.53, Frankfurt 1982

15 DFVLR, Institut für Reaktionskinetik: Meßgerät zum Nachweis von Stickstoffoxiden. Exponatbeschreibung, Stuttgart 1979

16 Dasibi Environmental Corp.: 1008 Ozone Analyzer. Firmenprospekt und Bedienungsanleitung, Antechnika GmbH, Ettlingen bei Karlsruhe, 1983

17 Monitor Labs, Inc.: Ozon-Analysator 8810. UV-Absorption, Firmenprospekt, Monitor Labs Inc. Allershausen bei München, 1988

19 Kohn, D.: Entwicklung eines spektroskopischen Meßverfahrens für Formaldehyd-Emissionen. Diplomarbeit Nr. 2106 am Institut für Verfahrenstechnik und Dampfkesselwesen der Universität Stuttgart, 1982

20 Krauss, L.; DFVLR: Formaldehydnachweis II. Patentschrift P 3537 482.9-52, Deutsches Patentamt, München 1986

21 Brinkmann, A.: Entwicklung eines UV-spektroskopischen Meßverfahrens für Formaldehyd. Studienarbeit Nr. 2249 am Institut für Verfahrenstechnik und Dampfkesselwesen der Universität Stuttgart, 1987

22 Berner-Moundrea, V.: Schwankungen der NO_2-Konzentration in der bodennahen Atmosphäre von Wien. Staub-Reinhalt. Luft 32 (1972) Nr. 5, S. 210–212

23 Platt, U.; Perner, D.: Direct Measurements of Atmospheric CH_2O, HNO_2, O_3, NO_2 and SO_2 by Differential Absorption in the Near UV. J. Geoph. Res. 85, C 12 (1980) 7453–7458 und in: Killinger, D.K.; Mooradian, A. (eds.): Optical and laser Remote Sensing. Berlin: Springer 1983

24 Opsis AB: Analysis of Gases with Opsis Technologie. Prinzipbeschreibung und Firmenprospekte, Lund/Schweden 1989

25 Graber, W.K.; Taubenberger, R.: Differential Optical Absorption Spectroscopy of Atmospheric Trace Gases. TM-52-89-01, Paul Scherrer Institute, Villingen, Switzerland, 1988

26 Weitkamp, C.: Luftüberwachung durch ortsaufgelöste Fernmessung von SO_2 und NO_2. Bericht über die Tagung der Arbeitsgemeinschaft der Großforschungseinrichtungen (AGF), 3./4.11.1983, Bonn-Bad Godesberg

27 Zolner, W.J.; Cieplinski, E.W.; Dunlap, D.V.: Measurement of Ambient Air SO_2 Concentration using a pulsed Fluorescent Analyzer. Themo Electron Corporation, Waltham USA; deutsche Vertretung, Duisburg, Firmenprospekt 1984
28 SO_2-Analysator 8850, UV-Fluoreszens-Detektor, Firmenprospekt, Monitor Labs, Inc. – Allershausen bei München, 1989
29 Paffrath, D.: DFVLR-Meßsystem zur Erfassung der räumlichen Verteilung von Umweltparametern in der Atmosphäre mit mobilen Meßträgern. Forschungsbericht 85-09, DFVLR Institut für Physik der Atmosphäre, Oberpfaffenhofen 1985
30 Kaiser, R.: Chromatographie in der Gasphase, Teil 4: Quantitative Auswertung. Mannheim: Bibliographisches Institut 1965
31 Schomburg, G.: Gas-Chromatographie. Weinheim: Chemie 1977
32 Leithe, W.: Die Analyse der Luft und ihrer Verunreinigungen. Stuttgart: Wissenschaftliche Verlagsgesellschaft 1974
33 Staab, J.; Baronick, J.D.; Kroneisen, A.: Improving the Method of Hydrocarbon Analysis. SAE Tech. Pap. 810427 (Soc. Automot. Eng.) 1981
34 Erste Allgemeine Verwaltungsvorschrift zum Bundes-Immissionsschutzgesetz (Technische Anleitung zur Reinhaltug der Luft – TA Luft) vom 27.2.1986, GmBl. S. 95 f
35 VDI: Richtlinie 3481, Bl. 6, Vorentwurf, Messen gasförmiger Emissionen, Auswahl und Anwendung von C-Summenverfahren. Düsseldorf: VDI 1986
36 Gans, W.; Baumbach, G.: Kalibrierverfahren zur quantitativen Bestimmung flüchtiger organischer Substanzen in Abluft und Abgasen mit dem Flammenionisationsdetektor. VDI-Fortschritt-Berichte Reihe 15, Nr. 32, Düsseldorf: VDI 1986
37 Winkelbauer, W.; Paul, H.; Baumbach, G.: Abscheidung von Ölnebeln aus der Abluft von Vergüteanlagen. Staub-Reinhalt. Luft 46 (1986) Nr. 6, S. 300–302
38 Gasanalysen-Meßanlage Typ Ultragas U4S. Gerätebeschreibung, Fa. Wösthoff oHG, Bochum
39 Weller, L.; Baumbach, G.: Entwicklung eines Referenzmeßverfahrens für Kohlenmonoxid. Umweltforschungsplan des Bundesministeriums des Innern, Luftreinhaltung, Forschungsbericht 104 02 116, Umweltbundesamt Berlin 1982
40 Gasanalysen-Meßgerät Mikrogas TE-SO_2. Bedienungsanleitung und Firmenprospekt, Fa. Wösthoff oHG, Bochum 1988
41 VDI: Richtlinie 2462, Bl. 5: Messen gasförmiger Emissionen; Messen der Schwefeldioxid-Konzentration; Leitfähigkeitsmeßgerät Mikrogas-MSK-SO_2-E1. Berlin: Beuth 1979
42 Ultragas-SO_2-Analysatoren. Datenblätter der verschiedenen Typen, Fa. Wösthoff oHG, Bochum
43 VDI: Richtlinie 2451, Bl. 5E: Messung gasförmiger Immissionen; Messung der SO_2-Konzentration; Leitfähigkeitsverfahren (Ultragas U3ES). Berlin: Beuth 1977
44 Picoflux 2T, Chemisch-physikalischer Gasspurenanalysator. Listenblatt und Bedienungsanleitung, Fa. Hartmann & Braun, Frankfurt
45 VDI: Richtlinie VDI 2451, Bl. 4: Messung gasförmiger Immissionen; Messung der SO_2-Konzentration; Leitfähigkeitsverfahren (Picoflux). Berlin: Beuth 1986
46 Konrad, G.: Luftverunreinigungen in einem Schwarzwaldtal bei Inversionswetterlagen, Teil 1: Meßtechnik. Studienarbeit Nr. 2202 am IVD der Universität Stuttgart, 1986
47 Schütz, H.: Aufbau moderner Meßstationen zur Luftreinhaltung. Einzelbericht zu H & B-Meßwerte, Hartmann & Braun AG, Frankfurt, 1969
48 Pfeffer, H.-U.: Das telemetrische Echtzeit-Mehrkomponenten-Erfassungssystem TEMES zur Immissionsüberwachung in Nordrhein-Westfalen. Landesanstalt für Immissionsschutz des Landes Nordrhein-Westfalen, LIS-Bericht Nr. 19, Essen 1982
49 Breuer, W.: Nachr. Chem. Tech. 18, Nr. 14 (1970) 287 f
50 Picos, Elektro-chemischer Gasspurenanalysator. Bedienungsanleitung, Hartmann & Braun, Frankfurt 1971
51 Oxycom 25D, Sauerstoff-Meß- und Warngerät. Prospekt Nr. 4561, Drägerwerk AG Lübeck, 1980
52 Comowarn, der tragbare CO-Wächter. Prospekt 4111, Drägerwerk AG Lübeck, 1979
53 Fabian, L.: Elektrochemische Sensoren für die Rauchgasanalyse. cav 1986, Dezember, S. 95–102 und Rauchgasanalyse-Computer MSI 2000 P. Firmenprospekt, Fa. MSI Measuring Systems Industrial, Schwerte-Geisecke 1987

54 Rauchgasanalyse-Computer IMR 3000P/IMR 30109P. Bedienungsanleitung und Firmenprospekt, Fa. IMR Industrielle Mess- und Regelsysteme für Umwelttechnologie, Leingarten
55 Philips Elektronik Industrie GmbH: Schwefeldioxid-Meßgerät PW 9700, Firmenprospekt, Hamburg 1973
56 Rumpel, K.-J., Umweltbundesamt: Meßstation Deuselbach, persönliche Mitteilung, 1989
57 LFE Laboratorium für industrielle Forschung und Entwicklung: COSO2-SO_2-Gas-Analysator. Firmenprospekt und Betriebsanleitung, Maintal 1987
58 Bühler, H.: Grundlagen und Probleme der pH-Messung. Dr. W. Ingold AG, Frankfurt 1980
59 Schwabe, K.: pH-Meßtechnik, Dresden 1976
60 DIN 19620: pH-Messung: Allgemeine Begriffe für das Messen in wässrigen Lösungen. Berlin: Beuth 1971
61 DIN 19261: pH-Messung: Begriffe für Meßverfahren mit Verwendung galvanischer Zellen. Berlin: Beuth 1971
62 DIN 19262: Steckbuchse und Stecker geschirmt für pH-Elektroden. Berlin: Beuth 1959
63 DIN 19263: pH-Messung: Meßfertige Gaselektroden. Berlin: Beuth 1961
64 DIN 19264 E: pH-Messung: Meßfertige Bezugselektroden. Berlin: Beuth 1983
65 DIN 19265: pH-Messung: pH-Meßzusatz, Anforderungen. Berlin: Beuth 1967
66 DIN 19266: pH-Messung: Standardpufferlösungen. Berlin: Beuth 1979
67 DIN 19267: pH-Messung: Technische Pufferlösungen (Eichung). Berlin: Beuth 1978
68 DIN 19268 E: pH-Messung von klaren, wässrigen Lösungen. Berlin: Beuth 1982
69 Fa. Eigenbrodt, G.K.W.: Niederschlagsmonitor für elektrische Leitfähigkeit, pH-Wert und Niederschlagsmenge nach Dr. Winkler. Firmenprospekt, Königsmoor bei Harburg 1986
70 Fa. Thies, Clima: pH-Meßanlage, Listen-Nr. 2945/79. Gebrauchsanleitung und Firmenprospekt, Göttingen 1984
71 Jurkschat, R.: Entwicklung und Bau eines kontinuierlich arbeitenden Regen-pH-Meßgerätes. Diplomarbeit am Institut für Verfahrenstechnik und Dampfkesselwesen der Universität Stuttgart, 1984
72 Bran & Luebbe: On-line Analysensysteme, Meßprinzipien und Applikationen. Katalog Nr. 1.1 und 3.4, Bran & Luebbe GmbH, Norderstedt bei Hamburg 1986
73 Fischer, W.; Rohr, F.J.: Beispiele für die Anwendung von Festelektrolyten. Chem.-Ing. Techn. 50 (1978) Nr. 4, S. 303–305
74 Eisenhardt, H.: Untersuchung des ZrO_2-Meßverfahrens zur Bestimmung des O_2-Gehaltes in Abgasen. Studienarbeit Nr. 2021 am Institut für Verfahrenstechnik und Dampfkesselwesen der Universität Stuttgart 1979
75 Bundeseinheitliche Praxis bei der Überwachung der Emissionen nach §§ 2a, 4 der Ersten Verordnung zur Durchführung des Bundes-Immissionsschutzgesetzes; hier: Bekanntmachung geeigneter Meßgeräte für die Bestimmung der Rußzahl, des Kohlendioxidgehaltes sowie geeigneter Rußzahl-Vergleichsskalen. RdSchr. d. BMI vom 19.9.1979 – UII8-556 134/2, GMBl. S. 539
76 VDI: VDI-Handbuch Reinhaltung der Luft, Bd. 5. Berlin: Beuth wird ständig ergänzt.
77 Budzikiewicsz, H.: Massenspektrometrie. Taschentexte 5, Weinheim: Chemie 1972
78 Gebefügi, I.: Dioxine – eine Herausforderung an die moderne Analytik. gsf mensch + umwelt, Gesellschaft für Strahlen und Umweltforschung, München, August 1985
79 Kuwata, K.; Uebori, M.; Yamasaki, Y.: Determination of aliphatic and aromatic aldehyds in polluted airs as their 2, 4-dinitrophenylhydrazones by high performance liquid chromatography. J. of Chromatogr. Sci. 17 (1979) 264–268
80 Gjerde, D.T.; Fritz, J.S.: Ion Chromatography, 2. ed.. Heidelberg: Hüthig 1987
81 Grimmer, D. u.a.: Luftqualitätskriterien für ausgewählte polyzyklische aromatische Kohlenwasserstoffe. Umweltbundesamt Berichte 1/79, Berlin: Erich Schmidt 1979
82 Hagenmaier, H.; Brunner, H.; Kraft, M.: Emissionsmessungen von polychlorierten Dibenzodioxinen und Dibenzofuranen an Abfallverbrennungsanlagen. In: Schriftenreihe Aktuelle Probleme der Luftreinhaltung, Band 2, S. 199–224, Düsseldorf: VDI Kommission Reinhaltung der Luft 1986
83 Burk, H.D.: Probenahmetechniken zur Erfassung gas- und partikelförmiger Emissionen von polychlorierten Dibenzodioxinen und Dibenzofuranen. VDI Ber. 608 (1987) 191–208
84 VDI: Richtlinie 3872, Bl. 1E: Messen von Emissionen. Messen von polycyclischen aromatischen Kohlenwasserstoffen (PAH) – Messen von PAH in Abgasen von PKW-Otto- und Diesel-Motoren, Gas-Chromatographische Bestimmung. Berlin: Beuth 1987

85 Grimmer, G.; Hildebrandt, A.; Böhnke, H.: Probenahme und Analytik von PAK in Kfz-Abgasen, Erdöl und Kohle, Erdgas. Petrochemie 25 (1972) 531–536

86 Nicht limitierte Automobil-Abgaskomponenten. Druckschrift, Volkswagen AG, Forschung und Entwicklung, Wolfsburg 1988

87 Hartung, A.; Schulze, J.; Kieß, H.; Lies, K.-H.: Nitroderivate der PAK als Artefakte bei der Probenahme aus dem Dieselabgas. Staub-Reinhalt. Luft 46 (1986) Nr. 3, S. 132–135

88 Ballschmiter, K.; Zell, M.: Analysis of polychlorinated biphenyls (PCB) by glas capillary gas chromatography. Fresenius Z. Anal. Chemie 302 (180) 20–31

89 VDI: Richtlinie VDI 3881, Bl. 2: Olfaktometrie – Geruchsschwellenbestimmung, Probenahme. Berlin: Beuth 1987

90 VDI: Richtlinie VDI 3881, Bl. 1E: Olfaktometrische Technik der Geruchsschwellen–Bestimmung – Grundlagen. Berlin: Beuth 1983

91 Thiele, V.: Olfaktometrie von H_2S – Ergebnisse eines VDI-Ringvergleichs. Staub-Reinhalt. Luft 42 (1982) Nr. 1, S. 11–15

92 Bahnmüller, H.: Olfaktometrie von Dibutylamin, Acrylsäuremethylester, Isoamylalkohol und eines Spritzverdünners für Autolacke – Ergebnisse eines VDI-Ringvergleichs, Staub-Reinhalt. Luft 44 (1984) Nr. 7/8, S. 352–358

93 Thiele, V.: Olfaktometrie an einer Emissionsquelle – Ergebnisse des VDI-Ringvergleichs, Staub-Reinhalt. Luft 44 (1984) Nr. 7/8, S. 348–351

94 König, A.; Rohlfing, H.: Geruchsbelästigung durch Kfz-Abgase, Staub-Reinhalt. Luft 44 (1984) Nr. 9, S. 396–398

95 Dollnick, H.W.O.; Thiele, V.; Drawert, F.: Olfaktometrie von Schwefelwasserstoff, *n*-Butanol, Isoamylalkohol, Propionsäure und Dibutylamin, Staub-Reinhalt. Luft 48 (1988) 325–331

96 Winneke, G.; Berresheim, H.-W.; Kotalik, J.; Kabat, A.: Vergleichende olfaktometrische Untersuchungen zu Formaldehyd und Schwefelwasserstoff. Staub-Reinhalt. Luft 48 (1988) 319–324

97 Baum, F.: Luftreinhaltung in der Praxis. München: Oldenbourg 1988

98 VDI: Richtlinie 2066, Bl. 1: Messen von Partikeln; Staubmessungen in strömenden Gasen, gravimetrische Bestimmung der Staubbeladung, Übersicht. Berlin: Beuth 1975

99 VDI: Richtlinie 2066, Bl. 2: Messen von Partikeln; manuelle Staubmessung in strömenden Gasen; gravimetrische Bestimmung der Staubbeladung, Filterkopfmeßgerät. Berlin: Beuth 1981

100 Krebs, R.: Staubgehaltsmessungen in strömenden Gasen. Lurgi Apparatebau Gesellschaft mbH, Forschungslaboratorium, Frankfurt 1967

101 Düwel, U.; Dannecker, W.: Neuartige Probenahmeeinrichtung zur Staubkonzentrationsmessung in Reingasen von Großfeuerungsanlagen zum Zwecke der Bestimmung anorganischer und organischer Staubinhaltsstoffe. Staub-Reinhalt. Luft 43 (1983) Nr. 7, S. 277–284

102 Bühne, K.-W.; Jockel, W.: Das Planfilterkopfgerät. Staub-Reinhalt. Luft 49 (1989) Nr. 3, S. 93–98

103 VDI: Richtlinie 2268E, Bl. 1: Stoffbestimmung an Partikeln; Bestimmung der Elemente Ba, Be, Cd, Co, Cr, Cu, Ni, Pb, Sr, V, Zn in emittierten Stäuben mittels atomspektrometrischer Methoden. Berlin: Beuth 1984

104 Dannecker, W.; Redmann, W.A.; Düwel, U.: Erfassung filtergängiger Metalle und Metalloide, Staub-Reinhalt. Luft 45 (1985) Nr. 7/8, S. 331–338

105 Bundeseinheitliche Praxis bei der Überwachung der Emissionen und Immissionen, Eignung von Meßgeräten zur laufenden Aufzeichnung von Emissionen. RdSchr. d. BMI vom 21.7.1980, Gemeinsames Ministerialblatt, Ausgabe A, 31 (1980) Nr. 21, S. 342–355

106 Fa. Verewa Meß- und Regeltechnik Spohr: Staub-Emissionsmeßgerät „Beta-Staubmeter" F 50 (stationäre Ausführung) bzw. F 60 (transportable Ausführung). Firmenprospekt, Mühlheim/Ruhr 1978

107 Borho, K.: Staubmeßverfahren. Messen, Steuern und Regeln in der chemischen Technik. Band II, S. 216–223; Hrsg.: Hengstenberg, J.; Sturm, B.; Winkler, O. Berlin: Springer 1980

108 Fa. E. Sick GmbH: RM 61-03-Rauchdichtemeßgerät. Firmenprospekt, Waldkirch 1988

109 Fa. Durag Elektronik: Rauchdichte-Meßsystem D-R216. Firmenprospekt, Hamburg 1982

110 VDI: Richtlinie 2066, Bl. 4E: Messen von Partikeln; Staubmessung in strömenden Gasen; Bestimmung der Staubbeladung durch kontinuierliches Messen der optischen Transmission. Berlin: Beuth 1980

111 Fa. E. Sick GmbH: GM 21-Schwefeldioxid- und Staubgehalt-Meßgerät. Firmenprospekt, Waldkirch 1985

112 Erste Verordnung zur Durchführung des Bundes-Immissionsschutzgesetzes (Verordnung über Kleinfeuerungsanlagen – 1. BImSchV) vom 15.7.1988. Bundesgesetzblatt I, S. 1059

113 DIN 51402, Teil 1: Prüfung der Abgase von Ölfeuerungen; Bestimmung der Rußzahl. Berlin: Beuth 1978

114 DIN 51402, Teil 2: Prüfung der Abgase von Ölfeuerungen; Fließmittelverfahren zum Nachweis von Ölderivaten. Berlin: Beuth 1979

115 Baum, F.; Brocke, W.: Entwicklung einer einfachen Methode zur Messung der Staub-, Ruß- und Teeremissionen aus Hausbrandeinzelöfen für feste Brennstoffe. Schriftenreihe der Landesanstalt für Immissions- und Bodennutzungsschutz des Landes Nordrhein-Westfalen; H. 17, S. 7–17. Essen: Giradet 1969

116 Laskus, L.; Bake, D.: Erfahrungen bei der Korngrößenanalyse von Luftstäuben mit dem Andersen-Kaskadenimpaktor, Staub-Reinhalt. Luft 36 (1976) Nr. 3, S. 102–106

117 Finlayson-Pitts, B.J.; Pitts Jr., J.N.: Atmospheric Chemistry. New York: John Wiley & Sons 1986, S. 829–832

118 Kaskaden-Impaktor Andersen-Mark II. Gebrauchsanleitung, Vertrieb: Fa. Schäfer, Neu-Isenburg, 1979

119 VDI: Richtlinie 2119, Bl. 2, Messung partikelförmiger Niederschläge; Bestimmung des partikelförmigen Niederschlags mit dem Bergerhoff-Gerät (Standardverfahren). Berlin: Beuth 1972

120 VDI: Richtlinie 2119, Bl. 3, Messung partikelförmiger Niederschläge; Bestimmung des partikelförmigen Niederschlags mit dem Hibernia- und Löbner-Liesegang-Gerät. Berlin: Beuth 1972

121 VDI: Richtlinie 2119, Bl. 4, Messung partikelförmiger Niederschläge; Bestimmung des partikelförmigen Niederschlags mit Haftfolien. Berlin: Beuth 1972

122 Rohbock, E.; Georgii, H.W.: Ein Depositionssammelgerät zur getrennten Erfassung der trockenen und feuchten Deposition atmosphärischer Schadstoffe. Bericht im Auftrag des Umweltbundesamtes Forschungsprojekt 104 02 600, Frankfurt: Eigenverl. des Universitätsinst. für Meteorologie und Geophysik 1982

123 VDI: Richtlinie VDI 2463, Bl. 2E: Messen von Partikeln, Messen der Massenkonzentration von Partikeln in der Außenluft – High Volume Sampler – HV 100. Berlin: Beuth 1977

124 VDI: Richtlinie VDI 2463, Bl. 4: Messen von Partikeln, Messen von Partikeln in der Außenluft – LIB-Verfahren. Berlin: Beuth 1976

125 VDI: Richtlinie VDI 2463, Bl. 7: Messen von Partikeln, Messen der Massenkonzentration (Immission), Filterverfahren. Kleinfiltergerät GS 050. Berlin: Beuth 1982

126 VDI: Richtlinie VDI 2463, Bl. 9: Messen von Partikeln, Messen von Massenkonzentration (Immission), Filterverfahren. LIS/P – Filtergerät. Berlin: Beuth 1987

127 Satorius-Membranfilter GmbH: Staubsammelgerät Gravikon, Firmenprospekt SM 702.50.673.GU, Göttingen

128 Marfels, H.; König, R.: Zum „Gipsfaser-Problem" bei der Messung faserförmiger Stäube in der Außenluft. Staub-Reinhalt. Luft 45 (1985) Nr. 10, S. 441–444

129 Wedding, J.B.; McFarland, A.R.; Cermack, J.E.: Large particle collection characteristics of ambient aerosol samplers. Environmental Science & Technology 11, Nr. 4, 1977, pp. 387–390

130 Baumann, K.: Aufbau und Erprobung einer Meßstation zur Erfassung der Schadstoffausbreitung an einer Autobahn. Studienarbeit Nr. 2193 am Institut für Verfahrenstechnik und Dampfkesselwesen der Universität Stuttgart, 1985

131 Baumbach, G.; Baumann, K.; Dröscher, F.: Luftverunreinigungen in Wäldern, Institut für Verfahrenstechnik und Dampfkesselwesen der Universität Stuttgart, Abteilung Reinhalt. Luft, Bericht Nr. 5 – 1987

132 VDI: Richtlinie VDI 2463, Bl. 5: Messen von Partikeln, Messen der Massenkonzentration (Immission), Filterverfahren. Automatisiertes Filtergerät FH 62I, Berlin: Beuth 1987

133 Bundeseinheitliche Praxis bei der Überwachung der Emissionen und Immissionen, Rdschr. des BMI vom 2.2.1983, GMBl. 34 (1983), Nr. 4, S. 76–82

134 Sigrist Photometer AG: Staubgehaltsmessungen zur Emissionskontrolle an Abgaskanälen, hinter filternden Abscheidern oder zur Immissionskontrolle, Firmenschrift, Ennetbürgen/Schweiz, 1985

135 Malissa, H.: Analysis of Airborne Particles by Physical Methods, CRC Press, Oca Rotan, Fl. USA, 1978

136 Manuntschehri, A.; Candala, J.P.: Gewinnung und mikroskopische Untersuchung von Staubproben aus der Atmosphäre, Studienarbeiten am Institut für Verfahrenstechnik und Dampfkesselwesen der Universität Stuttgart, 1959

137 Schreiber, H.: Energiedispersive Röntgenfluoreszensanalyse, KfK-AFR 006, 103–110, Kernforschungszentrum Karlsruhe 1983

138 Traxel, K.; Wätjen, U.: Particle-induced X-Ray Emission Analysis (PIXE) of Aerosols; in Physical and Chemical Characterization of Individual Airborne Particles (Ed. K.R. Spurny), Ellis Horwood (J. Wiley & Sons), 298–330, Chichester UK, 1986

139 Wieser, P.; Schreiber, H.; Greiner, W.: Quellenspezifische Merkmale partikelgebundener atmosphärischer Spurenstoffe der bodennahen Luft. Vergleichende Untersuchungen mit dem Lasermikrosonden-Massenanalysator LAMMA 500 und der Röntgenfluoreszensanalyse. Projekt Europäisches Forschungszentrum für Maßnahmen zur Luftreinhaltung (PEF) am Kernforschungszentrum Karlsruhe (KfK), KfK-PEF-Bericht 20. April 1987

140 VDI: Richtlinie VDI 3497, Bl. 3: Messen partikelgebundener Anionen in der Außenluft. Analyse von Chlorid, Nitrat und Sulfat mittels Ionenchromatographie mit Suppressortechnik nach Aerosolabscheidung auf PTFE-Filtern, Berlin: Beuth 1988

141 VDI: Richtlinie VDI 2463, Bl. 1: Messen von Partikeln in der Außenluft – Übersicht, Berlin: Beuth 1974

142 Thoenes, H.W.; Lützke, K.; Guse, W.: Stand der Meßtechnik und Probleme bei der Emissionsmessung von Staub, Stickstoffoxiden und Schwefeloxiden aus Feuerungsanlagen, in VDI-Berichte Nr. 495, Düsseldorf 1984

143 KNF Neuberger GmbH: KNF Perma Pure Gastrockner, Firmenprospekte, Freiburg 1985

144 Knoß, M.; Kopka, M.: Beeinflussung der Meßgenauigkeit bei SO_2-Emissionsmessungen durch das Probenahmesystem, Studienarbeiten Nr. 2184 und 2185 am Institut für Verfahrenstechnik und Dampfkesselwesen der Universität Stuttgart, 1985

145 Divisek, J.; Fürst, L.; Nürnberg, H.W.: Kontinuierliches SO_2-Meßgerät für die zuverlässige Überwachung von Feuerungsabgasen, Staub-Reinhalt. Luft 45 (1985) Nr. 9, S. 414–418

146 Hartmann & Braun AG: Rauchgasanalyse und Emissionsüberwachung, Technische Information 30 PY103, Frankfurt 1981

147 Robert Bosch GmbH (Hrsg.): Abgase von Verbrennungsmotoren. In: Kraftfahrtechnisches Taschenbuch, 20. Aufl. Düsseldorf: VDI 1987

148 Mercedes-Benz: Abgas-Emissionen. Grenzwerte, Vorschriften und Messung: Druckschrift Nr. 13 EP/EB, Stuttgart März 1991

149 Volkswagen AG: Druckschrift „Abgasmessungen", Wolfsburg 1986

150 Staab, J.; Pflüger, H.; Schröter, D.; Schürmann, D.: Ein kompaktes Abgasmeßsystem zum Einbau in Personenkraftwagen für Messungen bei Straßenfahrten. DK 621.43.019.9, Volkswagen AG, Wolfsburg 1988

151 RdSchr. des Bundesministers des Innern betreffend Bundeseinheitliche Praxis bei der Überwachung der Emissionen und Immissionen – UI8 – 556134/4 –, II. Richtlinien für die Wahl der Standorte und die Bauausführung automatischer Meßstationen in telemetrischen Immissionsmeßnetzen, vom 2.2.1983, GMBl. S. 76–78

152 Immissionsmeßnetze in der Bundesrepublik Deutschland – Stand 1987. In: Monatsberichte aus dem Meßnetz 8/87, Umweltbundesamt Berlin

153 Projektgruppe Bayern zur Erforschung der Wirkung von Umweltschadstoffen (PBWU): Atlas der Immissionsmeßstationen Europas, 2. Aufl. Gesellschaft für Strahlen- und Umweltforschung, München, GSF-Bericht 25/87

154 Richtlinie des Rates vom 7. März 1985 über Luftqualitätsnormen für Stickstoffdioxid. Amtsblatt der EG, L 87/1

155 Kost, W.-J.; Baumbach, G.: Messung der vertikalen Konzentrationsgradienten der Spurengase NO, NO_2, SO_2 und O_3 in Waldbeständen im Schönbuch und Schwarzwald. VDI Ber. 560, S. 205–239, Düsseldorf 1985

156 Esser, J.: Schadstoffkonzentration im Nahbereich von Autobahnen in Abhängigkeit von Verkehr und Meteorologie. In: Kolloquiumsbericht „Abgasbelastungen durch den Kraftfahrzeugverkehr im Nahbereich verkehrsreicher Straßen". Köln: TÜV Rheinland 1982 und Umwelt 3/82, S. 158–164

157 Baumann, K.: Schadstoffausbreitung im Nahbereich einer Autobahn. Institut für Verfahrenstechnik und Dampfkesselwesen der Universität Stuttgart, Abt. Reinhalt. Luft, Bericht Nr. 8 – 1987

158 Käß, M.: Untersuchungen zur Erfassung des Schadstoffeintrages in Waldbestände. Diplomarbeit Nr. 2139 am Institut für Verfahrenstechnik und Dampfkesselwesen der Universität Stuttgart 1984

159 Baumbach, G.; Käß, M.: Ermittlung von vertikalen Schadstoffkonzentrations-Profilen in Waldbeständen in Baden-Württemberg – Meßtechnik und erste Ergebnisse. Staub-Reinhalt. Luft 45 (1985) Nr. 6, S. 274 – 278

160 Gehrig, EMPA, Dübendorf/Schweiz: Persönliche Mitteilung, 1987

161 Nater, W.: Das atmosphärenphysikalische Meßsystem des Projektes „Luftschadstoffe" (Waldschäden) an der Lägeren. Eidgenössisches Institut für Reaktorforschung, Würenlingen/Schweiz, EIR-Bericht Nr. 616, Juni 1987

162 Sattler, T.; Jaeschke, W.: Automatisierte Bestimmung von Immissionsprofilen anorganischer Luftschadstoffe in verkehrsreichen Waldschneisen; Staub-Reinhalt. Luft 47 (1987) Nr. 11 – 12, S. 261 – 266

163 Michaelis, W.; Schönburg, M.; Stößel, R.-P.: Trocken- und Naßdeposition von Schwermetallen und Gasen. In: Bauch, J.; Michaelis, W. (Hrsg.): Das Forschungsprogramm Waldschäden am Standort „Postturm" Forstamt Farchau/Ratzeburg, GKSS-Forschungszentrum Geesthacht GmbH, GKSS 88/E/55, 1988

164 Baumbach, G.; Baumann, K.; Dröscher, F.: Schadstoffbelastung im Nordschwarzwald und Schönbuch. In: Verteilung und Wirkung von Photooxidantien im Alpenraum, Gesellschaft für Strahlen- und Umweltforschung, München, GSF-Bericht 17/88, S. 609 – 616

165 DIN 1319, Teil 1: Grundbegriffe der Meßtechnik – Allgemeine Grundbegriffe. Berlin: Beuth 6/1985

166 Hartkamp, H.; Buchholz, N.; Klukas, F.; Münch, J.: Ermittlung und Erprobung von Kalibrierverfahren für Immissionsmeßnetze. Umweltforschungsplan des Bundesministers des Innern, Forschungsbericht 104 02 216, UBA-FB 83 – 034, Materialien 3/83, Berlin: Erich Schmidt 1983

167 Richtlinien für die Eignungsprüfung, den Einbau und die Wartung kontinuierlich arbeitender Emissionsmeßgeräte. RdSchr. des BMI vom 21.7.1980 – UII8-556 134/4-, GMBl. S. 343

168 Güdelhöfer, P.; Hönig, H.-J.: Erprobung von Referenzmeßverfahren zur Feststellung gasförmiger Emissionen. Umweltforschungsplan des Bundesministers des Innern, Forschungsbericht 104 02 100, Köln: TÜV Rheinland 1979

169 Fa. Wösthoff oHG: Gasmischvorrichtungen. Firmendruckschrift 511 – 2a, Ausgabe 1074, Bochum 1977

170 Baumbach, G.: Messung von Stickstoffoxiden in der freien Atmosphäre. Diplomarbeit am Institut für Verfahrenstechnik und Dampfkesselwesen der Universität Stuttgart, 1973

171 VDI: Richtlinie 3490, Bl. 7: Messen von Gasen – Prüfgase, Dynamische Herstellung durch periodische Injektion. Berlin: Beuth 12/1980

172 VDI: Richtlinie 2449, Bl. 1: Prüfkriterien von Meßverfahren – Datenblatt zur Kennzeichnung von Analysenverfahren für Gas-Immissionsmessungen. Berlin: Beuth 10/1970

173 DIN 1319, Teil 3: Grundbegriffe der Meßtechnik – Begriffe für die Meßunsicherheit und für die Beurteilung von Meßgeräten und Meßeinrichtungen. Berlin: Beuth 8/1983

174 DIN ISO 5725: Präzision von Meßverfahren – Ermittlung der Wiederhol- und Vergleichspräzision von festgelegten Meßverfahren durch Ringversuche. Berlin: Beuth April 1988

175 Bundeseinheitliche Praxis bei der Überwachung der Immissionen. Richtlinien für die Bauausführung und Eignungsprüfung von Meßeinrichtungen zur kontinuierlichen Überwachung der Immissionen. – RdSchr. d. BMI vom 19.8.1981 – UII8-556 134/4 –, GMBl. S. 355

176 DIN 1319, Teil 2: Grundbegriffe der Meßtechnik – Begriffe für die Anwendung von Meßgeräten. Berlin: Beuth 1/1980

177 VDI: Richtinie 2449, Bl. 2E: Grundlagen zur Kennzeichnung vollständiger Meßverfahren, Begriffsbestimmung. Berlin: Beuth 11/1979

178 VDI: Richtlinie 3483, Bl. 1: Messen gasförmiger Immissionen, Messen von Aldehyden – Bestimmen der Formaldehyd-Konzentration nach dem Sulfit-Pararosanilin-Verfahren. Berlin: Beuth 1/1979

179 Baumbach, G.: Emissionen organischer Schadstoffe von Ölfeuerungen. Dissertation, Universität Stuttgart 1977

180 VDI-Kommission Reinhaltung der Luft: Ringversuch „Immissionsmessungen von Stickstoffoxiden“ am 11./13. Mai 1981 bei der LIS in Essen. Ergebnisbericht, Düsseldorf April 1983

181 Pfeffer, H.U.: Qualitätssicherung in automatischen Immissionsmeßnetzen, Teil 3: Ringversuche der staatlichen Immissions-, Meß- und Erhebungsstellen in der Bundesrepublik Deutschland, Ergebnisse für die Komponenten SO_2, NO_x, O_3 und CO. LIS-Bericht Nr. 52, Landesanstalt für Immissionsschutz, Essen 1984

182 Landesanstalt für Immissionsschutz (LIS): Ringversuch für NO, NO_2, SO_2 und O_3, Essen 1985

6 Auswertung von Luftverunreinigungs-Messungen

Luftverunreinigungen werden durch die Meßtechnik sowohl im Emissions- als auch im Immissionsbereich i.allg. als Konzentrationen erfaßt. Zum Vergleich mit Grenzwerten ist diese Bestimmung der Konzentrationen ausreichend; es muß sich allerdings um Massenkonzentrationen handeln, was häufig eine Umrechnung der Meßergebnisse erforderlich macht, da mit vielen Meßverfahren Volumenkonzentrationen bestimmt werden.

Zur Beurteilung von Luftverunreinigungen sind Konzentrationsangaben allein nicht ausreichend, sondern es sind vielfach die Massenströme von Interesse. Die Massenströme ergeben sich grundsätzlich aus den Schadstoff-Konzentrationen, multipliziert mit den Volumenströmen, in denen sie enthalten sind. Die Bestimmung dieser Volumenströme gestaltet sich meistens recht aufwendig und ist mit Ungenauigkeiten verbunden.

Die Beschreibung der Massenströme erfolgt nach VDI 2450, *Bl. 1* [1] *durch folgende Begriffe:*

- Der *Emissionsstrom* ist die pro Zeiteinheit in die offene Atmosphäre austretende Masse eines luftverunreinigenden Stoffes.
- Der *Immissionsstrom* ist die pro Zeiteinheit in den Akzeptor (Mensch, Tier, Pflanze, Boden, Materialien) übertretende Masse luftverunreinigender Stoffe.
- Das Integral des Immissionsstromes über die Zeit, in der der Akzeptor diesem exponiert war, heißt nach [1] Immissionsdosis.

Der Begriff Immissionsdosis wird teilweise auch einfach als Produkt von Konzentration mal Zeit verwendet [2].

Im folgenden wird auf die Auswertung von Luftverunreinigungsmessungen sowohl im Emissions- als auch im Immissionsbereich im Hinblick auf die verschiedenen Beurteilungs- und Quantifizierungsmöglichkeiten eingegangen.

6.1 Bestimmung von Schadstoffemissionen

6.1.1 Ermittlung von Schadstoffemissionen aus Konzentrationsmessungen in Abgasen

6.1.1.1 Emissionsströme und Emissionsfaktoren

Der Bestimmungsweg von Emissionsströmen und sogenannten Emissionsfaktoren aus Konzentrationsmessungen an Abgasen ist beispielhaft für Feuerungsanla-

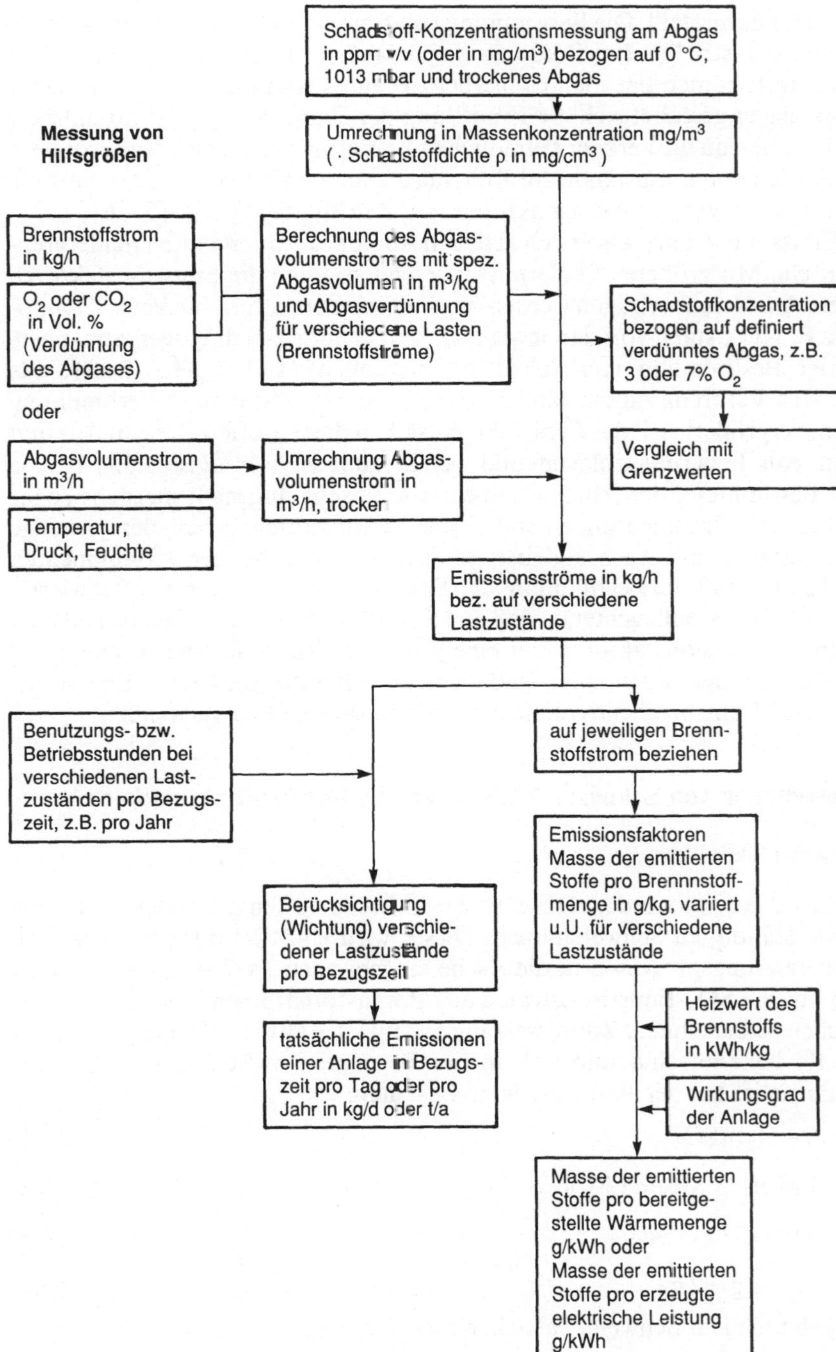

Bild 6.1. Bestimmung von Emissionsströmen und Emissionsfaktoren aus Konzentrationsmessungen an Abgasen – beispielhaft dargestellt für Feuerungsanlagen

gen in Bild 6.1 dargestellt. Die Bestimmung von Emissionsströmen und Emissionsfaktoren an industriellen Produktionsanlagen läuft im Prinzip genauso ab. Statt mit Brennstoffströmen hat man es hierbei z.B. mit Produktströmen zu tun. Bei Kraftfahrzeugen gestaltet sich die Ermittlung der Emissionen etwas komplizierter, da hier selten an im Verkehr befindlichen Fahrzeugen gemessen wird, sondern die verschiedenen Fahrzustände auf Rollenprüfständen simuliert werden müssen. Zur Bestimmung von Emissionsfaktoren von Kraftfahrzeugen s. [3–6].

Die Emissionsströme lassen sich in den in Abschn. 5.6.5 genannten Fehlergrenzen ermitteln. Mit größeren Fehlern ist zu rechnen, wenn die Emissionsfaktoren auf andere Anlagen übertragen werden, da die Emissionen verschiedener Komponenten, z.B. NO_x, stark von den jeweiligen Verbrennungsbedingugen abhängen.

Bei der Bestimmung von Schadstoffemissionen (CO, C_nH_m, Ruß), aus instationären Verbrennungszuständen, die z.B. bei unvollständiger Verbrennung entstehen, vergrößert sich der Fehler. So entstehen diese Stoffe z.B. beim An- und Abfahren von Feuerungsanlagen und bei Störungen. Für diese Fälle ist die jeweilige Bestimmung des Abgasvolumenstromes sehr ungenau, meistens sogar unmöglich. Bei Hausfeuerungen mit festen Brennstoffen gehen der jeweilige Beschickungsgrad und Ausbrandzustand mit ein. Wenn bei den Komponenten CO, C_nH_m und Ruß die Bestimmung der Emissionsströme schon auf Schwierigkeiten stößt, ist es einleuchtend, daß die Ermittlung von auf andere Anlagen übertragbare Emissionsfaktoren nur eine grobe Schätzung darstellen kann.

Unter diesen Gesichtspunkten sind die in der Literatur genannten Emissionsfaktoren [7, 8] entsprechend vorsichtig zu bewerten und zu verwenden.

6.1.2 Berechnung von Schadstoffemissionen aus Brennstoffeigenschaften

6.1.2.1 Schwefeldioxid

Wie in Kap. 2 gezeigt wurde, verbrennt der in Brennstoffen gebundene Schwefel nahezu vollständig zu Schwefeldioxid. Dieses wird emittiert oder bei einzelnen Kohleverbrennungsprozessen in die Asche eingebunden (s. Tab. 2.4). Es bietet sich also an, die SO_2-Emissionsströme aus Brennstoffströmen bzw. Brennstoffverbräuchen zu berechnen. Voraussetzung hierfür ist, daß die Schwefelgehalte der Brennstoffe bekannt sind und sich in der Bezugszeit nicht ändern. Folgende Stöchiometrie ist bei der Berechnung zu beachten:

$$S + O_2 = SO_2 \tag{6.1}$$

$$1\,\mathrm{Mol} + 1\,\mathrm{Mol} = 1\,\mathrm{Mol} \tag{6.2}$$

$$32\,\mathrm{g} + 32\,\mathrm{g} = 64\,\mathrm{g} \tag{6.3}$$

$$1\,\mathrm{g} + 1\,\mathrm{g} = 2\,\mathrm{g}. \tag{6.4}$$

Aus 1 g gebundenem Schwefel entstehen also 2 g SO_2.

Beispiel: Es wird 1 kg Heizöl EL mit 0,2 Massenanteil in % Schwefel verbrannt → es entstehen aus 2 g Schwefel 4 g SO_2.

Im Prinzip lassen sich aus den Verbräuchen an einzelnen Brennstoffen die SO_2-Emissionen eines ganzen Gebietes für einen definierten Zeitraum relativ genau berechnen. Auf derartigen Berechnungen beruhen die Emissionsangaben des Umweltbundesamtes [9].

Ungenau werden die Berechnungen, wenn die Schwefelgehalte der Brennstoffe nicht exakt bekannt sind. So war z.B. für das Heizöl EL ein maximaler Schwefelgehalt von 0,3 Massenanteil in % vorgeschrieben [10], mit dem meistens auch gerechnet wurde. Von der Mineralölwirtschaft wurde allerdings angegeben, daß die Schwefelgehalte des Heizöls EL teilweise niedriger lagen und 1984 im Marktdurchschnitt 0,24 % betragen haben sollen [11].

Die Genauigkeit der SO_2-Emissionsberechnungen nimmt auch mit dem zunehmenden Einsatz von Rauchgasentschwefelungsanlagen ab. Da diese Anlagen unterschiedliche Ausbauzustände und Abscheidegrade aufweisen, ist man bei der Bestimmung der SO_2-Emissionsströme auf Messungen in den Abgasen angewiesen. Hier gelten die im vorhergehenden Kapitel angestellten Betrachtungen zur Bestimmungsmethode und zur Genauigkeit.

6.1.2.2 Stickstoffoxide

In Abschn. 2.1.3 wurde gezeigt, daß eine Berechnung der Stickstoffoxid-Emissionen aus dem Stickstoffgehalt des Brennstoffs nicht möglich ist. Zum einen wird bei der Verbrennung nicht aller Brennstoffstickstoff in Stickstoffoxid umgewandelt, zum andern wird in Abhängigkeit von der Verbrennungstemperatur mehr oder weniger viel Luftstickstoff zu Stickstoffoxid oxidiert.

Im Zuge der Berechnung von Flammen und Feuerraumauslegungen ist man bestrebt, die NO_x-Emissionen vorauszuberechnen. Dies gelingt jedoch nur für Feuerräume mit definierten Abmessungen und für bekannte Brennstoffeigenschaften [12, 13]. Die Modelle befinden sich in Stadien, in denen die Rechenergebnisse noch mit Meßergebnissen verglichen und abgesichert werden müssen. Bei einer Übertragung von einer Anlage auf die andere müßten jedesmal die Feuerraumdimensionen und die Brennstoffeigenschaften sowie die Lastverhältnisse in den Rechengang einbezogen werden. Der Sinn derartiger Berechnungsmodelle besteht nicht in der Erhebung von Emissionsdaten für NO_x, sondern vielmehr darin, bei Feuerungsanlagen im Planungsstadium die NO_x-Emissionen vorauszuberechnen und die Konstruktion der Brenner und des Feuerraums auf eine minimale NO_x-Emission hin auszulegen.

Bei der Bestimmung von NO_x-Emissionsströmen an den vielfältigen Anlagen ist man also nach wie vor auf Messungen in Abgasen angewiesen.

6.1.2.3 Produkte unvollständiger Verbrennung

Eine Bestimmung von Produkten unvollständiger Verbrennung (CO, C_nH_m und Ruß) ist anhand von Brennstoffeigenschaften nicht möglich, da die Emissionen dieser Stoffe fast ausschließlich vom Verbrennungsvorgang beeinflußt werden.

6.1.2.4 Schwermetallemissionen bei Ölfeuerungen

Während die Ruß- und Gesamtstaub-Emissionen bei Ölfeuerungen nicht aus den Brennstoffeigenschaften berechnet werden können, lassen sich die im Öl enthaltenen Metalle als Oxide in den Abgasen nachweisen. Ob dieser Nachweis quantitativ möglich ist, konnte allerdings noch nicht nachgeprüft werden [14]. Die Metallemissionen haben insbesondere bei der Verbrennung schwerer Heizöle eine Bedeutung. Es werden hierbei z.B. *Nickel-* und *Vanadiumoxide* emittiert. Bei der Verfolgung von Luftverunreinigungen können diese Metalle als Indikatoren für Abgasbestandteile von Schwerölfeuerungen dienen [15].

Bei Heizöl EL treten Metalle nur in geringsten Konzentrationen auf, so daß die Emissionen der entsprechenden Oxide bisher keine Bedeutung haben. Dem Benzin wurde bisher *Blei* in Form von Bleitetraäthyl als Antiklopfmittel zugesetzt. Die Bleiemissionen der Kraftfahrzeuge entsprechen dem Bleigehalt des verwendeten Benzins und lassen sich daraus hochrechnen. Hierbei ist allerdings noch nichts darüber ausgesagt, in welcher Form das Blei emittiert wird. Es werden z.B. Halogenverbindungen zugesetzt, damit sich die Bleiverbindungen besser verflüchtigen.

Bei der Kohleverbrennung treten zwar in starkem Maße Aschebestandteile im Flugstaub auf. Da ein Teil der Asche aber bereits im Feuerraum und der größte Teil der Flugasche in Abgasentstaubungsanlagen zurückgehalten wird, ist hier eine Berechnung der Staubemissionen aus der Brennstoffzusammensetzung unmöglich. Die Staubemissionen lassen sich bei Kohlefeuerungen nur aus Abgasmessungen bestimmen.

6.1.3 Erfassung der Schadstoff-Emissionen eines Gebietes in Emissionskatastern

6.1.3.1 Räumliche Schadstoffverteilung

Um Zusammenhänge zwischen Emissionen und Immissionen in einem Gebiet erkennen zu können, ist es wichtig, zunächst einen Überblick über die Verteilung der Schadstoff-Emissionen des Gebietes zu erstellen. In diese Emissionskataster geht das Ausmaß der Emissionen von den verschiedenen Hauptquellgruppen ein:

- Kraftfahrzeugverkehr,
- Feuerungsanlagen der Hausheizungen und des Kleingewerbes,
- Industrie: Feuerungsanlagen einschließlich Kraftwerksfeuerungen und industrielle Prozesse.

Üblicherweise wird bei derartigen Katastern das Beurteilungsgebiet in Teilflächen von 1×1 km eingeteilt und die auf diesen Flächen freigesetzten Schadstoff-Emissionen pro Jahr berechnet. Die Emissionsverhältnisse werden durch farbiges Anlegen dieser Teilflächen in Landkarten graphisch dargestellt. Aus dieser Darstellung kann man z.B. erkennen, in welchen Teilen einer Stadt im Jahresmittel große Schadstoffmengen freigesetzt werden und wo wenig emittiert wird. In Verbindung mit Immissionskatastern können Gebiete erkannt werden, in denen Maßnahmen zur Luftreinhaltung bevorzugt anzusetzen sind. Emissions- und Immissionskataster sind daher auch wesentliche Bestandteile von Luftreinhalteplänen.

Der zeitliche Verlauf der Schadstoff-Emissionen geht aus der Darstellung in Katastern zunächst nicht hervor. Er muß gesondert ermittelt werden und soll nach

[8] unter Kennzeichnung der Anteile der einzelnen Emittentengruppen zusammenfassend ebenfalls für den Zeitraum eines Kalenderjahres dargestellt werden.

Schadstoffe

Nach [8] sind in das Emissionskataster insbesondere folgende Luftverunreinigungen aufzunehmen:
- Staub,
- Feinstaub <0,01 mm (aerodynamischer Durchmesser zu 85 % <0,01 mm),
- Blei und Bleiverbindungen – angegeben als Pb,
- Schwefeldioxid (SO_2),
- Stickstoffoxide – angegeben als NO_2,
- Kohlenmonoxid (CO),
- gasförmige und dampfförmige organische Verbindungen,
- Chlor und gasförmige anorganische Chlorverbindungen – angegeben als Cl^-,
- Fluor und gasförmige anorganische Fluorverbindungen – angegeben als F^-.

Oft liegen zu den einzelnen Schadstoffen keine Meßdaten über die Emissionen vor, insbesondere bei den nicht so geläufigen Schadstoffen (z.B. Feinstaub, organische Verbindungen, Cl^- und F^-). Die eingesetzten Werte beruhen daher meistens auf Schätzungen, oder es werden Emissionsfaktoren verwendet, die auf Schätzungen beruhen. Eine große Genauigkeit darf deshalb hier nicht erwartet werden.

6.1.3.2 Bestimmung der Schadstoff-Emissionen des Kraftfahrzeugverkehrs

Der Rechengang zur Bestimmung der Schadstoff-Emissionen des Kraftfahrzeugverkehrs ist in Bild 6.2 schematisch dargestellt. Als wesentliche Grundlage für die Berechnung der Emissionen können Verkehrsbelastungspläne von Städten dienen, in denen für die wichtigsten Straßen die täglichen Verkehrsstärken angegeben sind. Liegen derartige Erhebungen nicht vor, dann müssen extra Verkehrszählungen durchgeführt werden, bei denen nach [8] das Verkehrsaufkommen in Abhängigkeit von der Tageszeit durch Zählung der Kraftfahrzeuge getrennt nach PKW und LKW zu bestimmen ist. Nicht als sogenannte Linienquellen erfaßte Straßen sind als Flächenquellen zu betrachten, bei denen das Verkehrsaufkommen durch Stichprobenzählungen ermittelt werden soll. Das Fahrverhalten bzw. die Fahrgeschwindigkeiten müssen für die einzelnen Straßen festgestellt werden, ggf. durch stichprobenweises Mitfahren im Verkehr. Vom TÜV Rheinland wurden zur Charakterisierung des Fahrverhaltens sogenannte „Fahrmodi" eingeführt und für diese jeweils die Emissionsfaktoren auf Rollenprüfständen gemessen [3, 4]. Die in [8] genannten Emissionsfaktoren basieren auf den Untersuchungen des TÜV Rheinland.

Über die Verkehrsstärke, das Fahrverhalten und die entsprechenden Emissionsfaktoren erhält man die jährlichen Belastungen an SO_2, NO_x und CO je Straße in t/(km · a). Mit den auf diese Weise berechneten Schadstoff-Emissionen

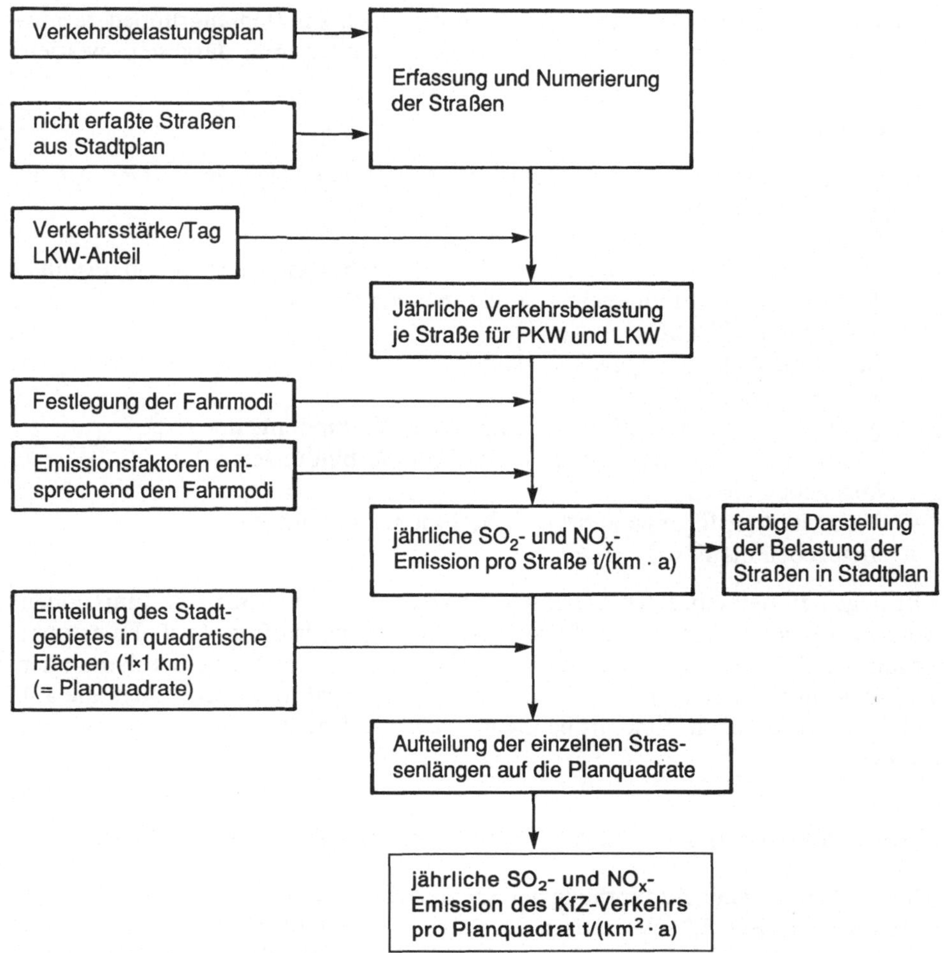

Bild 6.2. Rechengang zur Bestimmung der vom Kraftfahrzeugverkehr erzeugten SO_2- und NO_x-Emissionen je Straße und je Quadratkilometer in einer Stadt (gilt ebenfalls für CO-Emissionen)

lassen sich die Straßen im Stadtplan entsprechend ihrer Belastung farbig darstellen, s. z.B. die Emissionskataster der Quellgruppe Verkehr der Städte Stuttgart, Mannheim und Karlsruhe [16–18]. Neben den Schadstoffen SO_2, NO_x und CO wurden bei letzteren Katastern auch die Summe von Kohlenwasserstoffen, Blei und Ruß ermittelt und dargestellt.

Die Straßen mit ihren spezifischen Schadstoff-Emissionen können dann den 1 × 1-km-Planquadraten des Untersuchungsgebietes zugeordnet und die jeweiligen Längen der einzelnen Straßen in den verschiedenen Quadraten ausgemessen werden. Die spezifischen Emissionen multipliziert mit der jeweiligen Straßenlänge ergeben die jährlichen Emissionen jeder Straße pro bestimmtem Quadratkilometer. Die Summen aller Straßen eines Planquadrates stellen dann die kraftfahrzeugbedingten Schadstoff-Emissionen in $t/(km^2 \cdot a)$ dar [16–18].

6.1.3.3 Schadstoff-Emissionen von Hausheizungen und Kleingewerbe

Die 5. Verwaltungsvorschrift zum Bundesemissionsschutzgesetz [8] sieht vor, daß die Anzahl und die Art der Anlagen, die eingesetzten Brennstoffe, die Nennleistungen der Anlagen, die Höhe der Quellen und die geographische Lage ermittelt werden. Hierbei soll möglichst auf die von den Schornsteinfegern bei der jährlichen Überwachung der Hausheizungen festgestellten Angaben zurückgegriffen werden. Die Bestimmung der Anzahl der Anlagen ist jedoch recht aufwendig. Die hierbei erzielte Genauigkeit wird teilweise dadurch wieder zunichte gemacht, daß keine Angaben über die Brennstoffverbräuche der Anlagen vorliegen und hierfür Schätzungen vorgenommen werden müssen. Die Größe der Feuerungsanlage sagt nämlich noch nicht zwingend etwas über ihre Auslastung aus.

Manchmal liegen im Rahmen von Fernwärmestudien auch Erhebungen über die Wärmeanschlußdichten einzelner Stadtgebiete vor. Wenn die jährlichen Wärmelieferungen an Gas und Fernwärme bekannt sind (diese sind relativ leicht zu erheben), dann lassen sich die Verbräuche an Heizöl EL rechnerisch abschätzen. Über die einzelnen Wärmeverbräuche können somit unter Zuhilfenahme von Emissionsfaktoren die Schadstoff-Emissionen katastermäßig bestimmt werden. Bei der Erstellung eines lufthygienischen Gutachtens für die Stadt Heilbronn wurde beispielsweise so vorgegangen [19].

Bild 6.3 zeigt den hierbei angewendeten Rechengang. Bei der Erstellung der amtlichen Emissionskataster in Baden-Württemberg wurden Zählungen in letzter Konsequenz nicht vorgenommen, sondern die Endenergieverbräuche wurden über ähnliche Rechengänge wie dem in Bild 6.3 dargestellten ermittelt [20, 21].

Dreyhaupt gibt in seinem „Handbuch zur Aufstellung von Luftreinhalteplänen“ [22] eine Anleitung, wie in großen Stadtgebieten statistische Erhebungen vorgenommen werden können, ohne alle Haushalte zu befragen (sog. Mikrozensus).

Für die Kleinstadt Waldenbuch wurde beispielhaft ein Emissionskataster erstellt, bei dem in Einzelerhebungen etwa 70 % aller Haushalte befragt wurden, wobei Daten über Brennstoffart und jährlichen Brennstoffverbrauch direkt erfaßt wurden [23]. Ein auf diese Weise erstelltes Emissionskataster übertrifft natürlich in seiner Genauigkeit die anderen Erhebungsmethoden. Es läßt sich aber bei größeren Städten wegen des erheblichen Arbeitsaufwandes nicht realisieren.

Die Schadstoff-Emissionen des *Kleingewerbes* hängen von den gehandhabten Stoffen, von Bauart und der Betriebsweise der Anlagen ab. Beispielhaft seien folgende Anlagen genannt: Tankstellen, Druckereien, Chemischreinigungen, Lackierereien, Holzverarbeitung, Räucheranlagen, Heizölvertriebsläger und Anlagen zum Behandeln von Teilen mit Chlorkohlenwasserstoffen. Dreyhaupt [22] gibt auch hierfür eine ausführliche Anleitung zur Erhebung der Daten. Dabei müssen mit Fragebögen alle Anlagen erfaßt werden. Über den Stoffumschlag erfolgt dann z.B. unter Zuhilfenahme spezifischer Emissionsfaktoren die Berechnung der Emissionen.

6.1.3.4 Schadstoff-Emissionen von Industrie- und Gewerbeanlagen

Bei der Erfassung der Emittentengruppe „Industrie“ kommt man um eine Einzelbefragung aller Anlagenbetreiber nicht herum. In den „Belastungsgebie-

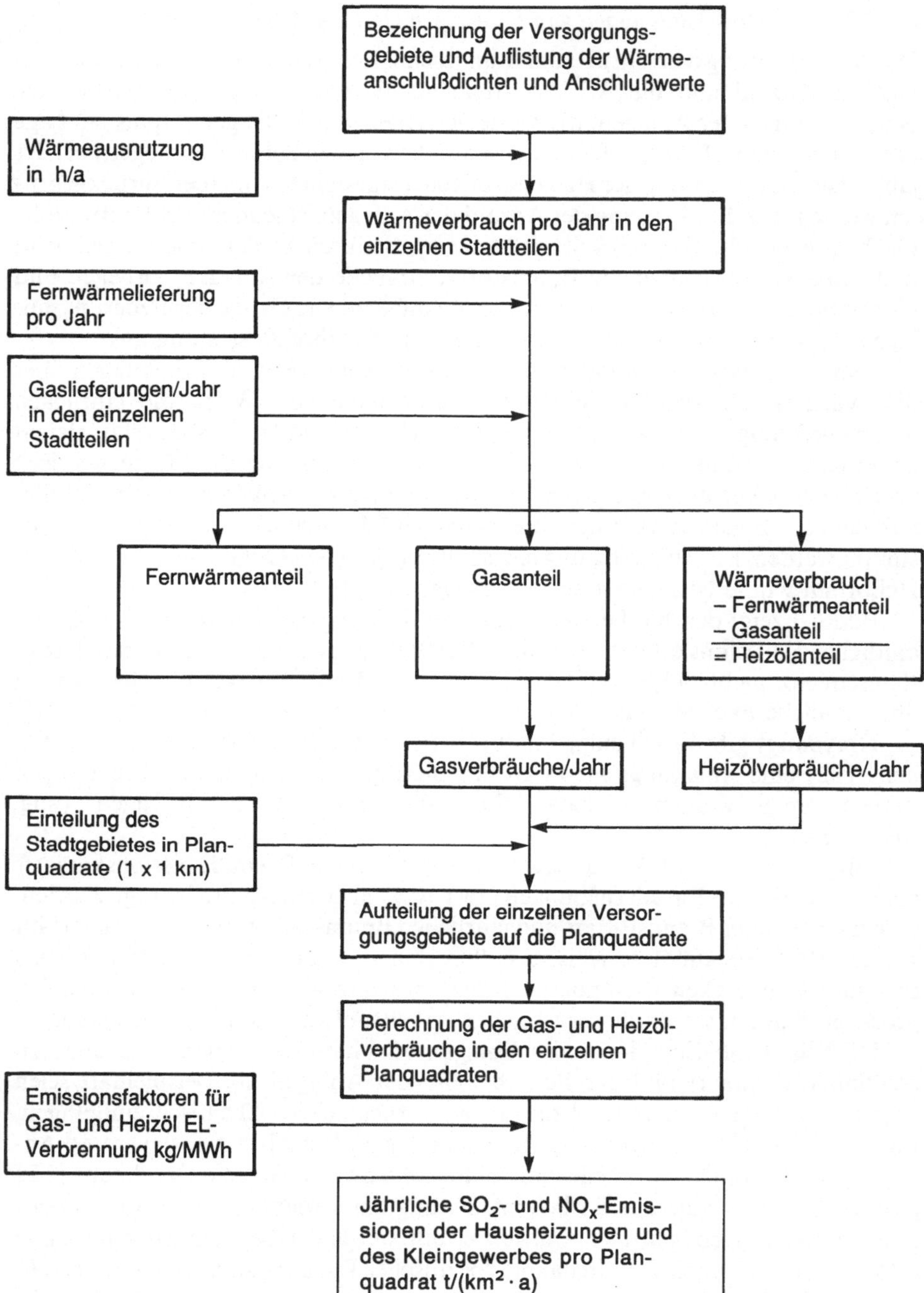

Bild 6.3. Schema des Rechenganges zur Bestimmung der SO_2- und NO_x-Emissionen der Hausheizungen pro Quadratkilometer (beispielhaft aus dem Lufthygienischen Gutachten für die Stadt Heilbronn [19])

ten“, für die von den Behörden Luftreinhaltepläne zu erstellen sind, oder in Gebieten, in denen dies freiwillig geschieht, müssen die Betreiber von „genehmigungsbedürftigen Anlagen“ [24] sogenannte Emissionserklärungen abgeben [25]. Die Emissionserklärungen werden von den Genehmigungsbehörden, z.B. den Gewerbeaufsichtsämtern, erhoben. Neben den Angaben zu den Anlagen über Betriebszeiten, Einsatzstoffarten und -mengen (z.B. Brennstoffverbräuche) sind auch Erklärungen direkt zu den Emissionsströmen abzugeben, sofern die in der Verordnung genannten Massenströme überschritten werden. Die Emissionserklärung muß jährlich ergänzt werden.

Die jährlichen Emissionen der Anlagen werden entweder aus den jeweiligen Emissionsströmen durch Multiplikation mit den Betriebszeiten bestimmt oder, z.B. bei industriellen Feuerungsanlagen, aus den Brennstoffverbräuchen mit Hilfe von spezifischen Emissionsfaktoren berechnet. Entsprechend der Standorte der einzelnen Anlagen werden die so ermittelten Schadstoff-Emissionen den Planquadraten des Erhebungsgebietes zugeordnet und in den Katasterkarten farbig dargestellt [26, 27].

6.1.3.5 Zusammengefaßte Darstellung der Jahresemissionen

Zur Ermittlung der räumlichen Verteilung werden die Schadstoff-Emissionen den einzelnen Quellgruppen für jeden Quadratkilometer des Erhebungsgebietes (unter Zugrundelegung des 1 × 1 km Gauß-Krüger-Gitternetzes[1]) zusammengefaßt und entsprechend ihres Aufkommens in verschiedenen Farben oder Farbtönen dargestellt. In dieser Form wurden in den verschiedenen Bundesländern für die Belastungsgebiete die Emissionskataster als wesentliche Bestandteile der Luftreinhaltepläne erstellt [28–30]. Beispielhaft sei hier die auf die beschriebene Weise ermittelte und dargestellte Emissionsverteilung des Schadstoffs NO_x ($NO+NO_2$) in der Stadt Heilbronn gezeigt, s. Bild 6.4 [19].

Man sieht, daß die höchsten NO_x-Emissionen von einem Kraftwerk ausgehen, allerdings über hohe Schornsteine emittiert. Von diesen Kraftwerksemissionen abgesehen entstehen die höchsten Emissionen einerseits im Innenstadtbereich und andererseits im Norden der Stadt an der Autobahn. Diese NO_x-Emissionsverteilung, die hauptsächlich durch den Kraftfahrzeugverkehr hervorgerufen wird, ist typisch für Städte. In Bereichen hoher Verkehrsdichte, die leider häufig noch in den Stadtzentren bei der größten Wohndichte auftritt, haben auch die verkehrsbedingten Schadstoff-Emissionen (NO_x, CO, Kohlenwasserstoffe) ihre Maxima. Daneben stellen stark befahrene Autobahnen große Stickstoffoxidquellen dar.

Die Schadstoff-Emissionen der verschiedenen Quellengruppen werden aufgrund ihrer unterschiedlichen Quellhöhen (Kfz-Auspuffrohre direkt im Atembereich, Industrieschornsteine bis 250 m hoch) nicht in gleichem Maße als Immissionen wirksam. Es wird deshalb versucht, die Emissionen entsprechend ihrer Anteile an der Immissionsbelastung zu wichten, wobei neben der Quellhöhe die verschiedenen Wettersituationen, welche die Ausbreitung der Schadstoffe

1 Auf topographischen Karten ist das 1 × 1 km Gauß-Krüger-Gitternetz unter Angabe der Rechts- und Hochwerte eingezeichnet.

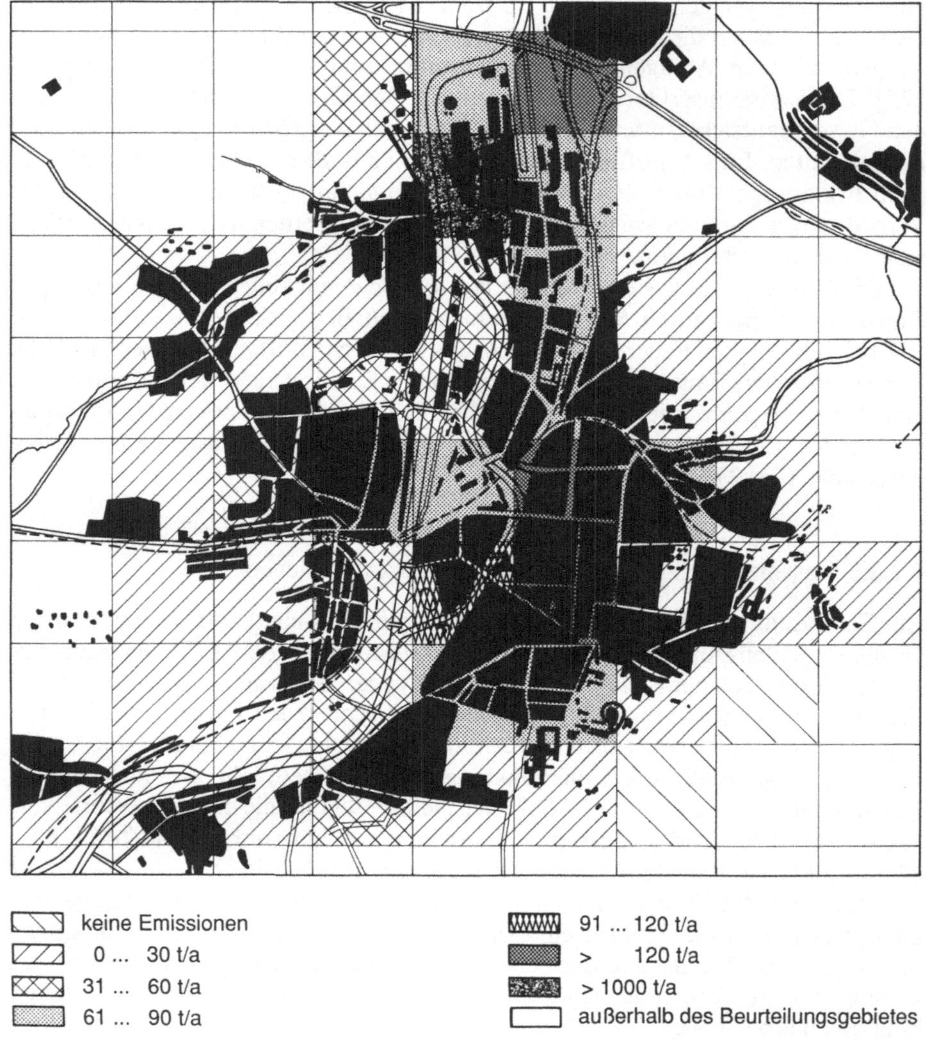

Bild 6.4. Verteilung der NO_x-Emissionen in der Stadt Heilbronn [19]

bestimmen, mit eingehen. Kutzner [31] hat aus dem Vergleich von Ausbreitungsrechnungen und Immissionsmessungen für die verschiedenen Emissionsquellen von Berlin sogenannte Immissionsbewertungsfaktoren bestimmt. In Luftreinhalteplänen finden sich teilweise auch solche Bewertungen [19, 29]. Eine derartige Bewertung ist für die Schadstoffkomponente NO_x in Bild 6.5 graphisch dargestellt. Einschränkend muß gesagt werden, daß es sich bei den angegebenen Werten der Belastungsanteile um grobe Schätzungen und um grobe Mittelwerte für ein ganzes Stadtgebiet handelt (es herrschen auf jeden Fall örtliche Unterschiede). Solche Betrachtungen können aber für Luftreinhaltemaßnahmen Entscheidungshilfen bieten.

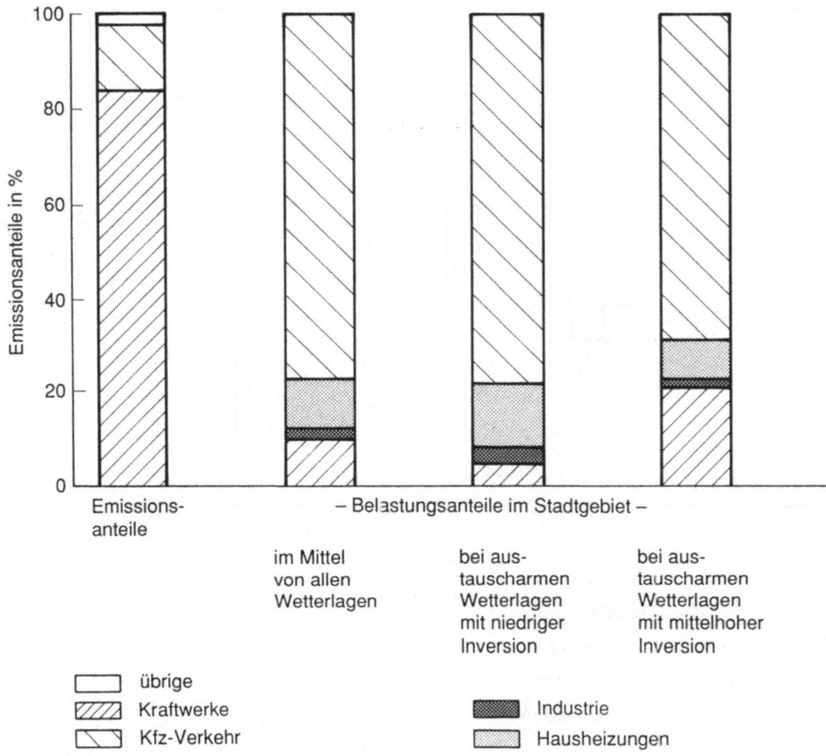

Bild 6.5. Emissionen der Quellengruppen Kraftfahrzeugverkehr, Hausheizungen, Industriefeuerungen und Kraftwerke und ihre Anteile zur Immissionsbelastung in einem Stadtgebiet – Schadstoffkomponente NO_x [19, 32]

6.1.3.6 Zeitliche Schadstoffverteilung

In der 5. Verwaltungsvorschrift zum Bundesimmissionsschutzgesetz [8] wird vorgegeben, die Emissionen für den Zeitraum eines Jahres zusammenfassend darzustellen. Zur Ermittlung von Zusammenhängen zwischen Emissionen und Immissionen ist jedoch oftmals eine wesentlich feinere zeitliche Auflösung sinnvoll und erforderlich. So können z.B. bei den Schadstoffimmissionen in Städten charakteristische Tagesverläufe festgestellt werden; diese entstehen zum einen durch die meteorologischen Ausbreitungsbedingungen wie Mischungsschichthöhe, zum anderen beeinflußt der Tagesverlauf der Emissionen sehr wesentlich den Gang der Immissionen. Es ist also zumindest für Forschungsaufgaben, die die Verfolgung von Luftverunreinigungen von der Emission zur Immission zum Ziel haben, von Bedeutung, daß Tagesverläufe der Emissionen mit stündlicher oder halbstündlicher Auflösung bekannt sind.

Zur Ermittlung von Tagesverläufen der Emissionen bei der Quellgruppe Verkehr müssen die Tagesgänge des Verkehrsaufkommens der wichtigsten Straßen im Untersuchungsgebiet durch Zählungen ermittelt werden. Unter Zugrundelegung des jeweiligen Fahrverhaltens (Fahrmodi) können die Verläufe

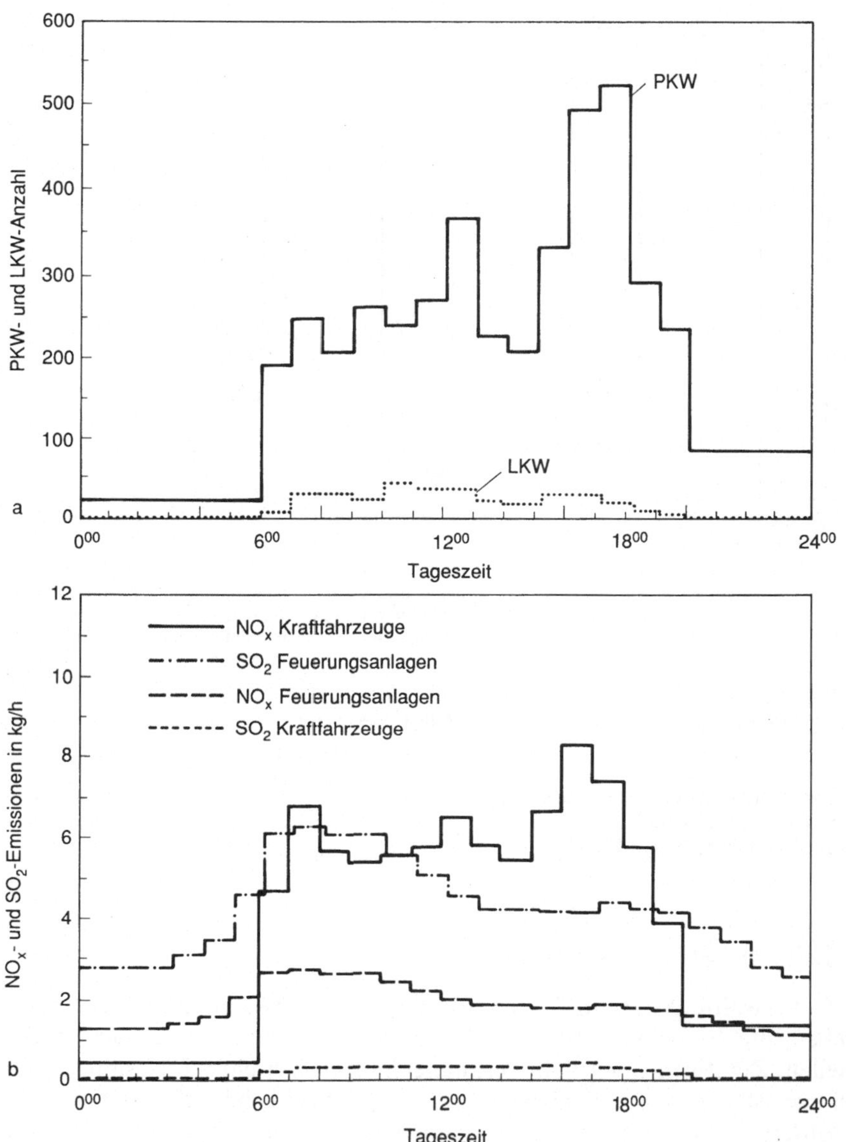

Bild 6.6. Tagesgänge des Fahrzeugaufkommens (**a**) der NO_x- und SO_2-Emissionen und (**b**) an einem Werktag in der Kleinstadt Waldenbuch [23]

der Schadstoff-Emissionen berechnet werden. Bei der Emissionserhebung für eine Kleinstadt wurden zeitlich aufgelöste Verkehrszählungen vorgenommen. In Bild 6.6a ist das stündliche Fahrzeugaufkommen auf einer Straße an einem Werktag dargestellt. Werktage haben charakteristische Tagesgänge mit Maxima des Berufsverkehrs am Morgen und am Nachmittag [16]. In diesem Fall kommt an der untersuchten Straße noch ein Maximum am Mittag hinzu. Samstage mit Einkaufs- und Sonntage mit Ausflugsfahrten weisen andere Tagesgänge auf.

Die aus dem Fahrzeugaufkommen und der Heiztätigkeit ermittelten Tagesverläufe für die Schadstoffe NO_x und SO_2 sind in Bild 6.6b dargestellt. Der NO_x-Tagesgang spiegelt praktisch direkt das Verkehrsaufkommen wieder, die Feuerungsanlagen verursachen wesentlich weniger NO_x. Bei der Komponente SO_2 hat der Verkehr so gut wie keinen Einfluß auf die Emissionen; das SO_2 stammt nur von den Feuerungsanlagen.

Im März 1985 wurde in Baden-Württemberg ein Großversuch mit der Bezeichnung TULLA unternommen, bei dem für das Gebiet von Baden-Württemberg eine SO_2-Massenbilanz erstellt werden sollte. Von Friedrich et al. [33, 34] wurde im Rahmen dieser Meßkampagne ein feinmaschiges 1 × 1-km-Kataster der SO_2- und NO_x-Emissionen mit stündlicher Auflösung erstellt. Die Emissionen der Kleinanlagen wurden mit Modellen errechnet, die auf der Auswertung von Daten der Umgebungsbedingungen basieren. Bei den größeren Industrieanlagen wurden die Emissionsraten durch Umfragen ermittelt.

Beispielhaft aus dieser Auswertung ist in Bild 2.18 der Verlauf der NO_x-Emissionen in Baden Württemberg während der zwei Wochen dieser Meßkampagne gezeigt. Man erkennt den hohen Anteil der Kraftfahrzeugemissionen, die ganz spezifische Tagesgänge aufweisen: Maxima morgens und nachmittags, nachts immer eine Absenkung auf niedrigste Werte. Die zwei niedrigeren Peaks in der Mitte des Diagramms stammen vom geringeren Wochenendverkehr. Der größte Teil dieser kraftfahrzeugbedingten NO_x-Emissionen stammt aus den Ballungsgebieten und den stark befahrenen Autobahnen des Landes.

Die Kenntnis der räumlichen und zeitlichen Struktur der Schadstoff-Emissionen kann in vielen Fällen Erklärungen für auftretende Immissionen liefern.

6.2 Auswertung und Darstellung von Schadstoff-Immissionsmessungen (mit K. Baumann)

Die Konzentrationen der verschiedenen Luftverunreinigungen können zeitlich und räumlich stark schwanken. Aufgabe der Meßtechnik ist es, hierüber möglichst viel Information zu erlangen.

Je nach Fragestellung können unterschiedliche Meßpläne angelegt und differenzierte Auswertungen und Darstellungen der Immissionsmessungen vorgenommen werden. Eine Anleitung zur Aufstellung von Meßplänen gibt z.B. die 4. Allgemeine Verwaltungsvorschrift zum Bundes-Immissionsschutzgesetz „Ermittlung von Immissionen in Belastungsgebieten“ [35]. Es sollte darauf geachtet werden, daß die Anlage des Meßplans und die Darstellung der Ergebnisse bereits eine Bewertung der Ergebnisse bedeuten kann. Im folgenden werden Möglichkeiten der Auswertung und Darstellung von Messungen geschildert.

6.2.1 Zeitliche Auflösung und Mittelwertbildung

Der zeitliche Verlauf der Schadstoff-Immissionskonzentrationen läßt sich durch den Einsatz kontinuierlich arbeitender Meßgeräte erfassen. Bild 6.7a zeigt den

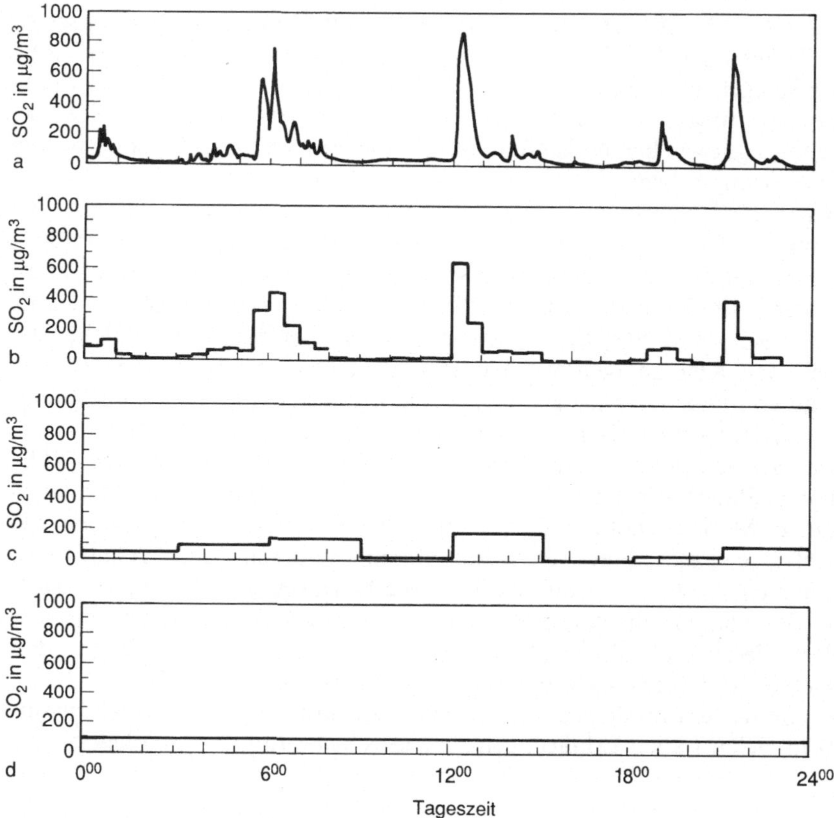

Bild 6.7. Beispiel einer SO_2-Immissionsmessung über 24 Stunden mit verschiedenen Mittelungszeiten (von IVD-Meßstelle Baiersbronn-Stöckerkopf [36]). **a** Kontinuierliche Messung, **b** Halbstunden-, **c** 3-Stunden-, **d** 24-Stunden-Mittelung

Verlauf der SO_2-Konzentration an einem Tag; er wurde vom Meßgerät erfaßt und mit einem Linienschreiber registriert. Das verwendete Meßgerät weist eine Anzeigeverzögerung auf (i.allg. maximal 180 s), so daß der in Bild 6.7a dargestellte Verlauf schon eine gewisse Glättung des tatsächlichen Verlaufs enthält.

Zur weiteren Verarbeitung und Bewertung der Immissionsmessungen werden aus den Meßwerten i.allg. zunächst als kleinste Bezugseinheit Halbstunden-Mittelwerte gebildet. Dies kann im einfachsten Fall graphisch aus der Schreiberaufzeichnung erfolgen; meistens sind aber parallel zu den Linienschreibern elektronische Meßwerterfassungsanlagen angeschlossen, mit denen automatisch die Halbstunden-Mittelwerte berechnet werden. Bild 6.7b zeigt den Konzentrationsverlauf von Bild 6.7a, gemittelt mit Halbstundenwerten. Werden aus dem Verlauf 3-Stunden-Mittelwerte gebildet, die z.B. in Smogalarmplänen die Zeitbasis bilden, dann ergibt sich ein Konzentrationsverlauf wie in Bild 6.7c. Den Tagesmittelwert (24-Stunden-Mittelwert) zeigt Bild 6.7d. Man sieht, daß durch die Mittelungen Informationen über die Struktur des zeitlichen Verlaufs verlorengehen.

Tabelle 6.1. Beispiele für unterschiedliche Ansprechzeiten einzelner Wirkungen von Luftverunreinigungen (nach [38])

Wirkungs-objekte	Charakteristische Ansprechzeiten		
	Kurzzeit-Wirkungen (Sekunden)	Mittelfristige Wirkungen (Tage u. evtl. ständig wiederholte Kurzzeitwirkungen)	Langzeit-Wirkungen (Monate bis Jahre)
Mensch	Wahrnehmung von Gerüchen, Sichtbarkeit, Schleimhaut- und Augenreizungen	akute Atemwegserkrankungen	chronische Atemwegserkrankungen, Lungenkrebs
Vegetation	Ertragsminderungen bei Feldfrüchten, Zierpflanzenschäden (akute Nekrosen)	Ertragsminderungen bei Feldfrüchten, Zierpflanzenschäden	Bodenversauerung, verringerte Feld- und Forsterträge
Materialien	Säurelochfraß, Nylonfaserzerstörung	Brüchigwerden von Gummi und Kunststoffen, Anlaufen von Silber, Farb-Verdunkelungen	Korrosion, Zersetzung von Kunstdenkmälern, Oberflächenverschmutzungen
Meß-methoden	kontinuierlich arbeitende Meßgeräte	kontinuierlich arbeitende Meßgeräte oder ständig sich wiederholende Probenahmen	Stichprobenmessungen mit Mittelwertbildung oder integrierende Messung (Exposition von Auffangbehältern, Exposition von Probekörpern)

Die zeitlichen Mittelungen können auch durch das angewendete Meßverfahren bedingt sein. So lassen sich sehr niedrige Konzentrationen in Außenluft manchmal nur durch Anreicherungen über längere Probenahmezeiten messen. Auf diese Weise werden z.B. Staubkonzentrationen oft nur als Tagesmittelwerte erfaßt [37].

Wie groß die Zeitauflösung bei Schadstoff-Immissionsmessungen sein muß, hängt von der biologischen Wirkung ab oder von einer anderen Wirkung, die untersucht bzw. vor der durch die Messung gewarnt werden soll.

In Tabelle 6.1 sind die Ansprechzeiten für verschiedene Wirkungen von Luftschadstoffen dargestellt.

Bei den neuartigen Waldschäden ist bis heute nicht geklärt, ob es sich um Langzeitwirkungen handelt, die z.B. über Schadstoffeinträge in den Boden entstehen, oder ob kurzzeitig bis mittelfristige Einwirkungen von hohen Schadstoffkonzentrationen die Wirkungsauflösung darstellen. Der Einfluß kurzzeitig bis mittelfristig auftretender Schadstoffkonzentrationen konnte bisher kaum untersucht werden, da in Waldgebieten bisher meist Stichprobenmessungen durchgeführt wurden oder aber mittel- bis langfristige Probenahmen, die praktisch nur eine Beurteilung von längerfristigen Wirkungen erlauben. Erst in letzter Zeit werden in Waldbeständen vermehrt kontinuierliche Schadstoffmessungen durchgeführt, die über die tatsächlichen Verläufe Aufschluß geben können. Es ist Aufgabe der Meßtechnik, den Informationsgehalt der Ergebnisse der kontinuierlichen Messungen durch geeignete Darstellungsarten wiederzugeben und nicht einfach durch Mittelwertbildungen über kürzere oder längere Zeiträume den Wert der Meßergebnisse auf eine Beurteilung von Langzeitwirkungen zu reduzieren.

6.2.2 Komprimierung und Darstellung von Meßdaten kontinuierlicher Messungen

6.2.2.1 Ungeglättete Monatsverläufe

Das Umweltbundesamt hat in der Darstellung seiner Meßergebnisse als kleinste Bezugseinheit 1-Stunden-Mittelwerte gewählt [37]. Eine lückenlose graphische Darstellung aller 1-Stunden-Mittelwerte eines Monats ist in Bild 6.8 gezeigt. Jeder 1-Stunden-Mittelwert ist als senkrechter Strich eingezeichnet, so daß alle Höchstwerte, alle niedrigen Werte sowie die Meßausfälle erkennbar sind. Eine derartig komprimierte Darstellung ist wesentlich platzsparender als die Aufzeichnungen eines Linienschreibers und übersichtlicher als Tabellen. In Bild 6.8 sind die Aufzeichnungen der SO_2-Konzentrationen von zwei Monaten an der Meßstelle Waldhof gegenübergestellt. In beiden Monaten wurde aus den Einzelwerten ein Monatsmittelwert von 11 $\mu g/m^3$ bestimmt. Die Darstellungen zeigen wie durch die alleinige Angabe von Mittelwerten tatsächliche Gegebenheiten verwischt werden können: Im August 1983 traten zweimal Spitzenkonzentrationen von 130 – 150 $\mu g/m^3$ auf, während im September sehr kurzzeitige Maxima nur bei 70 $\mu g/m^3$ lagen. Die unterschiedlichen Monatsverläufe haben mit Sicherheit verschiedene Wirkungsrelevanzen.

6.2.2.2 Mittelwertbildung für die Smogwarnung

Zur Beurteilung von Smoggefahren werden aus den üblicherweise gemessenen Halbstundenwerten gleitende 3-Stunden-Mittelwerte gebildet. Gleitend heißt dabei, daß nach jedem neu vorliegenden Halbstundenwert der zurückliegende 3-Stunden-Mittelwert berechnet wird. In den Smog-Verordnungen der Bundesländer [39] sind für verschiedene Alarmstufen 3-Stunden-Grenzwerte festgelegt, bei deren Überschreitung die jeweilige Smogwarnung auszurufen ist. Smog-Vorwarnung ist z.B. zu geben, wenn an zwei Meßstationen in einer Stadt 0,6 mg/m^3 SO_2 oder 0,6 mg/m^3 NO_2 überschritten werden.

In den Smog-Verordnungen werden darüber hinaus auch Grenzwerte für 24-Stunden-Mittelungszeit angegeben. Hierbei geht die gemessene Schwebstaubkonzentration mit in die Bewertung ein.

6.2.2.3 Tagesgänge

Sollen einzelne Situationen näher untersucht werden, dann werden die Schadstoffverläufe üblicherweise als Tagesgänge auf der Grundlage von Halbstundenwerten

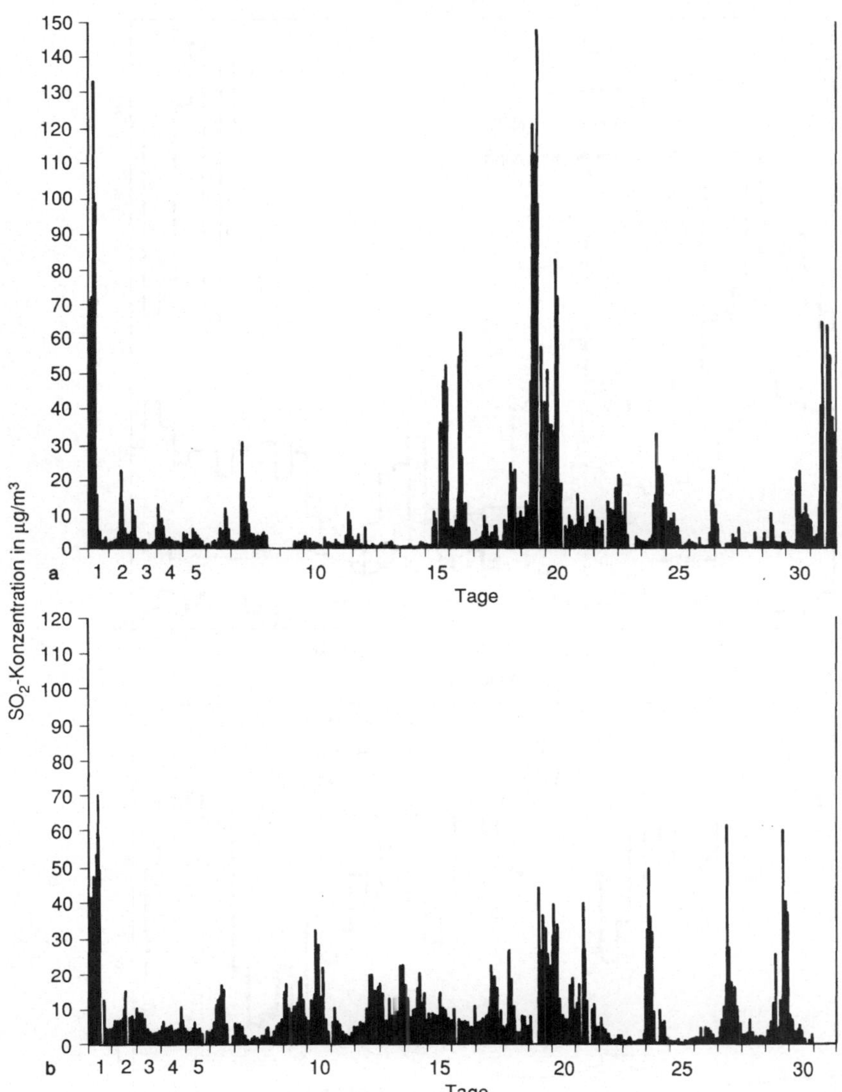

Bild 6.8. Gegenüberstellung der SO_2-Konzentrationen (in µg/m³) im August (**a**) und im September (**b**) 1983 an der Umweltbundesamt-Meßstelle Waldhof (Lüneburger Heide). Monatsmittelwert in beiden Monaten: 11 µg/m³ [4]

dargestellt (s. Bild 6.7.b). Als Beispiel für besondere Situationen sind in Bild 6.9 die Konzentrationsverläufe an einem Tag mit Inversion und an einem Regentag gegenübergestellt. Es sind auch die Tagesverläufe der Windgeschwindigkeit mit eingezeichnet. Man erkennt, daß bei dem Inversionstag nur sehr schwache Windgeschwindigkeiten herrschen. Bei einem Auffrischen des Windes am frühen Nachmittag gehen die Schadstoffkonzentrationen sofort zurück. An dem Regentag weht den ganzen Tag ein kräftiger Wind, die Schadgase weisen nur sehr niedrige Werte auf. Die Konzentrationserhöhung in den Morgenstunden ist nicht

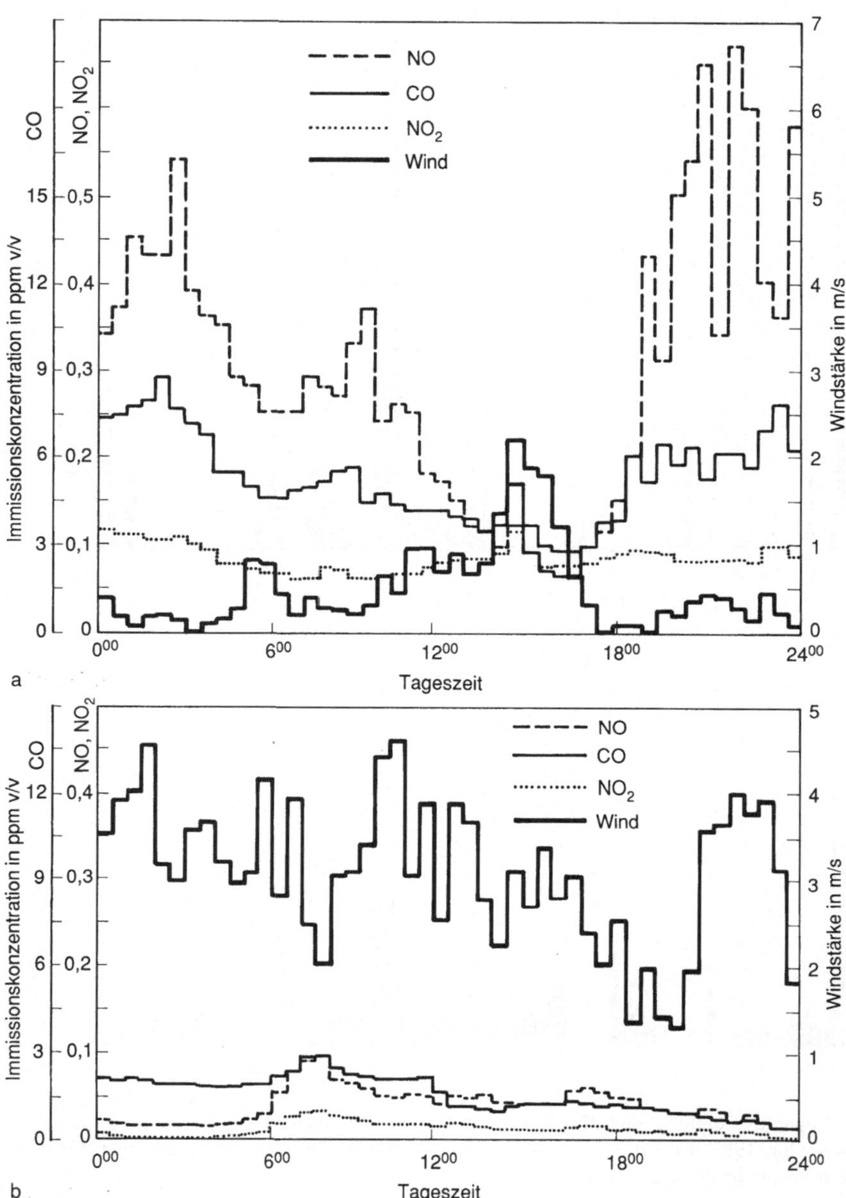

Bild 6.9. Gegenüberstellung der Tagesgänge der Schadgase NO, NO_2, CO sowie der Windgeschwindigkeit an einem Tag mit Inversion und an einem Regentag – Messungen an einer verkehrsreichen Straße [40]. **a** Inversion; **b** Regentag

auf ungünstige Austauschbedingungen, sondern auf die Berufsverkehrsspitze in dieser Zeit zurückzuführen. Diese Tatsache kann durch einen Vergleich mit dem Tagesgang der Verkehrsstärke ermittelt werden [40].

6.2.2.4 Langfristige Jahresverläufe

Bei der einfachsten Art der Darstellung mehrjähriger Schadstoffverläufe werden die Jahresmittelwerte graphisch aufgetragen, s. [41]. Man erhält dabei jedoch nicht viel Information, da die Konzentrationen innerhalb eines Jahres erheblich schwanken können.

Eine Möglichkeit, die Entwicklung der Schadgaskonzentrationen über mehrere Jahre und in verschiedenen Städten im Vergleich darzustellen, zeigt Tabelle 6.2. Auch hier erkennt man die Schwankungen innerhalb der einzelnen Halbjahre nicht. Weitere Angaben würden jedoch den Rahmen und die Übersichtlichkeit dieser tabellarischen Darstellung sprengen.

Geht man von den in Tabelle 6.1 dargestellten Ansprechzeiten einzelner Wirkungen von Luftverunreinigungen aus, dann wird klar, daß derartig langfristige Mittelwerte (Halbjahres- und Jahreswerte) nicht direkt zur Beurteilung einer Gefährdung durch akute Atemwegserkrankungen oder gar durch Schleimhautreizungen herangezogen werden können. Allenfalls können diese Werte im Zusammenhang mit chronischen Atemwegserkrankungen betrachtet werden.

Um möglichst wenig Informationen über die Schwankungen und Höchstwerte zu verlieren, bieten sich verschiedene Darstellungsmöglichkeiten an, s. Bild 6.10.

In Bild 6.10a sind alle 24-Stunden-Mittelwerte im Zeitraum vom 1.6.1981 – 28.2.1985 als senkrechte Striche eingezeichnet. Man erkennt hierbei sehr gut die Struktur der Konzentrationen in dem relativ langen Zeitraum [43]. In

Tabelle 6.2. Halbjahreswerte der SO_2-Konzentrationen (in mg/m^3) an verschiedenen Meßstellen der Landesanstalt für Umweltschutz Baden-Württemberg (nach [42])

Meßstation	So 79	Wi 79/80	So 80	Wi 80/81	So 81	Wi 81/82	So 82	Wi 82/83
Mannheim-Nord	0,06	0,09	0,05	0,09	0,05	0,08	0,06	0,07
Mannheim-Mitte	0,06	0,09	0,04	0,08	0,05	0,09	0,04	0,05
Mannheim-Süd	0,11	0,13	0,09	0,11	0,04	0,09	0,03	0,05
Eggenstein	0,05	0,08	0,04	0,08	0,04	0,08	0,03	0,05
Karlsruhe-Mitte	0,04	0,08	0,03	0,07	0,04	0,08	0,03	0,06
Karlsruhe-West	0,04	0,05	0,04	0,09	0,05	0,10	0,05	0,06
Freiburg-West	–	–	0,02	0,04	0,02	0,06	0,03	0,03
Weil am Rhein	–	–	–	–	–	–	0,02	0,04
Heilbronn	–	–	0,04	0,07	0,04	0,07	0,04	0,06
Marbach	0,04	0,03	0,02	0,03	0,02	0,04	0,02	0,02
Ludwigsburg-Hoheneck	0,03	0,04	0,03	0,04	0,02	0,06	0,02	0,03
Stuttgart:								
Stafflenbergstraße	0,02	0,05	0,03	0,06	0,03	0,10	0,06	0,05
Marktplatz	0,02	0,06	0,03	0,07	0,04	0,13	–	0,03
Zuffenhausen	–	–	–	0,08	0,04	0,10	0,03	0,05
Ulm	0,02	0,04	0,02	0,06	0,03	0,06	0,04	0,03

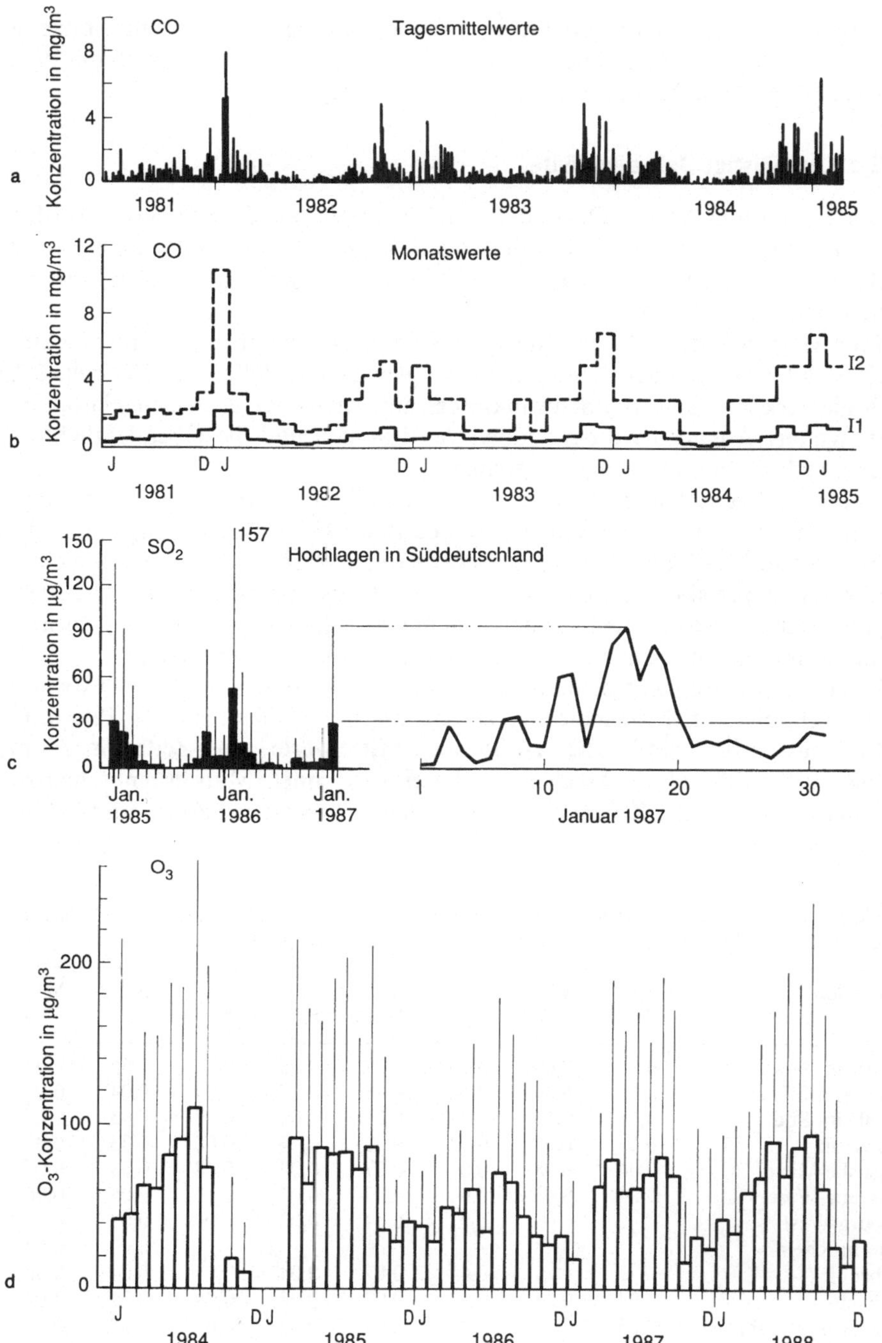

Bild 6.10. Unterschiedliche Möglichkeiten zur Darstellung von Jahresverläufen mit Informationen über Höchstwerte; **a** 24-Stunden-Mittelwerte; **b** Monatsmittelwerte (I1) und monatliche 98 %-Werte (I2); **c** Monatsmittelwerte und höchste Tagesmittel sowie Polygonzug der Tagesmittelwerte eines Monats; **d** Monatsmittelwerte und höchste Halbstundenwerte [43–45]

Bild 6.10b sind die Monatsmittelwerte (I1) über den gleichen Zeitraum als waagerechte Linien aufgetragen. Zusätzlich dazu sind die monatlichen 98 %-Werte der Häufigkeitsverteilung (I2) dargestellt [43] (Erläuterungen zur Häufigkeitsverteilung s. Abschn. 6.2.3). Bei lückenloser Messung in einem Monat stellt der 98 %-Wert (I2) die Konzentration dar, die von den 29 höchsten Halbstundenwerten des Monats überschritten wird. Der 98 %-Wert eines Monats ist also immer höher als ein Tagesmittelwert (24 Stunden = 48 Halbstunden). Die Darstellung in Bild 6.10c, wie sie vom Umweltbundesamt angewendet wird [44], ist ähnlich der in Bild 6.10b, nur daß statt der 98 %-Werte (I2) zu den Monatsmittelwerten (Balken) die höchsten Tagesmittelwerte (links senkrechte Striche, rechts Polygonzug) mit eingetragen sind. In Bild 6.10d sind zu den Monatsmittelwerten (Balken) die höchsten Halbstundenwerte (senkrechte Striche) in jedem Monat mit eingezeichnet [45].

6.2.3 Häufigkeitsverteilung

Zur Untersuchung, wie häufig gewisse Schadstoffkonzentrationen in einem Meßzeitraum bzw. in einer Meßreihe auftraten, dient die Darstellung der Häufigkeitsverteilung. Hierbei wird auf der Abszisse die Schadstoffkonzentration in eine gewünschte Anzahl von Klassen aufgeteilt, und auf der Ordinate wird dargestellt, wie häufig die Meßwerte in den einzelnen Klassen auftraten, entweder in ihrer absoluten Anzahl oder in Prozent, bezogen auf alle Meßwerte. Bild 6.11 zeigt eine derartige Häufigkeitsverteilung.

Die Schadstoffe in der Luft weisen i.allg. eine schiefe Verteilung auf, d.h. es treten sehr viele niedrige und wenig hohe Meßwerte auf. Letztere rühren z.B. von

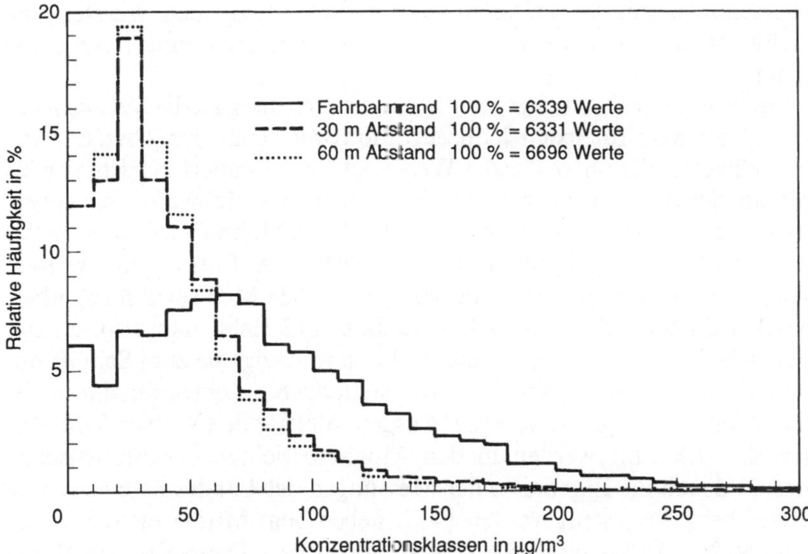

Bild 6.11. Häufigkeitsverteilung einer NO_2-Meßreihe, IVD-Station Autobahn, Meßzeitraum April – November 1985

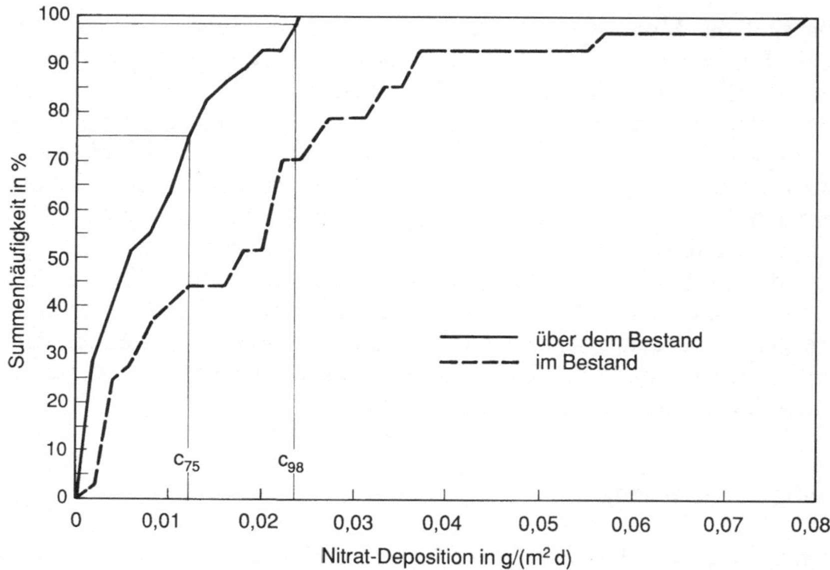

Bild 6.12. Summenhäufigkeitsverteilung einer Meßreihe der Nitrat-Deposition in einem Waldbestand mit Angabe der 75- und 98-Perzentile (c_{75} und c_{98}) [45]

austauscharmen Wetterbedingungen her, die bei unseren typischen mitteleuropäischen Wetterlagen nicht sehr lang anhalten und nicht so häufig sind. Bei dieser schiefen Verteilung ist der Mittelwert der Messung i.allg. nicht mit dem häufigsten Wert (höchster Punkt der Hüllkurve) identisch.

Die Häufigkeitsverteilung sieht für jeden Meßort anders aus; in quellnahen wird sie im Vergleich zu quellfernen Gebieten nach rechts zu höheren Konzentrationen hin verschoben sein. Man erkennt aus der Darstellung auch, wie stark die Meßwerte schwanken. Eine schmale Hüllkurve bedeutet geringe, eine breite große Schwankungen.

Eine andere Form der Darstellung der Meßwertverteilung ist die *Summenhäufigkeitskurve*. Dazu wird für jeden Konzentrationswert (auf der Abszisse) die Anzahl der Meßwerte, die unter diesem Wert liegt, aufsummiert. Meistens wird auf der Ordinate der Anteil in Prozent der Gesamtzahl der Meßwerte angegeben. Bild 6.12 zeigt eine Summenhäufigkeitsverteilung für ein Meßwertkollektiv. In der Technischen Anleitung zur Reinhaltung der Luft (TA Luft) [46] werden Immissionswerte (IW2) angegeben, die von 98 % aller Meßwerte nicht überschritten werden dürfen (Kenngröße I2). In Bild 6.12 zieht man also auf der Ordinate bei 98 % nach rechts eine Waagerechte und bringt sie zum Schnitt mit der Kurve; der darunterliegende Abszissenwert stellt die Konzentration dar, unter der 98 % aller Meßwerte liegen ($c_{98} = \text{I2}$). Ausgerichtet auf den Vergleich mit den Grenzwerten der TA Luft werden in den Monatsberichten des Statistischen Landesamtes, in denen die Ergebnisse der Messungen des Landesmeßnetzes von Baden-Württemberg dargestellt werden [47], neben dem Mittelwert der 98 %-Wert und die 50 %-, 75 %- und 95 %-Werte angegeben. Diese Prozent-Werte werden auch Perzentile genannt. Das 75-Perzentil ist neben dem 98-Perzentil in Bild 6.12 eingezeichnet.

Tabelle 6.3. Anzahl der SO_2-Halbstundenwerte, die die aufgeführten Grenzen im Meßzeitraum Oktober 1985 bis März 1986 überschritten haben; 4 SO_2-Meßstationen in einem Schwarzwaldtal [36]

Meßstelle	Gesamtzahl der Meßwerte	Grenzkonzentrationen				
		0,075[a]	0,15[b]	0,25[c]	0,40[d]	1,0[e]
1 Stöckerkopf oben	7327	349	162	50	16	3
2 Stöckerkopf Mitte	6142	462	206	89	44	8
3 Stöckerkopf unten	4629	27	12	8	6	1
4 Surrbachkopf	6541	440	87	5	0	0

[a] Grenzwert von IUFRO für die Tanne.
[b] Grenzwert von IUFRO für die Fichte.
[c] Grenzwert nach VDI für sehr empfindliche Pflanzen.
[d] Grenzwert nach VDI für empfindliche Pflanzen.
[e] MIK-Wert zum Schutz des Menschen.

Wenn man die Gesamtzahl der Meßwerte kennt – in den Monatsberichten [47] wird sie angegeben –, kann man ausrechnen, wieviel Meßwerte jeweils über den Grenzkonzentrationen (z.B. über c_{75} oder c_{98}) liegen. Die Perzentilbetrachtung hat sich über die TA Luft überall eingebürgert, so daß bei Auswertungen meistens die c_{98}- oder früher die c_{95}-Werte angegeben werden.

Wenn die Summenhäufigkeitskurve bekannt ist, kann man von der Grenzkonzentration auf der Abszisse ausgehen und beim Schnitt der Kurve an der Ordinate feststellen, wieviel Prozent der Werte unter dieser Konzentration liegen. Der prozentuale Anteil multipliziert mit der Gesamtzahl ergibt die Anzahl der Werte, welche die Grenzkonzentration unterschreiten. Aus den Angaben in den Monatsberichten des Statistischen Landesamtes lassen sich derartige Summenhäufigkeiten nicht ohne weiteres bestimmen, da mit den einzelnen Punkten (Perzentilen c_{50}, c_{75}, c_{95} und c_{98}) der Verlauf der Summenhäufigkeitskurve nicht exakt nachvollziehbar ist.

Will man direkt *Überschreitungshäufigkeiten* bestimmen, dann muß man bei der Auswertung einfach die Werte abzählen, die über den gewünschten Konzentrationen liegen. Tabelle 6.3 gibt ein Beispiel einer solchen Auswertung von SO_2-Messungen an mehreren Meßstationen in einem engen Schwarzwaldtal, in dem eine Fabrik steht [36]. Als Grenzkonzentrationen wurden hier die Grenzwerte verschiedener Organisationen eingesetzt.

Überschreitungshäufigkeiten werden in solch tabellarischer Darstellungsweise auch von anderen Stellen angegeben, vgl. [48, 49].

Will man Überschreitungshäufigkeiten graphisch veranschaulichen, dann ist die *Summenhäufigkeitsverteilung* nicht so anschaulich. In letzterer ist dargestellt, wieviel Werte unter einer jeweiligen Konzentration liegen, es werden also mit dieser Kurve primär *Unterschreitungshäufigkeiten* wiedergegeben. Natürlich kann man durch Differenzbildung zu 100 % die Überschreitungshäufigkeiten ausrechnen. Man kann aber auch gleich die prozentuale Überschreitung über der Konzentration auftragen. Bild 6.13 zeigt ein Beispiel von *Überschreitungshäufigkeiten* verschiedener Schadgase an einer Waldmeßstation im Nordschwarzwald. Sucht man die Anzahl der Meßwerte, die im Meßzeitraum eine gewisse

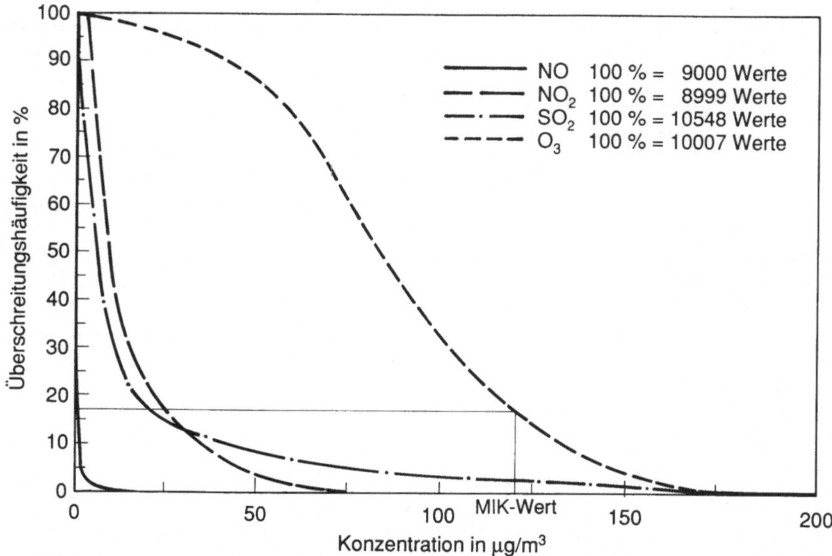

Bild 6.13. Überschreitungshäufigkeiten verschiedener Schadgase an einer Waldmeßstation [45]

Grenzkonzentration überschritten haben, z.B. 120 µg/m³, dann geht man an dieser Stelle der Abszisse senkrecht nach oben bis zum Schnitt mit der jeweiligen Kurve und kann in dieser Höhe an der Ordinate ablesen, wieviel Prozent der Werte die Konzentration überschritten haben. Die Gesamtzahl der Meßwerte (= 100 %) ist in dem Diagramm mit angegeben.

Man sieht, daß bei der Komponente NO nur sehr niedrige Werte auftreten, während bei Ozon sehr häufig wesentlich höhere Konzentrationen anzutreffen sind.

6.2.4 Flächenhafte Verteilung von Schadstoffen

Wesentlicher Bestandteil von Luftreinhalteplänen ist die Ermittlung und Darstellung der flächenhaften Verteilung von Schadstoffkonzentrationen in den Untersuchungsgebieten (z.B. in belasteten Städten), man bezeichnet sie als sogenannte *Immissionskataster.* Aus dieser Darstellung sollen die Zonen mit hoher Schadstoffbelastung festgestellt werden, um dort gezielte Maßnahmen zur Luftreinhaltung ergreifen zu können.

6.2.4.1 Bestimmungsmethode und graphische Darstellung

Zur Bestimmung der flächenhaften Verteilung werden üblicherweise Meßfahrten unternommen, die meistens nach den Richtlinien der TA Luft [46] durchgeführt werden. Danach werden als Meßpunkte die Gitterpunkte des 1 × 1-km-Gauß-Krüger-Koordinatensystems gewählt. An jedem Meßpunkt sollen in der Regel 26, mindestens aber 13 Halbstundenmessungen pro Jahr, vorgenommen werden. Aus den Meßergebnissen der 4 Eckpunkte einer 1 × 1-km-Fläche wird dann der

Flächenmittelwert I1 und der 98 %-Wert I2 (Kurzzeitwert) gebildet. Jedem Flächenwert liegen demnach 104 bzw. 52 (bei 13 Messungen pro Meßpunkt) Halbstundenwerte zugrunde. Auf die Unsicherheiten dieser Bestimmungsmethode mit derart wenig Meßwerten pro Jahr wird im nächsten Abschnitt eingegangen.

Die Aussagekraft der Stichproben-Meßwerte kann durch Vergleich mit Ergebnissen von parallel an wenigen Punkten durchgeführten, kontinuierlichen Messungen erhöht werden. Die Meßwerte können von Jahr zu Jahr unterschiedlich ausfallen, je nachdem, ob in dem Meßjahr Smogsituationen vorkamen oder nicht und ob diese an einigen Meßpunkten erfaßt wurden, an anderen aber nicht. Der Unsicherheit der Stichproben-Meßmethodik, bedingt durch die geringe Anzahl der Meßwerte, ist also noch die natürliche Schwankung der Schadstoffkonzentrationen von Jahr zu Jahr überlagert. Aus diesem Grund sind nach der TA Luft zur Ermittlung der Vorbelastung von Beurteilungsgebieten die Immissionskonzentrationen durch Mittelung der Meßwerte aus mindestens drei aufeinanderfolgenden Meßzeiträumen (3 Jahre) zu bestimmen.

Es ist zu beachten, daß es sich um Flächenmittelwerte von 1 km^2 handelt. Innerhalb dieser Flächen können je nach Vorhandensein örtlicher Schadstoffquellen Unterschiede auftreten.

Bei Genehmigungsverfahren für Anlagen, für die das TA Luft-Meßverfahren zur Ermittlung der Vorbelastung des fraglichen Gebietes anzuwenden ist, kann i.allg. keine längere Meßdauer als ein Jahr gefordert werden. Die Beurteilung der 98 %-Werte sollte aber entsprechend vorsichtig vorgenommen werden, sowohl was hohe als auch niedrige Werte betrifft. Von den Genehmigungsbehörden werden den Betreibern oftmals nach Inbetriebnahme der Anlage längerfristige Katastermessungen vorgeschrieben. Je länger diese Messungen durchgeführt werden, umso sicherer werden die Ergebnisse.

Bei der Erstellung von Immissionskatastern für Luftreinhaltepläne beschränkt man sich leider meistens aus Kostengründen auch auf einjährige Messungen meistens mit 26 Messungen pro Meßpunkt. Immissionskatasterkarten, bei denen die Schadstoff-Immissionen für jeden Quadratkilometer farbig dargestellt sind, finden sich in zahlreichen Luftreinhalteplänen [19, 22, 28–31].

6.2.4.2 Aussagekraft und Unsicherheit von Stichproben-Meßwerten

Werden Katastermessungen nur ein Jahr lang durchgeführt, mit 104 bzw. mindestens 52 Halbstundenwerten pro Beurteilungsfläche (was oft vorkommt), dann sind die Ergebnisse sehr unsicher. Ein Jahr hat 17 520 Halbstunden. Es ist einleuchtend, daß mit 104 bzw. 52 Halbstunden-Messungen die wirkliche Situation nur sehr vage wiedergegeben werden kann. Der 98 %-Wert (I2), also die Konzentration, die von 2 % aller Meßwerte überschritten wird, wird bei 104 Messungen von 2 Werten bestimmt. Die Größe des auf diese Art ermittelten I2-Wertes ist nicht nur unsicher, sondern ganz dem Zufall überlassen. Eine Beurteilung der Immissionssituation oder gar einer Gesundheitsgefährdung bzw. einer gesundheitlichen Unbedenklichkeit durch Vergleich mit diesen wenigen I2-Werten ist daher unmöglich.

Über die Frage, wie repräsentativ die Mittelwerte und die 98 %-Werte durch stichprobenartige Messungen wiedergegeben werden können und wie mit derarti-

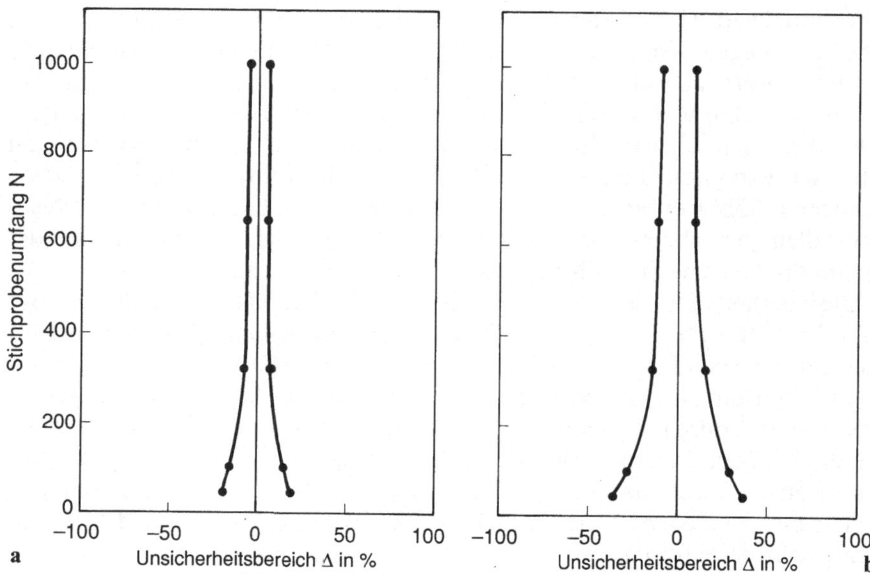

Bild 6.14. Unsicherheitsbereiche des Mittelwertes (**a**) und des 95 %-Summenhäufigkeitswertes (**b**) als Funktion des Stichprobenumfangs N [50]

gen Perzentilen die Überschreitungshäufigkeit von Grenzwerten mit definierter Zeitbasis ermittelt werden kann, wurden vielfach Überlegungen angestellt [50–54]. Diese Betrachtungen zusammenfassend läßt sich folgendes sagen: Die Ergebnisse von kontinuierlich arbeitenden Meßstationen lassen sich aufgrund räumlicher Inhomogenitäten der Schadstoffverteilungen nicht auf beliebige andere Orte übertragen. Erhebliche Unterschiede können bereits in den selben Stadtbezirken auftreten, z.B. durch unterschiedliche Verkehrsaufkommen. Kontinuierliche Meßstationen können aber aus Kostengründen nicht in beliebig engen Rastern aufgestellt werden. Es werden also Stichprobenmessungen benötigt, um räumlich inhomogene Belastungsstrukturen (flächenhafte Verteilungen) festzustellen.

In Bild 6.14 sind die nach Buck und Doppelfeld [50] ermittelten Unsicherheitsbereiche des Mittelwertes (a) und des 95 %-Wertes (b) jeweils als Funktion des Stichprobenumfangs dargestellt, bei einem Vertrauensniveau von 90 %.

Man erkennt aus Bild 6.14a, daß zur Ermittlung des Mittelwertes mit einer Unsicherheit von ± 10 % etwa 200 Messungen notwendig sind. Eine Verringerung des Unsicherheitsbereiches oberhalb eines Stichprobenumfanges von $N = 200$ kann nur durch einen überproportionalen Meßaufwand erreicht werden. Bei einem Stichprobenumfang von $N = 1\,000$ hat sich der Unsicherheitsbereich noch nicht einmal auf 5 % halbiert. Die Stichprobenmessungen dürfen zeitlich nicht zu nah beieinander liegen, weil die Einzelwerte des Meßkollektivs sonst nicht mehr unabhängig voneinander, sondern autokorreliert sind [53]. Hinzu kommt noch, daß die wetterbedingten Austauschbedingungen von Jahr zu Jahr unterschiedlich sein können. Es empfiehlt sich daher, mehrjährige Messungen durchzuführen, um eine repräsentative und abgesicherte flächenhafte Schadstoffverteilung zu erhalten. Über zu lange Beurteilungszeiträume darf sich der Meßzeitraum allerdings auch nicht erstrecken, da sich sonst die Emissionsverhältnisse geändert haben können. Ein Optimum wäre ein Meßzeitraum von 2–3 Jahren mit jeweils 26 Messungen pro Meßpunkt und Jahr, also 208–312 Messungen pro Beurteilungsfläche (in der TA Luft sind 3 Jahre vorgeschrieben).

Das Gefahrenpotential langfristiger, kumulativer Einwirkungen kann entsprechend der Aufstellung in Tabelle 6.1 durch die Ermittlung der Jahresmittelwerte der einzelnen Schadstoffe festgestellt werden (z.B. die Gefahr chronischer Atemwegserkrankungen oder der Zersetzung von Kunstdenkmälern). Kurzzeitig erhöhte Konzentrationen würden in diesen Fällen keine zusätzlichen Wirkungen zeigen. Besteht aber durch kurzzeitig hohe Konzentrationen die Gefahr akuter, schädlicher Einwirkungen oder Belästigungen – dies ist bei Reizgasen wie SO_2, NO_2 oder Ozon immer gegeben (z.B. Schleimhautreizungen oder akute Atemwegserkrankungen [55], s. Tab. 6.1), dann sind auch die Spitzenwerte dieser Schadstoffe zu begrenzen. In der TA Luft [46] ist aus diesem Grund ein Kurzzeitgrenzwert IW2 angegeben, der von dem 98 %-Wert (I2) nicht überschritten werden darf (früher war die Kenngröße I2 der 95 %-Wert einer angenommenen Student-Verteilung [56]).

Aus Bild 6.14b ist ersichtlich, daß zur Bestimmung des 95 %-Wertes mit einer Unsicherheit von ± 10 % ein Stichprobenumfang von 500–600 Einzelwerten erforderlich wäre. Zur gesicherten Bestimmung des 98-Perzentils ist eine noch viel größere Anzahl von Meßwerten erforderlich. Nach Junker und Kühner [53] können bei Annahme einer Erhaltungszeit von drei Tagen[1] innerhalb eines Jahres an einem Meßort höchstens 120 unabhängige Einzelwerte bestimmt werden. Zur Bestimmung des 95-Perzentils sind demnach 3 Jahre erforderlich, für das 99-Perzentil 10 Jahre und für das 98-Perzentil etwa 5–7 Jahre.

Die Unsicherheiten des 98 %-Wertes gehen auch aus [51] und [52] hervor.

Es kann also bei einjährigen Katastermessungen anhand der bestimmten I2-Werte nicht auf die Gesundheitsgefährdung bzw. die gesundheitliche Unbedenklichkeit durch kurzzeitig auftretende Spitzenkonzentrationen geschlossen werden. Wenn derartige Schlüsse auch gern und oft gezogen werden, ist doch zu betonen, daß es nicht der Sinn derartiger Katastermessungen ist, Gesundheitsgefährdungen zu beurteilen. Es soll vielmehr die flächenhafte Verteilung der Schadstoffe festgestellt werden, um in Verbindung mit Emissionskatastern an den belasteten Stellen wirksame Maßnahmen zur Luftreinhaltung zu ergreifen. Zur Warnung vor Gesundheitsgefahren sind die kontinuierlich arbeitenden Meßstationen der Bundesländer im Einsatz. Ein Immissionskataster kann aber dazu dienen, repräsentative Standorte für die kontinuierlich arbeitenden Meßstationen festzulegen.

1 Als Erhaltungszeit kann nach [53] derjenige zeitliche Abstand in autokorrelierten Kollektiven interpretiert werden, von dem ab die Einzelmeßwerte im Mittel als unabhängig aufzufassen sind.

6.2.5 Methoden zur Untersuchung von Gesetzmäßigkeiten im Schadstoffaufkommen

6.2.5.1 Mittlere Tagesgänge

Zum Erkennen gewisser Regelmäßigkeiten im täglichen Schadstoff-Konzentrationsverlauf bietet sich die Bildung und Darstellung mittlerer Tagesgänge an. Hierzu werden aus den Daten des zu untersuchenden Meßzeitraumes für jede halbe Stunde des Tages die Mittelwerte gebildet und über der Tageszeit aufgetragen. Man erhält auf diese Weise den Tagesgang eines Durchschnittstages.

An verkehrsreichen Straßen sind z.B. die auftretenden Immissionen einerseits vom Verkehrsaufkommen und andererseits von den atmosphärischen Austauschbedingungen abhängig. Bei der Darstellung mittlerer Tagesgänge werden die Zusammenhänge deutlich. Da sich das Verkehrsaufkommen an Samstagen und Sonntagen deutlich von dem an Werktagen unterscheidet, empfiehlt es sich, die mittleren Tagesgänge getrennt nach Werktagen, Samstagen und Sonntagen darzustellen. Bild 6.15 zeigt, daß an Werktagen das Schadgasmaximum am Morgen (ab 6 Uhr) höher ausfällt als am Nachmittag, obwohl die Verkehrsstärke am Nachmittag größer ist. Hier wird der Einfluß der Luftaustauschbedingungen deutlich, der sich am mittleren Tagesgang der Windgeschwindigkeit ablesen läßt. Morgens bei dem ersten Verkehrsstärke-Maximum hat die Windgeschwindigkeit ihr Minimum, deswegen sind hier die Schadstoffkonzentrationen im Mittel am höchsten. Mit dem Ansteigen der Windgeschwindigkeit im weiteren Tagesverlauf nehmen die Schadstoffkonzentrationen ab, obwohl sich die Verkehrsstärke nur wenig verringert. Mit abflauendem Wind am Nachmittag steigen die Konzentrationen wieder an. Das breite Maximum der Konzentrationen ist zu einer Zeit erreicht, zu der die Verkehrsstärke schon wieder im Abklingen ist. Hier überlagern sich zwei Parameter, die die auftretenden Schadstoffkonzentrationen beeinflussen. Fällt die Ursache der Immissionsbelastung weg, z.B. das Verkehrsmaximum in den Morgenstunden, dann tritt trotz verminderter Austauschbedingungen kein Konzentrationsmaximum der Schadgase auf, wie am mittleren Tagesgang der Sonntage zu erkennen ist (Bild 6.15b). Am Abend stellt sich bei relativ schwachen Winden bei der Rückfahrt des Ausflugverkehrs das Konzentrationsmaximum ein. Dieser Gang trifft zumindest für die hauptsächlich kraftfahrzeugbedingten Stickstoffoxide zu. Bei SO_2 geht z.B. der Verlauf der Heiztätigkeit in das Immissionsverhalten mit ein.

Die mittleren Tagesgänge würden noch ausgeprägter ausfallen, wenn man die zugrunde liegenden Tage nach Wetterbedingungen sortieren würde, z.B. mittlere Tagesgänge für Werktage mit Sonnenschein und nächtlichen Strahlungsinversionen einerseits und Tage mit trübem, windigen Wetter andererseits.

Zur Verwendung mittlerer Tagesgänge sei auch auf die Bilder 3.19 und 3.23 hingewiesen.

6.2.5.2 Korrelationsrechnungen

Um die Abhängigkeit der auftretenden Schadstoffkonzentrationen von anderen Größen statistisch abgesichert zu ergründen, kann die Korrelationsrechnung angewendet werden [57].

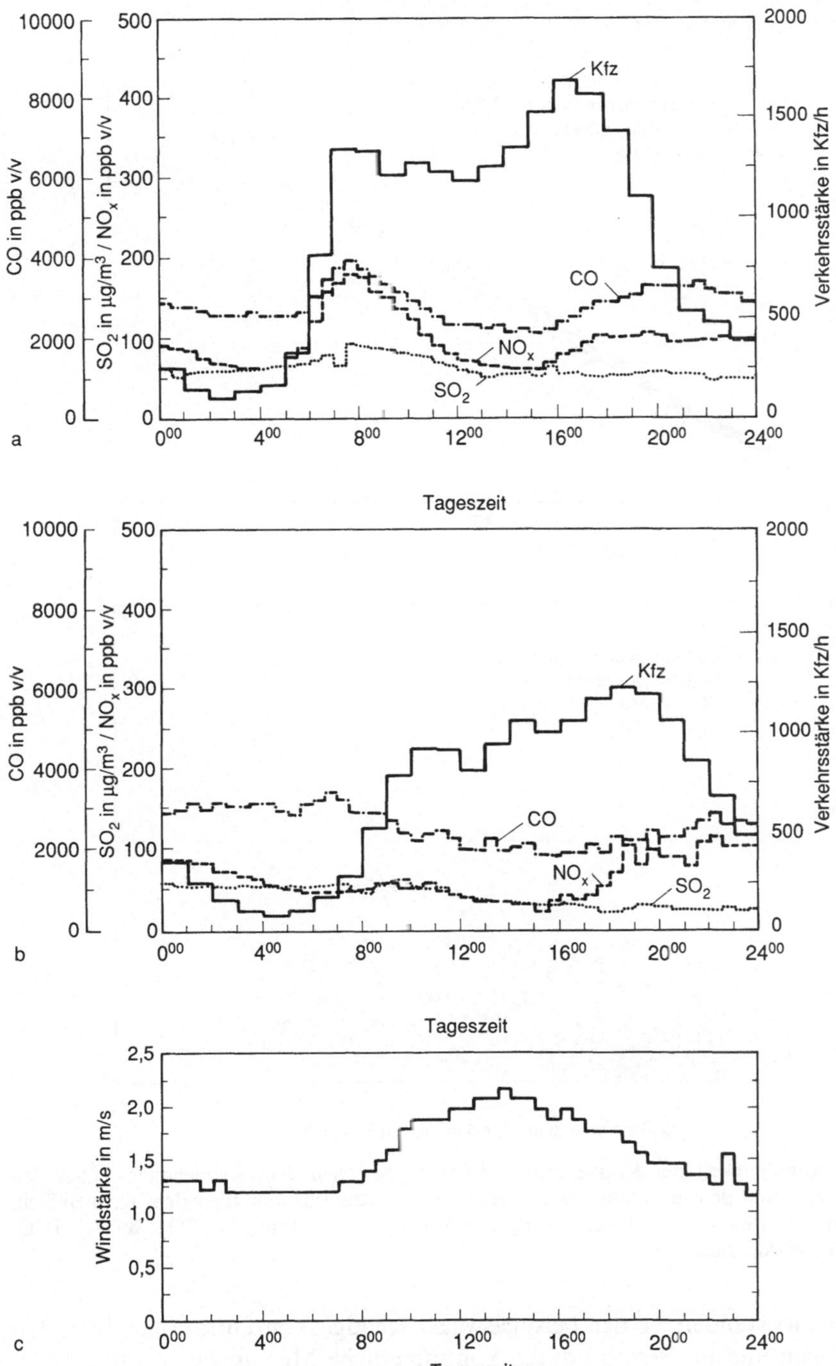

Bild 6.15. Mittlere Tagesgänge der Schadgase SO_2, NO_x, CO und der Verkehrsstärke an Werktagen (**a**) und Sonntagen (**b**) sowie der Windgeschwindigkeit an allen Tagen (**c**); Meßstation an einer verkehrsreichen Ausfallstraße [40]

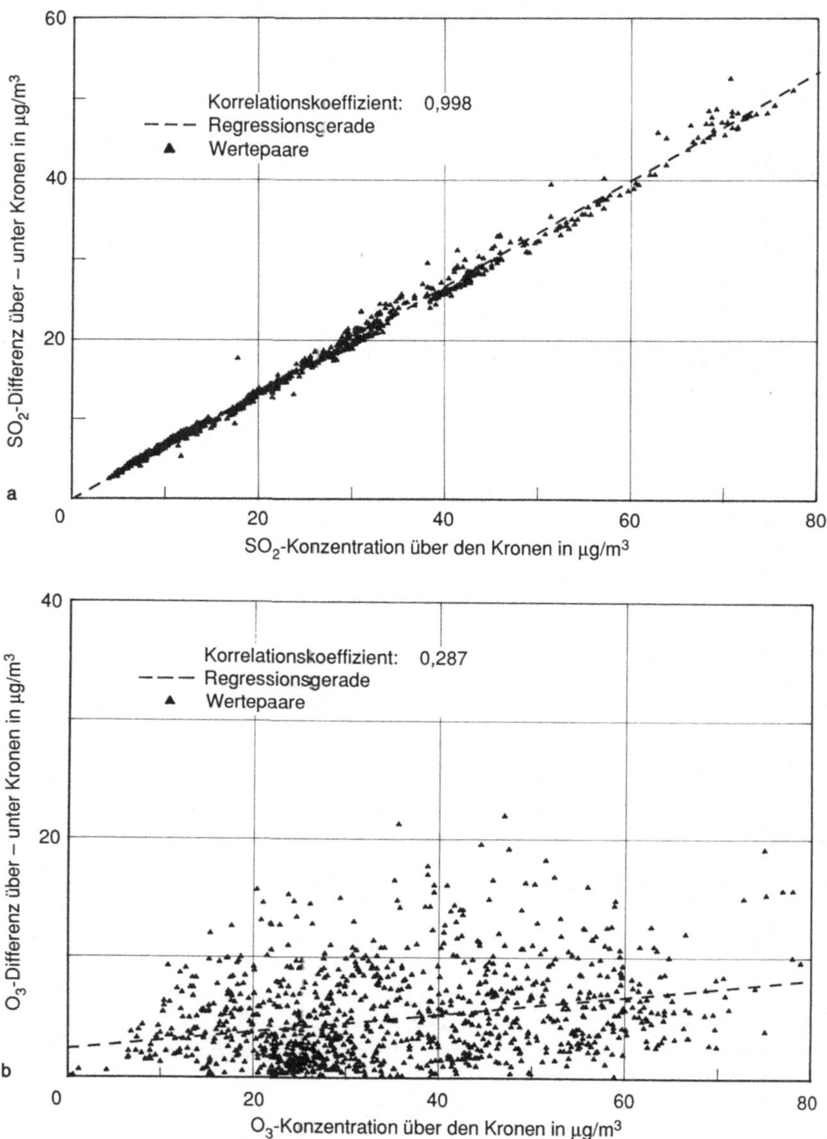

Bild 6.16. Abhängigkeit der Konzentrationsdifferenz zwischen dem Kronendach (über den Baumkronen) und dem Bestandsinnern von der Konzentrationshöhe über dem Kronendach. Graphische Darstellung und Überprüfung mit Korrelationsrechnung. **a**: SO_2; **b**: O_3 (IVD-Meßstation Waldenbuch-Betzenberg Juni 1986)

In Waldbeständen werden beispielsweise Schadgaskonzentrationen über den Baumkronen und im Bestand durch kontinuierliche Messungen ermittelt [45]. Bei Betrachtung der Meßwerte fiel auf, daß die Konzentrationsdifferenzen zwischen der Luft über den Kronen und der Luft im Bestand immer dann besonders groß waren, wenn oben ein hohes Schadstoffangebot herrschte. Um die offensichtlichen Abhängigkeiten näher zu untersuchen, werden alle Meßwerte in einem Diagramm wiedergegeben, in dem die abhängig veränderliche Größe (hier die Konzentrationsdifferenz) über der unabhängig veränderlichen Größe (hier die Schadstoffkonzentration über den Baumkronen) aufgetragen ist. In Bild 6.16 sind hierfür zwei Beispiele gezeigt: Abhängigkeit der Konzentrationsdifferenz vom Angebot über den Baumkronen für SO_2 und für Ozon. Man erkennt bei der Komponente SO_2 einen eindeutigen Zusammenhang, die Meßwerte liegen alle ganz nah um die Regressionsgerade, und der berechnete Korrelationskoeffizient beträgt $r^2 = 0{,}998$. Ein Beispiel für eine weniger eindeutige Abhängigkeit liefert dagegen die Komponente O_3. Hier treten auch bei niedrigen Konzentrationen über den Baumkronen teilweise hohe Konzentrationsdifferenzen und umgekehrt bei hohem Schadstoffangebot auch niedrige Differenzen auf ($r^2 = 0{,}287$). Bei Ozon sind der Abhängigkeit von der absoluten Schadstoffkonzentration chemische Reaktionen überlagert, die bei SO_2 nicht auftreten. Weitere Hinweise zur Erklärung des Schadstoffverhaltens können die mittleren Tagesgänge liefern [45]. Die hier dargestellten Abhängigkeiten sind nicht allgemein gültig, sondern gelten nur für die Situation im angegeben Meßzeitraum an der genannten Meßstation.

Die Untersuchung der Abhängigkeiten von auftretenden Schadstoffimmissionen mit Hilfe von Korrelationsrechnungen empfiehlt sich in sehr vielen Fällen (weitere Beispiele s. [45, 58]).

6.2.5.3 Schadstoffwindrosen

Um die Richtung festzustellen, aus der Luftverunreinigungen zu einer Meßstelle herangetragen werden, sollten bei Immissionsmessungen immer die Windrichtung und die Windgeschwindigkeit gemessen werden. Wie repräsentativ die gemessenen Windrichtungen für ein größeres oder kleineres Gebiet sind, hängt von der örtlichen Topographie ab und muß im Einzelfall nachgeprüft werden. Die gemessenen Windrichtungen (jeweils häufigste Werte in jeder halben Stunde) können z.B. in 12 oder 16 Sektoren aufgeteilt werden, und die Häufigkeit (in %) der in den einzelnen Sektoren auftretenden Meßwerte kann in Kreiskoordinaten dargestellt werden. Man erhält auf diese Weise die Windrose des Meßzeitraums, die nach Windgeschwindigkeitsbereichen unterteilt sein kann, [45, 60].

Ordnet man nach [35] jeden Schadstoff-Meßwert der zur Meßzeit herrschenden Windrichtung (in 12 oder 16 Sektoren) zu, bildet für jeden Sektor den Mittelwert der Konzentration und trägt diese Mittelwerte in Kreiskoordinaten über der Windrichtung auf, dann erhält man die sogenannte Schadstoff-Windrose, s. Bild 6.17a, [45, 59]. Treten in bestimmten Sektoren der Schadstoff-Windrose Ausbeulungen der Konzentrationskurve auf, dann werden bei Winden aus diesen Richtungen erhöhte Luftverunreinigungs-Konzentrationen herangetragen.

Aus der dargestellten Schadstoff-Windrose kann man folgendes erkennen: Die höchsten NO- und NO_2-Konzentrationen treten im Schönbuch bei Winden aus nördlichen Richtungen auf. in dieser Richtung liegt der Großraum Stuttgart mit seinem starken Verkehr, von dem die Stickstoffoxide freigesetzt werden und bei Nordwind deutlich den Schönbuch belasten. Bei Südwestwinden sind im Mittel die niedrigsten Konzentrationen anzutreffen.

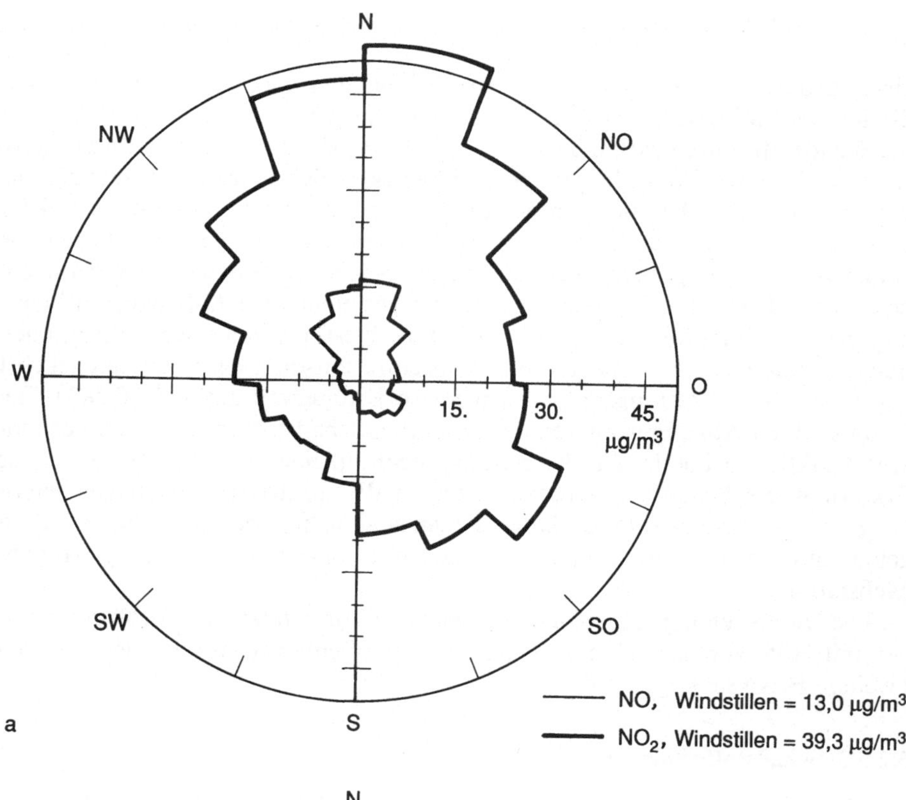
N
NW
NO
W
O
15.
30.
45.
µg/m³
SW
SO
S
a
NO, Windstillen = 13,0 µg/m³
NO2, Windstillen = 39,3 µg/m³

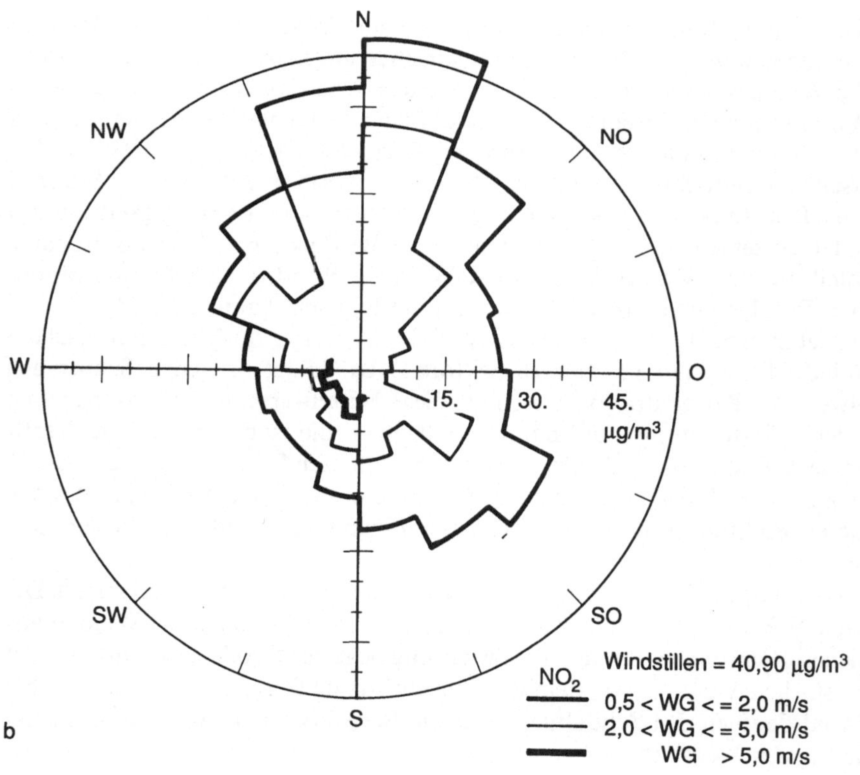
N
NW
NO
W
O
15.
30.
45.
µg/m³
SW
SO
S
b
Windstillen = 40,90 µg/m³
NO2
0,5 < WG < = 2,0 m/s
2,0 < WG < = 5,0 m/s
WG > 5,0 m/s

Eine leichte Erhöhung in den Stickstoffoxid-Windrosen ergibt sich bei Südostwinden, was auf Quellen in dieser Richtung hindeutet.

Die Schadstoff-Windrosen können auch für verschiedene Windgeschwindigkeitsklassen dargestellt werden. Bild 6.17b zeigt die Schadstoff-Windrose nach drei Windgeschwindigkeitsklassen aufgeteilt [45]. Man erkennt daß bei Schwachwinden (0,5 – 2,0 m/s) höhere Stickstoffoxidkonzentrationen auftreten als bei den stärkeren Winden (2,0 – 5,0 m/s). Bei den Starkwinden (> 5 m/s), die hier nur aus südwestlichen Richtungen anzutreffen sind, herrschen nur ganz niedrige Stickstoffoxidkonzentrationen.

Die hier dargestellten Schadstoff-Windrosen geben noch keinen Aufschluß darüber, wie häufig die in den einzelnen Sektoren ermittelten Konzentrationen auftreten. Es könnte z.B. sein, daß die Windrichtungen, bei denen hohe Konzentrationen auftraten, nur sehr selten vorkamen.

Werden die Konzentrationen aus der Schadgaswindrose mit der entsprechenden Häufigkeit der Windrichtung (Einwirkungsdauer) multipliziert und durch den Gesamtmittelwert des Meßzeitraumes dividiert (gewichtet), dann erhält man eine Schadstoff-Dosis-Windrose. Die so berechneten Werte geben an, welchen prozentualen Beitrag ein Windrichtungssektor zur mittleren Schadgasbelastung am Meßort liefert. Ausführliche Hinweise zur Darstellung windrichtungsabhängiger Schadgasbelastungen einschließlich Beispielen von derartigen Schadstoff-Dosis-Windrosen werden von Baumüller und Reuter in [60] gegeben.

Man kann auch die Gesamtbelastung durch Aufsummieren aller als Halbstunden-Mittelwerte im Meßzeitraum gemessenen Konzentrationen bestimmen, für jeden Windrichtungssektor ebenfalls die Konzentrationen aufsummieren und ihren Anteil an der Gesamtbelastung ermitteln. Man erhält auf diese Weise ebenfalls eine Schadstoff-Dosis-Windrose, die den Beitrag der einzelnen Windrichtungen zur Gesamtbelastung darstellt. Diese Schadstoff-Dosis-Windrose unterscheidet sich nicht von der nach Baumüller und Reuter, die auf den Mittelwert Bezug nimmt. Die Schadstoff-Dosis-Windrose von Bild 6.18 geht von denselben Messungen aus, die den Darstellungen in Bild 6.17 zugrunde liegen. Durch die Wichtung mit der Häufigkeit der Windrichtung tragen in dieser Schadstoff-Windrose auch die geringen Konzentrationen, wenn sie nur häufig genug vorkommen, zur Ausbeulung der Dosis-Kurve bei (z.B. Richtung Südwest). Die bei Südostwinden gemessenen Konzentrationen kommen dagegen so selten vor, daß sie in der Dosis-Windrose praktisch nicht erscheinen.

Es hängt von der biologischen Wirksamkeit der Schadstoffe ab, welche Art der Darstellung sinnvollerweise gewählt werden soll. Wenn man der Meinung ist, daß die häufigen, aber sehr niedrigen Konzentrationen keine Wirkung haben, dann ist die Schadstoff-Dosis-Windrose sicher keine günstige Darstellung, weil hier die niedrigen Konzentrationen stark bewertet werden. Es wäre allerdings auch denkbar, eine Schadstoff-Dosis-Windrose darzustellen, die nur Konzentrationen

◄───

Bild 6.17. Schadstoff-Windrosen; in den einzelnen Sektoren sind die jeweiligen Schadgasmittelwerte des ganzen Meßzeitraumes dargestellt; IVD-Waldmeßstation im Schönbuch (südlich vom Großraum Stuttgart); Meßzeitraum: 1.1.1986 – 31.12.1986. **a** NO- und NO_2-Mittelwerte für alle Windgeschwindigkeiten; **b** NO_2-Mittelwerte für verschiedene Windgeschwindigkeitsklassen (WG)

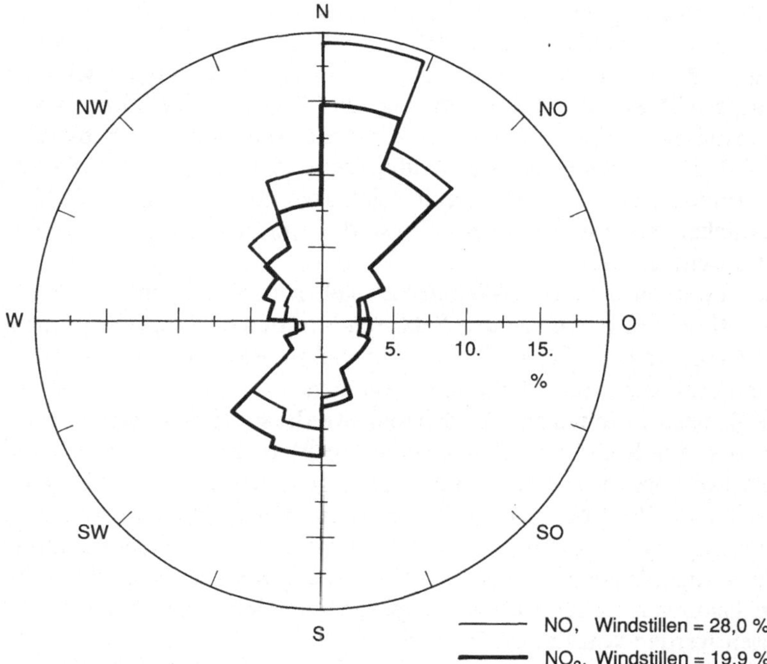

Bild 6.18. Schadstoff-Dosis-Windrose; NO und NO_2 an der Waldmeßstation im Schönbuch Meßzeitraum 1.1.1986–31.12.1986

über einer gewissen Schwellkonzentration berücksichtigt. Die Kriterien hierfür müßten in Zusammenarbeit mit Biologen und Medizinern festgelegt werden. Es muß noch darauf hingewiesen werden, daß sich die Schadstoff-Konzentrations-Windrosen (Bilder 6.17a und b) nicht für kurze Meßzeiträume eignen, da hierbei einzelne Sektoren u.U. nur mit wenigen Meßwerten belegt werden, die falsche Gegebenheiten vortäuschen können. So kann es z.B. bei der Auswertung nur eines Monats vorkommen, daß in einzelnen Sektoren sehr hohe Konzentrationen dargestellt werden, die aller Theorie widersprechen. Bei der Nachprüfung ergibt sich dann, daß nur ein oder zwei Werte dieses Bild verursacht haben. Für solch kurze Meßzeiträume ist die Präsentation einer Schadgas-Dosis-Windrose besser geeignet.

Eine weitere Art der Auswertung wendet die Landesanstalt für Immissionsschutz in Essen an [61]: die Stromdichte-Windrose.

Sie wird gebildet, indem die Schadgaskonzentrationen in den einzelnen Sektoren mit der jeweils herrschenden Windgeschwindigkeit multipliziert und entsprechend ihrer Häufigkeit bewertet werden. Man ermittelt auf diese Weise, welche Schadstoffmasse durch eine gedachte senkrechte Fläche von 1 m^2 in einem Jahr am Meßort vorbeiströmt. Es muß betont werden, daß es sich um keinen Massenstrom handelt, der auf dem Boden oder in der Vegetation deponiert wurde.

Bei dieser Darstellung geht neben der Häufigkeit der Hauptwindrichtung die Größe der Windgeschwindigkeit ein. Da in Deutschland die Winde aus westlichen

Richtungen am häufigsten und auch am stärksten sind, werden diese Richtungen trotz niedriger Konzentrationen sehr stark bewertet.

Es wurde gezeigt, daß die Darstellung von Schadstoff-Windrosen ein wichtiges Hilfsmittel bei der Ermittlung der Herkunft von Luftverunreinigungen darstellt. Die Wahl eines bestimmten Typs einer Schadstoff-Windrose kann aber schon eine Interpretation der Meßergebnisse in eine bestimmte Richtung darstellen. Es ist daher bei der Anwendung und Interpretation solcher windrichtungsabhängiger Darstellungen entsprechend sorgfältig vorzugehen.

6.2.5.4 Abklingkurven

Oft ist interessant, wie die Schadstoffkonzentrationen mit der Entfernung von einer Quelle, z.B. einer Straße, abklingen. In Bild 6.19 sind einige Abklingkurven

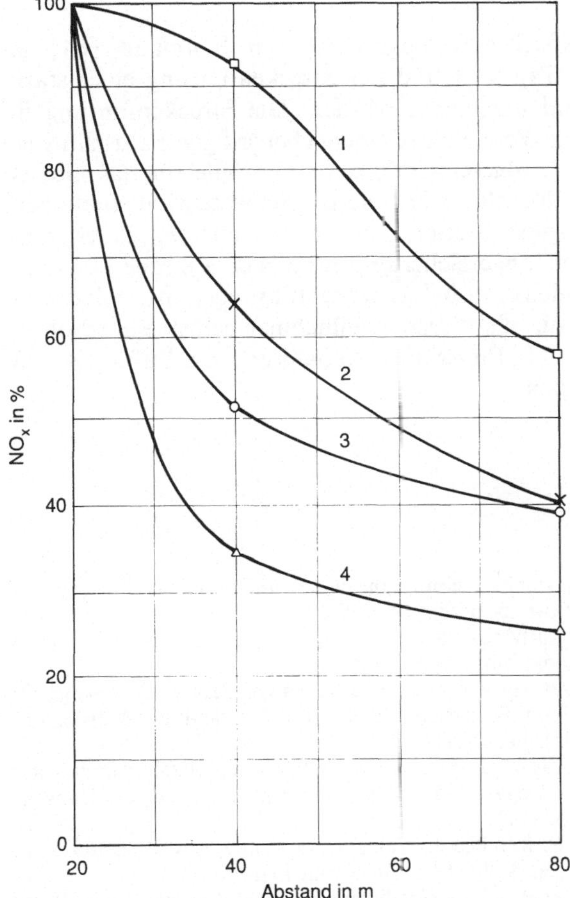

Bild 6.19. Abnahme der NO_x-Konzentration mit zunehmendem Abstand von einer verkehrsreichen Straße bei verschiedenen meteorologischen Austauschbedingungen [40]. *1* Bodeninversion, Windgeschwindigkeit < 0,1 m/s, Wind in kleinem Winkel von Straße; *2* Schwachwind (< 1 m/s) fast rechtwinklig von Straße, Schneefall; *3* Turbulentes Schönwetter, Windgeschw. ~ 2 m/s, Wind in kleinem Winkel von Straße; *4* Turbulentes Schönwetter, Windgeschw. 2,5 – 3 m/s, Wind schräg gegen Straße

aus Messungen in ebenem Gelände dargestellt. Bei der Ermittlung dieser Kurven dürfen selbstverständlich die Windverhältnisse nicht vernachlässigt werden. Bläst der Wind während der Messungen gegen die Straße, dann läßt sich schon in geringer Entfernung von der Straße kein verkehrsbedingter Einfluß auf die Immissionen mehr feststellen (Kurve 4 in Bild 6.19). Die Abklingkurven haben bei annähernd ebenem Gelände meist einen Verlauf wie die Kurven 2 und 3 [62]. Die absolute Höhe der abklingenden Konzentrationen hängt dabei von der Höhe der Ausgangskonzentrationen ab, und diese sind wiederum abhängig von der Quellstärke und von den wetterbedingten Austauschparametern. Kurve 1 deutet das Abklingen der Konzentrationen bei austauscharmem Wetter an.

In Straßenschluchten (zwischen hohen Häuserreihen) verhalten sich die Luftverunreinigungen naturgemäß anders [63]. Die Kenntnisse über Abklingkurven sollten sich z.B. in Bebauungsplänen auswirken, die Wohngebiete neben Straßen ausweisen.

Die Ausbreitung Kfz-spezifischer Schadgase ist von Baumann [64] in Abhängigkeit des Windes, der Tageszeit und der Streckenführung einer stark befahrenen Autobahn eingehend untersucht worden. Die Streckenführung in einem Einschnittgraben bringt im Vergleich zu einem ebenerdigen Fahrbahnverlauf bei mittleren und hohen Windgeschwindigkeiten Vorteile für das Gebiet neben der Straße; jedoch steigt dort die Belastung bei Schwachwindsituationen allgemein und bei austauscharmen Wetterlagen im besonderen, da es zum „Überlaufen“ der mit Schadgasen angereicherten Luft aus dem Graben kommt. Die immer häufiger anzutreffenden Autobahnstreckenführungen in Geländeeinschnitten stellen nicht zuletzt für die Verkehrsteilnehmer selbst ein erhöhtes Gesundheitsrisiko dar, da die Kfz-Emissionen kanalisiert, im Luftaustausch behindert und akkumuliert werden.

6.3 Literatur

1 VDI: Richtlinie 2450, Bl. 1, Messen von Emission, Transmission und Immission luftverunreinigender Stoffe – Begriffe, Definitionen. Berlin: Beuth 9/1977

2 Stratmann, H.: Wirkungen von Luftverunreinigungen auf die Vegetation. LIS-Berichte Nr. 49, Landesanstalt für Immissionsschutz, Essen 1984

3 Umweltbundesamt Bericht 9/80: Das Abgas-Emissionsverhalten von Personenkraftwagen in der Bundesrepublik Deutschland im Bezugsjahr 1980. TÜV-Reinland im Auftrag des Umweltbundesamtes. Berlin: Erich Schmidt 1980

4 Umweltbundesamt Bericht 11/83: Das Abgas-Emissionsverhalten von Nutzfahrzeugen in der Bundesrepublik Deutschland im Bezugsjahr 1980. TÜV-Rheinland im Auftrag des Umweltbundesamtes. Berlin: Erich Schmidt 1983

5 Hauschulz, G.; Heich, H.J.; Leisen, P.; Raschke, J.; Waldeyer, H.; Winckler, J.: Emissions- und Immissionstechnik im Verkehrswesen. Köln: TÜV Rheinland 1983

6 Meier, E.; Plaßmann, E.; Wolff, C. et al.: Abgas-Großversuch. Abschlußbericht, Vereinigung der Technischen Überwachungsvereine e.V., Essen 1986

7 TÜV Rheinland/Umweltbundesamt: Emissionsfaktoren für Luftverunreinigungen. Materialien 2/80. Berlin: Erich Schmidt 1980

8 Fünfte Allgemeine Verwaltungsvorschrift zum Bundes-Immissionsschutzgesetz (Emissionskataster in Belastungsgebieten) – 5. BImSchVwV vom 30.1.1979, GMBl., S. 42 f

9 Umweltbundesamt: Daten zur Umwelt 1986/87. Berlin: Erich Schmidt 1986

10 Dritte Verordnung zur Durchführung des Bundes-Immissionsschutzgesetzes (Verordnung über Schwefelgehalt von leichtem Heizöl und Dieselkraftstoff – 3. BImSchV) vom 15.1.1975, BGBl. I, S. 264, geändert durch Fassung vom 18.2.1986, BGBl. I, S. 265 und durch Verordnung vom 14.12.1987, BGBl. I, S. 2 671f
11 Institut für wirtschaftliche Oelheizung e.V.: Die Ölfeuerung, Ein Beitrag zur Reinhaltung der Luft. Druckschrift, Hamburg 1986
12 Chae, J.O.: Aufstellung eines mathematischen Modells der NO_x-Bildung in eingeschlossenen turbulenten Erdgas-Diffusionsflammen. Dissertation Universität Stuttgart 1978
13 Schnell, U.: Die mathematische Modellierung der Stickstoffoxid-Emissionen von Kohlenstaubflammen. Diplomarbeit Nr. 2204 am Institut für Verfahrenstechnik und Dampfkesselwesen der Universität Stuttgart 1986
14 Breuninger, H.A.; Baumbach, G. Untersuchungen zur Wirksamkeit von Additiven für schweres Heizöl. Fortschr. Ber. VDI-Z. Reihe 6 Nr. 113, 1983
15 Dröscher, F.; Rauskolb, J.: Luftverunreinigungen in einem Schwarzwaldtal bei Inversionswetterlagen, Teil 2: Untersuchung der Staub-Immissionen. Institut für Verfahrenstechnik und Dampfkesselwesen der Universität Stuttgart, Abteilung Reinhaltung der Luft, Bericht Nr. 3, 1986
16 Ministerium für Ernährung, Landwirtschaft, Umwelt und Forsten Baden-Württemberg: Emissionskataster Stuttgart, Quellengruppe Verkehr. Stuttgart 1986
17 Ministerium für Ernährung, Landwirtschaft, Umwelt und Forsten Baden-Württemberg: Emissionskataster Mannheim, Quellengruppe Verkehr. Stuttgart 1986
18 Ministerium für Ernährung, Landwirtschaft, Umwelt und Forsten Baden-Württemberg: Emissionskataster Karlsruhe, Quellengruppe Verkehr. Stuttgart 1986
19 Baumbach, G.; Baumüller, J.; Dröscher, F.; Reuter, U.: Lufthygienisches Gutachten für die Stadt Heilbronn. Amt für Straßenverkehr und Umwelt, Heilbronn 1986
20 Ministerium für Ernährung, Landwirtschaft, Umwelt und Forsten Baden-Württemberg: Emissionskataster Stuttgart, Quellengruppe Hausbrand. Stuttgart 1986
21 Ministerium für Ernährung, Landwirtschaft, Umwelt und Forsten Baden-Württemberg: Emissionskataster Mannheim, Quellengruppe Hausbrand. Stuttgart 1986
22 Dreyhaupt, F.J.; Dierschke, W.; Kropp, K.; Prinz, B.; Schade, H.: Handbuch zur Aufstellung von Luftreinhalteplänen. Köln: TÜV Rheinland 1979
23 Baumbach, G.; Cannon, T.; Bauer, L.; Bisinger, R.: Luftqualität in Waldenbuch. Institut für Verfahrenstechnik und Dampfkesselwesen der Universität Stuttgart, Abt. Reinhaltung der Luft, Bericht Nr. 1 – 1985
24 Vierte Verordnung zur Durchführung des Bundes-Immissionsschutzgesetzes (Verordnung über genehmigungsbedürftige Anlagen). 4. BImSchV vom 24.7.1985, BGBl. I, S. 1586 f
25 Elfte Verordnung zur Durchführung des Bundes-Immissionsschutzgesetzes (Emissionserklärungsverordnung). 11. BImSchV vom 20.12.1978, BGBl. I, S. 2027 f, geändert durch Verordnung vom 14.7.1985, BGBl. I, S. 1586 f
26 Ministerium für Ernährung, Landwirtschaft, Umwelt und Forsten Baden-Württemberg: Emissionskataster Stuttgart, Quellengruppe Industrie und Gewerbe. Stuttgart 1986
27 Ministerium für Ernährung, Landwirtschaft, Umwelt und Forsten Baden-Württemberg: Emissionskataster Karlsruhe, Quellengruppe Industrie und Gewerbe. Stuttgart 1986
28 Ministerium für Arbeit, Gesundheit und Soziales des Landes Nordrhein-Westfalen: Luftreinhalteplan Ruhrgebiet Ost – Dortmund – 1979–1983. Düsseldorf 1978
29 Ministerium für Arbeit, Gesundheit und Soziales des Landes Nordrhein-Westfalen: Luftreinhalteplan Rheinschiene-Süd – 1. Fortschreibung – 1982–1986. Düsseldorf 1984
30 Hessischer Minister für Landesentwicklung, Umwelt, Landwirtschaft und Forsten: Luftreinhalteplan Rhein-Main. Wiesbaden 1981
31 Ministerium für Soziales, Gesundheit und Umwelt des Landes Rheinland Pfalz: Luftreinhalteplan Ludwigshafen/Frankenthal 1979–1984. Mainz 1980
32 Kutzner, K.: Der Hausbrand als bodennahe Emissionsquelle – Flächendeckende Emissionen und ihre Bedeutung für die Lufthygiene. VDI Ber. Nr. 477 „Reinhaltung der Luft in großen Städten", Düsseldorf 1983
33 Friedrich, R.; Müller, T.; Scheirle, N.; Voß, A.: Feinmaschiges Kataster der SO_2- und NO_x-Emissionen in Baden-Württemberg und im Oberrheintal – Emissionsuntersuchungen im Rahmen des TULLA-Projektes, in Bericht über das 1. Statuskolloquium des PEF. S. 373–384, Kernforschungszentrum Karlsruhe 1985

34 Boysen, B.; Friedrich, R.; Müller, T.; Scheirle, N.; Voß, A.: Feinmaschiges Kataster der SO_2- und NO_x-Emissionen in Baden-Württemberg für die Zeit der TULLA-Meßkampagne, in Bericht über das 2. Statuskolloquium des PEF. Band 2, S. 481–492, Kernforschungszentrum Karlsruhe 1986
35 Vierte Allgemeine Verwaltungsvorschrift zum Bundes-Immissionsschutzgesetz (Ermittlung von Immissionen in Belastungsgebieten) vom 8.4.1975. GMBl. S. 358
36 Baumbach, G.; Konrad, G.; Minner, G.: Luftverunreinigungen in einem Schwarzwaldtal bei Inversionswetterlagen, Teil 1. Institut für Verfahrenstechnik und Dampfkesselwesen der Universität Stuttgart, Abteilung Reinhaltung der Luft, Bericht Nr. 3–1986
37 Umweltbundesamt: Monatsberichte aus dem Meßnetz. Sammelband 1983, Hrsg.: Umweltbundesamt, Fachgebiet II 6.3, Berlin 1984
38 Stern, A.C.; Boubel, R.W.; Furner, D.B.; Fox, D.L.: Fundamentals of Air Pollution. Orlando, Florida: Academic Press 1984
39 Verordnung der Landesregierung, des Ministeriums für Umwelt und des Innenministeriums zur Verhinderung schädlicher Umwelteinwirkungen bei austauscharmen Wetterlagen (Smog-Verordnung-Smog VO) vom 27.6.1988. Gesetzblatt für Baden-Württemberg 1988, S. 214f
40 Baumbach, G.: Derzeitige und zukünftige Schadgas-Immissionsbelastung an der B 10 in Stuttgart-Stammheim Süd. Gutachten für das Stadtplanungsamt Stuttgart 1981
41 Baumüller, J.; Hofmann, U.: Langjährige Schwefeldioxid-Messungen in Stuttgart 1965–1978. Chemisches Untersuchungsamt der Landeshauptstadt Stuttgart, Abt. Klimatologie, Mitteilung Nr. 2, Stuttgart 1980
42 Landesanstalt für Umweltschutz Baden-Württemberg: Zweiter Umweltbericht Baden-Württemberg 1983, Karlsruhe 1983
43 Baumüller, J.; Reuter, U.; Hoffmann, U.: Luftschadstoffe und Klima im Raum Stuttgart Vaihingen/Möhringen. Chemisches Untersuchungsamt der Landeshauptstadt Stuttgart, Abt. Klimatologie, Mitteilung Nr. 9, Stuttgart 1985
44 Umweltbundesamt: Monatsberichte aus dem Meßnetz 2/84. Berlin 1984
45 Baumbach, G.; Baumann, K.; Dröscher, F.: Luftverunreinigungen in Wäldern. Institut für Verfahrenstechnik und Dampfkesselwesen der Universität Stuttgart, Abt. Reinhaltung der Luft, Bericht Nr. 5–1987
46 Erste allg. Verwaltungsvorschrift zum Bundes-Immissionsschutzgesetz (Technische Anleitung zur Reinhaltung der Luft – TA Luft) vom 27.2.1986. GMBl. S. 95f
47 Statistische Berichte, Umwelt, Immissions-Konzentrationsmessungen. Hrsg. vom Statistischen Landesamt Baden-Württemberg, Stuttgart
48 Kenngrößen der Ozonkonzentration für die UBA-Meßstellen, Monatsberichte aus dem Meßnetz, Februar 1983. Umweltbundesamt Berlin 1984
49 Landesanstalt für Immissionsschutz des Landes NRW: Monatsbericht über die Luftqualität an Rhein und Ruhr 1/85. Essen 1985
50 Buck, M.; Doppelfeld, A.: Die Bedeutung des Stichprobenumfanges bei der Messung und Bewertung von Immissionen. Schriftenreihe der Landesanstalt für Immissionsschutz des Landes NRW, Verlag W. Giradet, Essen, H. 50 (1980) 31–40
51 Beier, R.: Zur Kennzeichnung von Immissionsbelastungen durch Quantile von Schadstoffverteilungen. Schriftenreihe der Landesanstalt für Immissionsschutz des Landes NRW, Verlag W. Giradet, Essen, H. 55 (1982) 7–14
52 Beier, R.; Doppelfeld, A.: Statistische Analyse von Spitzenwerten stichprobenartig untersuchter Schadstoffkonzentrationen in der Außenluft. Schriftenreihe der Landesanstalt für Immissionsschutz des Landes NRW, Verlag W. Giradet, Essen, H. 57 (1983) 7–14
53 Junker, A.; Kühner, D.: Meßhäufigkeit und Aussagesicherheit bei kontinuierlichen Immissionsmessungen. Staub-Reinhalt. Luft 39 (1979) Nr. 1, S. 22–25
54 Müller, H.G.: Statistische Methoden zur Beurteilung der Immissionsstruktur. Im Auftrag des Umweltbundesamtes Berlin, Abschlußbericht, Dornier System GmbH, Friedrichshafen 1977
55 VDI: VDI-Richtlinie 2310, Bl. 11, Maximale Immissions-Werte zum Schutze des Menschen (Schwefeldioxid). Berlin: Beuth 8/1984
56 Erste allg. Verwaltungsvorschrift zum Bundes-Immissionsschutzgesetz (Technische Anleitung zur Reinhaltung der Luft – TA Luft) vom 28.8.1974. GMBl A, 25 (1974) Nr. 24, S. 425–452

57 Kreyszig, E.: Statistische Methoden und ihre Anwendungen. Göttingen: Vandenhoeck & Ruprecht 1985
58 Baumbach, G.: Gleichzeitige Erfassung von Außenluft- und Innenraumkonzentrationen verschiedener Schadstoffe. VDI Ber. Nr. 608 (1987) 537–557
59 Baumbach, G.; Baumann, K.; Dröscher, F.: Luftqualität in Freudenstadt. Institut für Verfahrenstechnik und Dampfkesselwesen der Universität Stuttgart, Abt. Reinhaltung der Luft, Bericht Nr. 6 – 1987
60 Baumüller, J.; Reuter, U.: Hinweise zur Darstellung windrichtungsabhängiger Schadgasbelastungen. Staub-Reinhalt. Luft 44 (1984) Nr. 4, S. 183–186
61 Pfeffer, H.U.: Immissionserhebungen in quellfernen Gebieten Nordrhein-Westfalens. Staub-Reinhalt. Luft 45 (1985) Nr. 6, S. 287–293
62 Esser, J.: Schadstoffkonzentrationen im Nahbereich von Autobahnen in Abhängigkeit von Verkehr und Meteorologie. In: Abgasbelastungen durch den Kraftfahrzeugverkehr. Köln: TÜV Rheinland 1982, S. 165–183
63 Waldeyer, H.; Leisen, P.; Müller, W.R.: Die Abhängigkeit der Immissionsbelastung in Straßenschluchten von meteorologischen und verkehrsbedingten Einflußgrößen. In: Abgasbelastungen durch den Kfz-Verkehr. Köln: TÜV Rheinland 1982, S. 85–114
64 Baumann, K.: Schadstoffausbreitung im Nahbereich einer Autobahn. Institut für Verfahrenstechnik und Dampfkesselwesen der Universität Stuttgart, Abt. Reinhaltung der Luft, Bericht Nr. 8 – 1987

7 Verfahren zur Emissionsminderung

7.1 Allgemeine Betrachtungen

Die Aufgaben der Luftreinhaltung in den verschiedenen Emissionsquellbereichen Verkehr, industrielle Prozesse und industrielle Feuerungsanlagen sowie Hausheizungen sind sehr vielfältig. Grundsätzlich sind Emissionsminderungen möglich durch

- Umstellung auf emissionsärmere Prozesse bzw. auf emissionsarme Brennstoffe,
- Verbesserung des Prozesses, z.B. des Verbrennungsvorganges: Primärmaßnahmen,
- Abgasreinigung: Sekundärmaßnahmen.

Welche Vorgehensweise im einzelnen anzuwenden ist, richtet sich einerseits nach dem Grad der Luftreinhaltung, der erreicht werden soll, und andererseits nach der Praktikabilität der Maßnahme, was sich meistens direkt in deren Kosten niederschlägt.

Die Kosten der Luftreinhaltung sind i.allg. exponentiell abhängig vom Grad der Schadstoffminderung, s. Bild 7.1.

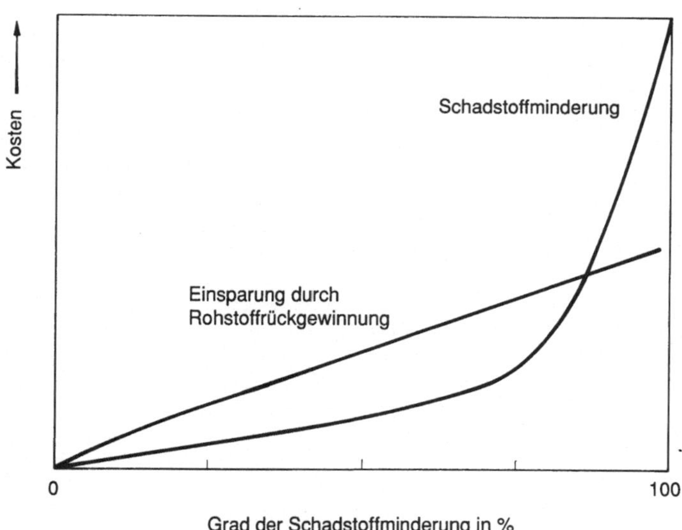

Bild 7.1. Kosten von Luftreinhalteverfahren in Abhängigkeit vom Grad der Schadstoffminderung [1]

Wenn durch die Schadstoffabscheidung Rohstoffe zurückgewonnen werden können, dann lassen sich meistens zunächst Kosten einsparen. Bei niedrigen Abscheidegraden können die Einsparungen größer sein als die Kosten des Emissionsminderungsverfahrens, s. Bild 7.1. Mit zunehmendem Grad der Schadstoffminderung werden dann aber die Kosten der Schadstoffminderung die erzielbaren Einsparungen übersteigen.

Es muß im Einzelfall entschieden werden, welches Verfahren zur Luftreinhaltung einerseits die gestellten Anforderungen am besten erfüllt und andererseits die geringsten Kosten verursacht. Hierbei sollten aber nicht nur kurzfristige Kostenbetrachtungen eingehen, sondern auch langfristige Entwicklungen berücksichtigt werden. So sind z.B. Verfahren, die weniger Energie verbrauchen, der Vorzug zu geben, auch wenn im Moment die Preise für gewisse Energieträger (z.B. Heizöl) niedrig liegen und von daher einen niedrigen Energieverbrauch nicht so notwendig erscheinen lassen.

7.1.1 Verfahrensumstellung

Als *Beispiel* für eine Umstellung eines industriellen Prozesses zur Verringerung der Emissionen luftverunreinigender Stoffe sei hier das *Lackieren* erwähnt. Die meisten aus Metall gefertigten Gebrauchsgegenstände von der Konservendose über den Kühlschrank bis hin zum Kraftfahrzeug werden zur Oberflächenbeschichtung lackiert. Bild 7.2 zeigt, daß beim herkömmlichen, am meisten angewandten Spritzlackierverfahren mit Druckluft allein verfahrensbedingt min-

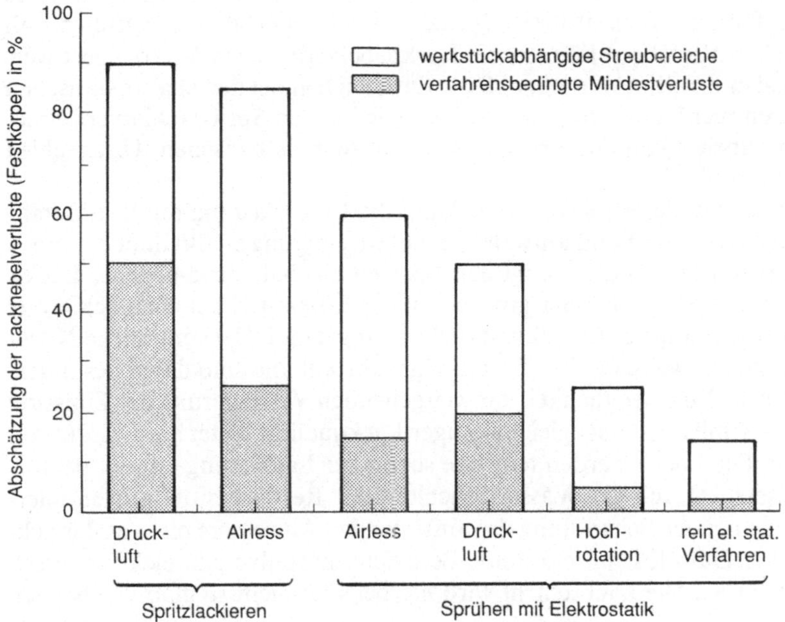

Bild 7.2. Vergleich der Lacknebelverluste bei verschiedenen Spritz- und Sprühauftragsverfahren von Lackmaterialien [2]

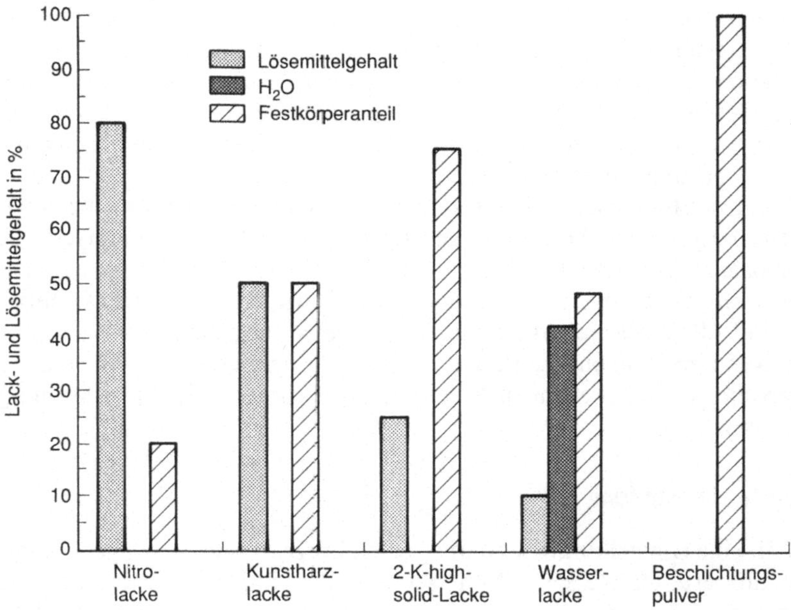

Bild 7.3. Lösemittel- und Festkörpergehalte unterschiedlicher Lacksysteme [2]

destens 50 % Lacknebelverluste (Festkörper) auftreten [2], die ohne Abscheidemaßnahmen größtenteils die umgebende Luft belasten. Werkstückbedingt können sich die Verluste bis auf 90 % erhöhen, z.B. beim Spritzlackieren eines Vogelkäfigs. Durch druckluftloses Spritzlackieren oder durch Sprühen mit elektrostatischen Verfahren können die Lacknebelverluste stark verringert werden. Es muß aber erwähnt werden, daß die Oberflächen bei den elektrostatischen Sprühverfahren nicht ganz so glatt ausfallen wie bei den Spritzlackierverfahren, was weniger einen Qualitätsverlust als einen rein ästhetischen Unterschied bedeutet.

Durch Einsatz anderer Lacksysteme kann die Luftbelastung durch Lösemitteldämpfe stark verringert und aufwendige Abluftreinigungsmaßnahmen können ggf. eingespart werden. Bild 7.3 zeigt den Lösemittelgehalt verschiedener Lacke. Es ist davon auszugehen, daß der größte Teil der Lösemittel bei der Lackierung und der Lacktrocknung verdampft und in die Luft gelangt. Herkömmliche Nitro- und Kunstharzlacke weisen hohe Lösemittelgehalte auf und sind daher besonders emissionsintensiv. Eine Möglichkeit zur weitgehenden Verringerung der Emission organischer Lösemittel bei fast gleichwertiger Lackqualität bietet der Einsatz von Wasserlacken. Die Lacke werden teilweise schon zur Lackierung von Kraftfahrzeugen eingesetzt. Durch die Wasserlöslichkeit der Restlösemittel dürfen allerdings Probleme bei der Behandlung des auftretenden Abwassers nicht außer acht gelassen werden. Ganz lösemittelfrei sind Beschichtungspulver, die elektrostatisch aufgetragen werden. Die Lackschicht wird hierbei aber nicht so glatt wie bei den anderen Lacksystemen.

Es gibt viele weitere Fälle, bei denen durch Verfahrensumstellungen die Emissionen luftverunreinigender Stoffe stark verringert werden können. Ein bekanntes Beispiel ist die Schwefelsäureherstellung, bei der durch Einführung des Doppelkontaktverfahrens die SO_2-Emission von ursprünglich 17 kg je Tonne hergestellter Schwefelsäure auf 2 – 3 kg abgesenkt werden konnte [3, 4].

7.1.2 Emissionsminderung bei Feuerungsanlagen

Feuerungsanlagen, sowohl im industriellen Bereich als auch im Hausheizsektor, stellen eine Hauptquelle für Luftverunreinigungen dar. Bevor auf spezielle Luftreinhaltemaßnahmen eingegangen wird, sollen für diesen Bereich zunächst einige allgemeine Betrachtungen zur Emissionsminderung angestellt werden.

In Bild 2.1 wurden die bei Feuerungsanlagen auftretenden Schadstoffe in drei Gruppen eingeteilt:

1. Produkte unvollständiger Verbrennung: CO, Ruß, unverbrannte Kohlenwasserstoffe,
2. Nebenprodukt bei vollständiger Verbrennung: NO_x,
3. Produkte aus Brennstoffverunreinigungen: SO_2, SO_3, H_2S, NO_x, Chloride, Fluoride, Metallverbindungen.

Die verschiedenen Schadstoffe werden nicht bei allen Anlagen in gleichem Maße freigesetzt. Die Zusammensetzung und die Menge der Schadstoffe unterscheiden sich je nach Anlagengröße, Anlagenart und eingesetztem Brennstoff. Bild 7.4 gibt einen Überblick über die Hauptschadstoff-Emissionen bei den verschiedenen Feuerungsanlagen.

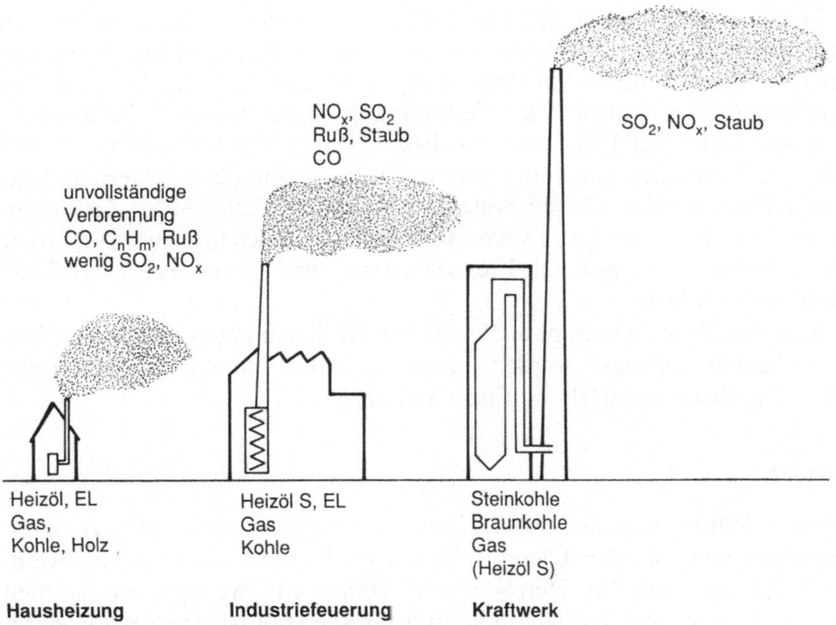

Bild 7.4. Brennstoffe und Schadstoffe bei verschiedenen Feuerungsanlagen

Während bei Kleinanlagen durch ungenügende Verbrennungsführung und mangelnde Überwachung eher Schadstoffe unvollständiger Verbrennung entstehen, treten bei Großanlagen durch die Verfeuerung preisgünstiger, aber verunreinigter Brennstoffe die Emissionen durch diese Verunreinigungen in den Vordergrund, z.B. Stäube, SO_2, NO_x und andere anorganische Gase.

7.1.2.1 Produkte unvollständiger Verbrennung

Bei den Kleinanlagen, die vorwiegend für Hausheizzwecke eingesetzt werden, verursachen vor allem die *Feststoffeuerungen* (Holz und Kohle) durch ungleichmäßigen Abbrandverlauf, ungenügende Möglichkeiten zur Regelung und Einstellung der Leistung und des Luft-/Brennstoffverhältnisses den Hauptanteil der CO-, C_nH_m- und Staubemissionen [5]. Sie sind oftmals verbunden mit starken Geruchsbelästigungen in Wohngebieten. Möglichkeiten zur Verminderung dieser Emissionen bestehen bei der Konstruktion der Feuerungsanlagen und bei der Betriebsweise. Konstruktiv werden die Entwicklungen dahin gehen, daß trotz unterschiedlich großer Beschickung (varierende Brennstoffmengen) immer eine gleichmäßige Flamme brennt. Einflüsse der Betriebsweise werden sich aber selbst durch geschickte Konstruktionen nicht ganz ausschließen lassen. So verursacht z.B. die Verwendung feuchten Brennholzes zu niedrige Verbrennungstemperaturen, und geschlossene Luftklappen führen unweigerlich zu Schwelbränden mit erhöhten Emissionen. Es werden auch Katalysatoren für die Nachverbrennung von CO und Kohlenwasserstoffen angeboten. Unabhängig von der Wirksamkeit solcher Katalysatoren wird das Hauptaugenmerk bei der Schadstoffminderung von Kleinfeuerungen aber auf die Verhinderung der Schadstoffentstehung beim Verbrennungsvorgang zu richten sein.

Bei kleinen *Ölfeuerungen* mit Gebläsebrennern sind die Emissionen von Produkten unvollständiger Verbrennung im Normalfall sehr gering. Allerdings können Störungen, z.B. durch Verschmutzungen der Luftführung oder verstopfte Brennstoffdüsen, zu unvollständiger Verbrennung führen. Bis der Schornsteinfeger bei seiner jährlichen Überwachung diesen Mangel feststellt, können über längere Zeiträume Emissionen unverbrannter Stoffe, verbunden mit Geruchsbelästigungen, auftreten. Diese Gefahr besteht insbesondere auch bei den Zimmerölöfen mit Verdampfungsbrennern. Verbesserungen lassen sich hier durch geringere Störanfälligkeit der eingesetzten Brennersysteme und durch eine verstärkte Überwachung erreichen.

Die Schadstoffminderungsmaßnahmen für die Kleinfeuerungen sollen hier nicht eingehender erläutert werden, dazu wird auf die spezielle Literatur verwiesen, eine Zusammenstellung findet sich in [5].

7.1.2.2 Staub

Die stärksten Staubemissionen verursachen Feststoffeuerungen, bedingt durch die Freisetzung mineralischer Brennstoffbestandteile. Bei Ölfeuerungen sowohl für Heizöl EL als auch für Heizöl S sind bisher von wenigen Ausnahmen abgesehen auch bei großen Industriefeuerungen keine Staubabscheider eingesetzt worden. Die Staubemissionen können allenfalls bei Schwerölfeuerungen ein

Problem darstellen. Hier läßt sich z.B. durch den Einsatz von verbrennungsfördernden Additiven der Ausbrand von Rußpartikeln so weit verbessern, daß die vorgeschriebenen Staubemissions-Grenzwerte eingehalten werden können [6, 7].

Bei Kohlefeuerungen macht die Zurückhaltung des Flugstaubes den Einsatz von Staubabscheidern erforderlich. Während bei mittelgroßen Anlagen u.a. Zyklone und bei speziellen Anwendungsfällen auch filternde Abscheider eingesetzt werden, sind die großen Kohlenstaubfeuerungen in Kraftwerken in der Bundesrepublik Deutschland praktisch alle mit Elektroabscheidern ausgerüstet. Die Wirkungsweise der verschiedenen Staubabscheideverfahren wird in Abschn. 7.2 behandelt.

7.1.2.3 Stickstoffoxide

Zur Minderung der Stickstoffoxid-Emissionen bei Verbrennungsprozessen gibt es grundsätzlich zwei Möglichkeiten:

1. Primärmaßnahmen. Sie vermindern durch Veränderung verschiedener Parameter bei der Verbrennung die Stickstoffoxidentstehung, oder gebildetes Stickstoffoxid wird noch im Brennraum wieder zurückgewandelt.

2. Sekudärmaßnahmen. Das bei der Verbrennung entstandene Stickstoffoxid wird durch Reinigungsverfahren aus den Abgasen entfernt.

Auf die verschiedenen Möglichkeiten zur Verringerung der Stickstoffoxid-Emissionen bei Verbrennungsprozessen wird in Abschn. 7.3 näher eingegangen.

7.1.2.4 Schwefeldioxid

Stationäre Feuerungsanlagen stellen, abgesehen von einigen speziellen chemischen Prozessen, die Hauptquellen für Schwefeldioxid (SO_2) dar. Zur Minderung des SO_2-Auswurfs kommen prinzipiell drei Methoden in Frage:

1. Brennstoffentschwefelung,
2. Brennstoffwahl,
3. Rauchgasentschwefelung.

Knapp 50 % aller Kleinfeuerungsanlagen, die für die Hausheizung und für Kleingewerbeanlagen eingesetzt sind, werden in der Bundesrepublik Deutschland mit leichtem Heizöl (Heizöl EL) betrieben. Um die SO_2-Emissionen dieser Quellgruppe zu verringern, wurde der Schwefelgehalt des leichten Heizöls per Verordnung schrittweise verringert. Bis 1988 waren 0,3 % Schwefel zugelassen, ab März 1988 nur noch 0,2 % (Massenanteile) [8]. Der Dieselkraftstoff unterliegt bezüglich des Schwefelgehalts denselben Bestimmungen. Es gab und gibt immer wieder Ansätze, kleine Rauchgasentschwefelungsanlagen zur SO_2-Minderung bei Hausheizungen in den Handel zu bringen. Eine wirksame SO_2-Minderung, bei der *alle Heizöl-EL-Feuerungen* erfaßt werden, bietet sich aber durch eine Verringerung des Schwefelgehalts des eingesetzten Heizöls an.

Brennstoffentschwefelung

Die Raffinerien in der Bundesrepublik Deutschland stellen den Schwefelgehalt des *leichten Heizöls* einerseits durch Mischen von Ölen unterschiedlicher Herkunft

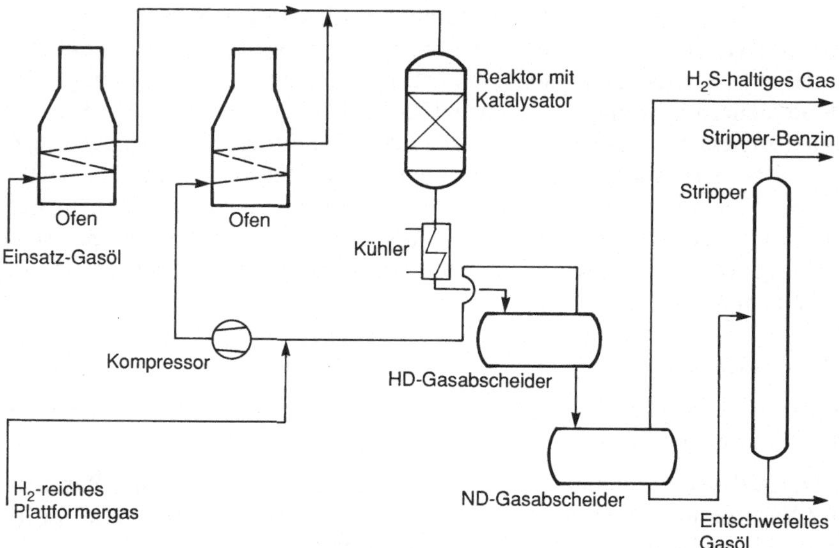

Bild 7.5. Vereinfachte schematische Darstellung einer katalytischen Heizöl-Entschwefelungsanlage (nach [9])

und mit unterschiedlichen Schwefelgehalten ein. Andererseits wird Heizöl EL auch entschwefelt. Dazu wird dem Öl Wasserstoff beigemischt. Die Entschwefelung erfolgt dann an spezifischen Katalysatoren – meist aus Kobalt und Molybdän auf einem Tonerdeträger – bei Temperaturen von 320–420 °C und Drücken von 25–70 bar [9]. Der Schwefel wird dabei hydrierend herausgespalten und entweicht als Schwefelwasserstoff, der in Claus-Anlagen zu elementarem Schwefel weiterverarbeitet wird. Das Schema einer Anlage zur katalytischen Entschwefelung von Ölen zeigt Bild 7.5. Das Einsatzöl wird in einem Ofen auf Temperatur gebracht und gelangt, mit vorgewärmtem Wasserstoff vermischt, in den Reaktor, der den Katalysator enthält. Das Reaktionsprodukt wird gekühlt und in einem Separator-Hochdruck-Gasabscheider von überschüssigem Wasserstoff befreit, der als Kreislaufgas in den Prozeß zurückgeführt und mit frischem Wasserstoff ergänzt wird. Der Schwefelwasserstoff wird im Niederdruckgasabscheider abgetrennt. Das flüssige Produkt wird in einer Stripperkolonne von niedrigsiedenden Reaktionsprodukten befreit.

Prinzipiell läßt sich auf diese Weise auch schweres Heizöl entschwefeln, es müssen aber wesentlich schärfere Reaktionsbedingungen (höhere Temperaturen und höhere Drücke) angewendet werden [10]. Die Schwermetallspuren in schweren Heizölen werfen Probleme auf, da diese als Katalysatorgifte wirken [9]. Bisher kommt man aber bei der Bereitstellung von schweren Heizölen mit bestimmten Schwefelgehalten (z.B. Heizöl S mit 1 % Schwefel oder mit sogar noch geringeren Werten) ohne diese spezielle Brennstoffentschwefelung aus.

Eine andere Möglichkeit zur SO_2-Minderung bei Feuerungsanlagen besteht in der *Brennstoffwahl bzw. Brennstoffumstellung*. So hat z.B. in den letzten Jahren der Erdgasanteil bei den Kleinfeuerungen stark zugenommen. Da Erdgas praktisch keinen Schwefel enthält, wurden auch auf diese Weise die SO_2-Emissionen weiter verringert.

Entsprechend der Großfeuerungsanlagen-Verordnung aus dem Jahr 1983 [11], hätten in Industriefeuerungen über 100 MW thermischer Leistung die mit Heizöl S betrieben werden, in den letzten Jahren Rauchgasentschwefelungsanlagen eingebaut werden müssen, vgl. Kap. 8. Die meisten Anlagen wurden aber aus Kostengründen auf Erdgas, mit Heizöl EL als Ersatzbrennstoff, umgestellt.

Bei *Kohle* ist eine Brennstoffentschwefelung kaum oder nur in geringem Maße möglich. Bei großen Feuerungsanlagen, insbesondere bei Kraftwerksfeuerungen, kommt eine Umstellung auf schwefelärmere und teurere Brennstoffe nicht in Frage. Bei diesen Anlagen werden deshalb Rauchgasentschwefelungsanlagen zur SO_2-Minderung angewendet. Auf die Rauchgasentschwefelung wird in Abschn. 7.4 eingegangen.

7.1.3 Wirksamkeit von Abgasreinigungsmaßnahmen

In vielen Fällen läßt sich allein durch Verfahrensumstellung oder Brennstoffwahl das Luftverunreinigungsproblem noch nicht zufriedenstellend lösen, und es müssen spezielle Verfahren zur Reinigung der schadstoffhaltigen Abgase eingesetzt werden. Die Wirksamkeit von Abgasreinigungsverfahren wird charakterisiert durch den Abscheidegrad und die Restemission. Die Definition dieser und weiterer Kenngrößen eines Abscheiders sei anhand des Schemas in Bild 7.6 dargestellt.

Der Abscheidegrad ist die abgeschiedene Schadstoffmenge bzw. -konzentration S_{ab} bezogen auf die eingebrachte Schadstoffmenge bzw. -konzentration S_{roh}:

$$\eta = \frac{S_{ab}}{S_{roh}} \cdot 100 \text{ in } \% . \tag{7.1}$$

Ist die eingebrachte Schadstoffmenge unbekannt, dann läßt sich S_{roh} auch berechnen aus der abgeschiedenen S_{ab} und der noch emittierten Menge bzw.

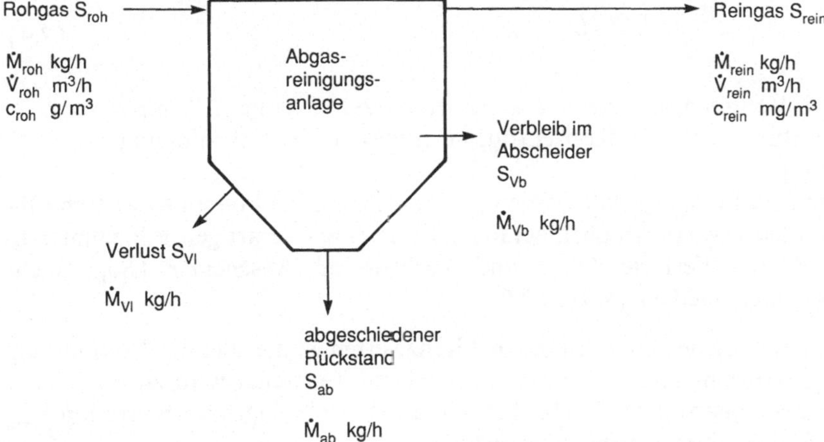

Bild 7.6. Größen zur Kennzeichnung der Eigenschaften und der Wirksamkeit von Abgasreinigungsanlagen. S_{roh}, S_{rein}, S_{ab}, S_{Vl}, S_{Vb}... Schadstoffgehalte bzw. -mengen

Konzentration S_{rein}:

$$S_{roh} = S_{ab} + S_{rein}\,, \tag{7.2}$$

$$\eta = \frac{S_{ab}}{S_{ab} + S_{rein}} \cdot 100 \text{ in } \%\,. \tag{7.3}$$

Der Abscheidegrad kann auch aus der Roh- und Reingasbilanz bestimmt werden:

$$\eta = \frac{S_{roh} - S_{rein}}{S_{roh}} \cdot 100 \text{ in } \%\,. \tag{7.4}$$

Zur Einhaltung von Grenzwerten interessiert i.allg. die Reingaskonzentration c_{rein} und der Emissionsmassenstrom $\dot{M}_{rein}$ im Reingas. Die Reingaskonzentration läßt sich meistens nur durch Messungen bestimmen. Zur Vergleichbarkeit der Ergebnisse wird die Konzentration üblicherweise mit der allgemeinen Gasgleichung auf Normbedingungen (0 °C, 1 013 mbar) umgerechnet:

$$pV = mRT \tag{7.5}$$

bzw.

$$\frac{pV}{mT} = \text{const}\,, \tag{7.6}$$

mit

$$c = \frac{m}{V} \tag{7.7}$$

ergibt sich

$$\frac{p_n}{c_n T_n} = \frac{p_1}{c_1 T_1} \tag{7.8}$$

$$c_n = c_1 \frac{1\,013\,(t + 273)}{273\, p_1}\,, \tag{7.9}$$

p Druck, V Volumen, m Massen, R allgemeine Gaskonstante, T Temperatur in K, t Temperatur in °C, c Konzentration, Index n Normbedingungen (0 °C, 1 013 mbar).

Neben dem Reingasgehalt werden in Vorschriften [11] oder aus wirtschaftlichen Gründen gewisse Abscheidegrade gefordert. Bei derartigen Bilanzuntersuchungen dürfen Verluste (S_{Vl}) und Verbleib im Abscheider (S_{Vb}) nicht unberücksichtigt bleiben (s. Bild 7.6).

Zur Überwachung der Einhaltung von Grenzwerten ist die alleinige Bestimmung der Reingaskonzentration c_{rein} nicht ausreichend. Entweder wird zusätzlich der Emissionsmassenstrom $\dot{M}$ durch Multiplikation der Reingaskonzentration c_{rein} mit dem Abgasvolumenstrom $\dot{V}$ berechnet

$$\dot{M} = c\dot{V}\,, \tag{7.10}$$

oder es wird bei den gemessenen Reingaskonzentrationen die Abgasverdünnung berücksichtigt, die Konzentration könnte ja allein dadurch abgesenkt werden, daß das Abgas mit Luft verdünnt wird. Bei Verbrennungsabgasen wird die Abgasverdünnung z.B. durch Bezug der gemessenen Konzentration bzw. der Emission auf einen festgelegten Bezugssauerstoffgehalt berücksichtigt [11, 12]:

$$E_B = \frac{21 - O_B}{21 - O_M} E_M\,, \tag{7.11}$$

E_B Emission, bezogen auf den Bezugssauerstoffgehalt, E_M gemessene Emission, O_B Bezugssauerstoffgehalt, O_M gemessener Sauerstoffgehalt.

7.2 Verfahren zur Entstaubung von Abgasen (H. Gross)

Verteilungen von Teilchen mit einem Durchmesser zwischen etwa 10^{-3} und 10^3 µm in beliebiger Form und Dichte in gasförmigen Medien bezeichnet man als Aerodispersionen. Dispergierende Kräfte wie z.B. Strömungskräfte, die durch turbulente Bewegungen des Gases hervorgerufen werden, verzögern bzw. verhindern den natürlichen Absetzvorgang, dem jedes Teilchen durch die Schwerkraft unterworfen ist.

Grundprinzip jeder Entstaubung ist es daher, die Teilchen durch geeignete Kräfte, wie z.B. Fliehkräfte oder elektrische Kräfte, in Bereiche zu transportieren, in denen die dispergierenden Kräfte nicht mehr bestimmend sind. In diesem Bereich erfolgt die endgültige Abtrennung. Dieses Prinzip wird am Beispiel einiger Entstaubungsverfahren erläutert.

Massenkraftentstauber. Beim Schwerkraftentstauber erfolgt der Transport der Teilchen durch Schwerkraft in einen Strömungstotraum. Bei den sogenannten Fliehkraftentstaubern wird der staubbeladene Gasstrom in geeigneter Weise umgelenkt. Die Teilchen, die aufgrund ihrer Trägheit dieser Richtungsänderung nicht folgen können, fliegen zur Begrenzungswand der Gasströmung im Abscheider. Dort werden sie angereichert und sinken unter dem Einfluß der Schwerkraft in den Staubbunker.

Naßentstauber. Die beim Umströmen der Flüssigkeit auftretenden Trägheitskräfte führen zum Anlagern der Staubteilchen an die Flüssigkeitsoberfläche, z.B. die Oberfläche von im Gas dispergierten Tropfen; diese werden anschließend durch Schwer- und Fliehkräfte abgeschieden.

Elektroabscheider. Die Teilchen werden elektrisch aufgeladen und durch ein elektrisches Feld zur Niederschlagselektrode transportiert. Dort werden sie durch Haftkräfte festgehalten. Durch periodische Erschütterungen oder durch einen Rieselfilm aus Flüssigkeit werden die Niederschlagselektroden gereinigt.

Filternde Entstauber. Neben der Gitterwirkung eines porösen Systems (z.B. Gewebe) sind hauptsächlich Trägheits- und Diffusionskräfte für den Transport der Teilchen bestimmend. Durch Haftkräfte werden die Teilchen an der Oberfläche des porösen Systems festgehalten. Der poröse Stoff wird anschließend ausgetauscht oder durch Rütteln oder Spülen mit Gas gereinigt.

Die Abscheideleistung von Entstaubern kann durch folgende Kriterien gekennzeichnet werden:

- *Gesamtentstaubungsgrad.* Der Gesamtentstaubungsgrad ist das Verhältnis von abgeschiedener Staubmenge pro Zeiteinheit zur zugeführten Staubmenge pro Zeiteinheit.
- *Fraktionsentstaubungsgrad.* Er stellt das Verhältnis von abgeschiedener Staubmenge einer bestimmten Korngrößenklasse zur zugeführten Staubmenge pro Zeiteinheit dieser Kornklasse dar.
- *Restgehalt.* Dieser ist gekennzeichnet durch die Staubmasse pro Volumeneinheit des Reingases nach Austritt aus dem Entstauber. Dieser Restgehalt kann auf den Gaszustand am Eintritt des Entstaubers bezogen sein.

Die Auswahl eines geeigneten Entstaubungsverfahrens erfolgt nach folgenden Gesichtspunkten:

- Erforderlicher Gesamtentstaubungsgrad bzw. Restgehalt: Mit Massenkraftabscheidern lassen sich nur begrenzte Entstaubungsgrade erzielen. Demgegenüber kann man mit Elektroabscheidern, Wäschern und Gewebefiltern sehr niedrige Reingasstaubgehalte erreichen.
- Beschaffenheit des Trägergases: Massen- bzw. Volumenstrom, Temperatur, Feuchte, Taupunkt, chemische Zusammensetzung.
- Art des Staubes: Staubmenge, Dichte, Korngrößenverteilung, chemisches Verhalten usw..

Die nachfolgenden Abschnitte sollen einen Überblick über die verschiedenen Entstaubungsverfahren geben. Ausführlich ist die Staubabscheidung in speziellen Büchern beschrieben [13–16].

7.2.1 Massenkraftentstauber

Die Massenkraftabscheider sind heute noch stark verbreitete Entstauber. Aufgrund ihres einfachen Aufbaus sowie ihrer relativ geringen Anschaffungskosten und Wartungsansprüche sind sie robust und dauerhaft im Betrieb. Sie werden hauptsächlich dort eingesetzt, wo grobe Partikel abzuscheiden sind oder wo nur eine Teilentstaubung notwendig ist. Grundlagen, Funktionsweise und Bauarten von Massenkraftabscheidern sind in zahlreichen Veröffentlichungen [13–18] sowie in der VDI-Richtlinie 3679 [19] behandelt worden.

Üblicherweise unterscheidet man die Massenkraftentstauber nach den wirksamen Transportkräften:

- Schwerkraftabscheider: wirkende Kraft ist die Schwerkraft.
- Unter dem Einfluß der Schwerkraft sedimentieren die Partikel mit einer Sinkgeschwindigkeit v_S aus dem Gasstrom:

$$v_S = \frac{d^2(\varrho_2 - \varrho_1) \cdot g}{18 \cdot \eta_G} \tag{7.12}$$

mit: d Teilchendurchmesser, ϱ_2 Dichte des Teilchens, ϱ_1 Dichte des Gases, g Erdbeschleunigung, η_G Zähigkeit des Gases.

– Trägheitskraftabscheider: da die Zentrifugalkraft zu den Trägheitskräften zählt, gehört der Zentrifugalkraftabscheider zu dieser Gruppe. Das Staubteilchen wandert im umgelenkten Gasstrom lediglich durch seine Trägheit zur Wand des Staubabscheiders. Nur der im rotierenden Gasstrom mitbewegte Beobachter dürfte genaugenommen von einer Zentrifugalkraft sprechen. Je kleiner der Teilchendurchmesser oder je kleiner die Dichte des Teilchens ist, desto geringer werden die Trägheitskräfte. Daher muß man feineren und leichteren Stäuben größere Beschleunigungen aufzwingen, um einen ausreichenden Trenneffekt zu erzielen.

7.2.1.1 Trägheitskraftabscheider

Aus einem Gas lassen sich Fremdkörper dadurch abscheiden, daß man die ihnen innewohnenden Trägheitskräfte ausnutzt. In den Gasstrom werden Hindernisse gebracht, die ihn ab- oder umlenken. Die mitgeführten Staubpartikel versuchen aufgrund ihrer Massenträgheit die bisherige Richtung beizubehalten. Dadurch prallen sie auf das Hindernis oder gelangen in ein Gebiet außerhalb der Gasströmung, womit sie aus dem Gas ausgeschieden sind. Von dort muß das Gut beseitigt werden, ohne das es wieder von der Strömung aufgenommen wird.

Das Linderoth-Rohr, Bild 7.7, auch Aerodyne Tube genannt, besteht aus einem Blechkegelstumpf mit zahlreichen jalousieartigen Schlitzen. Das staubhaltige Gas tritt am weiten Ende ein und wird an den Schlitzen scharf umgelenkt. Die Staubteilchen fliegen geradeaus weiter, so daß das geradeaus strömende Gas mit Staub angereichert wird. Dieses Gas kann dann in einem Zyklon entstaubt werden und wird anschließend dem Prozeß wieder zugeführt.

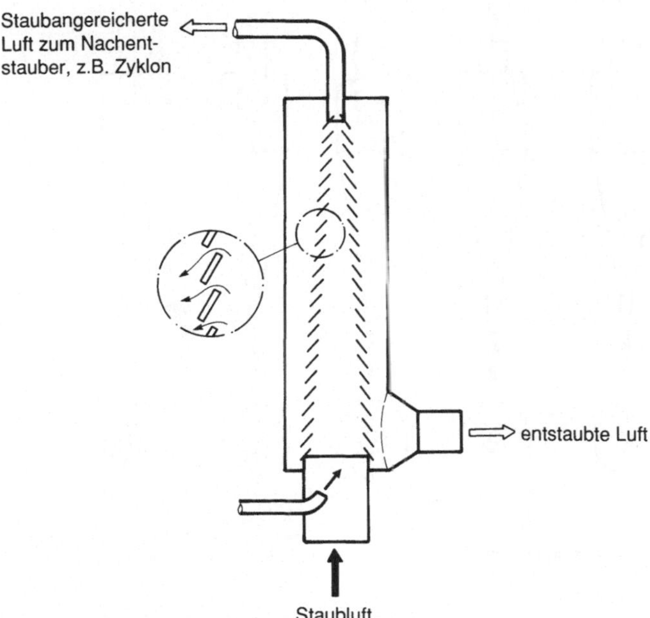

Bild 7.7. Trägheitskraftabscheider (Linderoth-Rohr)

7.2.1.2 Fliehkraftabscheider

Zwingt man einen staubbeladenen Gasstrom auf eine geschlossene Kreisbahn, so werden die Staubpartikel einer Zentrifugalbeschleunigung unterworfen. Nach diesem Prinzip arbeiten die Zyklone, Bild 7.8, und die Drehströmungsentstauber, Bild 7.10.

Zyklone

Der Zyklon wurde z.B. von Muschelknautz eingehend untersucht und beschrieben [20]. In Bild 7.8a ist das Prinzip dargestellt. Ein Zyklon besteht aus einem runden Gehäuse mit tangentialem Einlauf am oberen Rand und einem Gasauslaß, der als Tauchrohr konzentrisch im Deckel angebracht ist.

Der eintretende Gasstrom beschreibt eine nach unten schraubende Kreisbahn. Die Strömung ist eine Wirbelsenke. Bewegt sich ein Teilchen der Masse m auf einer Kreisbahn um die Achse des Zyklons mit dem Radius r und der Geschwindigkeit v, so wirkt auf das Staubteilchen eine Zentrifugalbeschleunigung b:

$$b = v^2/r\,. \tag{7.13}$$

Bei üblichen Umfangsgeschwindigkeiten von 15–40 m/s und Krümmungsradien zwischen 0,1 und 1 m entsteht eine Zentrifugalbeschleunigung, die hundert- bis tausendmal größer ist als die Erdbeschleunigung. Die unter dem Einfluß dieser

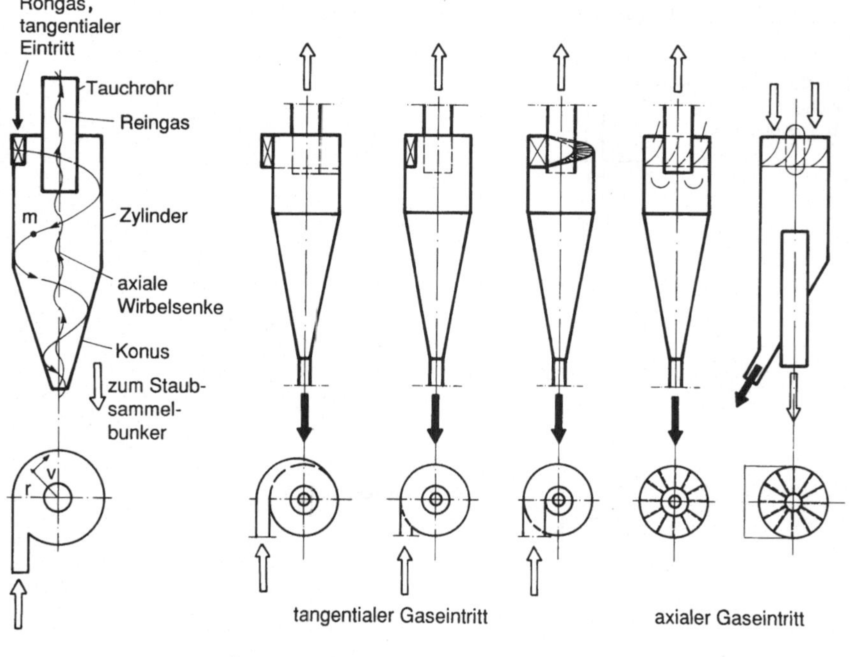

Bild 7.8. Zyklon-Staubabscheider. **a** Prinzip; **b** verschiedene Zyklonbauarten [13–15]

Beschleunigung sich einstellende radiale Fliehgeschwindigkeit v_f ist als Relativgeschwindigkeit zwischen Feststoff und Gasmolekülen gegeben:

$$v_f = \frac{d^2 \cdot b \cdot \varrho}{18\eta_G}, \tag{7.14}$$

d Teilchendurchmesser, b Zentrifugalbeschleunigung, ϱ Dichte des Teilchens, η_G Zähigkeit des Gases.

Da die Fliehgeschwindigkeit vom Teilchendurchmesser d abhängt, kommt es auch im Zyklon zu einer fraktionierten Entstaubung. Die an die Wand geschleuderten Partikel rutschen an ihr herab und sammeln sich im unteren Teil. Da der Zyklon unten geschlossen ist, kehrt sich die Gesamtrichtung des Gasstromes um, wobei die schraubende Bewegung erhalten bleibt. Der Staubsammelbunker muß genügend tief unter dem Umkehrbereich der Gasschraube sein, damit der abgeschiedene Staub nicht wieder aufgewirbelt wird.

Der Austrag des Staubes muß so erfolgen, daß keine Falschluft eintreten kann. Dies läßt sich durch einen Doppelkegelverschluß oder eine Zellenradschleuse erreichen.

Für normale Ansprüche, bei denen kein besonderer Feinentstaubungsgrad erreicht werden muß, verwendet man Zyklone mit Durchmessern zwischen 1 und 5 m. Ihr Abscheidebereich liegt bei Korngrößen über 50 μm.

Zur Abscheidung kleinerer Korngrößen muß man die Zentrifugalbeschleunigung erhöhen. Nach Gl. (7.14) erreicht man dies durch Verringerung des Bahnradius bzw. des Zyklon-Durchmessers. Eine Erhöhung der Gasgeschwindigkeit scheidet aus wirtschaftlichen Gründen aus. Da kleine Zyklone einen geringen Gasdurchsatz erlauben, vereinigt man viele kleine Zyklone zu einem Multizyklon.

Bild 7.9 zeigt einen Multizyklonentstauber, der auch bei feinen Partikeln hohe Abscheidegrade erreicht. Der Entstauber besteht aus einer Anzahl von Kleinstzyklonen mit 20 cm Außendurchmesser, die, je nach der anfallenden Gasmenge, zu mehreren Blocks zusammengefügt werden. Ihr Widerstand liegt bei 9–11 mbar bei etwa 3 m^3/min Gasdurchsatz je Zyklon. Der Wirkungsgrad beträgt je nach Feinheit des Staubes 92–98%. In ihnen werden Partikel heute bis herab zu 12 μm abgeschieden. Bei der Gestaltung der Einlaufkanäle eines Multizyklons muß für eine gleichmäßige Beaufschlagung der einzelnen Zyklone gesorgt werden.

Drehströmungsentstauber

Die physikalischen Grundlagen und das Prinzip des Drehströmungsentstaubers sind von Schmidt [21] ausführlich beschrieben worden.

Im Drehströmungsentstauber wirken zwei konzentrische Drallströmungen, die den gleichen Drehsinn haben, aber axial entgegengesetzt gerichtet sind. Den prinzipiellen Aufbau zeigt Bild 7.10. Die innere Drallströmung wird durch das Rohgas gebildet, das durch einen Drallkörper mit einem feststehenden Leitgitter in Rotation gesetzt wird. Die äußere Drallströmung wird durch tangential eingeblasene Zweitluft erzeugt. Der Staub wird aus dem Rohgas infolge der Fliehkraft herausgeschleudert, gelangt in den Bereich der abwärts strömenden Zweitluft und wird mit ihr in den Bunker transportiert. Als Zweitluft kann ein Teil des Rohgases, Umgebungsluft oder Reingas verwendet werden.

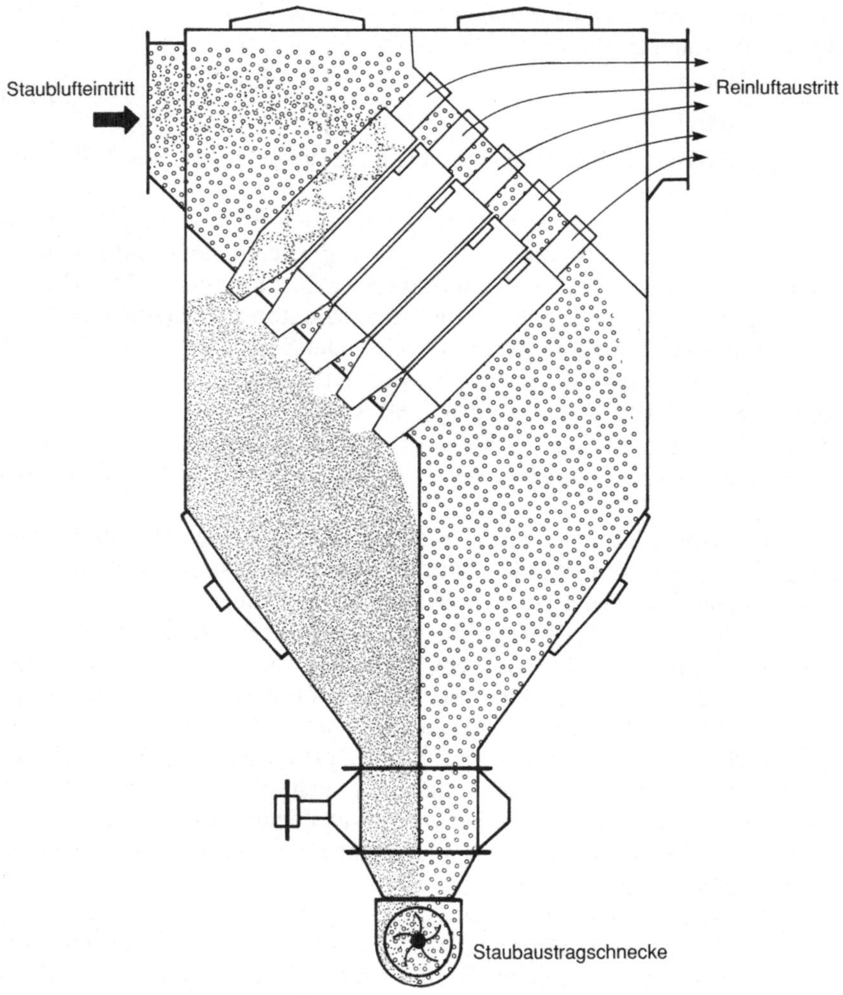

Bild 7.9. Aufbau eines Multizyklons (nach WEDAG, Bochum)

Energieverbrauch und Abscheidegrad sind vom Verhältnis zwischen Rohgas und Zweitluftmenge abhängig. Die üblichen Zweitluftmengen liegen zwischen 40 und 100 % der Rohgasmenge. Mit steigender Zweitluftmenge verbessert sich der Gesamtabscheidegrad. Eine rechnerische Ermittlung des unteren Grenzkorns ist nicht möglich. Versuchsergebnisse lassen vermuten, daß es zwischen 0,5 und 3 μm liegt.

Die Leistungsgrenzen des Drehströmungsentstaubers hat Klein [22] aufgezeigt.

7.2.2 Naßentstaubung

Die Naßentstaubung ist eine Weiterentwicklung der trockenmechanischen Staubabscheidung. In vielen Fällen reichen dort wegen der geringen Masse der

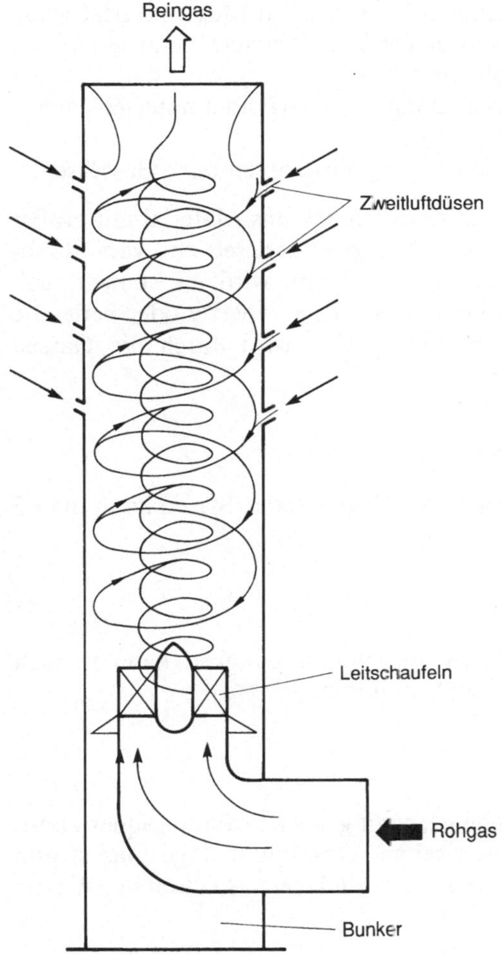

Bild 7.10. Prinzipieller Aufbau eines Drehströmungsentstaubers

Staubteilchen die angreifenden Schwer- oder Trägheitskräfte nicht aus, um die Staubpartikel vom Gasstrom zu trennen. Vergrößert man die Masse der Staubkörner, z.B. durch Bindung an die Tropfen einer Waschflüssigkeit, dann ist eine anschließende Massenkraftentstaubung meist erfolgreicher. Aus wirtschaftlichen Gründen wird meist Wasser als Waschflüssigkeit verwendet.

Da bei der Naßentstaubung das Luftverunreinigungsproblem auf das Wasser verlagert wird, müssen besondere Gründe für den Einsatz der Naßentstaubung vorliegen. Ein wichtiger Einsatzbereich ist z.B. die Abscheidung brennbarer Stäube oder die Staubabscheidung bei Abgasen, die Funken enthalten [23]. Die Naßentstaubung wird vornehmlich im Korngrößenbereich von 0,1 – 50 µm verwendet. Je feiner der Staub und je niedriger seine Konzentration ist, desto schwieriger kann er abgeschieden werden. Als abgeschieden gilt der Staubanteil, der mit der Waschflüssigkeit in Kontakt gebracht und von ihr festgehalten wird.

Die staubbeladene Flüssigkeit wird anschließend meist in Massenkraftabscheidern in Schlamm und geklärte Flüssigkeit getrennt. Letztere kann ganz oder teilweise im Kreislauf wiederverwendet werden.

Prinzipiell werden bei der Naßabscheidung zwei Verfahren unterschieden:
- Abscheidung an festen bespülten Flächen,
- Abscheidung an der Oberfläche von Flüssigkeitstropfen oder Gasblasen.

Abscheider mit festen bespülten Wänden bestehen z.B. aus Material mit großer spezifischer Oberfläche, das von der Waschflüssigkeit berieselt und vom Staubstrom im Gleich- Gegen- oder Querstrom durchströmt wird. Es können auch glatte oder profilierte, parallel zueinander angeordnete benetzte oder berieselte Platten verwendet werden. Das staubbeladene Gas wird durch die Gassen zwischen den Platten hindurchgeleitet.

7.2.2.1 Grundlagen der Naßentstaubung

Bei der Staubbindung an der Oberfläche von Tropfen oder Blasen kann man 5 Zonen unterscheiden.

1. Befeuchtungszone

Das Zusammenführen von Staubteilchen und Waschflüssigkeit kann je nach Bauart und Leistung des Abscheiders erfolgen durch:

1.1 Besprühen oder Bedüsen

Dieses Verfahren führt zu Entstauberbauarten mit großen Strömungsquerschnitten und geringen Strömungsgeschwindigkeiten. Das staubhaltige Gas strömt horizontal oder vertikal zwischen Wänden und wird dabei aus Düsen mit Wasser besprüht.

1.2 Waschen oder Wirbeln

Wird eine Flüssigkeitsschicht von einem Gas-Staub-Gemisch durchströmt, das seinen Austritt unter der Flüssigkeitsoberfläche hat, so spricht man von Waschen. Von großer Bedeutung für die Abscheideleistung sind die Blasenbildungsgeschwindigkeit, die Blasengröße sowie die Länge der Blasenstrecke, die hier der Höhe der Flüssigkeitsschicht entspricht. Bei hohen Anforderungen an die Abgasqualität ist dieses Verfahren ungeeignet, da die Ausbildung der Blasen schlecht beeinflußt werden kann und auch nicht reproduzierbar ist.

1.3 Einspritzen unter Druck

Bei diesem Verfahren wird der Gasstrom durch eine Rohrverengung, ähnlich einem Venturi-Rohr, geleitet, wobei sich die Strömungsgeschwindigkeit vergrößert und der Druck verringert. An der Stelle der größten Geschwindigkeit und des geringsten Drucks wird Wasser eingespritzt. Die hohe Geschwindigkeit des

Gasstromes ist notwendig für eine gute Abscheideleistung, da die Relativgeschwindigkeit zwischen Waschflüssigkeit und Gas ihren Kontakt bedeutend beeinflußt. Eine rasche Beschleunigung kleinerer Tropfen und damit der Abbau der Relativgeschwindigkeit wirkt sich nachteilig auf die Abscheideleistung aus.

2. Kontaktzone

Das in der Befeuchtungszone eingebrachte Wasser muß sich intensiv mit dem Staub vermischen, damit eine Bindung beider Komponenten aneinander erfolgen kann. Dieser Vorgang wird durch verschiedene Effekte begünstigt.

2.1 Massenkraftbedingtes direktes Zusammenführen von Staubteilchen mit der dispergierten Waschflüssigkeit (Stoßzusammentreffen)

In den meisten Fällen beeinflussen Trägheitskräfte in Verbindung mit strömungstechnischen Vorgängen ein Zusammentreffen von Teilchen und Wassertropfen, was als Stoßzusammentreffen bezeichnet werden kann. Zur Erklärung dieses Vorgangs dient Bild 7.11. Ein kugelförmiger Wassertropfen vom Durchmesser d_{Tr} werde von einem staubführenden Gasstrom mit der Geschwindigkeit w umströmt. Die Staubteilchen folgen, je nach Masse, den Stromlinien jedoch nur teilweise. Unter vereinfachenden Voraussetzungen lassen sich sog. Grenzbahnen berechnen, innerhalb derer die Staubpartikel den Stromlinien nicht folgen, auf den Wassertropfen auftreffen und je nach Benetzungsfähigkeit an ihm haften oder in ihn eindringen [13, 14, 24, 25]. Da man noch wenig über die auftretenden Tropfengrößen und deren Verteilung sowie über den Einfluß von Diffusion und Kondensation weiß, lassen sich solche Abscheider rechnerisch schlecht erfassen.

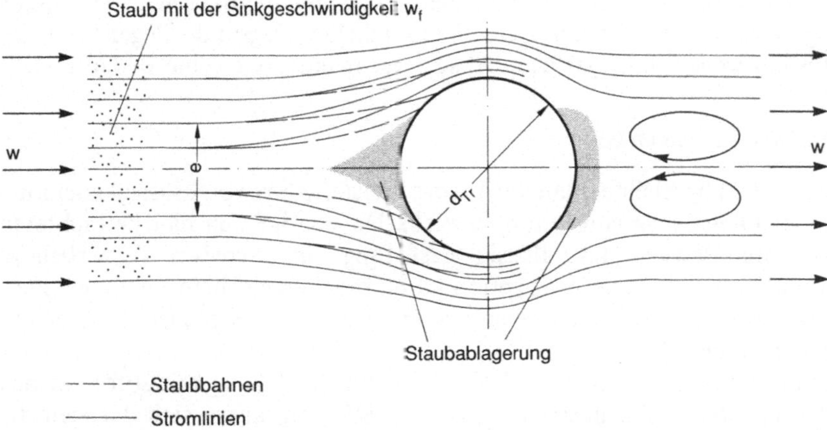

Bild 7.11. Stromlinien und Staubbahnen bei der Umströmung einer Kugel bzw. eines kugelförmigen Flüssigkeitstropfens. d_{Tr} Tropfendurchmesser, w Gasgeschwindigkeit, e Abstand der Grenzbahnen

2.2 Kondensationsvorgänge [14, 15]

Spritzt man kühles Wasser in heißes Gas, so verdampft es zunächst. Der dabei entstehende Dampf vermischt sich je nach Temperaturgefälle mehr oder weniger schnell mit dem Gas. Wird bei zunehmender Sättigung das Gas dann abgekühlt, so kondensiert der Dampf, wobei sowohl die im Gas befindlichen Staubteilchen als auch kalte Wassertropfen als Kondensationskerne wirken können. Die Dampfströmung zum Kondensationskern kann hierbei Staubpartikel zur Tropfenoberfläche befördern (Schlepp-Diffusions-Effekt). Der quantitative Einfluß von Kernbildung und Schleppdiffusion auf das Zusammentreffen von Staub und Flüssigkeit ist noch nicht geklärt.

2.3 Diffusionsvorgänge

Eine weitere Ursache für die Bindung von Staub und Waschflüssigkeit liegt im Diffusionsvorgang. Er ist allerdings mehr von theoretischer Bedeutung, da bei den meist kurzen Verweilzeiten im Kontaktraum die Zeit für eine Ausbildung von Diffusionsvorgängen nicht ausreicht.

Molekularkinetisch befinden sich die Moleküle eines Gases in einer ständigen, unregelmäßigen Bewegung, die man als Wärme wahrnimmt. Die Moleküle stoßen immer wieder zusammen und übertragen dabei einen Teil ihrer Energie auf im Gas befindliche Fremdkörper. Bei großen Staubteilen treffen auf allen Seiten etwa gleich viele Moleküle auf, so daß die resultierende Kraft Null ist. Bei kleinen Teilchen kann durch einseitig auftreffende Moleküle eine Bewegung veranlaßt werden. Legt man die Vorstellung zugrunde, daß die Staubteilchen durch eine Grenzschicht hindurchdiffundieren, die man sich nahe der Tropfenoberfläche denkt, so kann dieser Vorgang als Diffusionsabscheidung bezeichnet werden.

2.4 Sedimentation

Unter Sedimentation versteht man das Ausfallen von Staubteilchen unter dem Einfluß der Schwerkraft. Da bei den hier erwähnten Naßabscheidern immer Strömungsvorgänge mit höheren Geschwindigkeiten zugrunde liegen, hat die Sedimentation wegen ihrer geringen Absetzgeschwindigkeit keine Bedeutung.

2.5 Einfluß der Benetzbarkeit

Als Benetzbarkeit bezeichnet man die Adsorptionsfähigkeit von Flüssigkeitsmolekülen an der Oberfläche von Staubpartikeln. Da sich bei den hier betrachteten Vorgängen drei Phasen (fest, flüssig, gasförmig) in intensiver Verwirbelung befinden und eine geordnete Adsorption kaum möglich erscheint, definiert man als Benetzbarkeit die Affinität einer bestimmten Staubteilchenzahl zu einem Flüssigkeitstropfen [26].

Benetzende Stäube wandern bei Kontakt mit der Flüssigkeit sofort in das Innere der Tropfen. Bei schlecht benetzenden Stäuben lagern sich dagegen die Partikel an der Oberfläche der Tropfen an.

Bei geringen Staubgehalten wird der Abscheidegrad wegen der weitgehend freien Tropfenoberfläche kaum von der Benetzbarkeit beeinflußt. Bei hohen

Staubgehalten, wenn ein großer Teil der Tropfenoberfläche schon mit Staub besetzt ist, wird ein Rückgang der Abscheidung bei schlecht benetzenden Stäuben erwartet.

3. Abscheidezone

In der Abscheidezone wird die mit Staub beladene Waschflüssigkeit vom Gasstrom getrennt. Je nach dem Aufbau und den geometrischen Verhältnissen des Entstaubers bewirken Massenkräfte das Ausscheiden der Waschflüssigkeit. Da in der Regel die Erdbeschleunigung nicht ausreicht, erhöht man die Abscheideleistung durch Zentrifugalkräfte ähnlich den Massenkraftentstaubern. Die im Abscheider gewonnene Trübe wird der Trübe- bzw. Schlammzone zur Weiterbehandlung zugeleitet.

4. Förderzone

Die Förderzone sorgt für den Transport des Gas-Staub-Gemisches. In der Regel wird ein Ventilator radialer oder axialer Bauart eingesetzt, der gleichzeitig die Druckdifferenz erzeugt, die zum Überwinden der Widerstände des Entstaubers und der angeschlossenen Rohrleitungen notwendig ist. Der Ventilator kann vor oder hinter dem Entstauber angeordnet sein. Saugseitiger Betrieb des Entstaubers verringert die Gefahren durch Erosion, Brand und Explosion gegenüber dem druckseitigen Betrieb.

5. Schlammzone

Die heute verwendeten Naßentstaubungsanlagen benötigen, je nach den zu entstaubenden Gasströmen, recht erhebliche Wasserströme. Ein Frischwasserbetrieb, bei dem das staubbeladene Wasser nicht wiederverwendet wird, ist deshalb meist unwirtschaftlich; üblich ist heute ein Umlaufwasserbetrieb. Die in der Abscheidezone gewonnene Trübe wird in Schlammabscheider, z.B. Absetzbecken, geleitet, in denen der Staub sedimentiert. Das gereinigte Wasser wird anschließend wieder benutzt; es ist lediglich die verdunstete Wassermenge zu ersetzen.

7.2.2.2 Bauarten von Naßabscheidern

Für die Naßabscheidung sind verschiedene Apparatetypen entwickelt worden. Sie unterscheiden sich konstruktiv in den Einrichtungen zur Erzeugung der Flüssigkeitsverteilung sowie zur innigen Vermischung des Staub-Gas-Stromes mit der Waschflüssigkeit. Nach der VDI-Richtlinie 3679 [25] werden Naßabscheider in folgende Bauarten eingeteilt:

- Wäscher,
- Wirbelwäscher,
- Venturi-Wäscher,
- Rotationswäscher.

Die verschiedenen Wäschertypen sind in Bild 7.12 schematisch dargestellt.

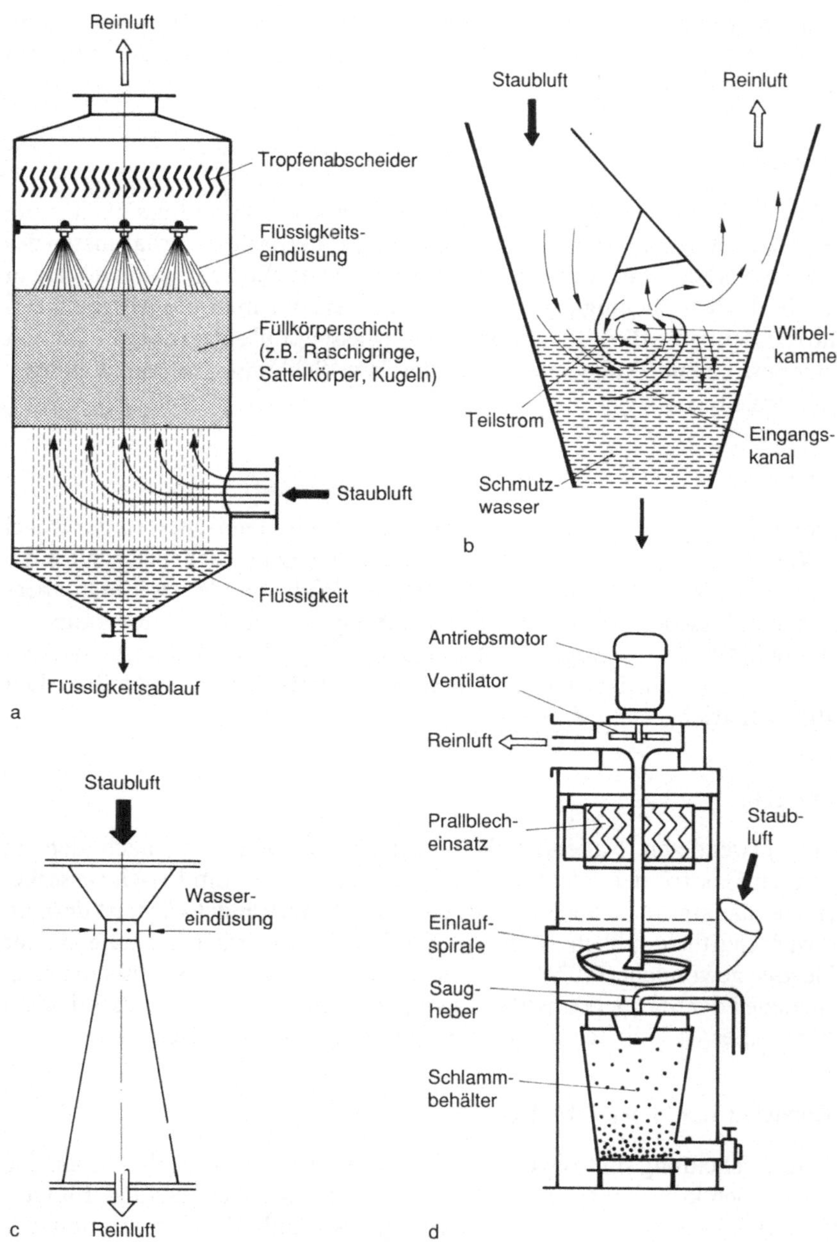

Bild 7.12. Schematische Darstellung der gebräuchlichsten Naßabscheidertypen [23, 25]. **a** Wäscher; **b** Wirbelwäscher; **c** Venturiwäscher; **d** Rotationswäscher

Wäscher

Wäscher sind Apparate ohne oder meistens mit Einbauten, in welche die Waschflüssigkeit durch Düsen in Tropfen verteilt eingebracht wird. Die Einbauten (z.B. Umlenkbleche oder Füllkörperschichten) sorgen für eine gleichmäßige Verteilung der Waschflüssigkeit. Der Gas-Staub-Strom wird meistens im Gegenstrom zur Waschflüssigkeit geführt. Die Abscheidung der staubbeladenen Wassertröpfchen erfolgt durch Schwer- oder Trägheitskräfte, z.B. an Lamellenabscheidern.

Wirbelwäscher

Im Wirbelwäscher strömt das Gas-Staub-Gemisch eine Flüssigkeitsoberfläche an und wird dabei umgelenkt. Dadurch tritt bereits eine Staubabscheidung auf. Anschließend wird das Gas durch einen Kanal geleitet, wobei Waschflüssigkeit mitgerissen wird, die an den Umlenkkanten der Wirbelzone zerstäubt und dadurch intensiv mit dem Gas-Staub-Strom vermischt wird. Die Tropfenabscheidung erfolgt wie beim normalen Wascher durch Massenkräfte, z.B. durch Lamellen, Füllkörperschichten oder Fliehkraftabscheider.

Venturi-Wäscher

Das Staub-Gas-Gemisch durchströmt ein Venturi-Rohr und erreicht im engsten Querschnitt des Rohres, der Kehle, seine höchste Geschwindigkeit und den niedrigsten Druck. In oder vor der Kehle wird die Waschflüssigkeit dem Gas-Staub-Strom zugegeben. Durch die hohe Relativgeschwindigkeit zwischen Gas und Waschflüssigkeit erfolgt der gute Kontakt zwischen Gasstrom und Flüssigkeit, es entsteht ein Wasserschleier. Im nachfolgenden Diffusor wird die Gasgeschwindigkeit verringert. Dabei bilden sich die Tropfen, die entsprechend den vorgenannten Ausführungen die Staubpartikel enthalten. Die Tropfenabscheidung erfolgt meistens durch Fliehkräfte, z.B. durch einen nachgeschalteten Zyklon. Venturi-Wäscher zeichnen sich durch hohe Abscheidegrade und geringen Platzbedarf aus.

Rotationswäscher

In Rotationswäscher werden rotierende Einbauten zur Tropfenerzeugung und intensiven Durchmischung der Waschflüssigkeit mit dem Gasstrom verwendet.

Ausführungsbeispiel

Nach den genannten Bauarttypen sind je nach Anwendungszweck die unterschiedlichsten Ausführungen konstruiert worden. Hier soll ein Wascher zur Entstaubung der Abgase einer Asphaltmischanlage dargestellt werden (max. 5 t/h Staub, 50 000 m^3/h Abgas bei 0 °C, 1 013 mbar), s. Bild 7.13. Die Naßentstaubung erfolgt durch Besprühen und Bedüsen.

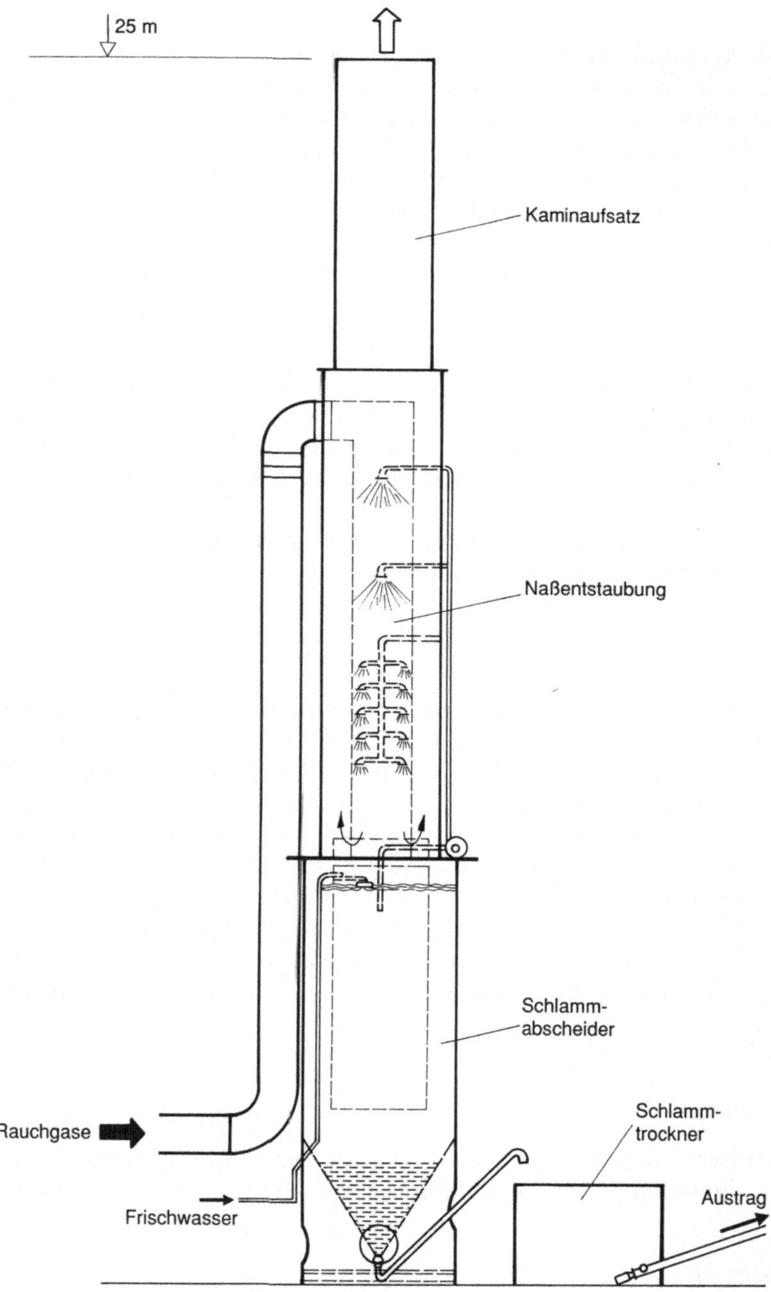

Bild 7.13. Beispiel einer Naßentstaubungsanlage mit Sprühdüsen (Wäscher)

Die Rauchgase werden zur Erzeugung einer Drehbewegung im oberen Teil des Innenrohres tangential zugeführt. Zur Verwirbelung der Rauchgase sind in dem Innenrohr Blenden sowie Vollkegeldüsen zur intensiven Besprühung eingebaut. Im Gleichstrom mit der Waschflüssigkeit werden die Gase durch eine große Zahl weiterer Düsen benetzt und erreichen am Fuß des Innenrohres den Abscheidetopf. Dort werden die Tropfen mit den Feststoffen ausgeschieden, während die gereinigten Rauchgase in dem äußeren Mantelrohr aufsteigen und über den Kamin die Anlage verlassen. Durch eine großzügige Dimensionierung arbeitet die Anlage mit relativ geringen Rauchgasgeschwindigkeiten; die Dampffahne löst sich nach Verlassen des Kamins sehr schnell auf.

Das Schmutzwasser tropft vom unteren Mantelrand in den äußeren Ringspalt des Schlammabscheiders und sinkt nach unten. Die Feststoffe sammeln sich im konischen Teil des Behälters und werden über einen Schieber in Form von dickflüssigem Schlamm abgezogen. Das geklärte Wasser wird durch eine Pumpe im oberen Teil des Innenrohres entnommen und über Zerstäuberdüsen wieder in den Rauchgasstrom eingespritzt.

7.2.3 Elektrische Staubabscheider

Elektrische Abscheider – auch unzutreffend als Elektrofilter bezeichnet – gehören zu den wirksamsten Gasreinigungsapparaten. Sie zeichnen sich durch eine hohe Abscheidewirksamkeit und vielseitige Einsatzmöglichkeiten aus. Die Funktionsweise hängt weitgehend von physikalischen und chemischen Einflußfaktoren ab. Ganz allgemein kann man sagen, daß Partikelgrößen bis zu Bruchteilen eines μm erfaßt werden und daß man hohe Abscheidegrade über 99,9 % erreichen kann. Der Druckverlust eines Elektroabscheiders liegt im allgemeinen in der Größenordnung von 1 – 4 mbar. Einzelelektroabscheider können bis zu Gasmengen von mehr als 10^6 m^3/h (0 °C, 1 013 mbar) ausgelegt werden.

Über die Technik der Elektroabscheider wurde viel veröffentlicht. Das erste ausführliche Buch stammt von White [27]; in anderen Büchern über Staubabscheidung nimmt die Elektroentstaubung breiten Raum ein [13 – 16]. 1980 erschien eine spezielle VDI-Richtlinie zu elektrischen Abscheidern [28].

7.2.3.1 Verfahrensprinzip

Das Verfahrensprinzip eines Elektroabscheiders ist in Bild 7.14 vereinfacht dargestellt. Die im Gas verteilten Staubteilchen werden elektrisch geladen und an sog. Niederschlagselektroden abgeschieden. Aufgeladen werden die Teilchen durch Ionen und Elektronen, die durch die Sprühentladungen – Korona – der unter 10 000 – 80 000 V Gleichspannung stehenden Sprühdrähte erzeugt werden. In dem zwischen Sprüh- und Niederschlagselektroden gebildeten elektrischen Feld werden die so geladenen Staubteilchen vornehmlich von den Niederschlagselektroden angezogen [13 – 16, 27 – 29].

In Bild 7.15 ist das Grundschema der elektrischen Gasreinigung dargestellt. Der Abscheider ist hierbei durch ein metallisches Rohr angedeutet, in dessen

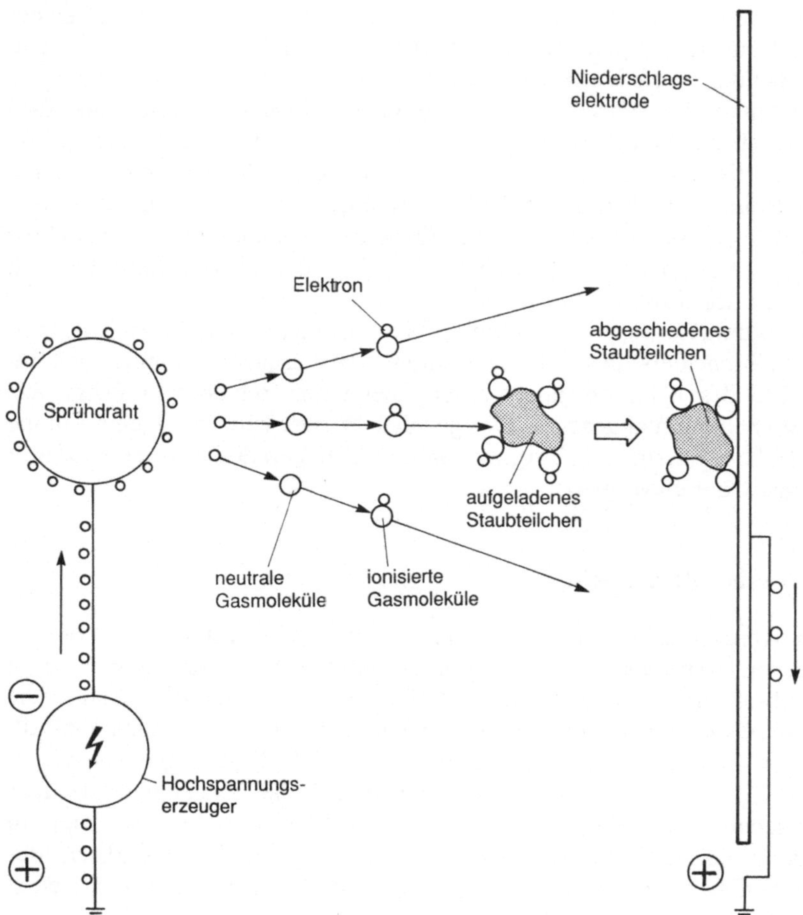

Bild 7.14. Vereinfachte Darstellung des Abscheidevorgangs im Elektroabscheider

Achse ein gegen dieses Rohr elektrisch isolierter Draht aufgehängt ist. Die Innenseite des geerdeten Rohres stellt die Staubniederschlagsfläche dar. Den von der Hochspannungsanlage unter negative Spannung gesetzten Sprühdraht bezeichnet man als Sprühelektrode. Neben dem schematisch dargestellten Röhrenelektroabscheider gibt es die viel umfangreichere Gruppe der sog. Plattenelektroabscheider mit plattenartigen Niederschlagselektroden.

7.2.3.2 Wirkungsweise

Die Abscheidung im elektrischen Staubabscheider läßt sich grundsätzlich in vier Teilvorgänge einteilen:

1. Aufladen der Feststoffpartikel,
2. Transport der Partikel zur Niederschlagselektrode,
3. Festhaften der Partikel an der Niederschlagselektrode,
4. Ableitung der niedergeschlagenen Staubteilchen in den Staubsammelbunker.

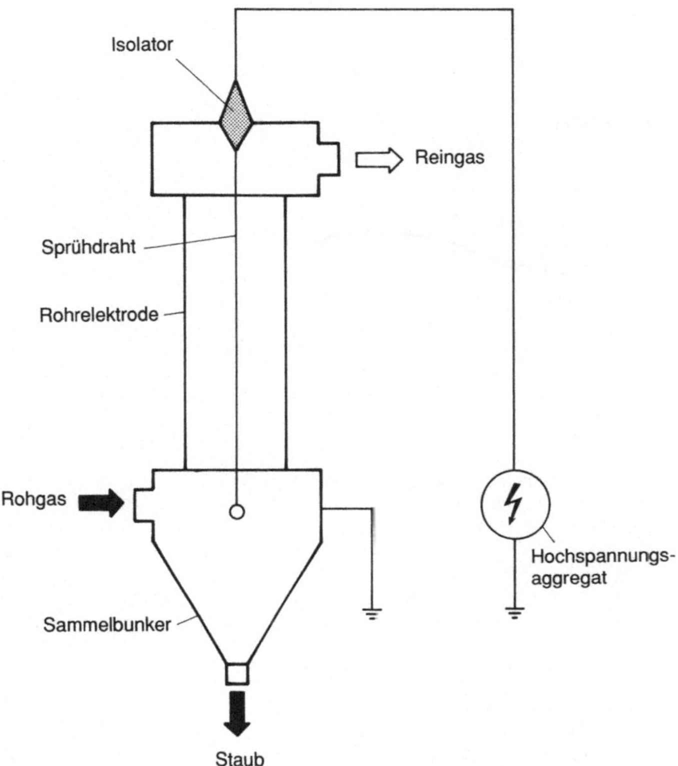

Bild 7.15. Die Grundform des Elektroabscheiders [30]

1. Aufladen der Feststoffpartikel

Von den verschiedenen Methoden, Teilchen künstlich aufzuladen, ist die Aufladung im elektrischen Feld unter Einfluß von Koronaströmen die wirksamste; sie wird daher auch im Elektroabscheider angewandt. Man legt dazu an die Sprühelektrode eine zumeist negative Hochspannung an. Zwischen der Sprüh- und der geerdeten Niederschlagselektrode bildet sich dann ein elektrisches Feld aus; in unmittelbarer Umgebung der Sprühelektrode, die entweder nur einen Durchmesser von einigen Millimetern oder scharfe Kanten und Spitzen hat, ist die Feldstärke so hoch, daß sie einen für das Gas charakteristischen Wert übersteigt – es bildet sich eine Gasentladung, Korona genannt aus. Die Bildung der Korona ist vom Krümmungsradius der Sprühelektrode abhängig, s. Bild 7.16. In der Korona werden die Gasmoleküle unmittelbar um den Draht ionisiert und in positive Gasionen und Elektronen aufgespalten. Die Elektronen lagern sich teilweise unter Bildung negativer Gasionen an neutrale Moleküle an. Die positiven Gasionen bleiben dicht am Sprühdraht bzw. werden zu diesem hintransportiert. Unter dem Einfluß des elektrischen Feldes wandern die Elektronen mit großer Geschwindigkeit zur Niederschlagselektrode und ionisieren dabei weitere neutrale Moleküle, vor allem durch Zusammenstoß. Infolge dieser Vorgänge entsteht im Gebiet hoher Feldstärke nahe dem Sprühdraht lawinenartig eine große Zahl weiterer Elektronen und Ionen.

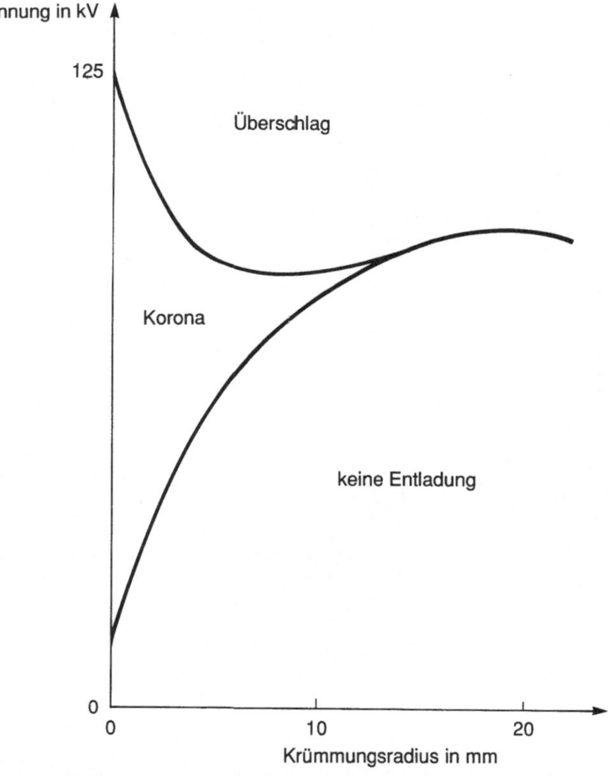

Bild 7.16. Einfluß der Oberflächenkrümmung der Sprühelektrode und der angelegten Spannung auf die Art der Entladung [31]

Die negativen Gasionen und Elektronen stoßen auf ihrem Weg zur Niederschlagselektrode mit neutralen Gasmolekülen zusammen und erteilen diesen einen gerichteten Impuls. Die so erzeugte Strömung wird als „elektrischer Wind" bezeichnet [32].

2. Transport der Partikel zur Niederschlagselektrode

Im Gas befindliche Staubteilchen werden durch das Anlagern von Elektronen und Gasionen aufgeladen. Sie unterliegen damit im elektrischen Feld der zur Niederschlagselektrode gerichteten Kraft P_e

$$P_e = qE, \tag{7.15}$$

q gesamte angelagerte Ladungsmenge in $A \cdot s$, E Feldstärke in $V \cdot m^{-1}$.

Aus dieser Kraft sowie der Reibung der Partikel im Gas resultiert eine Transportgeschwindigkeit w_0 der Teilchen zur Niederschlagselektrode:

$$w_0 = \frac{q \cdot E}{6\pi r \eta_G}, \tag{7.16}$$

r Partikelradius, η_G Zähigkeit des Gases in Nsm^{-2}.

Zusammen mit der Strömungsgeschwindigkeit des Gases v_z ergibt sich eine resultierende Geschwindigkeit v_R des Partikels im Abscheider s. Bild 7.17.

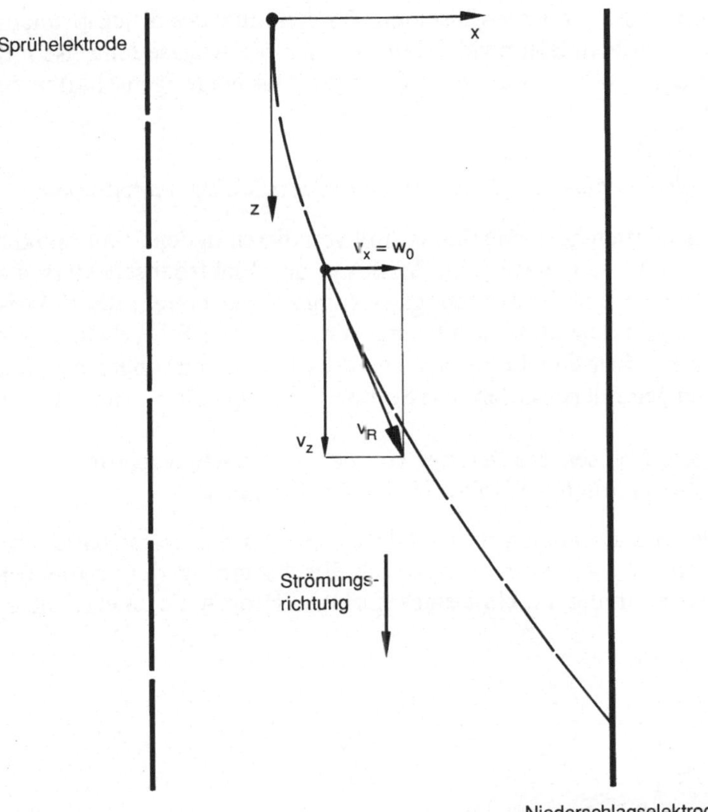

Bild 7.17. Partikelbewegung zwischen senkrecht angeordneter Sprüh- und Niederschlagselektrode

Diese Bewegung wird allerdings durch Turbulenz und elektrischem Wind immer wieder gestört, so daß die Berechnung des Abscheidegrades auf der Basis o.g. Formel (7.16) nicht möglich ist [33, 34] (s. Abschn. 7.2.3.3).

3. Festhaften der Partikel an der Niederschlagselektrode

Ob die an den Niederschlagsplatten ankommenden Staubteilchen dort festgehalten werden, hängt von der Größe der Haftkräfte ab, die auf den Staub einwirken. Die elektrischen Haftkräfte werden vor allem von dem Staubwiderstand der Teilchen beeinflußt, der bestimmt, ob die Ladung schnell oder langsam an die Niederschlagselektrode abfließt. Geben die Teilchen ihre Ladung schnell ab, baut sich in der Staubschicht ein nur geringes elektrisches Feld auf: Die Haftkräfte sind niedrig. Es kann sogar zu einer Umladung und Wiederabstoßung der Teilchen kommen. Bei hohem elektrischen Staubwiderstand dagegen können die elektrischen Haftkräfte infolge des Ladungsstaus sehr hohe Werte annehmen. Das sich in der Staubschicht aufbauende elektrische Feld kann dabei so groß werden, das es zu Gasentladungen in den Poren der Staubschicht und zum elektrischen

Durchbruch kommt, was zur unerwünschten Erscheinung des Rücksprühens führt [15, 32]. Bei zu hohem Staubwiderstand werden die Abgase teilweise mit speziellen Gasen, z.B. mit SO_3, konditioniert, um die Abscheideeigenschaften zu verbessern [15, 35].

4. Ableitung der niedergeschlagenen Staubteilchen in den Staubsammelbunker

Der an Niederschlagsplatten haftende Staub muß von diesen in den Staubbunker abgeführt werden, damit sich neben der Wirkung des Elektroabscheiders als Absetzkammer überhaupt eine Entstaubungswirkung als Nettoeffekt der elektrischen Entstaubung ergibt. Die Staubabführung ist außerdem erforderlich, damit die übrigen Verfahrensschritte nicht durch zu starke Staubablagerungen auf den Niederschlagsplatten gehindert werden. Die Staubabführung läßt sich unterteilen in:

- Abreinigung, d.h. Ablösen des Staubes von der Niederschlagsplatte,
- Transport des abgereinigten Staubes in den Staubbunker.

Die Abreinigung der Staubschicht von der Niederschlagsplatte eines Plattenabscheiders (s. Abschn. 7.2.3.4) wird meist durch Erschütterung der Platte bei eingeschalteter Hochspannung mit Hilfe eines einzelnen Klopfschlages erreicht, s. Bild 7.18.

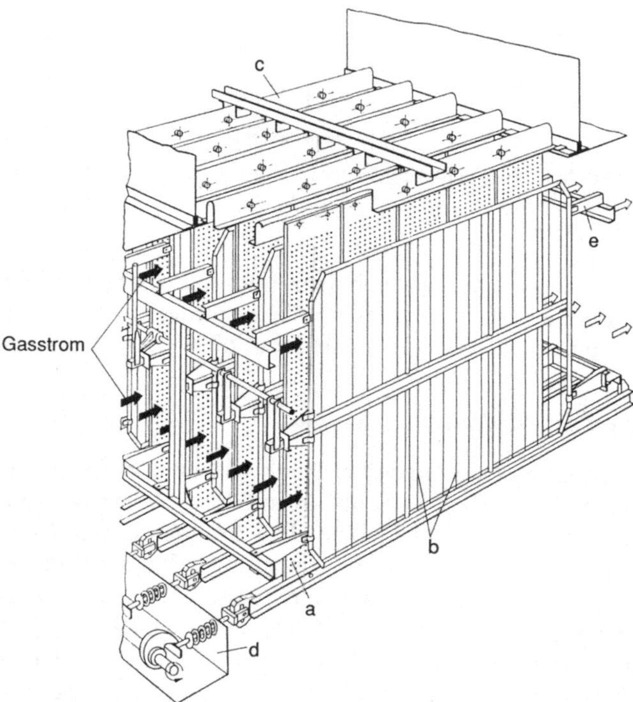

Bild 7.18. Klopfung der Niederschlagselektroden durch Purzelhämmer nach [36]. *a* Niederschlagselektrode; *b* Sprühelektroden; *c* Aufhängungen der Niederschlagselektroden; *d* Klopfhammer; *e* Isolator

Die Zeit zwischen zwei Klopfschlägen an der gleichen Niederschlagsplatte bezeichnet man als Klopfintervall. In der Praxis ist das Klopfintervall für alle Niederschlagsplatten einer Reinigungsstufe konstant, für in Gasströmung hintereinander angeordnete Reinigungsstufen aber unterschiedlich.

Der von den Niederschlagsplatten abgereinigte Staub wird durch Schwerkraft in den Bunker gefördert. Auf dem Weg dorthin wird ein Teil des Staubes erneut an den Niederschlagsplatten abgeschieden. Einen anderen Teil trägt die Gasströmung aus dem Bereich der ersten Reinigungsstufe in den Bereich der folgenden bzw. auf die Reingasseite des Elektroabscheiders. Die Abscheideleistung wird nicht unwesentlich durch die Abreinigung der Niederschlagsplatten beeinflußt [37]. In der Praxis werden zumeist die Klopfintervalle so lange nach der Erfahrung variiert, bis der Anteil des in den Bunker gelangenden Staubes optimal groß wird.

7.2.3.3 Abscheidegleichung

Es gibt eine Reihe von Ansätzen, mit deren Hilfe die Abscheidegleichung für einen Elektroabscheider hergeleitet werden kann. Hierbei wird stets vorausgesetzt, daß im Abscheideraum eine turbulente Strömung vorhanden ist. Durch diese und durch den elektrischen Wind wird der Staub gleichmäßig über den Querschnitt verteilt, d.h. die Teilchenkonzentration ist homogen. Weiterhin geht man davon aus, daß die Geschwindigkeit im Filter überall gleich groß ist und daß keinerlei sonstige Störeffekte auftreten.

Deutsch [38] und White [27] nehmen an, daß ein Teilchen nur abeschieden werden kann, wenn es in die laminare Grenzschicht an der Niederschlagselektrode eintritt.

Die Berechnung des Abscheidegrades unter o.g. Annahmen ergibt die sog. Deutsch-Formel

$$\eta = (1 - e^{-Aw/\dot{V}})\,100\,\% \tag{7.17}$$

η Abscheidegrad, A gesamte Niederschlagsfläche des Abscheiders in m^2, $\dot{V}$ Gasvolumenstrom in m^3/s, w Verfahrenstechnische Kennziffer, auch Wanderungsgeschwindigkeit genannt, in m/s.

Wie eingangs ausgeführt, setzt die Berechnung der Abscheideleistung eines Elektrofilters eine Reihe von Annahmen voraus, die in industriellen Elektroabscheidern zumeist nicht erfüllt sind. Die nach der Gl. (7.16) berechnete theoretische Transportgeschwindigkeit ist daher nicht mit w in Gl. (7.17) identisch. Die effektive oder einfach als Wanderungsgeschwindigkeit bezeichnete Größe w ist eine für jeden Elektroabscheider charakteristische verfahrenstechnische Kennziffer, die mehr zufällig die Dimension einer Geschwindigkeit hat. Tatsächlich beinhaltet sie alle erfaßbaren und nicht erfaßbaren Einflußfaktoren auf die Effektivität eines Elektroabscheiders. Inzwischen wurde von verschiedenen Autoren versucht, die Deutsch-Formel zu modifizieren [16].

Die verfahrenstechnische Kennziffer w ist von einer Reihe von Einflußgrößen abhängig. Diese sind vor allem:

1. Staubtransport und Staubhaftung,
2. Staubzusammensetzung (Art, Korngröße, elektrischer Staubwiderstand),

3. Gasgeschwindigkeit im Elektroabscheider,
4. Gaszusammensetzung, Temperatur und Feuchtigkeit,
5. Geometrische Abmessungen des Abscheiders und Gestaltung von Sprüh- und Niederschlagselektroden (Gassenbreite),
6. Wiederaufwirbeln des Staubes,
7. Charakteristik von Strom- und Spannungsverlauf.

Die Größe der Wanderungsgeschwindigkeit *w* wächst mit steigender Spannung zwischen Sprüh- und Niederschlagselektrode. Die Spannung wird durch den elektrischen Durchschlag begrenzt. Diese Durchbruchspannung – und damit die Effizienz der Staubabscheidung – ist von der Gaszusammensetzung abhängig. Da die Gaszusammensetzung infolge von Strähnenbildungen in den Abscheidergassen nicht konstant ist, variiert auch die Durchbruchspannung [39]. Die Spannung wird in der Praxis für jedes getrennte elektrische Feld so hoch gefahren, daß einzelne kurzzeitige Überschläge zugelassen werden, es aber zu keinem stehenden Lichtbogen kommt [28]. Die optimale Strom-Spannungsregelung erfolgt heute mit digitalen Mikrocomputersteuerungen [40].

Im Gegensatz zu Massenkraftabscheidern weisen Elektroabscheider für fast alle Korngrößenfraktionen gute Abscheideleistung auf. In bestimmten Korngrößenbereichen können verminderte Abscheideleistungen auftreten [41]. Die Ursachen hierfür sind noch nicht grundlegend erforscht.

7.2.3.4 Bauarten

Elektroabscheider werden als Röhren- oder Plattenabscheider gebaut. Beide Filtertypen können für trockene und nasse, nebelführende Gase verwendet werden.

– *Röhrenabscheider* bestehen aus einer Anzahl parallelgeschalteter, senkrechter Rohre von kreis- oder wabenförmigem Querschnitt, in denen drahtförmige

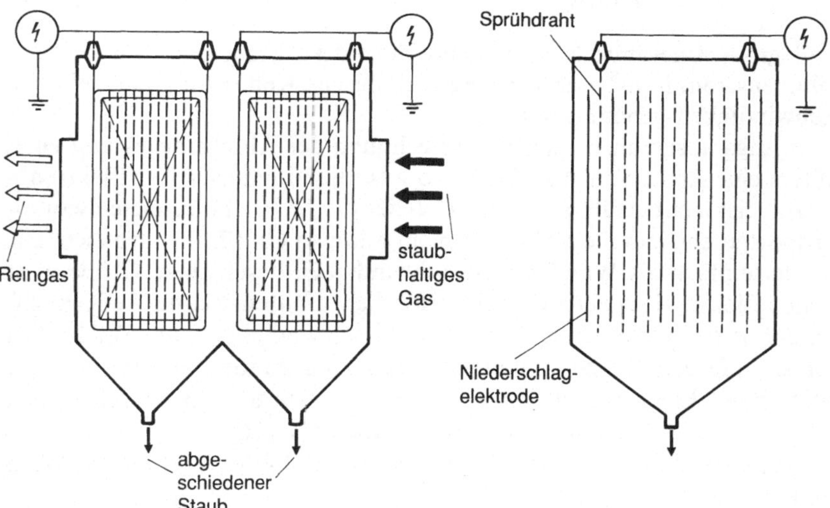

Bild 7.19. Horizontaler Plattenelektroabscheider (Schnitt längs und quer zur Strömungsrichtung), [30]

Sprühlelektroden isoliert aufgehängt sind. Die Drähte liegen am negativen Pol einer Hochspannungsanlage, die Rohre sind mit dem anderen Pol verbunden und geerdet; sie bilden die Niederschlagselektroden.

- In *Plattenabscheidern* (Bild 7.19) dienen als Niederschlagselektroden viele senkrechte, parallele Platten, zwischen denen die Sprühelektroden isoliert eingespannt sind. Die Niederschlagselektroden sind glatte und profilierte Bleche, in besonderen Fällen kastenförmige Hohlelektroden. Die Filtergehäuse werden – je nach Verwendungszweck und Gaseigenschaften – in Stahlblech, Mauerwerk, Beton oder Kunststoff ausgeführt.

Arbeitsweise

- *Trockenabscheider.* Der an den Elektroden niedergeschlagene Staub wird periodisch abgeklopft, fällt in den Sammelbunker und wird über Staubschleusen ausgetragen. Zum Abklopfen des Staubes dienen Hammerwerke; die Klopfintervalle werden durch Schaltwerke den Hafteigenschaften des Staubes angepaßt.
- *Naßelektroabscheider.* Aus nassen Gasen wird der Staub als Schlamm an den Elektroden abgeschieden, von denen er abfließt oder abgespült wird. Wasser-, Teer- oder Säurenebel werden ebenso abgeschieden und fließen als Flüssigkeitsfilm ab. Naßelektroabscheider kommen z.B. bei der Abscheidung explosiver Stäube oder für besonders schwierig von den Niederschlagsplatten abzureinigenden Partikel, z.B. Lackpartikel, in Frage.

Je nach Führung des zu reinigenden Gasstromes unterscheidet man horizontale und vertikale Elektroabscheider. Trockenelektroabscheider werden zumeist als horizontale Plattenabscheider gebaut.

Formen von Sprüh- und Niederschlagselektroden

Bild 7.20 zeigt die heute gebräuchlichsten Formen der Sprüh- und Niederschlagselektroden.

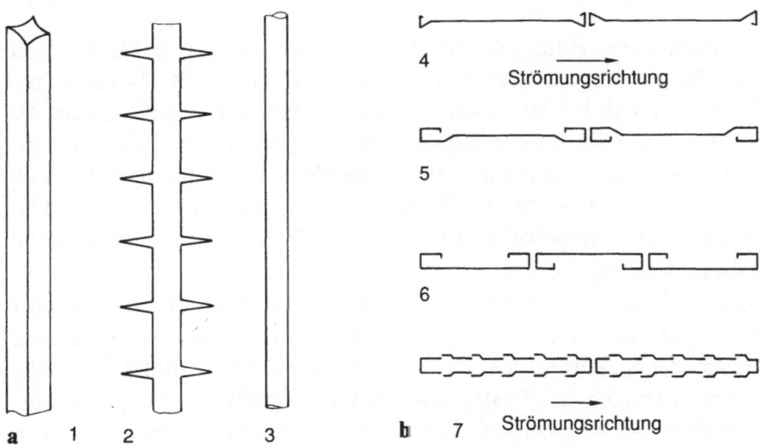

Bild 7.20. Verschiedene Arten von Sprüh- und Niederschlagselektroden. **a** Sprühelektroden: *1* Sterndraht-Elektrode, *2* Stacheldraht-Elektrode, *3* Runddraht-Elektrode; **b** *4–7* Niederschlagselektroden, verschiedene Formen von Blechplatten, Draufsicht [36]

Bei den Niederschlagsplatten beträgt der Abstand meist 250 mm, die Breite einer Platte liegt zwischen 400 und 700 mm. Da die zur Verfügung stehende Grundfläche oft begrenzt ist, sind große Elektroabscheider meist sehr hoch. Die Plattenhöhe beträgt 8 – 10 m. Moderne Abscheider sind in zwei oder drei hintereinander angeordnete Felder aufgeteilt, die jeweils eine unabhängige Stromversorgung und Plattenklopfung besitzen.

Die Länge eines Feldes liegt bei etwa 8 – 12 m. Die Gasgeschwindigkeit bewegt sich zwischen 1,5 und 2,0 m/s. Der Abscheidegrad liegt meist zwischen 95 und 99,9 %.

Ein moderner Elektroabscheider zur Entstaubung der Abgase eines 700-MW-Kraftwerkblocks mit 2,3 Mio m^3/h ist in Bild 7.46 gezeigt. Der Abscheider hat eine Höhe von ca. 35 m und eine Länge von 31 m. Zusammen mit der nachgeschalteten Rauchgasentschwefelungsanlage werden Reingasstaubgehalte von ca. 10 mg/m^3 erreicht.

7.2.4 Filternde Entstauber

Die filternden Entstauber gehören zu den ältesten Methoden, Fremdkörper aus einem Medium herauszufiltern. Besonders in den letzten Jahren, in denen immer höhere Ansprüche an die Abscheidung besonders feiner Staubanteile gestellt werden, erhalten die filternden Abscheider eine wachsende Bedeutung. Als Filtermaterialien werden Gewebe oder Vliesstoffe verwendet.

Die Grundlagen der Staubabscheidung mit Gewebefiltern, Filtermedien und Filteranlagen werden von Löffler, Dietrich und Flatt ausführlich besprochen [42] und in der VDI-Richtlinie 3677 [43] dargestellt. Für das intensive Studium sei auf diese Literatur verwiesen.

Das Gewebefilter bestand früher und besteht teilweise heute noch aus einem Geflecht von Naturfasern. Doch gerade Kunstfasern und Gewebe aus feinen Metallfäden haben wegen ihrer Widerstandsfähigkeit gegen schleißende und chemische Einflüsse den Verwendungsbereich des Gewebefilters entschieden vergrößert.

Die Brauchbarkeit eines Filtergewebes bzw. Vlieses und seine Haltbarkeit werden durch die Betriebstemperatur und die Eigenschaften des Staubes bestimmt. Baumwolle läßt sich bis 80 °C verwenden, Wolle oder Wollfilze sind bis 110 °C, Polyacrylnitrid (Orlon) oder Superpolyamid (Nylon, Perlon) sind bis 130 °C einsetzbar. Die beiden letzteren sind außerdem nahezu unempfindlich gegen Feuchtigkeit und chemische Einflüsse. Für Temperaturen bis 260 °C verwendet man z.B. Glasfasergewebe. In Tabelle 7.1 sind die Eigenschaften verschiedener Filterstoffe angegeben.

Für einen störungsfreien Betrieb müssen Feuchtigkeitsgehalt und Temperatur des Gases innerhalb gewisser Grenzen liegen. Wird z.B. die Taupunkttemperatur des Gases unterschritten, kommt es zu Verklebungen des Filters; zu hohe Gastemperaturen wirken sich ungünstig auf die Haltbarkeit des Gewebes aus. Kunstfasern verspröden bei zu geringem Feuchtigkeitsgehalt und können reißen, Naturfasern brauchen ebenfalls eine gewisse Mindestfeuchtigkeit.

Zur groben Auslegung von Gewebefiltern ermittelt man das Filterverhältnis F_v, d.h. das Verhältnis des Trägergasvolumenstroms $\dot{Q}$ zur Bruttooberfläche der

Filterelemente F.

$$F_v = \frac{\dot{Q}}{F}, \tag{7.18}$$

F_v Filterverhältnis, $\dot{Q}$ Trägergasvolumenstrom in m^3/s, F Bruttofläche der Filterelemente in m^2.

Gemäß seiner Dimension wird F_v auch als Oberflächengeschwindigkeit bezeichnet. Bei konventionellen Filtern wie z.B. Schlauchfiltern liegt F_v zwischen $1-2{,}5\,m^3/m^2\cdot s$.

Der Filtervorgang wird dadurch eingeleitet, daß sich an den Gewebefäden aus dem feinsten Staubanteil, der theoretisch noch durch die Maschen des Gewebes hindurchginge, durch Massenkrafteinflüsse, molekularkinetische Vorgänge (Diffusion, Brownsche Bewegung) und durch elektrostatische Kräfte eine Staubschicht bildet, die dann ihrerseits als Schichtfilter wirkt. Dies wird auch als Tiefenfiltration bezeichnet. Die siebmäßige Filtereinwirkung erfaßt noch Partikel bis zu 1 µm, durch die Tiefenfiltration können noch unter 0,5 µm liegende Partikel abgeschieden werden. Bei natürlichen Fasern wie Wolle oder Baumwolle wird diese Primärschichtbildung durch die feinen Fasern unterstützt, die von den Fäden in das Gewebe hineinragen. Bei den meist völlig glatten Kunststoff- und Metallfäden fällt dieser Effekt weg. Bei Synthetikfasern treten dafür oft elektrostatische Haftkräfte auf.

Die Leistung eines Gewebefilters wird dadurch begrenzt, daß die zunächst vorteilhafte Ablagerungsschicht zu dick wird und wegen des zu hoch gewordenen Druckverlustes entfernt werden muß. Die verschiedenen Bauarten von Gewebefiltern und die Verfahren der Abreinigung werden in den folgenden Abschnitten erläutert.

7.2.4.1 Schlauchfilter

Aufbau und Arbeitsweise eines Schlauchfilters gehen aus Bild 7.21 hervor. In einem geschlossenen Gehäuse hängt, je nach geforderter Leistung, eine Anzahl von Filterschläuchen. Der untere Teil des Gehäuses ist als Staubbunker ausgebildet. In ihn strömt während des Filtervorgangs die Staubluft durch den Einlaß ein. Die groben Partikel fallen hier gleich aus und werden mit dem bereits abgeschiedenen Staub durch eine Austragsvorrichtung entfernt. Die Staubluft strömt dann durch die Filterschläuche, lädt den Staub ab und verläßt, von einem Gebläse gefördert, den Entstauber durch den Austritt. Wenn die Filterschicht zu dick wird und dadurch der Druckverlust steigt, wird der Filter zur Abreinigung stillgelegt. Hierzu wird der Ausgang durch eine Klappe geschlossen und durch einen dafür vorgesehenen Anschluß Druckluft eingeblasen, die den Schlauch in umgekehrter Richtung durchspült. Gleichzeitig werden die Schläuche mit der Klopfvorrichtung über die Aufhängung ordentlich durchgeschüttelt, so daß die Filtratschicht abfällt.

Eine Filteranlage für kontinuierliche Prozesse muß deshalb aus mehreren solcher Filtereinheiten bestehen, da ein Filter immer während der Reinigungsperiode ausfällt.

Tabelle 7.1. Eigenschaften verschiedener Textilfasern für Filterstoffe [13]

Chemischer Aufbau	Naturfasern		Chemiefasern								
			Poly-vinyl-chlorid	Poly-amid	Polyacrylnitril				Poly-ester	Poly-tetra-fluor-äthylen	Glas
Fabrikname deutsch	Wolle	Baum-wolle	PCU PeCe Rhovyl-Fibro	Nylon Perlon Phrilon	Rein. Polyacryl-nitril		Mischpolymeri-sate		Diolen Trevira	Hosta-flon Viton	
					Redon	Dralon (früher Pan)	Dralon	Dolan			
englisch amerikanisch	Wool Wool	Cotton Cotton	Vinyon	Nylon Nylon	Orlon				Terylene Dacron	Teflon	
Dichte in g/cm³	1,32	1,47⋯1,50	1,39⋯1,44	1,13⋯1,15	1,17	1,14⋯1,16		1,14	1,38	2,3	2,54
Feuchtigkeitsaufnahme bei 20 °C und 65% relativer Luftfeuchtigkeit in %	10⋯15	8⋯9	0	4,0⋯4,5	1,3	2	1	1	0,4	0	0
Beständigkeit gegen Säuren	gut bei schwachen Säuren in niedrigen Temp.	schlecht	fast vollkommen resistent in jeder Konzentration	bei verd. Säuren kalt gut, warm gering	gut				gut gegen fast alle Säuren	sehr gut	wird von einigen starken Säuren angegr.

gegen Alkalien	schlecht	gut	fast vollkommen resistent	praktisch beständig	ausreichend beständig gegen schwache Alkalien				gut bei Zimmertemp. gegen schw. Alkalien	sehr gut	angegr. v. starken Alkalien
gegen Insektenfraß und Bakterien	unbehandelt wenig	unbehandelt wenig	absolut beständig	ausgezeichnet						wird nicht befallen	
Temperaturbeständigkeit											
Dauertemperatur in °C	80···90	75···85	40···50	75···85	125···135	125···135	110···130	110···130	140···160 ×	200···250	250···300
max. Temperatur in °C (× = Trockenhitze)	100	95	65	95	150	150	–	–	×	–	350

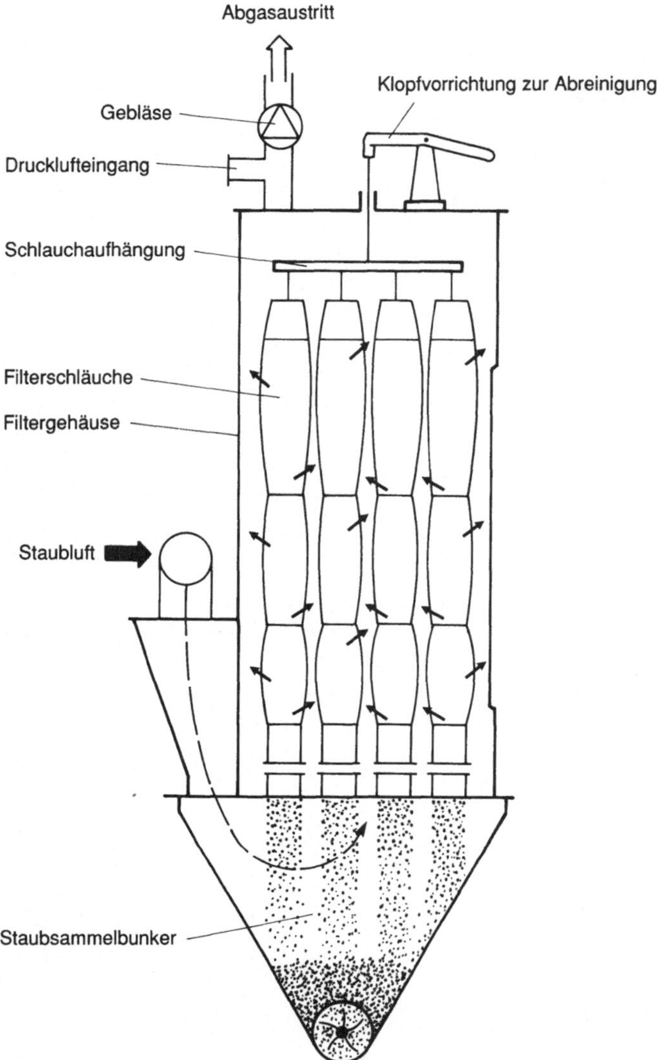

Bild 7.21. Aufbau eines Schlauchfilters

Aus dem Wunsch, die Unterbrechung des Filtervorgangs durch die Reinigungsperiode zu vermeiden, entstand das sogenannte Rückstromfilter bzw. die Gegenstromabreinigung [42]. Hierbei gleitet an jedem einzelnen Filterschlauch ein Düsenring auf und ab, aus dessen Düsen ein konstanter Luftstrom den abgelagerten Staub kontinuierlich von dem Filtergewebe bläst. Der abgeblasene Staub fällt dann in den Sammelbunker.

7.2.4.2 Taschen- oder Rahmenfilter

In ihrer grundsätzlichen Wirkungsweise besteht kein Unterschied zwischen Schlauch- und Rahmenfiltern. Die Filterelemente bestehen aus kissenbezugähnlichen Taschen, die über Spannrahmen gezogen sind. Der offene Schlitz an der einen Seite wird über einen Flansch gezogen und abgedichtet. Die Filtration erfolgt meist von außen nach innen. Durch Erschütterung des Rahmens oder durch wechselnden Luftdruck, der die Filterflächen zum Flattern bringt, wird die Reinigung vorgenommen. Hierbei fallen meist nur die oberen Schichten des Filtrats herunter, so daß die primäre Staubschicht mit ihren guten Filtereigenschaften erhalten bleibt. Der Zeitpunkt der Abreinigung wird über Druckverlustwächter gesteuert. Bei den meisten Rahmenfilter-Bauarten muß der Betrieb für die Reinigung unterbrochen werden. In diesem Punkt unterscheiden sie sich nicht von den Schlauchfiltern, doch haben sie den Vorteil, daß sich auf gleichem Raum mehr Rahmenfilterfläche unterbringen läßt.

Bei Prozessen, bei denen sehr feiner und leichter Staub anfällt, reichen Massenkraftabscheider und Naßentstauber nicht aus. Hier liegt der Einsatzbereich der Filterentstauber. Sie sind in ihrer Abscheideleistung etwa mit dem Elektroabscheider zu vergleichen.

7.3 Stickstoffoxidminderung bei Verbrennungsprozessen

Im folgenden werden Primärmaßnahmen zur Stickstoffoxidminderung bei Feuerungsanlagen und Sekundärmaßnahmen für Großfeuerungen und Kraftfahrzeuge dargestellt.

7.3.1 Primärmaßnahmen bei Feuerungsanlagen

Bei der Entstehung der Stickstoffoxide wird unterschieden in
- thermische NO-Bildung,
- NO-Bildung aus Brennstoff-Stickstoff und
- prompte NO-Bildung (s. hierzu Kapitel 2).

Durch Primärmaßnahmen läßt sich vor allem die thermische NO-Bildung beeinflussen, teilweise aber auch die Umsetzung des Brennstoff-Stickstoffs. Die prompte NO-Bildung hat ohnehin nur eine untergeordnete Bedeutung.

Entsprechend den in Kapitel 2 genannten Entstehungsbedingungen von Stickstoffoxiden in Flammen haben Primärmaßnahmen folgende Ziele:
- Verringerung des verfügbaren Sauerstoffs in der Reaktionszone,
- Erniedrigung der Verbrennungstemperaturen,
- Vermeidung von Spitzentemperaturen durch gleichmäßige und schnelle Vermischung der Reaktionspartner in den Flammen,
- Verringerung der Verweilzeit bei hohen Temperaturen
- Reduktion bereits gebildeter Stickstoffoxide am Flammenende.

Die Zielsetzungen lassen sich mit verschiedenen technischen Maßnahmen angehen.

7.3.1.1 Verringerung des Luftüberschusses

Aus den Bildern 2.11 und 2.2 ging die starke Abhängigkeit der NO_x-Emissionen vom Luftüberschuß bei der Verbrennung hervor. Die Minderungsmaßnahmen bestehen darin, durch Feinabstimmungen des Luft-/Brennstoffverhältnisses und durch Verbesserung der Vermischung in der Reaktionszone eine vollständige Verbrennung auch bei abgesenktem Luftüberschuß zu erzielen.

7.3.1.2 Stufenverbrennung, Stufenmischbrenner und Oberluftdüsen

Entsprechend Bild 2.11 geht die NO-Emission einerseits bei Luftmangel und andererseits bei hohem Luftüberschuß in einer Flamme auf sehr niedrige Werte zurück. Ein hoher Luftüberschuß kommt wegen des damit verbundenen Energieverlustes nicht als Lösung in Frage: Die überschüssige Luft würde als erwärmtes Abgas nutzlos aus dem Schornstein entweichen.

Das Prinzip der Stufenverbrennung besteht darin, in der Hauptreaktionszone der Flamme, in der die hohen Temperaturen auftreten, das Luft-/Brennstoffverhältnis auf Werte unter 1 abzusenken und die dabei übrigbleibenden Produkte unvollständiger Verbrennung – CO, Kohlenwasserstoffe, Ruß – bei niedrigerer Temperatur (>750 °C) nachzuverbrennen. Wegen der Stabilität der Zündung läßt sich der Luftüberschuß im Zentrum der Flamme nicht beliebig weit absenken. Durch besondere Brennerkonstruktionen lassen sich aber sowohl eine Luftstufung als auch eine stabile Flamme erzielen [44].

Bild 7.22 zeigt das Prinzip eines Mehrfachstufenmischbrenners, bei dem neben einer Luftstufung zusätzlich eine Brennstoffstufung angewendet wird. In einem Zentralbrenner wird eine leicht unterstöchiometrische Primärflamme erzeugt, die

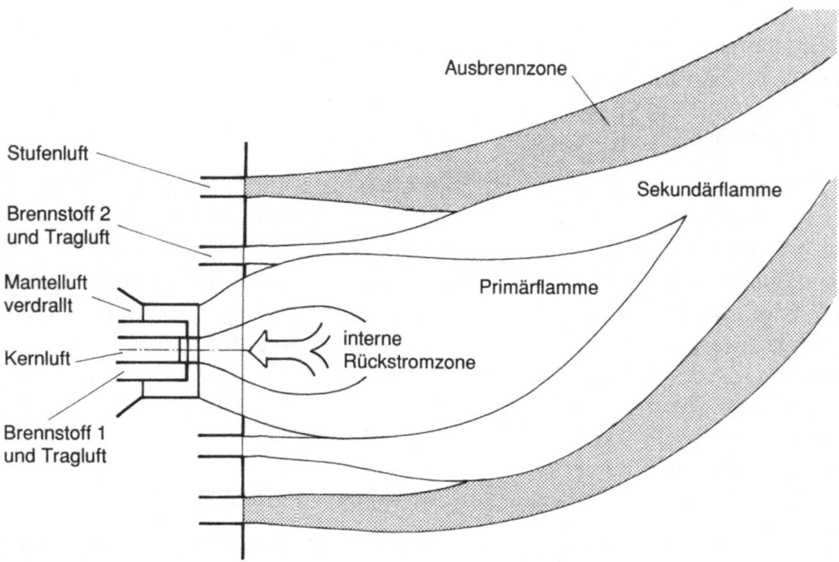

Bild 7.22. Flammenbild eines Mehrfachstufenmischbrenners [44]

durch eine strömungsinduzierte innere Rezirkulation und durch den nahstöchiometrischen Betrieb eine hohe Zündstabilität über den gesamten Leistungsbereich aufweist. In diese Primärflamme wird in einem gewissen Abstand der restliche Brennstoff mit Tragluft über den Brennerumfang so zugegeben, daß sich eine stark unterstöchiometrische Sekundärflamme ausbildet. In einer dritten Stufe, der Ausbrennzone, werden die erzeugten Verbrennungsprodukte mit einem starken Strahl weiterer Verbrennungsluft erneut durchmischt und ausgebrannt.

Durch die Eindüsung des Sekundärbrennstoffs in die Verbrennungsprodukte der Primärflamme wird eine Atmosphäre erzeugt, in der das bereits gebildete Stickstoffoxid an Gasbestandteilen wie NH_3, HCN und CO wieder zu molekularem Stickstoff reduziert wird. Die Bildung von Stickstoffoxid in der Ausbrennzone kann durch die langsame Verbrennung in einer sauerstoffarmen Atmosphäre und durch niedrige Verbrennungstemperaturen gering gehalten werden. Werden solche Brenner als Kohlenstaubbrenner angewendet, dann besteht die Gefahr, daß unverbrannte Kohlepartikel und CO im Abgas auftreten. Eine sehr feine Ausmahlung der Kohle kann hierbei für einen verbesserten Ausbrand sorgen [44, 45].

Eine vereinfachte Form der gestuften Verbrennung, insbesondere an existierenden Anlagen, besteht in der Anordnung von Oberluftdüsen. Die Brenner werden dabei leicht unterstöchiometrisch gefahren und der vollständige Ausbrand durch die Oberluft bei niedrigerer Temperatur erreicht. Diesem Prinzip der Stickstoffoxidminderung sind jedoch durch die Flammenstabilitäten bei unterstöchiometrischer Fahrweise und durch die ungenügende Vermischung der Oberluft mit den Flammengasen Grenzen gesetzt.

7.3.1.3 Geringe Luftvorwärmung

Eine Verringerung der Luftvorwärmung bewirkt eine Absenkung der Verbrennungstemperatur und damit eine Stickstoffoxidverringerung. Bei Gas- und Heizöl-EL-Feuerungen ist zur Erzielung eines vollständigen Ausbrandes eine Luftvorwärmung nicht erforderlich. Bei Neuanlagen wird daher jetzt meistens darauf verzichtet. Die Restwärme des Abgases wird in diesem Fall zur Wasservorwärmung oder für andere Zwecke verwendet. Bild 7.23 zeigt den starken Einfluß der Verbrennungslufttemperatur auf die NO_x-Emissionen bei Gasfeuerungen.

7.3.1.4 Verminderung der volumenspezifischen Brennraumbelastung

Wird in kleinem Raum viel Wärme freigesetzt, dann ergeben sich hohe Verbrennungstemperaturen und damit hohe Stickstoffoxid-Emissionen. Kleine intensive Flammen verursachen also viel NO_x, vergleichbare größere Flammen dagegen weniger. Die Größe des Feuerraumes, in dem die Flammen eingeschlossen sind, hat einen entsprechenden Einfluß. Besonders deutlich wird diese Abhängigkeit, wenn man bei gegebenen Feuerräumen die Lastabhängigkeit der NO_x-Emissionen betrachtet. Bild 7.24 zeigt von einem Dampfkessel die NO_x-Emissionen über der Kessellast bei den Brennstoffen Heizöl S und Erdgas. Als weiterer Parameter ist der Luftüberschuß bzw. der Restsauerstoffgehalt in den Abgasen angegeben. Die Heizöl-S-Verbrennung verursacht wegen des Brennstoff-NO-Anteils höhere

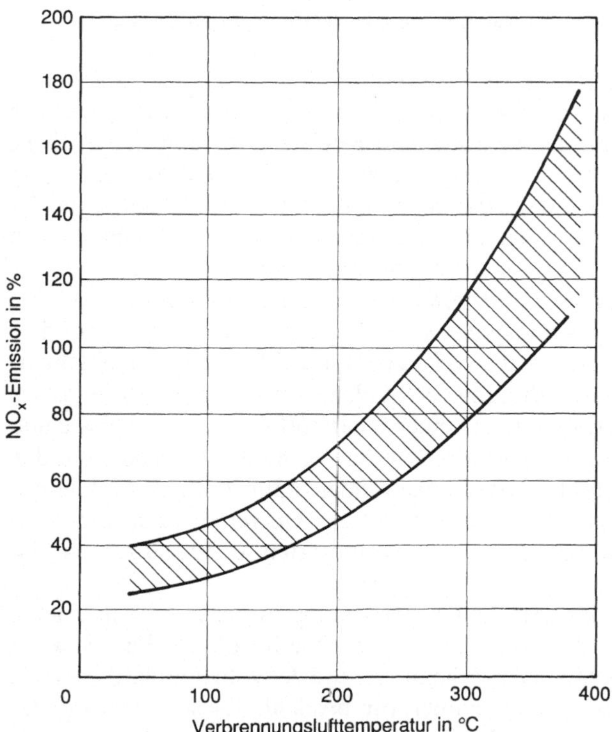

Bild 7.23. Einfluß der Verbrennungslufttemperatur auf die NO_x-Emission bei Gasfeuerungen [46]

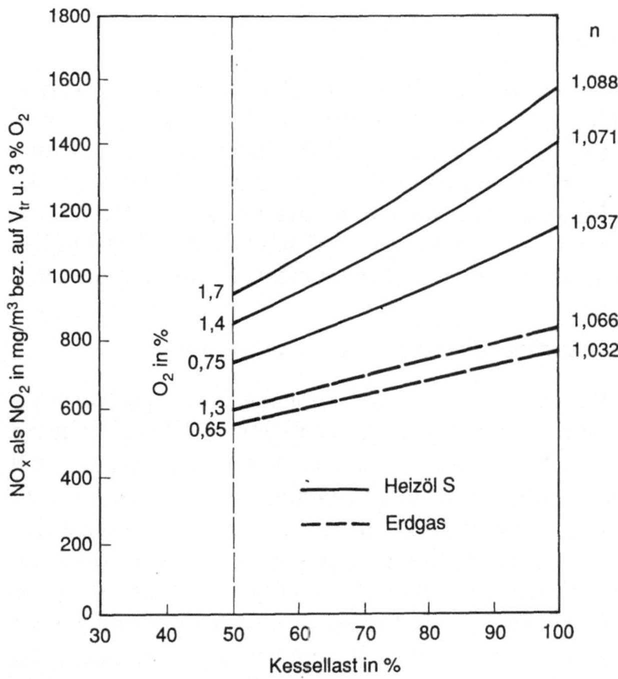

Bild 7.24. Abhängigkeit der NO_x-Emissionen von der Kessellast und vom Luftüberschuß [46]

Stickstoffoxid-Emissionen als die Erdgasverbrennung. Man sieht neben dem bereits erwähnten Einfluß des Luftüberschusses die starke Abhängigkeit der NO_x-Emissionen von der Last. Würden der Kessel und die Brenner von vornherein größer gebaut und dafür mit nicht so hoher Last betrieben, dann ließen sich die NO_x-Emissionen niedriger halten, insbesondere bei der Heizöl-S-Verbrennung.

7.3.1.5 Rauchgas-Rückführung

Durch eine Rückführung von Rauchgasen in die Verbrennungsluft des Brenners wird der Inertgasanteil in der Verbrennungszone erhöht und damit die O_2-Konzentration verringert, was zu einer Absenkung von Spitzentemperaturen und zu einer Vergleichmäßigung der Verbrennung führt. Auf diese Weise lassen sich vor allem bei Feuerungen mit hohen Verbrennungstemperaturen wie Schmelzkammer-, Öl-, oder Gasfeuerungen die Stickstoffoxid-Emissionen verringern. Bild 7.25 zeigt das Ergebnis von Versuchen mit Rauchgasrezirkulation an einer Heizöl-EL-Feuerung, betrieben mit ca. 500 kW thermischer Leistung [47]. Man erkennt, daß mit zunehmendem Rezirkulationsgrad die Stickstoffoxid-Emis-

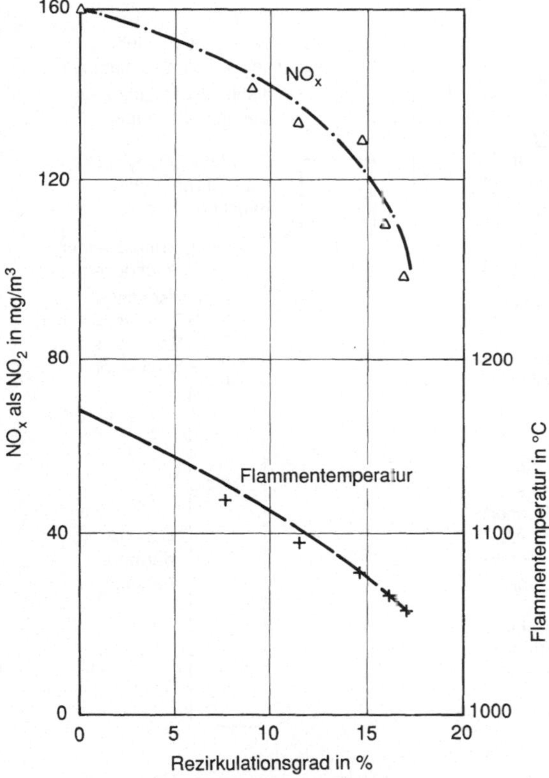

Bild 7.25. Abnahme der NO_x-Emission durch Rauchgasrezirkulation an einer Heizöl-EL-Feuerung, 500 kW thermische Leistung; die Abhängigkeit der Flammentemperatur vom Rezirkulationsgrad ist ebenfalls dargestellt

sionen abnehmen, was auf die sinkende Flammentemperatur zurückzuführen ist. Durch die rückgeführten Rauchgase sinkt die Strahlungswärmeabgabe der Flamme, und der konvektive Anteil erhöht sich. Durch diese Verschiebung der Wärmeabgabe sind der Rauchgasrückführung bei Altanlagen in der Dampfkesselauslegung Grenzen gesetzt. Rückführungsströme von mehr als 10–12% würden umfangreiche Änderungen am Dampferzeuger notwendig machen.

7.3.1.6 NO_x-arme Brenner

Aufbauend auf den Erkenntnissen für eine NO_x-arme Verbrennung wurden von mehreren Firmen Brenner entwickelt, die sowohl eine gestufte Verbrennung ermöglichen, als auch an der Flamme eine Rezirkulation von Rauchgasen erzwingen. Durch solche Brenner lassen sich die NO_x-Emissionen von vornherein niedrig halten [44, 48].

7.3.1.7 NO_x-Minderungspotential der Primärmaßnahmen

Bild 7.26 zeigt eine Zusammenstellung des NO_x-Minderungspotentials der einzelnen Primärmaßnahmen. Die Wirkungen der Maßnahmen überlappen sich

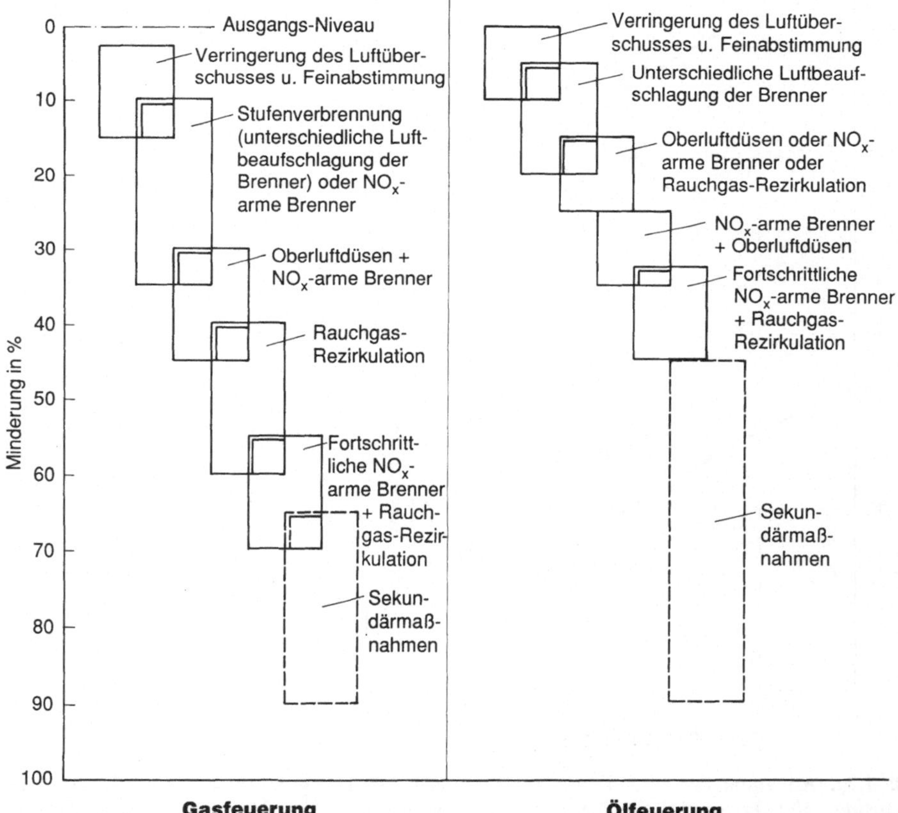

Bild 7.26. NO_x-Minderungspotential der Primärmaßnahmen bei Gas- und Ölfeuerungen [46]

teilweise, so daß die NO_x-Minderung insgesamt je nach Brennstoff auf etwa 40–70 % begrenzt bleibt.

Da mit Primärmaßnahmen vorwiegend das thermische NO verringert werden kann, ergibt sich das größte Minderungspotential bei Anlagen mit niedrigem Brennstoff-Stickstoffoxidanteil, also bei Erdgasfeuerungen. Man hofft, bei Gas- und möglichst auch bei Ölfeuerungen mit den genannten Prüfmaßnahmen ohne weitere aufwendige Sekundärmaßnahmen die geforderten Grenzwerte unterschreiten zu können.

7.3.2 Sekundärmaßnahmen bei Feuerungsanlagen

Reichen die feuerungstechnischen Primärmaßnahmen zur Stickstoffoxidminderung nicht aus, müssen sogenannte Sekundärmaßnahmen angewendet werden. Ihre spezifischen Investitionskosten und ebenso ihre Betriebskosten sind höher als die der Primärmaßnahmen. Dennoch sind sie bei großen Kohle- und teilweise auch bei Ölfeuerungen zur Einhaltung der Emissionsgrenzwerte unumgänglich.

Das Hauptproblem bei der Entfernung von Stickstoffoxiden aus Abgasen besteht darin, daß Stickstoffmonoxid (NO) als Hauptkomponente sehr schlecht wasserlöslich ist. Einfache Waschverfahren sind daher zur Stickstoffoxidabscheidung nicht geeignet.

Es werden grundsätzlich zwei Verfahrensprinzipien zur Entfernung von Stickstoffoxiden aus Abgasen angewendet:

- *Reduktionsverfahren.* NO wird zu molekularem Stickstoff reduziert, wobei i.allg. NH_3 als Reduktionsmittel zur Sauerstoffaufnahme eingesetzt wird. Es wird unterschieden zwischen der nichtkatalytischen und der katalytischen Reduktion.
- *Oxidationsverfahren.* NO wird oxidiert, z.B. durch Radikale, die durch Elektronenstrahlen erzeugt werden, oder durch Ozon. Das Oxidationsprodukt NO_2 bzw. Salpetersäure wird i.allg. mit Ammoniak (NH_3) zu Ammoniumsalzen umgesetzt.

Im folgenden werden die derzeit am häufigsten eingesetzten Verfahren kurz erläutert.

7.3.2.1 Reduktionsverfahren

Reduktionsverfahren sind die bei industriellen Feuerungsanlagen am meisten eingesetzten Verfahren zur Stickstoffoxidminderung. Als Reduktionsmittel wird i.allg. NH_3 verwendet. Die entstehenden Reaktionsprodukte – N_2 und H_2O – sind unproblematisch. In Tabelle 7.2 sind die heute üblichen Verfahren mit ihren Eigenschaften gegenübergestellt.

Selektive nichtkatalytische Reduktion – SNCR-*Verfahren*
(*selective non-catalytic reduction*)

Eine selektive Reduktion von NO mit NH_3 kann bei hohen Temperaturen auch ohne Katalysator ablaufen. Bild 7.27 gibt einen Überblick über die verschiedenen Reaktionsmechanismen, die bei der Reduktion mit NH_3 eine Rolle spielen [53–55].

Tabelle 7.2. Merkmale der heute hauptsächlich eingesetzten NO_x-Reduktionsverfahren

Verfahren	Katalysator	Temperaturbereich in °C	NO_x-Reduktionsgrad in %	Bemerkungen	Literatur
Selektive *nicht*katalytische Reduktion (SNCR)	kein Katalysator, direkte NH_3- oder $(NH_2)_2CO$ (Harnstoff)-Dosierung in den Feuerraum	850···1000	30···80		[49]···[56]
Selektive katalytische Reduktion (SCR)	Metalloxide auf Keramikträgern	280···450 je nach Katalysatormaterial	70···>90		[56]···[60]
	Molekularsieb (Zeolithe, Vollkeramik)	380···480	70···90		[61], [62]
	Aktivkoks	100···150	30···80	simultane SO_2/NO_x-Entfernung	[63]···[65]

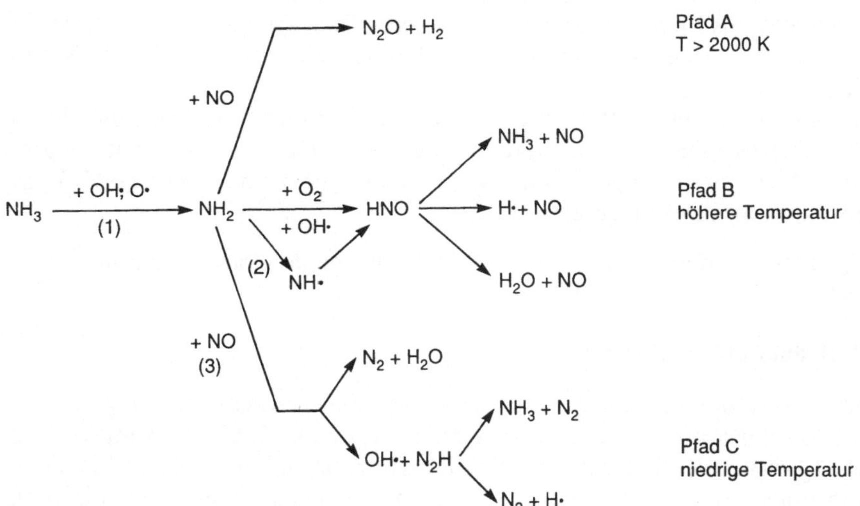

Bild 7.27. Vereinfachter Reaktionsmechanismus der NO-Reduzierung bzw. NO-Neubildung durch NH_3

Das Optimum der Stickstoffoxidminderung liegt bei diesem nichtkatalytischen Verfahren in einem relativ engen Temperaturbereich. Bei zu hohen Temperaturen reagiert NH_3 mit Sauerstoff zu H_2O und zu dem unerwünschten NO (Pfad B in Bild 7.27). Bei zu niedrigen Temperaturen tritt NH_3-Schlupf auf (Pfad C). Wichtig für eine gute Funktion des SNCR-Verfahrens sind folgende Bedingungen:

- gute Durchmischung der Rauchgase mit dem NH_3,
- Eindüsung des NH_3 bei optimaler Temperatur in allen Lastbereichen der Feuerung,
- Einhaltung von gewissen Mindestverweilzeiten.

Da sich diese Forderungen meistens nicht optimal realisieren lassen, liegen entweder die NO-Reduktionsraten sehr niedrig, oder es ist für einen akzeptablen Reduktionsgrad ein hohes NH_3/NO-Verhältnis erforderlich [56].

Neuere Entwicklungen gehen dahin, anstelle des Ammoniaks wäßrige Harnstofflösungen einzusetzen. Die Handhabung dieser Lösungen gestaltet sich wesentlich unproblematischer als die des Ammoniaks. Man geht derzeit davon aus, daß Harnstoff sich bei den hohen Temperaturen spaltet und je zur Hälfte NH_3 und Cyansäure gebildet werden [55, 56]:

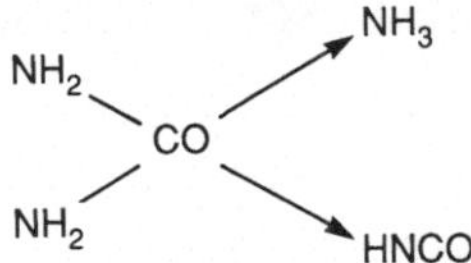

Der gebildete Ammoniak ist über die in Bild 7.27 dargestellten Reaktionspfade wirksam. Über welche Reaktionsmechanismen auch HNCO zur NO-Reduktion beiträgt, ist nicht bekannt.

Das SNCR-Verfahren weist bei vertretbarem Reduktionsmitteleinsatz nicht allzu hohe NO_x-Minderungsarten auf. Bei Feuerungsanlagen mit relativ niedrigen NO_x-Eingangswerten, z.B. bei industriellen Ölfeuerungen, kann es zur weiteren erforderlichen Absenkung der Emissionen durchaus eine sinnvolle Alternative zum SCR-Verfahren sein.

Selektive katalytische Reduktion – SCR-*Verfahren*
(*Selective Catalytic Reduction*)

Das SCR-Verfahren ist das bei großen Feuerungsanlagen am häufigsten eingesetzte Verfahren zur Verringerung der Stickstoffoxid-Emissionen. Prinzipiell ist eine Reduktion von Stickstoffoxiden mit Gasen wie z.B. CO, H_2 oder CH_4 möglich. Diese Gase reduzieren die Stickstoffoxide jedoch nicht selektiv, sondern werden durch vorhandenen Restsauerstoff in den Abgasen in großer Menge verbraucht (oxidiert). Eine gute Selektivität für die Reduktion von Stickstoffoxiden besitzt dagegen wie gezeigt wurde *Ammoniak* (NH_3). Die Reduktionsreaktion läuft mit der größten Wirksamkeit im Temperaturbereich zwischen 900 und 1 000 °C ab. Eine Herabsetzung der für die Reduktion notwendigen Temperatur wird durch spezielle Katalysatoren erreicht.

Folgende Hauptreaktionen laufen bei der Reduktion der Stickstoffoxide mit Ammoniak am Katalysator ab:

$$4NO + 4NH_3 + O_2 \rightarrow 4N_2 + 6H_2O$$

$$NH_3/NO\text{-Molverhältnis} = 1:1 \qquad (7.20)$$

$$6NO + 4NH_3 \rightarrow 5N_2 + 6H_2O$$

$$NH_3/NO\text{-Molverhältnis} = 2:3. \qquad (7.21)$$

Eventuell vorhandenes NO_2 (i.allg. nicht mehr als 5 %) wird ebenfalls reduziert:

$$6NO_2 + 8NH_3 \rightarrow 7N_2 + 12H_2O$$

$$NH_3/NO_2\text{-Molverhältnis} = 3{:}4 \quad (7.22)$$

$$2NO_2 + 4NH_3 + O_2 \rightarrow 3N_2 + 6H_2O$$

$$NH_3/NO_2\text{-Molverhältnis} = 2{:}1\,. \quad (7.23)$$

Unerwünschte Nebenreaktionen am Katalysator sind z.B.:

$$4NH_3 + 3O_2 \rightarrow 2N_2 + 6H_2O \text{ (zusätzlicher } NH_3\text{-Verbrauch)} \quad (7.24)$$

$$2SO_2 + O_2 \rightarrow 2SO_3\,. \quad (7.25)$$

Überschüssiger Ammoniak reagiert mit Schwefeltrioxid (SO_3) zu Ammoniumhydrogensulfat und Ammoniumsulfat:

$$NH_3 + SO_3 + H_2O \rightarrow (NH_4)HSO_4 \quad (7.26)$$

$$2NH_3 + SO_3 + H_2O \rightarrow (NH_4)_2SO_4\,. \quad (7.27)$$

Diese Ammoniumsalze können bei Unterschreitung bestimmter Temperaturen zu erheblichen Ablagerungen in den dem Katalysator nachgeschalteten Komponenten führen, z.B. im Luftvorwärmer.

Folgende *Anforderungen* werden an die Katalysatoren gestellt:

- hohe Aktivität über breiten Temperaturbereich,
- große Selektivität
- geringe SO_2/SO_3-Konversion,
- Schwefelsäurebeständigkeit,
- Beständigkeit gegen Staubabrieb und Katalysatorgifte,
- große Lebensdauer.

Für SCR-Katalysatoren können folgende *Materialien* verwendet werden:

- Titandioxid, Aluminium- oder Siliziumoxide als poröse Grundmaterialien (Zeolithe),
- Beimischung von Vanadiumpentoxid, Molybdänoxiden und Wolframoxiden als aktive Substanzen oder oxidische sowie sulfatische Mischungen von Eisen, Mangan und Kupfer oder andere Metalloxide [56, 57, 67].

Um einem Abrieb der aktiven Katalysatorschicht durch staubhaltige Abgase und damit einer Inaktivierung vorzubeugen, wird das Katalysatormaterial in den Träger eingearbeitet. Beim Abrieb kommt dadurch immer wieder neues aktives Material zur Wirkung.

Die Aktivität des Katalysators und damit der Reduktionsgrad ist u.a. temperaturabhängig. Bild 7.28 zeigt diese Abhängigkeit für einen SCR-Katalysator, wie er heute üblicherweise in Kraftwerksfeuerungen eingesetzt wird.

Der NO_x-Reduktionsgrad R ist dabei folgendermaßen definiert:

$$R = \frac{NO_x \text{ vor Katalysator} - NO_x \text{ nach Katalysator}}{NO_x \text{ vor Katalysator}} \cdot 100 \text{ in } \%\,. \quad (7.28)$$

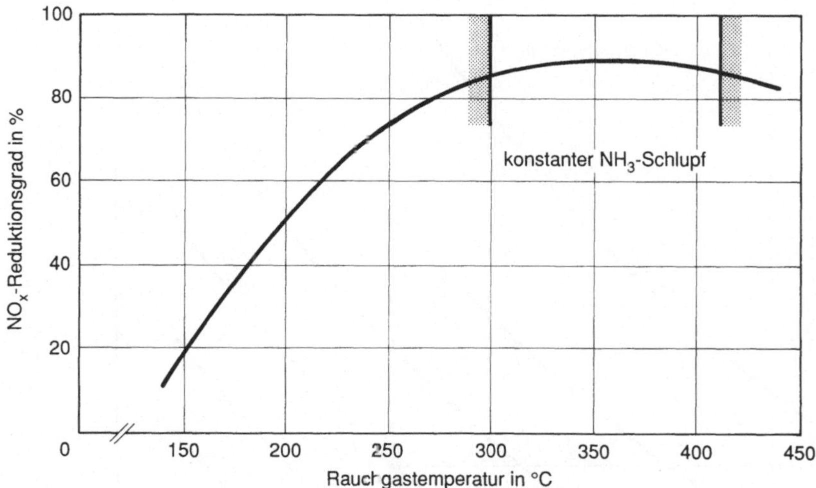

Bild 7.28. NO_x-Reduktionsgrad in Abhängigkeit von der Temperatur bei in Kraftwerksfeuerungen eingesetzten SCR-Katalysatoren [56]

Mit anderen aktiven Materialien ergeben sich andere Temperaturabhängigkeiten. In Gegenwart von SO_2 verschiebt sich durch partielle Sulfatisierung des Katalysatormaterials das Aktivitätsoptimum zu höheren Temperaturen [67, 68].

Ein gänzlich anderer Katalysatortyp ist der sog. *Molekularsiebkatalysator*, der keinerlei Beimengungen aktiver Substanzen enthält [61]. Seine katalytische Wirkung liegt in seinem molekularen Aufbau begründet. Er besteht aus einem Kristallgitter, welches von einem System von durch Poren verbundenen Hohlräumen durchzogen ist (Zeolithe). Bei einer definierten Porengröße von 50–70 nm besteht eine hohe Selektivität, da nur Moleküle bestimmter Größe in das System eindiffundieren können. Laut Herstellerangaben können SO_2, CO, CO_2 und Halogenide die eigentliche Reaktion nicht beeinträchtigen, da sie aufgrund ihrer Größe nicht in das Molekularsieb hineingelangen können. Hohe elektrostatische Kräfte in den Poren und Kanälen setzen das Reaktionspotential soweit herab, daß die exotherme NH_3/NO_x-Reaktion schon bei 300–480 °C stattfindet. Die Reaktionsprodukte N_2 und H_2O werden durch die bei der Reaktion freigesetzte Wärme aus dem Molekularsieb ausgetrieben. Das Grundmaterial der Molekularsieb-Katalysatoren wird aus Zeolithen gebildet, die aus Silizium- und Aluminiumoxiden bestehen.

Für die *Auslegung* eines Katalysators sind bei gegebenen Temperaturverhältnissen und gegebenen Rauchgasmengen drei Größen von Bedeutung, die voneinander abhängig sind [56]:

– der geforderte NO_x-Reduktionsgrad,
– der zulässige bzw. zu vertretende NH_3-Schlupf,
– das Katalysatorvolumen.

Grundsätzlich gilt, daß bei sonst gleichen Bedingungen ein bestimmter Reduktionsgrad entweder durch ein großes Katalysatorvolumen und einen kleinen

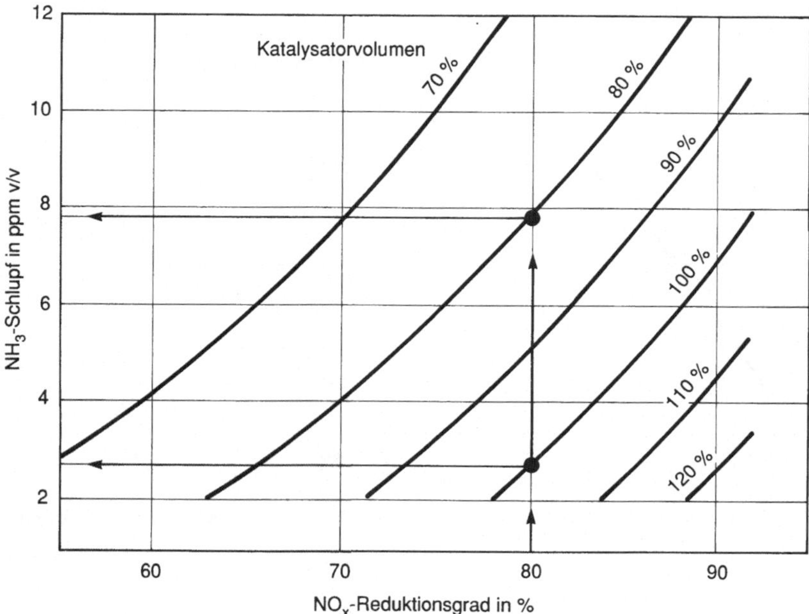

Bild 7.29. Zusammenhang zwischen NH_3-Schlupf, Katalysatorvolumen und NO_x-Reduktionsgrad (nach [56])

Ammoniakschlupf oder aber durch ein kleines Katalysatorvolumen und einen größeren Ammoniakschlupf erreicht werden kann.

Die in Bild 7.29 dargestellten fast linearen Abhängigkeiten zwischen Reduktionsgrad, NH_3-Schlupf und Katalysatorvolumen gelten nur bis zu einem Reduktionsgrad von etwa 80–85 %. Darüber hinaus steigen aufgrund mehrerer Umstände, wie z.B. Ungleichförmigkeiten im Rauchgasstrom (Geschwindigkeit, Temperatur, örtliche NO_x- und NH_3-Konzentration) das erforderliche Katalysatorvolumen und/oder der NH_3-Schlupf überproportional an [56].

Einflußgrößen auf die NO_x-Reduktion sind neben der Temperatur das Molverhältnis NH_3/NO und die sog. Raumgeschwindigkeit.

Je nachdem, ob am Katalysator Reaktion (7.20) oder (7.21) vorherrscht, ergibt sich eine maximale Reduktion bei einem NH_3/NO-Molverhältnis von 1 oder von 0,66. Welche Reaktion bevorzugt abläuft, hängt u.a. vom Katalysatormaterial und vom Sauerstoffgehalt der Abgase ab [57, 68].

Die Raumgeschwindigkeit *RG* (englisch: Space Velocity *SV*) gibt an, welche Rauchgasmenge pro Katalysatorvolumen durchgesetzt wird:

$$RG[1/\text{h}] = \frac{\text{Rauchgasmenge } V_A}{\text{Katalysatorvolumen } V_K} \left[\frac{\text{m}^3/\text{h } (0\,°\text{C}, 1\,013\,\text{mbar})}{\text{m}^3}\right]. \qquad (7.29)$$

Die Raumgeschwindigkeit ist also der Kehrwert der Verweilzeit. Das Katalysatorvolumen sagt noch nichts über die Größe der aktiven Oberfläche aus. Katalysatoren mit großer innerer Oberfläche können mit einer größeren Raumgeschwindigkeit betrieben werden als solche mit kleinerer Oberfläche.

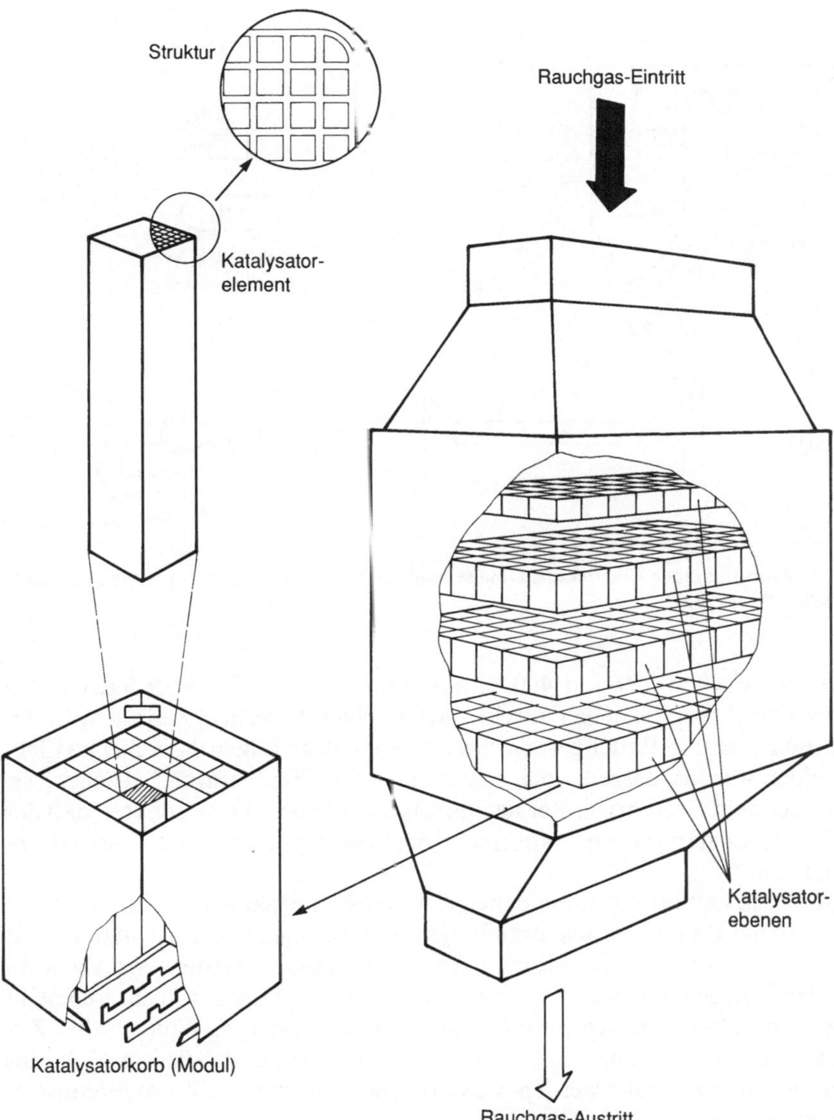

Bild 7.30. Aufbau eines SCR-Katalysators zur NO_x-Reduktion an großen Feuerungsanlagen [56]

Ein SCR-Katalysator besteht i.allg. aus einzelnen Elementen, die zu Modulen zusammengefaßt sind. Die Module sind in mehreren Ebenen in das Katalysatorgehäuse eingebaut, s. Bild 7.30. Die Anordnung in mehreren Ebenen ist dadurch erforderlich, daß sowohl eine bestimmte Anströmgeschwindigkeit als auch eine gewisse Raumgeschwindigkeit einzuhalten sind.

Die Anordnung einer SCR-Katalysatoranlage zur Verringerung der Stickstoffoxid-Emissionen einer Kraftwerksfeuerung zeigt Bild 7.31. Um einen Tempe-

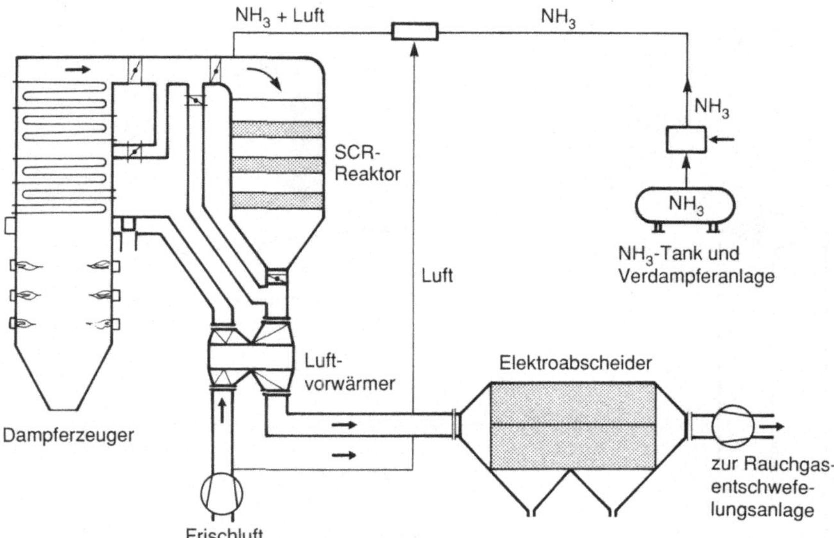

Bild 7.31. Anordnung einer Entstickungsanlage nach dem SCR-Verfahren im Abgasweg einer Kraftwerksfeuerung [56]

raturbereich zwischen 350 und 400 °C auszunutzen, muß der SCR-Reaktor im Abgasweg dem Dampferzeuger direkt nachgeschaltet werden; Luftvorwärmer, Elektroabscheider und Rauchgasentschwefelungsanlage folgen danach. Die Elektroabscheider werden derzeit noch nicht bei hoher Temperatur betrieben, sie müssen daher dem Luftvorwärmer nachgeschaltet bleiben. Das bedeutet, daß der SCR-Katalysator der ganzen Staubfracht der Rauchgase ausgesetzt ist, „High-Dust-Schaltung".

Es gibt auch Schaltungen, bei denen sich der Katalysator am „kalten" Ende befindet, also der Rauchgasentschwefelungsanlage nachgeschaltet ist; man spricht dann von der „Low-Dust-Schaltung". Solche Varianten werden vor allem an bestehenden Anlagen angewendet, bei denen sich der Katalysator technisch nicht zwischen dem Dampferzeuger und dem Luftvorwärmer einbauen läßt. Zur Erzielung der erforderlichen Reaktionstemperatur muß in diesem Fall das Rauchgas wieder aufgeheizt werden, was i.allg. den Einsatz von Zusatzbrennstoff erforderlich macht [56].

Aktivkoksverfahren

Bei diesem Verfahren wird das Rauchgas bei 100–150 °C durch einen mit Aktivkoks betriebenen Wanderbettreaktor geleitet. Dabei werden SO_2 und NO_x adsorptiv an den Aktivkoks gebunden. Das SO_2 oxidiert dabei zu Schwefelsäure, und NO_x wird durch Zugabe von NH_3 an dem Aktivkoks katalytisch zu elementarem Stickstoff und Wasser reduziert.

Das gebundene SO_2 bzw. die H_2SO_4 wird durch thermische Desorption wieder ausgetrieben und entweder zu SO_2-Flüssiggas, Schwefelsäure oder Elementarschwefel weiterverarbeitet.

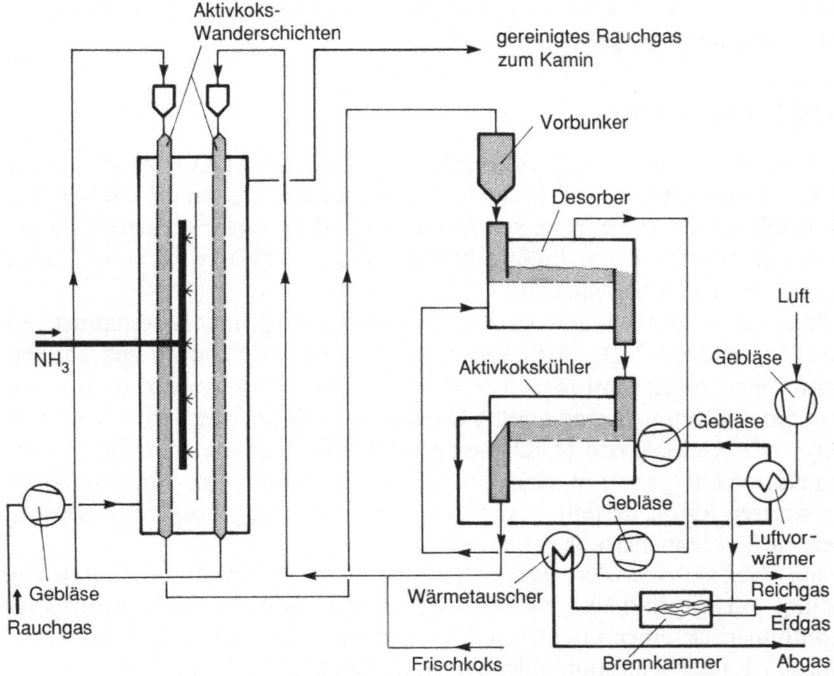

Bild 7.32. Prinzip des Bergbauforschung/Uhde-Verfahrens zur simultanen SO_2/NO_x-Entfernung aus Feuerungsabgasen [64]; als Desorptionsmedium wird i.a. Rauchgas verwendet, von dem nach der Beladung ein Teil als SO_2-Reichgas ausgeschleust wird

Bei dem Aktivkoksverfahren laufen folgende Reaktionen ab [63]:

– SO_2-*Adsorption*

$$SO_2 \overset{O_2,\ H_2O}{\rightarrow} H_2SO_4 \rightarrow H_2SO_{4\,ads} \tag{7.30}$$

$$H_2SO_{4\,ads} \xrightarrow{A-Koks,\ NH_3} NH_3(NH_4)HSO_{4\,ads},\ (NH_4)_2SO_{4\,ads} \tag{7.31}$$

(unerwünschte Reaktion: unnötiger NH_3-Verbrauch)

– NO_x-*Reduktion*

$$6NO + 4NH_3 \overset{A-Koks}{\rightarrow} 5N_2 + 6H_2O \tag{7.32}$$

– *Regeneration bei* 350 – 600 °C

$$H_2SO_{4\,ads} \overset{A-Koks}{\rightarrow} SO_2,\ H_2O \tag{7.33}$$

$$(NH_4)_2SO_{4\,ads} \overset{A-Koks}{\rightarrow} SO_2,\ H_2O,\ N_2 \tag{7.34}$$

Das Schaltbild eines zweistufigen Adsorbers zur simultanen SO_2/NO_x-Entfernung aus Feuerungsabgasen ist in Bild 7.32 gezeigt.

Es gibt noch einige andere Verfahren zur NO_x-Reduktion, die bisher noch nicht sehr verbreitet sind [65].

7.3.2.2 Oxidationsverfahren

Es gibt verschiedene Verfahren, bei denen Stickstoffmonoxid (NO) zu Stickstoffdioxid (NO_2) oxidiert wird. Das NO_2 wird dann meistens zusammen mit SO_2 mit alkalisch reagierenden Substanzen wie Ammoniak oder Calciumhydroxid absorbiert, wobei sich Nitrate und Sulfate bilden, oder das NO_2 wird in wäßrigen Absorptionslösungen abgeschieden.

Das Problem ist bei allen diesen Verfahren die Erzielung einer kostengünstigen Oxidation des NO zu NO_2. Mit Sauerstoff reagiert NO nur in sehr hohen Konzentrationen ausreichend schnell zu NO_2. Bei den NO-Konzentrationen, wie sie in Abgasen vorkommen, sind andere Oxidationsmittel erfoderlich; es wird z.B. Ozon (O_3) oder Chlordioxid (ClO_2) eingesetzt [65]. Eine andere Möglichkeit, das NO reaktionsfähiger zu machen, so daß es z.B. mit dem Restsauerstoff der Abgase reagieren kann, besteht in der Anregung mit energiereicher Strahlung. Dazu werden Elektronenstrahlen verwendet.

Das sog. *Elektronenstrahlverfahren* ist ein trockenes Simultanverfahren zur Abscheidung von SO_2 und NO_x aus Rauchgasen [69]. Dabei wird der Rauchgasstrom kontinuierlich einer intensiven Elektronenbestrahlung ausgesetzt. Hierdurch werden Rauchgasbestandteile wie H_2O, O_2 u.a. in Radikale OH·, O·, HO_2· und N· aufgespalten. Auf diesem Wege werden die Schadstoffe SO_2 und NO zunächst zu SO_3 und NO_2, mit dem Wasserdampf der Rauchgase schließlich zu Schwefel- und Salpetersäure aufoxidiert. Durch Zugabe von NH_3 werden die Säuren anschließend neutralisiert, wobei sich die kristallinen Endprodukte Ammoniumsulfat und Ammoniumnitrat bilden. Diese Endprodukte werden in Filtern abgeschieden und können als Dünger eingesetzt werden. Die Rauchgastemperatur für eine optimale NO_x-Minderung und Entschwefelung beträgt bei diesem Verfahren 70 – 120 °C. In Versuchs- und Pilotanlagen wurden NO_x- und SO_2-Abscheidegrade von über 70 % gemessen. Die derzeitige Erprobung in einem deutschen Kraftwerk wird ergeben, ob das Verfahren in Zukunft großtechnisch eingesetzt wird [69].

7.3.3 Katalysatortechnik zur Stickstoffoxidminderung bei Kraftfahrzeugabgasen

Neben Produkten unvollständiger Verbrennung – CO, Kohlenwasserstoffe und Ruß – stellen vor allem die Stickstoffoxide in den Kraftfahrzeugabgasen ein Problem dar. *Dieselmotoren* schneiden hierbei grundsätzlich günstiger ab als Ottomotoren, da sie mit hohem Luftüberschuß und damit geringeren NO_x-Emissionen betrieben werden [70 – 72]. Durch motortechnische Maßnahmen ließen sich bei Diesel-PKW die NO_x-Emissionen so weit absenken, daß bisher ohne weitere Abgasreinigungsmaßnahmen die Grenzwerte bezüglich NO_x eingehalten werden konnten. Auf das Rußproblem des Dieselmotors sei hier nicht weiter eingegangen. Zur Lösung dieses Problems wird nicht nur an motorischer

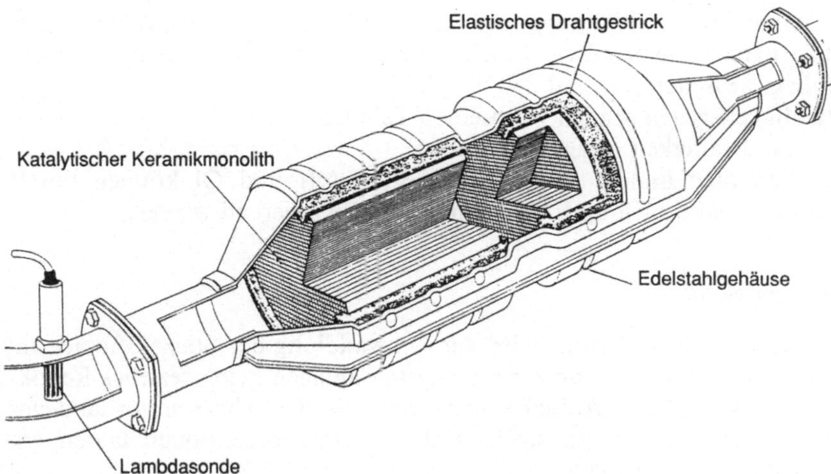

Bild 7.33. Aufbau einer Kraftfahrzeug-Katalysatoranlage [78]

Seite, sondern auch an der Entwicklung von Abgasreinigungseinrichtungen (z.B. Rußfilter) gearbeitet, insbesondere bei LKW-Motoren [73].

Beim *Ottomotor* reichen zur Stickstoffoxidminderung motortechnische Maßnahmen allein i.allg. nicht aus. Als „Sekundärmaßnahme" wird deshalb heute der sog. „Dreiwege-Katalysator" eingesetzt. Der Begriff „Dreiwege" bedeutet dabei, daß die drei Schadstoffe CO, HC (Kohlenwasserstoffe) und NO_x umgesetzt werden.

Aufbau des Dreiwege-Katalysators

Die Katalysatoren bestehen aus wabenförmigen Keramik- oder Metall-Monolithen, die mit der aktiven Substanz, in erster Linie mit den Edelmetallen Platin und Rhodium, beschichtet sind [74–77]. Träger dieser Metalle ist eine Zwischenschicht, das sog. Wash-coat, das aus Aluminiumoxid (Al_2O_3) besteht und auf die Wandungen des Keramikörpers oder Metallträgers aufgetragen wird. Das Wash-coat hat eine hohe spezifische Oberfläche und vergrößert damit die wirksame Fläche um ein Vielfaches.

Am Platin laufen bevorzugt die Oxidationsreaktionen ab, während das Rhodium die Stickstoffoxidreduzierung unterstützt. Das optimale Verhältnis von Platin zu Rhodium beträgt etwa 5:1 [75, 76]. Da der Rohstoff Rhodium wesentlich teurer ist als Platin, ist man bestrebt, das Pt/Rh-Verhältnis zu erhöhen bzw. Ersatzstoffe für Rhodium zu finden.

Die Katalysatorkörper sind in Edelstahlgehäuse gebettet, die im Abgasweg des Kraftfahrzeuges vor den Schalldämpfern angebracht werden. Bild 7.33 zeigt schematisch den Aufbau einer Kraftfahrzeug-Katalysatoranlage. Folgende Probleme sind bei der Auslegung einer solchen Anlage zu berücksichtigen, [75–78]:

– Der Keramik-Katalysator darf keinen zu großen Erschütterungen ausgesetzt sein, da er sonst zerbricht,

- die Gefahr der Überhitzung einerseits und schnelles Anspringen beim Kaltstart andererseits müssen beachtet werden: der optimale Temperaturbereich liegt zwischen 300 und 850 °C [78],
- Beständigkeit gegen schnell wechselnde Temperaturen,
- Widerstandsfähigkeit gegen Korrosion,
- Blei, aber auch andere Additive aus Kraftstoff und Öl können durch chemische Reaktionen und Ablagerungen desaktivierend wirken.

Reaktionen am Katalysator

Beim Kraftfahrzeug-Katalysator wird zur Umwandlung der Stickstoffoxide im Gegensatz zur Katalysatortechnik bei Feuerungsanlagen kein spezielles Reduktionsmittel zugesetzt. Diese Aufgabe übernehmen in den Abgasen vorhandenes Rest-CO und Restkohlenwasserstoffe. Folgende Bruttoreaktionen laufen am Dreiwege-Katalysator ab [78]:

Umwandlung der Kohlenwasserstoffe:

$$C_nH_m + (n+m/4)O_2 \rightarrow nCO_2 + m/2\ H_2O \tag{7.35}$$

$$CH_m + 2H_2O \rightarrow CO_2 + (2+m/2)H_2 \tag{7.36}$$

Umwandlung des Kohlenmonoxid:

$$CO + 1/2\ O_2 \rightarrow CO_2 \tag{7.37}$$

$$CO + H_2O \rightarrow CO_2 + H_2 \tag{7.38}$$

Reduktion der Stickstoffoxide:

$$NO + CO \rightarrow 1/2\ N_2 + CO_2 \tag{7.39}$$

$$2(n+m/4)NO + C_nH_m \rightarrow (n+m/4)N_2 + m/2\ H_2O + nCO_2 \tag{7.40}$$

$$NO + H_2 \rightarrow 1/2N_2 + H_2O \tag{7.41}$$

Unerwünschte Nebenreaktionen:

$$SO_2 + 1/2\ O_2 \rightarrow SO_3 \ \text{(bei Luftüberschuß)} \tag{7.42}$$

$$SO_2 + 3H_2 \rightarrow H_2S + H_2O \ \text{(bei Luftmangel)} \tag{7.43}$$

$$NO + 5/2\ H_2 \rightarrow NH_3 + H_2O \tag{7.44}$$

$$2NH_3 + 5/2\ O_2 \rightarrow 2NO + 3H_2O \tag{7.45}$$

$$NH_3 + CH_4 \rightarrow HCN + 3H_2 \tag{7.46}$$

$$H_2 + 1/2\ O_2 \rightarrow H_2O\,. \tag{7.47}$$

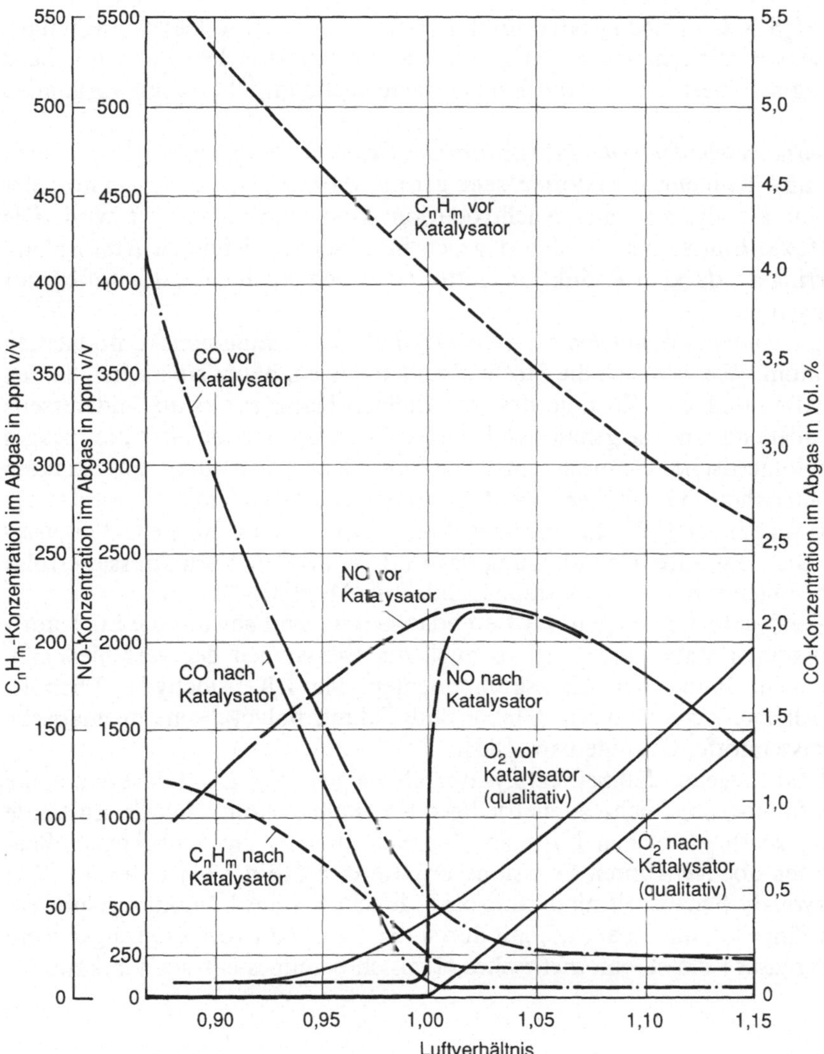

Bild 7.34. Kohlenwasserstoff (HC)-, CO- und NO_x-Konzentration vor und hinter einem Katalysator in Abhängigkeit vom Luftverhältnis [74]

In Bild 7.34 sind die Kohlenwasserstoff-, CO- und NO_x-Konzentrationen vor und hinter einem Katalysator in Abhängigkeit vom Luftverhältnis dargestellt.

Bei *Luftverhältnissen* $\lambda < 1$ (*kraftstoffreiches Gemisch*) reicht der Restsauerstoff in den Abgasen zur vollständigen Oxidation des CO und der Kohlenwasserstoffe nicht aus. Daß die Kohlenwasserstoff-Emissionen in diesem Bereich stärker zurückgehen als CO, liegt daran, daß die Kohlenwasserstoffe leichter oxidierbar sind als CO und eine Teiloxidation dieser Stoffe mit dem Restsauerstoff vor der CO-Oxidation abläuft [74].

Die Teiloxidation am Katalysator in diesem kraftstoffreichen Bereich hat aber zur Folge, daß neue Stoffe entstehen können, die durch besondere Geruchsintensität [z.B. H_2S, s. Gl. (7.43)] oder durch Reizwirkung (z.B. Aldehyde) auffallen. Andererseits wird vorhandenes NO_x in diesem kraftstoffreichen Bereich nahezu vollständig reduziert, da CO und Kohlenwasserstoffe im Überschuß vorhanden sind.

Bei *Luftüberschußbetrieb* (*kraftstoffarmes Gemisch* $\lambda > 1$) sind die Emissionen von CO und Kohlenwasserstoffen sehr gering, da mit dem Restsauerstoff der Abgase am Katalysator eine Nachoxidation dieser Stoffe bewirkt wird. Die Stickstoffoxid-Emissionen werden dagegen in dieser oxidierenden Atmosphäre nicht verringert, da kein Reduktionsmittel (CO oder Kohlenwasserstoffe) zur Verfügung steht.

Bei *stöchiometrischem Gemisch* ($\lambda = 1{,}0$) haben alle Emissionskomponenten ein Minimum. Wie weit sich die Stoffe absenken lassen, hängt einerseits von den Eigenschaften und dem Zustand des verwendeten Katalysators ab, andererseits aber vor allem davon, wie genau sich bei allen Betriebszuständen des Fahrzeuges das stöchiometrische Gemisch einstellen läßt. Zur Einstellung des exakten stöchiometrischen Gemisches werden Einspritzanlagen mit Lambda(λ)-Regelung verwendet [79]. In einzelnen Fällen gibt es auch geregelte Vergasersysteme. Die kontinuierliche Messung des Luft-/Kraftstoff-Verhältnisses erfolgt in beiden Fällen mit der sog. Lambdasonde, (s. Abschn. 5.2.10.3).

Bei Katalysatorfahrzeugen mit Lambdaregelung sind sowohl die Stickstoffoxid-Emissionen stark verringert als auch die Emissionen der verschiedenen, teilweise nicht limitierten Abgaskomponenten wie z.B. Aldehyde, Phenole, Alkane, Alkene, Aromaten wie Benzol und Toluol, polycyclische aromatische Kohlenwasserstoffe, Cyanide usw. [80].

Es ist naheliegend, daß bei Katalysatorfahrzeugen ohne Lambdaregelung die Schadstoffminderung nicht so befriedigend ausfallen kann, da oft Zustände sowohl im kraftstoffreichen Luftmangelbereich als auch im Luftüberschußbereich mit den obengenannten Emissionsverhältnissen (Bild 7.34) auftreten. Wie wirkungsvoll die Schadstoffminderung bei Fahrzeugen ohne Lambdaregelung ist, hängt im Einzelfall davon ab, wie gut durch das Kraftstoff-Aufbereitungssystem (i.allg. Vergaser) ein stöchiometrisches Gemisch bereitgestellt werden kann.

7.4 Rauchgasentschwefelung

Die Verfahren zur Entschwefelung der Rauchgase von Feuerungsanlagen können nach folgendem Schema gegliedert werden:

1. Trockenverfahren	Trocken-Absorptionsverfahren Adsorption – Desorptionsverfahren
2. Halbtrockenverfahren	Sprühwäschen sonstige Wäschen,
3. Naßverfahren	Kalkwäschen

Die am häufigsten angewendeten Rauchgasentschwefelungs-Systeme sind in Bild 7.35 schematisch dargestellt.

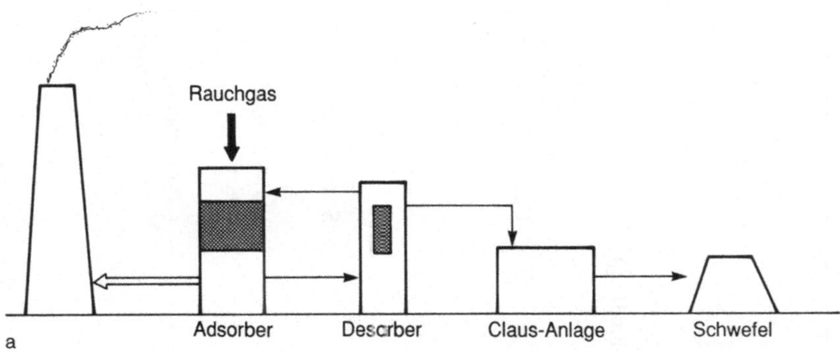

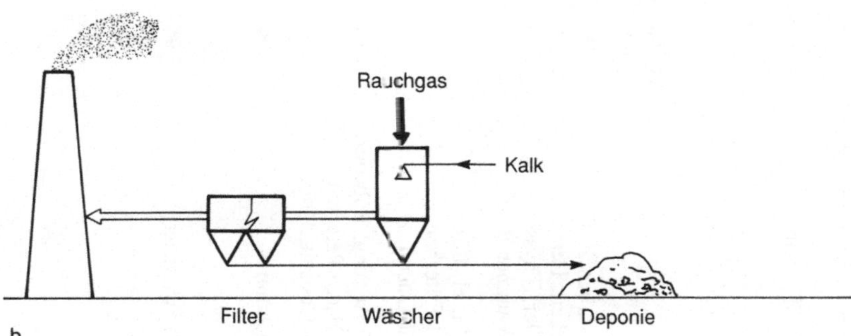

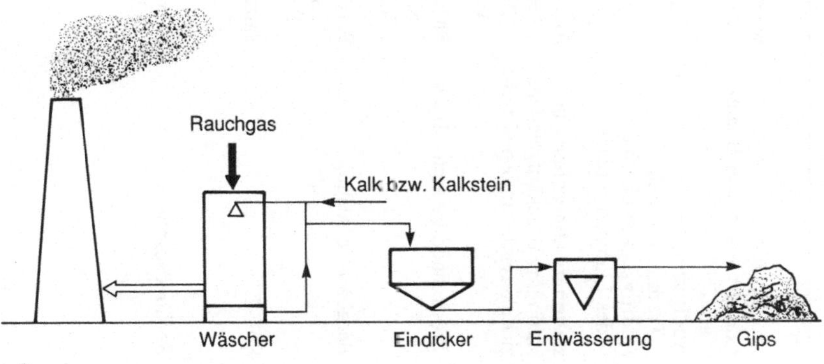

Bild 7.35. Rauchgasentschwefelungs-Systeme – schematische Darstellung der am häufigsten eingesetzten Verfahren. **a** Trocken-Adsorptionsverfahren; **b** Trockenadditiv- oder Sprühabsorptionsverfahren; **c** Kalkwäsche

Bei der *Trockenrauchgasentschwefelung* erfolgt die Sorption des SO_2 und SO_3 an festen Sorbentien rein physikalisch (Adsorption) oder durch Absorptions- und Reaktionsvorgänge (Chemi-Sorption). Bei den trockenen *Ad*sorptionsverfahren wird dabei häufig mit kontinuierlichen Wanderbetten gearbeitet, wobei das Adsorptionsmittel dem zu entschwefelnden Gas entgegengeschickt und

Tabelle 7.3. Übersicht über die heute angewendeten Rauchgasentschwefelungs-Verfahren

Verfahrensprinzip	Verfahrens-bezeichnung/-name	Exemplarische Anbieter/Hersteller	maximal erreichbarer Entschwefelungsgrad (%)	Endprodukt
Trockene Verfahren				
Absorption auf Calciumbasis	Trockenadditiv Additivzugabe zum Brennstoff Additivzugabe im Flammenbereich Additivzugabe oberhalb des Flammenbereiches	Babcock, EVT, Steinmüller	Braunkohle: 75 Steinkohle: 85 (incl. natürlicher Einbindung)	Flugasche mit $CaSO_4$, CaO
Wirbelschichtfeuerung	stationäre atmosphärische stationäre druckaufgeladene zirkulierende atmosphärische	Ahlström, Babcock, EVT Götawerken, Lurgi, Steinmüller, Thyssen, VKW, Waagner-Biro	90 bis 95 95	Flugasche mit $CaSO_3$, $CaSO_4$, CaO
Absorption auf Calciumbasis	Trockenadditiv zum Abgas	BMD, Fläkt, H. Lühr, Standard Filterbau, Micropul Ducon	60	$CaSO_3/CaSO_4$
Adsorption an Aktivkoks	Bergbau-Forschung	Bergbau-Forschung, Babcock, Krantz, Hugo Petersen Perflutiv Consult, Uhde	95	SO_2-Reichgas S-elementar
Chemiesorption/Katalysator	SFGT	Salzgitter Lummus	90	SO_2-Reichgas S-elementar
Halbtrockene Verfahren				
Absorption auf Calcium- oder Natriumbasis	Sprühabsorption	Fläkt, Niro Atomizer, EVT	95	$CaSO_3/CaSO_4$ (NA_2SO_3/Na_2SO_4)

Nasse Verfahren				
Absorption auf Calciumbasis	Kalkwaschverfahren	Steinmüller, Babcock, Bischoff, GEA, KRC-EVT, Kroll-Zeppelin, Lentjes-Leisegang, Thyssen, Insuma, Saarberg-Hölter-Lurgi	95 bis 95	$CaSO_4 \cdot 2H_2O$
Absorption auf Natriumbasis	Zitrat-Verfahren Boliden-Prozeß Wellmann-Lord	Fläkt, Mannesmann Huge Petersen Davy McKee	95	SO_2-Reichgas S-elementar
Absorption mit MgO		Babcock & Wilcox, Chemico, Steinmüller, Waagner-Biro	95	SO_2-Reichgas
Absorption mit NH_3	Walther	Walther	95	$(NH_4)_2SO_4$
Oxidation/Absorption mittels H_2O_2		Degussa/Plinka, Techno Trade Schira, Toschl	95	H_2SO_4
Oxidation/Absorption mittels Katalysator	WAS	Haldor Topsoe	95	H_2SO_4
Kondensation/ Absorption	Fumex	Air Fröhlich	90	$CaSO_3$,$CaSO_4$
physikalische Wäsche	Solinox	Linde	95	SO_2-Reichgas Rückstand
Doppelalkali-Verfahren		Sulzer	90	$CaSO_3$/$CaSO_4$

anschließend im Regenerator wieder aktiviert und erneut der Adsorption zugeführt wird. Bei den trockenen *Ab*sorptionsverfahren wird das Absorptionsmittel in feinverteilter Form (Pulver) in das Rauchgas geblasen.

Beim *Halbtrockenverfahren* wird zur Entfernung des SO_2 eine alkalische oder erdalkalische Suspension in Kontakt mit dem Rauchgas gebracht. Es bildet sich in den heißen Rauchgasen ein trockenes Reaktionsprodukt, das danach in Staubabscheidern aufgesammelt wird.

Die *Naßrauchgasentschwefelung* wird hauptsächlich in Wäschern vorgenommen. Das Prinzip besteht darin, daß dem zu entschwefelnden Gas alkalische oder erdalkalische Absorptionsmittel (Lösungen oder Suspensionen) in verteilter Form entgegenrieseln bzw. innig mit ihm in Berührung gebracht werden, so daß die Schwefeloxide durch Absorption ausgewaschen werden. Eine Gaswäsche mit einfachem Wasser wäre im Prinzip auch möglich, jedoch ist das Bestreben der zu entfernenden Gase, sich in Wasser zu lösen, zu gering.

Auf dem Gebiet der Rauchgasentschwefelung wird schon sehr lange geforscht. Es existieren in Anwendung dieser verschiedenen Prinzipien zahlreiche Verfahren, die sich oft an den verfügbaren Einsatzstoffen orientieren, vielmals aber nur durch geringfügige Abweichungen voneinander unterscheiden. Eine Übersicht über die wichtigsten, heute angewendeten Rauchgasentschwefelungsverfahren gibt Tabelle 7.3. Manche Verfahren sind nur für große Anlagen (>100 MW Feuerungswärmeleistung) konzipiert, andere für kleine bis mittlere Anlagen ($<50-100$ MW).

7.4.1 Trockene Rauchgasentschwefelung

Eine trockene Entschwefelung von Rauchgasen kann einerseits an festen Sorbentien durch physikalische Adsorption erfolgen. Nach diesem Prinzip arbeitet das in Abschn. 7.3.2.1 dargestellte Aktivkoksverfahren zur kombinierten SO_2- und NO_x-Abscheidung. Eine andere Möglichkeit, die vor allem für kleine bis mittelgroße Anlagen ($<50-100$ MW_{th}) in Frage kommt, ist die chemische Absorption des SO_2 an trockenen, reaktiven Additiven. Die Zugabe von trockenen, pulverförmigen Additiven auf Kalzium- oder Magnesiumbasis zur Minderung der Emissionen saurer Schadgasbestandteile (SO_2, aber z.B. auch HCl und HF) ist schon lange bekannt [81, 82] und inzwischen bei zahlreichen Verbrennungsanlagen üblich. Die Additivzugabe kann an verschiedenen Stellen der Feuerung bzw. des Abgasweges erfolgen. Bild 7.36 gibt hierüber einen Überblick. Die weiteste Verbreitung haben Verfahren gefunden, bei denen das Additiv zwischen Kessel und Filter zudosiert wird, da hierbei die wenigsten Eingriffe in bestehende Komponenten wie Brennraum- und Kesselkonstruktion notwendig sind [83]. Es werden auch Anlagen eingesetzt, die ganz hinten, also zwischen vorhandenem Staubabscheider und Kamin angeordnet sind [8]. Hierbei sind noch einmal zusätzliche Staubfilter notwendig.

Bei Braunkohlen- und Wirbelschichtfeuerungen werden gute Ergebnisse mit der Additivdosierung zum Brennstoff erzielt [85, 86]. Chughtai und Michelfelder schlagen für Steinkohlenfeuerungen vor, die Zuluft zur Brennkammer mit den Additiven zu beaufschlagen [87].

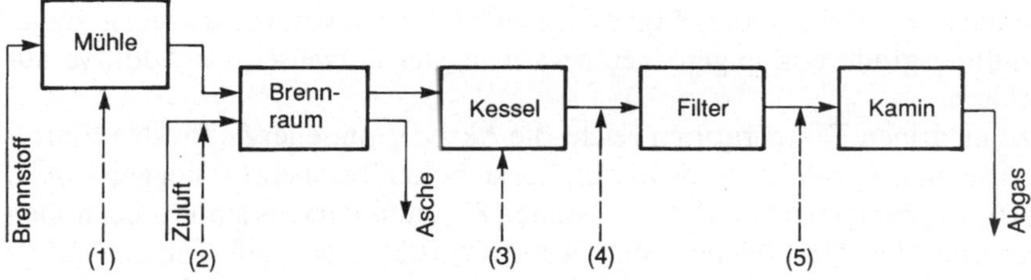

Sorb. Zugabe	Verfahren	Sorbentien
(1)	Direktentschwefelung durch Zumischung zum Brennstoff	$Ca(OH)_2 \cdot (CaCO_3)$
(2)	Direktentschwefelung durch Zumischung zur Zuluft	$Ca(OH)_2 \cdot (CaCO_3)$
(3)	Hochtemperaturverfahren, nicht regenerativ	$Ca(OH)_2 \cdot (CaCO_3)$
(4)	Niedertemperaturverfahren, nicht regenerativ	$Ca(OH)_2$
(5)	Niedertemperaturverfahren, regenerativ	Aktivkohle

Bild 7.36. Übersicht über die Zudosierungsmöglichkeiten von Sorbentien bei Feuerungsanlagen [83]

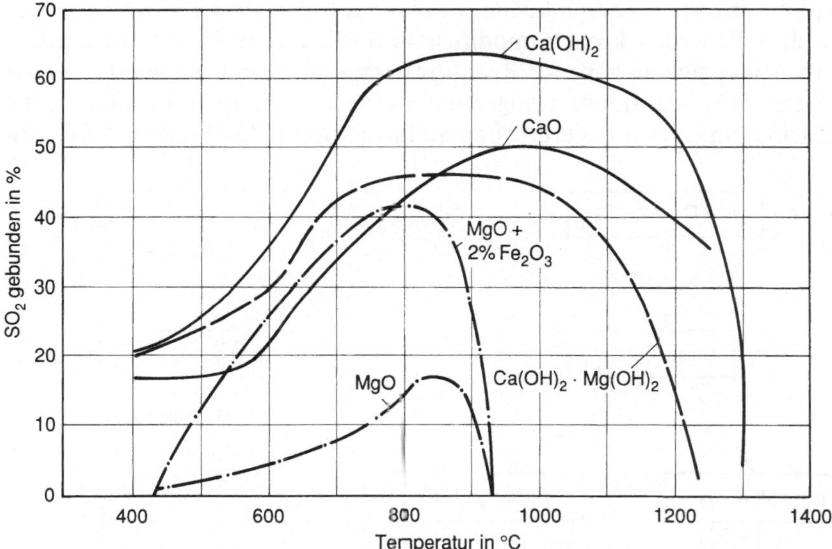

Bild 7.37. Temperaturabhängigkeit der SO_2-Einbindung bei verschiedenen trockenen Additiven [88]

Die Einbindung des SO_2 und auch anderer sauer reagierender Schadgase wie HCl und HF hängt von mehreren Einflußgrößen ab. Ein sehr wichtiger Parameter ist die Temperatur. Bild 7.37 zeigt den SO_2-Einbindungsgrad verschiedener Trockenadditiv-Substanzen in Abhängigkeit von der Temperatur. Man sieht, daß sowohl bei niedrigen als auch bei hohen Temperaturen die Wirksamkeit der

Additive stark nachläßt, wobei Magnesiumverbindungen von vornherein geringere Einbindungsgrade und engere Temperaturfenster aufweisen als Additive auf Calciumbasis.

Bei zu niedrigen Temperaturen reicht die Aktivierungsenergie für das Eintreten der Absorptionsreaktionen nicht aus, bei zu hoher Temperatur liegt einerseits das Reaktionsgleichgewicht auf der Gasseite [87], andererseits sintern bei hohen Temperaturen die Oberflächen der Additivpartikel, so daß für die SO_2-Absorption keine wirksame Oberfläche mehr zur Verfügung steht. Man erkennt an den Kurven, daß MgO allein kaum wirksam ist. Es muß ein Katalysator vorhanden sein, um den SO_2-Gehalt des Abgases zu SO_3 zu oxidieren, da die Verbindung $MgSO_3$ nicht gebildet wird. Mit 2 % Fe_2O_3-Zusatz als Katalysator kann die Wirkung des MgO deutlich verbessert werden.

Bei rohem Kalkstein ($CaCO_3$), dessen Temperaturverhalten nicht in Bild 7.37 angegeben ist, beginnt die Reaktion mit SO_2 erst bei Temperaturen oberhalb etwa 600 °C, bei rohem Dolomit ($CaCO_3 \cdot MgCO_3$) ab etwa 500 °C [89].

Die Wirksamkeit der SO_2-Einbindung mit Trockenadditiven hängt außer von der Temperatur noch von mehreren Faktoren ab, wie z.B. von der Verweilzeit, der Vermischung der Additive mit dem Rauchgas, der Partikelgröße und der Porenstruktur. Die Porenstruktur wird u.a. vom Brennvorgang des Kalksteins beeinflußt, sie spielt eine wesentliche Rolle [83]. Weisweiler et al. [89] haben grundlegende Untersuchungen zur SO_2-Einbindung durch Optimierung der Porenstruktur angestellt. Durch Lösungstränkung, Calcinierung, Hydratisierung sowie durch Pelletierung können modifizierte Sorbensarten hergestellt werden, die sich in Abhängigkeit von der Reaktionstemperatur und der Reaktionszeit stark in ihrem SO_2-Sorptionsvermögen unterscheiden. Die Reaktionsfolgen, die bei der Calcinierung, Hydratisierung und Sulfatisierung (SO_2-Bindung) z.B. von

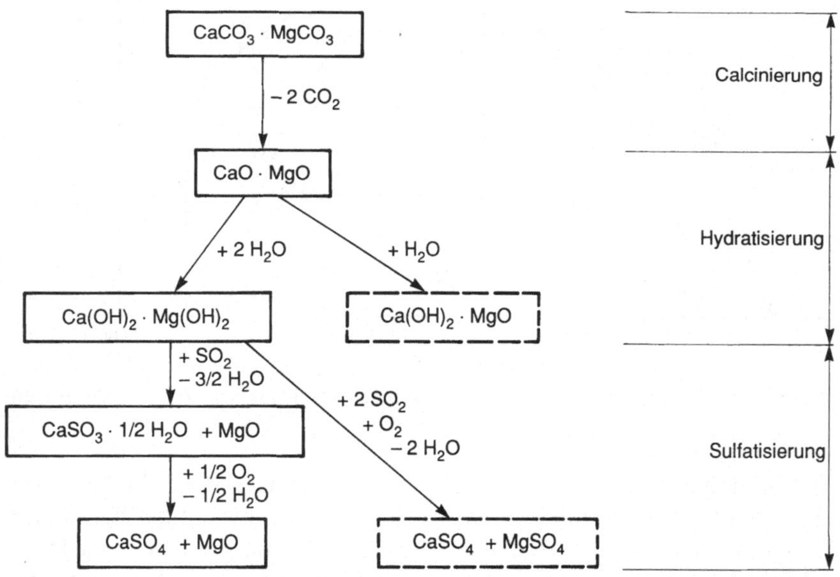

Bild 7.38. Reaktionsfolgen der Calcinierung, Hydratisierung und Sulfatisierung von Dolomit [89]

Dolomit ($CaCO_3 \cdot MgCO_3$) ablaufen, sind in Bild 7.38 dargestellt. Durch die Hydratisierung wird generell spezifische Oberfläche gewonnen und dadurch die SO_2-Einbindung gegenüber gebranntem Kalk bzw. Dolomit verbessert. Der CaO-Anteil wird stärker hydratisiert als der MgO-Anteil und nimmt daher auch stärker an der SO_2-Einbindung teil. Durch die Art der Hydratisierung wird das Sorptionsvermögen stark beeinflußt [89].

Aus den verschiedenen Abhängigkeiten der SO_2-Einbindung erklärt sich, daß je nach Anwendungsfall bzw. Zudosierungsstelle (entsprechend Bild 7.36) ein optimiertes Additiv eingesetzt werden muß.

Durch zusätzliches Kontaminieren der Kalkhydratpartikel mit Feuchtigkeit kann eine für die SO_2-Aufnahme günstige wäßrige Partikeloberfläche geschaffen werden. Im feuchten Milieu nimmt die SO_2-Löslichkeit mit sinkender Temperatur exponentiell zu. Insofern ist es in diesem Fall sinnvoll, die Abgase möglichst weit

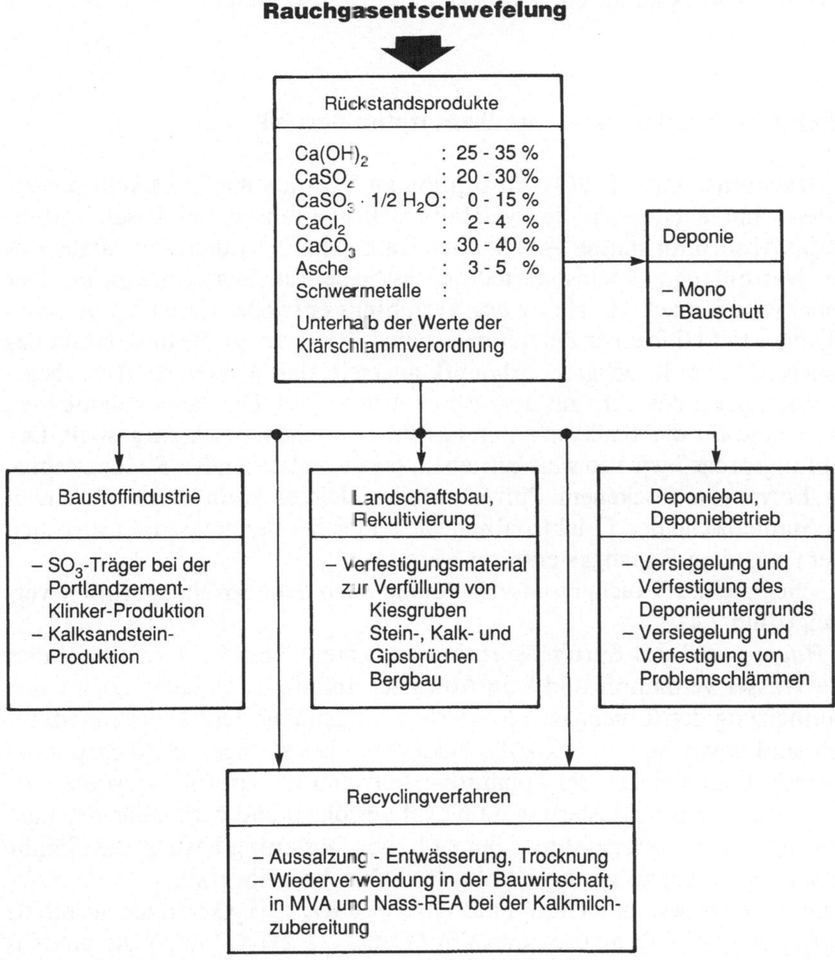

Bild 7.39. Möglichkeiten zur Verwendung bzw. zum Verbleib der Rückstandsprodukte bei einer trockenen Rauchgasentschwefelung [84]

abzukühlen, was ebenfalls durch das Hinzufügen von Wasser erreicht werden kann. Bei der Anwendung dieses Verfahrens kann das Additiv nicht einfach in vorhandene Abgaskanäle geblasen werden, sondern es ist zur Additivaufbereitung, zur Konditionierung des Rauchgases, zur Reaktion und zur Entsorgung des verbrauchten Additivs eine gesonderte Anlage erforderlich [84].

Bei allen Trockenadditivverfahren müssen zur Erzielung ausreichender Entschwefelungsgrade die Additive in überstöchiometrischen Mengen zugegeben werden [83–86].

Rückstände

Bei den Trockenadditivverfahren fällt kein Abwasser an. Die Verwendbarkeit der trockenen Rückstandsprodukte hängt von deren chemischer Zusammensetzung ab und von der Vorabscheidung des Flugstaubes [84, 90]. Die Verwertung bzw. der Verbleib der Rückstände einer Trockenadditiventschwefelung ist in Bild 7.39 dargestellt.

7.4.2 Halbtrockenverfahren – Sprühabsorptionstechnik

Aus der Erkenntnis, daß die SO_2-Absorption an feuchten Kalkpartikeln verbessert werden kann, entstanden die sog. Halbtrockenverfahren. Bei diesen Verfahren wird das Absorptionsmittel – i.allg. eine Kalk- oder Natriumcarbonatsuspension oder Natronlauge – feinst verteilt in das heiße Rauchgas eingesprüht. Der Sprühnebel wird je nach Hersteller des Verfahrens entweder durch Sprühdüsen [91–93] oder mit Hilfe einer Zerstäuberscheibe [94] erzeugt. Beim Kontakt des Sprühnebels mit dem Rauchgas verdampft einerseits das Wasser des Absorbens, andererseits reagiert das SO_2 mit dem Absorptionsmittel. Die dabei ablaufenden Reaktionen sind für das Kalkverfahren in Bild 7.40 schematisch dargestellt. Der Verdampfungsprozeß wird so weit betrieben, bis die entstehenden Reaktionsprodukte in Form von trockenem Pulver anfallen. Dieses kann dann mit einem üblichen Staubabscheider (Elektroabscheider oder bei besonderen Ansprüchen Tuchfilter) aus dem Rauchgas entfernt werden.

Das Schema einer Rauchgasentschwefelung nach dem Sprühabsorptionsverfahren zeigt Bild 7.41.

Der *Hauptvorteil* des Sprühabsorptionsverfahrens besteht darin, daß alles benötigte Wasser verdampft und kein Abwasser anfällt. Es ist i.allg. auch keine Wiederaufheizung der Rauchgase erforderlich. Gegenüber dem Trockenadditivverfahren sind etwas höhere SO_2-Abscheidegrade bei geringerem Absorptionsmittelüberschuß zu erzielen; der apparative Aufwand ist dafür aber größer.

Die Absorptionsmitteldosierung muß exakt erfolgen und wird i.allg. der Last der Feuerungsanlage nachgefahren. Bei zu hoher Dosierung besteht die Gefahr von Anbackungen, bei zu geringer sinkt der SO_2-Abscheidegrad.

Das *Endprodukt* besteht nicht nur aus Gips ($CaSO_4 \cdot 2H_2O$), sondern enthält noch relativ große Anteile an Calciumsulfit ($CaSO_3 \cdot 1/2H_2O$) und Calciumoxid (CaO). Es werden deshalb teilweise thermische Nachbehandlungen vorgenommen, um den Gipsanteil zu erhöhen [92]. Produkte mit höherem Gipsanteil lassen

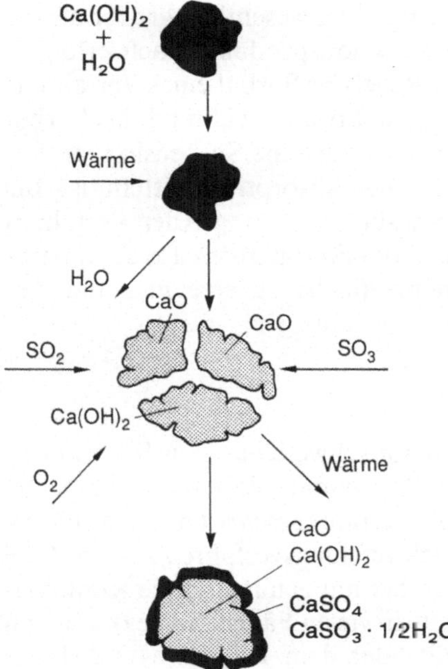

Bild 7.40. Möglicher Mechanismus der SO_2-Einbindung beim Sprühabsorptionsverfahren

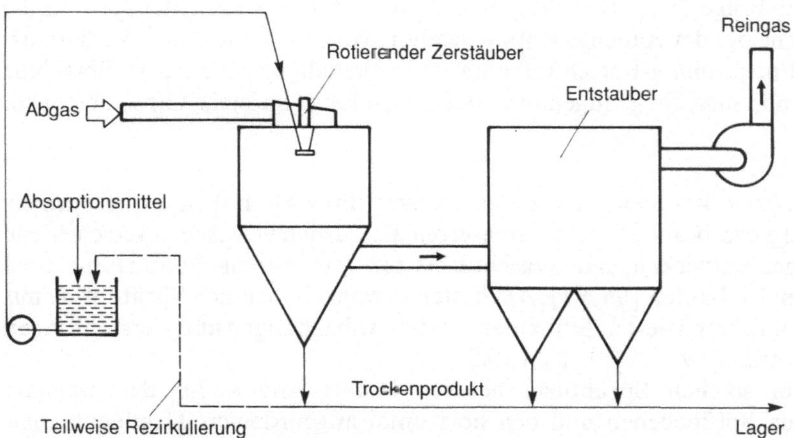

Bild 7.41. Schema einer Sprühabsorptionsanlage zur Rauchgasentschwefelung [92]

sich in der Baustoff- und Zementindustrie besser verwenden. Im übrigen bestehen für die Rückstände die gleichen Verwertungsmöglichkeiten wie beim Trockenadditivverfahren, s. Bild 7.39.

7.4.3 Nasse Entschwefelungsverfahren

Man untergliedert nasse Absorptionsverfahren in solche mit:

- alkalischen Absorptionsmitteln,
- erdalkalischen Absorptionsmitteln,
- anderen Absorptionsmitteln.

Die Wasserlöslichkeit alkalischer Absorptionsmittel ist wesentlich größer als die erdalkalischer; das gleiche gilt auch für die Reaktionsprodukte nach erfolgter Chemisorption von SO_2. Demgemäß ist in der Regel das Sorbat eines Verfahrens mit alkalischem Absorptionsmittel eine homogene Lösung, während das Sorbat eines Verfahrens mit erdalkalischem Absorptionsmittel eine Suspension ist.

Bei der Gruppe der Verfahren mit anderen Absorptionsmitteln ist die Waschflüssigkeit im wesentlichen eine Säure in wäßriger Lösung. Allen Verfahren gemeinsam ist der Einsatz von Gas-Flüssigkeit-Kontaktapparaten. Diese Apparate haben die Fähigkeit, eine große Phasengrenzfläche zu erzeugen und den Stoffübergang des SO_2 in die flüssige Phase zu begünstigen.

7.4.3.1 Kalkwaschverfahren

Die Entwicklung der Kalkwaschverfahren zur Entschwefelung von Kraftwerksrauchgasen begann, insbesondere in den USA, damit, daß man versuchte, Entschwefelung und Naßentstaubung in einem Verfahrensschritt durchzuführen. Auf diese Weise wurden für die Rauchgasentschwefelungsverfahren zunächst die in den Naßwäschern eingesetzten Venturi-Wascher mit genutzt. Diese Kombination von Entstaubung und Entschwefelung hatte in vielen Fällen die Reaktion von Staub aus der Kohlefeuerung mit dem Kalk oder dem Kalkstein und damit schwerwiegende Belegungen und Verstopfungen von Wäschern, Leitungen und Pumpen zur Folge [95]. Der Weg ging deshalb dahin, wieder den gewohnten Elektroabscheider der Rauchgasentschwefelung vorzuschalten. Diese Verfahrenstrennung „Entstaubung-Entschwefelung" wird jetzt allgemein durchgeführt. Nur hierdurch kann man ein genügend reines Endprodukt (meistens Gips) erzeugen.

Sprühturm

Venturi-Wascher konnten sich zudem wegen ihres zu hohen Druckverlusts (hoher Energieverbrauch) nicht durchsetzen. Es wurden inzwischen verschiedene Wäschertypen entwickelt, z.B. Waschtürme mit integriertem Venturi-Sprühteil oder anderen Einbauten [96, 97]. Am besten bewährt haben sich Sprühtürme mit weitgehend unkomplizierten Einbauten, so daß Anbackungen und Verstopfungen minimiert werden [98, 99], s. Bild 7.42.

In einem solchen Sprühturm neuerer Bauart sind außer den wenigen weiträumigen Sprühebenen und den horizontal angeordneten Tropfenabscheidern keine sonstigen Einbauten vorhanden. Hierdurch wurde eine Minimierung des Druckverlusts erreicht. Die glatten Wände des Sprühturms lassen keine schlecht oder nicht bespülten Bereiche entstehen. Dadurch ist die Bildung von Ablagerungen minimiert. Der Aufbau eines Sprühturms kann in drei Bereiche,

- den *Wäschersumpf*,
- die *Gas/Flüssigkeits-Kontaktzone* und
- die *Reingaszone*,

aufgeteilt werden.

Im *Wäschersumpf* wird die Waschsuspension gesammelt, gerührt, belüftet und mit frischem Absorptionsmittel ergänzt. Die Größe des Wäschersumpfs wird hauptsächlich von der Auflösungsgeschwindigkeit des Absorptionsmittels sowie von der abzuscheidenden SO_2-Menge bestimmt.

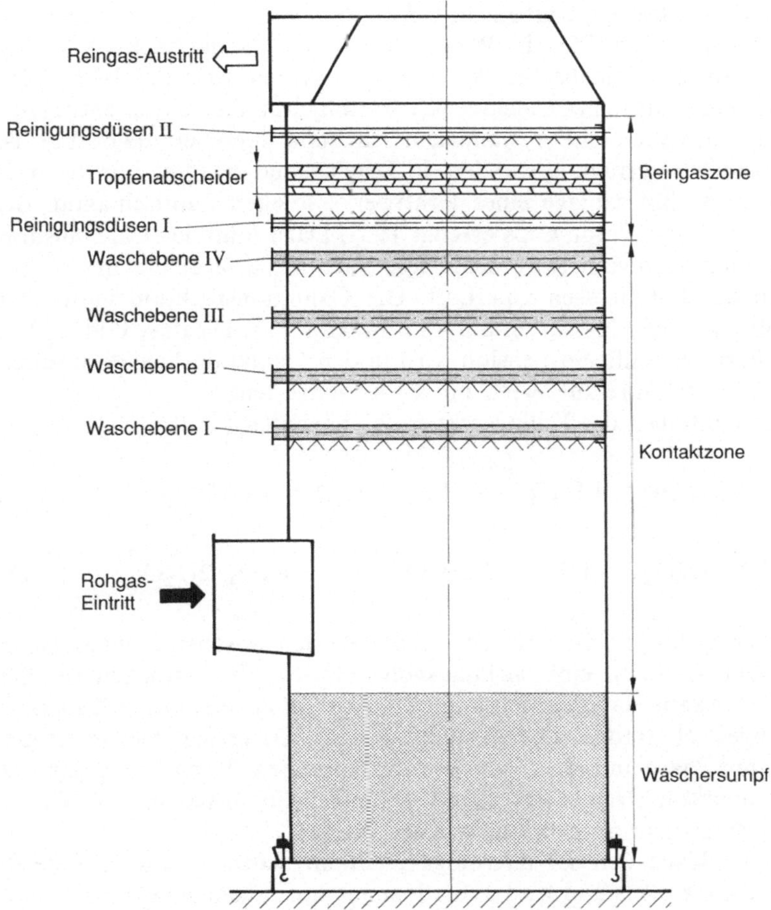

Bild 7.42. Sprühturm zur nassen Rauchgasentschwefelung [98]

Im mittleren Bereich des Wäschers, der *Gas/Flüssigkeits-Kontaktzone*, werden die Rauchgase im Gegenstrom mit der Waschsuspension in Kontakt gebracht und gewaschen. Die Waschflüssigkeit wird über mehrere Sprühebenen gleichmäßig verteilt. Es bildet sich ein intensiv durchmischter Gas/Flüssigkeitsraum, in dem der Stoffübergang vom Rauchgas zur Waschflüssigkeit stattfindet.

Im oberen Bereich des Wäschers, der *Reingaszone*, werden die Rauchgase durch einen Tropfenabscheider geleitet und von den mitgerissenen feinen Flüssigkeitstropfen befreit. Der Tropfenabscheider wird zur Reinigung in einem bestimmten Zyklus sektorenweise von oben und unten mit Wasser gespült [98].

Chemische Reaktionen bei der Entschwefelung mit Kalk bzw. Kalkstein [95–99]

In der Bundesrepublik Deutschland ging man bei den ersten Rauchgasentschwefelungsanlagen vom Einsatz gebrannten (CaO) bzw. gelöschten ($Ca(OH)_2$)

Kalkes als stark alkalischem Sorbens aus. Auf diese Weise hoffte man, die rein physikalische Lösung des SO_2 in Wasser durch die chemische Reaktion zu beschleunigen. In dem alkalischen bis schwach sauren Medium bildet sich vorwiegend Calciumsulfit bzw. Calciumsulfit-Halbhydrat, das schwer entwässerbar ist. In den USA wurden die entstandenen Schlämme deponiert, da dort große Deponierflächen zur Verfügung standen. In Deutschland erzeugte nur die erste Rauchgasentschwefelungsanlage eines Kraftwerks solchen Sulfitschlamm. Bei allen weiteren Anlagen wurde Gips erzeugt [95]. Dazu muß das Calciumsulfit zum Calciumsulfat nachoxidiert werden. Diese Nachoxidation erfolgt in getrennten Behältern durch Einblasen von Luft. Die Oxidationsreaktion läuft über Hydrogensulfit, das bei pH-Werten um 4 im Maximum vorliegt, s. Bild 3.22.

Der pH-Wert der Sulfit-Suspension wird in den Oxidationsbehältern durch Zugabe von Schwefelsäure auf Werte um 4–4,5 eingestellt.

Die Hauptreaktionen des Kalkwaschverfahrens lauten (brutto):

$$SO_2 + Ca(OH)_2 + H_2O \xrightarrow{pH\,6-7} CaSO_3 \cdot 1/2H_2O + 3/2H_2O \qquad (7.48)$$

$$CaSO_3 \cdot 1/2H_2O + 1/2O_2 + 3/2H_2O \xrightarrow{pH\,4-4,5} CaSO_4 \cdot 2H_2O\,. \qquad (7.49)$$

Inzwischen hat man festgestellt, daß auch bei pH-Werten zwischen 5 und 6, also in schwach saurem Medium, eine wirkungsvolle SO_2-Sorption möglich ist. Bei diesen pH-Werten kann statt dem gebrannten Kalk (CaO) gemahlener Kalkstein ($CaCO_3$) eingesetzt werden. Die Abspaltung des CO_2 erfolgt hierbei in der wäßrigen, sauren Phase und nicht, wie beim Kalkbrennen, durch Energieeinsatz bei hoher Temperatur. Dementsprechend ist natürlicher Kalkstein ($CaCO_3$) wesentlich preisgünstiger als gebrannter Kalk (CaO).

Die Kalksteinlöslichkeit ist allerdings auch im schwach sauren Bereich geringer als die des Kalkes und wird außerdem mit zunehmendem Chloridgehalt weiter verschlechtert. Diese geringere Löslichkeit des Kalksteins wird durch eine sehr feine Ausmahlung und eine längere Verweilzeit kompensiert, die durch eine Vergrößerung des Wäschersumpfs erreicht wird.

In Bild 7.43 ist der Einfluß des pH-Werts auf die Oxidationsrate dargestellt. Man sieht, daß die Fahrweise im schwach sauren Medium (pH 5–6) den zusätzlichen Vorteil hat, daß die Oxidation im selben Medium und im gleichen Behälter (Wäschersumpf) ohne zusätzliche Ansäuerung mit Schwefelsäure erfolgen kann.

Bei Kalksteinwäschern liegt bei stöchiometrischer Fahrweise der pH-Wert des SO_2-Waschkreislaufs zwischen 5,5 und 6,0, Bild 7.44, also leicht über dem für die Oxidation günstigsten Wert $<4{,}5$. Da andererseits der Wäschersumpf des Kalksteinwäschers gegenüber Kalkwäschern stark vergrößert ist, wird die leichte Verschlechterung der Oxidationsrate durch die längere Verweilzeit überkompensiert.

Es gibt auch zweistufige Wäscher, bei denen im unteren Teil durch SO_2-Überschuß der pH-Wert niedrig gehalten wird, was die Oxidation begünstigt. Im oberen Teil (Reingaszone) wird dagegen mit Kalksteinüberschuß gefahren, so daß das Gesamt-Molverhältnis Kalkstein zu SO_2 dabei nahezu 1 beträgt. Solche

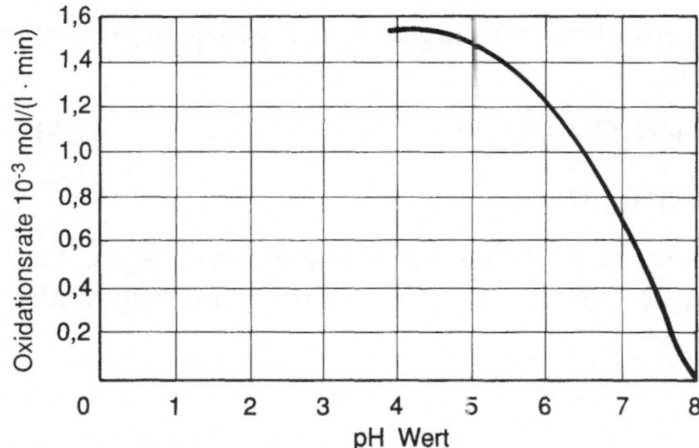

Bild 7.43. Einfluß des pH-Wertes auf die Oxidationsrate [96]

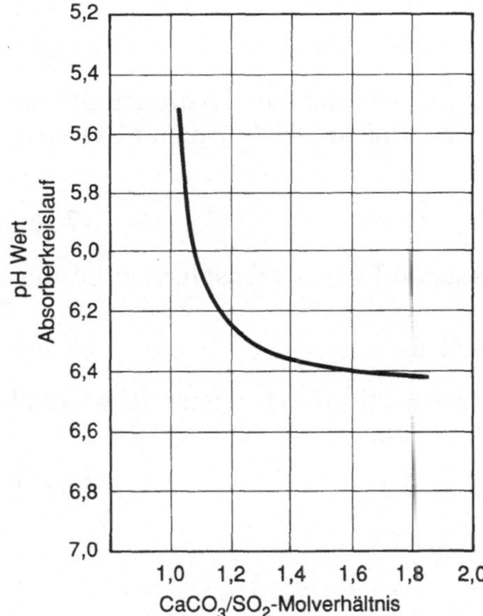

Bild 7.44. pH-Wert in Abhängigkeit vom Molverhältnis bei Kalksteinverfahren [98]

Wäscher sollen vor allem bei wechselnden Betriebszuständen und schwankenden SO_2-Konzentrationen von Vorteil sein [97].

Die in einem Sprühwäscher (Bild 7.42) mit Kalksteinsuspension ablaufenden Hauptreaktionen werden im folgenden dargestellt [98]:

Kontaktzone

In der Kontaktzone geht SO_2 aus dem Rauchgas durch physikalische Lösung in die Waschflüssigkeit über und liegt bei dem pH-Arbeitsbereich von 5,5–6,0 hauptsächlich als Hydrogensulfit (Bisulfit) vor (s. Bild 3.22):

$$SO_2\ (Gas) + 2H_2O \rightarrow HSO_3^- + H_3O^+ . \qquad (7.50)$$

Ein Teil der entstandenen Hydrogensulfitionen reagiert mit Hydrogencarbonationen unter CO_2-Bildung zu Sulfit:

$$HCO_3^- + HSO_3^- \rightarrow SO_3^{2-} + H_2O + CO_2 \quad (7.51)$$

$$SO_3^{2-} + Ca^{2+} \rightarrow CaSO_3 \text{ (gelöst)}. \quad (7.52)$$

Die entstandenen Calciumsulfitionen bleiben fast ausschließlich in Lösung bzw. gehen, falls sich Kristalle bildeten, im Wäschersumpf durch die Belüftung wieder in Lösung.

Wäschersumpf

Im Wäschersumpf geht in dem schwach sauren Medium Calciumcarbonat (Kalkstein) in Lösung und bildet Hydrogencarbonat- und Calciumionen; eine sehr feine Ausmahlung ist Voraussetzung:

$$CaCO_3 \text{ (fest)} + H_2O \rightarrow CaCO_3 \text{ (gelöst)} + H_2O \quad (7.53)$$

$$H_3O^+ + CaCO_3 \text{ (gelöst)} \rightarrow HCO_3^- + Ca^{2+} + H_2O. \quad (7.54)$$

Die Hydrogencarbonationen, die in der Kontaktzone nicht mit Hydrogensulfitionen verbraucht wurden, zerfallen im Wäschersumpf zu OH-Ionen und CO_2, das zunächst gelöst bleibt:

$$HCO_3^- \rightarrow OH^- + CO_2 \text{ (gelöst)}. \quad (7.55)$$

Durch Belüftung wird im Wäschersumpf Sauerstoff von der Gasphase in Lösung gebracht:

$$O_2 \text{ (Gas)} + H_2O \rightarrow 2O \text{ (gelöst)} + H_2O. \quad (7.56)$$

Die aus der Kontaktzone kommenden Hydrogensulfitionen reagieren vorwiegend im Wäschersumpf mit gelöstem Sauerstoff zu Sulfat:

$$HSO_3^- + O \text{ (gelöst)} + H_2O \rightarrow SO_4^{2-} + H_3O^+ \quad (7.57)$$

$$H_3O^+ + OH^- \rightarrow 2H_2O \quad (7.58)$$

$$SO_4^{2-} + Ca^{2+} \rightarrow CaSO_4 \text{ (gelöst)} \quad (7.59)$$

$$CaSO_4 + 2H_2O \rightarrow CaSO_4 \cdot 2H_2O. \quad (7.60)$$

Die Sumpfbelüftung trägt neben der Sauerstofflieferung zur CO_2-Austreibung aus der Lösung bei und erhöht damit die Lösungsgeschwindigkeit des Kalksteins. Dies ist wichtig, da aus dem Rauchgas abgeschiedene Chloridionen der Kalksteinlöslichkeit entgegenwirken. Die vorhandenen, gut löslichen Chloridionen werden am Schluß aus dem Gips ausgewaschen und müssen im Abwasser vom System ausgeschleust werden.

Die in der Kontaktzone entstandenen Sulfitionen gehen im Sumpf ebenfalls in Hydrogensulfit über und oxidieren zu Sulfat:

$$SO_3^{2-} + H_2O \rightarrow HSO_3^- + OH^-. \quad (7.61)$$

Im Beharrungszustand wird im Wäschersumpf pro Zeiteinheit genau so viel Sulfit aufoxidiert, wie durch die Entschwefelung gebildet wird. Die Zusammensetzung der Suspension im Wäschersumpf bleibt daher trotz ständiger Beaufschlagung mit neuen Sulfitionen wegen der simultanen und gleichgroßen Oxidation im Sumpf unverändert.

Die ablaufenden Reaktionen lassen sich durch folgende Brutto-Gleichung darstellen:

$$SO_2\ (\text{Gas}) + CaCO_3\ (\text{fest}) + 1/2\ O_2\ (\text{aus Luft}) + 2H_2O$$

$$\rightarrow CaSO_4 \cdot 2H_2O + CO_2\,. \tag{7.62}$$

Neben den erwähnten Reaktionspartnern beinhaltet die Suspension auch andere Stoffe wie z.B. Cl^-, Mg^{2+}, tonige Bestandteile, Eisen und Spuren anderer Schwermetalle, die entweder mit dem Rauchgas oder mit dem Absorptionsmittel in das System gelangen.

Verfahrensschema

In Bild 7.45 ist das Schema eines modernen Kalkstein-Rauchgasentschwefelungsverfahrens mit integrierter Oxidation dargestellt. Anlagen nach diesem Prinzip sind an neuen deutschen Kraftwerken in Betrieb [98, 99].

Das durch den Gas/Gas-Regenerativ-Wärmetauscher abgekühlte Rohgas durchströmt den als Sprühturm konzipierten Absorber im Gegenstrom. Das Reingas wird zur Vermeidung von Feuchtigkeitsübersättigung im Kamin in dem Wärmetauscher auf etwa 90 °C wieder aufgeheizt. Die Wäscherwirkungsgrade

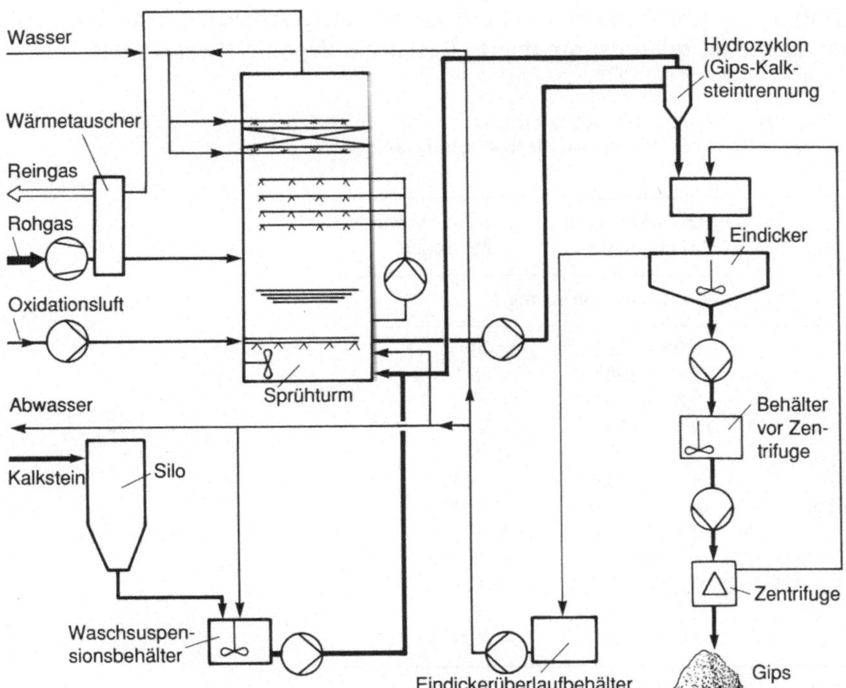

Bild 7.45. Schema eines Kalkstein-Rauchgasentschwefelungsverfahrens mit integrierter Oxidation [98, 99]

betragen 92–98 %, so daß die in der Großfeuerungsanlagenverordnung geforderten 400 mg SO_2/m^3 und noch weitergehende Forderungen bei Entschwefelung des ganzen Rauchgasstroms i.allg. gut eingehalten werden können.

Die Waschlösung wird im Absorber im Kreislauf gefahren. Aus dem Silo wird feingemahlener Kalkstein entnommen und mit Wasser (Abwasser) zu einer Suspension angesetzt, die kontinuierlich dem Wäschersumpf zugeführt wird. Andererseits wird dem Wäscher Gipssuspension entnommen. Die Abtrennung relativ grober Gipskristalle zur weiteren Eindickung und Verarbeitung erfolgt z.B. in einem Hydrozyklon [99]. Feine Körner aus Gips, der sich nicht so gut entwässern läßt, werden als „Impfkristalle" wieder in den Absorberkreislauf zurückgeführt.

Der Überschuß an *Abwasser*, der aus dem Kreislauf ausgeschleust wird, muß aufgrund der Ionen- und Metallgehalte besonders aufbereitet werden.

Tabelle 7.4 zeigt die Konzentrationen an Inhaltsstoffen von unbehandeltem Abwasser aus Rauchgasentschwefelungsanlagen auf der Basis von Kalkwäschen im Vergleich zu erreichbaren Restkonzentrationen nach der Behandlung in Abwasserreinigungsanlagen.

Mindestanforderungen an die Abwasserqualität bei Rauchgasentschwefelungsanlagen werden im Rahmen des Wasserhaushaltsgesetzes erarbeitet [101]. Die Behandlung von REA-Abwasser kann z.B. durch chemische Konditionierung, Separation, Rückschleusung, Umsalzung, Eindampfkristallisation und Wertstoffgewinnung erfolgen [100]. Auf diese Weise kann der Abwasseranfall stark verringert, bei manchen Verfahren sogar ganz verhindert werden. Die z.B. bei der Eindampfung übrigbleibenden Reststoffe können ausgeschleust und als Wertstoffe weiterverwendet oder als minimierte Reststoffe deponiert werden [102].

Tabelle 7.4. Bandbreiten der Konzentrationen von Abwasserinhaltsstoffen bei Rauchgasentschwefelungsanlagen (REA) [100]

	REA-Abwasser unbehandelt	REA-Abwasser behandelt
	Konzentration in mg/l	
CSB[a]	0,05 ··· 1[b]	<80
Chlorid	5 ···200[b]	5···200[b]
Sulfat	0,8 ··· 5[b]	0,8···2[b]
Fluorid	10 ···150	<30
Eisen	10 ··· 50	< 1
Cadmium	*nn* ··· 0,2	< 0,05
Quecksilber	*nn* ··· 1,0	< 0,05
Blei	0,1 ··· 3,0	< 0,1
Chrom	*nn* ··· 2	< 0,5
Kupfer	0,2 ··· 2	< 0,5
Nickel	0,2 ··· 4	< 0,5
Zink	2,0 ··· 4	< 1,0

[a] Chemischer Sauerstoffbedarf
[b] $\cdot 10^3$
nn = nicht nachweisbar

Tabelle 7.5. Gipsspezifikation des Bundesverbandes der Gips- und Gipsbauplattenindustrie sowie Werte eines Rauchgasentschwefelungsgipses (nach [103], [104])

Bestandteil	Anforderung	erzielte Werte
	Massenanteile in %	
Restfeuchte	<10	7···10
$CaSO_4 \cdot 2H_2O$	>95	98···99
$CaSO_3 \cdot 0{,}5H_2O$	< 0,5	0··· 0,5
MgO	< 0,1	< 0,1
Na_2O	< 0,06	0,01
Cl^-	< 0,01	< 0,01
pH	5···9	–
Farbe, Weißgehalt	>80	–
Geruch	neutral	–

Verwendung des Endprodukts Gips

Gips findet in der Baustoffindustrie vielfältige Verwendung. Der Umfang des deutschen Gipsmarktes beträgt jährlich etwa 3 – 5 Millionen Tonnen. Durch den Rauchgasentschwefelungsgips entsteht ein Substitutionswettbewerb mit dem Naturgips, der ggf. durch die Erschöpfung bisheriger Lagerstätten und Schwierigkeiten mit dem Aufschluß neuen Gipsabbaus begünstigt wird. Für die Verwendung des Gipses in der Baustoffindustrie werden gewisse Anforderungen an die Gipsqualität gestellt, die von dem Rauchgasentschwefelungsgips i.allg. gut eingehalten werden können, wie Tabelle 7.5 zeigt.

Inerte Verunreinigungen wirken bei REA-Gips wie bei Naturgips; eine Herabsetzung des Reinheitsgrades bis etwa 80 % durch inerte Verunreinigungen ist nicht nachteilig.

Die Unterschiede in der chemischen Zusammensetzung und im Gehalt an Spurenelementen sind zwischen Naturgips und REA-Gips aus gesundheitlicher Sicht unerheblich. Analysenergebnisse lassen die Beurteilung zu, daß die untersuchten REA-Gipse wie Naturgipse ohne gesundheitliche Bedenken zur Herstellung von Baustoffen verwendet werden können. [105].

7.4.3.2 Sonstige nasse Rauchgasentschwefelungsverfahren

Kalkwaschverfahren mit dem Endprodukt Gips werden mit gewissen Varianten von verschiedenen Herstellern für die Entschwefelung von Großfeuerungsanlagen angeboten, [98, 99, 106 – 113].

Es gibt noch andere nasse Rauchgasentschwefelungsverfahren, die sich durch ihre Einsatzstoffe und die Endprodukte unterscheiden.

So wird z.B. beim *Walther-Verfahren* mit Ammoniakwasser $(NH_3 + H_2O)$ das SO_2 zu Ammoniumsulfit $(NH_4)_2SO_3$, gebunden. Das Ammoniumsulfit wird mit Luft oxidiert zu Ammoniumsulfat, $(NH_4)_2SO_4$, das als Dünger eingesetzt werden kann [114].

Eine *regenerative Rauchgasentschwefelung* wird z.B. mit dem *Wellman-Lord-Verfahren* erzielt [115, 116]. Das Verfahren verwendet als Entschwefelungsmedium eine konzentrierte, im Kreislauf geführte Natriumsulfitlösung, die das SO_2 in einem Waschturm aus den Rauchgasen unter Bildung von Natriumhydrogensulfit absorbiert. Bei der thermischen Regeneration der Kreislauflösung wird das SO_2 wieder desorbiert und zugleich das Natriumsulfit rückgebildet:

$$Na_2SO_3 + SO_2 + H_2O \underset{\text{Regeneration}}{\overset{\text{Absorption}}{\rightleftarrows}} 2Na\,HSO_3\,. \tag{7.63}$$

Das SO_2 liegt schließlich in hochkonzentrierter Form vor und kann z.B. in einer Claus-Anlage zu Elementarschwefel, zu Schwefelsäure oder zu Flüssig-SO_2 weiterverarbeitet werden. Als Nebenprodukte fallen Natriumsulfat und Natriumthiosulfat an [116].

Das regenerative Wellman-Lord-Verfahren weist in folgenden Anwendungsfällen besondere Vorteile auf:

- bei hohen SO_2-Gehalten im Rauchgas und hohen Entschwefelungsgraden,
- wenn für Gips als Endprodukt keine Verwendung möglich ist,
- in Kraftwerken von Chemie-Betrieben, in denen sich Elementarschwefel, Schwefelsäure oder Flüssig-SO_2 direkt weiterverwenden lassen. So wird das Verfahren z.B. in BASF-Kraftwerken eingebaut [117].

Ebenfalls um eine regenerative Entschwefelung handelt es sich bei dem *Citratverfahren* [118]. Als Absorbens dient Natriumcitrat, das in gelöster Form einem Wäscher zugeführt wird. Diese Salzlösung absorbiert das SO_2 des Rauchgases und bildet dabei Zitronensäure und Natriumhydrogensulfit. Bei der thermischen Regeneration entsteht unter Zugabe von H_2S elementarer Schwefel und Natriumcitrat.

Es werden noch verschiedene andere Rauchgasentschwefelungsverfahren angeboten und eingesetzt, insbesondere bei kleinen und mittelgroßen Feuerungsanlagen. Zur weiteren Information sei auf Tabelle 7.3 und auf die einschlägige Literatur verwiesen; Übersichten finden sich in [106, 117, 119].

7.5 Schema der Rauchgasreinigungsanlagen eines Kraftwerks

Bild 7.46 zeigt schematisch den Aufbau eines modernen Kohlekraftwerks (750 MW_{el}) mit den Rauchgasreinigungsanlagen SCR-Katalysator zur Entstickung, Elektro-Staubscheider und Rauchgasentschwefelungsanlage [58, 120, 121].

Nach Verlassen des Dampferzeugers gelangen die Rauchgase zuerst in den SCR-Katalysator. Danach findet im Luftvorwärmer eine Abkühlung statt, bevor die Entstaubung im Elektroabscheider erfolgt. Zur nassen Rauchgasentschwefelung ist eine weitere Abkühlung der Rauchgase erforderlich. Mit der frei werdenden Wärme werden die gereinigten Rauchgase wieder aufgeheizt, bevor sie dem Kamin zugeleitet werden. Die nasse Rauchgasentschwefelung wirkt als zusätzlicher Entstauber, so daß nur sehr niedrige Staubgehalte in den Rauchgasen auftreten.

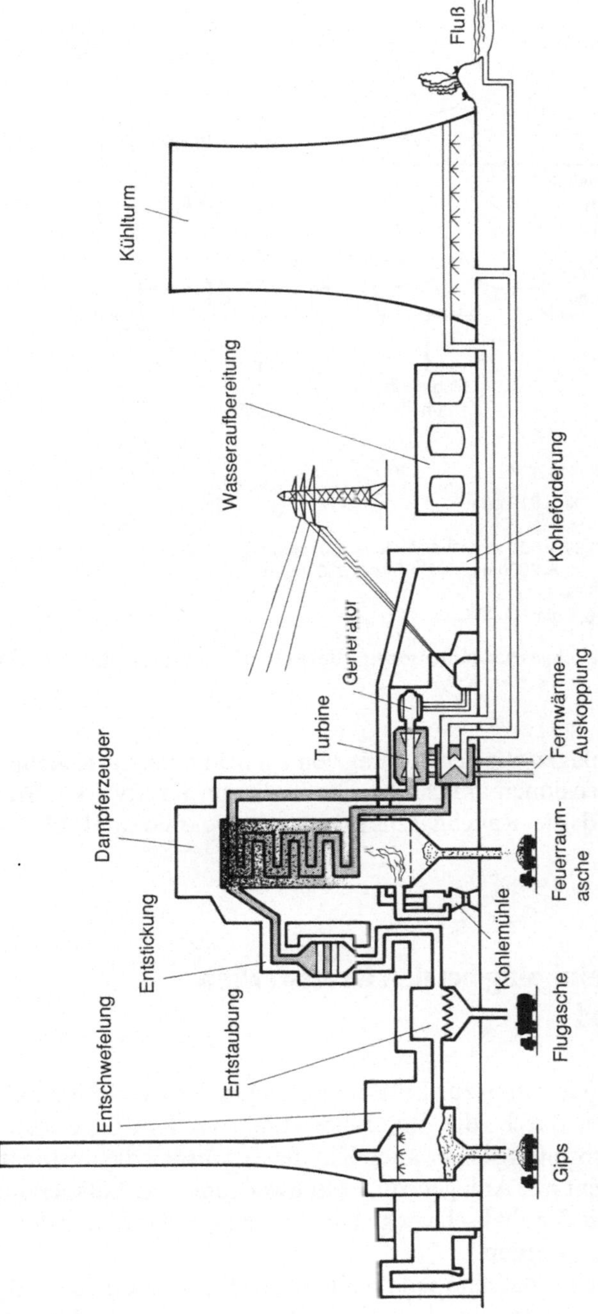

Bild 7.46. Kohlebefeuerter 700-MW Kraftwerksblock mit SCR-Katalysator zur Entstickung, Elektro-Staubabscheider und Rauchgasentschwefelungsanlage (2,3 Mio. m^3/h Rauchgas) [120]

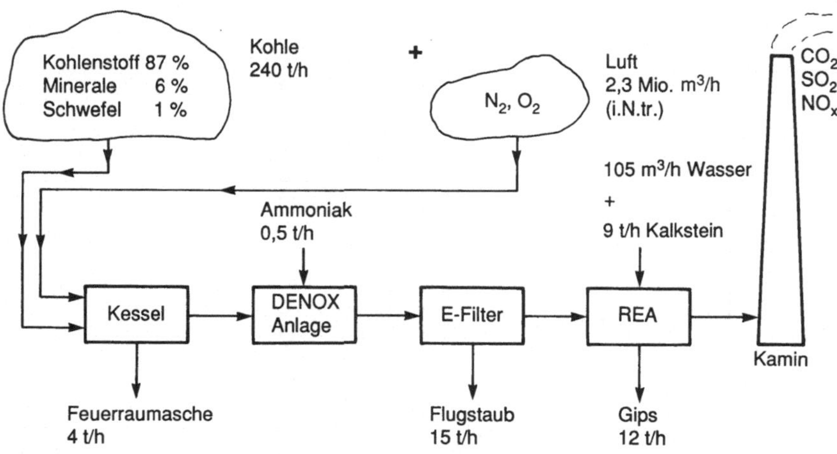

Rauchgaszusammensetzung (Vol. bezogen)

Kohlendioxid	(CO_2)	: 16 % = 310 g/m³
Sauerstoff	(O_2)	: 6 %
Stickstoffoxide	($NO+NO_2$)	: 0,04 % = 650 mg/m³ —DENOX→ = 200 mg/m³
Schwefeldioxid	(SO_2)	: 0,1 % = 2000 mg/m³ —REA→ ca. 200 mg/m³
Stickstoff	(N_2)	: 77,5 %
Staub		ca. 6,5 g/m³ —E-Filter→ ca. 10 mg/m³

Bild 7.47. Mengenströme und Rauchgaszusammensetzung des in Bild 7.46 dargestellten 700 MW Kraftwerkblockes [120]

Es wird klar, daß die Anlagen zur Behandlung von 2,3 Millionen m³ Rauchgas pro Stunde gewaltige Dimensionen annehmen. Die in diesem Kraftwerk auftretenden Mengenströme und die Rauchgaszusammensetzung sind in Bild 7.47 dargestellt.

7.6 Stand der Abgasreinigung bei den Kraftwerken in Westdeutschland

Auf Grund der strengen Vorschriften zur Luftreinhaltung in der Bundesrepublik Deutschland, insbesondere durch die im Jahre 1983 in Kraft getretene Großfeuerungsanlagen-Verordnung (siehe auch Kapitel 8), wurden die westdeutschen Kraftwerke konsequent mit Anlagen zur Entschwefelung und Entstickung der Abgase ausgerüstet. Mit Staubabscheideanlagen waren die Kraftwerksfeuerungen schon früher versehen worden.

Die aus diesen Luftreinhaltemaßnahmen resultierende Entwicklung der SO_2- und NO_x-Emission und die entsprechende Emissionsminderung in der öffentlichen Elektrizitätswirtschaft sind für die Jahre 1982 bis 1990 in Bild 7.48 dargestellt. An 72 Standorten sind inzwischen 159 Anlagen zur Rauchgasentschwefelung in Betrieb, die etwa 90% des Schwefeldioxids aus den Abgasen abscheiden. Trotz wachsender Kohleverstromung konnten in diesem Programm die SO_2-Emissionen von insgesamt 1,55 Millionen Tonnen im Jahre 1982 bis zum Jahr 1989 auf 0,18 Millionen Tonnen gesenkt werden [122].

Das Stickstoffoxidminderungsprogramm der westdeutschen Kraftwerke wurde bis Ende 1991 abgeschlossen; an 60 Standorten sind 131 Katalysatoranlagen zur Entstickung in Betrieb. Bei einem Teil der Anlagen konnten die NO_x-Emissionen durch Primärmaßnahmen abgesenkt werden. So konnten von 1982 bis bereits 1990 die NO_x-Emissionen der öffentlichen Elektrizitätswirtschaft von 0,74 auf 0,24 Millionen Tonnen pro Jahr abgesenkt werden. Dies entspricht einer Minderung von 67,6% (s. Bild 7.48).

Die Investitionen für dieses Programm zur Luftreinhaltung betrugen rund 22 Milliarden DM, wobei knapp 15 Milliarden DM auf die Rauchgasentschwefelung entfielen und 7 Milliarden auf die Entstickung. Die Kohlestromerzeugung verteuerte sich damit um knapp 3 Pfennige pro Kilowattstunden [122].

In den neuen Bundesländern gilt jetzt auch die Großfeuerungsanlagen-Verordnung. Inzwischen wurden bei vielen Anlagen die Leistungen zurückgefahren und dadurch die Abgasemissionen gesenkt. Gleichzeitig wurde der Bau von Anlagen zur Emissionsminderung oder von neuen, modernen Kraftwerken angegangen, um bis 1996 – dieses Datum wurde vom Verordnungsgeber vorgegeben –

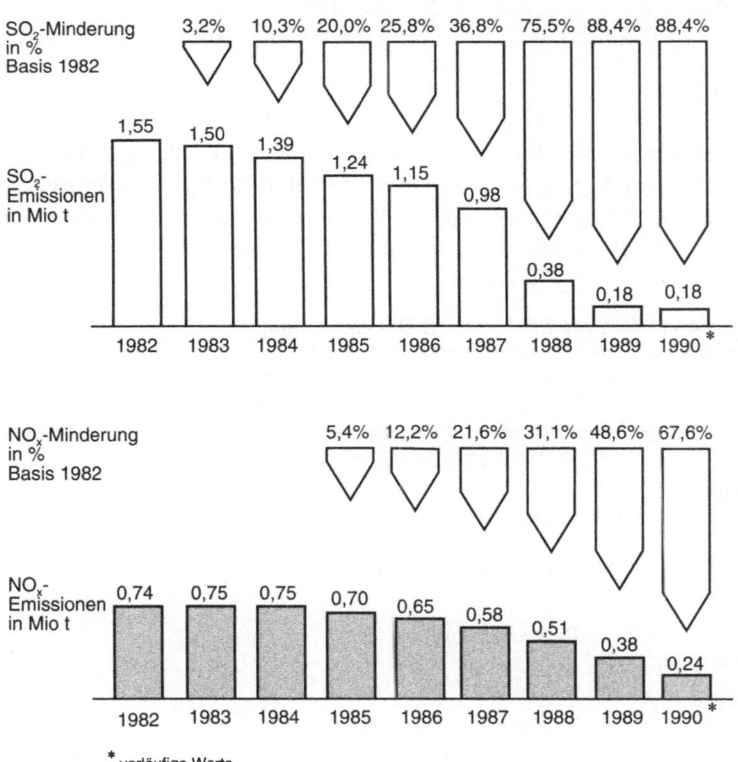

Bild 7.48. SO_2- und NO_x-Minderung in der öffentlichen Elektrizitätswirtschaft der Bundesrepublik Deutschland von 1982 bis 1990 [122]

bei allen Anlagen in Ostdeutschland die Grenzwerte der Großfeuerungsanlagen-Verordnung einzuhalten.

7.7 Entfernung organischer Stoffe aus Abgasen

Es ist das Ziel von Luftreinhaltemaßnahmen Emissionen organischer Verbindungen gar nicht erst entstehen zu lassen. Derartige Möglichkeiten wurden in Abschn. 7.1 angedeutet. Es gibt aber viele Fälle, bei denen Maßnahmen an der Quelle allein nicht genügen und eine Entfernung der organischen Stoffe aus den Abgasen erforderlich wird. Dazu soll im folgenden auf einige grundlegende Verfahren eingegangen werden [123].

7.7.1 Übersicht über die Verfahren

Eine Übersicht über die Verfahren zur Entfernung oganischer Stoffe aus Abgasen gibt Tabelle 7.6 [124]. Welche Verfahren zur Abscheidung bestimmter Komponenten am besten einzusetzen sind, ist in dem Übersichtswerk von Baum [125] und in der VDI-Richtlinie 2280 [126] eingehend beschrieben.

7.7.2 Kondensation

Beim Kondensationsverfahren führt man Dämpfe durch Abkühlung unter den Taupunkt in den flüssigen Aggregatzustand über. Je tiefer die Temperatur und je höher der Dampfdruck ist, um so niedriger bleibt die Dampfkonzentration nach der Kondensation. Daher versucht man nach Möglichkeit unter Druck zu

Tabelle 7.6. Verfahrenstechniken zur Rückhaltung, Rückgewinnung oder Umwandlung organischer Schadstoffe aus Abgasen [124]

Verfahren	Einschränkungen, Folgeprobleme
Kondensation	Grenzkonzentrationen
Absorption – Wäsche	
physikalisch	Regenerierung, Abwasser
chemisch	
biologisch	Bauvolumen, Abwasser
Adsorption	
physikalisch	Regenerierung
chemisch (Chemisorption)	
Verbrennung/Oxidation	
thermisch	Energieverbrauch, Abgase: HCl, SO_x, NO_x
katalytisch	Abgase, Katalysatorgifte
Membranverfahren	Energiebedarf, Grenzkonzentrationen

kondensieren, um den Reinigungseffekt zu erhöhen. Man unterscheidet die Kondensation durch direktes und durch indirektes Kühlen. Sobald beim Kühlen der Taupunkt erreicht oder unterschritten ist, schlägt sich, z.B. bei der indirekten Kühlung, das Kondensat an den Kühlflächen nieder oder fällt im Gegenstrom in Form kleiner Tröpfchen aus. Das Kondensat wird aus dem Abgasstrom abgeschieden und gesammelt. Das Abgas kehrt im Kreislauf in den Prozeß zurück oder wird ganz oder teilweise ausgeschleust und ggf. einem der unten beschriebenen Reinigungsverfahren zugeführt.

Das Kondensationsverfahren wird i.allg. nur zur Vorabscheidung und Rückgewinnung organischer Substanzen verwendet [125].

Anwendungsbeispiele:
- Tri- bzw. Perchloräthylen bei Entfettungsanlagen,
- Methylenchlorid bei der Folienindustrie,
- Schwefelkohlenstoff bei der Viskoseindustrie.

7.7.3 Absorption

Unter Absorption wird die gänzliche oder selektive molekulardisperse Aufnahme (Sorption) von Gasen und Dämpfen und deren Anreicherung in Waschflüssigkeiten verstanden, wobei die Gaslöslichkeit durch physikalische (Absorption) oder chemische Kräfte (Chemisorption) bewirkt sein kann, die zwischen Gas- und Absorptionsmittelmolekülen in Tätigkeit treten [127, 128]. Ferner gibt es die biologische Gaswäsche; dabei werden die absorbierten Stoffe durch Mikroorganismen umgesetzt.

Die physikalische Absorption ist i.allg. reversibel, d.h. die organischen Substanzen können wiedergewonnen werden (durch anschließende Desorption). Bei der Chemisorption und der biologischen Wäsche findet dagegen meistens eine irreversible Stoffumwandlung statt.

Der Wirkungsgrad von Absorptionsanlagen richtet sich grundsätzlich nach der Art und Konzentration der auszuwaschenden Verbindungen und den gewählten Verfahrensbedingungen wie Temperatur und Druck, Verweilzeit, Verhältnis Gas/Flüssigkeitsdurchsatz, Dampfdruck und Löslichkeit der abzuscheidenden Komponente. Als Absorber werden verschiedene Wäschertypen verwendet, wobei es das Ziel ist, eine möglichst große Phasengrenzfläche zu schaffen (Wäschertypen und Hersteller von Wäschern s. [125, 129]; eine gute Übersicht der Verfahrensweise und Anlagenbeispiele finden sich z.B. auch in [130]).

7.7.3.1 Physikalische Absorption

Zur Absorption werden Waschflüssigkeiten verwendet, die nicht oder nur in vernachlässigbarem Maße mit den organischen Verbindungen chemisch reagieren, letztere aber selektiv an sich ziehen und physikalisch lösen. Die maximale Aufnahmefähigkeit (Beladung) der Waschflüssigkeit ist bei niedrigen Konzentrationen durch das Henrysche Gesetz gegeben:

$$c_L = Lp_i, \tag{7.64}$$

wobei

c_L Konzentration bzw. molarer Anteil der gelösten Komponente in der Waschflüssigkeit in $\text{mol}\,\text{l}^{-1}$

L stoffspezifische Löslichkeitskonstante, sinkt mit steigender Temperatur, in $\text{mol}\,\text{l}^{-1}\,\text{bar}^{-1}$

p_i Partialdruck der Komponente i in der Gasphase in bar.

In der deutschen Literatur ist die Henry-Konstante $H = \frac{1}{L}$ gebräuchlich.

Bei gegebener Temperatur ist also die von einer Volumeneinheit der Flüssigkeit absorbierte Gasmenge proportional dem Partialdruck der ungelöst über der Flüssigkeit verbleibenden Gaskomponente.

Der sich vom Gas zur Flüssigkeit einstellende Stoffstrom m hängt von der Differenz zwischen der Gaskonzentration c_G und der Konzentration an der Austauschfläche c^* zwischen Gas und Flüssigkeit, dem Stoffdurchgangskoeffizienten β und der Austauschfläche A ab:

$$m = \beta A (c_G - c^*), \tag{7.65}$$

m Massenstrom vom Gas in die Flüssigkeit in g/s,

β Stoffdurchgangskoeffizient, bezogen auf die Gasphase in m/s,

A Phasengrenzfläche in m^2,

c_G Konzentration in der Gasphase, z.B. in g/m^3,

c^* Gleichgewichtskonzentration zwischen Gas und Flüssigkeit, z.B. in g/m^3.

Die beiden Phasen – zu reinigendes Gas und Waschflüssigkeit – werden in bewegter Form und zwar üblicherweise im Gegenstrom, miteinander in Berührung gebracht. Auf diese Weise läßt sich durch den ständigen Abtransport beladener Waschflüssigkeit ein Konzentrationsgefälle als treibende Kraft aufrecht erhalten.

Bild 7.49 zeigt ein Beispiel einer Waschanlage in der häufig verwendeten Form eines mit Füllkörpern gefüllten Waschturmes.

Die mit organischen Lösemitteln beladene Abluft wird z.B. von unten nach oben durch den Absorber geführt. Die Waschflüssigkeit wird oben verdüst und rieselt über die Füllkörper der Abluft entgegen. Die beladene Waschflüssigkeit sammelt sich am Boden des Absorbers, wird von dort abgepumpt, erhitzt und zum Regenerator gefördert. Dort werden die ausgewaschenen Stoffe von der Waschflüssigkeit destillativ getrennt. Die Trennung erfolgt bei höherer Temperatur als der Waschtemperatur. Die gelösten Lösemittel entweichen unter Vakuum aus der erwärmten Absorptionsflüssigkeit, werden außerhalb kondensiert und stehen in reiner Form wieder zur Verfügung. Die desorbierte Absorptionsflüssigkeit wird im Wärmetauscher abgekühlt und zum Absorber zurückgeführt [131].

Einsatzmöglichkeiten [125, 126, 129–131]

Die physikalische Absorption ist überall einsetzbar, wo hohe Qualitätsansprüche an das zurückgewonnene Lösemittel gestellt werden, wo komplexe und wasserlös-

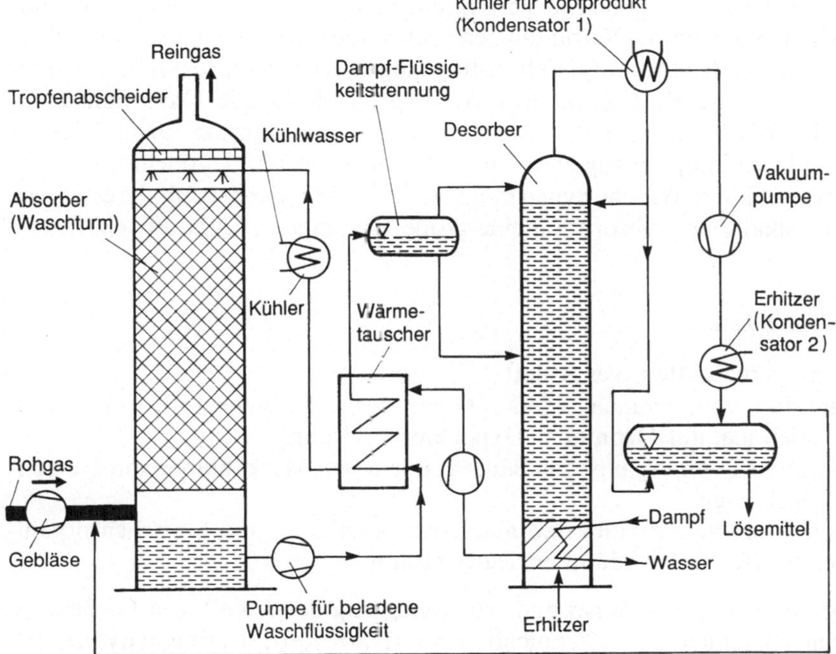

Bild 7.49. Anlage zur physikalischen Absorption mit Lösemittelrückgewinnung (nach [126 und 131])

liche Lösemittelgemische eingesetzt werden sowie bei hohen Lösemittelbeladungen. Das Verfahren ist nahezu für alle handelsüblichen Lösemittel wie Aliphate, Aromaten, halogenierte Kohlenwasserstoffe, Alkohole, Ketone, Ester, Glykole usw. einsetzbar [131].

Die Anlagen nach dem Prinzip der physikalischen Absorption zeichnen sich nach [131] durch folgende Vorteile aus:
- hohe Betriebssicherheit,
- geringer Platzbedarf,
- in den meisten Fällen abwasserloser Betrieb,
- minimierter Energieaufwand.

7.7.3.2 Chemische Absorption

Bei diesem Verfahren ist der physikalischen Absorption eine chemische Reaktion überlagert. Die aus dem Abgas zu entfernenden Stoffe reagieren mit der Waschflüssigkeit unter Bildung nicht oder kaum flüchtiger Verbindungen [128]. Auf diese Weise herrscht ständig ein großes Konzentrationsgefälle zwischen Gas und Waschflüssigkeit, und die Stoffübergänge verlaufen sehr schnell. Die physikalische Lösung wird zudem durch chemische Kräfte unterstützt. Es können daher sehr niedrige Konzentrationen im Abgas erreicht werden. Die Waschflüssigkeit wird verbraucht und läßt sich in vielen Fällen nicht mehr regenerieren.

Sauer reagierende organische Verbindungen werden mit alkalischen Lösungen, basisch reagierende Verbindungen mit sauren Lösungen ausgewaschen. Hauptsächlich finden aber für reaktionsträge organische Stoffe Oxidationswaschverfahren (oxidierende Gaswäsche) Anwendung. Folgende Oxidationsmittel kommen in Wäschern mit Böden oder Füllkörpern zum Einsatz: Ozon, Wasserstoffperoxid, Kaliumpermanganat, Chlor, Chlordioxid und Hypochlorit.

Es sind vielfältige Wäschertypen möglich [125, 129], deren Aufgabe es ist, wie bei der physikalischen Absorption eine große Phasengrenzfläche zu schaffen.

Einsatzmöglichkeiten

Entfernung geruchsintensiver Abluft:
- Oxidation von Aminen, Merkaptanen, Schwefelwasserstoff, Aldehyden, Phenolen u.a. mit Ozon oder Hypochlorit-Lösung,
- Auswaschen von organischen Säuren, Phenolen, Merkaptanen mit Natron- oder Kalilauge,
- Auswaschen von Pyridin und ähnlichen N-haltigen und basischen organischen Stoffen mit verdünnter Schwefelsäure.

Das Verfahren wird z.B. angewandt zur Reinigung der Abluft von Gießereien, Röstereien, Beschichtung (Teppichböden), Harnstoff-, Formaldehydherstellung, Trocknern (Klärschlamm), Tierkörperverwertung usw. [129].

Das Waschwasser wird weitgehend im Umlauf gefahren; eine Behandlung des aus dem Prozeß ausgeschleusten Waschwassers ist jedoch meistens erforderlich.

7.7.3.3 Biologische Abluftreinigung – Biowäsche und Biofiltration

Die biologische Abluftreinigung wird von Fischer et al. ausführlich beschrieben [132]. Bei der *Biowäsche* wird das Rohgas mit Waschwasser in Kontakt gebracht, wobei die Absorption der Abluftinhaltsstoffe stattfindet. Die Regeneration der Waschflüssigkeit erfolgt durch biologischen Abbau mit Mikroorganismen, wie er aus der Abwassertechnik in Schlammbelebungsanlagen bekannt ist. Die zur Regeneration der Waschflüssigkeit eingesetzten Mikroorganismen sind entweder fest auf den Wäschereinbauten als biologischer Rasen angesiedelt (Tropfkörperverfahren), oder sie liegen suspendiert in Form von belebtem Schlamm im Absorbens vor [132]. Die in Abschn. 7.7.3 dargelegten Gesetzmäßigkeiten der Gasabsorption gelten auch für den Biowäscher.

Beim *Biofilter* strömt die schadstoffhaltige Abluft durch biologisch aktives Material, wird dort sorbiert und anschließend von dort angesiedelten Mikroorganismen umgesetzt. Das biologische Material – z.B. Kompost – muß feucht sein. Insofern handelt es sich bei der Schadstoffaufnahme um eine Absorption in Flüssigkeitsfilmen mit anschließender biologischer Umsetzung. Es können auch Adsorptionsvorgänge an Feststoffen eine Rolle spielen (Frage der Definition, s. Abschn. 7.7.4). Die für das Leben der Mikroorganismen notwendigen anorganischen Nährstoffe wie Stickstoff, Phosphor, Kalium und Spurenelemente befinden sich normalerweise in ausreichenden Mengen im Filtermaterial.

Zur Anwendung der biologischen Abluftreinigung müssen nach [132, 133] folgende Voraussetzungen erfüllt sein:

- die Abluftinhaltsstoffe müssen wasserlöslich sein,
- die Abluftinhaltsstoffe müssen biologisch abbaubar sein,
- die Ablufttemperatur soll zwischen 5 und 60 °C liegen,
- die Abluft darf keine für die Mikroorganismen toxischen oder sonstigen schädlichen Stoffe enthalten,
- die Abluft muß feucht sein (Biofilter).

Der Abbau der Abluftkomponenten soll möglichst bis zu CO_2 und H_2O erfolgen. Organische Verbindungen, die z.B. Chlor, Brom, Stickstoff oder Schwefel enthalten, können auch abgebaut werden, es entstehen dabei aber nicht flüchtige Stoffe, die sich allmählich anreichern [133].

Der Temperaturbereich wird dadurch eingegrenzt, daß bei hohen Temperaturen die meisten Mikroorganismen nicht lebensfähig sind. Bei zu tiefen Temperaturen wird der Abbau zu langsam. Der optimale Temperaturbereich liegt zwischen 10 und 40 °C.

Die Anordnung eines Biowäschers mit Belebungsbecken, in dem hauptsächlich der Abbau der absorbierten Abluftinhaltsstoffe stattfindet, zeigt Bild 7.50. Es gibt neben dem Tropfkörper- und dem Belebtschlammverfahren auch andere

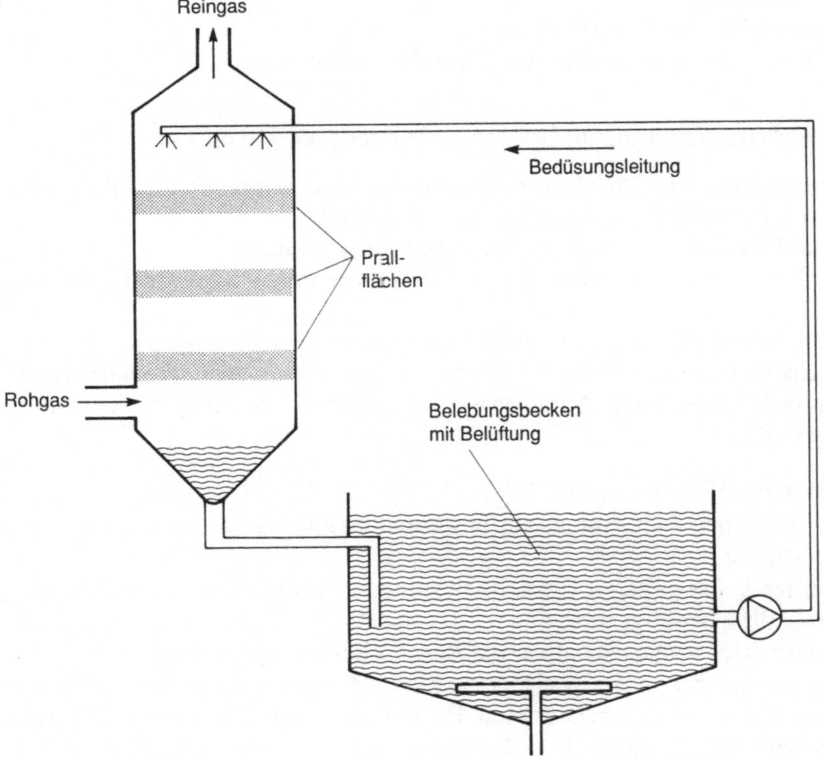

Bild 7.50. Prinzip des Biowäschers nach dem Belebtschlammverfahren [132, 133]

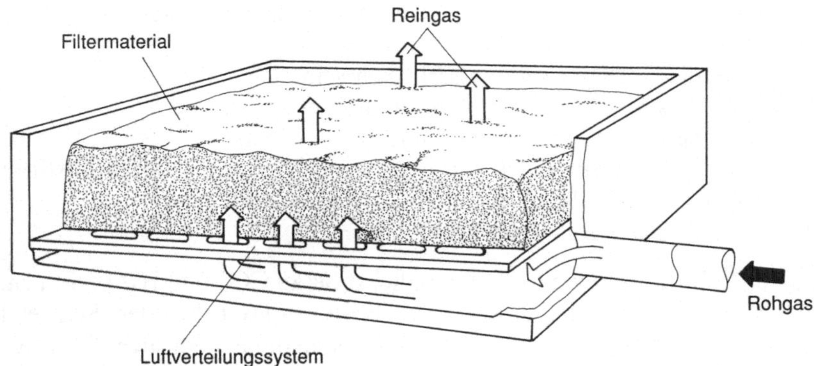

Bild 7.51. Aufbau eines Biofilters [133]

biologische Methoden zur Regeneration der Waschflüssigkeit, z.B. ein biokatalytisches Verfahren [131].

Den prinzipiellen Aufbau eines *Biofilters* zeigt Bild 7.51. Beim Biofilter gibt es zahlreiche Verfahrensvarianten [132, 133]:

- Flächenfilter mit Filterhöhen zwischen 0,5 und 1,5 m,
- Turmfilter mit Filterhöhen bis zu 6 m und mechanischer Umwälzung des Filtermaterials,
- transportable Containerfilter,
- Biofilter in Etagenbauweise, um Grundfläche einzusparen.

Anwendungsbeispiele für die biologische Abluftreinigung [132]

- Gießereiabluft aus der Kernmacherei mit geruchsintensiven Substanzen: Phenol, Formaldehyd, Amine, Ammoniak u.a.,
- formaldehydhaltige Abluft aus der Spanplattenindustrie,
- Abluft aus Lackierereien, Kunststoffverarbeitung, Klebstoffherstellung usw.,
- Abluft aus verschiedensten lebensmitteltechnologischen Anlagen,
- geruchsintensive Abluft aus Tierkörperverwertungsanlagen, Knochenverarbeitung, Kottrocknung, Abfallverwertungsanlagen (Kompostwerke), Kläranlagen usw..

Die biologische Abluftreinigung bietet folgende Vorteile [132, 133]:

- die organischen Abluftinhaltsstoffe werden im günstigsten Fall zu CO_2 und H_2O abgebaut,
- es werden keine weiteren Umweltbelastungen erzeugt, da keine zusätzlichen Chemikalien benötigt werden,
- die Investitions- und vor allem die Betriebskosten sind niedrig,
- Biofilter sind besonders geeignet, geringe Mengen organischer Stoffe aus großen Abluftmengen zu entfernen. Es sind allerdings relativ große Bauvolumina erforderlich, da die Filterbelastung nicht sehr groß sein kann.

7.7.4 Adsorption

Die Adsorption gehört zu den wichtigsten Verfahren zur Abscheidung gasförmiger Schadstoffe aus Abgasen, Abluft oder sogar aus der Umgebungsluft, wenn besondere Anforderungen an die Reinluft gestellt werden, z.B. in der Reinraumtechnik. Die Grundlagen und die technischen Verfahren der Adsorption aus der Gasphase sind von Kast ausführlich beschrieben [134] und in der VDI-Richtlinie 3674 [135] dargestellt. Für das intensive Studium sei auf diese Literatur verwiesen. Eine Übersicht für die praktische Anwendung von Adsorptionsverfahren mit Angabe von Anlagenherstellern gibt Baum in [125].

Unter Adsorption wird im wesentlichen die Anreicherung von Gasen an valenzungesättigten Festkörpergrenzflächen verstanden. Ein festes Adsorptionsmittel ist um so wirksamer, je größer die Oberfläche ist. Beim bekanntesten Adsorptionsmittel, der Aktivkohle, beträgt die innere Oberfläche 500–1 500 m^2/g. Zur Adsorption kondensierbarer Gase und Dämpfe an porösen Stoffen tritt noch die Kapillarkondensation hinzu, weil die Adhäsionskräfte von einem bestimmten Oberflächendruck an in den Kapillaren des Adsorbens die Kondensation bewirken. Bei der Kapillarkondensation wird Wärme frei, es handelt sich also um einen exothermen Prozeß. Die Anreicherung kann schließlich durch Chemisorption verstärkt werden, wobei imprägnierte Aktivkohle verwendet wird.

Vor der Erläuterung des Adsorptionsvorgangs sollen noch einige Begriffe geklärt werden [135]:

Adsorptiv	zu adsorbierender Stoff,
Adsorbens (auch Adsorptionsmittel)	Feststoff, an dessen Oberfläche die Adsorption stattfindet,
Adsorpt	Adsorptiv im adsorbierten Zustand,
Desorption	Umgekehrter Prozeß zur Adsorption, endotherm,
Desorpt	während der Desorption ausgetriebener Stoff.

Mit diesen Begriffen können die Adsorption und die Desorption folgendermaßen definiert und dargestellt werden [125]:

$$\text{Adsorbens} + \text{Adsorptiv} \xrightarrow{\text{Adsorption}} \text{Adsorbens} + \text{Adsorpt}$$

$$\text{Adsorbens} + \text{Desorpt} \xleftarrow{\text{Desorption}} \text{Adsorbens} + \text{Adsorpt}\,.$$

Der Vorgang der Adsorption läuft nach [136] in folgenden Schritten ab:
1. Stofftransport durch die Grenzschicht um das umströmte Adsorbenskorn,
2. Stofftransport in den Poren des Partikels durch Gasdiffusion,
3. Adsorption (und Kondensation) unter Wärmefreisetzung in dem Partikel,
4. Adsorptionswärmetransport in dem Partikel,
5. Wärmetransport durch die Grenzschicht an das umgebende Gas.

Bei der Desorption läuft die Schrittfolge umgekehrt ab.

Neben Aktivkohle kommen auch andere Adsorbentien wie Aluminiumoxid, Kieselgel und zeolithische und andere Molekularsiebe zum Einsatz [134, 135, 137].

Um zu einer optimalen Adsorption zu gelangen, sind neben der Wahl des geeigneten Adsorbens weitere Parameter maßgebend wie Temperatur, Molekulargewicht, Konzentration und Siedepunkt des Adsorptivs, relative Feuchte und Anwesenheit anderer adsorptionsfähiger Begleitsubstanzen, die zu Misch- und Verdrängungsadsorption führen [135, 137]. Staub und Aerosole können die aktiven Oberflächen der Adsorbentien zusetzen und müssen daher vorher abgeschieden werden.

Wichtigstes Hilfsmittel zur Charakterisierung des Sorptionsgleichgewichts zwischen unterschiedlichen Gasen und Adsorbentien sind die Adsorptionsisothermen. Diese Kurven stellen die Abhängigkeit der Beladung des Adsorbens vom Partialdruck/Sättigungsdampfdruck-Verhältnis (proportional der Konzentration des abzuscheidenden gasförmigen Schadstoffs) für eine bestimmte, konstante Temperatur dar. Die Adsorptionsisothermen werden i.allg. experimentell ermittelt, aber auch thermodynamisch berechnet [134]. Mit Hilfe der Adsorptionsisothermen kann für das bestehende Abluftproblem das optimale Adsorptionsmittel ausgewählt werden, Bild 7.52.

Zur Erzielung niedriger Reingasgehalte sind die Kurventypen 1 und 3 günstig, da hier bei geringer Konzentrationserhöhung die Beladung des Adsorbens zunächst sehr schnell zunimmt. Diesen Vorgängen liegen höhere Wechselwirkungskräfte zwischen Adsorbens und Adsorptiv als bei Kurve 4 zugrunde. Das Adsorbens, das sich gemäß Kurve 4 verhält, nimmt erst bei hohen Konzentrationen nennenswerte Mengen an Benzol auf. Niedrige Reingaskonzentrationen sind mit diesem Adsorbens also bei vertretbarer Baugröße des Adsorbers kaum zu erzielen. Während für organische Substanzen, wie hier Benzol, Aktivkohle die

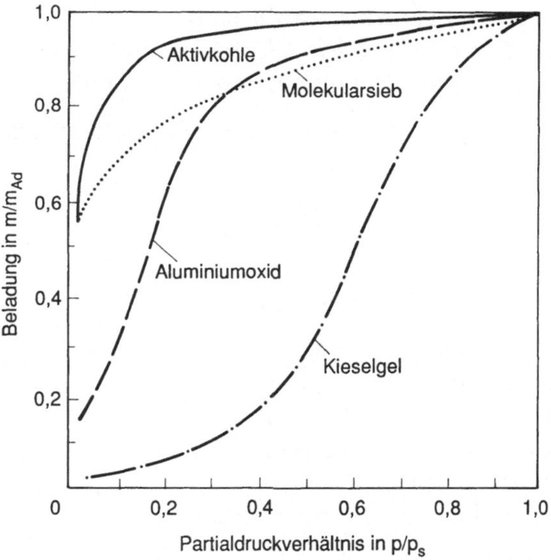

Bild 7.52. Adsorptionsisothermen von Benzol an verschiedenen Adsorbentien [125, 134]. m/m_{Ad} Beladung des Adsorbers: adsorbierte Masse, bezogen auf die Masse des Adsorbers; p/p_S relative Sättigung des Adsorptivs: Verhältnis des Partialdrucks des abzuscheidenden Stoffes zu seinem Sättigungsdampfdruck im Trägergas (proportional zur Konzentration)

besten Adsorptionseigenschaften aufweist, kehren sich für andere Gase die Kurvenverläufe u.U. um. So wird beispielsweise Wasserdampf von Kieselgel in niedrigen Konzentrationen wesentlich besser adsobiert als von Aktivkohle [125, 135]. In beiden Fällen, sowohl für Benzol als auch für Wasser, weisen Molekularsiebe sehr gute Adsorptionseigenschaften auf.

Die Adsorptionsisothermen werden für Gleichgewichtsbedingungen erstellt, d.h. die Eingangskonzentration vor dem Adsorbens entspricht der Ausgangskonzentration nach dem Adsorbens. In der Praxis stellt sich über einer durchströmten Adsorbens-Schüttung keine konstante Konzentration ein, sondern der Anfang der Schüttung wird mit hoher Konzentration beaufschlagt und nimmt daher viel

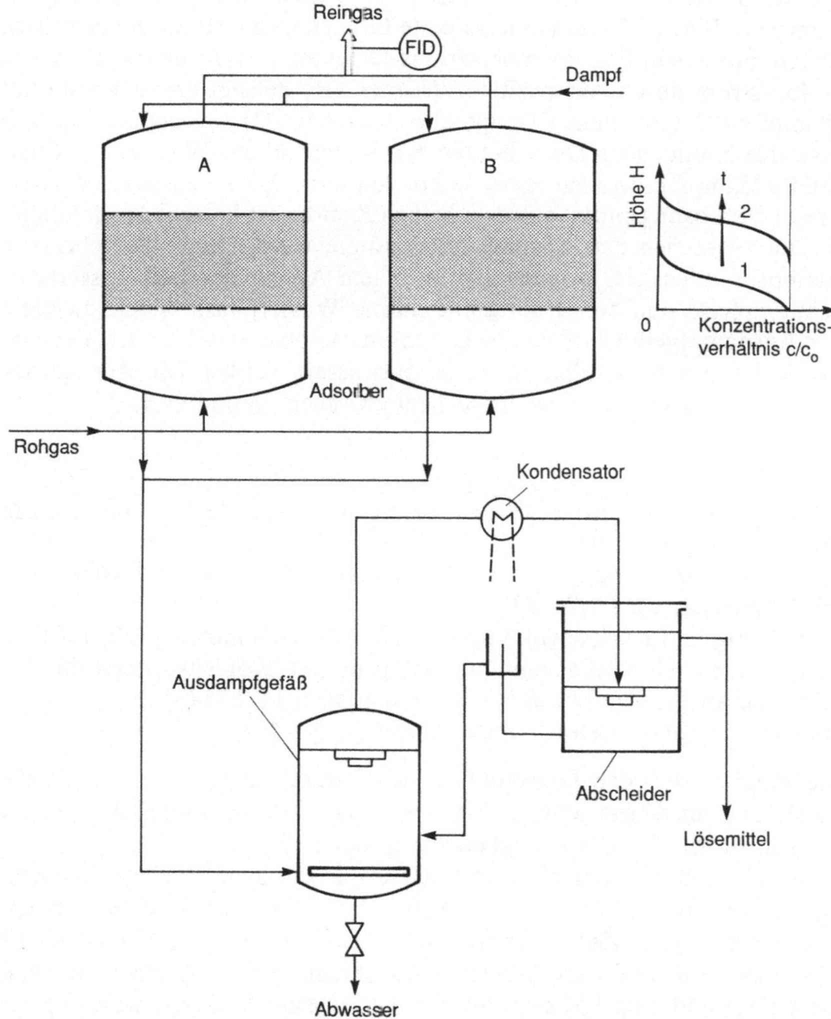

Bild 7.53. Anlagenschema zur Abscheidung und Rückgewinnung von Lösemitteln durch Adsorption (nach [129, 130]) mit Durchbruchskurven über der Schüttung. *1* Konzentrationsverteilung im Absorber nach der Zeit t_1. *2* Konzentrationsverteilung im Absorber nach der Zeit t_2

auf (hohe Beladung). Im weiteren Verlauf der Schüttung nimmt die Gaskonzentration und somit auch die Beladung ab. Bei ständiger Aufnahme des Adsorptivs sättigt sich irgendwann das Adsorbens, und zwar zunächst am Anfang der Schüttung. Bei weiterer Beaufschlagung schreitet diese Sättigung durch die Schüttung fort, und es kann schließlich kein Adsorptiv mehr aufgenommen werden, es kommt zum Durchbruch. Für die praktische Auslegung von Adsorbern ist die Bestimmung von „Durchbruchskurven" hilfreich [135]. Im folgenden Beispiel sind solche Durchbruchkurven mit dargestellt.

Bild 7.53 zeigt in schematischer Darstellung das Adsorptionsverfahren mit Rückgewinnung von Lösemittelgemischen.

Das Abgas wird zunächst durch den mit Aktivkohle gefüllten Adsorber (A) geschickt. Wenn nach einer bestimmten Zeit der Durchbruch erfolgt (s. Durchbruchskurven in Bild 7.53) und eine gesetzte Grenzkonzentration überschritten wird, die z.B. mit einem Flammenionisations-Detektor (FID) überwacht wird, wird der Luftstrom durch den zweiten Adsorber (B) geleitet und der erste mit Wasserdampf als Spülmedium (Temperatur 100–110 °C) regeneriert. Die von der Aktivkohle kommenden Desorbatdämpfe, bestehend aus Wasserdampf und Lösungsmitteldämpfen, werden teilweise kondensiert. Unkondensierter Wasserdampf treibt die Lösungsmittel aus dem heißen Kondensat im sog. Ausdampfgefäß aus. Die ausgetriebenen Lösungsmitteldämpfe werden mit übergehendem Wasserdampf kondensiert, wonach sich in einem Abscheider eine wasserarme Lösungsmittelphase und eine lösungsmittelarme Wasserphase bilden. Letztere fließt zum Ausdampfgefäß zurück. Die Lösungsmittelphase muß je nach Verwendungszweck ggf. durch Destillation weiter entwässert werden. Die Rückgewinnungsausbeute eines solchen Verfahrens liegt zwischen 95 und 99 %.

Anwendungsbereiche

Das Aktivkohle-Adsorptionsverfahren wird z.B. für folgende Anwendungen in der Luftreinhaltung eingesetzt:

- Lösemittelrückgewinnung in der lösemittelverarbeitenden Industrie, z.B. nach Lacktrocknern [137–142].
- Abscheidung und Rückgewinnung von Tanklager-Dämpfen [129, 138],
- Abscheidung und Rückgewinnung halogenierter Kohlenwasserstoffe bei Entfettungsanlagen und chemischen Reinigungen [125, 143]
- Reinigung von geruchsstoffhaltiger Abluft [125, 144].

Probleme kann es bei der Lösemittelrückgewinnung dann geben, wenn die Konzentrationen im Abgas sehr niedrig liegen. Dies ist z.B. in der Abluft von Spritzkabinen für die Kraftfahrzeuglackierung der Fall.

Um die Lösemittel trotzdem einer Rückgewinnung zugänglich zu machen, wird z.B. der Aktivkohleanlage eine Aufkonzentrierungsstufe vorgeschaltet. Hierzu werden in neuerer Zeit rotierende Adsorber eingesetzt. Die Aktivkohle ist hierbei in Faserform auf Faserpapiere aufgebracht, die zu Element-Blöcken zusammengefaßt sind. Bild 7.54 zeigt eine Rotoranlage zur Aufkonzentrierung der Lösemittel aus Spritzkabinenabluft. Während in einem Teil des Rotors, der sich langsam dreht, die Adsorption stattfindet, wird in einem anderen Teil die Desorption vorgenommen, z.B. mit Heißluft. Der Desorptionsluftstrom ist

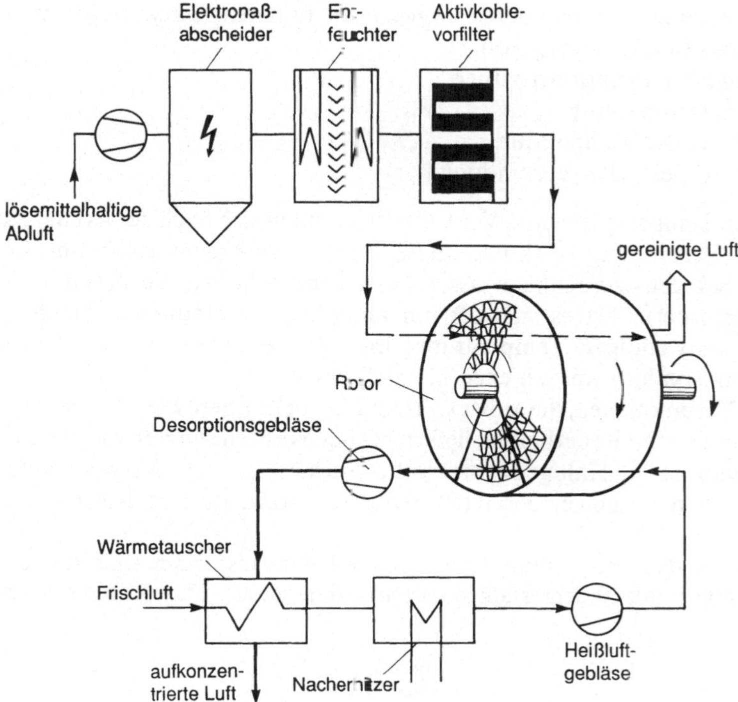

Bild 7.54. Aktivkohle-Rotor-Anlage zur Aufkonzentrierung lösemittelhaltiger Abluft [145, 146]

wesentlich kleiner als der Abluftstrom, so daß die Lösemittel in konzentrierter Form in der Desorptionsluft vorliegen und zur Rückgewinnung auf eine wie in Bild 7.53 dargestellte Aktivkohleanlage geschickt werden können.

Die Adsorption/Desorption läuft durch den sich drehenden Rotor kontinuierlich ab. Zum Schutz der Aktivkohle des Rotors ist eine Vorreinigung der Abluft mit einem Staubabscheider und einem Aktivkohlefilter zur Konzentrationsvergleichmäßigung vorgeschaltet.

7.7.5 Verbrennung

7.7.5.1 Thermische Nachverbrennung (TNV)

Wenn andere Verfahren sich aus irgendwelchen Gründen nicht anwenden lassen, dann bleibt immer noch die Verbrennung als Abgasreinigungsverfahren: Die meisten organischen (C, H und O enthaltenden) Verbindungen lassen sich bei Temperaturen zwischen 750 und 1 000 °C zu CO_2 und H_2O oxidieren. Das Problem besteht i.allg. nur darin, daß große Luftmengen von geringen Schadstoffmengen befreit werden müssen, d.h. die Konzentrationen der organischen Stoffe in der Abluft sind so niedrig, daß sie weit unterhalb der Zündgrenzen liegen, also nicht selbständig, sondern nur unter Energiezufuhr brennen. Umsetzungs- und Verbrennungsgrad sind abhängig von:

- Vermischung der Reaktionspartner,
- Verbrennungstemperatur,
- Verweilzeit bei der Temperatur,
- Art der zu oxidierenden Verbindung.

Die notwendigen Temperaturen und Verweilzeiten richten sich nach der Art der zu verbrennenden Verbindung (Aktivierungsenergie). Verbrennungshemmende Stoffe, wie z.B. halogenierte Kohlenwasserstoffe, können höhere Verbrennungstemperaturen erfordern. Da es sich oft um komplexe Verbindungen handelt, lassen sich die notwendigen Temperaturen und Verweilzeiten meistens nicht vorausberechnen, sondern werden experimentell bestimmt.

Organische Verbindungen, die außer C, H und O noch andere Elemente wie N, S, P, Halogene oder Metalle enthalten, liefern bei der Verbrennung unangenehme Reaktionsprodukte, z.B. Halogenwasserstoff, Stickstoff- und Schwefeloxide. Solche Stoffe können, je nach eingesetztem Stützbrennstoff, auch noch zusätzlich entstehen.

In Bild 7.55 werden beispielhaft Funktion und Bauweise einer thermischen Verbrennungsanlage mit Wärmerückgewinnung dargestellt. Das Rohgas wird

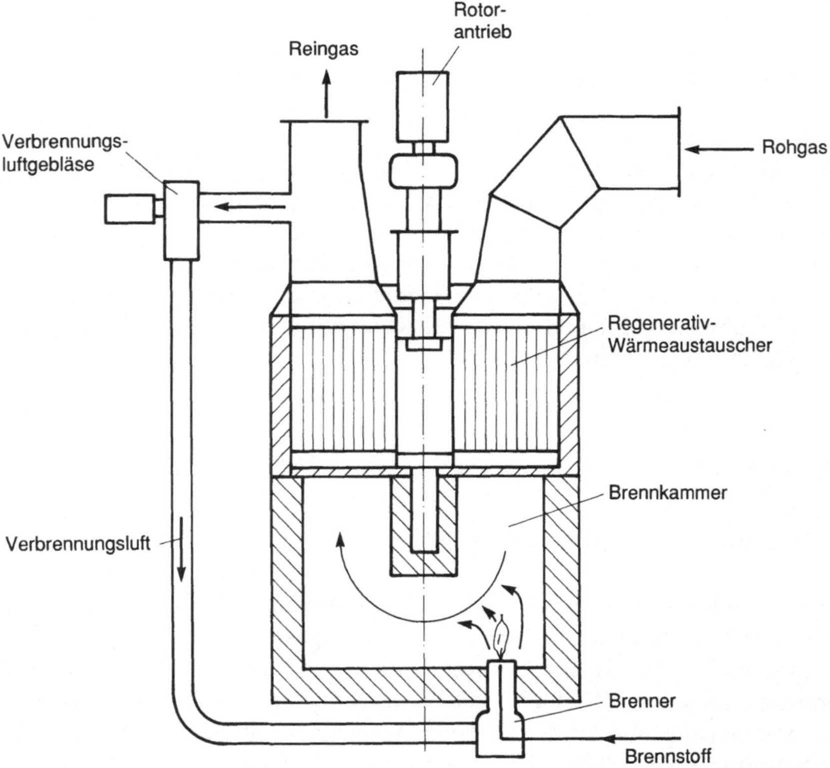

Bild 7.55. Beispiel einer thermischen Nachverbrennungsanlage mit integriertem Wärmetauscher [129, 148]

durch einen Regenerativ-Wärmeaustauscher geschickt und darin indirekt durch das heiße Reingas vorgewärmt. Sodann findet in der Brennkammer die Oxidation der organischen Verbindungen bei Temperaturen um 800 °C statt. Um eine weitere Vergrößerung der Gasmengen zu vermeiden, fährt man den Brenner möglichst mit geringem Luftüberschuß. Der Bedarf an Zusatzbrennstoff (Heizöl, Gas, Abfall-Lösemittel oder Altöle) vermindert sich jeweils um den Abgasgehalt an brennbaren Stoffen.

Muß viel Zusatzbrennstoff zugeführt werden, dann kann man aus wirtschaftlichen Gründen auf eine weitergehende Abwärmenutzung nicht verzichten. Hierzu gibt es folgende Möglichkeiten:
- Vorwärmen der Verbrennungsluft,
- Aufheizen der zu reinigenden Abgase,
- Aufheizen von Wärmeträgern.

Das Prinzip der thermischen Verbrennung und die zu stellenden Anforderungen sind von Baum [125] und in der VDI-Richtlinie 2242 [147] eingehend beschrieben. Nachverbrennungsanlagen werden von verschiedenen Herstellern angeboten [125, 129].

7.7.5.2 Katalytische Verbrennung (KNV)

Der Energiebedarf für die Nachverbrennung läßt sich verringern, wenn Katalysatoren eingesetzt werden. Als Katalysator kommen Edelmetalle (Pt, Pd) auf metallischen Trägern oder Metalloxide auf oxidischen keramischen Trägern zur Anwendung. Grundlagen und Anwendungen der katalytischen Nachverbrennung sind von Schmidt [150] und Baum [125] näher beschrieben. Die Anspringtemperaturen der Katalysatoren liegen bei 300 – 500 °C. Der Aufbau katalytischer Verbrennungsanlagen unterscheidet sich im Prinzip nur wenig von dem der thermischen Verbrennungsanlagen [149]. Das Abgas wird vor Eintritt in die Katalysatorschicht durch Mischen mit heißen Rauchgasen oder durch Wärmetausch vorgeheizt.

Bild 7.56 zeigt beispielhaft den Aufbau einer Anlage zur katalytischen Nachverbrennung von Abgasen.

Das Abgas wird in diesem Fall in der Brennkammer durch Gas- oder Ölfeuerung auf die Reaktionstemperatur aufgeheizt und gelangt dann in den senkrechten Schacht, der die Katalysatorelemente enthält. Dort wird es katalytisch, flammenlos und vollständig verbrannt. Die gereinigte Abluft gibt in diesem Beispiel einen Teil ihres Energiegehalts in einem nachgeschalteten Wärmetauscher an das noch ungereinigte Abgas ab. Die Wirtschaftlichkeit des Verfahrens hängt wesentlich von der Art der Wärmenutzung ab (Rückführung in den Prozeß; andere Wärmeverbraucher). Unter gewissen Umständen (genügend hohe Konzentrationen der organischen Verbindungen) läßt sich das Verfahren bei geschickter Schaltungsweise sogar autotherm, d.h. ohne Zufuhr von Fremdenergie, betreiben [124, 150, 151].

Der Vorteil der katalytischen gegenüber der thermischen Nachverbrennung liegt zweifelsohne in geringeren Betriebskosten, bedingt durch die niedrigere Temperatur. Nicht oder nur mit höheren Kosten für Reaktivierungsmaßnahmen

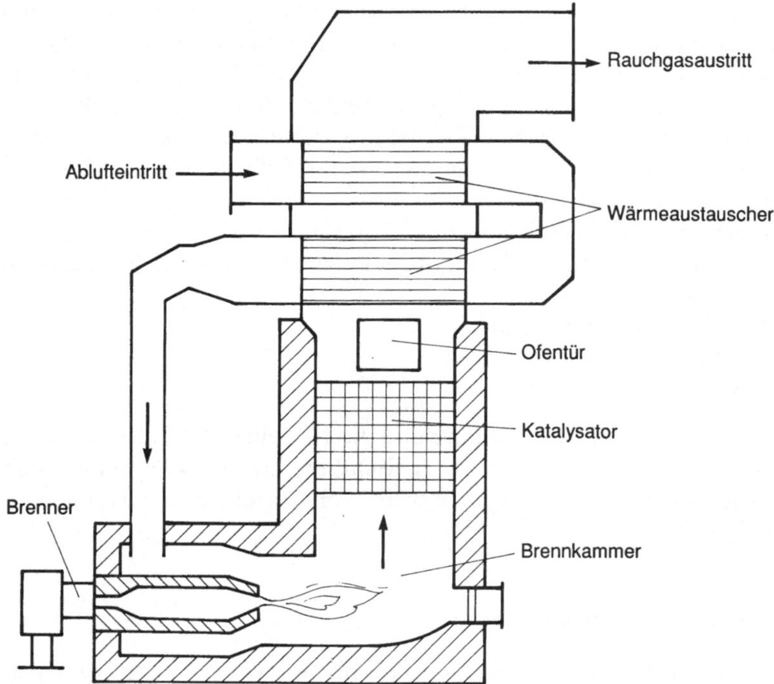

Bild 7.56. Beispiel einer katalytischen Nachverbrennungsanlage (Lurgi, Frankfurt)

anwenden läßt sich das Verfahren, wenn Katalysatorgifte in den zu reinigenden Abgasen vorliegen, z.B. Halogen- und Metallverbindungen.

7.7.6 Membranverfahren

Ein relativ neues Verfahren zur Abluftreinigung ergibt sich durch den Einsatz von Membranen. Ihre Wirkung beruht auf der Fähigkeit bestimmter Membranwerkstoffe, für unterschiedliche Gase oder Dämpfe unterschiedlich durchlässig zu sein. Dadurch ergibt sich ein Trenneffekt, der im Idealfall die Komponenten streng selektiert.

Grundlagen und Anwendungsmöglichkeiten des Membranverfahrens sind in [152–155] näher beschrieben.

Bei der Gastrennung mittels Membranen (Schema s. Bild 7.57) wird der Abluftstrom an der Membran vorbeigeführt, wobei ein Teilstrom abzweigt und durch die Membran hindurchgelangt. Jenseits der Membran kommt es zur Anreicherung derjenigen Stoffe, die schneller durch sie hindurchtreten (permeieren) können. Verwendet werden hierbei Membranen, durch die dampfförmige Lösemittel erheblich schneller als die Luftbestandteile permeieren. Dieser mit Lösemittel angereicherte Abluftteilstrom wird einer Kondensationsstufe zugeführt und dort wieder abgereichert. Das Lösemittel fällt in flüssiger Form an. Je nach Abscheidegrad kann der Abluftteilstrom dann dem bisher unbehandelten

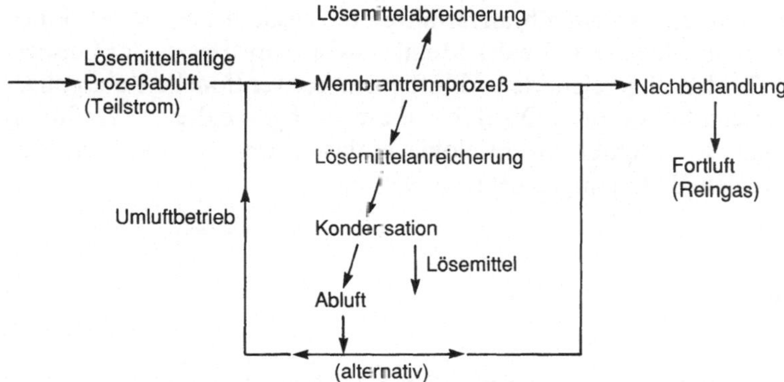

Bild 7.57. Vereinfachtes Verfahrensschema für die Lösemittelrückgewinnung mit Membrantrennprozeß

Ablufteilstrom zugemischt oder dem Membranprozeß erneut zugeführt werden (geschlossener Kreislauf).

Würde der gesamte Abluftstrom durch die Membran geführt, wäre nichts gewonnen, denn es verbliebe kein abgereicherter Abluftstrom; die Kondensationseinheiten müßten nach wie vor für den gesamten Abluftstrom ausgelegt werden. Es kommt also darauf an, ein vertretbares Verhältnis zwischen Gesamtabluftstrom und dem durch die Membran geführten Ablufteilstrom zu finden.

Der verbleibende, um die permeierte Stoffmenge abgereicherte Teilstrom wird (bei ungenügender Abreicherung) einer Nachbehandlung unterzogen. Dies kann eines der vorher aufgeführten Verfahren sein.

Anwendungsgebiete

Die Gastrennung mit Membranen hat bereits auf einigen Gebieten ihre Leistungsfähigkeit gezeigt [153]:

- Biogas-/Deponiegasaufbereitung (Trennung von Methan CH_4 und Kohlendioxid CO_2 zur Rückgewinnung von CH_4),
- Erdgasaufbereitung (Entfernung von Kohlendioxid CO_2, Schwefelwasserstoff H_2S und Wasserdampf H_2O),
- wirtschaftlicher Einsatz spezieller Erdölgewinnungsverfahren,
- Wasserstoffrückgewinnung und -anreicherung,
- Stickstoff- und Sauerstoffproduktion durch Luftzerlegung,
- Rückgewinnung von Gefahrgutdämpfen aus Tanklagern,
- Rückgewinnung von Lösemitteln aus Gießereiabluft.

Bis auf die Rückgewinnung von Benzindämpfen aus Tanklagern haben Anlagen auf diesen Gebieten zwar bisher das Stadium von Pilotanlagen nicht überschritten; prinzipiell steht einer breiteren Anwendung auf diesem Sektor aber nichts im Wege [153]. So wird das Membranverfahren auch in der biologischen Abluftreinigung erprobt. Der „Membranreaktor“ macht hier vor allem schwer wasserlösliche bzw. leicht flüchtige Lösemittel dem biologischen Abbau zugänglich [132, 133].

Nachteilig wirken sich bei Membranverfahren die zusätzlichen Investitionen und Betriebskosten aus. Je nach Güte des Membran-Trennprozesses der Gaspermeation müssen für den abgereicherten Abluftstrom konventionelle Reinigungsverfahren nachgeschaltet werden. Ob dabei diese nachgeschalteten Verfahren durch den Einsatz der Membrantechnologie entlastet werden, muß für den Einzelfall unter realen Bedingungen erprobt werden.

7.8 Literatur

1 Stern, A.L.: Fundamentals of Air Pollution. London: Academic Press 1984

2 Ondratschek, D.: Luftreinhaltung beim Spritzlackieren. Vortrag am 24.5.1989, Institut für industrielle Fertigung und Fabrikbetrieb der Universität Stuttgart

3 Wiesner, J.: Umweltfreundliche Technik, Verfahrensbeispiele Chemie. Broschüre aus dem DECHEMA-Lehrprogramm „Chemie und Umwelt", Frankfurt 1978

4 Sander, U.; Rothe, U.; Kola, R.: Schwefelsäure. Ullmann Encyklopädie der technischen Chemie, Bd. 21, S. 117–165, Weinheim: VCH-Verlagsgesellschaft 1982

5 Struschka, M.; Straub, D.; Baumbach, G.: Schadstoff-Emissionen von Kleinfeuerungen. Fortschr. Ber. VDI Z. Reihe 15, Nr. 60, Düsseldorf: VDI 1988

6 Baumbach, G.; Breuninger, H.A.: Untersuchungen zur Wirksamkeit von Additiven für schweres Heizöl. VDI Ber. Nr. 498, Düsseldorf (1983) 209–214

7 Hoenig, V.; Baumbach, G.: Schadstoffminderung bei Schwerölfeuerungen durch Additive: Ruß, SO_3, NO_x. VGB-Tagung Kraftwerk und Umwelt 1989, Tagungsband, VGB-Kraftwerkstechnik GmbH, Essen 1989

8 Dritte Verordnung zur Durchführung des Bundes-Immissionsschutzgesetzes (Verordnung über Schwefelgehalt von leichtem Heizöl und Dieselkraftstoff) vom 15.1.1975 (BGBl. I S. 264 f), geändert durch Gesetz vom 18.2.1986 (BGBl. I S. 265 f) und durch Verordnung vom 14.12.1987 (BGBl. I S. 2 671 f)

9 Deutsche BP (Hrsg.): Das Buch vom Erdöl. Hamburg: Reuter und Klöckner 1989

10 Forck, B.; Lange, G.: Systemanalyse Entschwefelungsverfahren, Teil B, Bd. 1 „Brennstoff-Entschwefelung". VGB Technische Vereinigung der Großkraftwerksbetreiber, Essen 1974

11 13. Verordnung zur Durchführung des Bundes-Immissionsschutzgesetzes (Verordnung über Großfeuerungsanlagen) vom 22.6.1983, BGBl. I S. 719 f

12 Erste Allgemeine Verwaltungsvorschrift zum Bundes-Immissionsschutzgesetz (Technische Anleitung zur Reinhaltung der Luft – TA Luft) vom 27.2.1986, GMBl. S. 95–202

13 Batel, W.: Entstaubungstechnik – Grundlagen, Verfahren, Meßwesen. Berlin: Springer 1972

14 Weber, E.; Brocke, W.: Apparate und Verfahren der industriellen Gasreinigung, Bd. 1: Feststoffabscheidung. München: R. Oldenbourg 1973

15 Maschinenfabrik Beth: Beth-Handbuch der Staubtechnik. 2. Aufl. Lübeck 1964

16 Löffler, F.: Staubabscheiden. Lehrbuchreihe Chemieingenieurwesen und Verfahrenstechnik. Stuttgart: Thieme 1988

17 Meldau, R.: Handbuch der Staubtechnik Bd. 1. Düsseldorf: VDI 1956

18 Knop, W.; Heller, A.; Lahmann, E.: Technik der Luftreinhaltung. Mainz: Krausskopf 1972

19 VDI: Richtlinie VDI 3676, Massenkraftabscheider. Berlin: Beuth 1980

20 Muschelknautz, E.: Auslegung von Zyklonabscheidern in der technischen Praxis. Staub-Reinhalt. Luft 30 (1970) 187–195

21 Schmidt, K.R.: Physikalische Grundlagen und Prinzip des Drehströmungsentstaubers. Staub-Reinhalt. Luft 23 (1963) 491–501

22 Klein, H.: Entwicklung und Leistungsgrenzen des Drehströmungsentstaubers. Staub-Reinhalt. Luft 23 (1963) 501–509

23 Schmidt, K.G.: Naßwaschgeräte aus der Sicht des Betriebsmannes. Staub-Reinhalt. Luft 24 (1964) 485–491

24 Weber, E.: Stand und Ziel der Grundlagenforschung bei der Naßentstaubung. Staub-Reinhalt. Luft 29 (1969) 272–277
25 VDI: Richtlinie VDI 3679, Naßarbeitende Abscheider. Berlin: Beuth 1980
26 Glowiak, B.; Kabsch, P.: Verfahren zur Bestimmung der Benetzbarkeit von Stäuben. Staub-Reinhalt. Luft 32 (1972) 9–11
27 White, H.J.: Entstaubung industrieller Gase mit Elektrofiltern (deutsche Fassung). Leipzig: VEB Deutscher Verlag für Grundstoffindustrie 1969
28 VDI: Richtlinie VDI 3678, Elektrische Abscheider. Berlin: Beuth 1980
29 Hesselbrock, H.: Physikalische Vorgänge im Elektrofilter. Mitteilungen der VGB (1960) H. 64, S. 13–26
30 Lurgi GmbH: Entstaubungstechnik. Firmendruckschrift. Frankfurt 1969
31 Quack, R.: Probleme der elektrischen Abgasentstaubung. DECHEMA-Monographien, Bd. 64, 1970
32 Kercher, H.: Elektrischer Wind, Rücksprühen und Staubwiderstand im Elektrofilter. Fortschr. Ber. VDI Z. Reihe 6, Nr. 27, Düsseldorf: VDI 1970
33 Plato, H.: Untersuchungen zur Staubabscheidung im Elektrofilter. Dissertation Universität Stuttgart 1969
34 Gross, H.: Zur Auswirkung der Turbulenz in elektrischen Abscheidern. In: Technik der Wärmekraftwerke. DFG Deutsche Forschungsgemeinshaft, Hrsg. von R. Quack und J. Wachter, Weinheim: VCH Verlagsgesellschaft 1987
35 Gomoll, H.J.: Verbesserung der Abscheideleistung durch SO_3-Konditionierung. VDI-Ber. Nr. 495 (1984) 219–222
36 Brandt, H.: Entstaubungseinrichtungen für Rauchgase industrieller Anlagen. Energie 15 (1963) H. 11, S. 177–216
37 König, W.: Zum Verhalten des Staubes im Elektrofilter. Dissertation Universität Stuttgart 1985
38 Deutsch, W.: Bewegung und Ladung der Elektrizitätsträger im Zylinderkondensator. Ann. Phys. 68 (1922) 335–344
39 Gross, H.: Messung der Durchbruchspannung in einem Elektroabscheider. Staub-Reinhalt. Luft 41 (1981) 458–460
40 Braun, W.: Stand und Entwicklungstendenzen der elektrischen Rauchgasentstaubung. VDI-Ber. Nr. 495 (1984) 223–228
41 Gross, H.: Messung des Fraktionsabscheidegrades von Elektroabscheidern mit Impaktoren. Staub-Reinhalt. Luft 41 (1981) 461–465
42 Löffler, F.; Dietrich, H.; Flatt, W.: Staubabscheidung mit Schlauchfiltern und Taschenfiltern. Braunschweig: Vieweg & Sohn 1984
43 VDI: Richtlinie VDI 3677, Filternde Abscheider. Berlin: Beuth 1980
44 Rennert, K.D.: Möglichkeiten der Stickstoffoxidreduzierung in Feuerräumen. Fachreport Rauchgasreinigung, Sonderteil der VDI-Zeitschriften BWK und Umwelt. Düsseldorf: VDI 1986
45 Käß, M.; Brodbek, H.; Spiegelhalder, R.; Pfau, B.: Einflüsse von Ausmahlung und Lufteintrittsbedingungen auf die Strömungsverhältnisse, die NO_x-Bildung und den Ausbrand in Kohlestaubflammen. 4. TECFLAM-Seminar, DLR-Stuttgart 1988
46 Diehl, H.: Entwicklung von Primärmaßnahmen zur NO_x-Minderung aus Kesselfeuerungen. Daimler-Benz AG, Werk Sindelfingen, Abt. HKW, persönliche Mitteilung 1985
47 Hoenig, V.: Untersuchungen zur Stickstoffoxidminderung durch Rauchgasrezirkulation bei der Verbrennung von Heizöl EL und Heizöl S. Diplomarbeit am Institut für Verfahrenstechnik und Dampfkesselwesen der Universität Stuttgart 1984
48 Deutsche Babcock Werke AG: Der ASR-Brenner, Versuchs- und Betriebsergebnisse. Firmendruckschrift, Oberhausen 1985
49 Hurst, B.E.: Exxon Thermal $DeNO_x$ for Stationary Combustion Sources. In: Air Pollution by Nitrogen Oxides, ed. Schneider, T.; Grant, L.. Amsterdam: Elsevier 1982
50 Warnatz, J.: Elementarreaktionen in Verbrennungsprozessen. BWK 37 (1985) Nr. 1–2, S. 11–19
51 Mittelbach, G.; Voje, H.: Anwendungen des SNCR-Verfahrens hinter einer Zyklonfeuerung. In: VGB-Handbuch NO_x-Minderung bei Dampferzeugern für fossile Brennstoffe, VGB-B-301, VGB-Kraftwerkstechnik GmbH, Essen 1986

52 Just, Th.; Kelm, S.: Mechanismus der NO_x-Entstehung und Minderung bei technischer Verbrennung. if-Die Industriefeuerung, Folge 38 (1986) 96–102
53 Lyon, R.K.: Thermal $DeNO_x$. Environmental Science and Technology, Vol. 21 (1987) No. 3, S. 231–236
54 Arand, J.K.; Muzio, L.J.: Urea Reduction of NO_x in Combustion Effluents. US Patent #4, 208, 386, 1980
55 Fuel Tech GmbH: NO_x Out – Das neue Verfahren. Firmenprospekt und Verfahrensbeschreibung, Eschborn 1988
56 L. & C. Steinmüller GmbH: Minderung der NO_x-Emission, Sekundärmaßnahmen. Firmenprospekt P 8711-10-04/2. L, Gummersbach 1987
57 Weber, E.; Hübner, K.: Ergebnisse reaktionskinetischer Untersuchungen zur katalytischen NO_x-Reduktion mit Ammoniak. In: VGB-Handbuch NO_x-Bildung und NO_x-Minderung bei Dampferzeugern für fossile Brennstoffe, VGB-B 301, VGB-Kraftwerkstechnik GmbH, Essen 1986
58 Schönbucher, B.; Fritz, P.: Auslegung, Anordnung und Funktion der DENOX-Anlage für Block 7 im Kraftwerk Heilbronn. VGB-Kraftwerkstechnik Nr. 3, 1987
59 Marnet, Chr.; Kassebohm, B.: SCR-Versuchsanlagen hinter einer Schmelzkammerfeuerung mit Flugstaubrückführung. In: VGB-Handbuch NO_x-Bildung und NO_x-Minderung bei Dampferzeugern für fossile Brennstoffe, VGB-B 301, VGB-Kraftwerkstechnik GmbH, Essen 1986
60 Koenig, J.; Derichs, W.; Hein, K.: Versuche zur SCR-Technik für Braunkohlenfeuerungen. In: VGB-Handbuch NO_x-Bildung und NO_x-Minderung bei Dampferzeugern für fossile Brennstoffe, VGB-B 301, VGB-Kraftwerkstechnik GmbH, Essen 1986
61 Das Mannesmann/Steuler Verfahren zur Minderung von NO_x-Emissionen aus Kraftwerken. Firmenprospekt Nr. 3376, Mannesmann Anlagenbau AG, Düsseldorf, und Steuler, Höhr-Grenzhausen 1987
62 Poller, J.: Versuchsanlage zur katalytischen Minderung von Stickstoffoxid-Emissionen nach dem Mannesmann-Steuler-Verfahren hinter einem steinkohlebefeuerten Schmelzkessel im VEW-Kraftwerk Westfalen. In: VGB-Handbuch NO_x-Minderung bei Dampferzeugern für fossile Brennstoffe, VGB-B 301, VGB-Kraftwerkstechnik GmbH, Essen 1986
63 Jüntgen, H.: Abgasseitige Minderungsmaßnahmen für NO_x – Stand der Entwicklung, VDI-Ber. Nr. 495 (1984) 127–132
64 Uhde: Anlagen zur Rauchgasreinigung, Verfahren Bergbauforschung/Uhde. Firmenprospekt, Uhde GmbH, Dortmund 1983
65 VGB Technische Vereinigung der Großkraftwerksbetreiber e.V.: VGB-Handbuch NO_x-Bildung und NO_x-Minderung bei Dampferzeugern für fossile Brennstoffe. VGB-B 301, VGB-Kraftwerkstechnik GmbH, Essen 1986
66 Asmuth, P.; Dettmann, P.: Aktivkohle-Katalysator hinter REA. In: VGB-Handbuch NO_x-Bildung und NO_x-Minderung bei Dampferzeugern für fossile Brennstoffe. VGB-301, VGB-Kraftwerkstechnik GmbH, Essen 1986
67 Weisweiler, W.; Hochstein, B.: Umweltverträgliche Katalysatoren zur Entstickung. Staub-Reinhalt. Luft 49 (1989) Nr. 2, S. 37–43
68 Hellstern, R.: NO_x-Minderung an Feuerungsanlagen mit Katalysatoren. Diplomarbeit Nr. 2197 am Institut für Verfahrenstechnik und Dampfkesselwesen der Universität Stuttgart 1986
69 Jordan, S.; Paur, H.-R.; Schikarski, W.: Simultane Entschwefelung und Entstickung mit dem Elektronenstrahlverfahren. Physik in unserer Zeit 19 (1988) Nr. 1, S. 8–15
70 Bussien, R. (Begr.); Goldbeck, G. (Hrsg.): Automobiltechnisches Handbuch. Ergänzungsband zur 18. Aufl. Berlin: de Gruyter 1978
71 Robert Bosch GmbH: Kraftfahrtechnisches Taschenbuch. 20. Aufl.. Düsseldorf: VDI 1987
72 Beier, R. u.a.: Verdrängungsmaschinen, Teil II Hubkolbenmotoren. Handbuchreihe Energie. München: Technischer Verlag Resch und Köln: TÜV Rheinland 1983
73 Berendes, H.; Eickhoff, H.: Entwicklung eines Regenerationssystems für Abgaspartikelfilter bei Dieselmotoren, Verbrennung und Feuerungen – 14. Dt. Flammentag. VDI-Ber. 765, S. 559–568. Düsseldorf: VDI 1989
74 Bernhardt, W.; Heitland, H.: Katalytische Abgasreinigung. Beitrag in [70], S. 1 296–1 311

75 Buck, D.: Der Abgaskatalysator – Aufbau, Funktion und Wirkung. Schriftenreihe der Adam Opel AG 42, Rüsselsheim 1984
76 Johnson Matthey Chemicals Limited: Kleine Katalysator-Kunde, Firmendruckschrift, Köln 1988
77 Ulrich, J.G.: Der Katalysator. Ingenieure berichten zum Thema Auto und Umwelt, Druckschrift der Fa. Dr. Ing. h.c. F. Porsche AG, Stuttgart 1985
78 Firma J. Eberspächer: Abgasreinigung – Katalysator – Rußfilter, Firmendruckschrift, Esslingen 1985
79 Robert Bosch GmbH (Hrsg.): Autoelektrik, Autoelektronik am Ottomotor. Düsseldorf: VDI 1987
80 Lies, K.-H.; Schulze, J.; Winneke, H.; Kuhler, M.; Kraft, J.; Hartung, A.; Postulka, A.; Gring, H.; Schröter, D.: Nicht limitierte Automobil-Abgaskomponenten. Volkswagen AG, Forschung und Entwicklung, Wolfsburg 1988
81 Goldschmidt, K.: Versuche zur Entschwefelung von Rauchgasen mit Weißkalkhydrat und Dolomitkalkhydrat bei Öl- und Kohlenstaub-Feuerungen. Fortschr.-Ber. VDI-Z., Reihe 6, Nr. 21 1968
82 Zentgraf, K.-M.: Beitrag zur SO_2-Messung in Rauchgasen und zur Rauchgasentschwefelung mit Verbindungen der Erdalkalimetalle. Fortschr.-Ber. VDI-Z., Reihe 3, Nr. 22, 1967
83 Michele, H.: Rauchgasreinigung mit trockenen Sorbentien – Möglichkeiten und Grenzen. Chem.-Ing. Tech. 56 (1984) Nr. 11, S. 819 – 829
84 Wildner, R.: Entstaubung und Entschwefelung kleiner bis mittelgroßer Kesselanlagen. Fachreport Rauchgasreinigung, Sonderteil der Zeitschriften BWK Brennstoff – Wärme – Kraft, Nr. 1/2 – 1986, und Umwelt, Nr. 1 – 1986
85 Hlubek, W.; Hein, K.: SO_2-Emissionsminderung bei Braunkohlefeuerungen – ein Beitrag zum Umweltschutz. VGB Kraftwerkstechnik 63 (1983), H. 4, S. 327 – 331
86 Reh, L.: Neue großtechnische Anwendungen des Reaktionsprinzips der zirkulierenden Wirbelschicht. Chem.-Ing.-Tech. 56 (1984) Nr. 3, S. 197 – 202
87 Chughtai, M.Y.; Michelfelder, S.: Schadstoffeinbindung durch Additiveinblasung um die Flamme. Brennstoff – Wärme – Kraft 35 (1983) Nr. 3, S. 75 – 83
88 Wickert, K.: Versuche zur Entschwefelung vor und hinter dem Brenner zur Verringerung des SO_2-Auswurfes. Mitteilungen der VGB (1963) Nr. 83, S. 74 – 82
89 Weisweiler, W.; Hoffmann, R.; Stein, R.: Trockene Rauchgasentschwefelung mit Kalkstein oder Dolomit: Verbesserung der Entschwefelungswirkung durch Optimierung der Feststoff-Porenstruktur, Pelletierung und chemische Aktivierung. Kernforschungszentrum Karlsruhe, Forschungsbericht KfK-PEF 31, Oktober 1987
90 L. & C. Steinmüller GmbH: Rauchgasreinigung. Firmendruckschrift P 8906-14-10/1. L, Gummersbach 1989
91 Bengtsson, S.; Ahman, S.; Kletsch, W.: Das Fläkt Drypac-Verfahren. Firmendruckschrift, Fläkt AG, Växjo, Schweden 1983
92 Schojan, N.: Alkali/CDAS, zwei Rauchgasentschwefelungsverfahren von Fläkt für kohlegefeuerte Kesselanlagen im Leistungsbereich 1 – 50 MW_{th}. Firmenbericht, Fläkt Industrieanlagen GmbH, Butzbach 1987
93 Babcock-BSH AG: Trockensorption von SO_2, HCl, HF aus Rauchgasen. Firmendruckschrift, Krefeld 1983
94 Gude, K.E.; Andreassen, J.: Das Sprühabsorptionsverfahren zur Rauchgasentschwefelung. Firmenbericht, Niro Atomizer, Söborg Dänemark 1984
95 Forck, B.: Entschwefelung von Rauchgasen – Stand und Entwicklung. VDI-Ber. Nr. 495, S. 67 – 72, Düsseldorf 1984
96 Voos, H.: Rauchgasreinigung – angewandte Verfahren und Entwicklungen. Technische Mitteilungen 78 (1985) H. 10, S. 498 – 504
97 Hüller, R.; Judersleben, P.; Hemming, H.: Betriebserfahrungen mit dem KRC/EVT Entschwefelungsverfahren. VDI-Ber. Nr. 495, S. 77 – 81, Düsseldorf 1984
98 Voos, H.; Makinejad; Mohn: Aktuelles zum Thema Rauchgasentschwefelung. L. & C. Steinmüller GmbH, Firmenbroschüre, Gummersbach, August 1983
99 Deutsche Babcock Anlagen AG: Rauchgasentschwefelung. Firmendruckschrift 33/6/87, Krefeld 1987

100 Grünewald, K.-G.; Clausen, J.: Abwasser aus Rauchgasentschwefelungsanlagen. Vorträge der VGB-Konferenz Kraftwerk und Umwelt 1989, S. 300–305, VGB-Kraftwerkstechnik GmbH, Essen 1989

101 Sieth, J.: Abwasser aus Rauchgasendreinigungsanlagen. Techn. Mitteilungen 78 (1985) H. 1/2, S. 71–73

102 Dettmann, P.; Luther-Goldmann, K.; Otterstetter, H.: Erfahrungen mit der Eindampfung von REA-Abwasser und Weiterbehandlung der Eindampfrückstände. Vorträge der VGB-Konferenz Kraftwerk und Umwelt 1989, S. 298–299, VGB-Kraftwerkstechnik GmbH, Essen 1989

103 Bundesverband der Gips- und Gipsbauplattenindustrie e.V.: Der Überschuß – Rauchgasgips – ein Substitutionsrohstoff für Naturgips? Energie 36 (1984), Nr. 6, S. 40–48

104 Täubert, U.: Verwertungskonzept für Reststoffe aus Kohlekraftwerken. VGB-Kraftwerkstechnik 68 (1988), H. 11, S. 1 172–1 179

105 Beckert, J.: Vergleich von Naturgips und REA-Gips. Vorträge der VGB-Konferenz Kraftwerk und Umwelt 1989, S. 271–274, VGB-Kraftwerkstechnik GmbH, Essen 1989

106 Baumüller, F.: Entschwefelung – Überblick über die Entschwefelungsverfahren. Anwenderreport Rauchgasreinigung der VDI-Zeitschriften, Staub-Reinhaltung der Luft und Brennstoff-Wärme-Kraft, Düsseldorf 1985

107 Leimkühler, J.; Weißert, H.: Betriebserfahrungen mit der Rauchgasentschwefelung Wilhelmshafen, Firmendruckschrift, Fa. Bischoff GmbH & Co. KG, Essen 1984

108 Herzog, G.W.; Kofler, G.; Priemer, H.; Veiter, E.: Das RCE-Entschwefelungsverfahren. Radex-Rundschau, H. 3 (1983) S. 260–281 (Österreichisch-Amerikanische Magnesit AG, Radentheim/Kärnten)

109 Uhde GmbH: Anlagen zur Rauchgasentschwefelung – Kobe Steel Verfahren. Firmendruckschrift BV I7 19 1000 83, Dortmund 1983

110 Thyssen Engineering GmbH: Entschwefelungsanlagen. Firmendruckschrift IWG 03474, Essen

111 S-H-L Saarberg-Hölter-Lurgi GmbH: Rauchgasentschwefelung und Abgasreinigung. Firmendruckschrift, Saarbrücken 1983

112 Hamm, H.; Müller, R.: Das zweistufige Knauf-Research-Cottrell-Verfahren zur Rauchgasentschwefelung am Beispiel des Kraftwerkes Franken. Zement-Kalk-Gips International 35 (1982) H. 6, S. 313–317 und Firmenprospekt KRC-EVT, Würzburg und Stuttgart

113 GEA Energietechnik GmbH & Co.: Abgasentschwefelung mit dem GEA CT-121 Verfahren. Bochum 18988

114 Walther Umwelttechnik: Rauchgasentschwefelung – Dünger aus Gas. Firmendruckschrift, Köln 1984

115 Neumann, U.: Regenerative Rauchgasentschwefelung nach dem Wellman-Lord-Verfahren. Chemie-Technik 12 (1983) H. 7, S. 21–24

116 Wahl, D.-J.; Rahm, J.; Grimm, H.H.: Erfahrungen mit der Rauchgasentschwefelung nach dem Wellman-Lord-Verfahren. Vorträge der VGB-Konferenz Kraftwerk und Umwelt 1989, S. 249–253, VGB-Kraftwerkstechnik GmbH, Essen 1989

117 Lange, M.: Fortschreibung von Regelwerken zur Emissionsbegrenzung bei Feuerungsanlagen. Fachveranstaltung „Aktuelle Fragen zur Rauchgasendreinigung" des Hauses der Technik, Essen, Vortragsveröffentlichungen 500, Essen: Vulkan 1985

118 Mannesmann Anlagenbau: Regenerativverfahren für die Entschwefelung von Rauchgasen. wlb „wasser, luft und betrieb" 3/86, S. 34–39

119 Haasis, H.-D.; Remmers, J.; Schons, G.; Rentz, O.: Ergebnisse eines Landesprogrammes über die Minderung von SO_2- und NO_x-Emissionen bei kleinen und mittleren Anlagen der Industrie. Die Industriefeuerung 40, Essen: Vulkan 1987

120 Energie-Versorgung Schwaben AG: Heizkraftwerk Heilbronn. Druckschrift, Stuttgart 5/89

121 Schönbucher, B.; Poensgen, Th.; Fahlenkamp, H.: Aufbau und Funktion der Rauchgasentschwefelungsanlage für Block 7 im Kraftwerk Heilbronn. VGB Kraftwerkstechnik 1987, Heft 3

122 IZE – Informationszentrale der Elektrizitätswirtschaft e. V.: Energiewirtschaft kurz und bündig. Frankfurt 1991

123 Umweltbundesamt: Luftreinhaltung '88 – Tendenzen – Probleme – Lösungen. Materialien zum 4. Immissionsschutzbericht der Bundesregierung an den Deutschen Bundestag, Berlin: Erich Schmidt 1989

124 Eigenberger, G.: Abluftreinigung – Schadgase und Gerüche. In: Arbeitsgruppe Luftreinhaltung der Universität Stuttgart, Jahresbericht 1988
125 Baum, F.: Luftreinhaltung in der Praxis. München: R. Oldenbourg 1988
126 VDI-Richtlinie 2280, Entwurf: Emissionsminderung – Flüchtige organische Verbindungen, insbesondere Lösemittel. Berlin: Beuth 1985
127 VDI-Richtlinie 3675 E: Abgasreinigung durch Absorption. Berlin: Beuth Mai 1981
128 VDI-Richtlinie 2443 E: Abgasreinigung durch oxidierende Gaswäsche. Berlin: Beuth Januar 1980
129 Umweltbundesamt (Hrsg): Handbuch Abscheidung gasförmiger Luftverunreinigungen. UMPLIS Information- und Dokumentationssystem Umwelt. Berlin: Erich Schmidt 1981
130 KT Kunststofftechnik KG: KT-Anlagen zur Luftreinhaltung – Gase, Dämpfe und Gerüche. Firmendruckschrift, Troisdorf 1985
131 Penzel, U.: Lösemittelhaltige Abluft – Entsorgung und Wertstoffrückgewinnung durch physikalische Absorption mit Desorption im Vergleich zum bio-catalytischen Abbau. VDI-Kolloquium „Aktuelle Probleme der Abluftreinigung und ihre Lösungswege", Düsseldorf 12./13.4.1989, Tagungsbericht, Düsseldorf: VDI
132 Fischer, K. et al.: Biologische Abluftreinigung. Kontakt & Studium, Band 212, Ehningen bei Böblingen Expert 1990
133 Fischer, K.: Biologische Reinigung lösemittelhaltiger Abluft. In: ALS Arbeitsgruppe Luftreinhaltung der Universität Stuttgart, Jahresbericht 1989
134 Kast, W.: Adsorption aus der Gasphase – Ingenieur-wissenschaftliche Grundlagen und technische Verfahren. Weinheim: VCH Verlagsgesellschaft 1988
135 VDI-Richtlinie 3674 E: Abgasreinigung durch Adsorption – Oberflächenreaktion und heterogene Katalyse. Berlin: Beuth Juni 1981
136 Kast, W.; Otten, W.: Der Durchbruch in Adsorptions-Festbetten: Methoden der Berechnung und Einfluß der Verfahrensparameter. Chem.-Ing.-Tech. 59 (1987) 8, S. 1–12
137 Krill, H.: Adsorption organischer Stoffe an Aktivkohle. Staub-Reinhalt. Luft 36 (1976) 7, S. 298–302
138 Lurgi: Anwendung von Aktivkohle zur Luftreinhaltung. Lurgi Information T 1 117, 8, 1–5, Frankfurt 1974
139 Kuschel, H.: Adsorptive Entfernung eines Lösemittelgemisches aus der Abluft eines folienverarbeitenden Betriebes. Staub-Reinhalt. Luft 36 (1976) 7, S. 303–306
140 Rotamill Maschinenbau GmbH: Aktivkohleanlagen zur Lösemittel-Rückgewinnung. Firmenprospekt, Siegen 1988
141 Davy Bamag GmbH: Entfernung und Rückgewinnung von flüchtigen Lösemitteln aus Abgas mittels Aktivkohle. Technische Informationen, Butzbach 1979
142 Günter, H.-G.: Industrielle Abluftreinigung nach dem Verfahren der Adsorption an Aktivkohle. Arbeitsbericht 24, Dürr Anlagenbau, Stuttgart 1982
143 Zimmermann, M.: Aktivkohle-Anlagen – Ihre Bedeutung im Einsatz mit Chemisch-Reinigungsmaschinen zur Rückgewinnung organischer Lösemittel aus der Luft. Wäscherei- und Reingungspraxis, Hefte 5 und 6/68
144 Bräuer, H.W.: Minderung der Geruchsstoff-Emissionen aus Lackierbetrieben durch adsorptive Reinigung; VDI-Berichte 416 (1982) 127–132
145 Grashof, J.: Erfahrungen mit einer Abluftreinigungsanlage an der Karosseriespritzkabine. Bericht, 1. Deutscher Automobilkreis, Porsche AG, Stuttgart 1987
146 Jeckel, A.: Untersuchungen zur Lösemittelabscheidung aus Spritzkabinenabluft. Diplomarbeit am Institut für Verfahrenstechnik und Dampfkesselwesen der Universität Stuttgart 1988
147 VDI-Richtlinie 2442: Abgasreinigung durch thermische Verbrennung. Berlin: Beuth Juni 1987
148 Kraftanlagen AG Heidelberg: TNV-Abhitzeanlage. Firmeninformation
149 VDI-Richtlinie 2441E: Katalytische Nachverbrennung. Berlin: Beuth Juli 1975
150 Schmidt, T.: Grundlagen und Anwendungen der katalytischen Nachverbrennung in der lösemittelverarbeitenden Industrie. VDI-Kolloquium „Aktuelle Probleme der Abluftreinigung und ihre Lösungswege", Düsseldorf 12./13.4.1989, Tagungsbericht, Düsseldorf: VDI
151 Nieken, U.: Katalytische Abluftreinigung mit autothermer Reaktionsführung. In: ALS Arbeitsgruppe Luftreinhaltung der Universität Stuttgart, Jahresbericht 1989
152 Strathmann, H.: Trennung von molekularen Mischungen mit Hilfe synthetischer Membranen. Darmstadt: Steinkopff 1979

153 Egli, S.; Ruf, A.; Buck, A.: Gastrennung mittels Membranen. Ein Überblick. Swiss Chem 6 (1984) Nr. 9, S. 3–24
154 Paul, H.; Dahm, W.; Rautenbach, R.; Strathmann, H.: Lösemittelrückgewinnung mit Hilfe von Membranen. Wasser, Luft und Betrieb (1988) Nr. 5, S. 39–45
155 Ripke, C.: Planung einer mobilen Meß- und Testanlage mit Gaspermeationssystem zur Rückgewinnung von Lösemitteln aus Abluft. Diplomarbeit, Fachhochschule für Technik, Esslingen 1989

8 Luftreinhaltevorschriften in der Bundesrepublik Deutschland

8.1 Übersicht

In der Bundesrepublik Deutschland und in West-Berlin waren bis Ende 1959 die §§ 16, 24 und 25 der Gewerbeordnung die Rechtsgrundlage für Maßnahmen zur Reinhaltung der Luft.

Ende 1959 erfolgte eine Änderung der Gewerbeordnung (Luftreinhaltegesetz). 1965 trat das Gesetz über Vorsorgemaßnahmen zur Luftreinhaltung in Kraft. Alle diese Gesetze konnten jedoch auf Dauer die ständig größer werdenden Umweltbelastungen nicht mehr ausreichend einschränken. Die einzelnen Bundesländer behalfen sich daher zum Teil mit eigenen Landes-Immissionsschutzgesetzen.

Eine Wende im Umweltbewußtsein brachte das Jahr 1970, das Jahr des Umweltschutzes. Im September 1970 wurde von der Bundesregierung ein Sofortprogramm zum Umweltschutz erstellt, 1971 das Umweltprogramm mit einer Umweltplanung auf lange Sicht. Ein wichtiger Punkt in diesem Programm

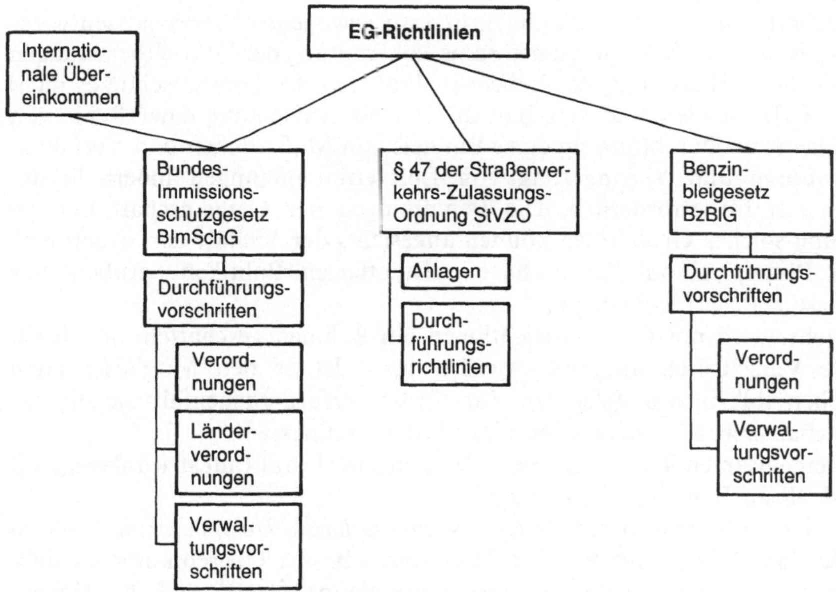

Bild 8.1. Aufbau des Luftreinhalterechts in der Bundesrepublik Deutschland

war die Schaffung bundeseinheitlicher Rechtsgrundlagen zum Immissionsschutz in der Bundesrepublik Deutschland.

1971 trat das Benzinbleigesetz, 1974 das Bundes-Immissionsschutzgesetz mit seinen zahlreichen Verordnungen und Verwaltungsvorschriften, z.B. die neue „Technische Anleitung zur Reinhaltung der Luft", in Kraft.

Den Aufbau des Vorschriftenwerks zur Luftreinhaltung in der Bundesrepublik Deutschland stellt schematisch Bild 8.1 dar.

Zweck des Bundes-Immissionsschutzgesetzes ist es, Menschen sowie Tiere, Pflanzen und Sachen vor schädlichen Umwelteinwirkungen und – soweit es sich um genehmigungsbedürftige Anlagen handelt – auch vor Gefahren, erheblichen Nachteilen und Belästigungen, die auf andere Weise herbeigeführt werden, zu schützen und dem Entstehen schädlicher Umwelteinwirkungen vorzubeugen [1].

Das Bundes-Immissionsschutzgesetz ermächtigt die Bundesregierung bzw. die Länderregierungen, nach Anhörung der beteiligten Kreise und, falls erforderlich, nach Zustimmung durch den Bundesrat, Durchführungsvorschriften (Verordnungen, Verwaltungsvorschriften und Richtlinien) zu erlassen.

Entsprechend verhält es sich mit der Straßenverkehrs-Zulassungs-Ordnung [2], deren Durchführungsvorschriften in Anlagen enthalten sind, und mit dem Benzinbleigesetz [3] mit seinen Verordnungen und Verwaltungsvorschriften.

Inzwischen wurden auch auf Ebene der Europäischen Gemeinschaft Vorschriften zur Luftreinhaltung erlassen. Übergeordnete europäische Regelungen wurden notwendig, da, wie in verschiedenen EG-Richtlinien ausgeführt wird [4], unterschiedliche Bestimmungen zur Bekämpfung der Luftverunreinigungen in den EG-Mitgliedsstaaten zu ungleichen Wettbewerbsbedingungen führen und sich damit unmittelbar auf das Funktionieren des Gemeinsamen Marktes auswirken könnten. „Eine der wichtigsten Aufgaben der Gemeinschaft ist die Förderung einer harmonischen Entwicklung des Wirtschaftslebens innerhalb der Gemeinschaft sowie einer beständigen und ausgewogenen Wirtschaftsentwicklung. Dies ist jedoch ohne eine gemeinsame Bekämpfung der Umweltbelastungen und ohne die Verbesserung der Lebensqualität und des Umweltschutzes nicht möglich" [4]. Zu diesem Zweck hält die EG die Aufstellung einer Reihe von Grundsätzen zur Durchführung eines Bündels von Maßnahmen und Verfahren zur Verhütung und Verringerung von Luftverunreinigungen innerhalb der Gemeinschaft für erforderlich. Die Bemühungen der Gemeinschaft um die Einführung solcher Grundsätze können angesichts der Vielfalt der Situationen und der Prinzipien, auf denen die einzelstaatlichen Politiken beruhen, nur schrittweise realisiert werden [4].

Zunächst wird mit den EG-Richtlinien ein Rahmen geschaffen, der durch nationale Vorschriften ausgefüllt werden bzw. der es den Mitgliedsstaaten ermöglichen soll, ihre bestehenden Vorschriften erforderlichenfalls an die auf Gemeinschaftsebene beschlossenen Grundsätze anzupassen.

Die gemeinsamen Regelungen beziehen sich sowohl auf Industrieanlagen, auf Produkte als auch auf Kraftfahrzeuge.

Über den EG-Rahmen hinaus gibt es *internationale Übereinkommen*, die in nationales Recht überführt wurden. Hier sind z.B. das Übereinkommen über weiträumig grenzüberschreitende Luftverunreinigung [5, 6] und das Wiener Übereinkommen zum Schutz der Ozonschicht [7] zu nennen.

8.2 Bundes-Immissionsschutzgesetz mit Verordnungen und Verwaltungsvorschriften

8.2.1 Regelbereiche

Das Bundes-Immissionsschutzgesetz (BImSchG) besteht aus mehreren Teilen, die im wesentlichen in einen anlagen-, einen produkt- und einen gebietsbezogenen Immissionsschutz eingeteilt werden können [8]. Darüber hinaus werden noch einige spezielle Bereiche behandelt. Die Emissionen von Fahrzeugen werden im BImSchG zwar auch erwähnt, das Nähere wird aber in der Straßenverkehrs-Zulassungs-Ordnung und in EG-Richtlinien geregelt.

Im BImSchG wird der Rahmen für Maßnahmen gesetzt, der durch Rechtsverordnungen und Verwaltungsvorschriften ausgefüllt wird. Die Verwaltungsvorschriften richten sich an die Verwaltungsbehörden, z.B. an Genehmigungsbehörden, um die Vorgehensweise für Maßnahmen zum Immissionsschutz einheitlich zu regeln. So steht im Gesetz, daß die Umwelt, Menschen, Tiere, Pflanzen usw., vor schädlichen Umwelteinwirkungen zu schützen sind, daß von Anlagen keine schädlichen Luftverunreinigungen ausgehen dürfen usw.. Was aber als schädliche Umwelteinwirkung (Immission) oder als unzulässige und nach dem Stand der Technik vermeidbare Emission angesehen wird, das wird in den Verordnungen und Verwaltungsvorschriften näher präzisiert. Einen Überblick über die Regelungsbereiche des BImSchG mit Verordnungen und Verwaltungsvorschriften gibt Bild 8.2. Das BImSchG gilt sowohl für den Bereich der Luftreinhaltung als auch für den Lärmschutz. Die Ausführungen werden im folgenden auf die Luftreinhaltung beschränkt.

8.2.2 Genehmigungsbedürftige Anlagen

Die Errichtung von Anlagen, deren Emissionen für die Bewohner benachbarter Grundstücke oder für das Publikum überhaupt erhebliche Nachteile, Gefahren oder Belästigungen herbeiführen können, ist seit letztem Jahrhundert nur mit Genehmigung der zuständigen Behörde zulässig. Die erste Technische Anleitung zur Reinhaltung der Luft (TA Luft), die spezielle Anforderungen an genehmigungsbedürftige Anlagen enthielt, stammt aus dem Jahre 1964 und basierte auf der Gewerbeordnung.

8.2.2.1 Verordnung über genehmigungsbedürftige Anlagen (4. BImSchV)

Für genehmigungsbedürftige Anlagen gibt es heute ausführliche Regelwerke. Die 4. Verordnung zum BImSchG definiert, welche Anlagen genehmigungsbedürftig sind und führt die Anlagen im einzelnen mit ihren Größenbereichen auf. Tabelle 8.1 gibt einen Überblick über die in der 4. BImSchV genannten Anlagenarten [9]. Bereits 1869 war in den damaligen Regelwerken ein Großteil der jetzigen Anlagen genehmigungspflichtig [10].

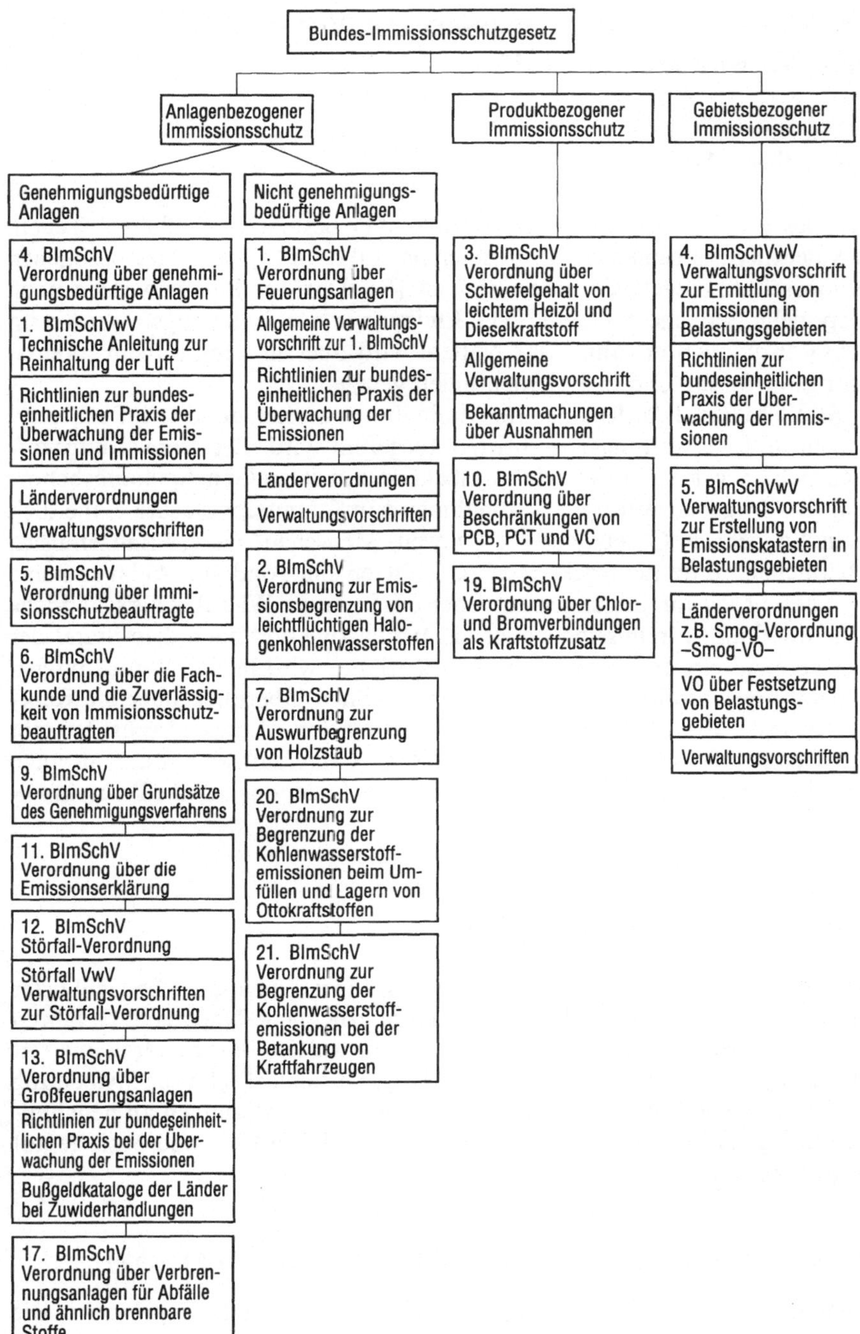

Bild 8.2. Regelbereiche des Bundes-Imissionsschutzgesetzes mit Verordnungen und Verwaltungsvorschriften (Gliederung nach [8])

Tabelle 8.1. Arten von genehmigungsbedürftigen Anlagen nach der 4. BImSchV [9]; die einzelnen Anlagenarten sind erst ab gewisser Größe genehmigungsbedürftig, die Größenbereiche sind in der 4. BImSchV genannt

Nummer der Anlagenart	Anlagenart	Anlagen-Beispiele
1.	Wärmeerzeugung, Bergbau, Energie	Kraftwerke mit fossilen Brennstoffen und Feuerungsanlagen allgemein, Brikettfabriken
2.	Steine und Erden, Glas, Keramik, Baustoffe	Zementwerke, Glasschmelzen, Ziegelwerke
3.	Stahl, Eisen und sonstige Metalle einschließlich Verarbeitung	Roheisen- und Stahlerzeugung, Gießereien
4.	Chemische Erzeugnisse, Arzneimittel, Mineralölraffinerien und Weiterverarbeitung	Chemieanlagen für verschiedenste Erzeugnisse, Düngemittelfabriken, Waschmittelherstellung, Mineralöl-Raffinerien
5.	Oberflächenbehandlung mit organischen Stoffen, Herstellung von bahnenförmigen Materialien aus Kunststoffen, sonstige Verarbeitung von Harzen und Kunststoffen	Lackierereien und Trocknungsanlagen, Druckereien
6.	Holz, Zellstoff	Papierfabriken, Spanplattenherstellung
7.	Nahrungs-, Genuß- und Futtermittel, landwirtschaftliche Erzeugnisse	Massentierhaltungen, Tierkörperbeseitigungsanlagen, Gelatine- und Leimherstellung, Getreidemühlen, Ölmühlen, Zuckerfabriken, Kaffeeröstereien, Schokolade-, Milchpulverfabriken
8.	Verwertung und Beseitigung von Reststoffen	Müllverbrennungsanlagen, Kompostwerke, chemische Aufbereitungen
9.	Lagerung, Be- und Entladen von Stoffen	Gas- und Mineralöllager, Chemikalienlager der verschiedensten Art
10.	Sonstige	Anlagen zur Herstellung pyrotechnischer Erzeugnisse, Kautschukerzeugnisse, Klebe- und Reinigungsmittel, Färbereien, Bleichereien

8.2.2.2 Technische Anleitung zur Reinhaltung der Luft (TA Luft)

Die „Erste Allgemeine Verwaltungsvorschrift zum Bundes-Immissionsschutzgesetz (Technische Anleitung zur Reinhaltung der Luft – TA Luft) [11] in der Fassung vom 27.2.1986 gilt für genehmigungsbedürftige Anlagen. Sie enthält Vorschriften zur Luftreinhaltung, die die zuständigen Behörden bei der Bearbeitung von Genehmigungsanträgen und bei der Überwachung von Anlagen zu beachten haben. Eine Übersicht gibt Tabelle 8.2.

Die in der TA Luft angegebenen Immissionswerte sind von der Behörde bei der Beurteilung von Umwelteinwirkungen zugrunde zu legen.

Tabelle 8.2. Übersicht über den Inhalt der Technischen Anleitung zur Reinhaltung der Luft [11]

1 Anwendungsbereich	gültig für genehmigungsbedürftige Anlagen nach 4. BImSchV
2 Allgemeine Vorschriften zur Reinhaltung der Luft	
2.1 Begriffsbestimmungen und Einheiten im Meßwesen	Immissionen, Emissionen, Emissionsgrad, Emissionswerte und -begrenzungen, Geruchszahl, Einheiten
2.2 Allgemeine Grundsätze für Genehmigung und Vorbescheid	Prüfung der Anträge, Prüfung von Gesundheitsgefahren, erheblichen Nachteilen und Belästigungen, von Sonderfällen und Änderungsgenehmigungen, Vorsorge
2.3 Krebserzeugende Stoffe	Emissionsgrenzwerte für 3 Stoffklassen: Klasse I: 0,1 mg/m³, II: 1 mg/m³, III: 5 mg/m³
2.4 Ableitung von Abgasen	Verfahren zur Berechnung der Schornsteinmindesthöhen
2.5 Immissionswerte	Festlegung von Immissionswerten IW1 und IW2 zum Schutz vor Gesundheitsgefahren[a] und zum Schutz vor erheblichen Nachteilen und Belästigungen
2.6 Ermittlung der Immissionskenngrößen	Meßplan zur Ermittlung der Kenngrößen für die Vorbelastung: Beurteilungsgebiet und -fläche, Meßhöhe, Meßzeitraum, Meßstellen, Meßverfahren, Meßhäufigkeit, Meßwerte, Auswertung der Messungen. Kenngrößen für die Zusatzbelastung: Festlegung des Rechenverfahrens für die Ausbreitung (Gauß-modell), Kenngrößen für die Gesamtbelastung
3 Begrenzung und Feststellung der Emissionen	
3.1 Allgemeine Regelungen zur Begrenzung der Emissionen	Verfahrensoptimierung, Optimierung von An- und Abfahrvorgängen, Berücksichtigung der Abgasverdünnung; Grenzwerte für staubförmige Stoffe (z.B. 50 mg/m³), für Schwermetalle 3 Klassen: Klasse I: 0,2 mg/m³, II: 1 mg/m³, III: 5 mg/m³ Handhabung staubender Güter; Grenzwerte für dampf- und gasförmige Stoffe: – Anorganische Stoffe: Klasse I (z.B. AsH_3, PH_3, $CoCl_2$ u.a.): 1 mg/m³, Klasse II (z.B. Cl_2, HF): 5 mg/m³, Klasse III: (z.B. HCl): 30 mg/m³, Klasse IV: (z.B. SO_2, NO_x): 500 mg/m³. – Organische Stoffe: Stoffliste mit 3 Klassen (20 mg/m³, 100 mg/m³, 150 mg/m³); Handhabung flüssiger organischer Stoffe; Hinweis auf VDI-Richtlinien zur Emissionsminderung
3.2 Messung und Überwachung der Emissionen	Meßplätze, Einzelmessungen: Meßplanung, Meßverfahren, Auswertung, Messung von Geruchsstoffen. Kontinuierliche Messungen: Meßprogramme, Messung von Stäuben und Gasen, Bezugsgrößen (Normdichte, O_2, Feuchte), Meßeinrichtungen (eignungsgeprüfte Geräte!), Auswertung und Beurteilung der Ergebnisse, Kalibrierung und Funktionsprüfung
3.3 Besondere Regelungen für bestimmte Anlagenarten	Emissionsgrenzwerte für Anlagen nach der 4. BImSchV[b]). Die Grenzwerte sind gestaffelt nach den Anlagengrößen

[a] s. auch Abschn. 4.6.
[b] s. Tabelle 8.1.

Da bei der Erstellung der TA Luft ein Kreis von Vertretern der Wissenschaft, der Betroffenen, der beteiligten Wirtschaft, des beteiligten Verkehrswesens und die zuständigen obersten Landesbehörden gehört wurden, werden von der Rechtsprechung die in der TA Luft festgelegten Werte i.allg. als „die Entscheidung der Genehmigungsbehörde prägendes und insofern antizipiertes Sachverständigengutachten“ angesehen [12].

8.2.2.3 Genehmigungsverfahren

Das Bundes-Immissionsschutzgesetz sieht vier Genehmigungsarten vor [12]:
- Genehmigung zur Errichtung und zum Betrieb (Vollgenehmigung, § 4 BImSchG),
- Änderungsgenehmigung (§ 15 BImSchG),
- Teilgenehmigung (§ 8 BImSchG),
- Vorbescheid (§ 9 BImSchG).

Da der Vollzug des BImSchG den Ländern obliegt (Artikel 83, 84 des Grundgesetzes), sind beim Genehmigungsverfahren auch Vorschriften des jeweiligen Länderrechtes maßgebend. Es müssen folgende Vorschriften – in dieser Rangfolge – beachtet werden:
- § 10 BImSchG,
- 9. BImSchV [13],
- Verwaltungsverfahrensvorschriften der Länder.

Der Gang des Genehmigungsverfahrens ist in Bild 8.3 dargestellt.

8.2.2.4 Verordnung über Großfeuerungsanlagen (13. BImSchV)

Wegen ihrer großen Bedeutung für die Luftreinhaltung wurde für eine besondere Art genehmigungsbedürftiger Anlagen bundesweit eine spezielle Verordnung erlassen, die Verordnung über Großfeuerungsanlagen (13. Verordnung zum BImSchG) [14]. Der Unterschied zur TA Luft ist folgender:

Bei Anlagen, die sich in der Größenklasse der TA Luft-Zuständigkeit befinden, muß der Betreiber die im Genehmigungsbescheid enthaltenen Anforderungen erfüllen. Eine Neufassung der TA Luft mit neuen Grenzwerten ist für ihn nicht verbindlich, solange ihm die Behörde keine neuen Auflagen erteilt.

Eine Verordnung wie die Großfeuerungsanlagen-Verordnung ist dagegen für den Betreiber rechtsverbindlich. Er macht sich strafbar, wenn er die Anforderungen nicht einhält, sofern er keine Ausnahmegenehmigung beantragt und erhalten hat.

Die Großfeuerungsanlagen-Verordnung gilt für Errichtung, Beschaffenheit und Betrieb von Feuerungsanlagen für feste und flüssige Brennstoffe mit einer Feuerungswärmeleistung von 50 Megawatt und mehr sowie für Feuerungsanlagen für gasförmige Brennstoffe mit einer Feuerungswärmeleistung von 100 Megawatt und mehr. Die Verordnung gilt nicht für Abfallverbrennungsanlagen, Koksofenunterfeuerungen, Gasturbinen und Nachverbrennungsanlagen sowie Feuerungsanlagen, mit deren Abgasen oder Flammen Güter in unmittelbarer Berührung erwärmt, getrocknet oder sonst behandelt werden.

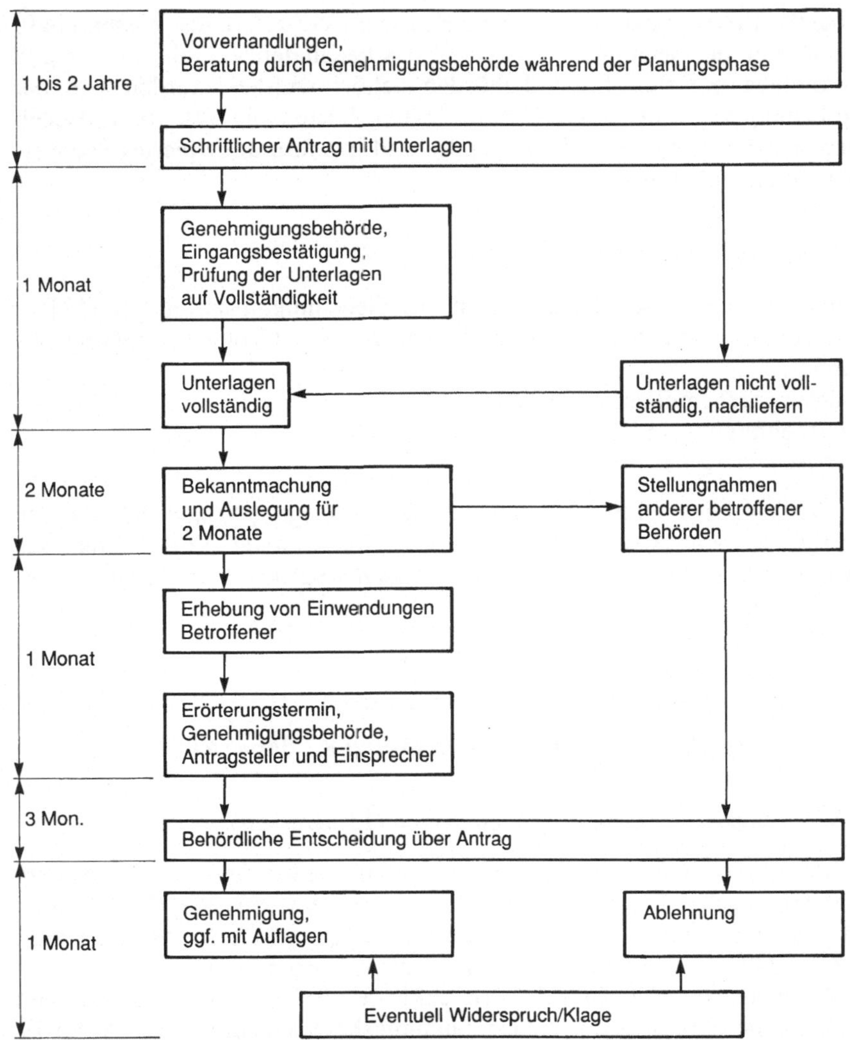

Bild 8.3. Gang des Genehmigungsverfahrens [12]

Die in der Verordnung für die verschiedenen Feuerungsanlagen festgelegten Grenzwerte sind in Tabelle 8.3 aufgeführt. Es werden Anforderungen an Neuanlagen und an Altanlagen mit begrenzter und mit unbegrenzter Restnutzung gestellt. Für Altanlagen mit begrenzter Restnutzung gelten für gewisse Übergangsfristen etwas weniger scharfe Anforderungen. In Tabelle 8.3 sind nur die Anforderungen an Neuanlagen dargestellt.

8.2.3 Nicht genehmigungsbedürftige Anlagen

Nicht genehmigungsbedürftige Anlagen sind vor allem Kleinanlagen, die noch nicht in den Geltungsbereich der 4. BImSch-Verordnung fallen. Nach § 22 des

Tabelle 8.3. Emissionsgrenzwerte der Großfeuerungsanlagenverordnung für Neuanlagen [14]

Brennstoff	Festbrennstoffe					flüssig			gasförmig	
Leistungsbereich MW	50–100	100–300	> 300	bis 300	> 50	50–100	100–300	> 300	100–300	> 300
Besonderheit				Wirbel-schicht-feuerungen	flüssiger Ascheabzug					
Schadstoff mg/m^3										
Staub	50	50	50	50	50	50	50	50	5[a]	5[a]
Arsen, Blei, Cadmium, Chrom, Kobalt, Nickel und deren Verbindungen als Stäube, insg.[b]	0,5	0,5	0,5	0,5	0,5	2[c]	2[c]	2[c]	–	–
Kohlenmonoxid CO	250	250	250	250	250	175	175	175	100	100
Stickstoffoxide $NO+NO_2$ als NO_2	800	800	800	800	1 800	450	450	450	350	350
Dynamisierte Grenzwerte[d] für $NO+NO_2$ als NO_2	400	400	200	400	keine Ausnahme 400 bzw. 200	300	300	150	200	100
Schwefeloxide SO_2+SO_3 als SO_2	2 000	2 000	400	400	400	1 700[e]	1 700[e]	400 (650)	35 100[f] 5[g]	35 100[f] 5[g]
max. Schwefelemissionsgrad in %	–	40	15	25	15	–	40	15	–	–
Halogenverbindungen										
HCl	200	200	100	200	200	30	30	30	–	–
HF	30	30	15	30	30	5	5	5	–	–

Es gelten für verschiedene Feuerungsarten unterschiedliche Bezugs-O_2-Gehalte.

[a] für Gichtgas (Hochofengas)-Feuerungen gelten 10 mg/m^3 Staub, für Industriegase der Stahlerzeugung 100 mg/m^3.

[b] Gilt nur für andere feste Brennstoffe als Kohle oder Holz.

[c] Für Heizöle mit einem Nickelgehalt von mehr als 12 mg/kg Brennstoff.

[d] Die Möglichkeiten, die Emissionen durch feuerungstechnische oder andere dem Stand der Technik entsprechende Maßnahmen zu vermindern, sind auszuschöpfen. Die Umweltministerkonferenz hat 1984 definiert, wie weit die NO_x-Absenkung möglich ist: diese Werte werden als dynamisierte Grenzwerte bezeichnet.

[e] Entspricht 1 Gew. % Schwefel im Heizöl.

[f] Kokereigas.

[g] Flüssiggas.

Tabelle 8.4. Emissionsgrenzwerte der 1. BImSchV für kleine Feuerungsanlagen [15]

Brennstoff	Heizöl EL			Steinkohle Braunkohle Torf	Holz, naturbelassen, stückig u. Späne, Mehl, Rinde oder Stroh				lackiertes oder beschichtetes Holz, Sperrholz, Span-, Faserplatten ohne Holzschutzmittel		
	Verdampfungsbrenner		Zerstäubungsbrenner								
	Leistung in kW										
Schadstoff	11	>11	bis 5000	15···1000	15···50	50···150	150···500	500···1000	50–100	100–500	500–1000
NO_x	nach Stand der Technik minimiert			keine Begrenzungen							
Bezugs-O_2 Vol. %	–	–	–	8	13	13	13	13	13	13	13
Staubförmige Emissionen mg/m^3	–	–	–	150	150	150	150	150	150	150	150
Schwärzung nach Bacherach (Rußzahl)	3	2	1 (Altanlagen 2)	–	–	–	–	–	–	–	–
Grauwert der Abgase (Ringelmann)	–	–	–	<1	<1	<1	<1	<1	<1	<1	<1
Ölderivate	frei von Ölderivaten			–	–	–	–	–	–	–	–
CO g/m^2	–	–	–	–	4	2	1	0,5	0,8	0,5	0,3
SO_2 max. Schwefelgehalt des Brennstoffs Massen %	0,2[a]	0,2[a]	0,2[a]	1	–	–	–	–	–	–	–

[a] Entsprechend der 3. BImSchVO.

Bei *Gasfeuerungsanlagen* werden nur die Abgasverluste begrenzt; für Ölfeuerungen werden ebenfalls die Abgasverluste begrenzt. Für Kochheizherde und Kachelgrundöfen sowie für alle Feststoffeuerungen bis 15 kW Leistung sind bis auf den Grauwert 1 der Ringelmannskala keine Grenzwerte festgelegt, es darf aber nur Kohle mit max. 1% Schwefel, Torf oder naturbelassenes Holz verbrannt werden.

Bundes-Immissionsschutzgesetzes sind solche Anlagen so zu errichten und zu betreiben, daß

1. schädliche Umwelteinwirkungen verhindert werden, die nach dem Stand der Technik vermeidbar sind,
2. nach dem Stand der Technik unvermeidbare schädliche Umwelteinwirkungen auf ein Mindestmaß beschränkt werden und
3. die beim Betrieb der Anlagen entstehenden Abfälle ordnungsgemäß beseitigt werden können [1].

Die Bundesregierung wird im BImSchG ermächtigt, nach Anhörung der beteiligten Kreise durch Rechtsverordnung mit Zustimmung des Bundesrates vorzuschreiben, daß die Errichtung, die Beschaffenheit und der Betrieb nicht genehmigungsbedürftiger Anlagen gewissen Anforderungen genügt und der Betrieb durch regelmäßige Messungen überwacht wird.

Die größte Anzahl nicht genehmigungsbedürftiger Anlagen stellen die Feuerungsanlagen der Hausheizungen dar. Die Anforderungen an diese Anlagen sind in der inzwischen mehrmals novellierten 1. Verordnung zum BImSchG festgelegt [15]. Zum Vollzug der Überwachung wurden ergänzende Verwaltungsvorschriften erlassen.

In der 2. Verordnung zum BImSchG [16] werden Anforderungen an Anlagen gestellt, die mit leichtflüchtigen Halogenkohlenwasserstoffen umgehen. Dies sind z.B. Anlagen zum Entfetten von Gegenständen oder Materialien, Chemische Reinigungen und Anlagen, in denen Öle, Fette oder andere Stoffe aus Pflanzen- oder Tierkörperteilen extrahiert werden, soweit sie nicht zu den genehmigungsbedürftigen Anlagen zählen.

Für eine weitere Anlagenart wurde eine spezielle Verordnung, die 7. BImSchV, erlassen [17]: für Anlagen zur Be- oder Verarbeitung von Holz oder Holzwerkstoffen einschließlich der zugehörigen Förder- und Lagereinrichtungen für Späne und Stäube. Es werden Anforderungen bezüglich der Ausrüstung, der Lagerung von Holzstaub und Spänen sowie bezüglich der Staubemissionen gestellt.

Aufgrund der relativ großen Bedeutung der Schadstoff-Emissionen der Hausheizungen seien hier die Emissionsgrenzwerte für diese Anlagen genannt, s. Tabelle 8.4.

In der 1. BImSchVO sind die Einzelheiten der Überwachung der Anlagen genau aufgeführt. So werden die meisten Anlagen einmal jährlich durch Messungen von den Schornsteinfegern überprüft.

8.2.4 Produktbezogener Immissionsschutz

Die wichtigste Verordnung in diesem Bereich betrifft die Begrenzung des *Schwefelgehalts* von leichtem Heizöl und Dieselkraftstoff; es handelt sich um die „Dritte Verordnung zur Durchführung des Bundes-Immissionsschutzgesetzes, 3. BImSchV“ [18]. Mit dieser Verordnung wurden einheitlich in der ganzen Bundesrepublik Deutschland die Schwefeldioxid-Emissionen der Hausheizungen und Industriefeuerungen sowie der Dieselfahrzeuge vermindert. Danach dürfen leichtes Heizöl und Dieselkraftstoff gewerbsmäßig oder im Rahmen wirtschaftlicher Unternehmungen anderen nur überlassen werden, wenn folgender Höchstge-

halt an Schwefelverbindungen, berechnet als Schwefel, nicht überschritten wird [18]:
- ab 01.05.1975: 0,55 Massenanteil in %,
- ab 01.05.1976: 0,50 Massenanteil in %,
- ab 01.01.1979: 0,30 Massenanteil in %,
- ab 01.03.1988: 0,20 Massenanteil in %.

In der Verordnung und den zugehörigen Verwaltungsvorschriften werden die organisatorischen Einzelheiten der Überwachung, der Einfuhr, der Behandlung von Ausnahmen und von Ordnungswidrigkeiten geregelt.

Weitere Produkte, deren Inverkehrbringen in einer speziellen Verordnung, der 10. BImSchV [19], geregelt ist, sind die *polychlorierten Biphenyle* (PCB) *polychlorierten Terphenyle* (PCT) und Mischungen aus beiden, sowie *Vinylchlorid* (*1-Chloräthen; VC*) als Treibgas für Aerosole. PCB, PCT und VC als Treibgas für Aerosole werden, abgesehen von gewissen Ausnahmen, z.B. in Transformatoren, Kondensatoren, Wärmeübertragern und bestimmten Hydraulikanlagen, praktisch verboten.

Die Beschaffenheit von *Ottokraftstoffen* bezüglich des *Bleigehalts* ist nicht über das Bundes-Immissionsschutzgesetz, sondern im Benzinbleigesetz [3] mit Verordnungen und Verwaltungsvorschriften geregelt. Danach darf „Normalbenzin" keine Bleiverbindungen mehr enthalten (<0,013 g/l) und „Superbenzin" nicht mehr als 0,15 g/l.

8.2.5 Gebietsbezogener Immissionsschutz

8.2.5.1 Überwachung der Luftverunreinigung im Bundesgebiet und Luftreinhaltepläne

Im fünften Teil des Bundes-Immissionsschutzgesetzes werden die Überwachung der Luftverunreinigung im Bundesgebiet und die Erstellung von Luftreinhalteplänen geregelt. Um den Stand und die Entwicklung der Luftverunreinigung im Bundesgebiet zu erkennen und Grundlagen für Abhilfe- und Vorsorgemaßnahmen zu gewinnen, haben die nach Landesrecht zuständigen Behörden die Aufgabe, in den *Untersuchungsgebieten,* die näher definiert werden, Art und Umfang bestimmter Luftverunreinigungen in der Atmosphäre fortlaufend festzustellen sowie die für ihre Entstehung und Ausbreitung bedeutsamen Umstände zu untersuchen.

Zur einheitlichen Beurteilung und zur Durchführung der Untersuchungen wurden allgemeine Verwaltungsvorschriften über die Meßobjekte, Meßverfahren und Meßgeräte, für die Zahl und die Lage der Meßstellen und für die Auswertung der Meßergebnisse erlassen: Die 4. BImSchVwV zur Ermittlung von Immissionen in Belastungsgebieten [20] und zahlreiche Richtlinien zur bundeseinheitlichen Praxis bei der Überwachung der Immissionen.

Die nach Landesrecht zuständigen Behörden haben für die Belastungsgebiete *Emissionskataster* aufzustellen, die Angaben enthalten über Art, Menge, räumliche und zeitliche Verteilung und die Austrittsbedingungen von Luftverunreinigungen bestimmter Anlagen und Fahrzeuge. Die *Landesregierungen* sind ermächtigt worden, durch Rechtsverordnung geeignete Stellen zu bestimmen, die die für die Aufstellung des Emissionskatasters erforderlichen Angaben, insbesondere über die Leistung von Einzelfeuerungen, die dort eingesetzten Brennstoffe und die Höhe der Schornsteine ermitteln und an die zuständige Behörde weiterleiten. Das Emissionskataster ist in regelmäßigen Zeitabständen auf den neuesten Stand zu bringen. Über die Grundsätze, die bei der Aufstellung von Emissionskatastern zu beachten sind, hat die Bundesregierung die „Fünfte Allgemeine Verwaltungsvorschrift zum Bundes-Immissionsschutzgesetz, 5. BImSchVwV", erlassen [21]. In dieser Verwaltungsvorschrift sind u.a. die bei der Ermittlung der Emissionen anzuwendenden Emissionsfaktoren für Feuerungsanlagen in Hausheizungen und Kleingewerbe, für spezielle kleingewerbliche Anlagen und Emissionsfaktoren für Kraftfahrzeuge aufgelistet.

Die Feststellung der Immissionen und die Emissionskataster sind unter Berücksichtigung der meteorologischen Verhältnisse auszuwerten.

Ergibt die Auswertung, daß im gesamten Belastungsgebiet oder in Teilen dieses Gebietes schädliche Umwelteinwirkungen durch Luftverunreinigungen auftreten oder zu erwarten sind, soll die nach Landesrecht zuständige Behörde für dieses Gebiet einen *Luftreinhalteplan* aufstellen. Dieser Luftreinhalteplan beinhaltet Art und Umfang der festgestellten und zu erwartenden Luftverunreinigungen sowie die durch diese hervorgerufenen schädlichen Umwelteinwirkungen, Feststellungen über die Ursachen der Luftverunreinigungen und Maßnahmen zur Verminderung der Luftverunreinigungen und zur Vorsorge.

8.2.5.2 Schutz bestimmter Gebiete

Nach § 49 des BImSchG werden die Landesregierungen ermächtigt, durch Rechtsverordnungen vorzuschreiben, daß in besonders schutzwürdigen Gebieten bestimmte

1. ortsveränderliche Anlagen nicht betrieben werden dürfen,
2. ortsfeste Anlagen nicht errichtet werden dürfen,
3. ortsveränderliche oder ortsfeste Anlagen nur zu bestimmten Zeiten betrieben werden dürfen oder erhöhten betriebstechnischen Anforderungen genügen müssen oder
4. Brennstoffe in Anlagen nicht oder nur beschränkt verwendet werden dürfen.

Die Landesregierungen sind aufgrund von § 49 des BImSchG außerdem ermächtigt worden, für austauscharme Wetterlagen sog. *Smog-Verordnungen* zu erlassen, in denen Gebiete mit hoher Belastung festgesetzt werden. In den Rechtsverordnungen, die inzwischen von fast allen Bundesländern erlassen wurden [12], sind die jeweils gefährdeten Gebiete genannt (s. Bild 8.4). Es ist vorgeschrieben, daß in diesen Gebieten

1. ortsveränderliche (z.B. Verkehr) oder ortsfeste Anlagen nur zu bestimmten Zeiten oder
2. Brennstoffe, die in besonderem Maße Luftverunreinigungen hervorrufen, in Anlagen nicht oder nur beschränkt verwendet werden dürfen.

Die Auslösekriterien für die Smogvorwarnung und für den Smogalarm wurden nach einer Muster-Smog-Verordnung in den Bundesländern einheitlich festgelegt.

Diese Smogalarm-Werte sind in Tabelle 4.6 aufgeführt.

Bild 8.4. Smog-Gebiete in der Bundesrepublik Deutschland (nach [22] bzw. [23])

Tabelle 8.6. Abgasvorschriften in der Bundesrepublik Deutschland für PKW mit Otto- und Dieselmotoren zur Einstufung als schadstoffarm bzw. bedingt schadstoffarm (nach [25])

Schadstoff	Vorschrift und Einstufung									
	nach Anlage XXIII zur StVZO (Option)[1] schadstoffarm nach US-Norm		nach Anlage XXV[3] zur StVZO schadstoffarm nach EG-Norm		nach Anlage XXIV[17] zur StVZO					
					bedingt schadstoffarm Stufe A[8, 15]		bedingt schadstoffarm Stufe B[8, 12, 15]		bedingt schadstoffarm Stufe C[8, 14]	
	FTP-75	Dim.	70/220/EWG	Dim.	70/220/EWG	Dim.	70/220/EWG	Dim.	70/220/EWG	Dim.
HC	0,25[18]	g/km	–	–	–	–	[16]	g-Test	–	–
CO	2,1[18]	g/km	25[5, 19]/30[6, 19]	g-Test	[9]	g-Test	[16]	g-Test	38,25[19]	g-Test
NO_x	0,62[18]	g/km	3,5[5, 20]	g-Test	6,00[19]	g-Test	–30%[13, 19]	–	6,00[19]	g-Test
$\Sigma(HC+NO_x)$	–	–	6,5[5, 20]/8[6, 20]	g-Test	12,75[10, 19] /15[11, 19]	g-Test	–	–	12,75[19]	g-Test
Highway-NO_x	0,76[18]	g/km	–	–	–	–	–	–	–	–
Evaporation[2]	2,0[2]	g/Test	–	–	–	–	–	–	–	–
Feststoffe (Diesel)	0,124[4]	g/km	[7]	–	–	–	–	–	–	–
Emissionen aus dem Kurbelgehäuse	0	–	0	–	0	–	0	–	0	–

Bemerkungen:

1 Entspricht US-MJ 83-Standards ohne Feststoffe; für Fahrzeuge mit einer zul. Gesamtmasse von 400···2500 kg und $V_{max} \geqq 50$ km/h. Dauerlauf oder wahlweise feste Verschlechterungsfaktoren bis 30. 9. 1987: Otto-Motoren: 1,3 für HC, 1,2 für CO, 1,1 für NO_x, Dieselmotoren: 1.0 für HC, 1,1 für CO, 1,0 für NO_x, 1,2 für Feststoffe; ab 1. 10. 1987: Bei einer Jahresproduktion je Fahrzeugtyp <10000 Fahrzeuge: Faktoren wie bis 30. 9. 1987, ≧10000 Fahrzeuge: Faktor 1,3 für alle Komponenten, gilt für Otto- und Diesel-Motoren.

2 Verdampfungsverluste nach SHED-Methode: gültig ab 1. 10. 1986, s. a. Abschnitt 5.4.2.

3 gilt für Fahrzeuge mit Hubraum $V_H \geqq 1{,}4$ l; für Diesel ab 19. 9. 1984.

4 für Diesel-Fahrzeuge bis 19. 9. 1984.

5 Fahrzeuge mit Otto-Motor mit Hubraum $V_H > 2.0$ l.

6 Fahrzeuge mit Otto-Motor mit Hubraum $1{,}41 < V_h \leqq 2{,}0$ l und alle Diesel-Fahrzeuge mit Hubraum $V_H \geqq 1{,}4$ l.

7 ohne Festlegung für Feststoff-Emissionen.

8 gültig bei Erstzulassung oder Nachrüstung.

9 entspricht ECE R 15/03 bzw. 15/04 (Typprüfwert), für Erstzulassung nach 1. 3. 85 ECE R 15/04 (nach Fahrzeugmasse gestaffelt).

10 für Fahrzeuge mit Bezugsmasse ≦1250 kg.

11 für Fahrzeuge mit Bezugsmasse >1250 kg.

12 gültig nur für Fahrzeuge mit Otto-Motor (3 Jahre Steuerabsenkung).

13 bezogen auf Meßwert vor Umrüstung (Meßwert $< NO_x$ nach 15/03).

14 gültig für Fahrzeuge mit Otto- und Diesel-Motoren und $V_H < 1{,}4$ l bei Erstzulassung vor dem 1. 10. 1990 (Steuerbefreiung).

15 gültig für Fahrzeuge bei Erstzulassung vor dem 1. 10. 1986.

16 HC und CO dürfen nicht signifikant ansteigen.

17 zulässige Verbrauchserhöhung 5% (ECE/90 km/h, 120 km/h).

18 mindestens 70% der Stichprobe der Produktion muß unter Berücksichtigung der Verschlechterungsfaktoren diese Werte erfüllen.

19 die Serienproduktion darf diese Werte um 20% überschreiten.

20 die Serienproduktion darf diese Werte um 25% überschreiten.

8.3 Kraftfahrzeugabgase

Anforderungen an das Abgasverhalten von Kraftfahrzeugen stellt der § 47 der Straßenverkehrs-Zulassungs-Ordnung (StVZO) mit seinen zahlreichen Anlagen [24]. In den Ländern der Europäischen Gemeinschaft gelten für die Genehmigung der Fahrzeuge hinsichtlich der Emission luftverunreinigender Gase (CO, Kohlenwasserstoffe, NO_x) außerdem übergeordnete Vorschriften bzw. Regelungen, die in EG-Richtlinien festgelegt sind.

Einen Überblick über die Abgasgrenzwerte, die in der Europäischen Gemeinschaft von neu zugelassenen PKW mit Otto- und Dieselmotoren ab verschiedenen Einsatzdaten eingehalten werden müssen gibt Tabelle 8.5. Die Grenzwerte für PKW, die in der Bundesrepublik Deutschland als schadstoffarm bzw. bedingt schadstoffarm eingestuft werden, zeigt Tabelle 8.6.

Ob die Grenzwerte eingehalten werden, wird mit den in Abschn. 5.4.2 beschriebenen Emissionsmessungen und Fahrzyklen entsprechend den Vorschriften jeweils an mehreren Fahrzeugen festgestellt.

Tabelle 8.5. ECE/EG-Abgasgrenzwerte (Nr. 88/436/EWG) für neu zugelassene Fahrzeuge mit Otto- und Dieselmotoren[d] bis 2 500 kg zulässige Gesamtmasse und maximal 6 Personen; ab 1988 bis 1993 nach Motorhubraum gestaffelte Grenzwerte und Einsatzdaten (nach [25])

Einsatz	Hubraum	Grenzwert (g-Test)[d] CO		$HC+NO_x$		NO_x		Feststoffe[a, b, c]	
1.10.88 (1.10.89)	>2 l	25 (T)	30 (S)	6,5	8,1	3,5	4,4	1,1	1,4
1.10.91 (1.10.93)	1,4···2 l	30 (T)	36 (S)	8	10		–	1,1	1,4
		(Diesel >2 l müssen diese Grenzwerte erfüllen)							
1.10.90 (1.10.91)	<1,4 l	45 (T)	54 (S)	15	19	6	7,5	1,1	1,4
1.10.92 (1.10.93)	<1,4 l	30 (T)	36 (S)	8	10		–		–

T = Abgaszulassung bei Typprüfung, S = Serienkontrolle.

[a] Erstes Einsatzdatum für neue Typzulassung für Feststoffe 1.10.89/1.10.90.

[b] Grenzwerte für 2. Absenkungsstufe sind bis 1989 festzulegen (Soll: 0,8/1,0 g/Test).

[c] nur Fahrzeuge mit Dieselmotoren.

[d] Zusätzlich müssen Fahrzeuge mit Ottomotoren folgende Prüfungen/Grenzwerte erfüllen: Leerlauf-CO: ab 1.7.69: 4,5%; ab 1.10.76: 4,5% im gesamten frei zugänglichen Leerlauf-Einstellbereich; ab 1.10.79: 3,5% dto. Kurbelgehäuse-Emission: ab 1.1.69: 0,15% des verbrauchten Kraftstoffs; ab 1.10.82 = 0,0%.

8.4 EG-Richtlinien zum allgemeinen Immissionsschutz

Wie in Abschn. 8.1 erwähnt, zielen EG-Richtlinien vom Ansatz her auf einen Gleichschritt der einzelstaatlichen Regelungen der Partnerländer. Tatsächlich

Tabelle 8.7. EG-Richtlinien zum allgemeinen Immissionsschutz seit 1978 [26]

Richtlinie (80/779/EWG) über Grenz- und Leitwerte der Luftqualität für Schwefeldioxid und Schwebestaub	vom 15. Juli 1980	Statt des Mehrheitlich gewählten EG-Grenzwertsystems darf die Bundesrepublik Deutschland auch TA Luft-Grenzwerte anwenden; zur Sicherung von deren Gleichwertigkeit Paralleluntersuchungen an repräsentativen Standorten mit beiden Grenzwertsystemen (UBA mit BGA und LIS)
Richtlinie (82/501/EWG) über Gefahren schwerer Unfälle bei bestimmten Industrietätigkeiten („Seveso-Richtlinie")	vom 3. Dezember 1981	Vorschriften für nationale Gesetzgebungen zur Erhöhung der Sicherheit bestimmter industrieller Anlagen, weitgehend durch deutsche Sicherheitsgesetzgebung und Störfall-Verordnung erfüllt. Fortschreibung bis 8. Januar 1986
Richtlinie (82/884/EWG) über einen Grenzwert für den Bleigehalt in der Luft	vom 3. Dezember 1982	Festlegung eines Grenzwertes für die Bleikonzentration in der Luft (Jahresmittelwert) von 2 $\mu g/m^3$
Richtlinie (84/360/EWG) zur Bekämpfung der Luftverunreinigungen durch Industrieanlagen („Grundsatzrichtlinie Luftreinhaltung")	vom 28. Juni 1984	Einführung einer Genehmigungspflicht für Errichtung, Betrieb und Änderung bestimmter Industrieanlagen mit den deutschen ähnliche Bedingungen: keine schädlichen Umwelteinwirkungen, Vorsorge nach Stand der Technik, Einhaltung von Immissionsgrenzwerten
Richtlinie (85/203/EWG) über Luftqualitätsnormen für Stickstoffdioxid	vom 7. März 1985	Zum Schutz der menschlichen Gesundheit Kurzzeit-Immisionsgrenzwert 200 $\mu g/m^3$; Leitwerte für strengere Regeln in besonderen Schutzgebieten: Grundsätze für Maßnahmen und Verfahren
Richtlinie (85/337/EWG) über die Umweltverträglichkeitsprüfung bei bestimmten öffentlichen und privaten Vorhaben	vom 27. Juni 1985	Prüfpflicht bei Vorhaben; es ist streitig, ob das deutsche Genehmigungsverfahren nach BImSchG schon die geforderte Umweltverträglichkeitsprüfung umfaßt
In der Diskussion:		
Richtlinien-Entwurf (EG-Dok. Nr. 11 642/83) über Emissionsbegrenzungen bei Großfeuerungsanlagen		Emissionsbegrenzung entsprechend der 13. BImSchV (Staub, SO_2, NO_x)
Zur Ergänzung:		
(Genfer) ECE-Luftreinhaltekonvention, EG durch Beschluß des Rates (81/462/EWG) Vertragspartner, übernommen in deutsches Recht durch Gesetz	vom 13. November 1979 vom 11. Juni 1981 vom 29. März 1985	Verpflichtung zur Erarbeitung von Programmen zur Bekämpfung der Luftverunreinigungen durch Verringerung der Emissionen und des grenzüberschreitenden Transports von Luftschadstoffen.

dienten wichtige Richtlinien-Vorschläge der letzten Jahre aber auch dazu, in anderen EG-Staaten überhaupt erst Regelungen auszulösen, die in der Bundesrepublik Deutschland schon bestehen [26].

Die neueren EG-Richtlinien zum allgemeinen Immissionsschutz sind in Tabelle 8.7 aufgeführt. Richtlinien, die die Kraftfahrzeugabgase betreffen, sind in der Tabelle nicht enthalten.

Eine Verschärfung gegenüber deutschen Vorschriften stellt z.B. die EG-Richtlinie (85/203/EWG) [27] dar, die vorsieht, daß Stickstoffdioxid auch an verkehrsreichen Straßen, an denen sich Personen aufhalten, den Grenzwert von 200 $\mu g/m^3$ (98-Perzentil) nicht überschreiten darf. Die meisten Meßstationen der Bundesländer sind bisher nicht an verkehrsreichen Straßen positioniert, so daß die Einhaltung des Grenzwerts nicht überprüft werden konnte.

8.5 Literatur

1 Gesetz zum Schutz vor schädlichen Umwelteinwirkungen durch Luftverunreinigungen, Geräusche, Erschütterungen und ähnliche Vorgänge (Bundes-Immissionsschutzgesetz – BImSchG) vom 15.3.1974, BGBl. I, S. 721, ber. S. 1 193, in der Fassung vom 29.11.1986, BGBl. I, S. 2 089

2 Straßenverkehrs-Zulassungs-Ordnung (StVZO) vom 15.11.1974, BGBl. I, S. 3 193 f. und 1975, S. 848

3 Gesetz zur Verminderung von Luftverunreinigungen durch Bleiverbindungen in Ottokraftstoffen für Kraftfahrzeugmotoren (Benzinbleigesetz – BzBlG) vom 5.8.1971, BGBl. I, S. 1 234

4 Richtlinie des Rates vom 28.6.1984 zur Bekämpfung der Luftverunreinigung durch Industrieanlagen (84/360 EWG), Amtsblatt der EG vom 16.7.1984, Nr. L 188/20

5 Gesetz zu dem Übereinkommen vom 13. November 1979 über weiträumige grenzüberschreitende Luftverunreinigung vom 29.3.1982, BGBl. II, S. 373

6 Bekanntmachung über das Inkrafttreten des Übereinkommens über weiträumige grenzüberschreitende Luftverunreinigung vom 25.7.1983, BGBl. II, S. 548

7 Gesetz zu dem Übereinkommen vom 22. März 1985 zum Schutz der Ozonschicht vom 26.9.1988, BGBl. II, S. 901

8 Umwelt-Informationen des Bundesministeriums des Innern zur Umweltplanung und zum Umweltschutz, Nr. 17, Bonn 1979

9 Vierte Verordnung zur Durchführung des Bundes-Immissionsschutzgesetzes (Verordnung über genehmigungsbedürftige Anlagen – 4. BImSchV) vom 24.7.1985, BGBl. I. S. 1 586

10 GewO des Ndd. Bundes vom 21.6.1989, Teil II, Nr. 1 S. 16

11 Erste Allgemeine Verwaltungsvorschrift zum Bundes-Immissionsschutzgesetz (Technische Anleitung zur Reinhaltung der Luft – TA Luft – i.d.F. vom 27.2.1986, GMBl., S. 95

12 Alfke, G.; Beyrau, M.: Aktuelles Immissionsschutzrecht Luftreinhaltung. Vorschriftensammlung mit Kommentar, Karlsfeld bei München: Jüngling Verlag für Verwaltung und Behörden, wird fortlaufend ergänzt

13 Neunte Verordnung zur Durchführung des Bundes-Immissionsschutzgesetzes (Grundsätze des Genehmigungsverfahrens – 9. BImSchV) vom 18.2.1977, BGBl. I, S. 274

14 Dreizehnte Verordnung zur Durchführung des Bundes-Immissionsschutzgesetzes (Verordnung über Großfeuerungsanlagen – 13. BImSchV) vom 22.6.1983, BGBl. I, S. 7189

15 Erste Verordnung zur Durchführung des Bundes-Immissionsschutzgesetzes (Verordnung über Kleinfeuerungsanlagen – 1. BImSchV) vom 15.7.1988, BGBl. I, S. 1 059

16 Zweite Verordnung zur Durchführung des Bundes-Immissionsschutzgesetzes (Verordnung zur Emissionsbegrenzung von leichtflüchtigen Halogenkohlenwasserstoffen – 2. BImSchV) vom 21.4.1886, BGBl. I, S. 571

17 Siebente Verordnung zur Durchführung des Bundes-Immissionsschutzgesetzes (Verordnung zur Auswurfbegrenzung von Holzstaub – 7. BImSchV) vom 18.12.1975, BGBl. I, S. 3 133
18 Dritte Verordnung zur Durchführung des Bundes-Immissionsschutzgesetzes (Verordnung über Schwefelgehalt von leichtem Heizöl und Dieselkraftstoff – 3. BImSchV) vom 15.1.1975, BGBl. I, S. 264
19 Zehnte Verordnung zur Durchführung des Bundes-Immissionsschutzgesetzes (Beschränkung von PCB, PCT und VC – 10. BImSchV) vom 26.7.1978, BGBl. I, S. 1 138
20 Vierte Allgemeine Verwaltungsvorschrift zum Bundes-Immissionsschutzgesetz (Ermittlung von Immissionen in Belastungsgebieten – 4. BImSchVwV) vom 8.4.1975, GMBl., S. 358
21 Fünfte Allgemeine Verwaltungsvorschrift zum Bundes-Immissionsschutzgesetz (Emissionskataster in Belastungsgebieten – 5. BImSchVwV) vom 30.1.1979, GMBl., S. 42
22 Umweltbundesamt: Daten zur Umwelt 1990/91. Berlin: Erich Schmidt 1992
23 Bundesforschungsanstalt für Landeskunde und Raumordnung (BfLR): Laufende Raumbeobachtung der BfLR – Berichtssystem Umwelt
24 Beck'sche Textausgaben: Straßenverkehrsrichtlinien. Textsammlung. München: C.H. Beck laufende Ergänzung
25 Mercedes-Benz: Abgas-Emissionen – Grenzwerte, Vorschriften und Messung: Druckschrift Nr. 13 EP/EB, Stuttgart März 1991
26 Der Rat von Sachverständigen für Umweltfragen: Umweltgutachten 1987. Stuttgart: Kohlhammer 1987
27 Richtlinie des Rates vom 7.3.1985 über Luftqualitätsnormen für Stickstoffdioxid (85/203/EWG), Amtsblatt der EG Nr. L 87/1 (1985)

Sachverzeichnis